Word
办公应用大全

杨小丽◎编著

中国铁道出版社有限公司
CHINA RAILWAY PUBLISHING HOUSE CO., LTD.

内 容 简 介

本书主要针对在商务办公中需要用到的Word软件的功能和使用技巧进行全面介绍。全书共16章，可分为3个部分。第1部分为必会软件技能，该部分是对Word的基础知识和使用方法进行具体讲解；第2部分为软件技巧，该部分则是介绍一些在商务办公中比较常用且实用的Word操作技巧，以提高用户的文档制作效率；第3部分为综合实战应用，该部分通过具体的综合案例，让读者切实体验Word强大的文档编排功能及其在工作中的重要应用。

本书以图文搭配的方式对相关操作进行了细致地讲解，通俗易懂、知识面广、案例丰富、实用性强，能够满足不同层次读者的学习需求。尤其适用于需要快速掌握Word软件的各类初中级用户、商务办公用户。另外也可作为各大、中专院校及各类办公软件培训机构的教材使用。

图书在版编目（CIP）数据

Word办公应用大全/杨小丽编著.—北京：中国铁道出版社有限公司，2019.7
ISBN 978-7-113-25791-0

Ⅰ.①W… Ⅱ.①杨… Ⅲ.①文字处理系统 Ⅳ.①TP391.12

中国版本图书馆CIP数据核字（2019）第091678号

书　　名：Word办公应用大全
作　　者：杨小丽

责任编辑：张亚慧　　　　读者热线电话：010-63560056
责任印制：赵星辰　　　　封面设计：MXK DESIGN STUDIO

出版发行：中国铁道出版社有限公司（100054，北京市西城区右安门西街8号）
印　　刷：三河市兴达印务有限公司
版　　次：2019年7月第1版　2019年7月第1次印刷
开　　本：787 mm×1092 mm　1/16　印张：20.5　字数：437千
书　　号：ISBN 978-7-113-25791-0
定　　价：69.00元

前　言 PREFACE

内容导读

作为初入职场的新人，不仅需要清楚地了解工作的内容，更需要掌握科学的工作方式。在这个信息化时代，如何选择和使用办公软件，是职场新人开启职业生涯成长的第一步。

Word 软件作为强大的文字处理工具，是职场人士必须掌握的一款软件。然而，仍然有许多职场人士对 Word 的使用较为生疏，或是停留在只能简单使用的水平，有的甚至根本不会使用。为了让更多的职场人士、Word 使用者能够快速掌握各类文档的制作，提升职场竞争力，我们编写了本书。

本书共 16 章，主要分为必会软件技能、软件技巧和综合实战应用 3 个部分，详细而全面地对该办公软件的知识和操作进行讲解，各部分的具体内容如下表所示。

部分	内容
第 1 部分 必会软件技能	• 全面认识 Word 2016 办公软件 • 熟练操作 Word 文档 • 在文档中输入和编辑文本 • 样式与模板的应用 • 文档页面的编辑与打印 • 制作图文并茂的文档 • Word 中表格与图表的应用 • 长文档的编排与查阅 • 文档的审阅与修订操作 • Word 的高级应用
第 2 部分 软件技巧	• 文本输入与编辑技巧 • 表格与图形对象处理技巧 • 页面的设置与文档打印技巧
第 3 部分 综合实战应用	• 制作员工手册 • 制作酒店宣传手册 • 制作工程招标书

主要特色

内容精选，讲解清晰，学得懂

本书精选了工作中可能会涉及的 Word 软件功能，通过知识点+案例解析的方式进行讲解，力求让读者全面了解并真正学会 Word 软件在商务办公中的应用。

案例典型，边学边练，学得会

为便于读者即学即用，本书在讲解过程中大量列举了真实办公中会遇到的问题进行辅助介绍，让读者学会知识的同时快速提升解决实战问题的能力。

图解操作，简化理解，学得快

在讲解过程中，采用图解教学的形式，一步一图，以图析文，搭配详细的标注，让读者更直观、更清晰地学习和掌握，提升软件操作技能。

栏目插播，拓展知识，学得深

通过在正文中大量穿插“提个醒”“小技巧”和“知识延伸”栏目，为读者介绍 Word 软件在使用过程中的各种注意事项和技巧，帮助读者解决各种疑难问题及掌握 Word 软件的商务办公技巧。

超值赠送，资源丰富，更划算

本书免费赠送了大量实用的资源，不仅包含与书中案例对应的素材和效果文件，方便读者随时上机操作。另外还赠送了大量商务领域中的实用 Word 模板，读者简单修改即可应用。此外还赠送有近 100 分钟的 Word 同类案例视频，配合书本学习可以得到更大提升。还包含有 300 余个 Word 快捷键的文档以及常用办公设备使用技巧，读者掌握后可以更快、更好地协助商务办公。

适用读者

职场中的 Word 初、中级用户；

经常需要制作各种类型文档的商务办公人员；

各年龄段需要使用 Word 软件的工作人员；

对于 Word 办公软件有浓厚兴趣的人士；

高等院校的师生；

与 Word 相关的培训机构师生。

……

由于编者经验有限，加之时间仓促，书中若有疏漏和不足之处，恳请专家和读者不吝赐教。

编　者

2019 年 3 月

第 4 章 样式与模板的应用

第 5 章 文档页面的编辑与打印

第 6 章 制作图文并茂的文档

第7章 Word中表格与图表的应用

第8章 长文档的编排与查阅

第9章 文档的审阅与修订操作

第10章 Word的高级应用

第11章 文本输入与编辑技巧

第12章 表格与图形对象处理技巧

第13章 页面的设置与文档打印技巧

第 14 章 制作员工手册

第 15 章 制作酒店宣传手册

第 16 章 制作工程招标书

第1章 全面认识 Word 2016 办公软件

Word 2016 是 Office 办公软件系列中最常用的组件之一，它具有强大的文字处理能力，是商务办公中制作与编排文档的必备软件之一。熟练掌握 Word 2016 的各种操作方法与技巧，才能以更高的效率以及更好的质量来完成工作。而在学习 Word 2016 办公软件之前，自然是需要对其进行全面的认识，以便更好、更快地学会并使用它进行文档的制作和编排。

|本|章|要|点|

- Word 2016 工作界面介绍
- 视图模式的使用
- 运用 Word 辅助工具
- 打造个性化的工作界面

1.1 Word 2016 工作界面介绍

使用 Word 2016 进行文档制作与编排就是在其工作界面对文档进行一系列的操作，所以认识其工作界面并了解工作界面各组成部分的作用是非常有必要的。

1.1.1 认识 Word 2016 的工作界面

Word 2016 的工作界面主要由快速访问工具栏、标题栏、“文件”选项卡、功能区、编辑区、状态栏以及视图栏组成，如图 1-1 所示。

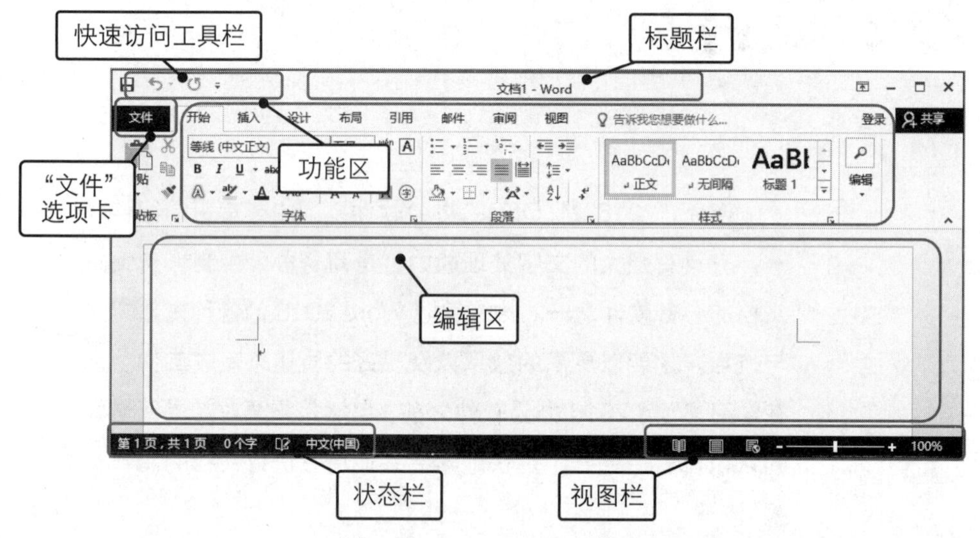

图 1-1　Word 2016 工作界面组成

1.1.2 工作界面各组成部分简介

了解了 Word 2016 工作界面的组成部分以及各部分在工作界面中的位置后，还需要知道各组成部分的作用，才能快速掌握 Word 的使用方法。下面分别对 Word 的各组成部分进行介绍。

- **快速访问工具栏**：快速访问工具栏用于将一些常用的操作以按钮的形式显示在其中，以便于用户使用。在默认情况下，快速访问工具栏只有“保存”“撤销”以及“恢复”按钮。
- **标题栏**：标题栏用于显示文件的名称等信息，标题栏右侧有 5 个控制按钮，分别为“登录”按钮、“功能区显示选项”按钮、“最小化”按钮、“最大化/还原”按钮以及“关闭”按钮，如 1-2 左图所示。
- **“文件”选项卡**：“文件”选项卡类似于 Word 2003 的菜单栏，其中包含了常用的各菜单项，比如“新建”“打开”以及“保存”等功能，如 1-2 右图所示。

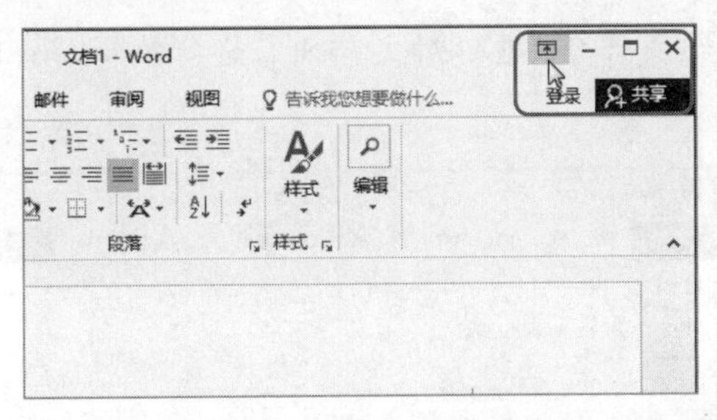

图 1-2 标题栏右侧按钮和“文件”选项卡效果

◆ **功能区**：功能区有多个选项卡，各个选项卡又可细分为多个组，软件中具有共性或联系的相关操作被分类归纳在同一组中。

◆ **编辑区**：编辑区便是用户进行文档编辑的工作区域，是 Word 2016 工作界面中最大的区域。用户对文档进行的各种操作都会在编辑区显示结果。

◆ **状态栏和视图栏**：在 Word 2016 界面底端，左侧为状态栏，用于显示当前文档的页数、字数等信息；右侧为视图栏，用于显示当前文档的视图模式和页面缩放比例等信息。

1.2 视图模式的使用

为满足用户查阅文档的不同需求，Word 中提供了多种视图模式，各视图模式展示文档的方式有比较明显的差异，用户可根据实际需要选择合适的视图模式。

1.2.1 不同视图模式介绍及转换

Word 提供的视图模式有 5 种，分别为阅读视图、页面视图、Web 版式视图、大纲视图以及草稿视图。在功能区单击“视图”选项卡即可在“视图”组中看到各视图模式对应的按钮，如图 1-3 所示。

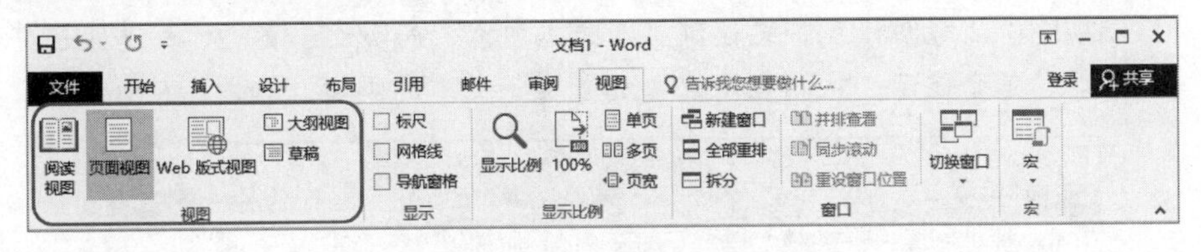

图 1-3 “视图”组

下面分别对这 5 种视图模式进行介绍。

◆ **阅读视图**：使用此视图模式时，文档将在 Word 窗口中全屏显示，且只显示少量必要的工具。在该视图模式下，用户可以更改页面大小比例、页面显示颜色以及页面布局等，但无法对文档内容进行编辑，如 1-4 左图所示。

◆ **页面视图**：此视图模式即是 Word 的默认视图模式，也就是文档的打印外观。可显示快速访问工具栏、功能区等所有界面组成部分，也可对文档内容进行编辑，如 1-4 右图所示。

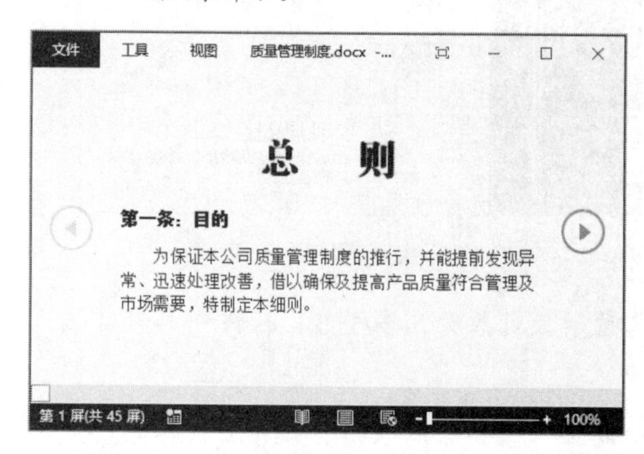

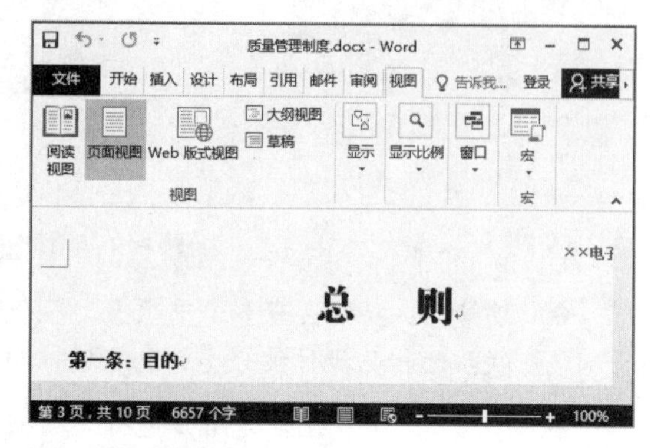

图 1-4 阅读视图和页面视图

◆ **Web 版式视图**：使用此视图模式时，文档将以网页的形式显示。状态栏不会显示页码等信息，如 1-5 左图所示。

◆ **大纲视图**：此视图模式以不同大纲级别显示文档内容，如 1-5 右图所示。该视图模式主要在设置文档格式、检查文档结构以及移动整段文本等情况时使用，尤其在长文本文档中使用得更为广泛。

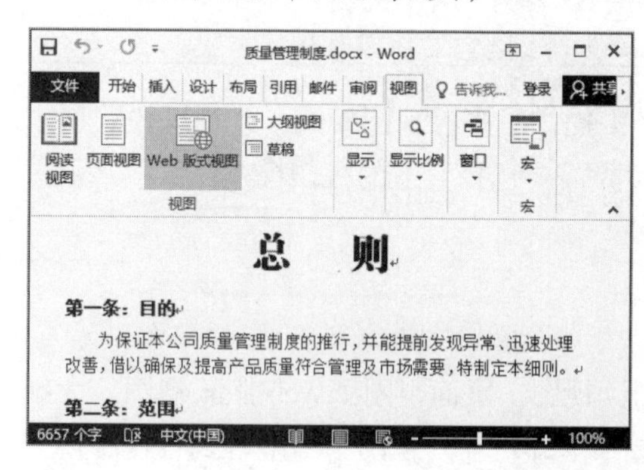

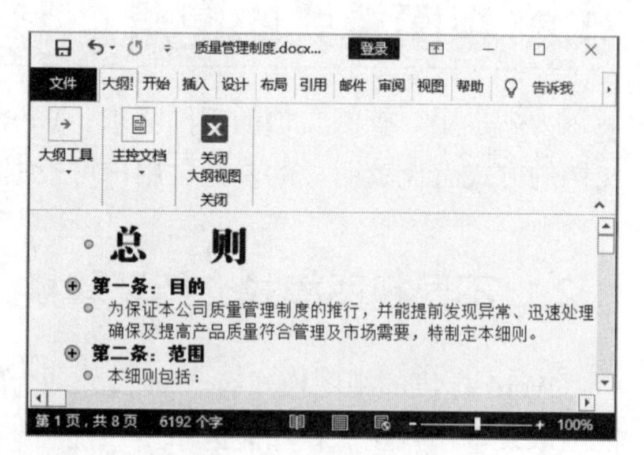

图 1-5 Web 版式视图和大纲视图

◆ **草稿视图**：此视图模式下文档仅显示文本内容，而页面、页脚、页边距、分栏以及图片等均不会显示，从而让用户更加专注于文本的编辑，如图 1-6 所示。

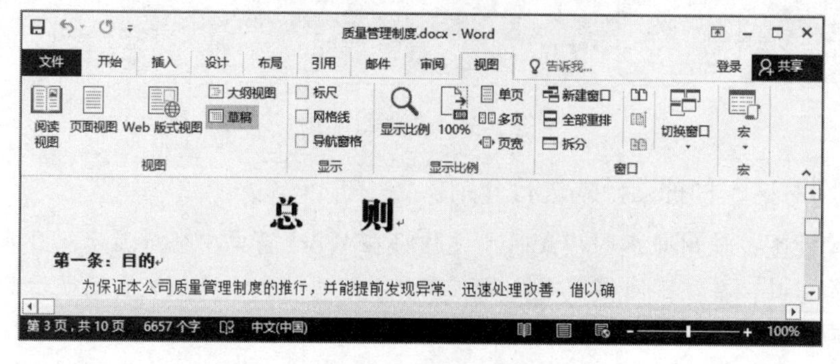

图 1-6 草稿视图

对 Word 的各视图模式有了一定的认识后，用户便可以根据实际情况将文档转换为合适的视图模式进行展示。其操作非常简单，只需要在“视图”选项卡的“视图”组中单击相应的视图按钮即可，如图 1-7 所示。

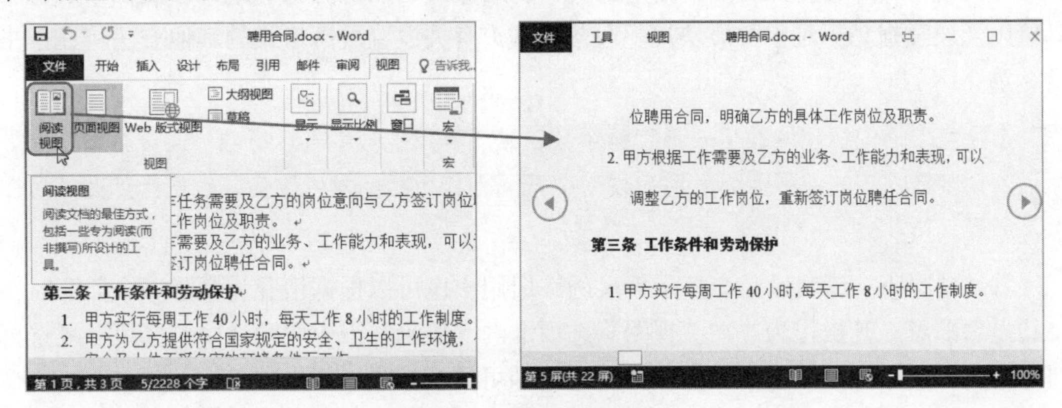

图 1-7　转换视图模式

1.2.2 调整视图显示比例

使用 Word 打开文档后，其视图显示比例默认为 100%，用户可以对显示比例进行缩小或者放大操作，从而得到适合自己查看和编辑的比例，其操作如下。

在 Word 工作界面的视图栏中单击“缩小”按钮▬或“放大”按钮✚即可对显示比例进行缩小或放大操作，也可以直接拖动滑块进行调整，还可以直接单击比例数据，在打开的“显示比例”对话框的“百分比”数值框中进行自定义设置，如图 1-8 所示。

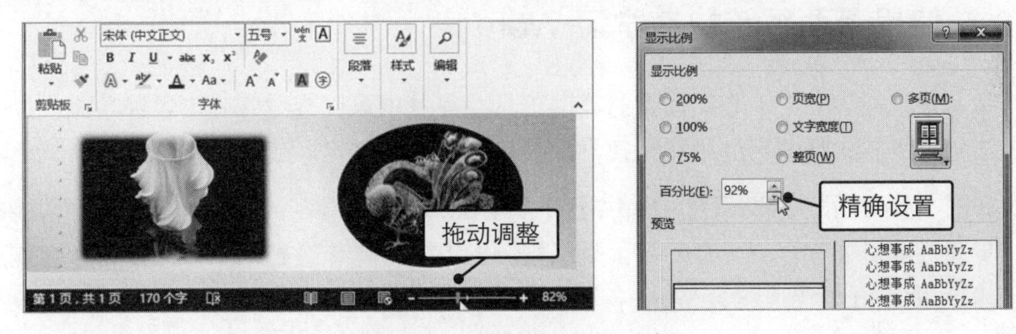

图 1-8　调整视图显示比例

【注意】在阅读模式下，显示比例最小为 100%，最大为 300%；另外 4 种视图模式的显示比例都是最小为 10%，最大为 500%。

1.3 运用 Word 辅助工具

为了帮助用户更简单、便捷地编辑文档，Word 提供了一些实用的辅助工具，如标尺等。另外，Word 的帮助系统更是初学者学习和使用 Word 过程中非常有用的辅助工具。

1.3.1 隐藏和显示标尺

标尺是 Word 编辑区的一种测量工具，利用标尺可以更为精确地查看文档中的各种对象以及通过拖动标尺中的滑块调整段落格式（有关设置段落格式的其他方法将在本书第 3 章介绍）。

【注意】横向标尺的数字表示字符个数，纵向标尺的数字表示行数。需要注意的是，标尺的刻度是固定的，不会因为用户改变字符间距和行距而发生改变，也正因如此才可以作为测量工具。

默认情况下，编辑区是会显示标尺的，但用户也可以根据情况将其隐藏，需要时再将其显示即可。其操作为：在“视图”选项卡的“显示”组中取消选中“标尺”复选框即可隐藏标尺；相反，选中“标尺”复选框即可显示标尺，如图 1-9 所示。

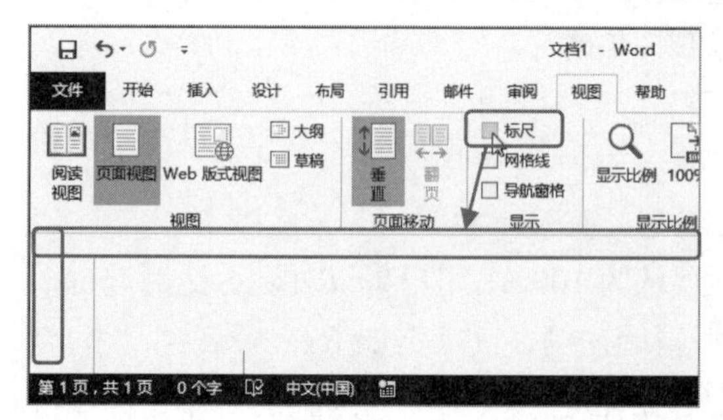

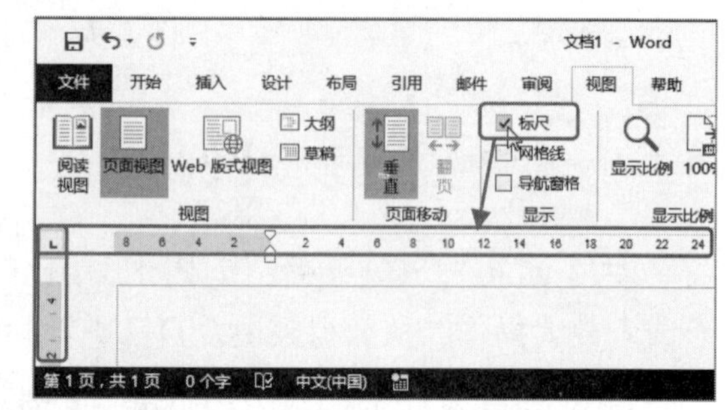

图 1-9　隐藏和显示标尺

1.3.2 使用帮助系统快速学习 Word

帮助系统是 Word 中非常强大的辅助工具，在其中可以查看 Word 各种功能或操作的具体实施步骤，从而帮助用户快速学会使用 Word。

如图 1-10 所示，帮助系统中提供了许多 Word 培训的内容。这些内容对各种功能的操作步骤讲解得非常详细，有的甚至是以视频的方式对操作进行演示。所以，学会使用 Word 的帮助系统是快速学会 Word 各种文档编辑操作的有效途径之一。

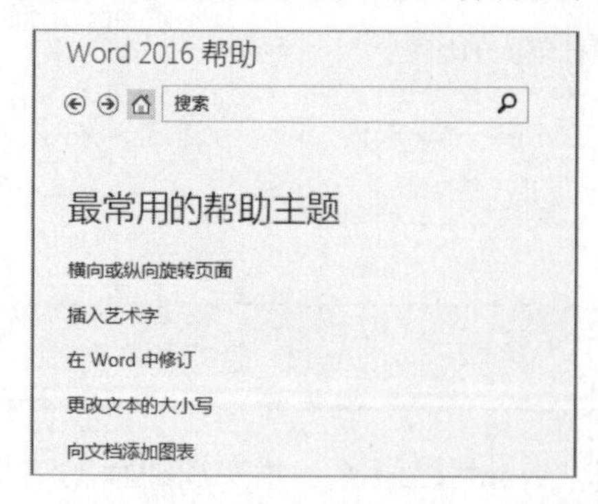

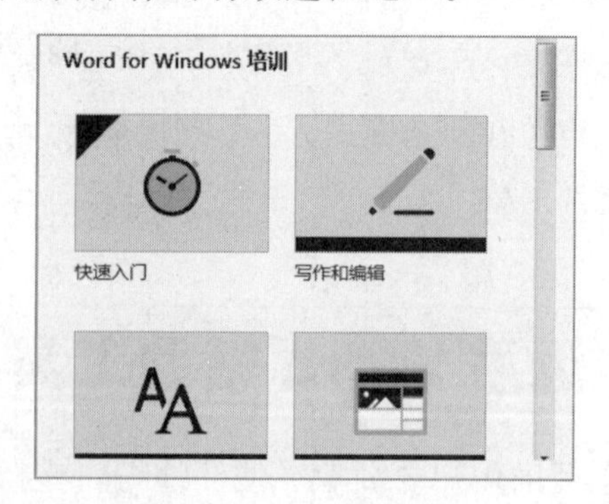

图 1-10　帮助系统中的培训内容

[分析实例]——通过帮助系统学习打印文档操作

下面以使用帮助系统学习在 Word 中打印文档的操作为例，讲解帮助系统的使用方法，其具体操作步骤如下。

Step01 ❶在“文件”选项卡中单击“打印”选项卡，进入打印界面后，❷单击标题栏中的帮助按钮 ? ，如图 1-11 所示。

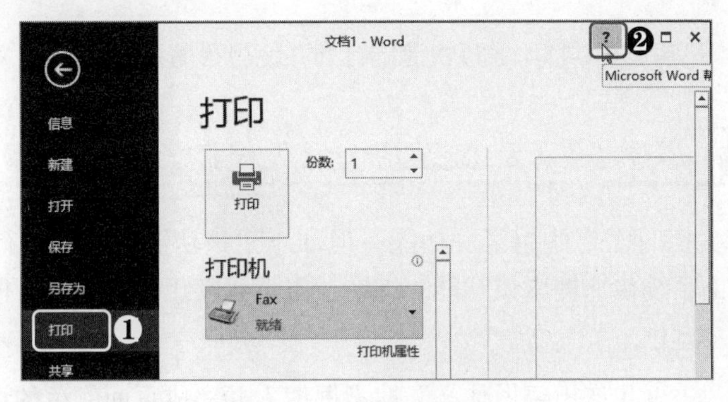

图 1-11 单击帮助按钮

Step02 ❶在打开的“Word 2016 帮助”窗口中单击需要学习的内容对应的超链接，这里单击“在 Word 中打印文档”超链接，❷在打开的界面中即可查看相应的教程，如图 1-12 所示。

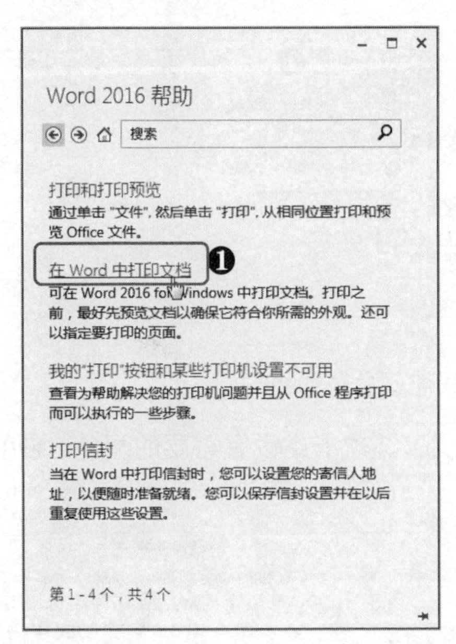

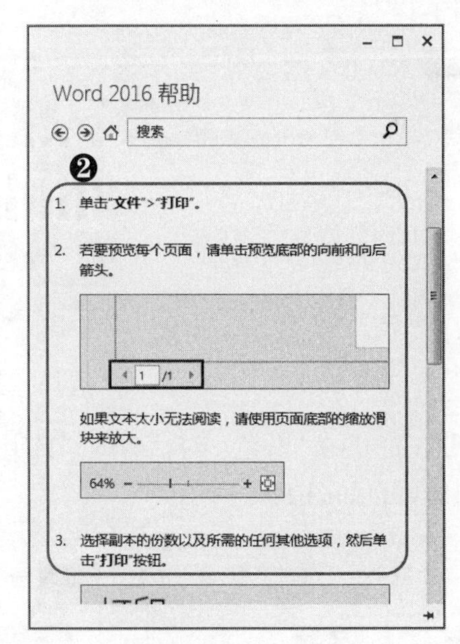

图 1-12 在帮助窗口中查看教程

除了上述操作方法外，还可以通过按【F1】键的方式快速打开“Word 2016 帮助”窗口，然后单击“更多”超链接，在打开的界面中找到需要的内容并单击对应的超链接即可开始学习，如图 1-13 所示。

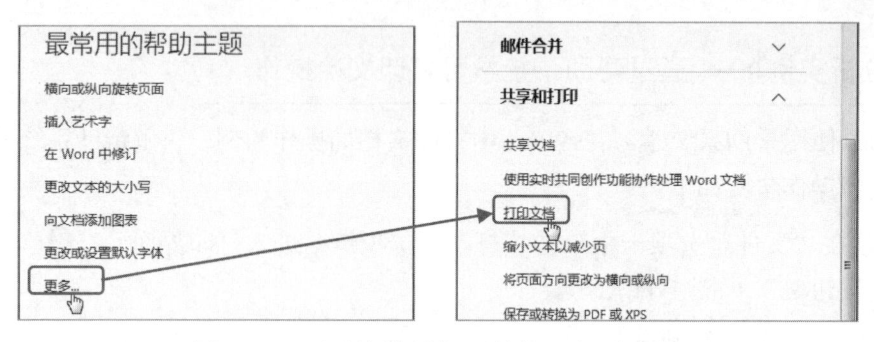

图 1-13 通过快捷键打开并使用帮助系统

知识延伸 通过“告诉我您想要做什么”搜索框设置页面颜色

如果在编辑文档时需要使用某一功能，但却忘记该功能对应的执行命令在哪个位置，可以通过帮助系统快速搜索该功能，即在“告诉我您想要做什么”搜索框中搜索需要的功能对应的关键字。

下面以通过“告诉我您想要做什么”搜索框搜索并完成页面颜色的设置为例，讲解其相关操作方法。

Step01 ❶在功能区的“告诉我您想要做什么”搜索框中输入“页面颜色”关键字，❷在搜索得到的结果下拉菜单中选择“页面颜色”命令，在其子菜单中选择“其他颜色”命令，如图 1-14 所示。

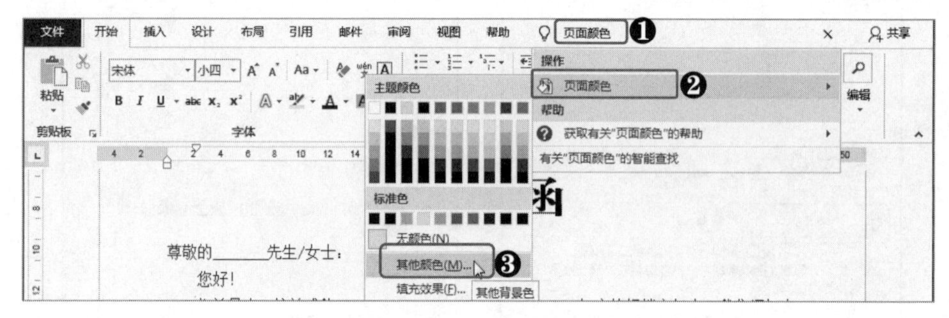

图 1-14 选择“其他颜色”命令

Step02 ❶在打开的“颜色”对话框的“自定义”选项卡中设置需要的颜色，❷单击“确定”按钮即可，如图 1-15 所示。

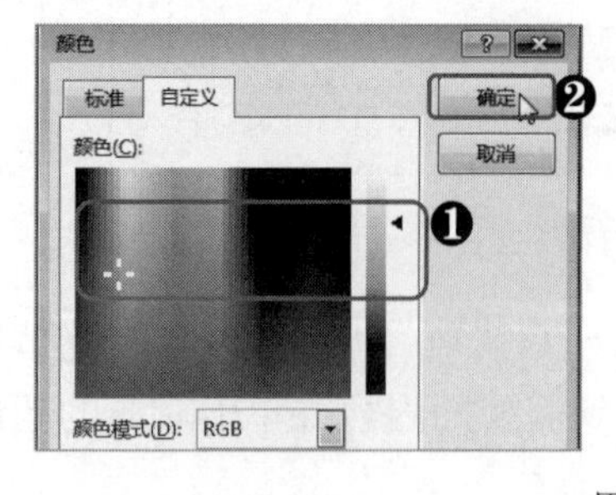

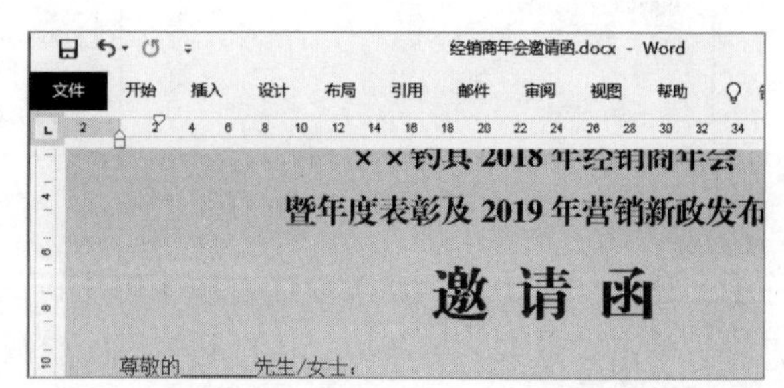

图 1-15 自定义颜色

1.4 打造个性化的工作界面

虽然 Word 2016 默认的工作界面已经可以完成日常商务办公中的绝大部分任务，但由于其旨在面向所有用户，自然缺乏个性化，故而使用效率会受到影响。正所谓合适的才是最好的，打造符合自身需求和使用习惯的工作界面可以让用户更高效、更熟练地使用 Word。

1.4.1 自定义功能区

功能区是 Word 各种常用功能的集合区域，其可以进行折叠或展开显示，也可以由用户对功能区进行增加或删除选项卡或组等自定义操作。

（1）折叠或展开功能区

功能区在默认情况下始终是展开的，用户可以根据情况选择是否将功能区的具体内容折叠起来。折叠功能区的方法有 4 种，下面分别进行介绍。

- 在功能区任意位置右击，在弹出的快捷菜单中选择“折叠功能区”命令，如 1-16 左图所示。再次执行该命令即可展开功能区。
- 单击功能区右侧的“折叠功能区”按钮，如 1-16 右图所示。

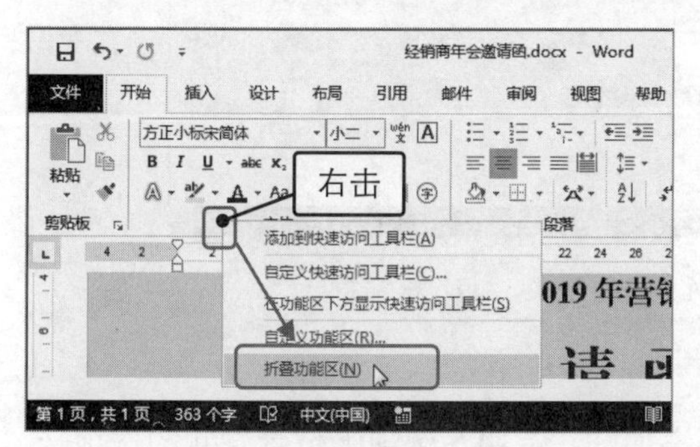

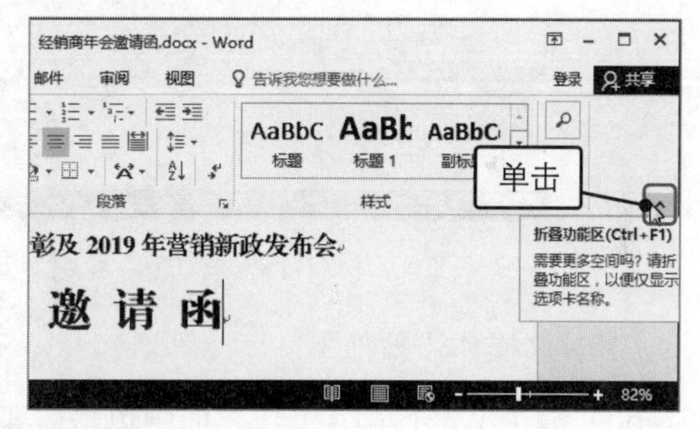

图 1-16　折叠功能区

- 通过按【Ctrl+F1】组合键来折叠或展开功能区。
- 在功能区的当前选项卡上双击即可折叠或展开功能区，如图 1-17 所示。

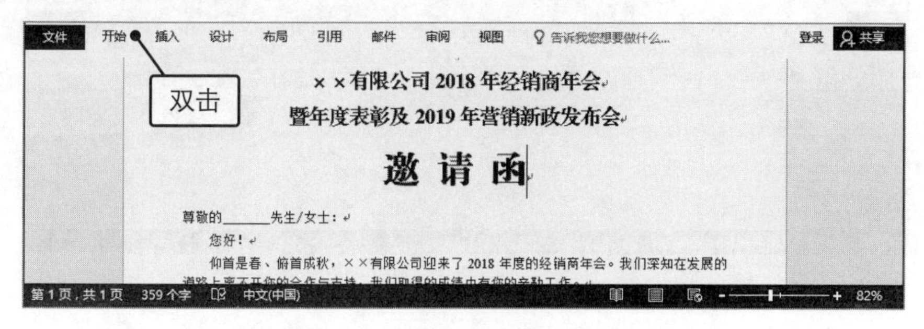

图 1-17　折叠或展开功能区

（2）在功能区增加或删除选项卡和组

Word 2016 默认的功能区中包含大部分功能，但在实际使用中有些功能很少甚至从未用到，而某些功能经常需要使用，但功能区中却并没有该功能。所以，用户可以根据使用习惯，对功能区进行删除或增加选项卡和组的操作。

[分析实例]——在功能区添加“常用”选项卡和“常用功能”组

下面以在 Word 的功能区添加“常用”选项卡和组为例，讲解自定义功能区的相关操作。如图 1-18 所示为在功能区添加“常用”选项卡的前后对比效果。

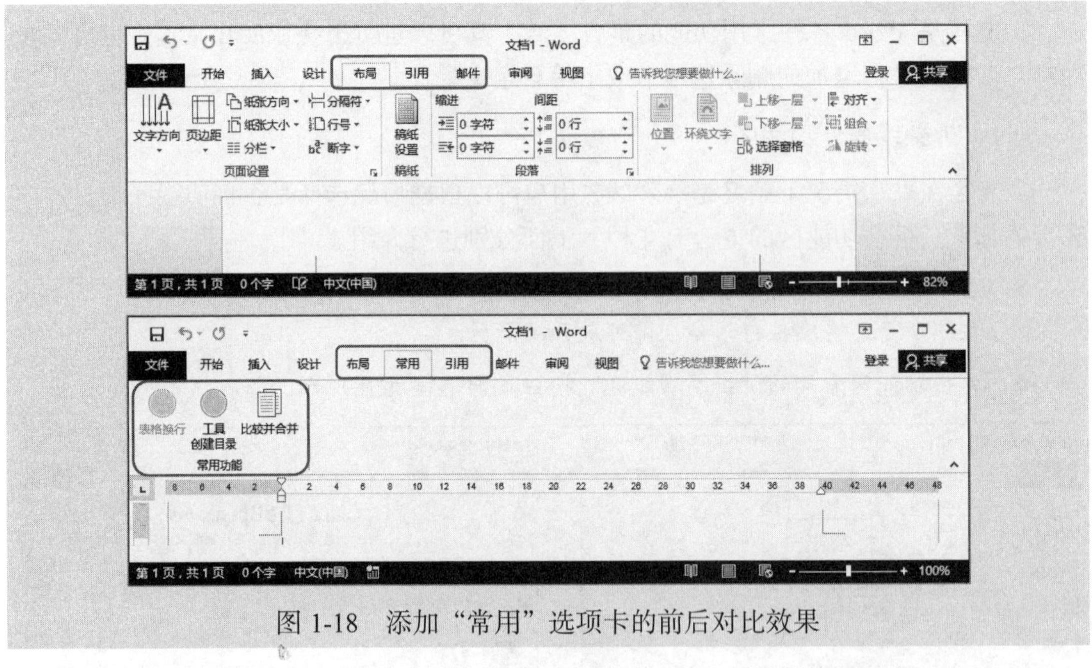

图 1-18　添加“常用”选项卡的前后对比效果

其具体操作步骤如下。

Step01 ❶在 Word 2016 工作界面中单击需要添加的“常用”选项卡位置左侧的选项卡，如单击“布局”选项卡，❷在其上右击，并在弹出的快捷菜单中选择“自定义功能区”命令，如图 1-19 所示。

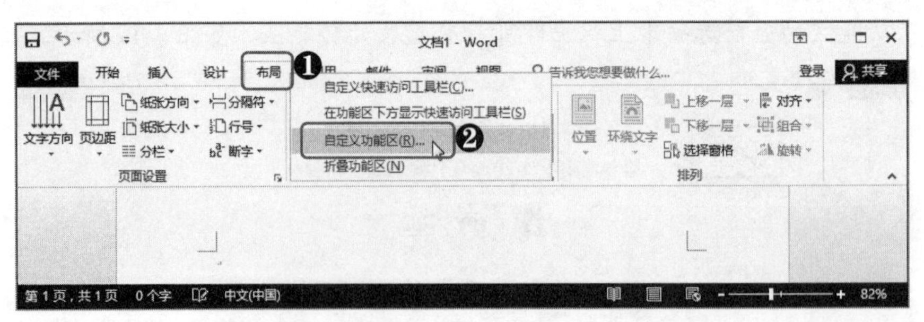

图 1-19　选择“自定义功能区”命令

Step02 ❶在打开的“Word 选项”对话框的“自定义功能区”选项卡中单击“新建选项

卡”按钮，❷选择“新建选项卡”选项，❸单击“重命名”按钮，❹在打开的“重命名”对话框中输入名称，❺单击“确定”按钮即可，如图 1-20 所示。在新建的选项卡中系统会默认新建一个组，单击“新建组”按钮可以继续新建组，以同样的方法给新建的组重命名。

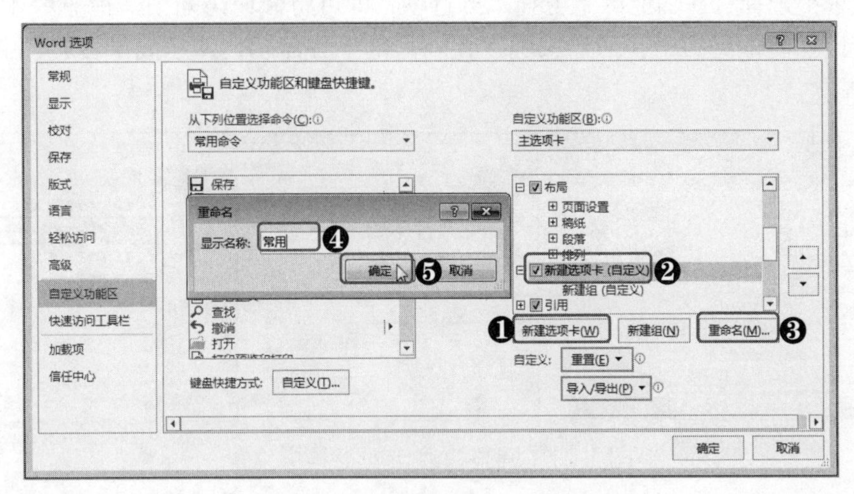

图 1-20　重命名新建的选项卡和组

Step03 ❶选择新建的组，这里选择“常用功能”组，❷在“从下列位置选择命令”下拉列表框中选择“不在功能区中的命令”选项，❸在下方的命令列表框中选择需要的选项，❹单击“添加”按钮，❺单击“确定”按钮即可，如图 1-21 所示。

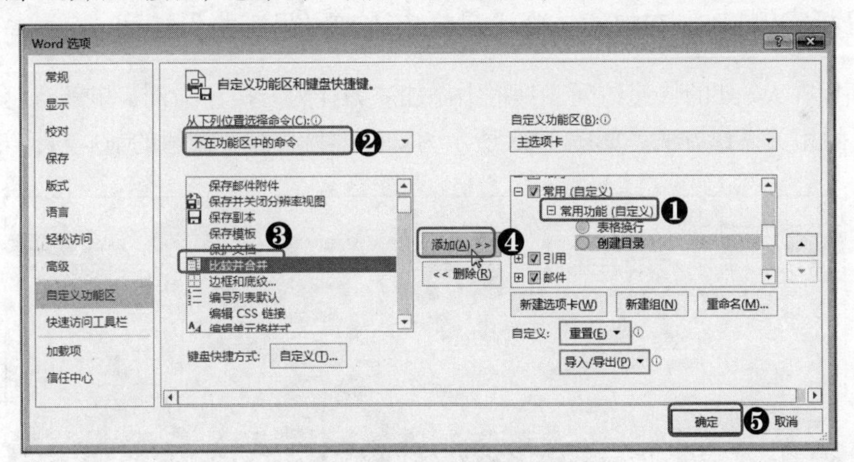

图 1-21　添加常用命令到组中

1.4.2 自定义快速访问工具栏

快速访问工具栏的显示位置是可以改变的，即显示在功能区上方或者下方。其作用与功能区相似，但由于空间有限，只能放置少数几个功能按钮。用户可以将使用最多的一些功能放置到快速访问工具栏中，这就是自定义快速访问工具栏。

（1）设置快速访问工具栏显示位置

快速访问工具栏的位置默认是在窗口的左上方，即功能区的上方，用户可根据自己的使用习惯改变其显示位置。只需要单击“自定义快速访问工具栏”按钮，然后在弹出的下拉菜单中选择“在功能区下方显示”选项，即可将快速访问工具栏显示在功能区下方（也可以在功能区右击，然后选择“在功能区下方显示快速访问工具栏”命令），如图 1-22 所示。

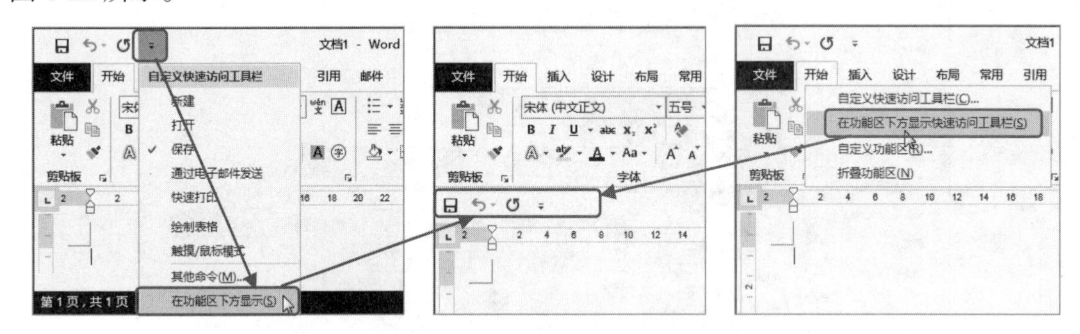

图 1-22　调整快速访问工具栏位置

（2）为快速访问工具栏添加按钮

将一些使用频率较高的功能添加到快速访问工具栏中，可以省去许多多余且重复的操作，从而有效地提高工作效率。

[分析实例]——在快速访问工具栏中添加“另存为”按钮

下面以在 Word 的快速访问工具栏中添加“另存为”按钮为例，讲解自定义快速访问工具栏的相关操作方法。如图 1-23 所示为添加“另存为”按钮的前后对比效果。

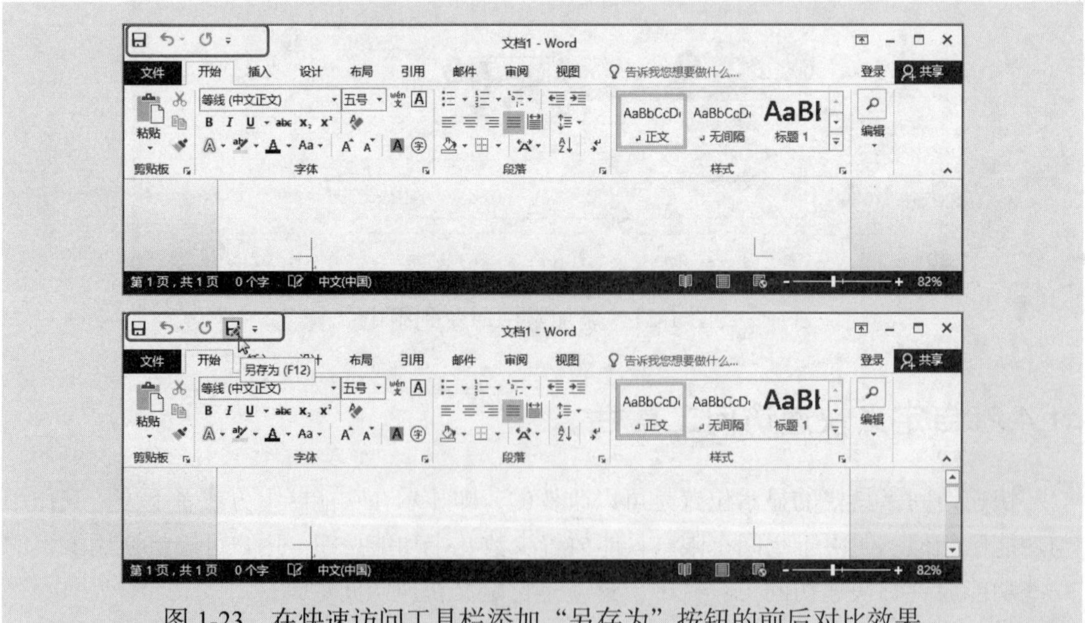

图 1-23　在快速访问工具栏添加“另存为”按钮的前后对比效果

其具体操作步骤如下。

Step01 ❶在 Word 2016 工作界面中单击“自定义快速访问工具栏”按钮，❷在弹出的下拉菜单中选择需要添加的命令，或选择“其他命令”命令，❸打开“Word 选项”对话框，在“快速访问工具栏”选项卡中单击“从下列位置选择命令”下拉列表框右侧的下拉按钮，❹选择“所有命令”选项，如图 1-24 所示。

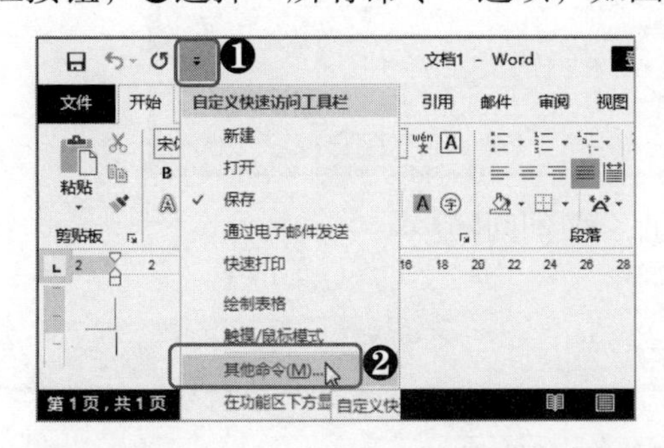

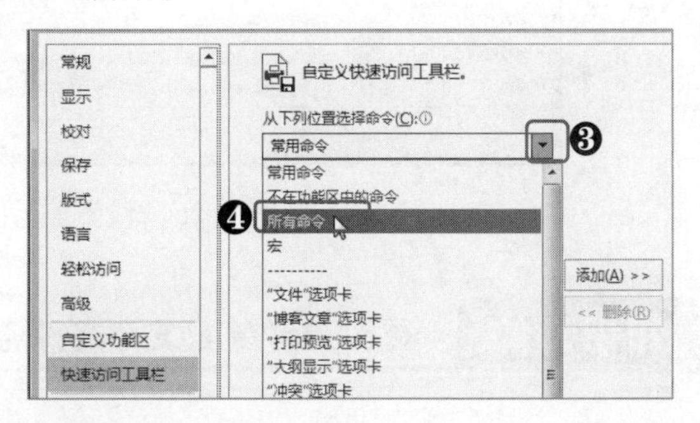

图 1-24　选择“所有命令”选项

Step02 ❶在下方的列表框中选择需要添加到快速访问工具栏的命令选项，❷单击“添加”按钮，❸单击“确定”按钮即可，如图 1-25 所示。

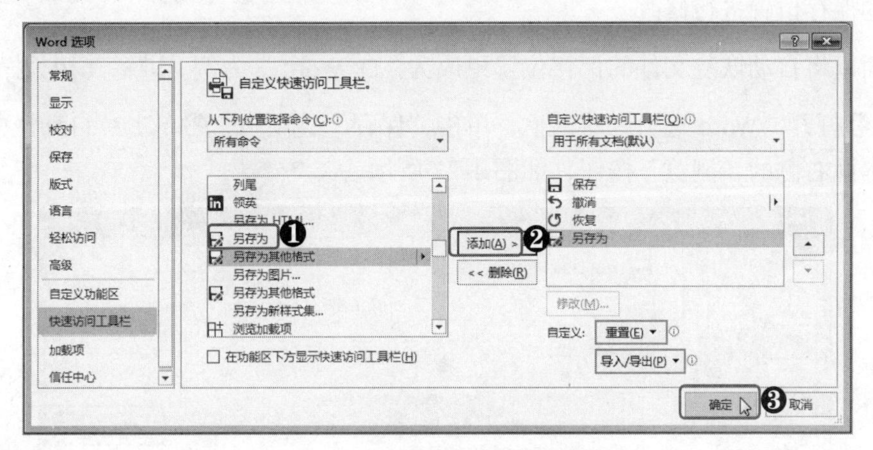

图 1-25　添加指定的命令按钮

1.4.3 设置自动保存时间

Word 为用户提供了自动保存功能，默认情况下是 10 分钟自动保存一次。当用户未保存文档就关闭后，下次启动 Word 时可以选择使用自动恢复文件为文档恢复未保存的操作。使用自动保存功能可以很好地避免因突发情况导致的文档未保存就关闭，从而减少损失。

如果觉得默认设置自动保存的时间为 10 分钟时间间隔不合适，用户可以自行修改时间，其操作为：在“文件”选项卡中单击“选项”按钮，在打开的“Word 选项”对话框中单击“保存”选项卡，然后在“保存自动恢复信息时间间隔”复选框右侧的数值框中输入合适的自动保存时间间隔，如输入 5，再单击“确定”按钮即可，如图 1-26 所示。

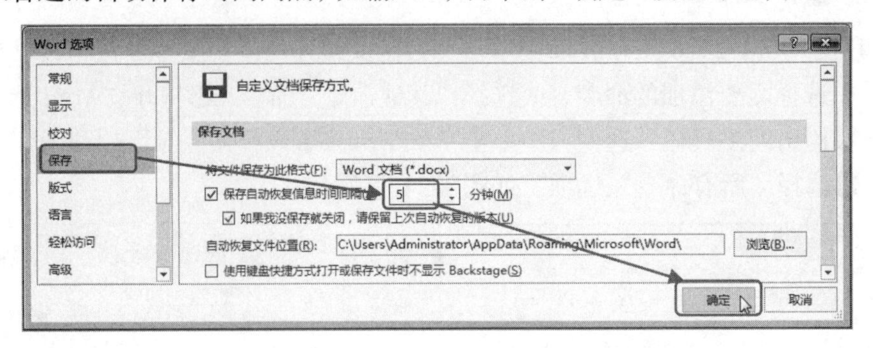

图 1-26　设置自动保存时间间隔

知识延伸　*更改自动恢复文件的保存位置*

从图 1-26 中可以看到，Word 会默认将自动恢复文件保存在“C:\Users\ Administrator\ AppData\Roaming\Microsoft\Word\”文件夹中。然而 C 盘作为系统盘，一般情况下并不用来存放系统文件以外的任何文件，以保证系统的流畅运行。因此，我们需要对自动恢复文件的保存位置进行修改。

下面以将自动恢复文件的保存位置更改为“D:\Word\”为例，讲解其相关操作方法。

Step01 ❶打开“Word 选项”对话框，单击“保存”选项卡，❷单击“自动恢复文件位置”文本框右侧的“浏览”按钮，如图 1-27 所示。

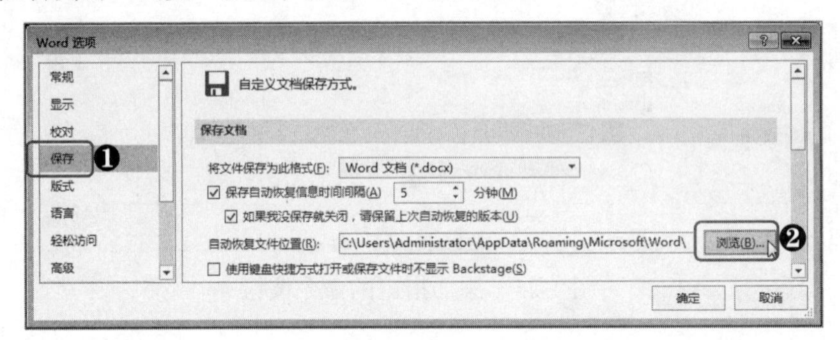

图 1-27　单击“浏览”按钮

提个醒：直接输入文件保存位置

除了通过单击“浏览”按钮的方式修改保存位置以外，用户还可以直接在“自动恢复文件位置”文本框中输入修改的保存位置，但是输入的位置必须是已经存在的。例如，直接在该文本框中输入“D:\Word04\”，在单击“确定”按钮之前，必须确保在电脑的 D 盘中存在“Word04”文件夹，否则会提示目录无效。

Step02 ❶在打开的“修改位置”对话框中选择 D 盘，❷单击“新建文件夹”按钮，❸在文件夹名称框中输入“Word”，❹选择“Word”文件夹，❺单击“确定”按钮即可，如

图 1-28 所示。

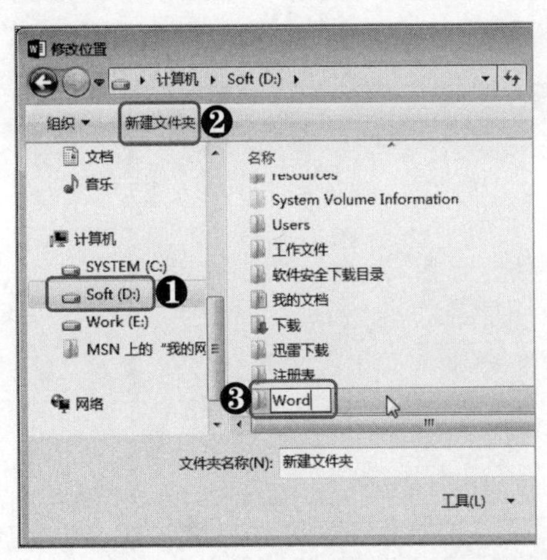

图 1-28　修改保存位置

Step03 返回到"Word 选项"对话框，此时自动恢复文件位置已经修改完成，单击"确定"按钮即可，如图 1-29 所示。

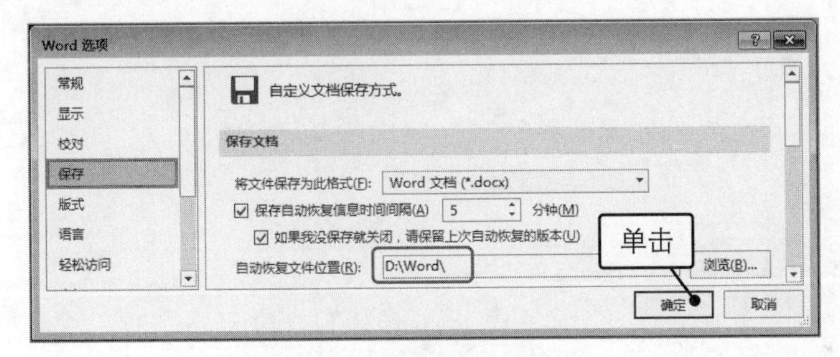

图 1-29　确认修改的路径

小技巧：手动恢复未保存就关闭的文件

前文已经介绍了 Word 的自动保存功能，其每隔一段时间会在指定位置保存一份自动恢复文件。默认情况下保存位置为"C:\Users\ Administrator\AppData\Roaming\Microsoft\Word\"文件夹，而经过上述操作，我们已将其修改为"D:\Word\"文件夹。

当 Word 无法自动恢复文件时，也可以手动进行恢复，只需要在指定的文件夹中找出时间最近的后缀为".asd"的同名文件，将其复制出来，然后将后缀改为".doc"即可。

1.4.4 自定义 Word 工作界面主题

Word 2016 在默认设置下使用的是"彩色"主题，用户可以根据自己的喜好将其设置为其他的主题颜色，其操作步骤如下。

打开"Word 选项"对话框，然后在"常规"选项卡中的"Office 主题"下拉列表框中选择喜欢的主题颜色，如选择“白色”选项，再单击“确定”按钮即可，如图 1-30 所示。

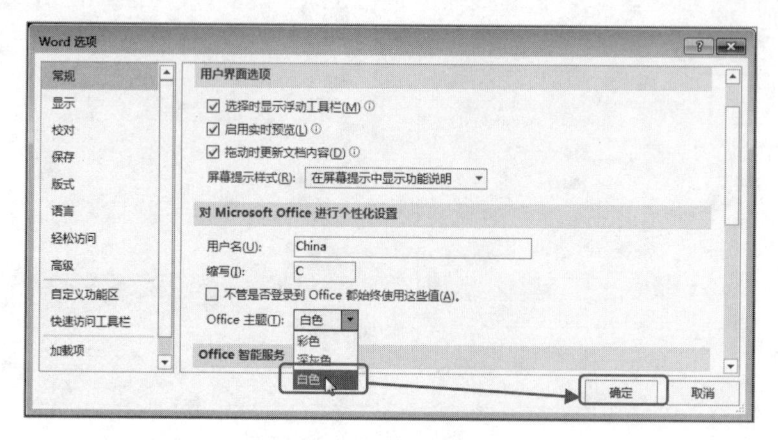

图 1-30　设置主题颜色

第2章 熟练操作Word文档

在商务办公中，Word主要用于对文档进行制作和编辑等操作，而要使用 Word 来完成这些工作，首先需要熟练掌握文档的各种操作。本章主要介绍文档的新建、保存、打开、关闭、撤销和恢复以及保护等操作。

|本|章|要|点|

- 文档的基本操作
- 文档的撤销和恢复操作
- 保护文档的方法

2.1 文档的基本操作

掌握文档的基本操作是使用 Word 制作与编辑文档的前提。因此，在较为全面地认识 Word 2016 后，首先需要学习的是文档的基本操作，如新建文档、保存文档等。

2.1.1 新建空白文档和以模板新建文档

要制作文档，首先需要新建文档，而 Word 新建文档的方式有两种，分别为新建空白文档和以模板新建文档，下面分别进行介绍。

（1）新建空白文档

新建空白文档是最常用的文档新建方式，其新建的文档没有任何内容，完全由用户自由编辑。新建空白文档的方法可分为在 Word 程序中新建和通过快捷菜单新建两种，具体介绍如下。

◆ 在 Word 欢迎界面中新建空白文档

与 Word 2003 等早期版本不同，启动 Word 2016 程序后会进入欢迎界面，而不是新建一个名为“文档 1”的空白文档。此时用户只需要在欢迎界面中选择“空白文档”选项即可快速新建一个名为“文档 1”的空白文档，如图 2-1 所示。

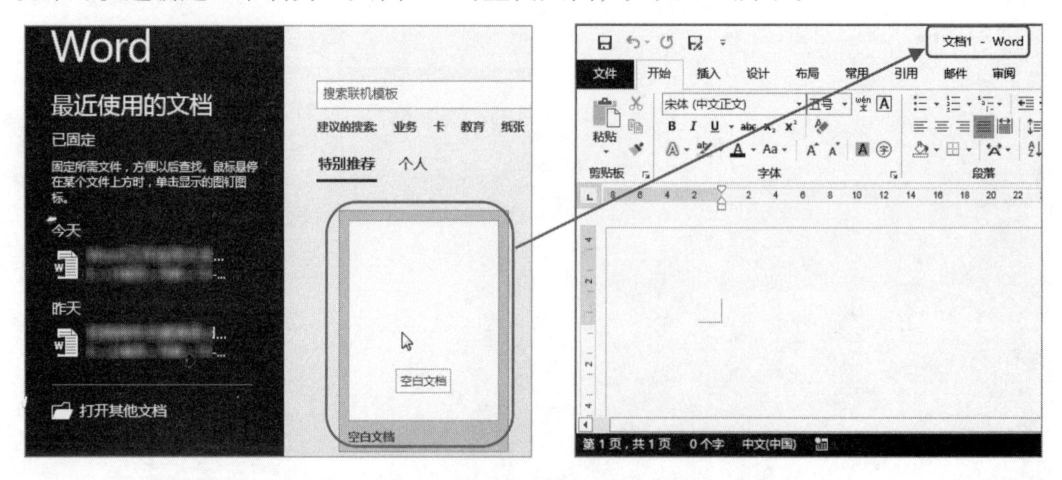

图 2-1　在 Word 欢迎界面中新建空白文档

◆ 通过“文件”选项卡新建空白文档

如果在已经打开了一个 Word 文档的情况下需要新建空白文档，则可以通过“文件”选项卡来实现，其操作步骤如下。

单击“文件”选项卡，在打开的界面中单击“新建”选项卡，然后选择“空白文档”选项即可，如图 2-2 所示。

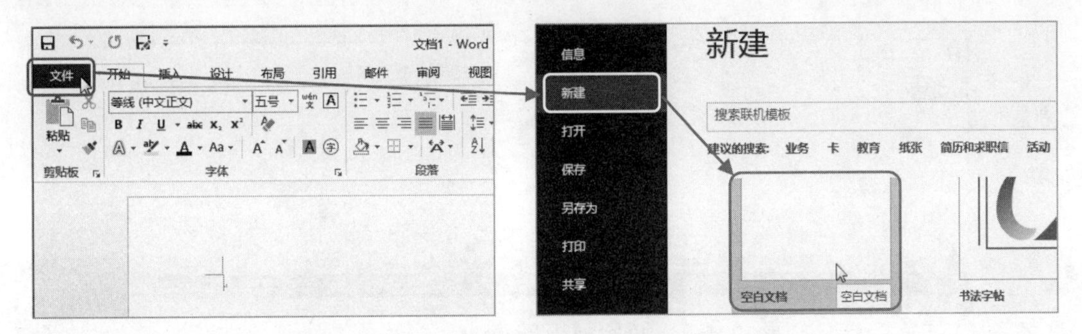

图 2-2　在“文件”选项卡中新建空白文档

提个醒：在 Word 中使用快捷键创建空白文档

在 Word 中创建空白文档还可以使用快捷键，即【Ctrl+N】组合键。该操作非常简单，只需要启动 Word 程序后，在任意界面按【Ctrl+N】组合键即可。

◆ 通过快捷菜单新建空白文档

即使不打开 Word 程序，同样也可以新建 Word 空白文档，即通过快捷菜单新建 Word 空白文档，其操作步骤如下。

首先打开需要新建 Word 文档的磁盘位置，如打开 D 盘的“工作文件”文件夹，在其中的空白处右击，在弹出的快捷菜单中选择“新建”命令，然后在其子菜单中选择“Microsoft Word 文档”命令即可新建 Word 空白文档，然后输入文件名称并在空白处单击即可，如图 2-3 所示。

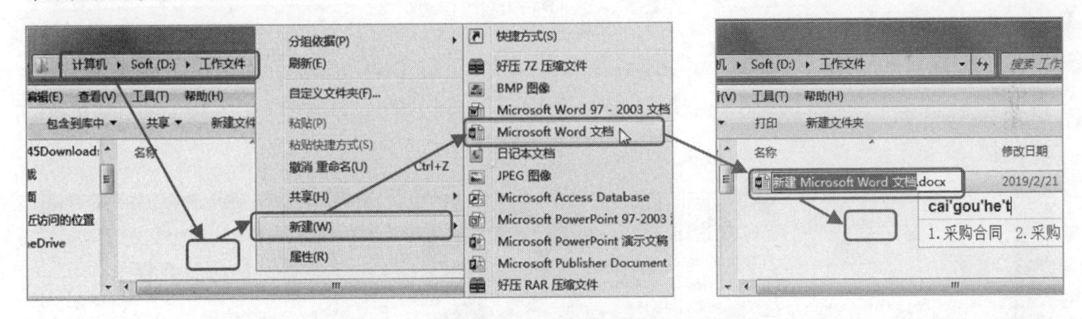

图 2-3　通过快捷菜单新建空白文档

（2）以模板新建文档

Word 中提供了许多模板文档，用户可以直接根据这些模板文档来新建文档。这种方式新建的文档包含模板中的内容，用户只需要在其中稍加修改即可快速完成文档的制作，从而可以很好地提高文档的制作效率。

[分析实例]——根据模板创建一份求职简历文档

下面以使用模板快速创建一份求职简历文档为例，讲解以模板新建文档的相关操作。如图 2-4 所示为以简历模板创建的文档效果图。

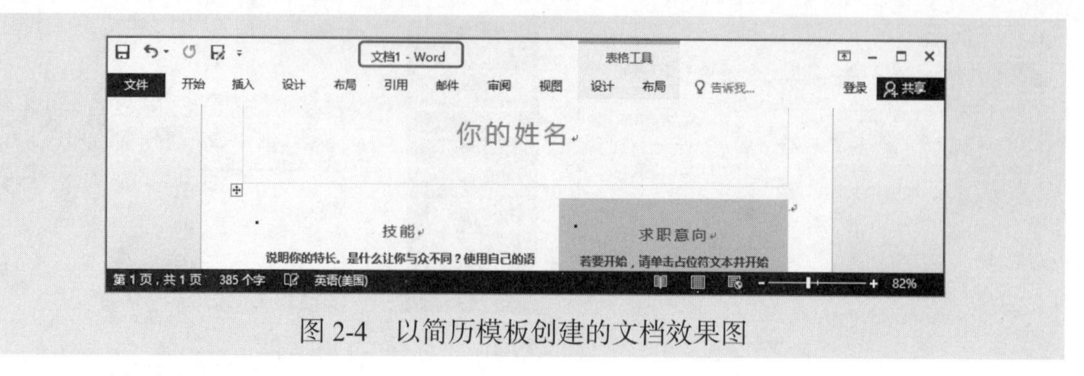

图 2-4　以简历模板创建的文档效果图

其具体操作步骤如下。

Step01 启动 Word 2016 程序，❶在打开的欢迎界面单击“简历和求职信”超链接（或者在搜索框输入“简历”等关键字，再单击“搜索”按钮），❷在打开的“新建”界面中选择合适的模板，如图 2-5 所示。

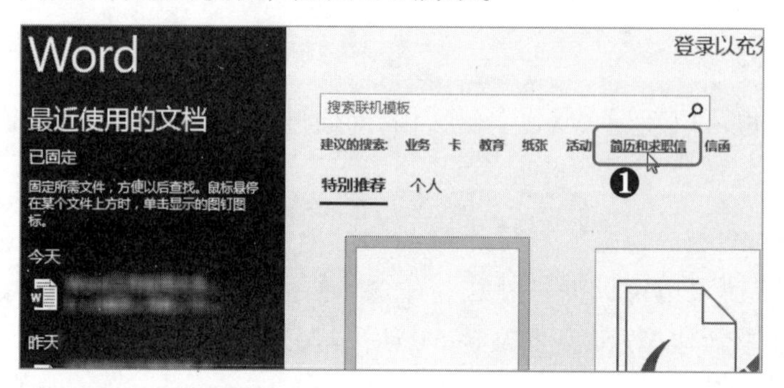

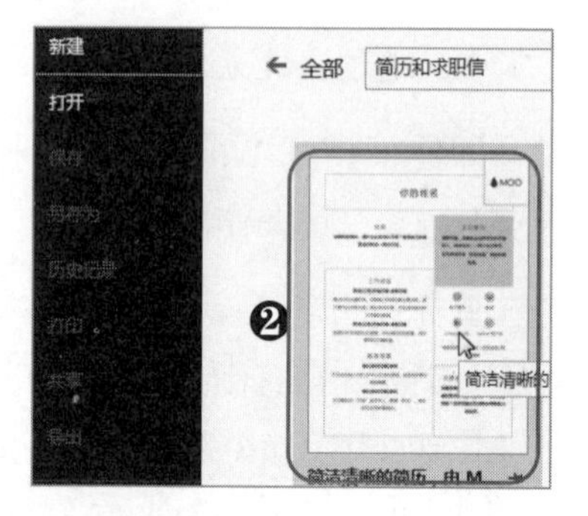

图 2-5　选择合适的模板

Step02 在打开的对话框中单击“创建”按钮即可开始下载所选模板，如图 2-6 所示。下载完成后即会以该模板新建一个名为“文档 1”的文档，其中包含了模板中的文本内容及格式。

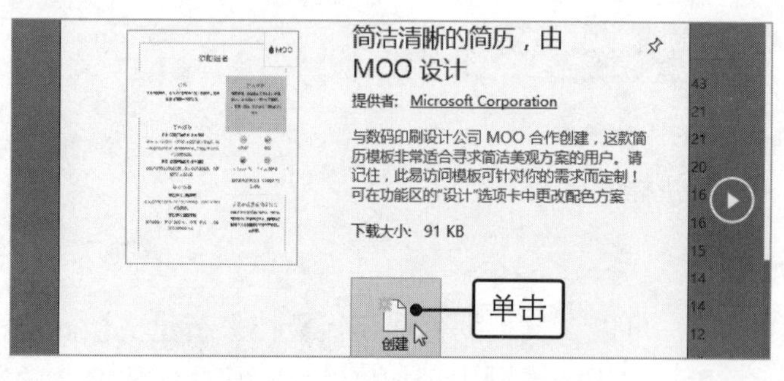

图 2-6　下载模板并新建模板文档

2.1.2 文档保存的不同情况

新建的文档如果不保存，在 Word 关闭之后就会随之消失，为了文档能够多次使用，就需要将制作的文档保存在电脑中。文档的保存可分为两种情况，分别是保存文档到其他位置和保存文档到当前位置，即“另存为”操作和“保存”操作。

（1）“另存为”操作

新建的文档是没有保存位置的，所以无论对其执行“保存”操作还是“另存为”操作，系统都会默认执行“另存为”操作，即由用户指定一个文档保存位置进行保存。如果用户需要将文档保存到除当前位置以外的位置，也需要使用此操作。

[分析实例]——将新建的求职简历文档通过“另存为”操作保存到电脑

下面以将前文的“分析实例”中根据模板新建的求职简历文档保存到电脑本地磁盘为例，讲解“另存为”操作。如图 2-7 所示为文档保存前后的对比效果。

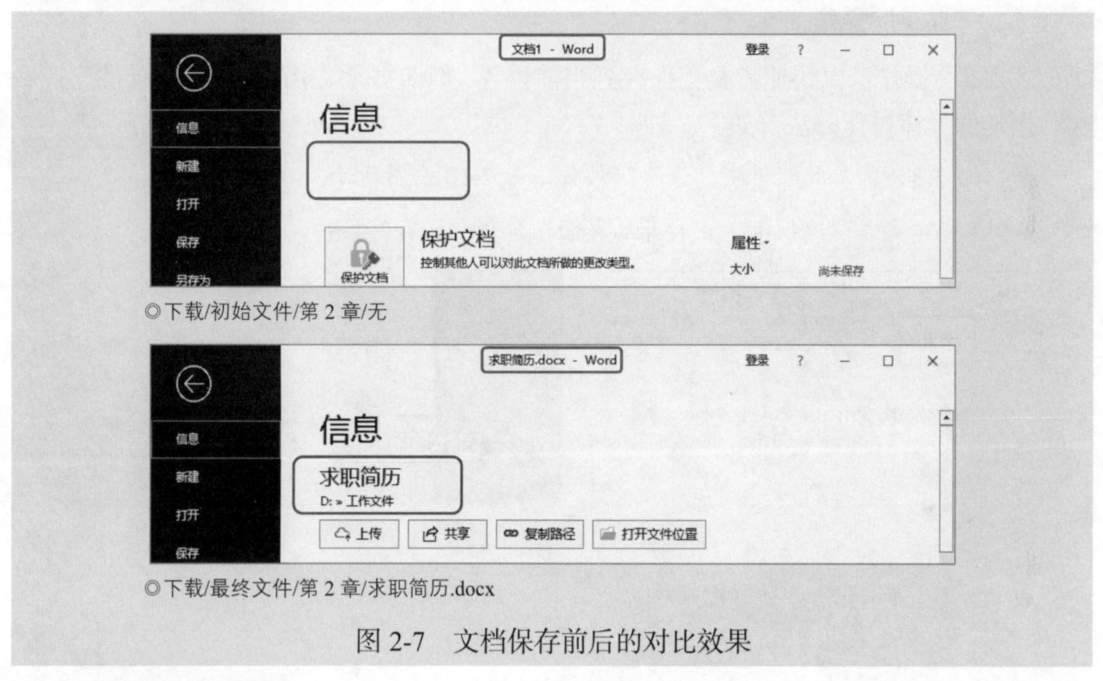

◎下载/初始文件/第 2 章/无

◎下载/最终文件/第 2 章/求职简历.docx

图 2-7　文档保存前后的对比效果

其具体操作步骤如下。

Step01 ❶在新建的模板文档中单击“文件”选项卡，❷在打开的界面中单击“另存为”选项卡，❸在界面中间的窗格中单击“浏览”按钮，如图 2-8 所示。

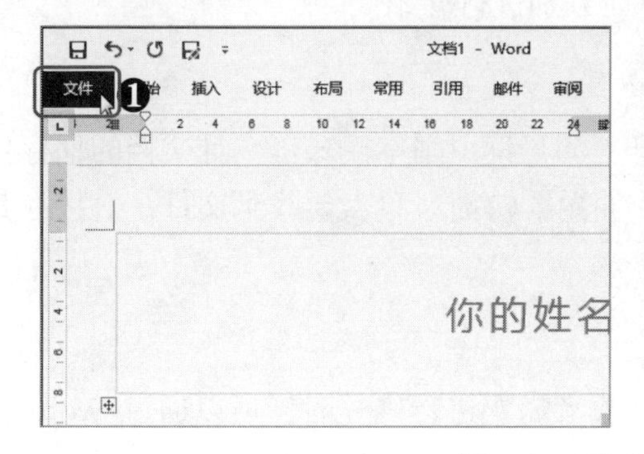

图 2-8　单击“浏览”按钮

Step02 ❶在打开的“另存为”对话框中选择文档保存位置，❷在“文件名”文本框中输入“求职简历”，❸单击“保存”按钮即可，如图 2-9 所示。

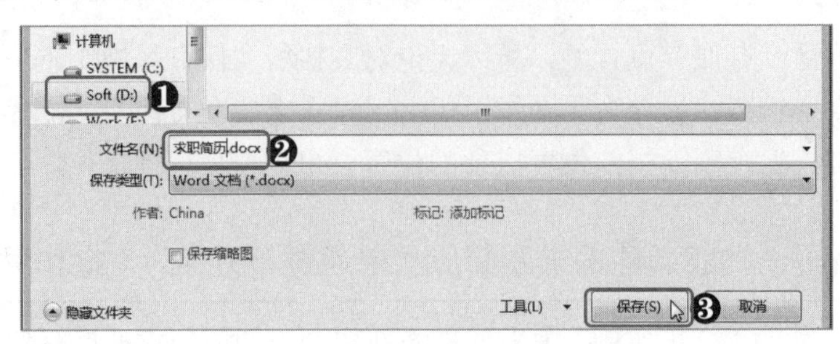

图 2-9　设置保存位置和名称

（2）“保存”操作

“保存”操作可以快速将文档保存到当前位置，但前提是文档已经有保存位置。“保存”操作的具体操作方法有如下 3 种。

- ◆ 在快速访问工具栏单击“保存”按钮，如 2-10 左图所示。
- ◆ 单击“文件”选项卡，在打开的界面中单击“保存”按钮，如 2-10 右图所示。

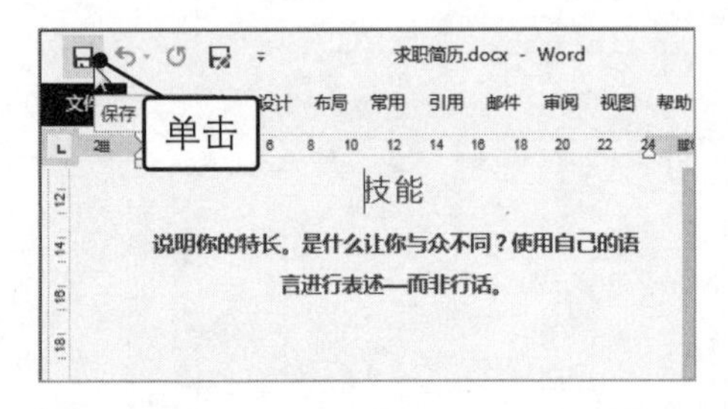

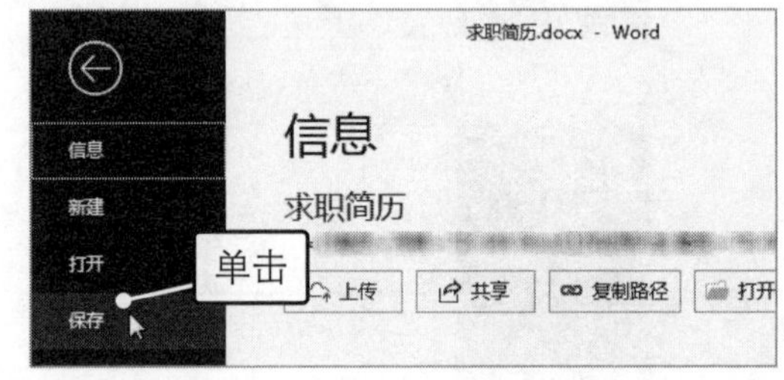

图 2-10　保存文档

- ◆ 按【Ctrl+S】组合键可以快速保存文档。

2.1.3 打开文档

要查看或编辑某一文档，就必须打开该文档。对于 Word 文档而言，其打开方式有两种，即直接打开和通过 Word 程序打开，下面分别进行介绍。

（1）直接打开

如果文档不需要使用特殊的模式进行打开，如只读、副本模式等，且文档的保存位置明确，则可以使用直接打开的方式。其操作简单、快捷，只需要找到文件，直接在其上双击即可打开。

（2）通过 Word 程序打开

当文档需要以只读模式或副本模式打开，或者需要进行修复时，可以通过 Word 程序打开。此外，如果需要打开某一近期使用过的文档，而不清楚文档所在位置时，也可以通过 Word 程序打开。以下是通过 Word 程序打开文档的操作步骤。

打开 Word 2016 程序，在欢迎界面有“最近使用的文档”列表（在“文件”选项卡的“打开”选项卡中也可以找到最近使用的文档列表），从中选择需要打开的文档即可将其快速打开；也可以单击“打开其他文档”超链接，然后在打开的“打开”界面中单击“浏览”按钮，如图 2-11 所示。

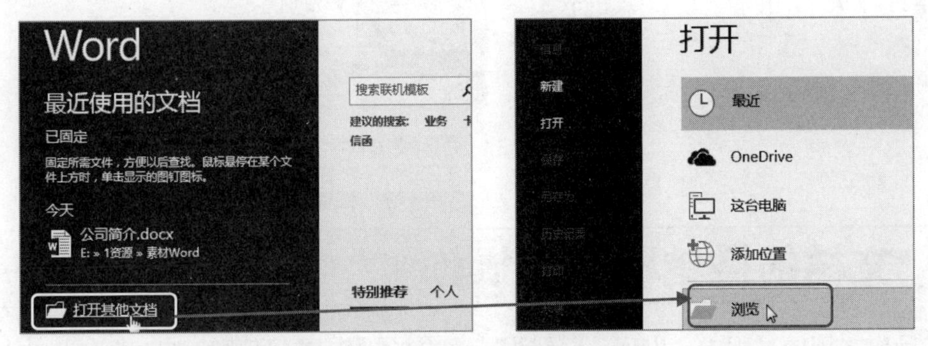

图 2-11　单击“浏览”按钮

打开“打开”对话框后，在其中选择需要打开的文件所在位置，再选择待打开的文件，单击“打开”按钮即可将其打开。如果要以某种模式打开，可单击“打开”按钮右侧的下拉按钮，在弹出的下拉列表中选择合适的打开模式即可，如选择“以只读方式打开”选项，如图 2-12 所示。

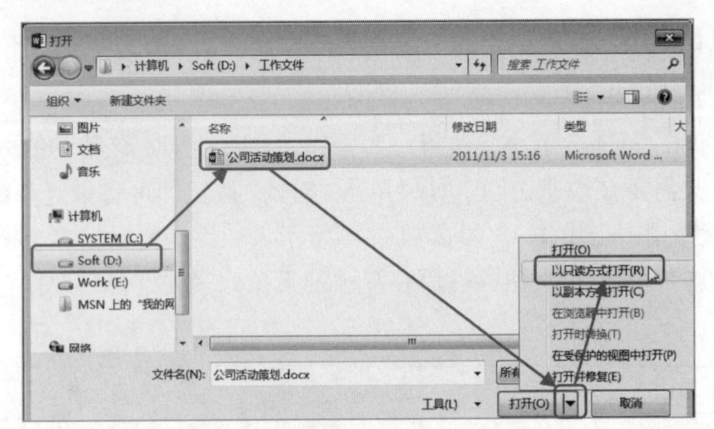

图 2-12　选择文档打开模式

【注意】如果当前已经打开了 Word 2016 程序，还需要打开其他文档，也可以找到文件，按住鼠标左键不放将其拖动到 Word 工作界面的标题栏位置，释放鼠标即可将其打开。

2.1.4 关闭文档

文档编辑完成或使用完毕后，就可以将该文档关闭，以节省电脑内存空间。Word 2016 的工作界面右上角有“关闭”按钮；在“文件”选项卡中也有“关闭”按钮。关闭文档只需要单击任意一个“关闭”按钮即可，如图 2-13 所示。

【注意】如果当前只打开一个文档，执行“关闭”操作后，将退出 Word 程序，此外也可以按【Ctrl+W】组合键关闭文档。

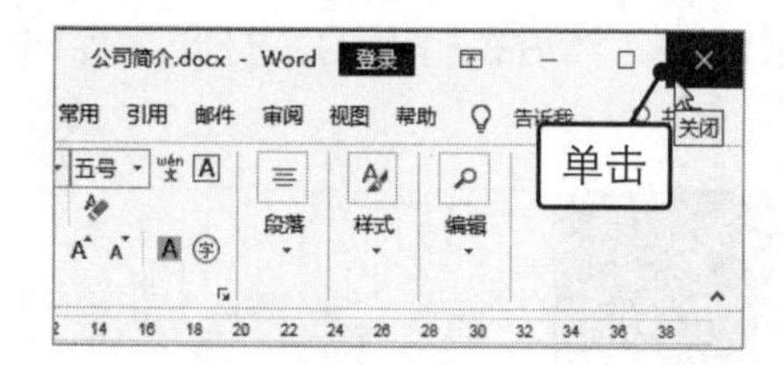

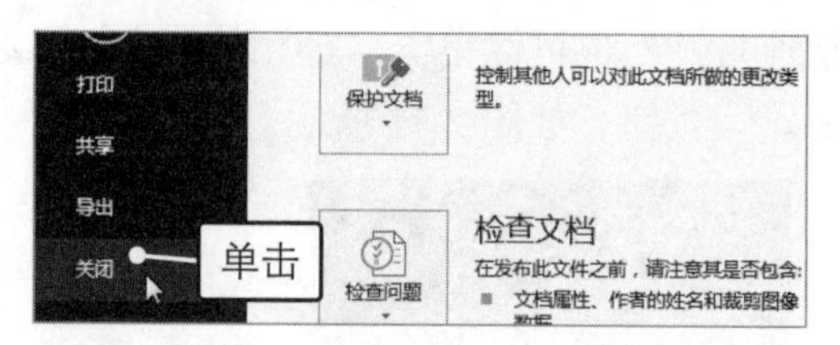

图 2-13 关闭文档

2.2 文档的撤销和恢复操作

在操作文档的过程中，出现一些错误或多余的操作是不可避免的，而如果执行了这些错误操作，再手动将文档还原会浪费很多时间。这时便可以使用撤销功能来将最近进行的操作撤销，而与撤销对应的便是恢复操作。

2.2.1 撤销最近执行的操作

Word 可以记录用户最近执行的一定数量的操作，而撤销功能就是依据这个操作记录逐步进行操作的撤销。

在编辑文档时，可能会不小心执行一些操作，如移动了不该移动的内容、误删了某一部分文本等。只需要在快速访问工具栏单击“撤销”按钮即可将最近一次操作撤销（每单击一次按钮就撤销一个操作），如 2-14 左图所示。如果需要撤销多个操作，则可以单击“撤销”按钮右侧的下拉按钮，然后在弹出的下拉列表中选择需要撤销的操作即可，如 2-14 右图所示。

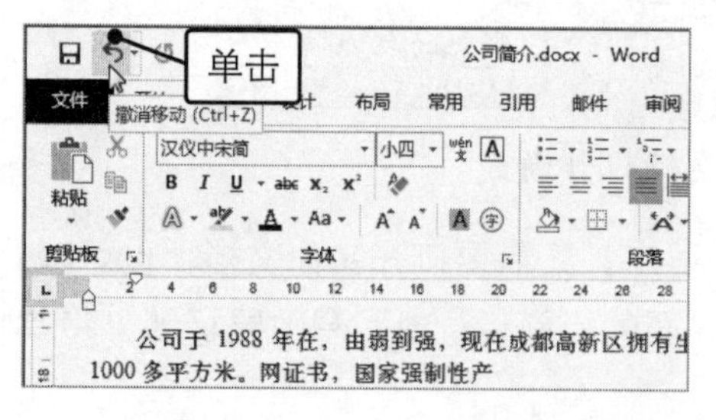

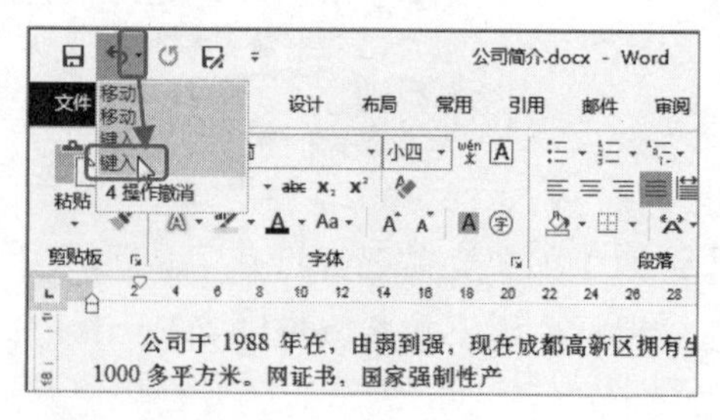

图 2-14 撤销最近执行的操作

小技巧：使用快捷键撤销操作

在大部分 Office 软件中，都可以通过按【Ctrl+Z】组合键来快速执行撤销操作。

2.2.2 恢复被撤销的操作

恢复操作是与撤销操作截然相反的，其作用是将被撤销的操作恢复。因此，在未执行撤销操作时，是无法执行恢复操作的。Word 的快速访问工具栏在默认情况下只显示“撤销”按钮，需要用户至少执行一次“撤销”操作，“恢复”按钮才会显示在快速访问工具栏中。

【注意】与撤销操作相同，每单击一次“恢复”按钮可恢复一步操作。与撤销不同的是，恢复无法一次性恢复多个被撤销的操作，只能逐步恢复，其快捷键为【Ctrl+Y】组合键（一般不使用此快捷键，因为此快捷键在某些软件中并不支持恢复操作，且可能造成意料之外的错误）。

2.3 保护文档的方法

在文档的众多操作中，保护文档是非常重要的。尤其是工作中的文档，更需要很好地保护起来，以防止被任意编辑或查看。本节就针对 Word 文档的各种保护方法进行具体介绍。

2.3.1 标记文档为最终状态

被标记为最终状态的文档不允许进行编辑，而且功能区也会被折叠。即使展开功能区，所有文档编辑操作的功能都显示为灰色，即不可用状态。将文档标记为最终状态可以有效地防止文档被意外修改，其操作方法如下。

打开需要标记为最终状态的文档，在“文件”选项卡的“信息”选项卡中单击“保护文档”下拉按钮，在弹出的下拉菜单中选择“标记为最终状态”命令，然后在依次打开的对话框中单击“确定”按钮即可，如图 2-15 所示。

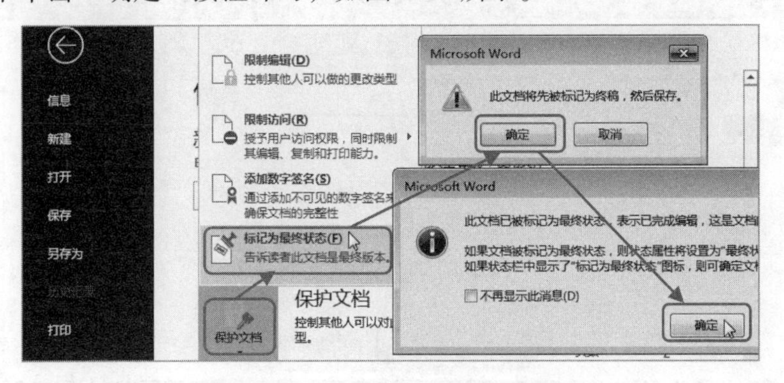

图 2-15　将文档标记为最终状态

文档被标记为最终状态后，标题栏的文件名后面会附带“只读”二字，以提示用户该文档只可读取，功能区下方会出现“标记为最终版本”的提示信息。如果用户需要对文档进行编辑，则可单击“仍然编辑”按钮，如图 2-16 所示。

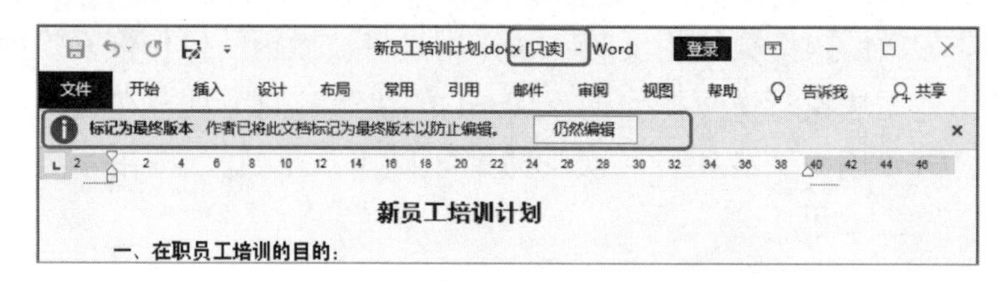

图 2-16　标记为最终状态的文档效果图

2.3.2 对文档进行加密

对文档进行加密是一种安全度很高的文档保护方式，就是通过密码给文档上锁，每次打开文档都需要验证密码，输入正确后才可以继续打开文档。对于重要的文档，且不希望他人查看时，可以将文档进行加密。

 [分析实例]——用密码对“订购合同”文档进行加密

下面以用密码对“订购合同”文档进行加密为例来讲解对文档进行加密的相关操作。如图 2-17 所示为用密码进行加密的前后对比效果。

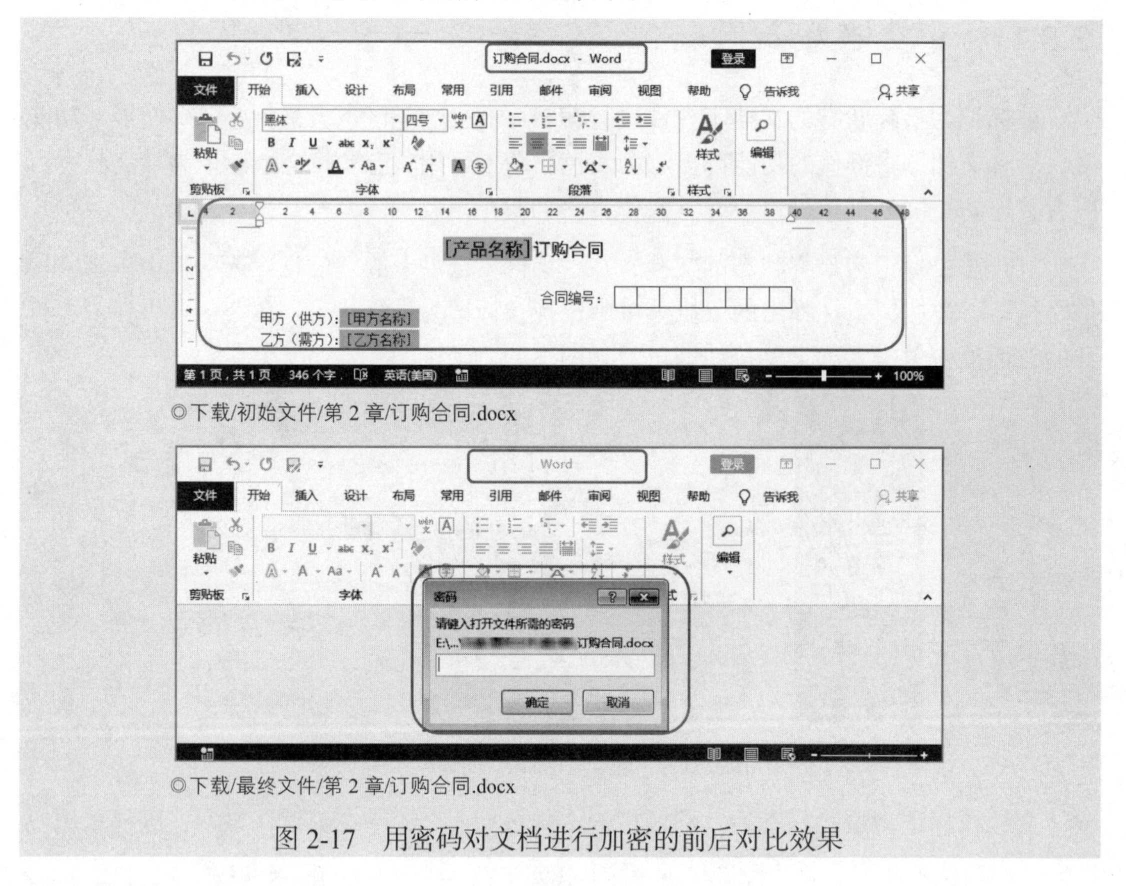

◎下载/初始文件/第 2 章/订购合同.docx

◎下载/最终文件/第 2 章/订购合同.docx

图 2-17　用密码对文档进行加密的前后对比效果

其具体操作步骤如下。

Step01 打开素材文件，❶在“文件”选项卡的“信息”选项卡中单击“保护文档”下拉按钮，❷在弹出的下拉菜单中选择“用密码进行加密”命令，如图 2-18 所示。

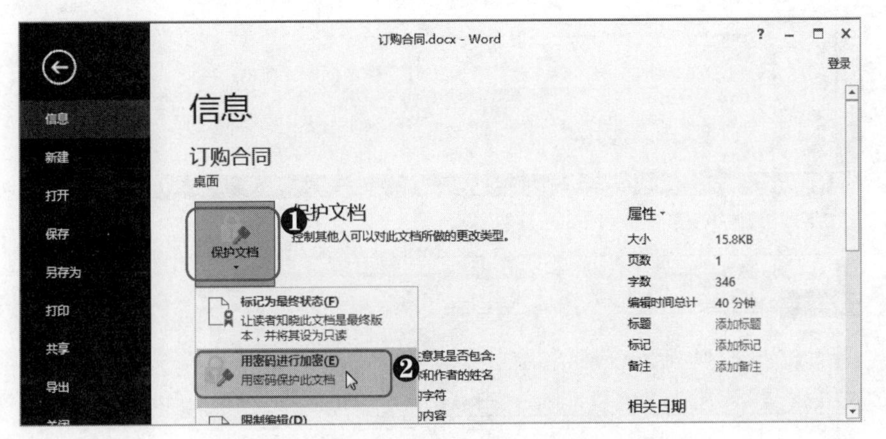

图 2-18 选择“用密码进行加密”命令

Step02 ❶在打开的“加密文档”对话框的“密码”文本框中输入密码，如输入“1234”，❷单击“确定”按钮，❸在打开的“确认密码”对话框的“重新输入密码”文本框中再次输入相同的密码，❹单击“确定”按钮，如图 2-19 所示，然后保存并关闭文档即可。

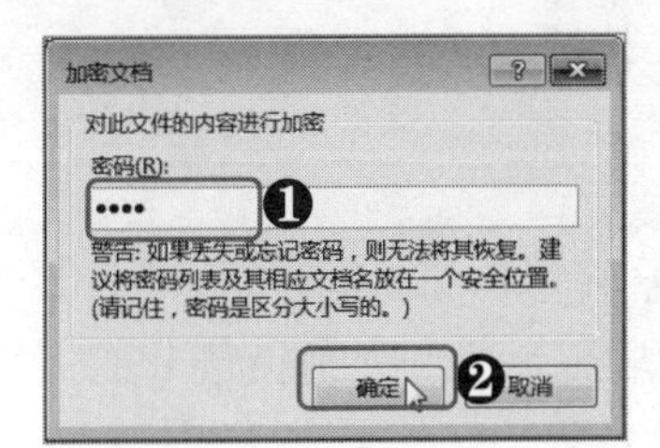

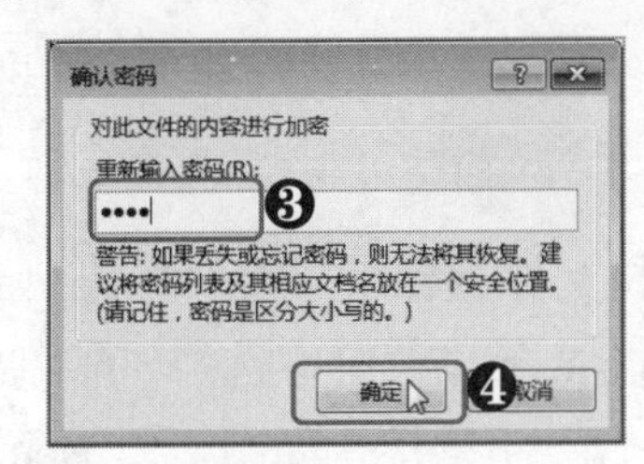

图 2-19 输入密码和确认密码

使用密码对文档进行加密后，再次打开文档时会打开“密码”对话框，输入正确的密码并单击“确定”按钮即可打开文档，否则无法打开文档。

2.3.3 限制编辑文档

如果希望文档可以被他人查看，且只可以进行指定的编辑操作，则可以为文档设置限制编辑。

[分析实例]——将“售楼部管理制度”文档设置为只允许进行修订

下面以设置“售楼部管理制度”文档只允许进行修订操作为例，来讲解限制编辑文档的相关操作。如图 2-20 所示为限制编辑文档的前后对比效果。

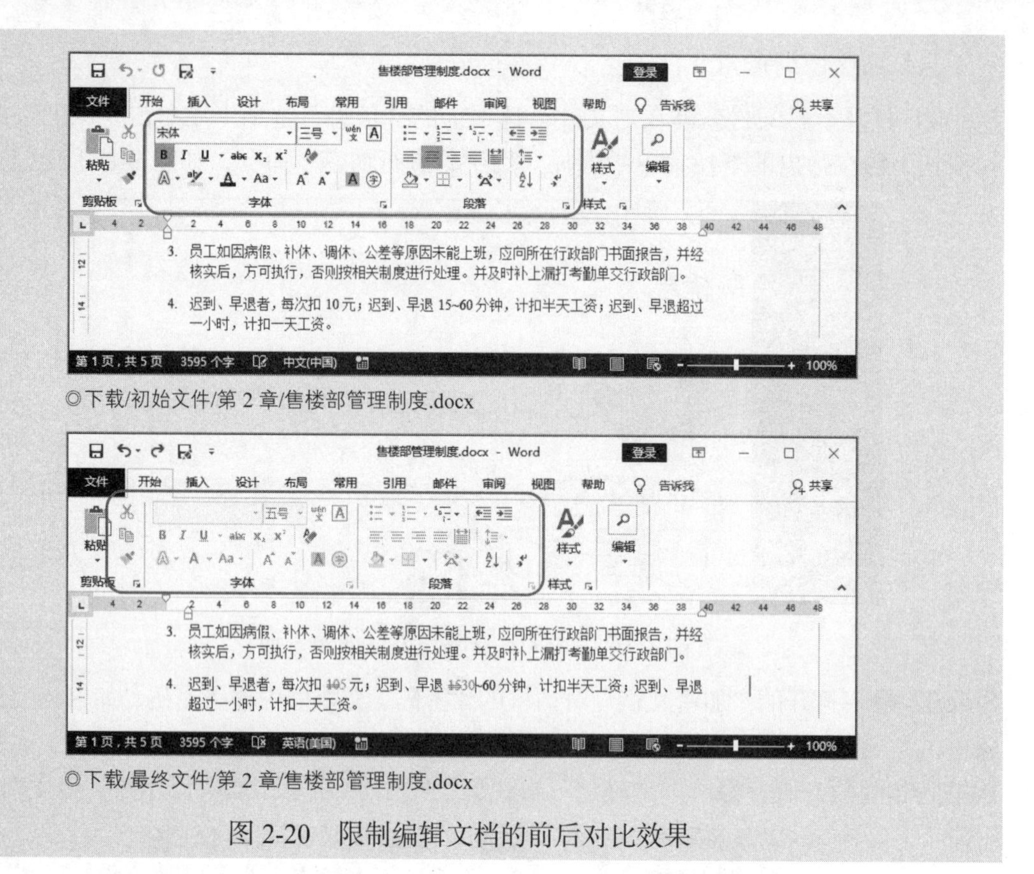

◎下载/初始文件/第 2 章/售楼部管理制度.docx

◎下载/最终文件/第 2 章/售楼部管理制度.docx

图 2-20　限制编辑文档的前后对比效果

其具体操作步骤如下。

Step01 打开素材文件，❶在“文件”选项卡的“信息”选项卡中单击“保护文档”下拉按钮，❷在弹出的下拉菜单中选择“限制编辑”命令，❸在打开的“限制编辑”任务窗格中单击“设置”超链接，如图 2-21 所示。

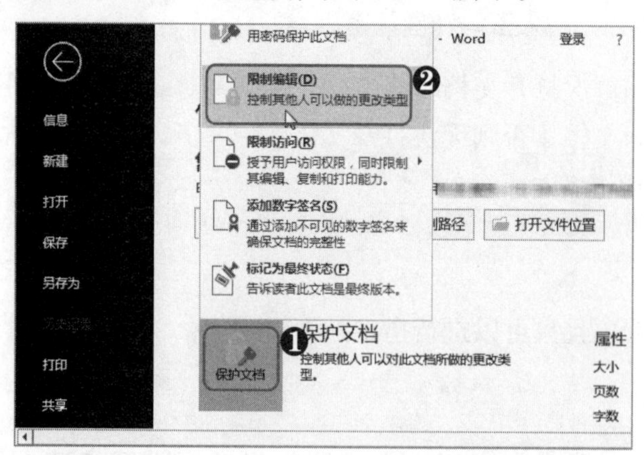

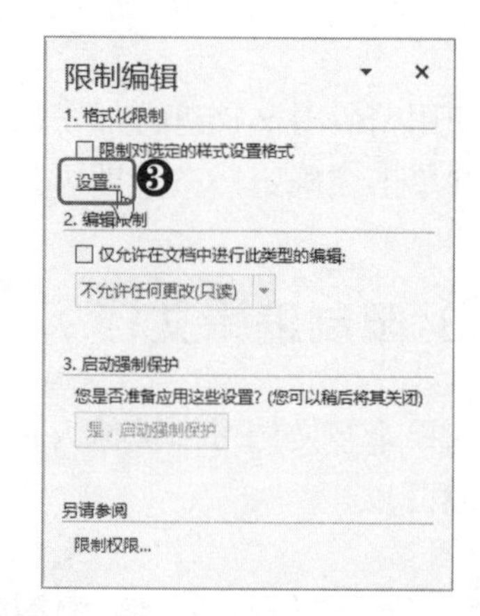

图 2-21　单击“设置”超链接

Step02 ❶在打开的“格式设置限制”对话框中选中“限制对选定的样式设置格式”复选框，此时“当前允许使用的样式”列表框中默认选中所有样式，❷根据实际情况取消选中允许被修改的样式对应的复选框，❸在“格式”栏中选中需要的复选框，❹单击“确定”按钮，❺在打开的对话框中单击“否”按钮，如图 2-22 所示。

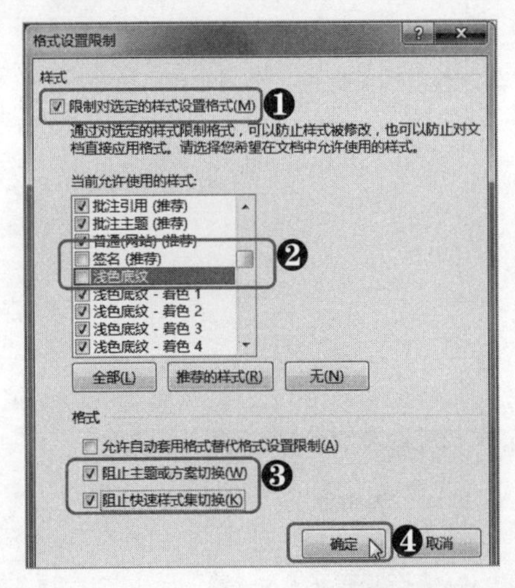

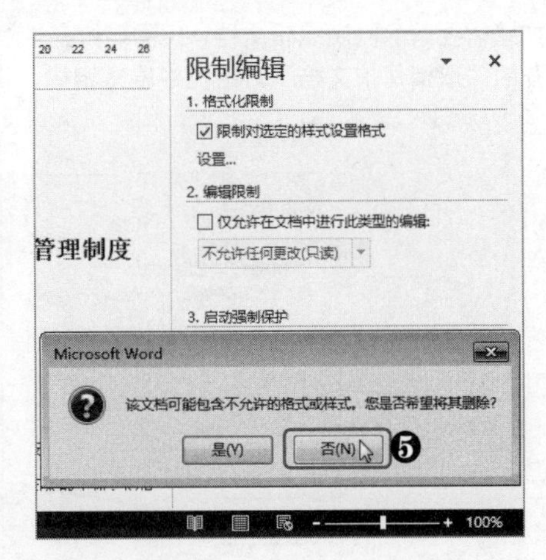

图 2-22　设置格式化限制

Step03 ❶在“编辑限制”栏中选中“仅允许在文档中进行此类型的编辑”复选框，❷在其下的下拉列表框中选择“修订”选项，❸在“启动强制保护”栏中单击“是，启动强制保护”按钮，❹在打开的“启动强制保护”对话框的“新密码”文本框中输入密码，这里输入“123”，❺在“确认新密码”文本框中再次输入“123”，❻单击“确定”按钮，如图 2-23 所示。

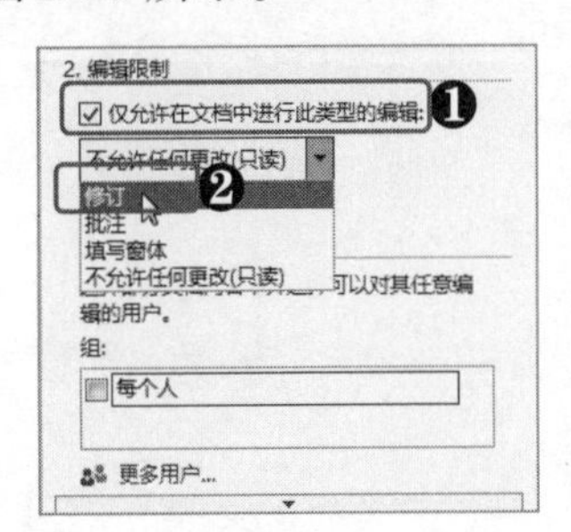

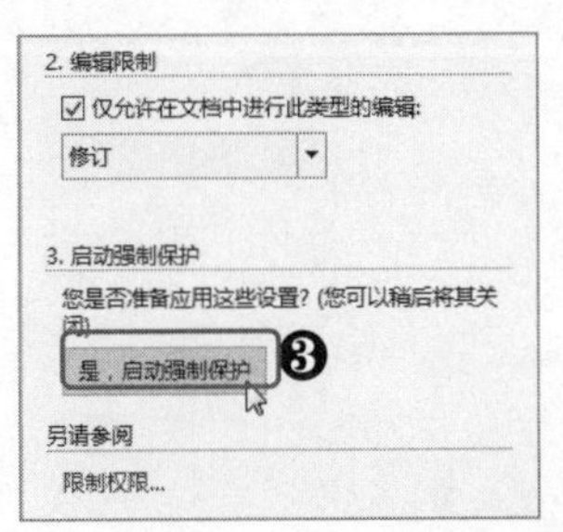

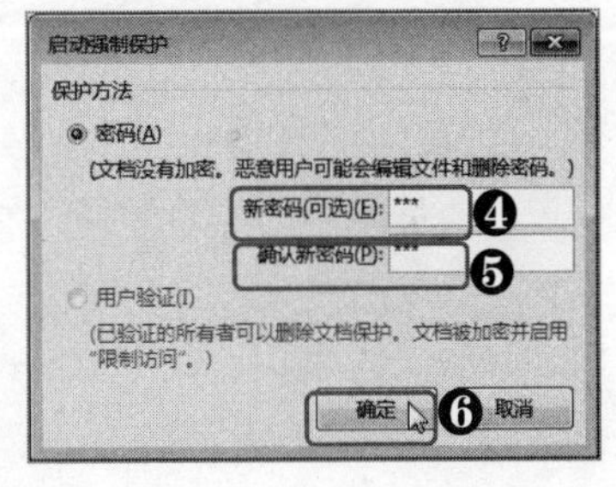

图 2-23　启动强制保护

Step04 执行上述操作之后，该文档将会根据设置相应地限制文档的格式编辑功能，且对文档进行的编辑操作将默认以修订的形式呈现，如图 2-24 所示。

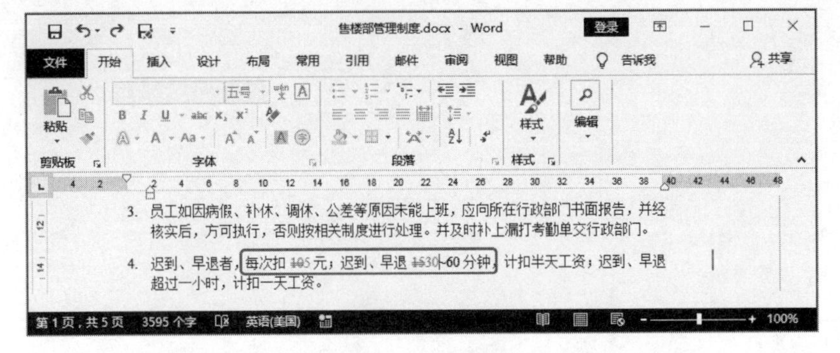

图 2-24　对文档进行编辑以修订的形式呈现

小技巧：解除文档的“限制编辑”状态

如果需要解除限制编辑文档，只需要打开“限制编辑”任务窗格，然后单击“停止保护”按钮，在打开的“取消保护文档”对话框中输入密码，再单击“确定”按钮即可，如图 2-25 所示。

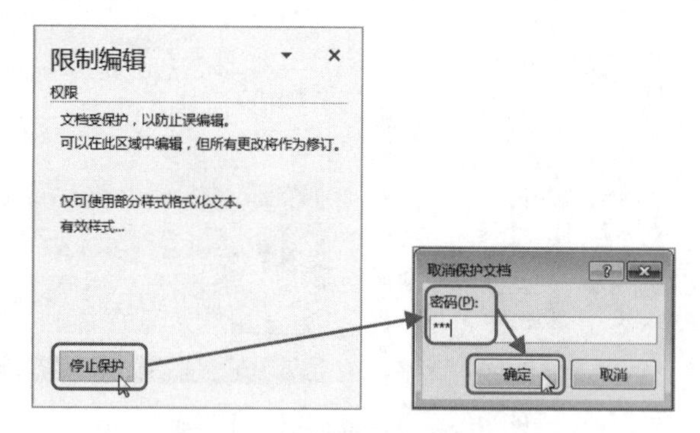

图 2-25　解除限制编辑文档

第3章 在文档中输入和编辑文本

文本是文档的主要内容，尤其是对于纯文本文档而言，其制作过程的主要工作就是输入与编辑文本。Word 作为一款以强大的文字处理功能脱颖而出的办公软件，其文本的输入和编辑操作都是在满足用户需求的同时，尽可能使操作简单、便捷。所以学习 Word 的文本输入和编辑操作比较容易，经过本章地详细介绍，相信读者可以很快掌握。

|本|章|要|点|

- 文本的输入
- 根据需要选择文本
- 文本的常见编辑操作
- 美化文本内容
- 项目符号、编号的使用
- 为文本快速设置格式

3.1 文本的输入

输入文本是制作文档中最基础，也最重要的操作。根据输入内容的不同，我们将文本的输入分为 4 种类型，即输入普通文本、输入特殊字符、输入当前日期和时间以及输入公式。

3.1.1 输入普通文本

输入普通文本是日常办公中使用最多的文本输入类型，就是通过键盘直接在编辑区的文本插入点所在位置键入文本内容。

【注意】打开文档后，编辑区有一条不断闪烁的黑色竖线，这就是文本插入点。文本只能输入文本插入点的位置。随着文本的输入，文本插入点会自动后移。用户可以通过单击或双击将文本插入点定位到需要输入文本的位置。

如图 3-1 所示，新建空白文档并打开后，文本插入点出现在编辑区的起始位置，通过键盘输入，文本即可出现在该位置，且文本插入点随之往右侧移动。

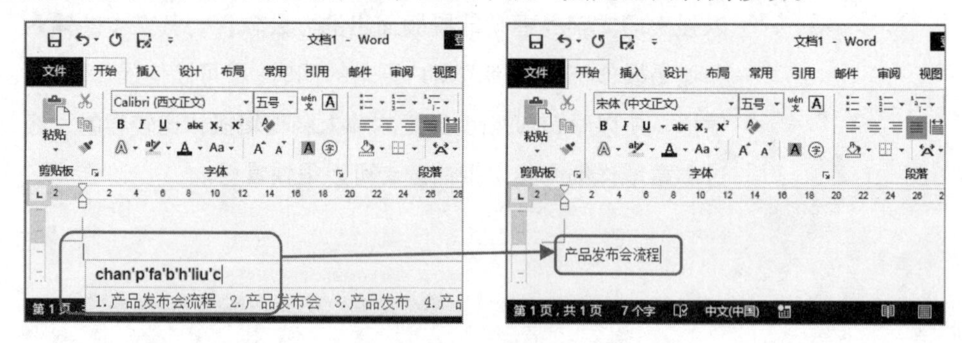

图 3-1　输入普通文本

3.1.2 输入特殊字符

在制作文档时，可能会需要输入某些特殊符号，而在键盘上又无法输入这些特殊字符，此时便可使用 Word 的插入符号功能来完成特殊字符的输入。下面通过实例介绍其使用方法。

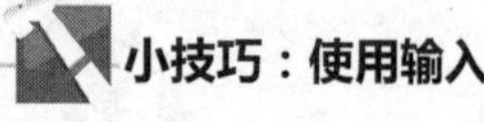

小技巧：使用输入法 V 模式输入符号

许多中文输入法软件都可以使用输入“v+0～9 数字键”的方式来进行符号的输入。比如使用搜狗输入法时，输入“v1”后在候选框会出现许多符号，如“√”、“◇”、“★”等；输入“v2”则可以在候选框选择输入“①”、“Ⅵ”等序号。

[分析实例]——在“企业 LOGO”文档中插入特殊字符“♐”

这里以在“企业 LOGO”文档中插入字符“♐”为例，来讲解插入符号功能的相关操作方法。如图 3-2 所示为插入特殊字符的前后对比效果。

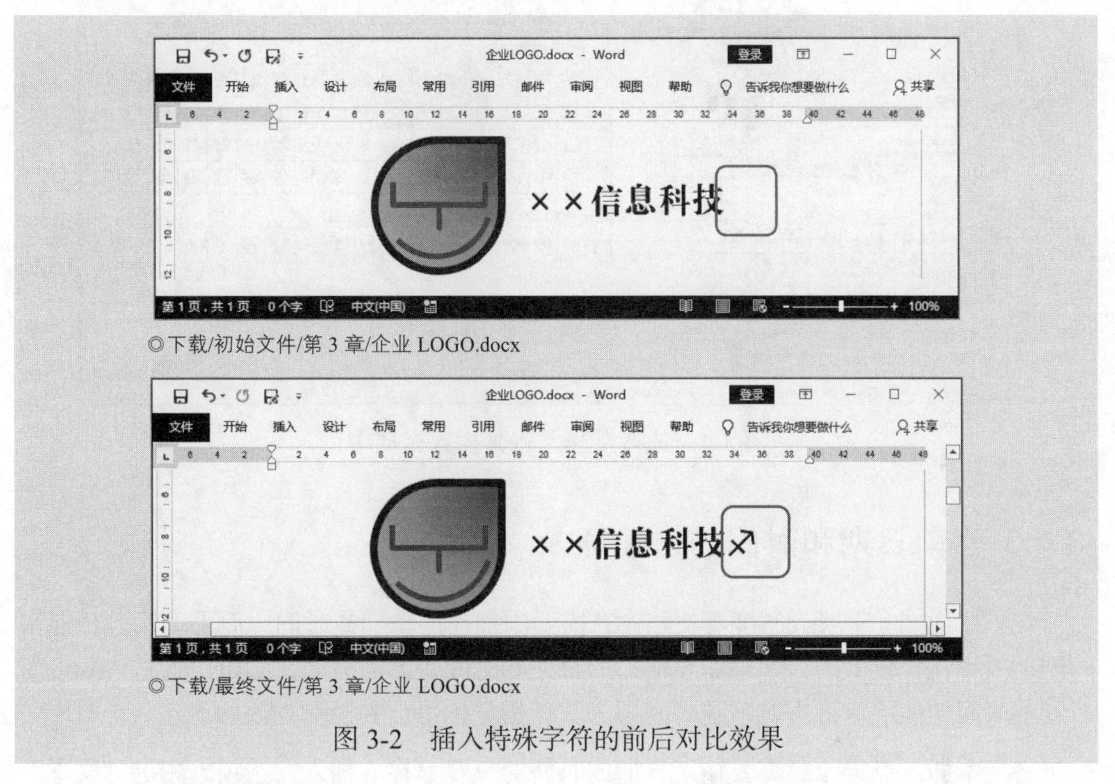

◎下载/初始文件/第 3 章/企业 LOGO.docx

◎下载/最终文件/第 3 章/企业 LOGO.docx

图 3-2　插入特殊字符的前后对比效果

其具体操作步骤如下。

Step01 打开素材文件，❶单击将文本插入点定位到需要输入特殊字符的位置，❷单击“插入”选项卡，❸在“符号”组中单击“符号”下拉按钮，❹在弹出的下拉菜单中选择“其他符号”命令（如果使用过插入符号功能，则在此下拉菜单中可以直接选择近期使用过的符号插入文档中），如图 3-3 所示。

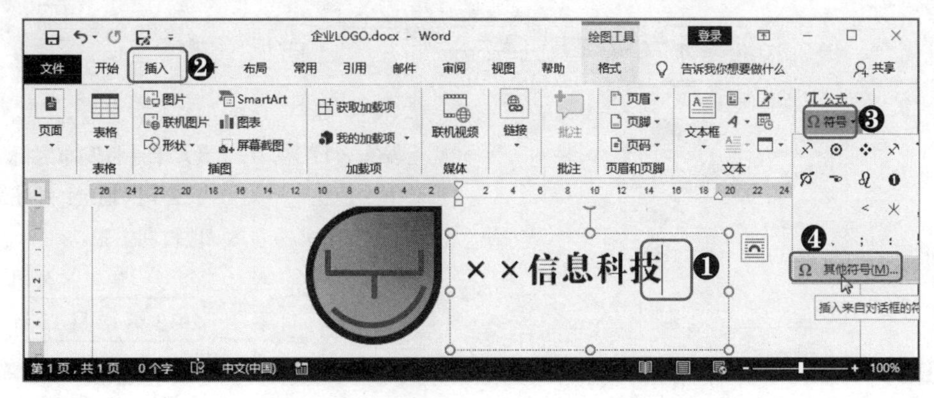

图 3-3　选择“其他符号”命令

Step02 ❶在打开的“符号”对话框的“符号”选项卡中单击“字体”下拉列表框右侧的下拉按钮，❷选择“Wingdings”选项，❸在符号列表框中选择需要的符号，❹单击“插入”按钮即可将所选符号插入文档的指定位置（每单击一次“插入”按钮插入一个符号），如图 3-4 所示，然后关闭对话框即可。

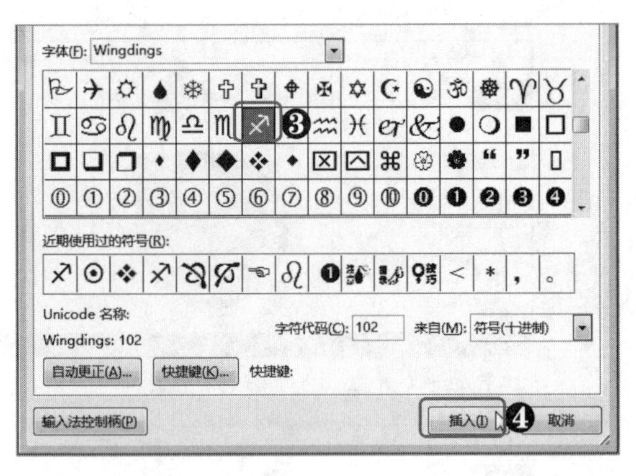

图 3-4　选择符号并将其插入文档中

3.1.3 当前日期和时间的快速插入

在一些通知、手册或制度等文档中，需要添加当前日期或时间，而手动输入日期和时间的效率是比较低的。如果需要输入的日期和时间是当前时间，则可以通过 Word 的日期和时间功能快速将当前系统时间插入文档指定位置，其操作方法如下。

将文本插入点定位到需要输入日期或时间的位置，在“插入”选项卡中的“文本”组中单击“日期和时间”按钮，然后在打开的“日期和时间”对话框的“语言”下拉列表框中选择“中文”选项，在“可用格式”列表框中选择需要的日期或时间格式，再单击“确定”按钮即可快速插入日期或时间，如图 3-5 所示。

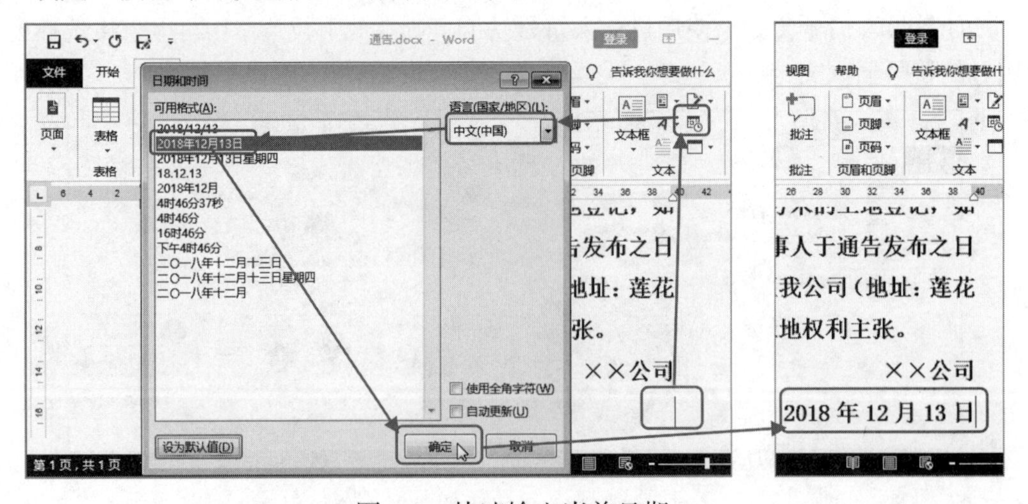

图 3-5　快速输入当前日期

小技巧：使用输入法快速输入当前日期和时间

使用中文输入法软件在中文输入状态下依次按【S】键和【J】键即可在候选框中选择需要输入的时间，如3-6左图所示；依次按【R】键和【Q】键即可在候选框中选择需要输入的日期，如3-6右图所示。

图 3-6　使用输入法输入当前时间和日期

3.1.4 插入公式

公式有比较简单的公式，也有复杂的公式。对于一些比较简单的公式，即只包含四则运算的公式，我们可以通过键盘直接输入。但是对于复杂的公式，仅使用键盘输入是非常困难的。为了方便用户在文档中输入公式，Word 提供了插入公式的功能，其中有许多内置的公式可供用户选择使用，其操作方法如下。

将文本插入点定位到需要插入公式的位置，在“插入”选项卡的“符号”组中单击“公式”下拉按钮，然后在弹出的下拉菜单中即可选择需要的公式，将公式插入指定位置。如果在下拉菜单中没有需要的公式，则可以选择“Office.com 中的其他公式”命令，然后在其子菜单中选择需要的公式即可，如图 3-7 所示。

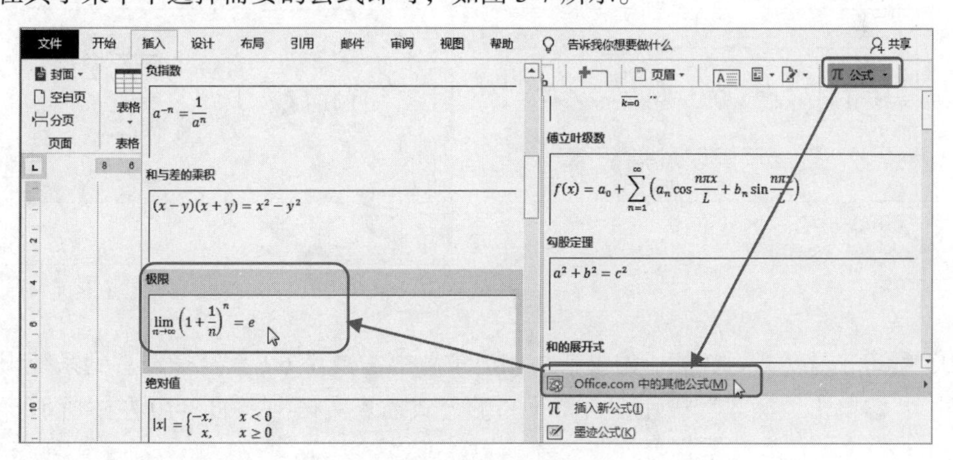

图 3-7　插入内置公式

知识延伸　*使用墨迹公式功能手写公式并插入文档中*

Word 中不可能将用户会用到的公式全部内置到软件中，如果用户需要的公式不是内置公式，则依然要自行输入。而 Word 为用户提供了墨迹公式功能，此功能可以让用户在对话框中拖动鼠标将公式手写出来，确认公式正确后即可将其插入文档中。

下面通过在文档中插入一个比较复杂的有三角函数和根号的公式为例，对墨迹公式的使用进行具体讲解，其操作步骤如下。

Step01 ❶在“插入”选项卡的“符号”组中单击“公式”下拉按钮，❷在弹出的下拉菜单中选择“墨迹公式”命令，如图 3-8 所示。

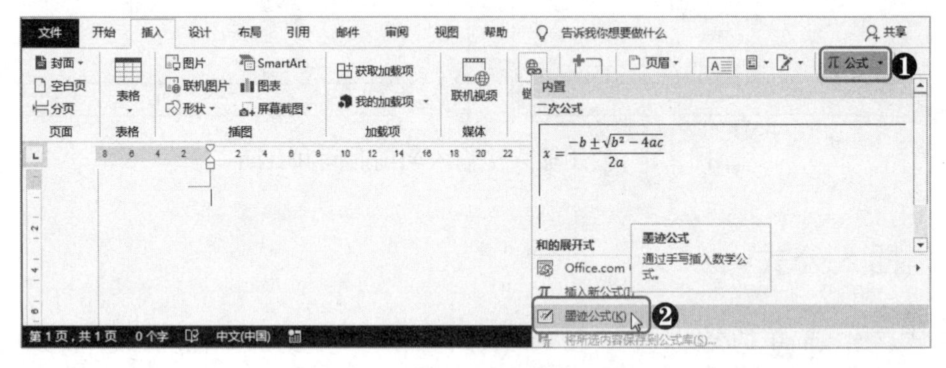

图 3-8　选择“墨迹公式”命令

Step02 ❶在打开的对话框中使用鼠标将公式写出来，在书写过程中可以实时预览系统识别出的公式是否正确，这里发现数字 6 被识别成了 σ 符号，❷单击“擦除”按钮，❸将手写公式中的“6”擦除，如图 3-9 所示。

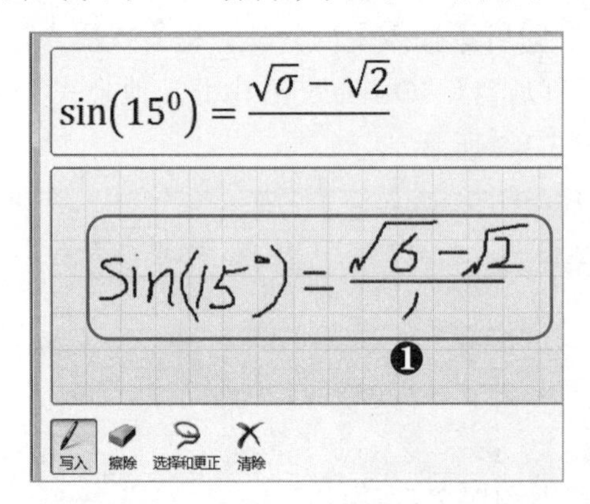

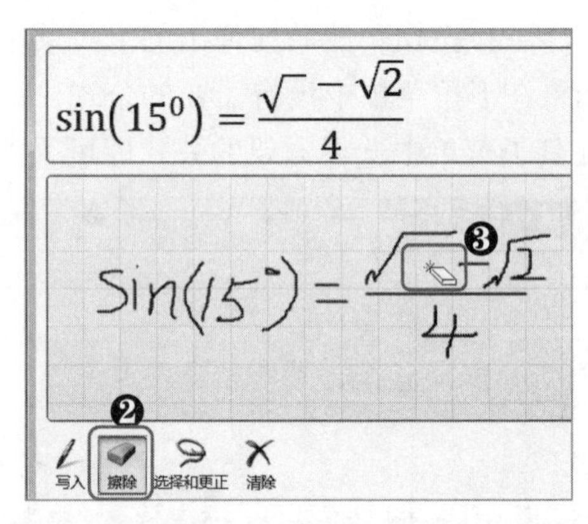

图 3-9　手写公式

Step03 ❶单击“写入”按钮，❷重新在相应位置书写数字 6（重复操作直到系统识别正确为止），❸单击“插入”按钮即可将手写的公式插入文档中，如 3-10 左图所示。

小技巧：将编辑完成的公式保存到公式库

用户可以将一些常用的公式保存到 Word 的公式库中，其操作为：选择已插入文档的公式，单击“公式选项”下拉按钮，在弹出的下拉菜单中选择“另存为新公式”命令，然后在打开的对话框中进行设置并确定即可，如 3-10 右图所示。

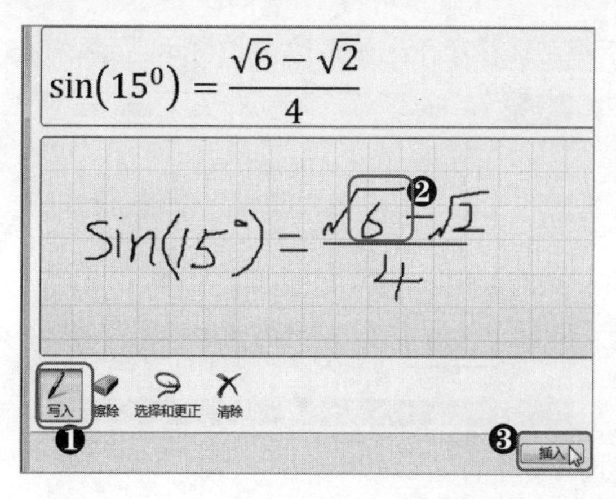
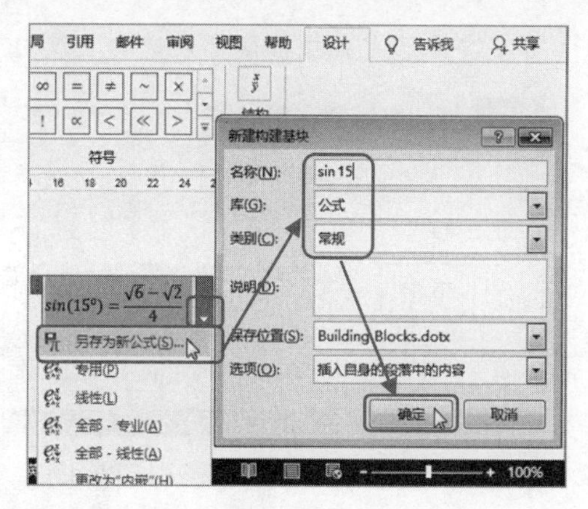

图 3-10　修改公式后插入文档和保存公式

3.2 根据需要选择文本

要对文档中的文本进行编辑就需要先选择待编辑的文本，而选择文本可以通过鼠标选择，也可以通过键盘选择，还可以结合使用键盘与鼠标进行选择，下面分别进行介绍。

3.2.1 使用鼠标选择文本

使用鼠标选择文本是比较常用的一种文本选择方式，可以用于选择连续的文本、段落等。用鼠标选择文本的方法有多种，具体如下。

- **选择连续文本**：选择连续文本是编辑文本时最常见的方法，其操作比较简单，只需要在待选择文本的起始位置按住鼠标左键拖动到结束位置后释放鼠标即可，如 3-11 左图所示。
- **选择词组**：在输入文本时，可能会有某些词语输入错误，这时就需要选择错误的词组然后进行修改，其操作为：在待选择的词组上双击即可，如 3-11 右图所示。

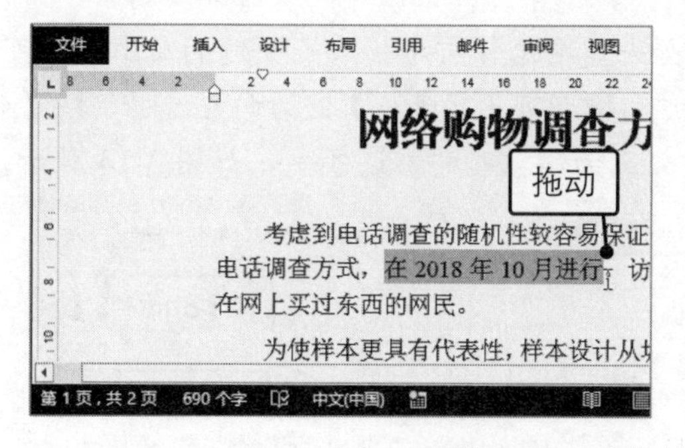

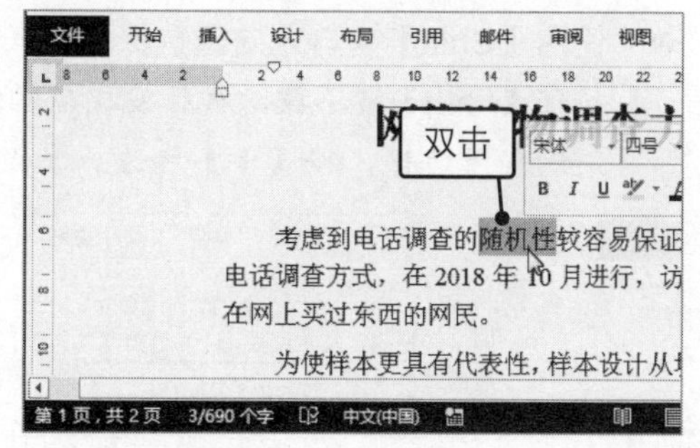

图 3-11　选择连续文本或词组

- **选择整行**：Word 文档的页面左侧空白区域有选定栏，可以用于快速选择文本。如果要选择某一行文本，直接将鼠标光标移动到该行左侧的选定栏，当鼠标光标变为形状时单击即可选择该行文本，如 3-12 左图所示。如果要选择多行文本，则只需要在选定栏按住鼠标左键向上或向下拖动选择即可，如3-12右图所示。

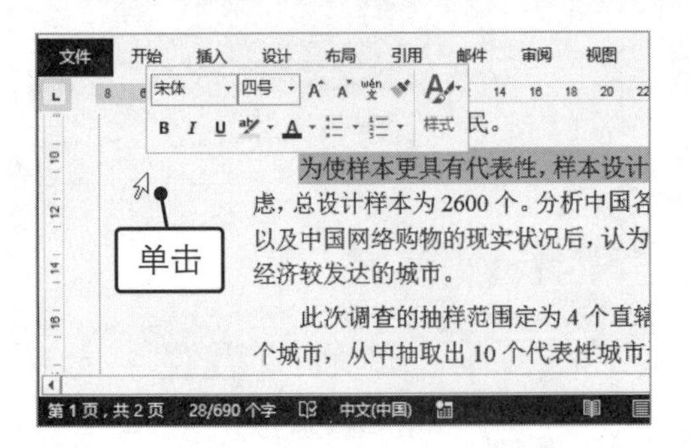

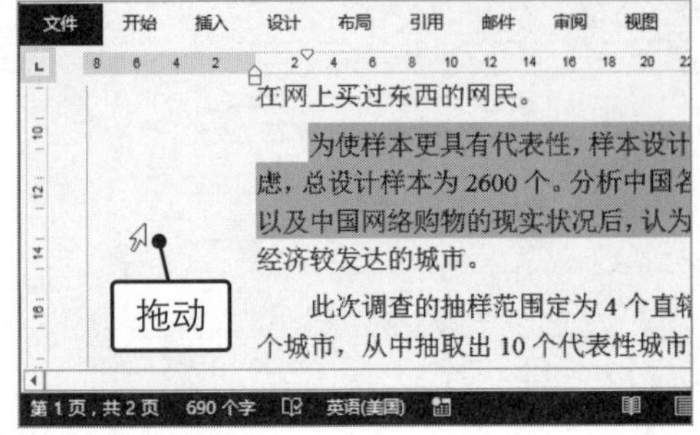

图 3-12　选择文本行

- **选择段落**：选择段落有两种方式，可以在待选择段落中三击；或者在段落左侧的选定栏中双击，如3-13左图所示。
- **选择全文**：如果要选择文档的全部内容，则只需要在选定栏三击即可，如3-13右图所示。

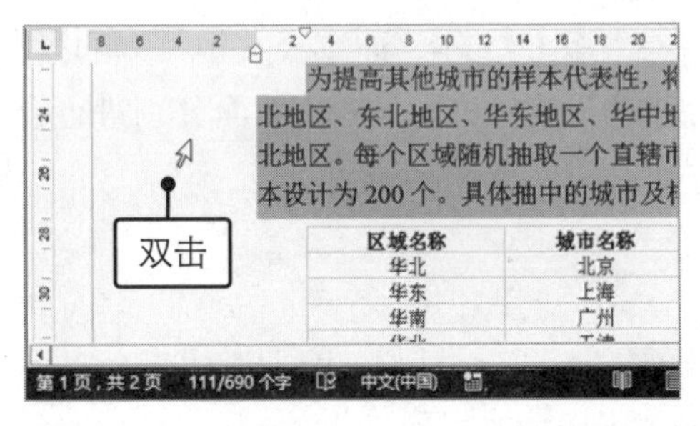

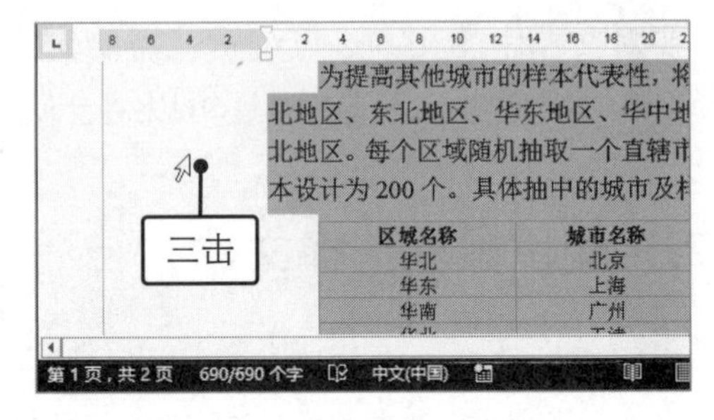

图 3-13　选择段落或全文

3.2.2 通过键盘选择文本

使用键盘同样可以选择文本，且在一些特殊情况下，使用键盘选择文本的效率比使用鼠标选择更高，下面具体介绍通过键盘选择文本的操作方法。

- **使用【Shift】键与方向键选择文本**：如果需要选择文本插入点旁边的文本，则可以按住【Shift】键不放，然后按相应的方向键即可（按【←】键为向左选择，按【↓】键则向下选择，按【↑】和【→】键分别为向上和向右选择），如图3-14所示。

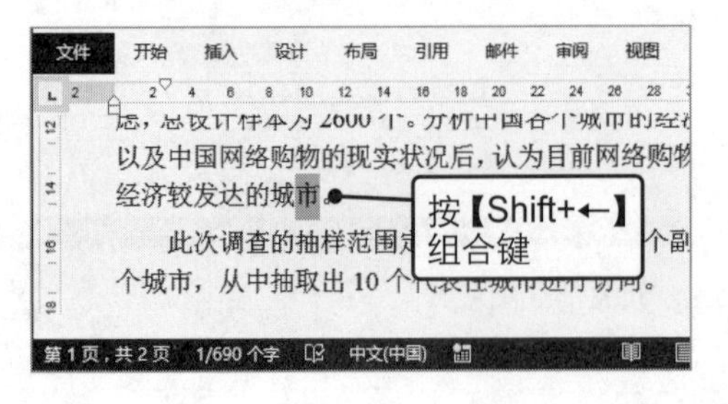

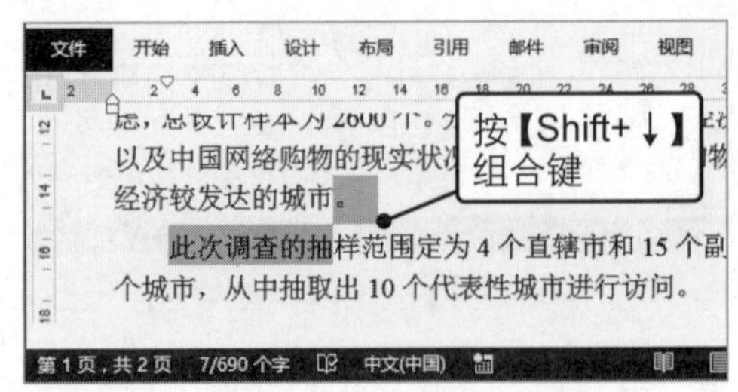

图 3-14　向左和向下选择文本

◆ **使用【Shift】键与翻页键选择文本**：如果按住【Shift】键不放，再按【PageUp】键则可以选择上一屏的文本；而按【PageDown】键则可以选择下一屏的文本，如图 3-15 所示。

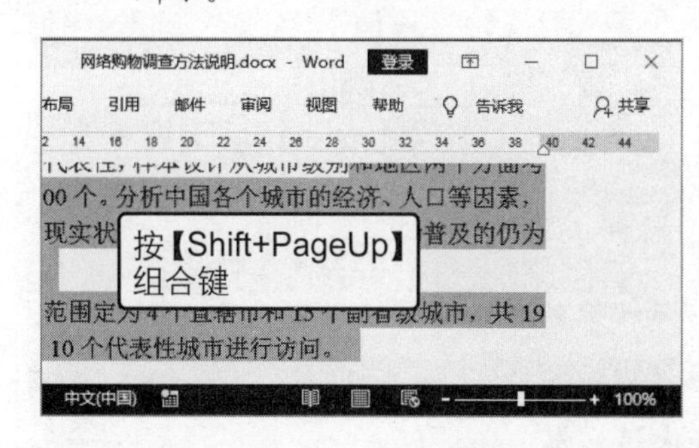

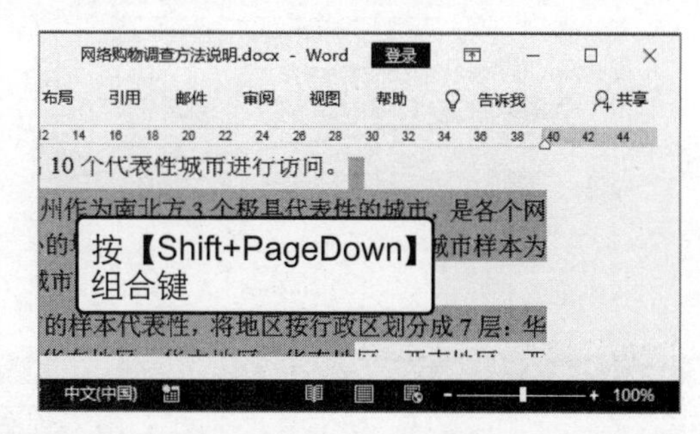

图 3-15 向上或向下选择一屏文本

提个醒：何为一屏文本

所谓选择上（下）一屏文本其实就是指系统根据当前 Word 窗口大小，以文本插入点为基准向上（或向下）选择恰好占满当前屏幕的文本内容。

◆ **选择全文**：如果要选择文档全部内容，只需要按【Ctrl+A】组合键即可。

3.2.3 键盘与鼠标结合选择文本

键盘与鼠标结合使用可以完成一些比较复杂的文本选择操作，如选择不连续的文本、跨页文本等。

◆ **选择不连续文本**：如果要选择文档中不连续的文本，则必须结合使用键盘和鼠标来完成，其操作为：先选择第一部分文本，然后按住【Ctrl】键不放，再选择其他文本即可，如图 3-16 所示。

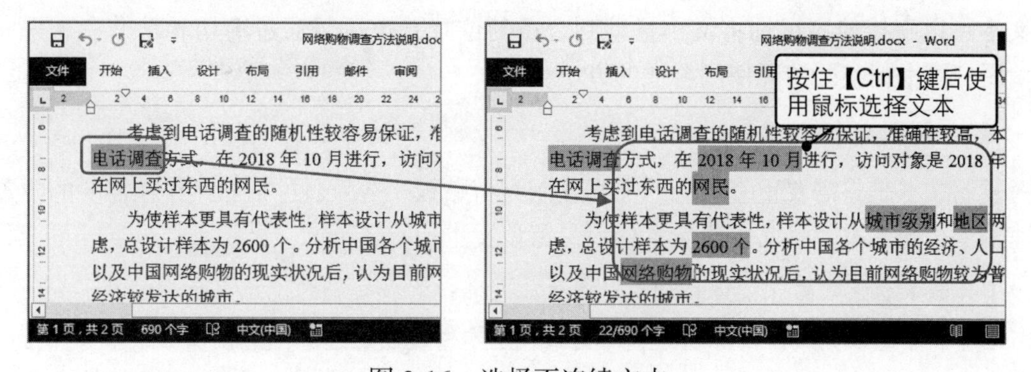

图 3-16 选择不连续文本

◆ **选择大量文本**：如果要选择的文本内容较多，跨一页或多页，这种情况以鼠标拖动选择文本的方式虽然也可以完成，但是效率会比较低。我们可以通过键盘和鼠标结合使用来选择这些文本，其操作为：将文本插入点定位到待选择文本的起始位置，然后按住【Shift】键不放并在待选择文本的结束位置单击即可，如图 3-17 所示。

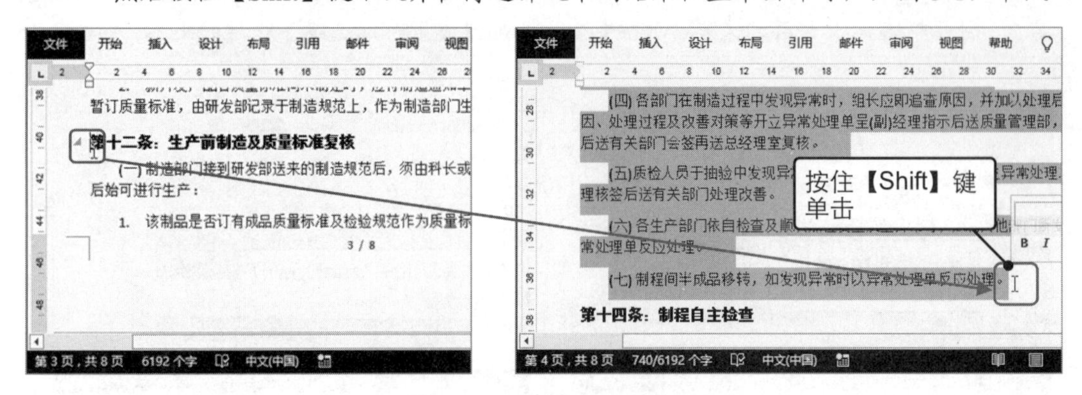

图 3-17　选择大量文本

3.3 文本的常见编辑操作

掌握了文本的选择操作之后，便可以开始对文本进行编辑了。文本常见的编辑操作有移动与复制文本、删除文本、插入与改写文本以及查找和替换文本等，本节将具体介绍这些基本的文本编辑操作。

3.3.1 移动与复制文本

在编辑文档时，难免需要对文本的位置进行调整；有的文本在文档中可能会重复出现多次，我们就可以复制该文本，以提高文档制作效率。

（1）移动文本

移动文本就是将文本从当前的位置移动到指定的位置，而原位置不保留该文本。移动文本可以直接使用鼠标将文本拖动到合适的位置，也可以通过剪切和粘贴命令来完成，用户可根据实际情况使用合适的方法。

（2）复制文本

复制文本是将需要重复输入的文本复制到剪贴板，然后通过粘贴操作在需要的位置快速输入相同文本，且文本原位置依旧保留该文本。

【注意】文本的剪切、复制和粘贴操作可以通过在“开始”选项卡的“剪贴板”组中单击相应的按钮来完成；也可以在选择文本之后右击，然后在弹出的快捷菜单中选择相应的命令来完成。另外，这 3 个操作还可以使用快捷键来完成，如按【Ctrl+X】组合键即可剪切所选文本；按【Ctrl+C】组合键即可复制所选文本；按【Ctrl+V】组合键即是将复制或剪切到剪贴板的文本粘贴到指定位置。

[分析实例]——在文档中调整内容顺序，并快速补充重复文本

在“职工代表大会会议议程”文档中，议程的第 2 项和第 3 项内容的顺序错误，且有多项缺少时间、地点等内容。

下面以在该文档中将文本移动到合适的位置，并将需要重复输入的文本快速复制到所需位置为例，讲解文本的移动和复制相关操作方法。如图 3-18 所示为移动和复制文本的前后对比效果。

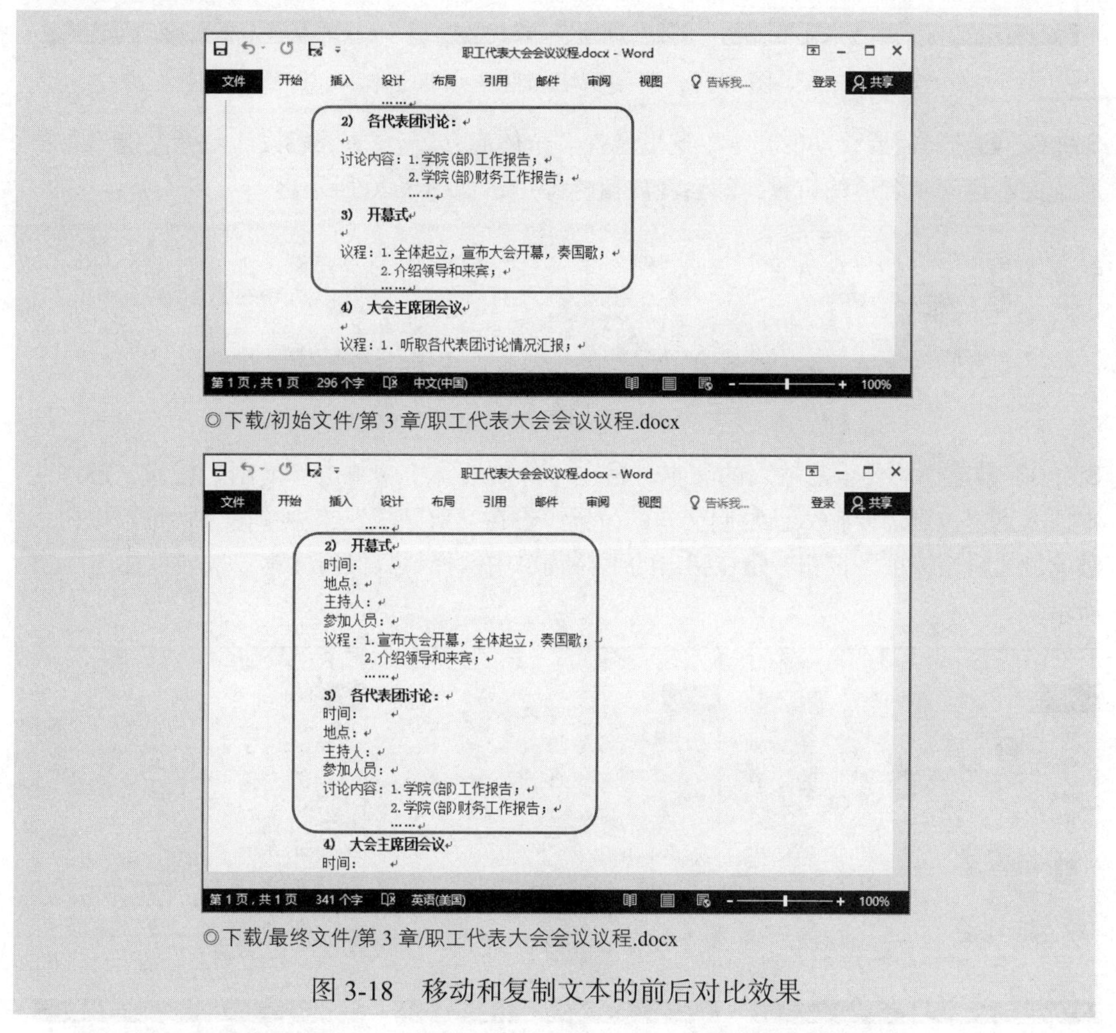

◎下载/初始文件/第 3 章/职工代表大会会议议程.docx

◎下载/最终文件/第 3 章/职工代表大会会议议程.docx

图 3-18　移动和复制文本的前后对比效果

其具体操作步骤如下。

Step01 打开素材文件，❶选择议程第 3 项的所有内容，即“3）开幕式”及其内容，❷在“开始”选项卡的“剪贴板”组中单击“剪切”按钮，❸将文本插入点定位到第 2 项内容之前，❹在“剪贴板”组中单击“粘贴”按钮，如图 3-19 所示。此时“开幕式”变为第 2 项，而“各代表团讨论”自动变为第 3 项。

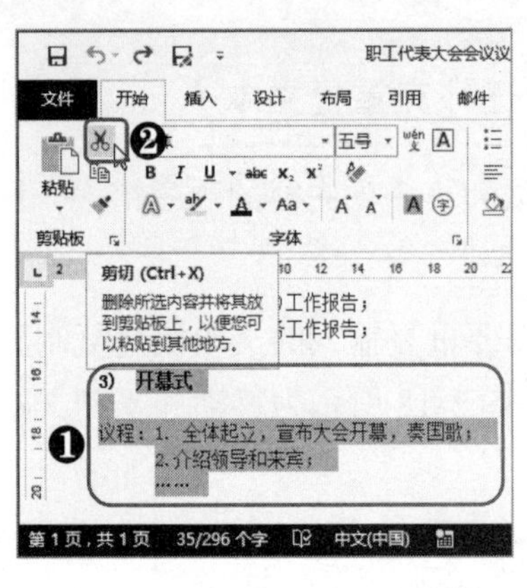
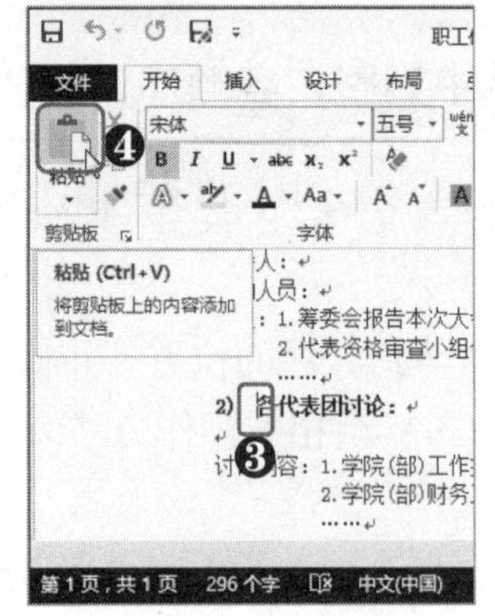
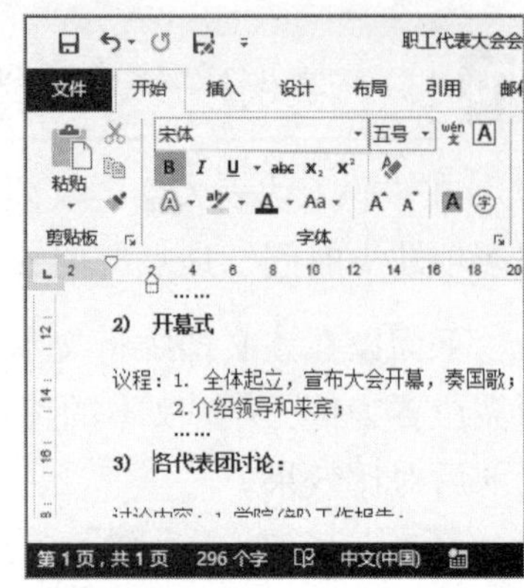

图 3-19　使用剪切和粘贴移动文本

Step02 ❶选择需要移动的文本，这里选择“全体起立，”文本，❷按住鼠标左键不放将所选文本拖动到合适的位置，然后释放鼠标即可，如图 3-20 所示。

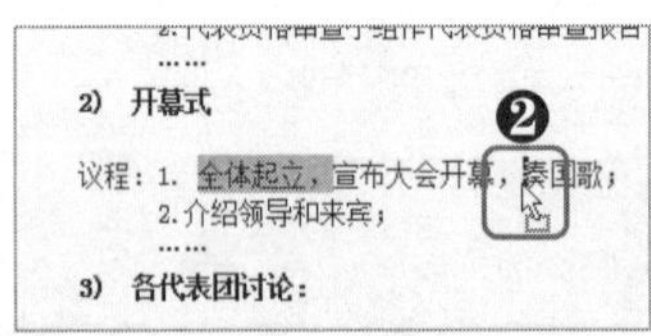
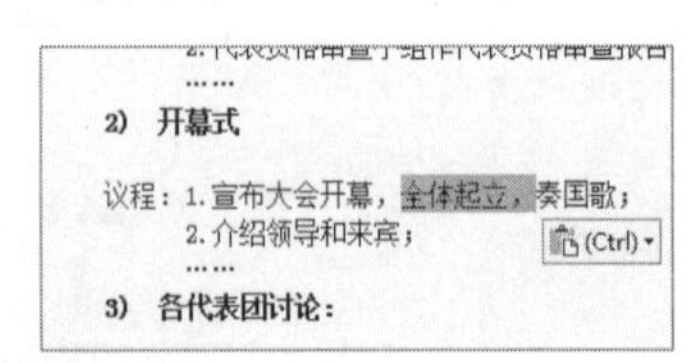

图 3-20　使用鼠标拖动文本

Step03 ❶选择需要重复输入的文本，❷在“剪贴板”组中单击“复制”按钮，❸将文本插入点定位到需要输入已复制文本的位置，❹在“剪贴板”组中单击“粘贴”按钮，❺单击“粘贴选项”按钮，❻在弹出的下拉菜单中选择“只保留文本”选项，如图 3-21 所示。

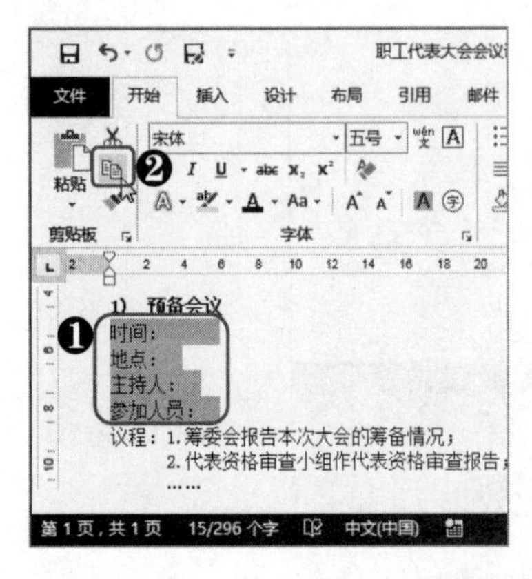
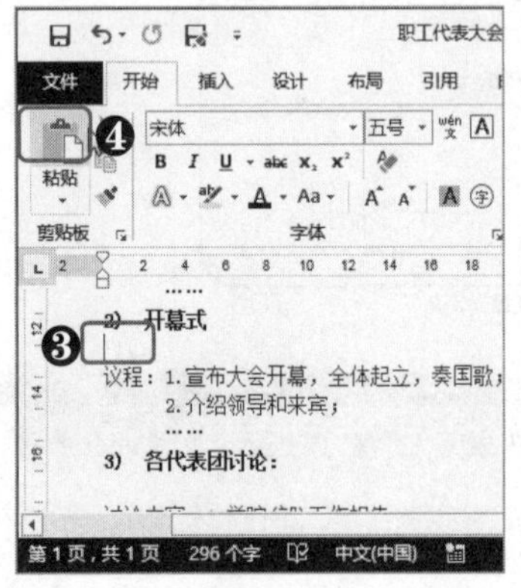
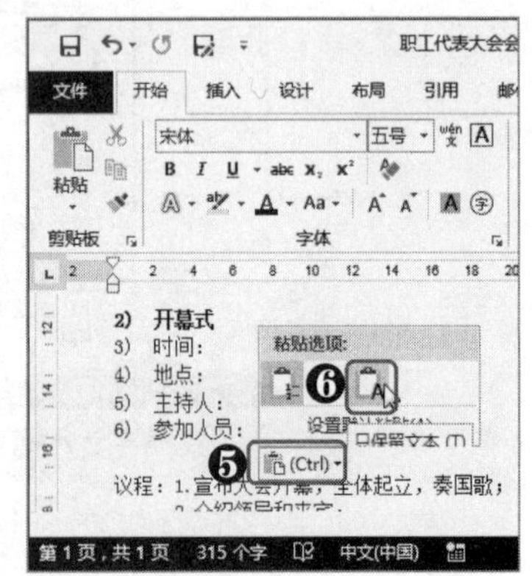

图 3-21　通过“剪贴板”组复制文本

Step04 ❶继续将文本插入点定位到需要输入相同文本的位置，❷在“剪贴板”组中单击“粘贴”下拉按钮，❸在弹出的下拉菜单中选择“只保留文本”选项即可，如图 3-22 所示。

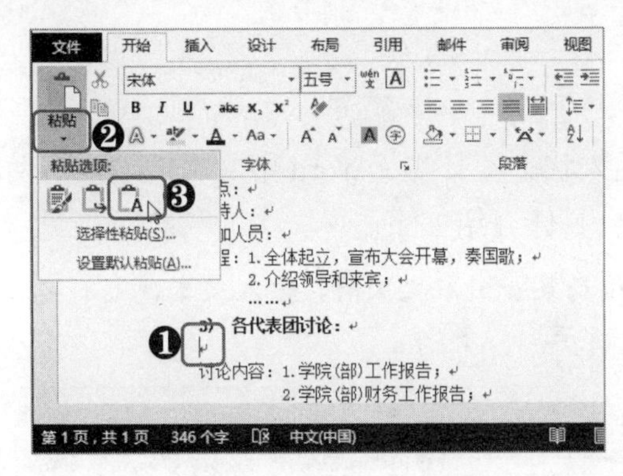
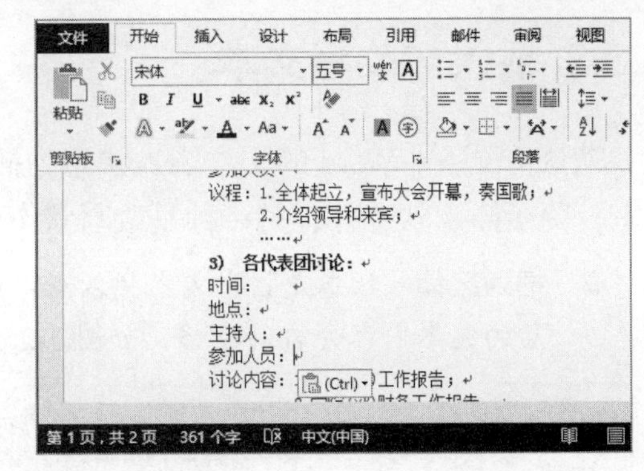

图 3-22　选择文本粘贴选项

3.3.2 删除文本

制作文档的过程中，输入错误的文本是在所难免的，且在检查文本时也可能会发现一些多余的文本，这时便要对这些文本进行删除操作。在 Word 中有两种方法可以删除文本，分别是使用【Backspace】键删除和使用【Delete】键删除。

◆ **使用【Backspace】键删除：**将文本插入点定位在需要删除文字的后方，然后按【Backspace】键即可将该文字删除，如图 3-23 所示。每按一次可向前删除一个文字；如果按住【Backspace】键不放会快速向前删除文本，释放按键则停止删除。

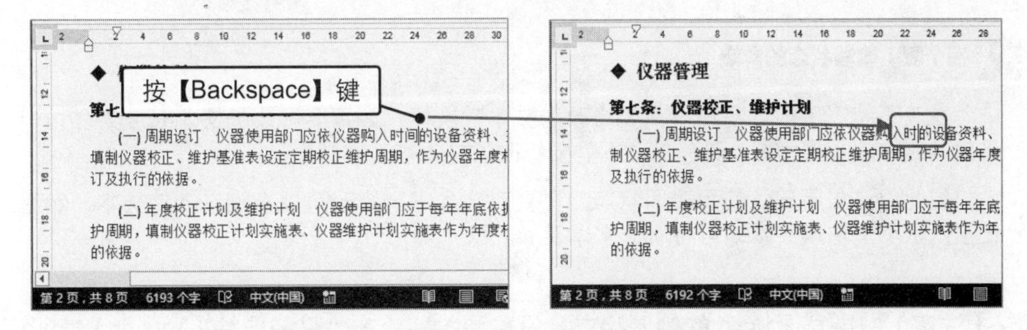

图 3-23　使用【Backspace】键删除文本

◆ **使用【Delete】键删除：**与【Backspace】键相反，使用【Delete】键是向后删除，即删除文本插入点后方的文字，如图 3-24 所示。同样地，每按一次向后删除一个文字，按住不放则快速向后删除文本。

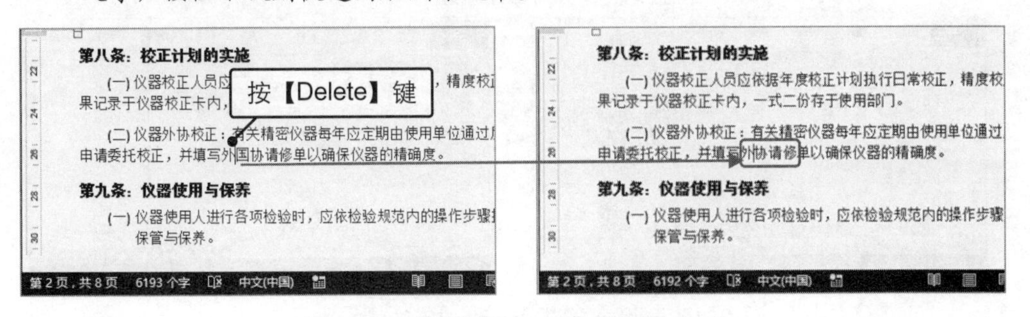

图 3-24　使用【Delete】键删除文本

3.3.3 插入与改写文本

默认情况下，Word 的文本输入状态为插入状态。其实，Word 中文本的输入有两种状态，除了插入状态外，另一种是改写状态，具体介绍如下。

- **插入**：插入状态是指当文本插入点定位在某一文本之间时，输入文本，文本插入点后的文本内容会自动后移，如图 3-25 所示。

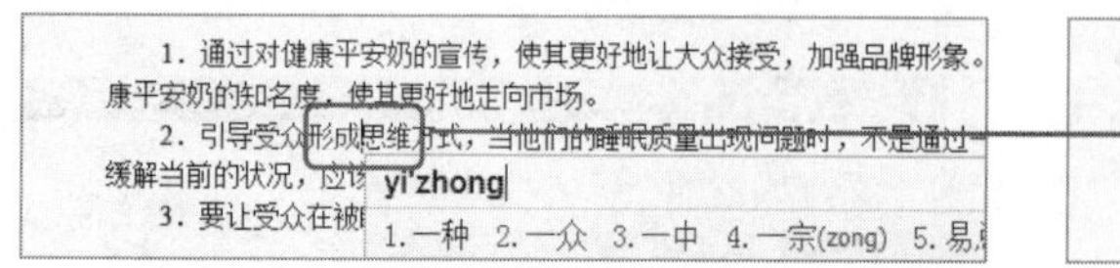

图 3-25 插入状态输入文本

- **改写**：改写状态是指当在某一文本之间继续输入文本时，文本插入点之后的内容会被当前输入的文本替换，且替换的文本长度与输入的文本长度一致，如输入两个文字，则文本插入点之后的两个文字被替换，如图 3-26 所示。

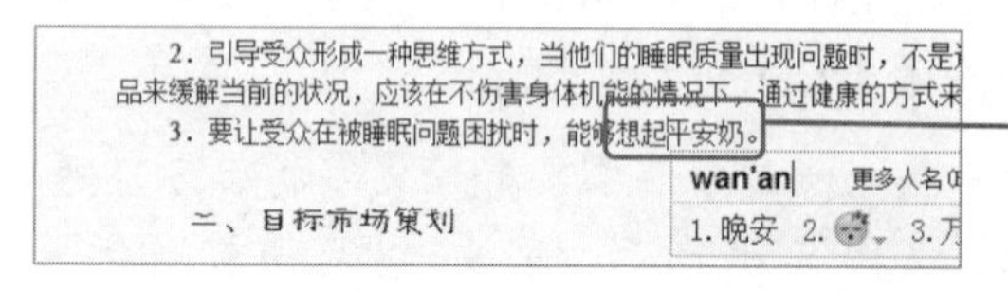

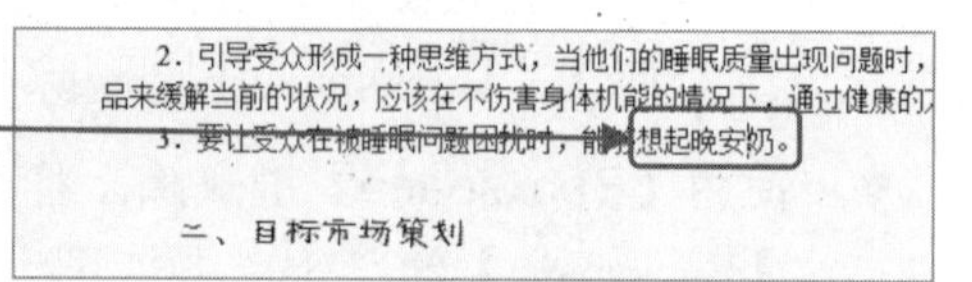

图 3-26 改写状态输入文本

提个醒：改写状态的弊端

在改写状态下很容易将不需要修改的文本替换掉，如需要修改的文本长度为 5，但是输入的文本长度为 8，则有 3 个不需要修改的文本被替换掉。

因此，这里不建议使用改写状态。需要对文本进行修改可以直接选择该文本，然后在插入状态下输入文本即可将所选文本替换。

【**注意**】如果发现 Word 的输入状态被设置为改写状态，只需要按【Insert】键即可切换到插入状态。同样地，在插入状态下按【Insert】键也可以切换到改写状态。

如果希望随时查看 Word 当前的输入状态，可以将输入状态显示在状态栏中，其操作方法为：在状态栏右击，在弹出的快捷菜单中选择“改写”选项即可，如图 3-27 所示。

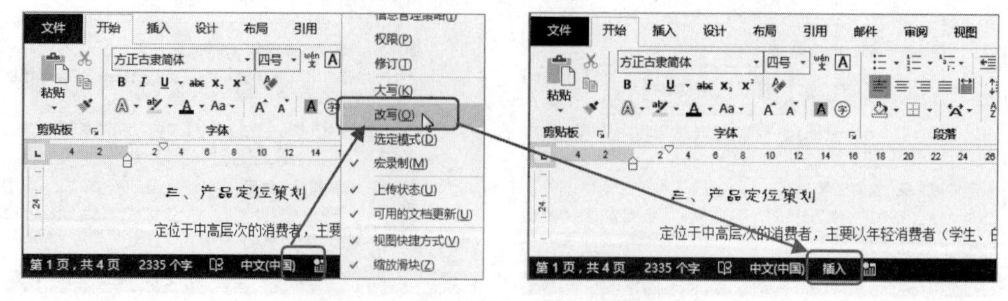

图 3-27 在状态栏显示输入状态

3.3.4 查找和替换文本

Word 为用户提供了查找和替换功能，当用户需要在文档中查找特定的文本时，只需要使用查找功能即可快速查询整个文档中该文本所在的位置。如果文档中某一文本需要全部修改，则可以使用替换功能。

[分析实例]——在质量管理制度中查找出“直量”并将其替换为“质量”

这里以将“质量管理制度”文档中的错别字“直量”替换为“质量”为例，讲解查找和替换功能的使用方法。如图 3-28 所示为替换前后对比效果。

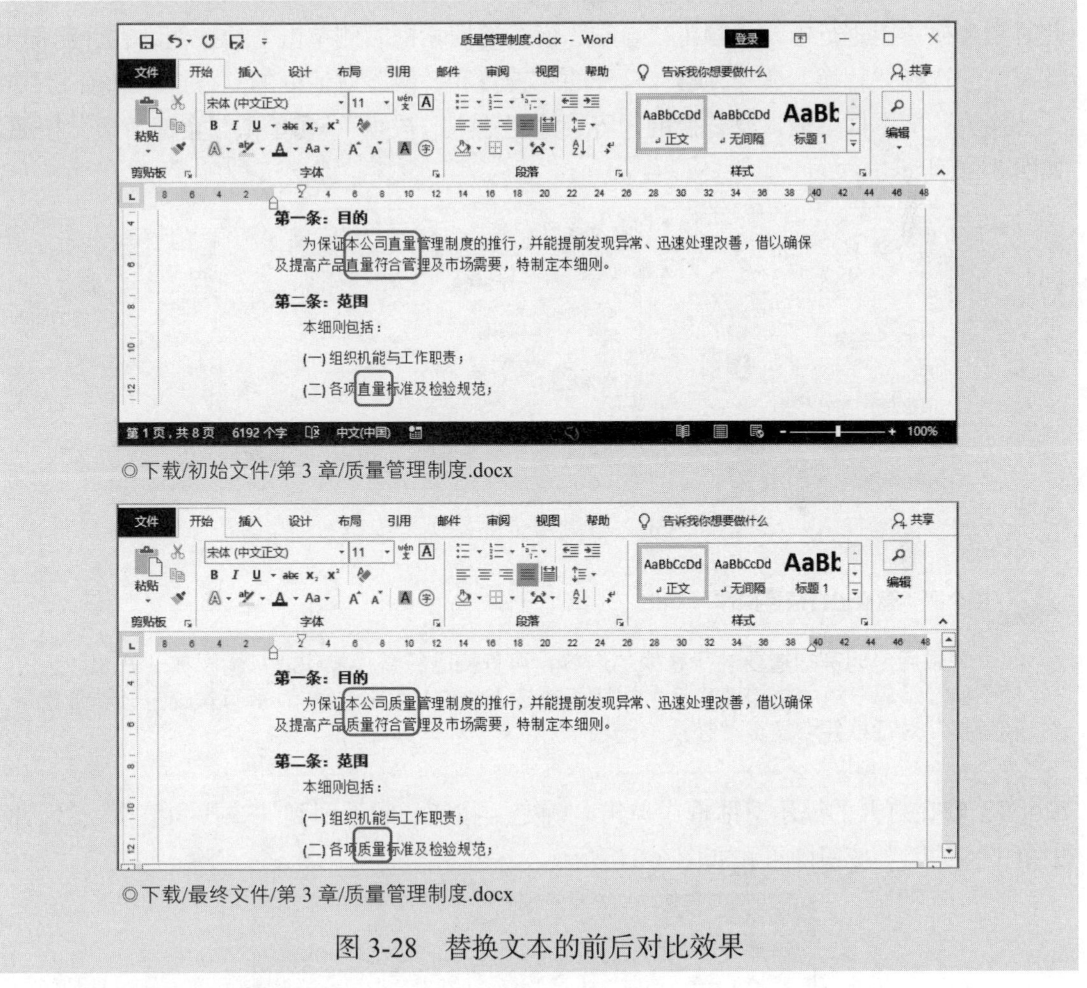

◎下载/初始文件/第 3 章/质量管理制度.docx

◎下载/最终文件/第 3 章/质量管理制度.docx

图 3-28 替换文本的前后对比效果

其具体操作步骤如下。

Step01 打开素材文件，❶在“开始”选项卡的“编辑”组中单击“查找”按钮，❷在打开的“导航”窗格的搜索框输入需要查找的内容，如输入“直量”，输入完成后便可得到结果集（本案例由于搜索得到的结果太多，“导航”窗格没有将结果集显示出来），另外，编辑区所有被查找出的文本会突出显示，如图 3-29 所示。

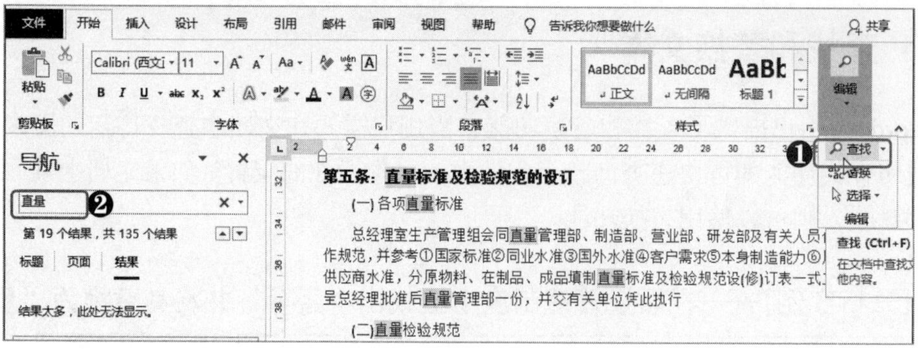

图 3-29　查找错别字“直量”

Step02 从搜索结果来看，错别字“直量”有 135 处，显然不能采取逐一修改的方式，此时用替换功能进行修改，❶在“导航”窗格的搜索框右侧单击下拉按钮，在弹出的下拉菜单中选择“替换”命令，❷在打开的“查找和替换”对话框的“替换”选项卡中的“替换为”文本框中输入要替换的内容，这里输入“质量”，❸单击“全部替换”按钮，如图 3-30 所示。

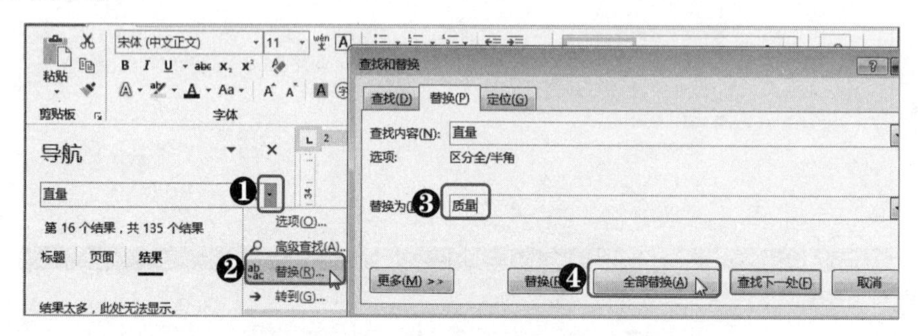

图 3-30　单击“全部替换”按钮

提个醒：直接进行替换操作

如果用户明确知道要进行替换的内容，可直接进行替换操作。只需要在“开始”选项卡的“编辑”组中单击“替换”按钮（或按【Ctrl+H】组合键），即可快速打开“查找和替换”对话框并切换至“替换”选项卡。

Step03 ❶在打开的提示对话框中单击“确定”按钮，❷返回到“查找和替换”对话框中单击“关闭”按钮即可，如图 3-31 所示。

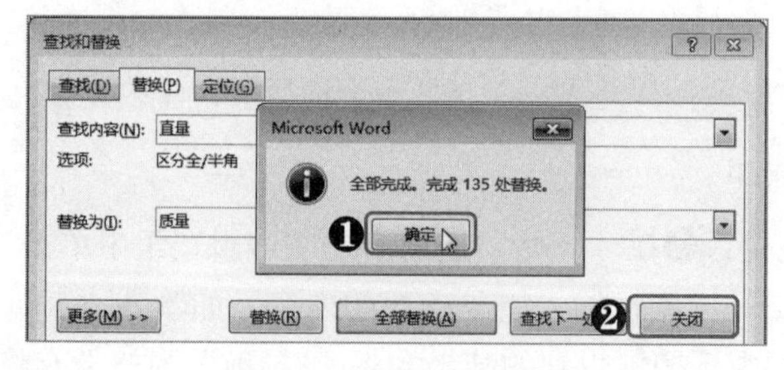

图 3-31　关闭对话框

3.4 美化文本内容

美化文本是指对文本的字体格式和段落格式进行设置，从而让文档更加规范，使结构更加清晰，便于阅读。

3.4.1 设置字体格式

文本的字体格式主要包括字体、字号、加粗、倾斜、下画线以及颜色等，通过对这些格式的设置，可以让不同层次的文本更容易区分，让阅读更为方便。

在 Word 中，设置字体格式的方法有 3 种，分别为在“字体”组中设置、在“字体”对话框设置和在浮动工具栏设置，以下是这 3 种方法的具体介绍。

◆ **在“字体”组中设置**：在“字体”组中进行字体格式设置是比较常用的一种方法，只需要在选择文本后，在“开始”选项卡的“字体”组中单击相应的按钮或在下拉列表框选择相应选项即可对字体格式进行设置，如图 3-32 所示。

◆ **在“字体”对话框中设置**：在“开始”选项卡的“字体”组中单击“对话框启动器”按钮 ↘ 即可打开“字体”对话框。在该对话框中可以对选择的文本进行更为详细的字体格式设置，如在“字体”选项卡中可以设置中文和西文两种字体，如图 3-32 所示。另外，在该对话框的“高级”选项卡的“字符间距”栏中还可以设置字体的缩放、间距以及位置等。

◆ **在浮动工具栏进行设置**：当用户选择文本后，在文本附近会显示一个浮动工具栏，在该浮动工具栏中可以进行基本的格式设置，如图 3-32 所示。

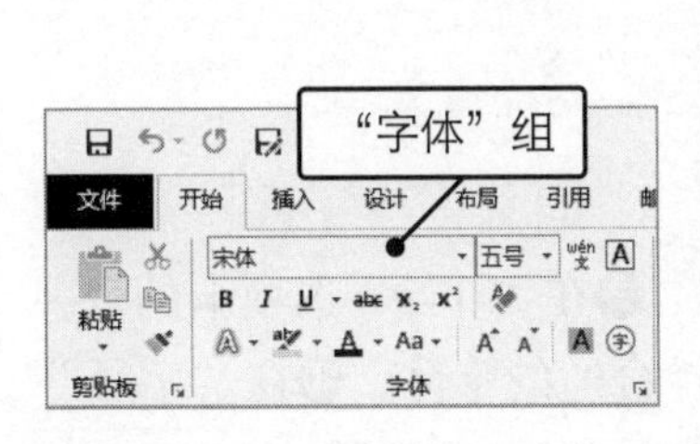

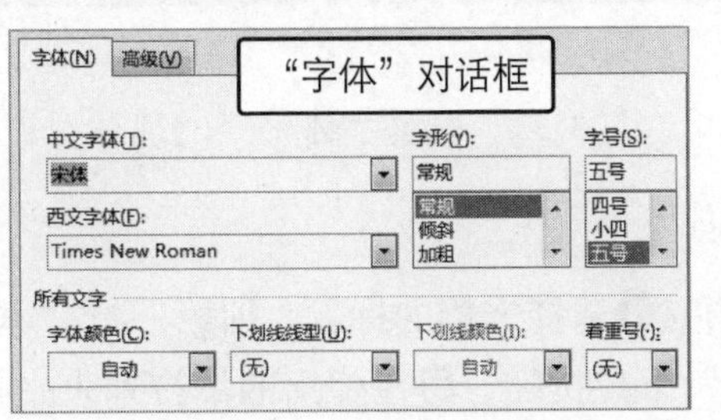

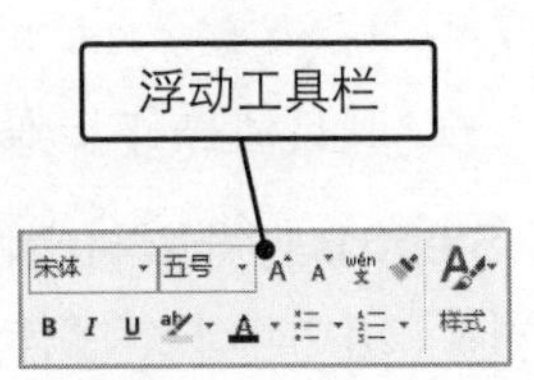

图 3-32　设置字体格式的 3 种方式

[分析实例]——为“商洽函”文档的各层级文本设置不同字体格式

在“商洽函”文档中，所有文本在输入后都未进行字体格式设置。虽然文档要表述的内容不受影响，但在美观上有很大的缺陷。而且由于各层级文本格式一致，对阅读也有较大的阻碍。

下面通过为“商洽函”文档设置合理的字体格式为例，讲解设置字体格式的相关操作，同时展现设置字体格式的优势所在，如图 3-33 所示为字体格式设置的前后对比效果。

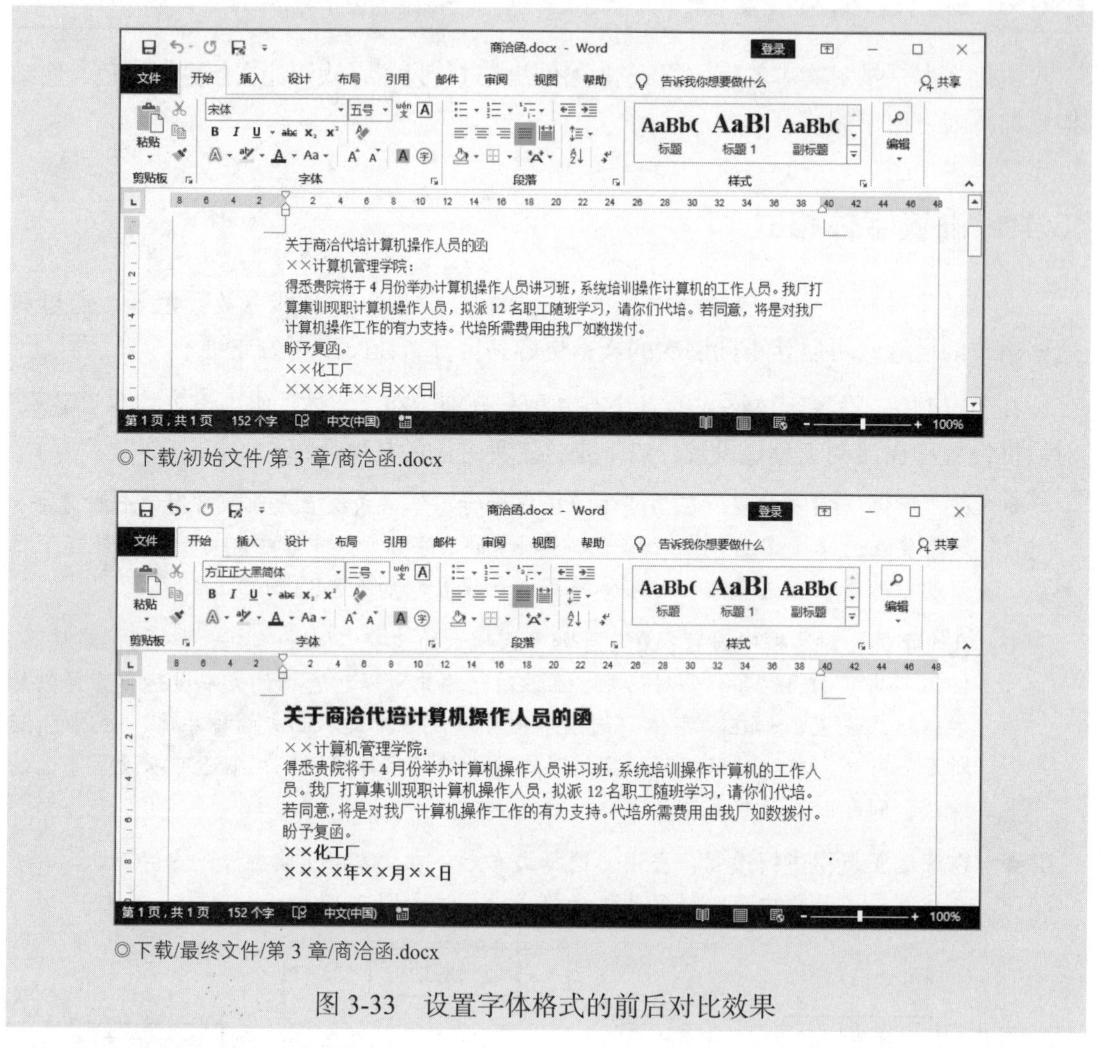

◎下载/初始文件/第 3 章/商洽函.docx

◎下载/最终文件/第 3 章/商洽函.docx

图 3-33　设置字体格式的前后对比效果

其具体操作步骤如下。

Step01 打开素材文件，❶选择文档的标题，即第一行文本，❷在“开始”选项卡的“字体”组中单击“字体”下拉按钮，❸在弹出的下拉列表中择合适的字体，❹在“字号”下拉列表框中选择合适的字号大小，这里选择“三号”选项，如图 3-34 所示。

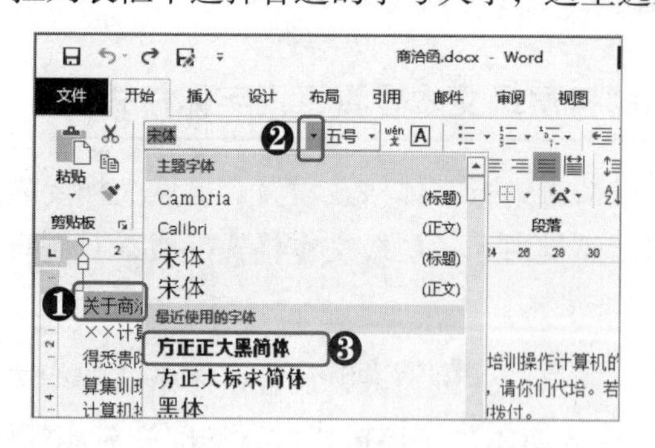

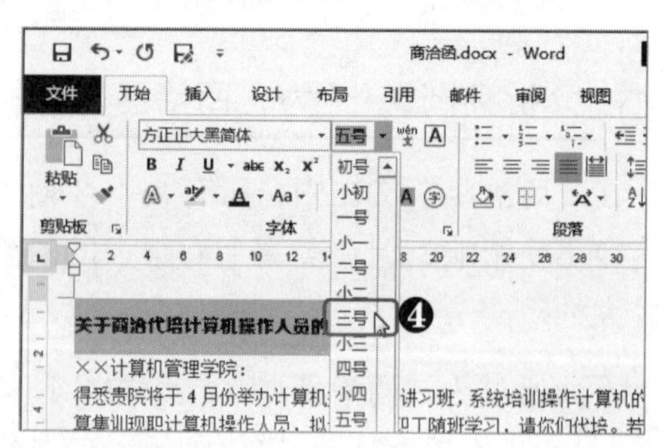

图 3-34　在“字体”组中设置字体格式

Step02 ❶选择商洽函的正文内容，❷在浮动工具栏中设置字体为“宋体”、字号为“小四”，如图 3-35 所示。

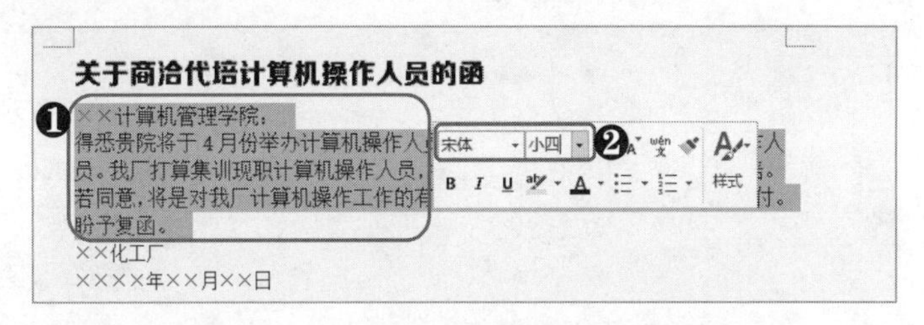

图 3-35　在浮动工具栏设置字体格式

Step03 ❶选择商洽函最后两行，即公司信息和时间信息文本，❷在“开始”选项卡的“字体”组中单击“对话框启动器”按钮，❸在打开的“字体”对话框的“字体”选项卡中设置中文和西文字体，❹在“字形”列表框中选择“加粗”选项，❺在“字号”列表框中选择“小四”选项，如图 3-36 所示，然后单击“确定”按钮即可。

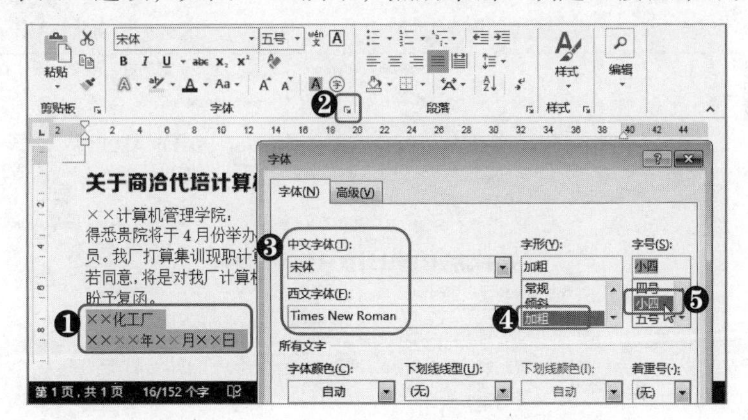

图 3-36　在“字体”对话框设置字体格式

3.4.2 设置段落格式

段落格式主要包括对齐方式、段前间距、段后间距、行距以及缩进等，通过对文本的段落进行这些格式设置，可以让文档拥有更为清晰的结构，从而让文档层次分明，容易阅读。

【注意】段落格式的设置可以通过“段落”组或者“段落”对话框进行。一般情况下，如对齐方式这种较为简单的段落格式直接在“段落”组中单击相应按钮即可快速完成设置。而间距、行距和缩进等格式的设置则在“段落”对话框中进行会更为精确。

[分析实例]——为商洽函各文本设置不同的段落格式

由前文可以发现，即使为商洽函设置了字体格式，其不同文本之间的区别依旧不是很明显，因此还需要对其进行段落格式的设置。

下面以在“商洽函 1”文档中为各文本段落设置不同的格式为例，讲解设置段落格式的相关操作，如图 3-37 所示为设置段落格式的前后对比效果。

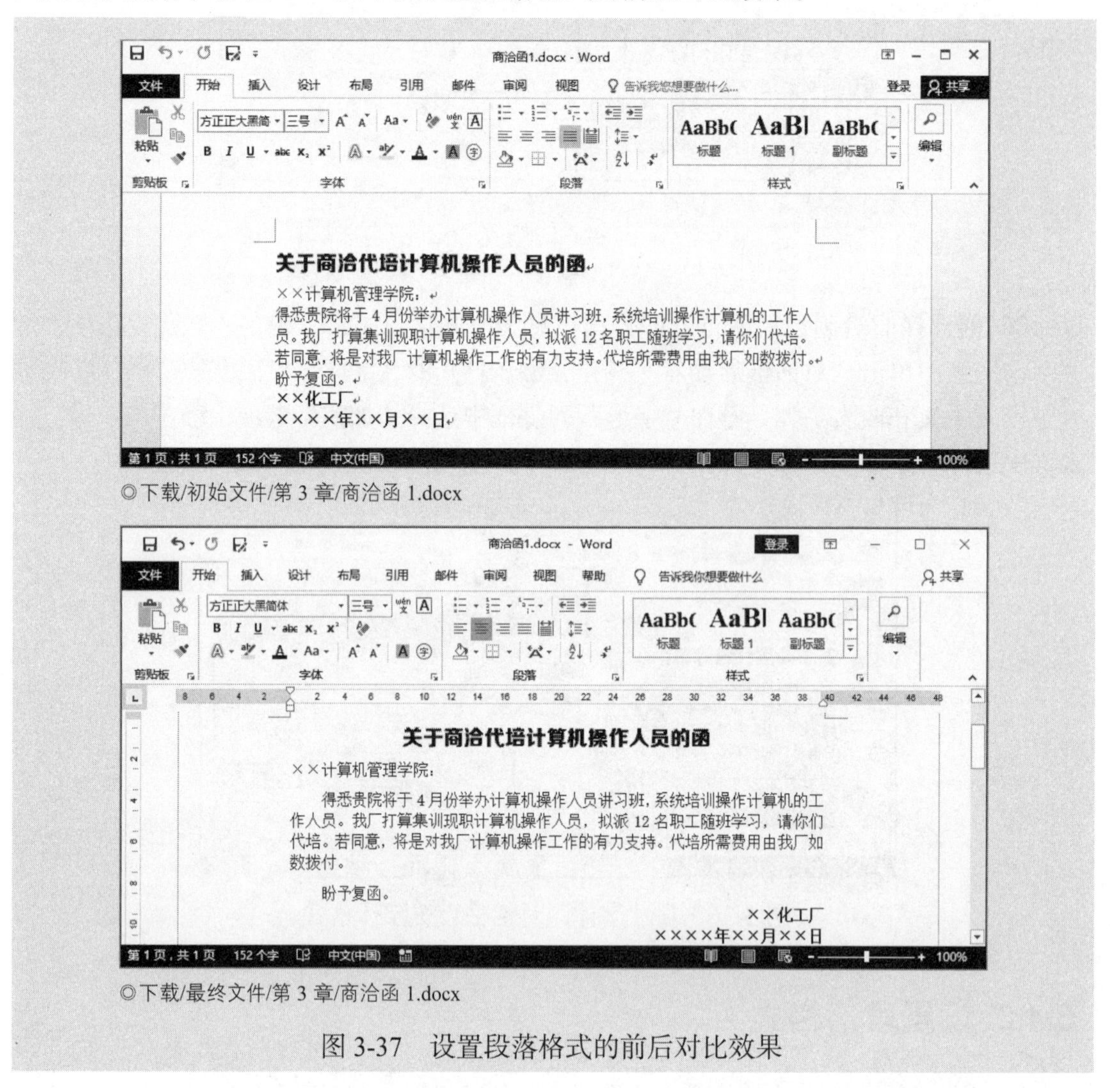

◎下载/初始文件/第 3 章/商洽函 1.docx

◎下载/最终文件/第 3 章/商洽函 1.docx

图 3-37　设置段落格式的前后对比效果

其具体操作步骤如下。

Step01 打开素材文件，❶选择文档的标题，即第一行文本，❷在“开始”选项卡的“段落”组中单击“居中”按钮，如图 3-38 所示。

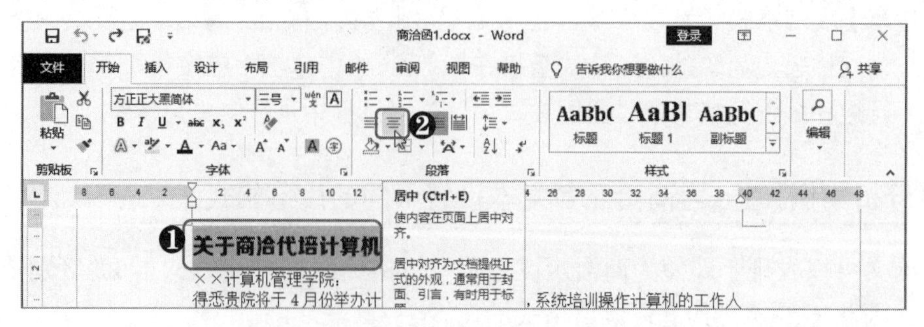

图 3-38　在“段落”组中设置标题居中对齐

Step02 ❶选择文档正文内容，❷在“开始”选项卡的“段落”组中单击“对话框启动器”按钮，❸在打开的“段落”对话框的“缩进和间距”选项卡的“缩进”栏中的“特殊格式”下拉列表框中选择“首行”选项，❹在“间距”栏中单击“段前”数值框的向上微调按钮，设置段前间距为 0.5 行，如图 3-39 所示。然后单击“确定”按钮即可。

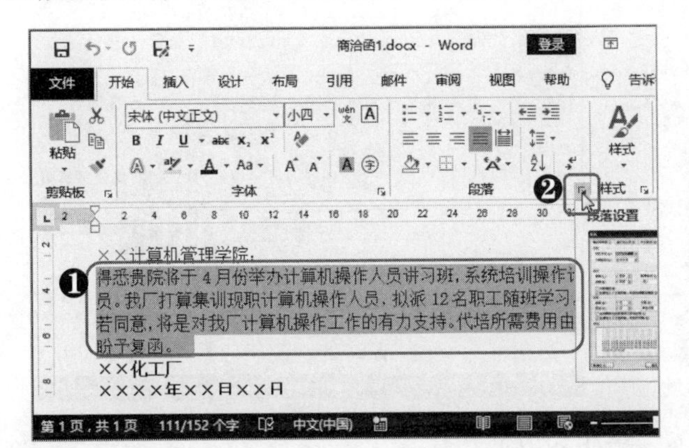

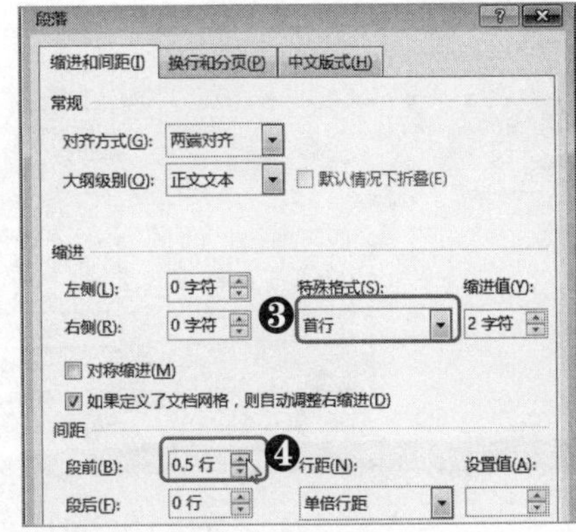

图 3-39　在“段落”对话框中设置缩进和间距

提个醒：段落缩进类型

段落有 4 种缩进类型，分别为左缩进、右缩进、首行缩进和悬挂缩进。其中，中文中最常用的为首行缩进，且一般使用默认设置缩进 2 字符；悬挂缩进比较特殊，用于设置除首行以外的其他行的缩进距离；左缩进和右缩进则是整段文本的左、右缩进。

Step03 ❶选择文档最后两行文本，❷在“开始”选项卡的“段落”组中单击“右对齐”按钮，如图 3-40 所示。

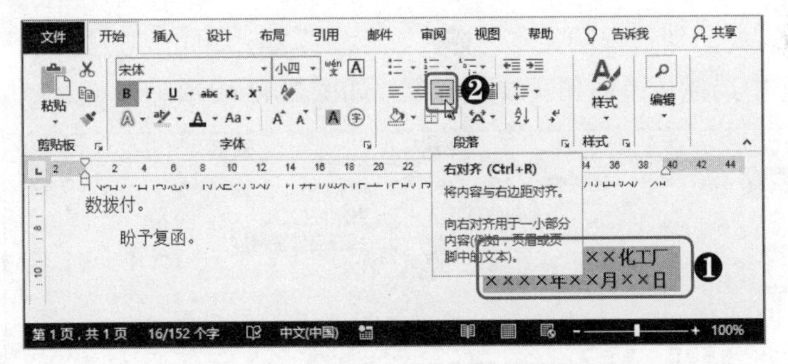

图 3-40　单击“右对齐”按钮

3.4.3 文本的边框和底纹设置

为了将某一部分文本与其他文本区分开来，可以为该文本设置边框；如果有内容需要突出显示，则可以为该文本设置底纹。此外，灵活运用边框和底纹还可以让文档更为美观。

◆ **为文本添加边框：**选择需要添加边框的文本，在“开始”选项卡的“段落”组中单击“边框”下拉按钮，然后在弹出的下拉菜单中选择需要添加的边框线选项即可，如3-41左图所示。

◆ **为文本添加底纹**：选择需要添加底纹的文本，在“段落”组中单击“底纹”下拉按钮，然后在弹出的下拉菜单中选择合适的颜色即可，如3-41右图所示。

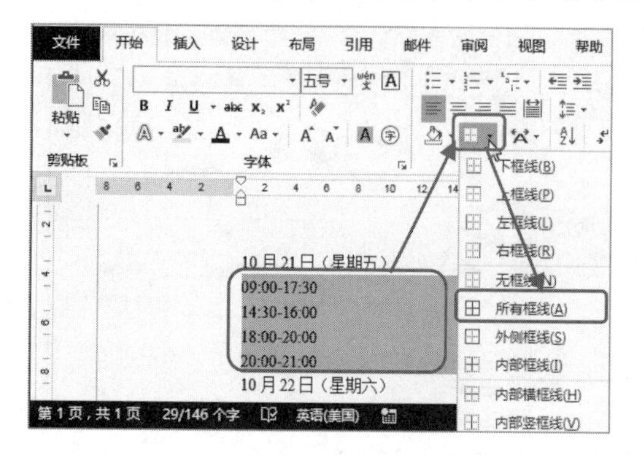

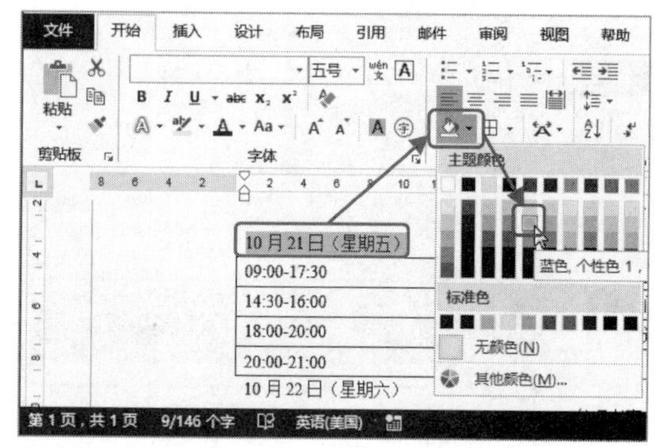

图3-41　为文本添加边框和底纹

知识延伸　在“边框和底纹”对话框中为文本添加边框和底纹

通过下拉按钮虽然可以设置边框和底纹，但只是可以进行简单的选择，无法进行更加详细的设置。而在“边框和底纹”对话框中可以对边框和底纹进行更多、更详细的设置，从而获得更好的、更符合要求的效果。

下面以在“日程安排”文档中通过“边框和底纹”对话框进行设置为例，讲解为文本添加更加合适的边框和底纹的相关操作方法，其操作步骤如下。

Step01 ❶选择需要添加边框的文本，❷在“段落”组中单击“边框”下拉按钮，❸在弹出的下拉菜单中选择“边框和底纹”命令，如图3-42所示。

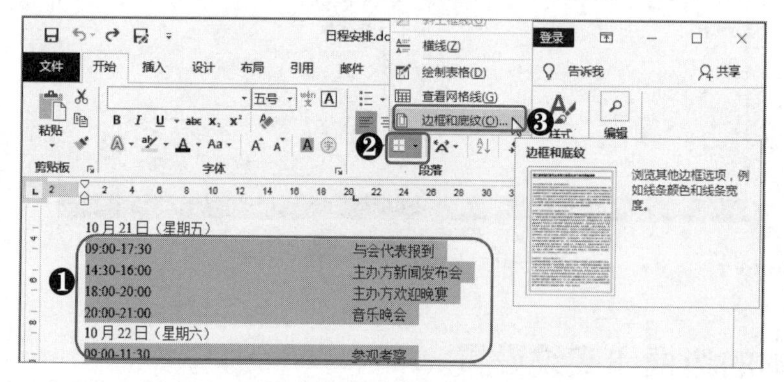

图3-42　选择“边框和底纹”命令

Step02 ❶在打开的“边框和底纹”对话框的“边框”选项卡的“设置”栏中选择“自定义”选项，❷在“样式”列表框中选择合适的边框样式，❸在“颜色”下拉列表框中选择合适的颜色，❹在“宽度”下拉列表框中选择“0.75磅”选项，❺在“预览”栏中单击“上边框线”和“下边框线”按钮，❻在“应用于”下拉列表框中选择“段落”选项，❼单击“确定”按钮，如3-43左图所示。

Step03 选择需要设置底纹的文本，再次打开“边框和底纹”对话框，❶在该对话框中单击“底纹”选项卡，❷在“填充”下拉列表框中选择合适的颜色，❸在“样式”下拉列表框中选择样式，❹在“应用于”列表框中选择“段落”选项，❺单击“确定”按钮，如3-43右图所示。

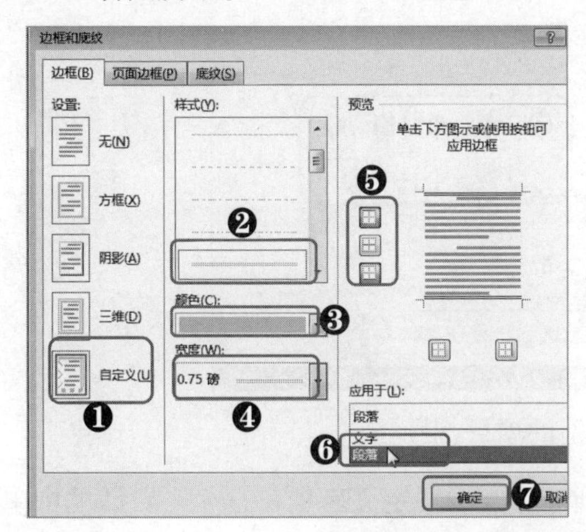

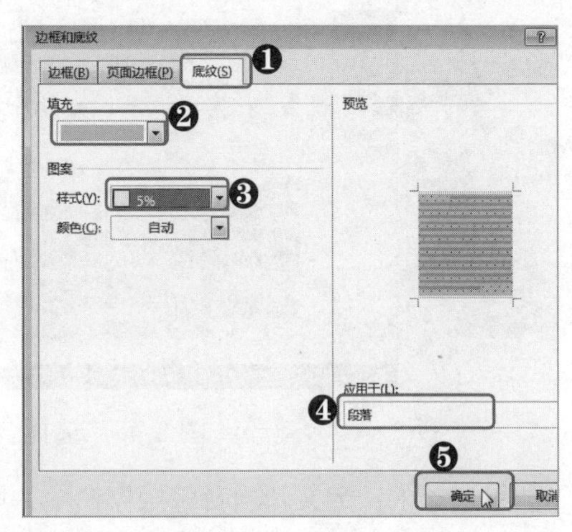

图 3-43　设置边框样式和底纹样式

Step04 执行上述操作后，文档中相应的文本即会显示边框和底纹效果，如图3-44所示。

10月22日（星期六）	
09:00-11:30	参观考察
12:00-13:00	自助午餐
13:30-15:30	第一次全体会议
	议题1：主办方代表致辞
	议题2：相关领导人演讲
	议题3：各企业负责人代表发言
15:30-16:00	茶歇
16:30-18:00	第二次全体会议
	议题：节能低碳型产业的调整与发展前景
18:30-19:30	自助晚餐
20:00-21:30	文艺演出

图 3-44　添加边框和底纹后的效果图

3.5 项目符号、编号的使用

文档中如果存在一组并列关系的段落，可以为这些段落添加项目符号，从而直观表现出这些段落的关系；如果一些段落存在先后关系，或需要对一组并列关系的段落的数量进行统计，则可以为这些段落添加编号。

3.5.1 添加项目符号

项目符号是一种比较特殊的段落格式，通过在段落的首行添加特殊的符号对段落进行标记，且段落的缩进方式自动设置为悬挂缩进。项目符号通常用于标明存在并列关系的段落，其使用方法如下。

选择需要添加项目符号的文本，在“段落”组中单击“项目符号”下拉按钮，然后在弹出的下拉菜单的“项目符号库”栏中选择需要的符号即可，如图 3-45 所示。如果项目符号库中的符号不能满足要求，也可在该菜单中选择“定义新项目符号”命令。

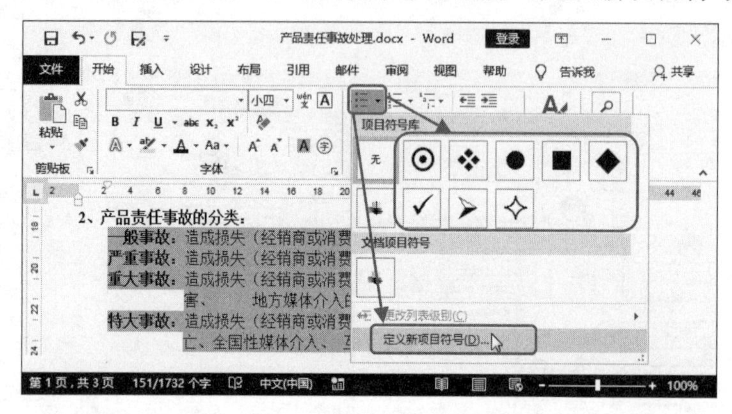

图 3-45　选择合适的项目符号

如果选择了“定义新项目符号”命令，则在打开的“定义新项目符号”对话框中单击“符号”按钮，在打开的“符号”对话框中选择需要的符号，然后依次单击“确定”按钮即可，如图 3-46 所示。

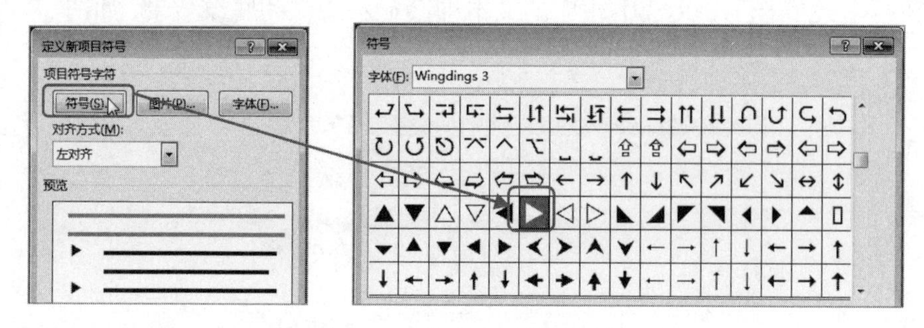

图 3-46　定义新项目符号

3.5.2 添加编号

Word 有自动编号的功能，当以“1.”、“一、”和“第一”等序号为段落的起始时，在段落结束时按【Enter】键即可在下一段自动出现对应的“2.”、“二、”和“第二”等序号。另外，还可以为选择的多个段落快速添加编号，其操作方法如下。

选择需要添加编号的文本，在“段落”组中单击“编号”下拉按钮，然后在弹出的下拉菜单的“编号库”栏中选择合适的编号样式即可，如图 3-47 所示。同样地，用户也可以在该下拉菜单中选择“定义新编号格式”命令，然后在打开的“定义新编号格式”对话框中进行设置。

图 3-47　为文本添加编号

3.6 为文本快速设置格式

一份格式规范的文档，其各层级的文本之间的文本格式应该有一定的区别，但是同一层级的文本格式必然是相同的。那么，如何快速为同层级的文本设置相同的格式呢？

3.6.1 使用格式刷复制格式

格式刷是 Word 中一个专门用于复制格式的工具，其可以将所选文本的格式完全复制，然后将相同的格式快速设置到目标文本上。显然，熟练使用格式刷可以在很大程度上提高文档的编排效率。

格式刷的使用分为两种情况，即一次性使用和重复使用。所谓一次性使用即是将复制的格式设置到一个目标文本后自动退出格式刷状态；而重复使用则是指复制文本格式后，可以连续为多个目标文本设置格式，即不自动退出格式刷状态，需要用户手动退出。

- **使用一次性格式刷：**选择已经设置好格式的文本，在“开始”选项卡的“剪贴板”组中单击“格式刷”按钮，此时鼠标光标变成形状，然后使用鼠标选择待设置格式的文本即可将相同格式快速设置到该文本，如图 3-48 所示。

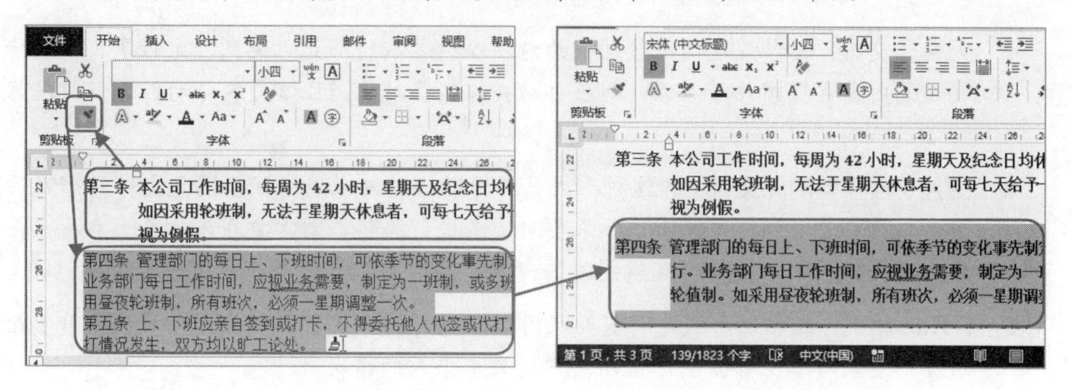

图 3-48　使用一次性格式刷

- **重复使用**：与一次性格式刷的使用方法基本相同，区别在于选择已设置格式的文本后，需要双击“格式刷”按钮。另外，格式刷使用完毕后，需要按【Esc】键手动退出格式刷状态。

【注意】在选择文本时，只有将段落结束位置的段落标记一并选中，格式刷才能将文本的全部格式（即字体格式和段落格式）一起复制，否则格式刷只能复制文本的字体格式。用户可根据实际情况决定是否需要选择段落标记。

此外，格式刷也有快捷键，同时按下【Ctrl+Shift+C】组合键即可复制所选文本的格式，在选择需要设置相同格式的文本后，按下【Ctrl+Shift+V】组合键即可为该文本设置相同的格式。

3.6.2 选择性粘贴的使用

选择性粘贴是 Word 中一种特殊的功能，其作用是在粘贴剪贴板中的内容时可以让用户有选择性地粘贴文本的格式或内容。如将某一文本复制到格式不同的段落中，可以选择“无格式文本”选项进行粘贴，从而让该文本自动匹配当前段落相同的格式。

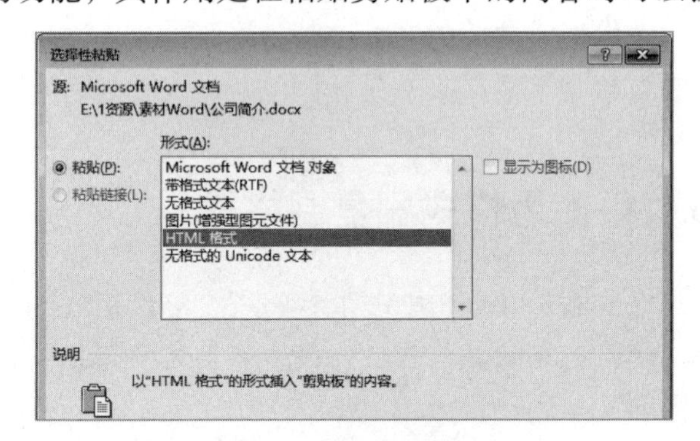

图 3-49　选择性粘贴对话框

如图 3-49 所示为“选择性粘贴”对话框，从其中可以看到选择性粘贴的形式有多种，各形式对应的选项及其含义如下。

- **Microsoft Word 文档对象**：此粘贴形式是将剪贴板中的内容以 Word 文档对象的方式插入文本插入点位置，插入的对象为一个整体。双击该对象可打开新的 Word 窗口，在该窗口中可对该对象中的内容进行编辑，编辑完成后关闭该窗口即可。
- **带格式文本（RTF）**：此粘贴形式是 Word 的默认粘贴方式，即将剪贴板中的内容粘贴到文本插入点，且保留文本的格式。
- **无格式文本**：此形式是指将剪贴板的内容以纯文本的形式粘贴到指定位置，如果待粘贴的内容存在图片等对象，则应自动去掉这些对象，且该文本自动匹配当前段落的文本格式。
- **图片（增强型图元文件）**：这种形式是将剪贴板的内容以增强型图元文件的形式作为一个对象粘贴到指定位置。如果要对文本进行编辑，则需要在该对象上右击，在弹出的快捷菜单中选择“编辑图片”命令，然后在打开的画布框中进行编辑。
- **HTML 格式**：此粘贴形式是将剪贴板内容以网页的形式粘贴到指定位置。多用于在网页中复制内容，并需要保留网页中的文本格式的情况。

◆ **无格式的 Unicode 文本**：此粘贴形式与“无格式文本”形式基本相同，区别在于此粘贴形式粘贴的文本支持无格式的 Unicode 文本。

了解选择性粘贴各种形式及其作用后，便可以根据实际情况选择合适的粘贴形式进行粘贴，其操作方法如下。

将需要的文本复制到剪贴板后，将文本插入点定位到需要粘贴文本的位置，然后在“开始”选项卡的“剪贴板”组中单击“粘贴”下拉按钮，在弹出的下拉菜单中选择“选择性粘贴”命令，在打开的“选择性粘贴”对话框中选择合适的粘贴形式，这里以选择“图片（增强型图元文件）”形式为例，最后单击“确定”按钮即可，如图 3-50 所示。

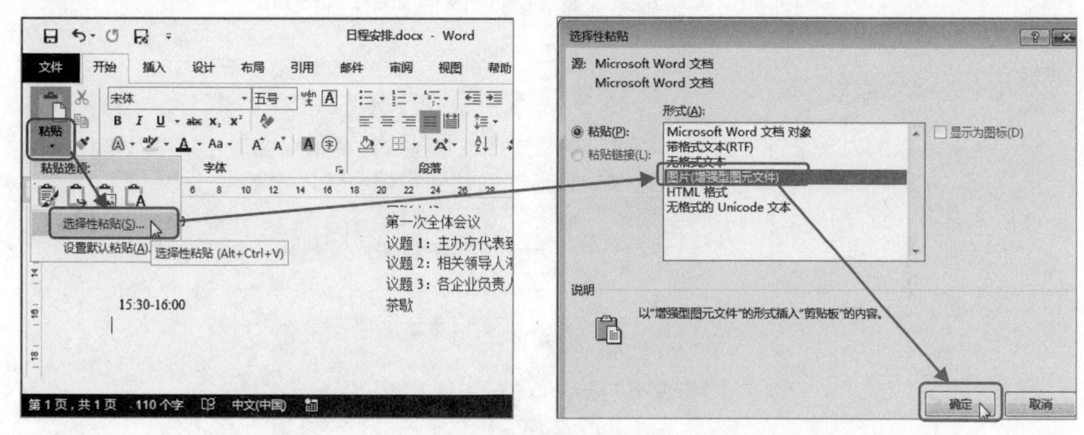

图 3-50　以“图片（增强型图元文件）”形式粘贴内容

将文本以图片的形式插入文档中后，如果需要对其中的文本进行编辑，则需要选择该图片对象并右击，在弹出的快捷菜单中选择“编辑图片”命令，此时该图片对象变为可编辑状态，且出现在文档最上方，如图 3-51 所示。

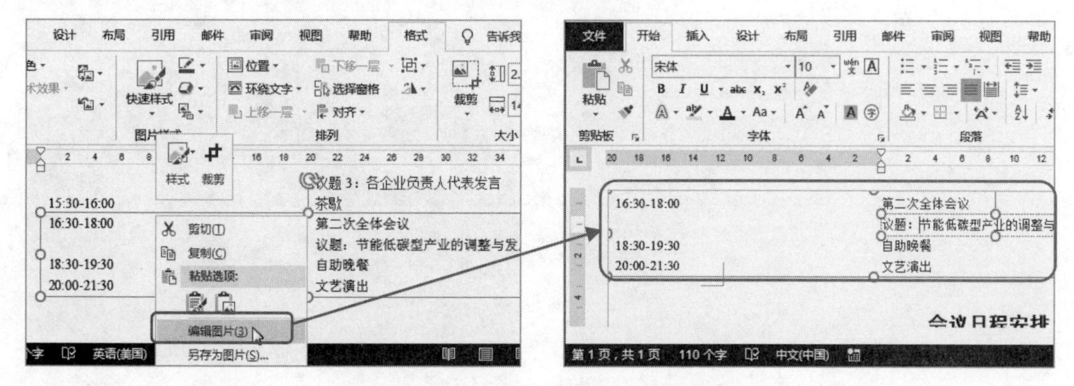

图 3-51　选择“编辑图片”命令

对图片中的文本编辑完成后，图片并不会自动回到原来的位置。此时用户可以选择该图片对象，在“开始”选项卡的“剪贴板”组中单击“剪切”按钮，然后将文本插入点定位到合适的位置，再单击“粘贴”按钮即可，如图 3-52 所示。

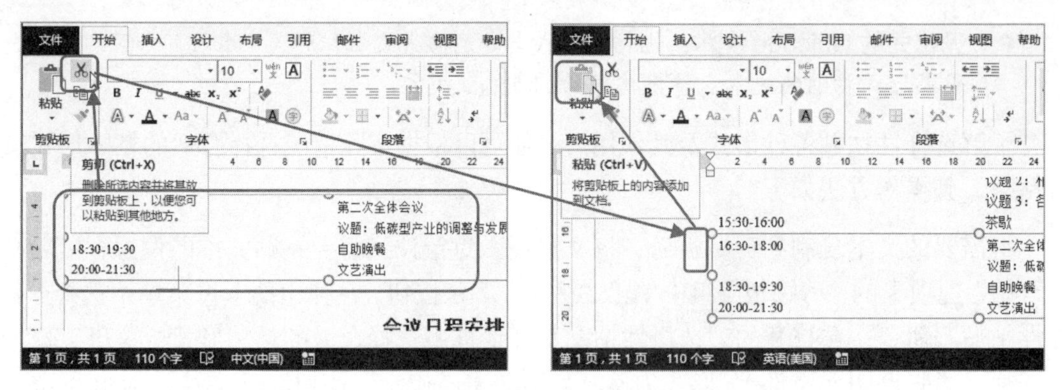

图 3-52　将编辑完成的图片调整到原位置

提个醒：粘贴链接

当剪贴板的内容来自于别的文件时，在“选择性粘贴”对话框中会激活“粘贴链接”单选按钮，选中该单选按钮后，无论以什么形式粘贴到文档中的内容都是一个链接。在链接上右击，选择“链接的 文档 对象”命令，在其子菜单中选择“链接”命令，可打开“链接”对话框，在其中可以对链接进行更新、打开源文件等操作，如图 3-53 所示。

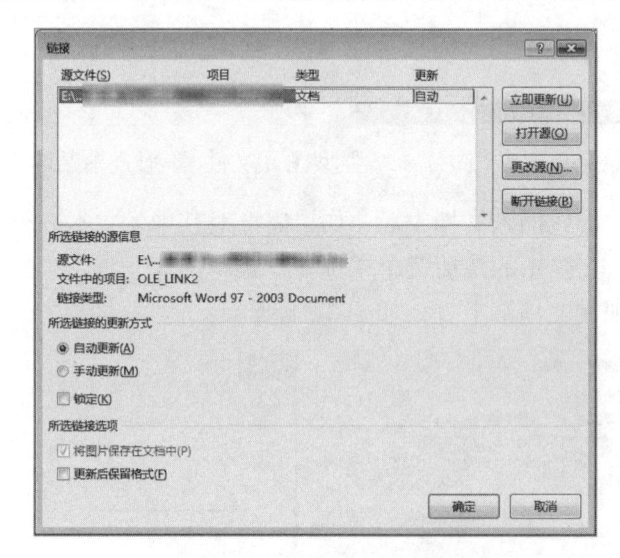

图 3-53　“链接”对话框

第4章 样式与模板的应用

通过前面的学习已经知道，对于文档而言，设置合适、合理的格式是非常重要的。格式不仅能够规范文档，让文档更美观，还能让整个文档层次分明，更具专业性。但是逐一为每个文本设置格式的效率是非常低的，而样式的使用可以很好地提升文档的编辑效率。同样地，使用合适的模板更能显著提升文档的制作效率。

|本|章|要|点|

- 样式的应用
- 通过样式集为整个文档设置格式
- 模板的应用

4.1 样式的应用

我们知道，文本的格式包括字体格式和段落格式等，按照之前所学，这些格式需要逐一对文本进行设置。而样式是一种文本格式的集合，既包括字体格式，也包括段落格式。使用样式可以快速对文本进行这些格式的设置，从而提高工作效率。

4.1.1 套用内置样式

在 Word 中有许多预设的文本样式，如标题、副标题和正文等。如果在这些内置样式中恰好有文档需要的格式，则可以直接套用到需要的文本上，从而节省手动为文本设置格式的时间，其操作方法如下。

选择需要套用样式的文本（如果要为整段文本套用样式，则只需要将文本插入点定位到该段落任意位置即可），在“开始”选项卡的“样式”组中单击“其他”按钮，然后在弹出的下拉菜单中选择需要的文本样式即可，如图 4-1 所示。

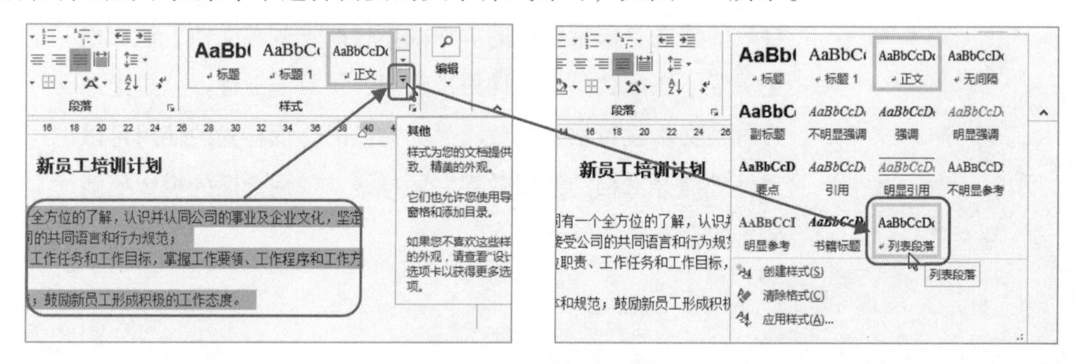

图 4-1　套用内置样式

4.1.2 创建新样式

虽然 Word 提供了非常多的内置样式，但也不能完全满足要求，因此需要用户自行创建新的样式，以方便在文档制作过程中对文本进行格式设置。

【注意】在开始制作文档前，需要先考虑文档大概需要哪些文本格式，然后将可能需要多次使用的文本格式创建为样式保存至“样式库”中，以便重复使用。这也是制作文档的准备工作，虽非必要，但却是提高工作效率非常有效的方法，尤其对于长文档的制作而言。

[分析实例]——在“新建样式”文档中创建新的文本样式

这里以在“新建样式”文档中创建“并列项目”样式为例，讲解创建样式的相关操作。如图 4-2 所示为新建样式显示在“样式库”的效果图。

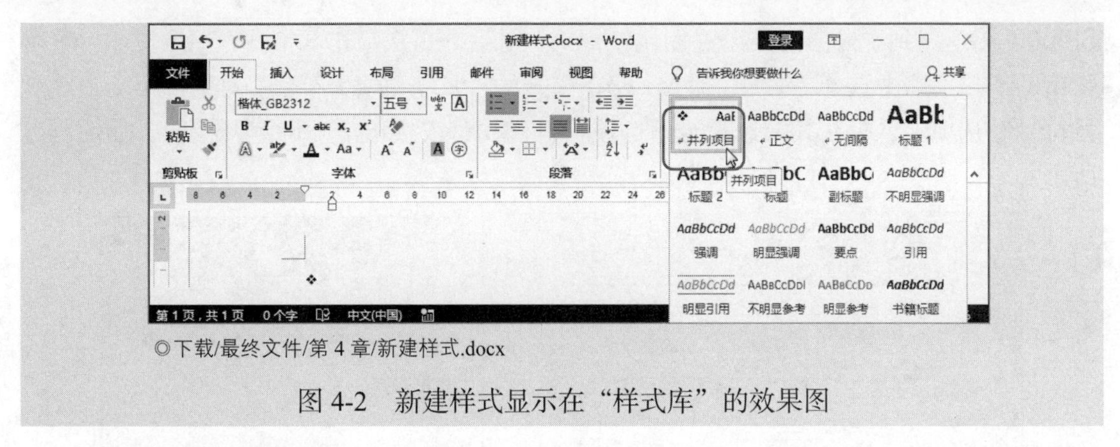

◎下载/最终文件/第 4 章/新建样式.docx

图 4-2　新建样式显示在"样式库"的效果图

其具体操作步骤如下。

Step01 新建"新建样式"文档，❶在"开始"选项卡的"样式"组中单击"其他"按钮，在弹出的下拉菜单中选择"创建样式"命令，❷在打开的"根据格式设置创建新样式"对话框的"名称"文本框中输入样式名称，这里输入"并列项目"，❸单击"修改"按钮，如图 4-3 所示。

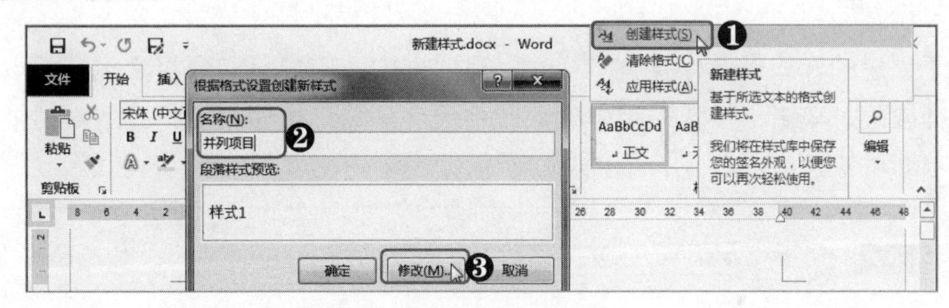

图 4-3　单击"修改"按钮

Step02 ❶在打开的"根据格式设置创建新样式"对话框的"格式"栏中设置字体格式，如设置为"楷体_GB2312，五号"，❷单击对话框下方的"格式"下拉按钮，❸在弹出的下拉菜单中选择"段落"命令，❹在打开的"段落"对话框的"缩进和间距"选项卡中设置段落格式，这里设置段前间距为 0.5 行，❺单击"确定"按钮，如图 4-4 所示。

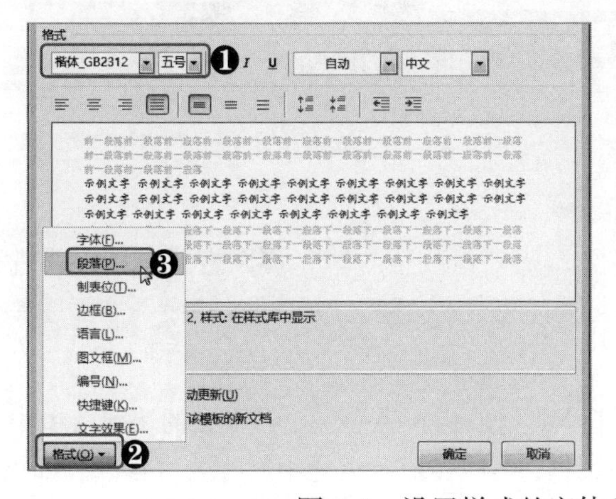

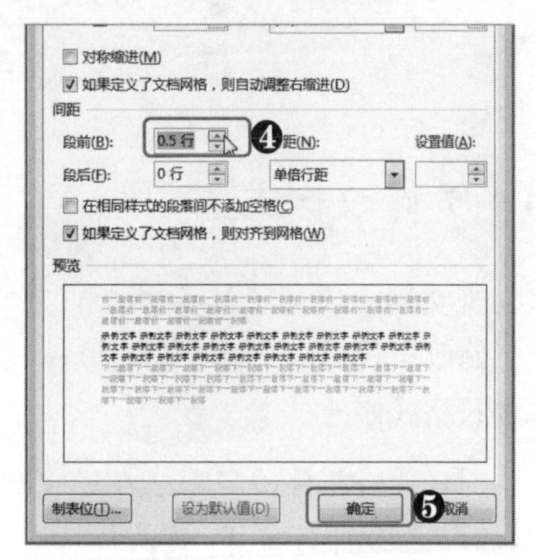

图 4-4　设置样式的字体和段落格式

Step03 ❶返回到“根据格式设置创建新样式”对话框再次单击“格式”下拉按钮，❷在弹出的下拉菜单中选择“编号”命令，❸在打开的“编号和项目符号”对话框中单击“项目符号”选项卡，❹在其中选择合适的项目符号，❺依次单击“确定”按钮，如图 4-5 所示。

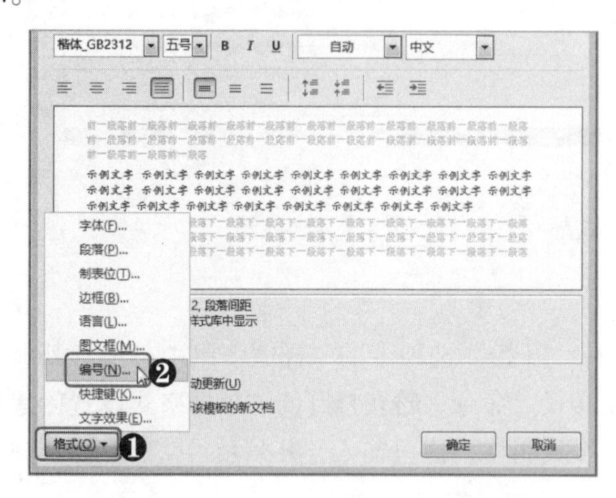

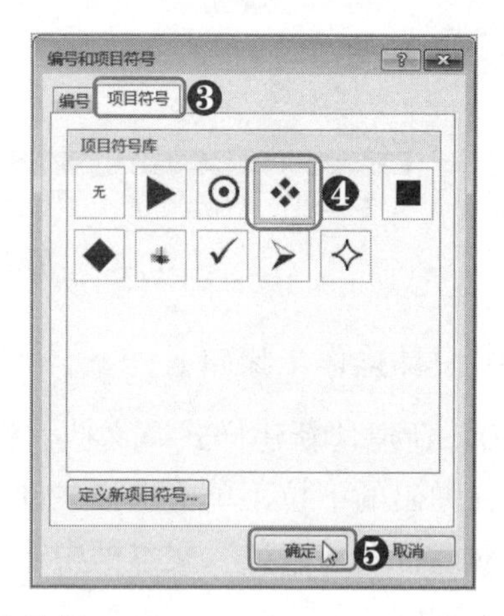

图 4-5　设置样式的项目符号

对于创建的样式也会保存到“样式”对话框中，用户只需要将文本插入点定位到段落或选择段落，单击“样式”组中的“对话框启动器”按钮，在打开的对话框的列表中选择选项即可快速应用样式，如图 4-6 所示。

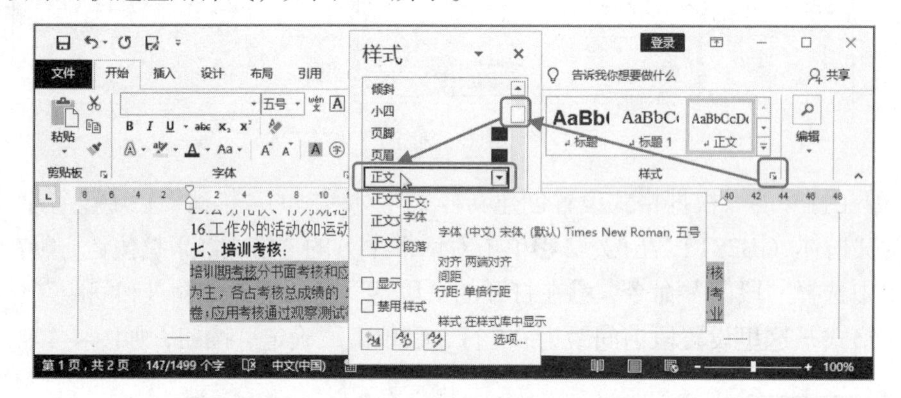

图 4-6　在“样式”对话框中应用样式

4.1.3 修改样式

当文档中应用了某一样式的文本全部需要修改格式时，可以直接对该样式进行修改。修改样式后，文档中套用该样式的所有文本也会随之改变格式，而不需要逐一对文本进行格式修改。

对样式进行修改只需要在样式库中待修改的样式上右击，在弹出的快捷菜单中选择“修改”命令即可打开“修改样式”对话框，然后在该对话框中对样式进行修改即可（在此对话框中修改样式的方法与创建样式相同），如图 4-7 所示。

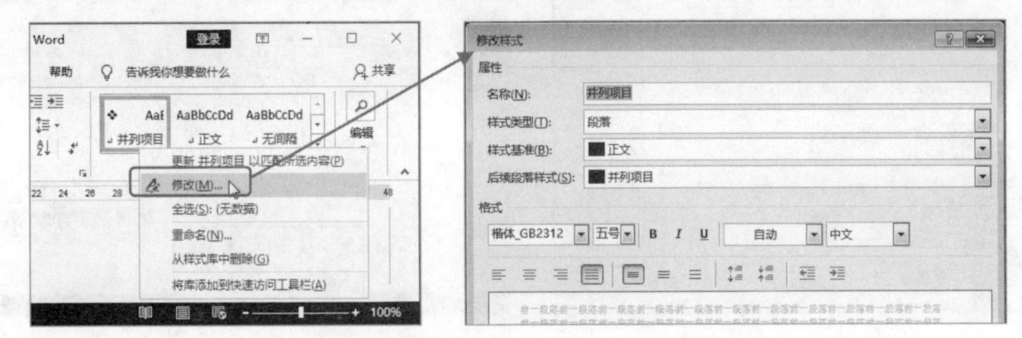

图 4-7　打开“修改样式”对话框

知识延伸　*为样式设置快捷键*

通常使用样式为文本设置格式需要在“样式”组中选择合适的样式。一旦文档内容很多时，就需要大量的重复执行选择样式的操作，这样无疑会降低文档的制作效率。而为这些样式设置快捷键，可以通过快捷键迅速为当前文本设置样式，有效地提高了文档的制作效率。

下面以在“售楼部管理制度”文档中为样式设置快捷键为例，讲解使用快捷键快速为文本设置样式的相关操作方法，其具体操作步骤如下。

Step01 ❶在“开始”选项卡的“样式”组中需要设置快捷键的样式上右击，❷在弹出的快捷菜单中选择“修改”命令，❸在打开的“修改样式”对话框中单击“格式”下拉按钮，❹选择“快捷键”命令，如图 4-8 所示。

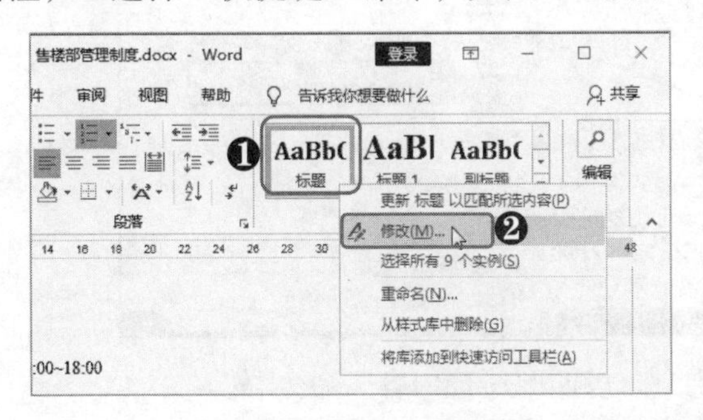

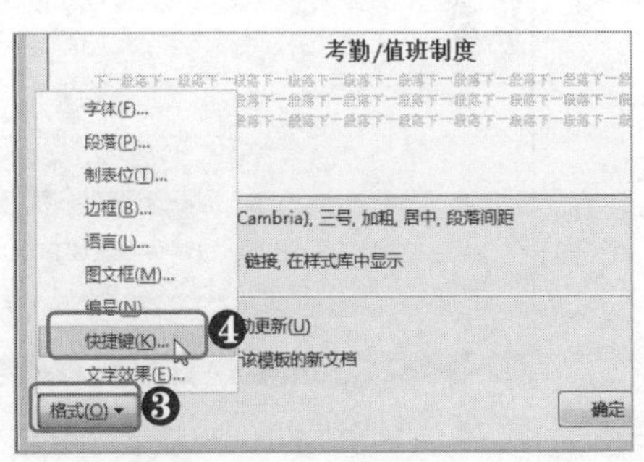

图 4-8　选择“快捷键”命令

Step02 ❶在打开的“自定义键盘”对话框中将文本插入点定位到“请按新快捷键”文本框中，然后在键盘上按需要设置的快捷键，如按【Ctrl+3】组合键，❷单击“指定”按钮，❸单击“关闭”按钮，如 4-9 左图所示。然后在返回的对话框单击“确定”按钮。

Step03 快捷键设置完成后，只需要选择设置该样式的文本，然后按设置好的快捷键即可，如按【Ctrl+3】组合键，如 4-9 右图所示。

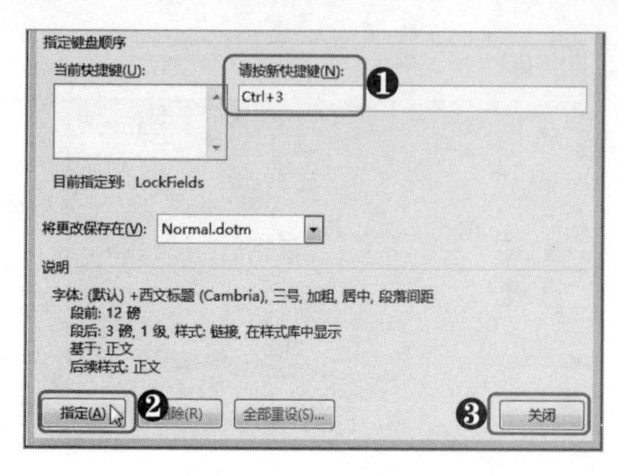

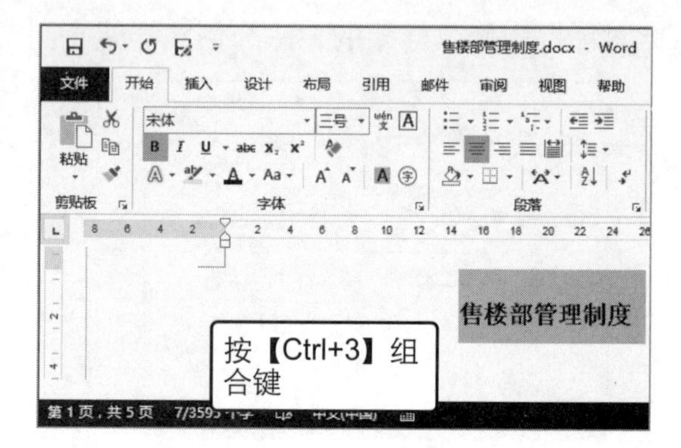

图 4-9　指定快捷键并使用

4.1.4 更新样式以匹配所选内容

“更新样式以匹配所选内容”功能其实也是一种修改样式的方式，但是不需要在“修改样式”对话框中进行设置，而是将所选文本的格式直接提取到样式中。我们可以将“更新样式以匹配所选内容”功能看作是一个另类的格式刷，它可以将所选文本的所有格式复制到目标上，而这里的目标是样式。

此功能的使用方法也比较简单，只需要选择已设置格式的文本，在样式库中在需要修改的样式上右击，然后在弹出的快捷菜单中选择对应的更新样式以匹配所选内容命令即可，如图 4-10 所示。

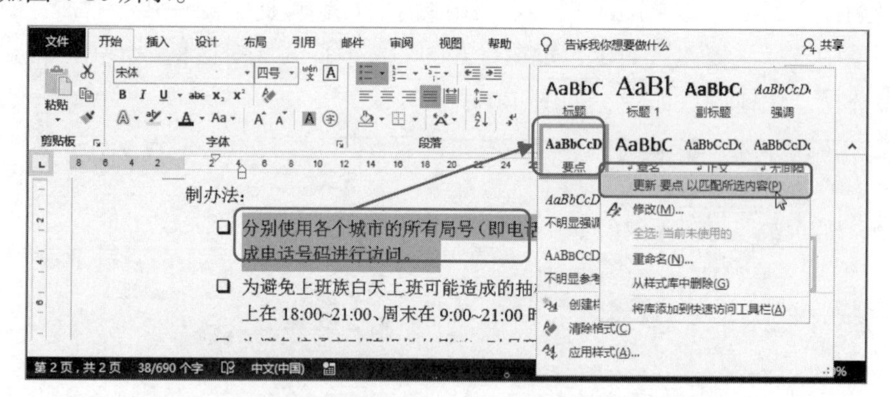

图 4-10　选择“更新 要点 以匹配所选内容”命令

4.1.5 清除文本的格式

如果某一文本不再需要任何格式，如字体格式、段落格式和项目符号等，只需要保留纯文本内容，则要对该文本进行格式清除，其操作方法如下。

选择需要清除格式的文本，在“样式”组中单击“其他”按钮，然后选择“清除格式”选项即可，如图 4-11 所示。

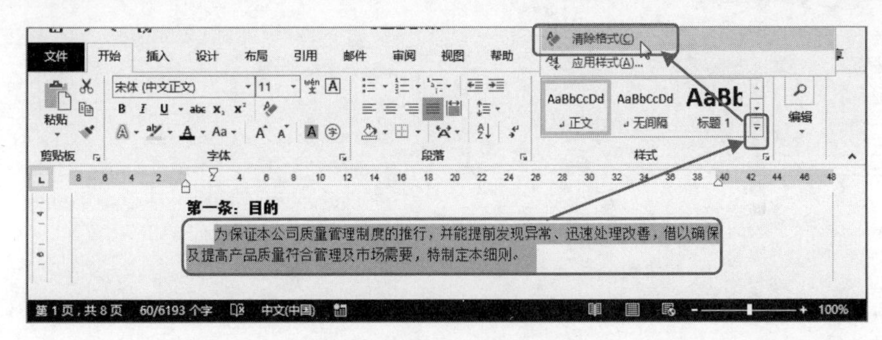

图 4-11　清除文本格式

【注意】“清除格式”命令不仅仅是对于应用了样式的文本，而是对任何文本都可以进行格式清除，只保留纯文本。

4.1.6 管理样式

随着用户新建样式的增加，再加上 Word 中许多内置的样式，势必有一些样式基本不会使用，尤其是内置样式。这时就需要对样式进行管理，如删除不需要的自定义样式、对样式库的样式进行排列以及隐藏不需要的样式等。

（1）删除样式

如果某一样式已经不再需要使用，则可以将其删除。删除样式可分为两种情况，一是将样式从样式库中删除，二是将样式彻底删除。

◆ **从样式库中删除**：如果样式只是暂时不需要使用，则可以将其从样式库中删除。其操作方法为：在样式库中待删除的样式上右击，选择“从样式库中删除”命令即可，如图 4-12 所示。删除之后在“样式”组中将不再显示该样式，但在“管理样式”对话框中依然存在该样式。

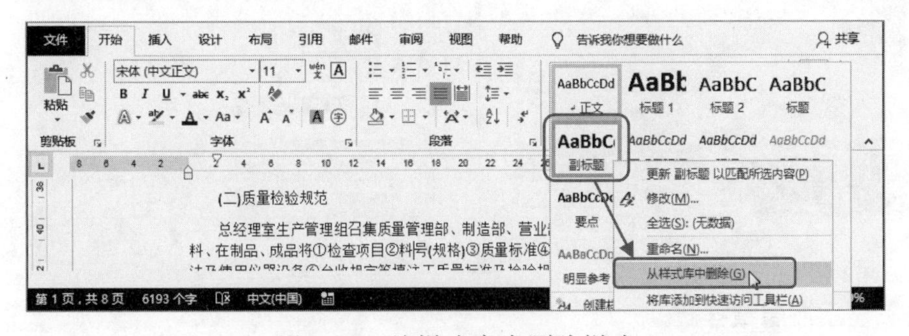

图 4-12　从样式库中删除样式

◆ **彻底删除**：彻底删除则是将样式从文档中删除，即使在“管理样式”对话框中也将不复存在。其操作方法为：在“样式”组中单击“对话框启动器”按钮，在打开的“样式”对话框中单击“管理样式”按钮，然后在打开的“管理样式”对话框的“编辑”选项卡中选择需要删除的样式，再单击“删除”按钮即可，如图 4-13 所示。

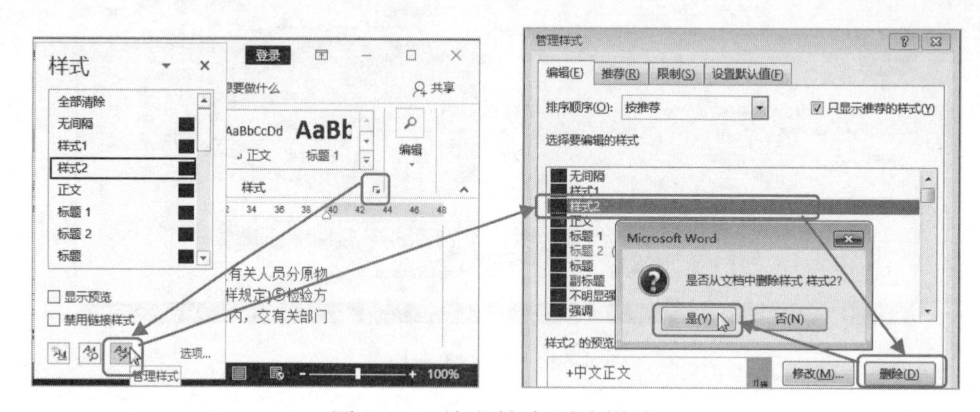

图 4-13　从文档中删除样式

【注意】Word 内置的样式无法进行彻底删除，但可以将其从样式库中删除。

（2）对样式进行排列

如果对于样式库中各样式的排列顺序不满意，可以对其顺序进行重新排列，如将一些经常使用的样式放在推荐列表的前面，将使用频率较低的样式放在靠后的位置，其操作方法如下。

首先打开“管理样式”对话框，单击“推荐”选项卡，选中“只显示推荐的样式”复选框，然后在样式列表中选择需要调整顺序的样式，通过单击“上移”“下移”“置于最后”或“指定值”按钮对样式的位置进行调整，如图 4-14 所示。

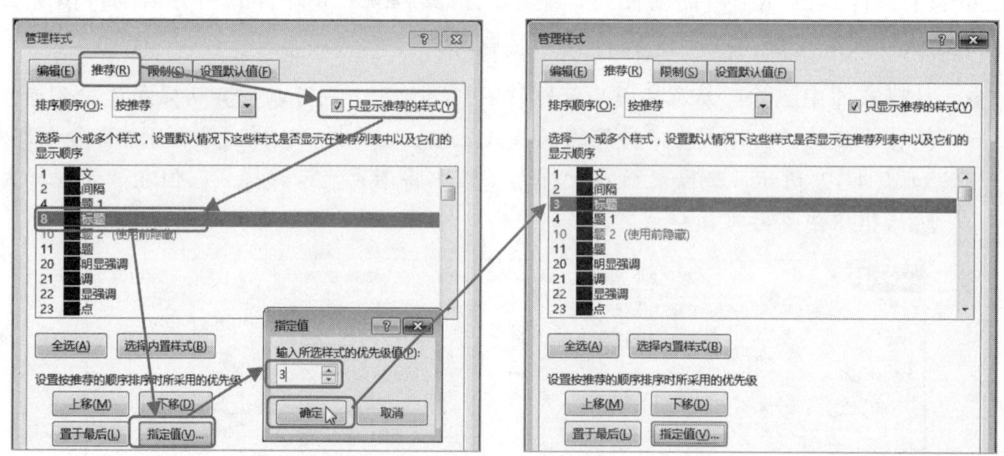

图 4-14　调整样式的排列顺序

（3）显示或隐藏样式

由于内置样式无法进行彻底删除，对于那些不需要使用的内置样式只能将其从样式库中删除或隐藏，待需要使用时再将其显示即可。

要隐藏样式，只需要在“管理样式”对话框的“推荐”选项卡中选择待隐藏的样式，然后单击“隐藏”按钮即可，如图 4-15 所示。同样地，要显示被隐藏的样式，则单击“显示”按钮即可。

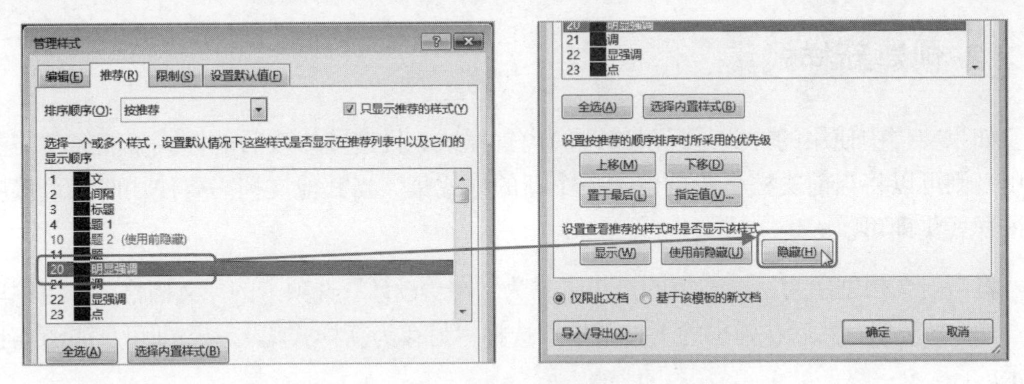

图 4-15　隐藏样式

4.2 通过样式集为整个文档设置格式

样式是各种文本格式的集合，而样式集则是各种样式的集合。样式集可以作用于整个文档，从而快速为文档各个层级的文本套用不同样式。

4.2.1 使用系统内置样式集

在 Word 中同样有许多内置的样式集，各样式集的字体和段落属性都有所区别，用户可以选择合适的样式集直接套用到文档中。

【注意】不同的样式集其实就是对“开始”选项卡的“样式”组中的样式进行了不同的修改，并保存为一个样式集合。而使用这些样式集就是将样式库中的样式分别套用到各层级的文本上。因此，使用样式集的前提是文档中的各层级文本都应用了 Word 的可用样式，即内置样式。否则样式集无法完整的应用到文档中。

使用样式集的方法为：在“设计”选项卡的“文档格式”组中单击“其他”按钮，然后在弹出的下拉菜单中选择合适的样式集即可，如图 4-16 所示。

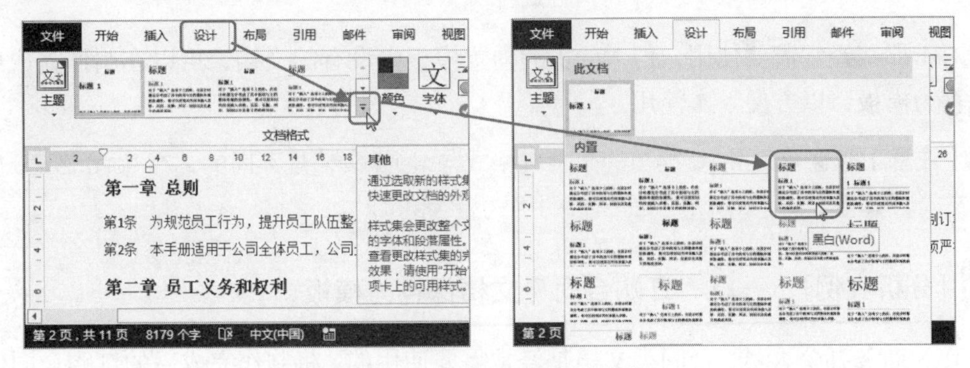

图 4-16　为文档套用样式集

4.2.2 创建新样式集

如果文档中使用的样式是经过修改的内置样式，且这些修改后的样式可能经常需要使用，则可以将当前文档格式创建为一个新的样式集。当其他文档需要使用时，直接应用该样式集即可。

将当前文档创建为新样式集的操作步骤为：在“设计”选项卡的“文档格式”组中单击“其他”按钮，然后在弹出的下拉菜单中选择“另存为新样式集”命令即可，如图 4-17 所示。

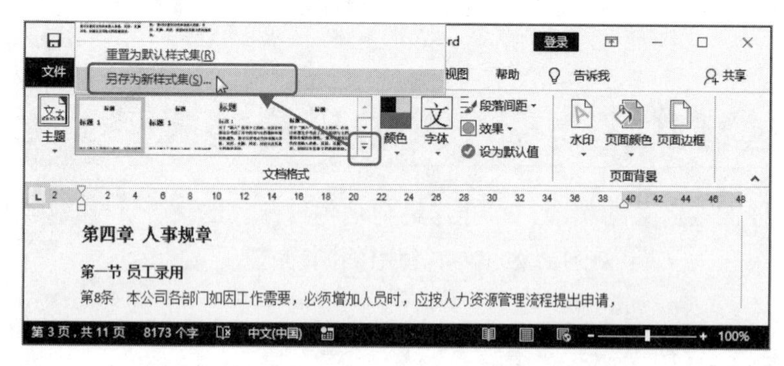

图 4-17　将当前文档的样式创建为样式集

4.3 模板的应用

前文介绍了使用模板新建文档，相信对于模板的优点已经有所了解。虽然 Word 为用户提供了各种类型的模板，但也并不是应有尽有。因此，用户除了要学会使用模板创建文档外，还需要掌握模板的新建和修改等操作。

4.3.1 将文档保存为模板

对于那些经常需要使用，但 Word 的内置模板中没有的文档，可以在制作完成后将其保存为模板，以方便下次使用。

【注意】被保存为 Word 模板的文档其格式与 Word 文档是不同的，在 Word 2016 中创建的文档，其格式为“.docx”，而模板的格式为“.dotx”。

[分析实例]——将“订购合同”文档保存为模板

作为商务办公人员，合同类文档是经常需要使用的。将制作完成后的订购合同保存为模板，下次需要制作类似的合同文档时，便可直接使用该模板新建文档。

下面以将“订购合同”文档保存为模板为例，讲解其相关操作。如图 4-18 所示为将文档保存为模板的前后对比效果。

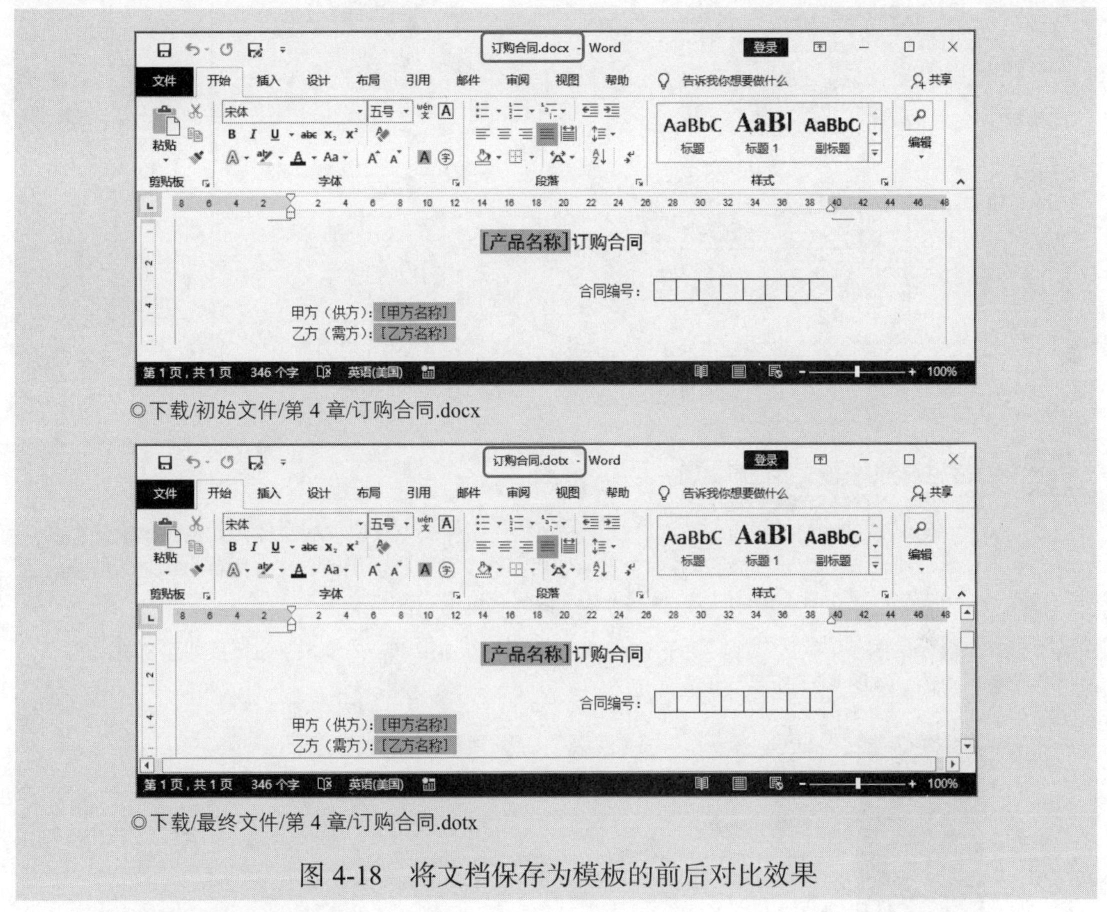

◎下载/初始文件/第 4 章/订购合同.docx

◎下载/最终文件/第 4 章/订购合同.dotx

图 4-18　将文档保存为模板的前后对比效果

其具体操作步骤如下。

Step01 打开素材文件，❶单击“文件”选项卡，❷在打开的界面中单击“另存为”选项卡，❸在右侧的界面中单击“浏览”按钮，如图 4-19 所示。

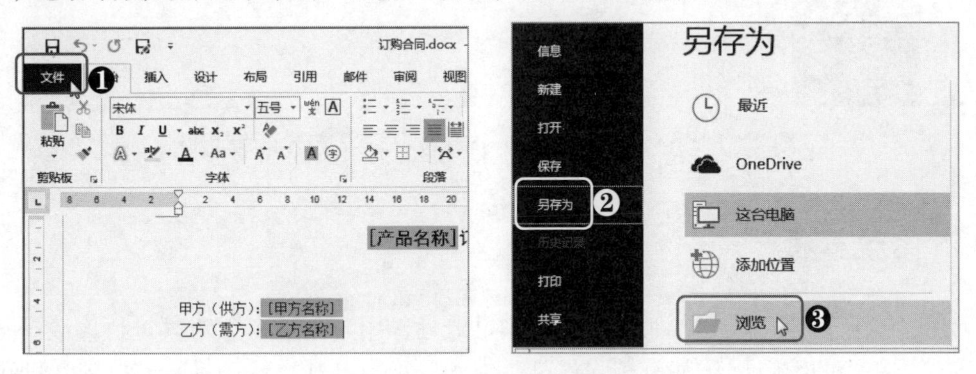

图 4-19　单击“浏览”按钮

Step02 ❶在打开的“另存为”对话框中的“保存类型”下拉列表框中选择“Word 模板（*.dotx）”选项，此时文件的保存位置默认变为“D:\Documents\自定义 Office 模板”文件夹，❷单击“保存”按钮即可，如图 4-20 所示。

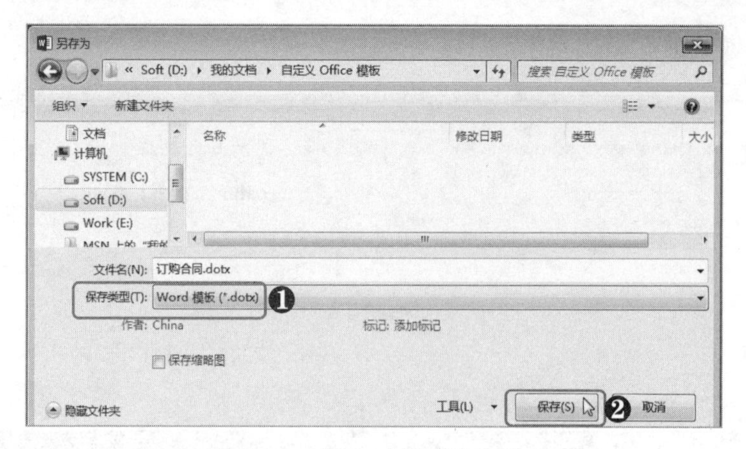

图 4-20　单击“保存”按钮

提个醒：保存为模板文件注意事项

Word 默认在“D:\Documents\自定义 Office 模板”文件夹中读取模板文件，如果将模板保存到其他位置，则无法在 Word 的新建界面中直接使用模板创建文档。因此，在“另存为”对话框中选择“Word 模板（*.dotx）”选项后，尽量不要更改保存位置。

如果模板是保存在默认位置，则在 Word 的“新建”界面中单击“个人”超链接即可查看所有自定义的模板，如图 4-21 所示。

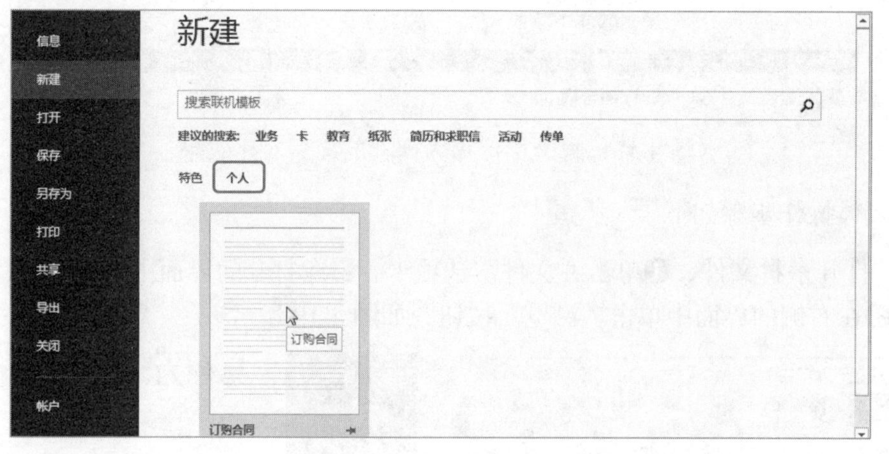

图 4-21　在“新建”选项卡查看自定义新建的模板

4.3.2 修改模板

自定义模板制作完成后，如果还存在不足之处，用户依然可以对其进行修改。其修改的方式与文档的编辑操作基本相同，都是在 Word 中打开，然后进行编辑保存即可。而模板一般是保存在默认文件夹中，其打开的具体操作步骤如下。

打开 Word 程序并在其“打开”界面中单击“浏览”按钮，在打开的“打开”对话框中展开“库\文档”选项，然后在其中双击打开“自定义 Office 模板”文件夹，再在需要修改的模板文件上双击即可打开该模板，如图 4-22 所示。

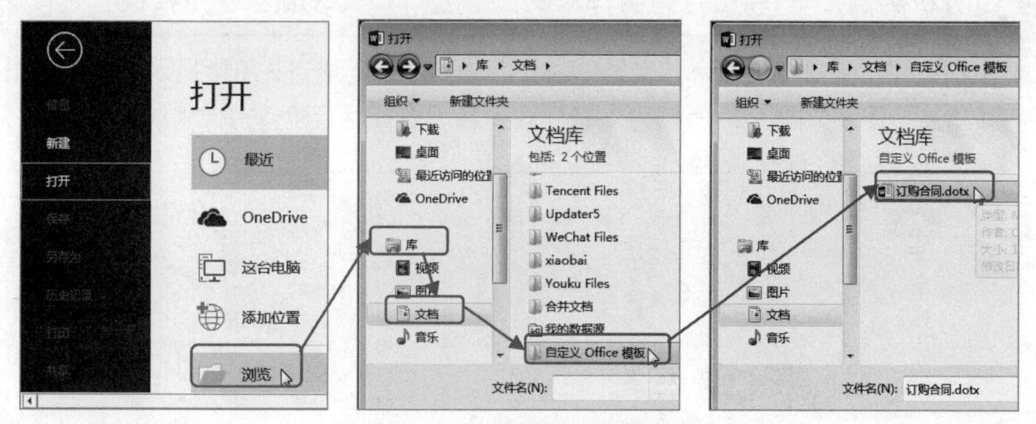

图 4-22　打开需要修改的模板

【注意】需要注意的是，如果直接在文件资源管理器中双击模板文件，其实并不是直接打开该模板，而是以模板新建文档，名称为“文档 1”，如图 4-23 所示。此时，修改模板后，需要重新将文档保存为模板，将原模板覆盖。因此，建议在 Word 中打开需要修改的模板进行编辑。

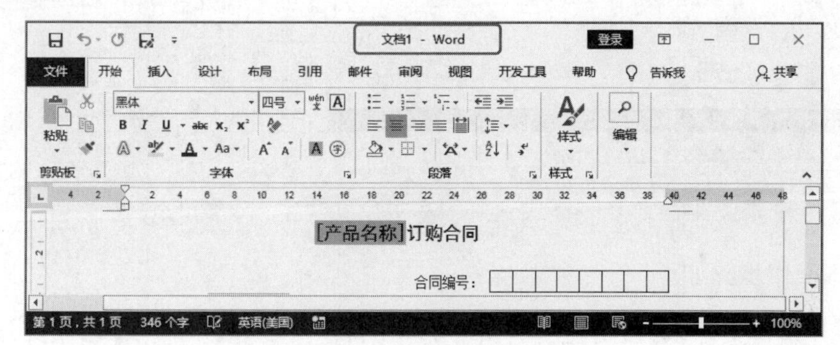

图 4-23　直接双击模板文件的效果

4.3.3 将样式复制到共用模板

前文在介绍新建空白文档时，其中一种方法是在“新建”界面中选择“空白文档”选项，与根据模板创建文档的方法非常相似。其实，Word 的所有文档都是通过模板创建的。我们常说的模板是指文档模板，即创建后文档中存在内容和各种样式；而空白文档是根据共用模板创建的，也就是“Normal.dotm”模板。

【注意】文档模板和共用模板的区别在于，文档模板中的样式只适用于根据该模板创建的文档，而共用模板中的样式可应用到所有文档。因此，当我们要在以共用模板创建的文档（即以新建空白文档的方式创建的文档）中使用其他文档模板的某些样式时，可以先将该样式复制到共用模板。

[分析实例]——将项目范围样章的“标题”样式复制到共用模板

下面以将“项目范围样章”文档中的“标题”样式复制到共用模板 Normal 为例，讲解其相关操作。如图 4-24 所示为复制样式到共用模板后新建空白文档的效果。

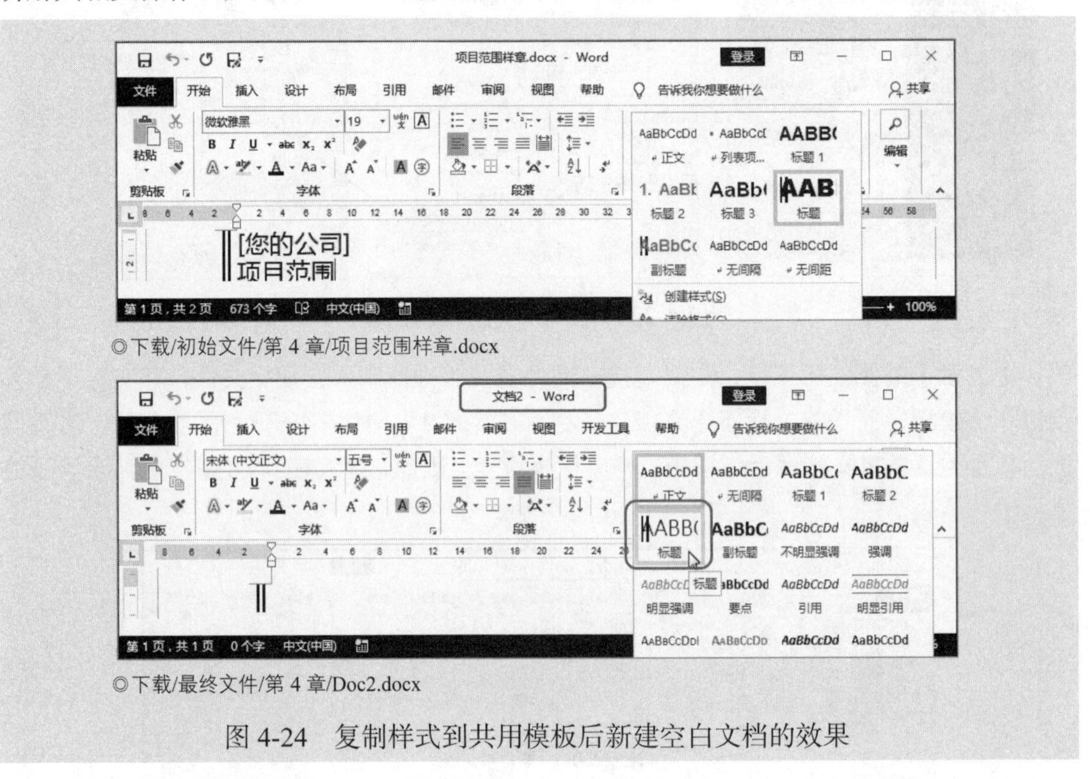

◎下载/初始文件/第 4 章/项目范围样章.docx

◎下载/最终文件/第 4 章/Doc2.docx

图 4-24　复制样式到共用模板后新建空白文档的效果

其具体操作步骤如下。

Step01 打开素材文件，❶在功能区右击并选择“自定义功能区”命令，❷在打开的“Word 选项”对话框的“自定义功能区”选项卡的功能区选项卡列表框中选中“开发工具”复选框，❸单击“确定”按钮，如图 4-25 所示。

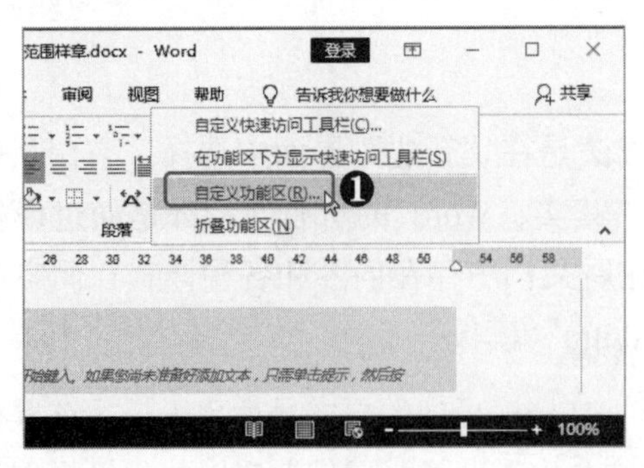

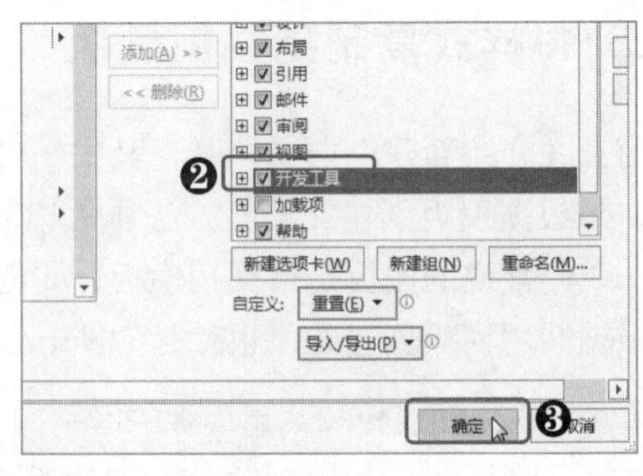

图 4-25　将“开发工具”选项卡显示到功能区

Step02 ❶单击“开发工具”选项卡，❷在“模板”组中单击“文档模板”按钮，❸在打开的“模板和加载项”对话框中单击“管理器”按钮，如图 4-26 所示。

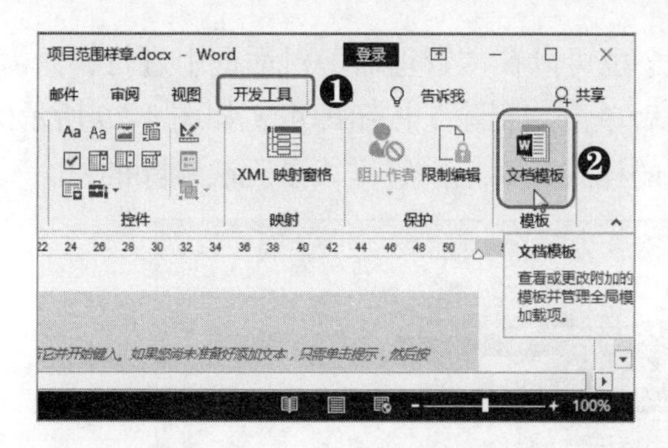

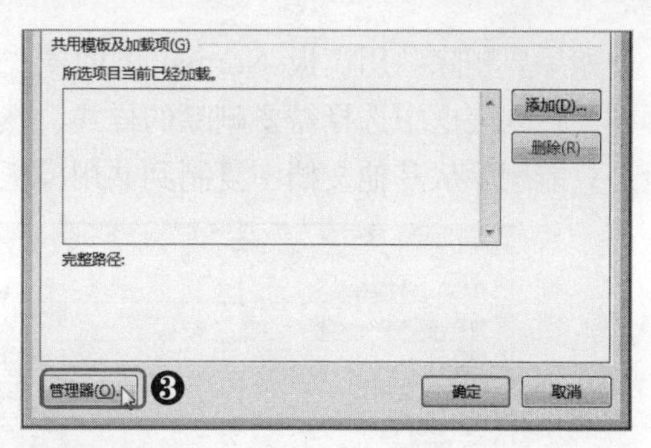

图 4-26　单击“管理器”按钮

Step03 ❶在打开的“管理器”对话框的“样式”选项卡的“在 项目范围样章.docx 中”列表框中选择需要复制的样式，❷单击“复制”按钮，❸此时即可在右侧的列表框中查看到该样式，❹单击“关闭”按钮即可，如图 4-27 所示。

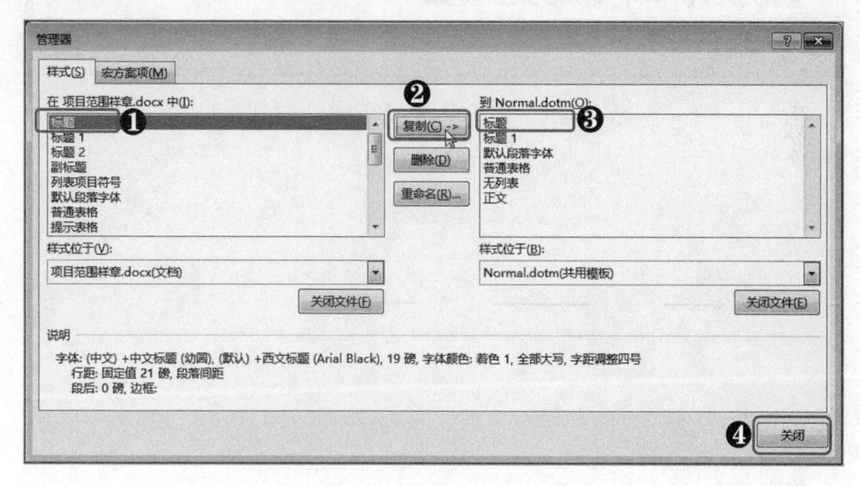

图 4-27　复制样式到共用模板

Step04 样式复制完成后，❶在“文件”选项卡中选择“新建”选项，❷在右侧界面中选择“空白文档”选项，❸在新建的空白文档的样式库中即可查看到从“项目范围样章”文档中复制的样式，如图 4-28 所示。

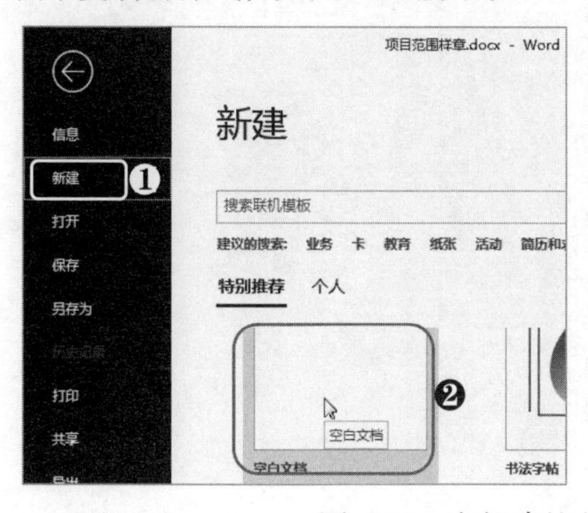

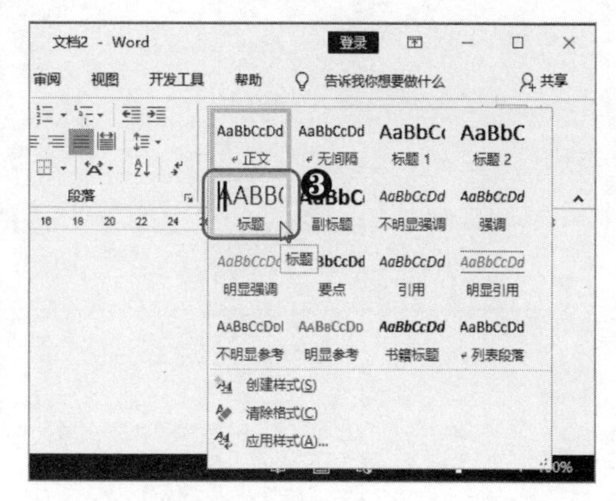

图 4-28　在新建的文档中查看复制的样式

如果要删除共用模板 Normal 中的样式，也可以在“管理器”对话框中进行，只需要在样式列表框中选择需要删除的样式，然后单击“删除”按钮即可，如图 4-29 所示。但是只能删除从其他文档中复制到共用模板的样式，对于内置样式是无法删除的。

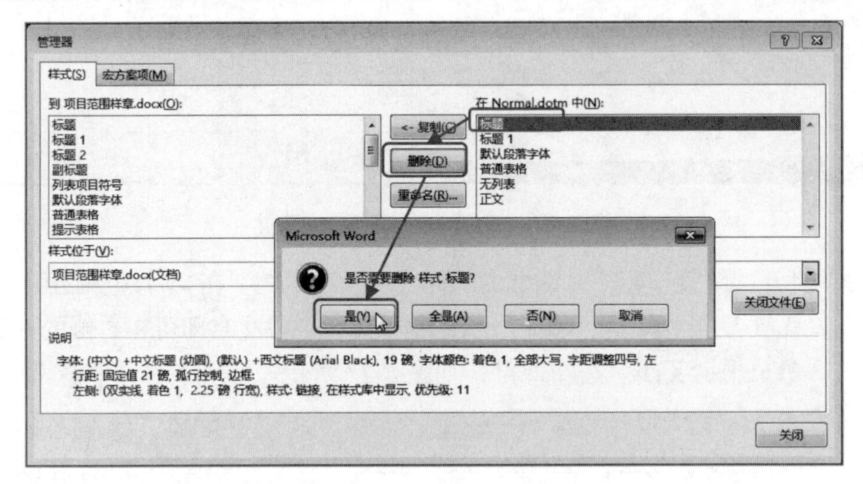

图 4-29　删除共用模板中的样式

第5章 文档页面的编辑与打印

页面作为文档内容的载体，对其进行一系列的编辑是必不可少的，如设置页面格式和背景等，可以让文档整体更为规范、美观。还可以为文档页面添加页眉和页脚，以对一些附加信息进行标明，如公司信息、时间等。而商务办公中，大部分的文档往往是需要打印成纸质文件使用的，掌握文档的打印操作也尤为重要。

|本|章|要|点|

- 设置页面格式
- 设置页面背景
- 页眉和页脚编辑
- 灵活运用分隔符
- 文档的打印

5.1 设置页面格式

不同文档因为类型或作用的不同，其页面格式也有所区别，如普通文档一般用 A4 纸，而信封显然不能使用这种尺寸的纸张，合理地设置页面格式可以让文档更加规范、专业。

5.1.1 设置页面基本属性

页面的基本属性中包括页边距、纸张大小和纸张方向，下面分别对这些属性的含义进行介绍。

- **页边距**：页边距即是指页面上、下、左、右 4 个方向留出的空白距离，在 Word 中预设了常规、窄、中等、宽和对称 5 种页边距设置，一般情况下选择其一使用即可，如 5-1 左图所示。
- **纸张大小**：纸张大小是指页面的宽度和高度，同样有多种预设纸张大小，如信纸、A4 和 16 开等，如 5-1 右图所示。

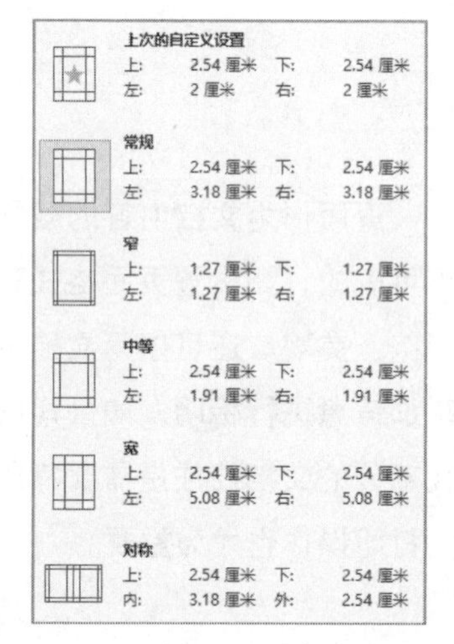

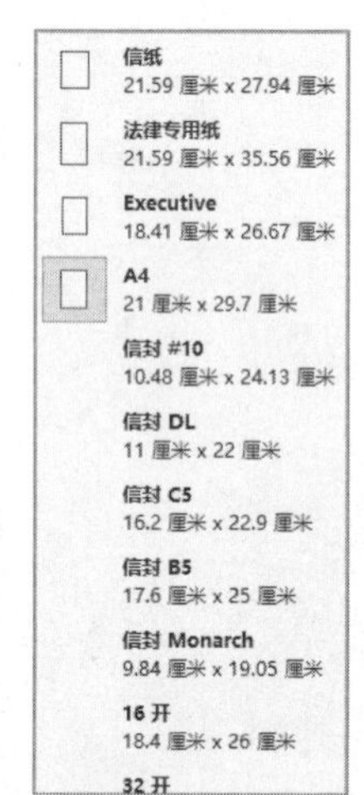

图 5-1　页边距和纸张大小

- **纸张方向**：纸张方向可分为纵向和横向，其区别在于宽度与高度的大小关系，如横向纸张的宽度大于高度。

通常所讲的设置页面格式是指设置页面的基本属性，除纸张方向只有两个选项外，页边距和纸张大小都是既可以选择内置格式，也可以由用户进行自定义设置。下面具体介绍这些页面基本属性的设置方法。

[分析实例]——为“经销商邀请函”文档设置合适的页面基本属性

在“经销商邀请函”文档中，并未进行页边距、纸张大小和方向等设置，而是使用的默认设置，即页边距为常规，纸张方向为纵向，纸张大小为 A4。这显然是不符合邀请函类型文档的页面格式的，如果不进行处理就发给各个受邀对象，既显得自己不够专业，又让人觉得没有受到尊重。

下面通过为“经销商邀请函”文档设置比较合适的页边距、纸张方向和大小等属性来讲解页面基本属性的设置方法。如图 5-2 所示为设置页面基本属性的前后对比效果。

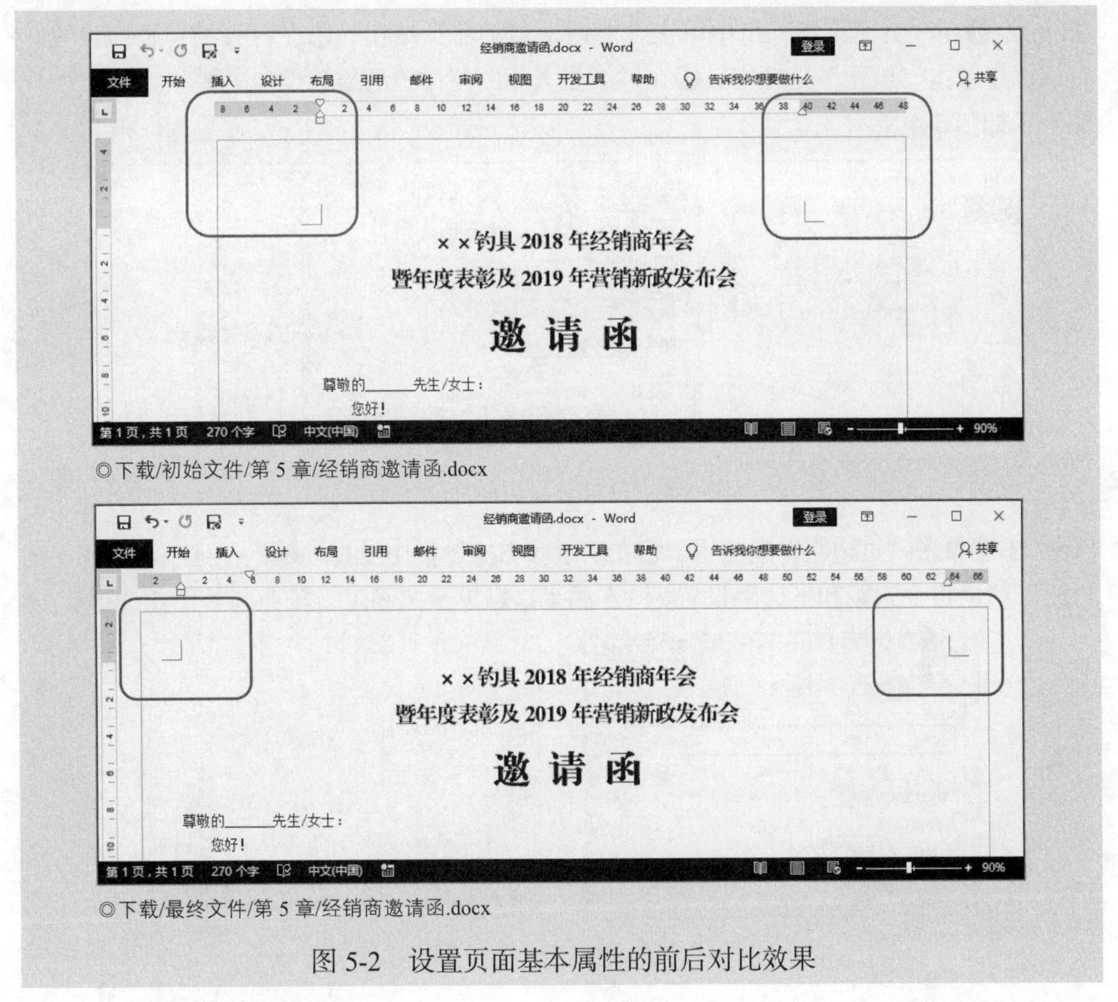

◎下载/初始文件/第 5 章/经销商邀请函.docx

◎下载/最终文件/第 5 章/经销商邀请函.docx

图 5-2　设置页面基本属性的前后对比效果

其具体操作步骤如下。

Step01 打开素材文件，❶单击“布局”选项卡，❷在“页面设置”组中单击“页边距”下拉按钮，❸在弹出的下拉菜单中选择“窄”选项，如图 5-3 所示。

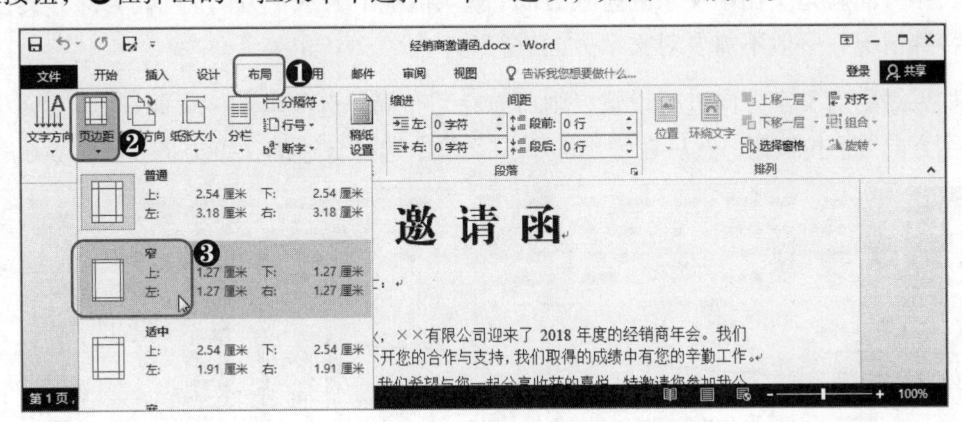

图 5-3　选择“窄”选项

Step02 ❶在“页面设置”组中单击“对话框启动器”按钮，❷在打开的“页面设置”对话框中单击“纸张”选项卡，❸在“纸张大小”栏中设置宽度为 26 厘米、高度为 16 厘米，如图 5-4 所示。

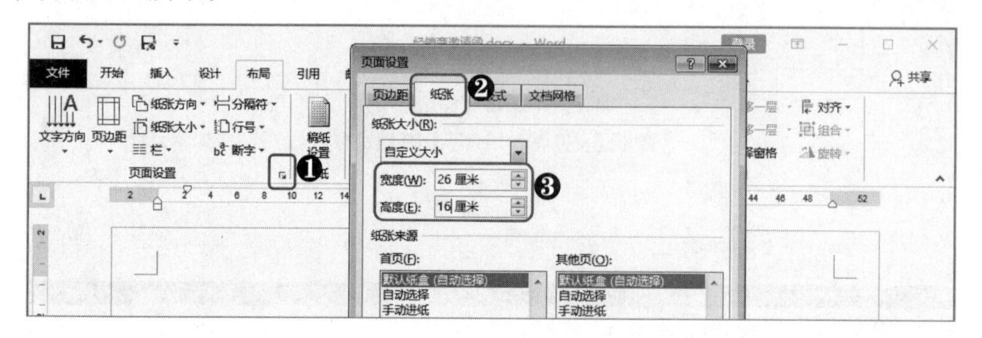

图 5-4　自定义设置纸张大小

Step03 ❶单击“页边距”选项卡，❷在“纸张方向”栏中选择“横向”选项，❸在“页边距”栏中将上边距和下边距设置为 1.5 厘米，❹单击“确定”按钮，如图 5-5 所示。

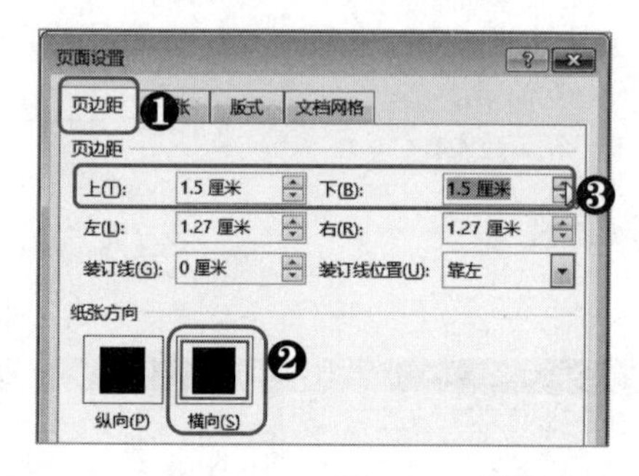

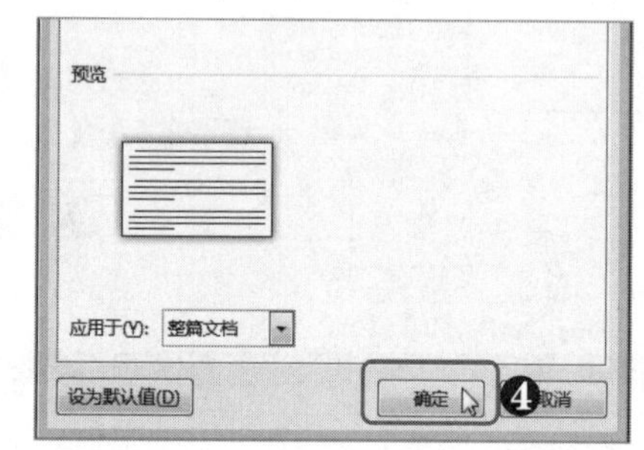

图 5-5　设置纸张方向并微调页边距

5.1.2 设置文字方向

文字方向就是文档中文字的排列方向，默认情况下为水平方向。且在大部分文档中，如非特殊情况，一般不需要对文字方向进行修改。

如果需要对文字方向进行设置，则可以在“布局”选项卡的“页面设置”组中单击“文字方向”下拉按钮，然后在弹出的下拉菜单中选择合适的文字方向，如图 5-6 所示。

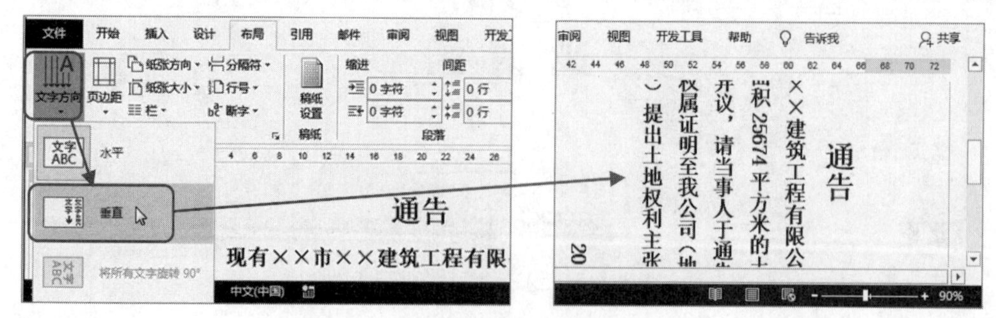

图 5-6　设置文字方向为垂直方向

也可以单击“文字方向”下拉按钮在弹出的下拉菜单中选择“文字方向选项”命令，然后在打开的“文字方向-主文档”对话框中进行设置，再单击“确定”按钮即可，如图 5-7 所示。

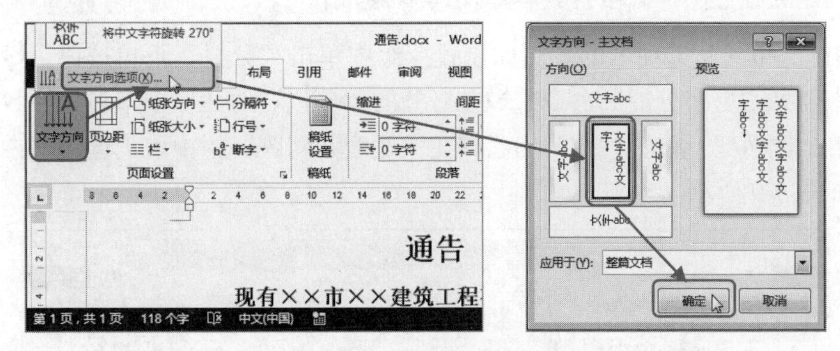

图 5-7 在“文字方向”对话框中设置文字方向

5.1.3 页面的分栏

页面的分栏是指将一个页面在垂直方向上划分为多个栏，比如将页面分为双栏，就相当于将页面划分成两个小页面。

Word 中内置了 5 种分栏方式，分别为一栏、两栏、三栏、偏左和偏右。其中，一栏就是没有对页面进行分栏，是 Word 文档的默认分栏方式。另外，比较常用的分栏方式还有双栏，即将页面划分为左右对称的两栏。

设置页面分栏方式的操作步骤为：在“布局”选项卡的“页面设置”组中单击“分栏”下拉按钮，然后在弹出的下拉菜单中选择需要的分栏方式即可，如图 5-8 所示。

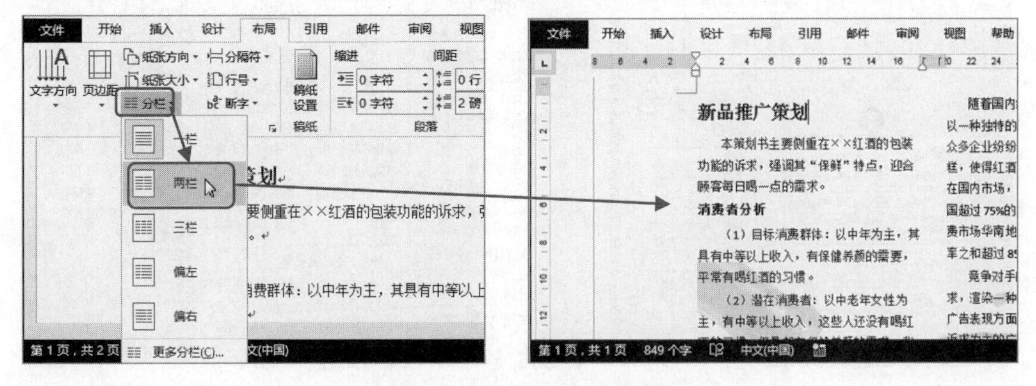

图 5-8 将页面分为两栏

知识延伸 *自定义设置页面分栏*

虽然 Word 预设了 5 种分栏方式，但也无法满足所有文档的分栏需求。比如某文档需要分为 3 栏，但与预设的“三栏”选项又有所区别，其需要的 3 栏要求中间栏比两边栏更宽。这种情况下，就需要用户自定义设置页面的分栏方式。

下面以为文档设置中间栏较宽、两边栏宽度相等的 3 栏分栏方式为例，讲解自定义设置页面分栏的相关操作方法，其具体操作步骤如下。

Step01 ❶在“布局”选项卡的“页面设置”组中单击“分栏”下拉按钮，❷在弹出的下拉菜单中选择“更多分栏”命令，❸在打开的“分栏”对话框中单击“栏数”数值框右侧的向上微调按钮，设置栏数为 3，❹在“宽度和间距”栏中取消选中“栏宽相等”复选框，如图 5-9 所示。

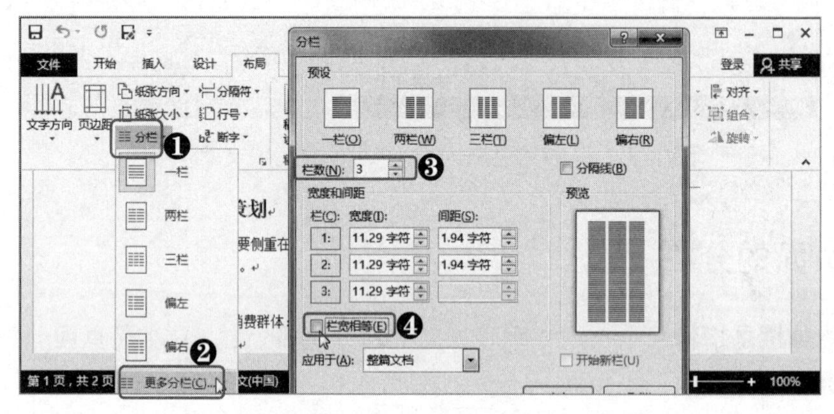

图 5-9　取消选中“栏宽相等”复选框

Step02 ❶将中间栏（即第 2 栏）的宽度设置为 16 字符，第 1 栏和第 3 栏宽度设置为 9 字符，❷选中“分隔线”复选框，❸在“应用于”下拉列表框中根据实际需要选择合适的选项，这里选择“整篇文档”选项，❹单击“确定”按钮，如图 5-10 所示。

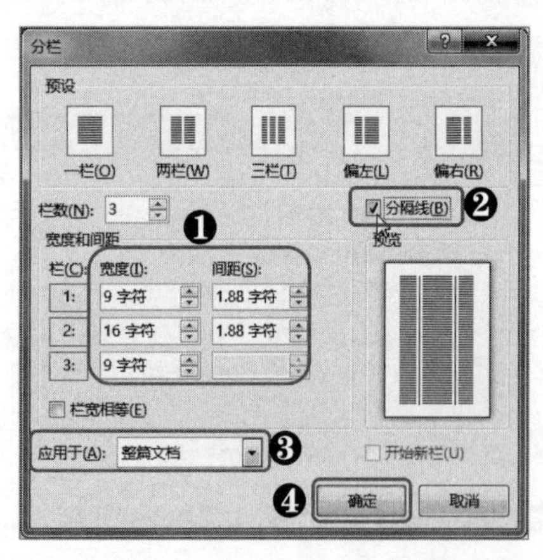

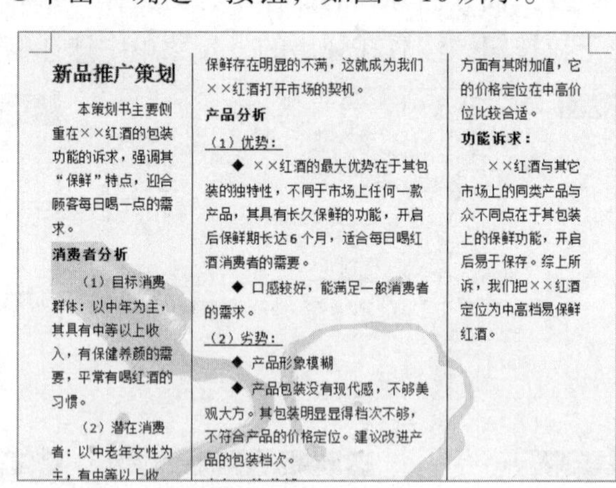

图 5-10　自定义设置分栏效果

提个醒：分栏的应用范围

分栏方式默认情况下会应用于整篇文档，如果只需要将分栏应用于某一部分文本，则需要在“分栏”对话框中的“应用于”下拉列表框中选择“插入点之后”选项。另外，选择“插入点之后”选项后，如果选中“开始新栏”复选框，则文本插入点后的内容会移动至下一页并分栏。

5.2 设置页面背景

设置页面格式可以让文档更加规范、专业，而设置页面背景则是为了让文档更为美观，拥有更好的视觉效果。设置页面背景包括页面填充、边框和水印效果等，下面分别进行介绍。

5.2.1 设置页面填充效果

在 Word 中，页面的填充效果有多种，分别为颜色、渐变色、纹理、图案和图片填充。其中，颜色填充是指以纯色颜色作为页面背景；渐变色填充是以一种颜色由明到暗、由暗到明的渐变过程或多种颜色过渡的形式作为页面背景；而纹理、图案和图片填充则是以相应的纹理、图案或图片作为页面背景。

在这 5 种页面填充效果中，颜色填充的设置比较简单，只需要在“设计”选项卡的“页面背景”组中单击“页面颜色”下拉按钮，然后在下拉菜单中选择需要的颜色即可。或者选择“其他颜色”命令，然后在打开的“颜色”对话框中进行颜色设置并确定即可，如图 5-11 所示。

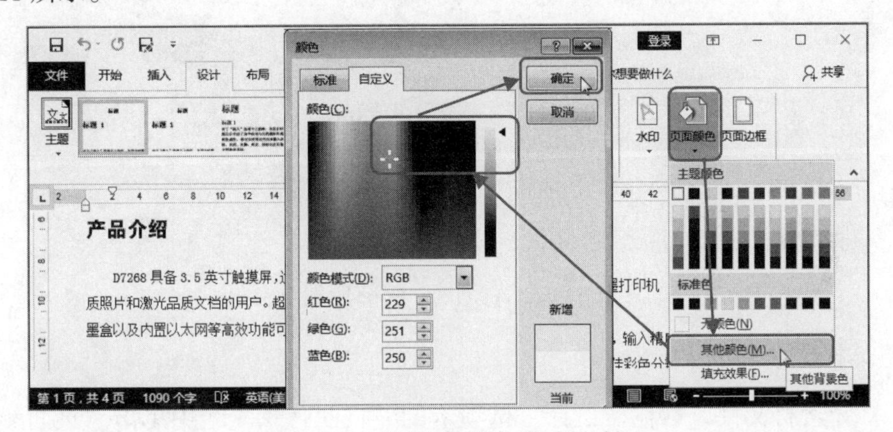

图 5-11　用纯色颜色填充文档

另外 4 种填充效果则需要在“填充效果”对话框中进行设置，且设置的方法大致相似，掌握其中一种填充效果的设置，即可基本掌握各填充效果的设置。

[分析实例]——为“推广计划”文档添加合适的背景图片

为文档的页面添加合适的背景图片可以从整体上提升文档视觉效果。同时，符合文档主题内容的背景图片还能起到辅助作用，让阅读者更容易接受文档所要表达的信息。

“推广计划”文档是一份关于乳制品的广告策划文档，因此可以使用一张与牛奶相关联的图片作为背景，让文档更加美观的同时也更加符合主题。下面通过此例讲解背景图片的添加操作，如图 5-12 所示为添加背景图片的前后对比效果。

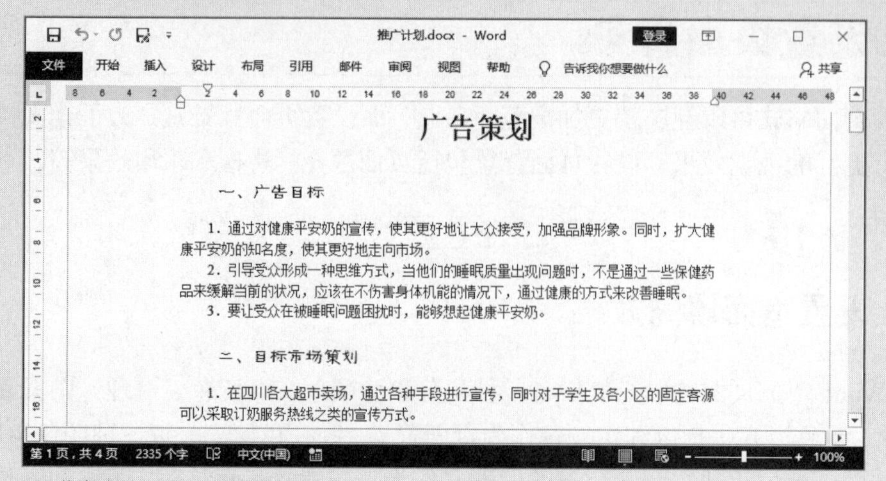

◎下载/初始文件/第 5 章/推广计划.docx

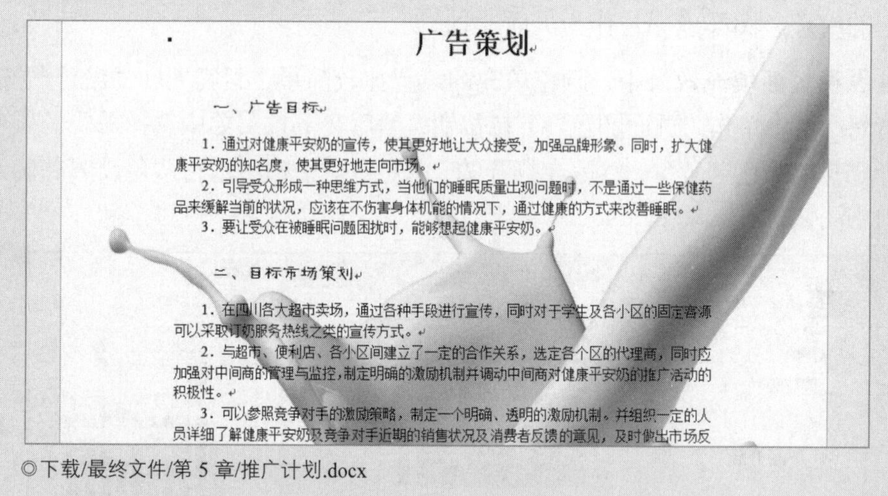

◎下载/最终文件/第 5 章/推广计划.docx

图 5-12　添加背景图片的前后对比效果

其具体操作步骤如下。

Step01 打开素材文件，❶在“设计”选项卡的“页面背景”组中单击“页面颜色”下拉按钮，❷在弹出的下拉菜单中选择“填充效果”命令，如图 5-13 所示。

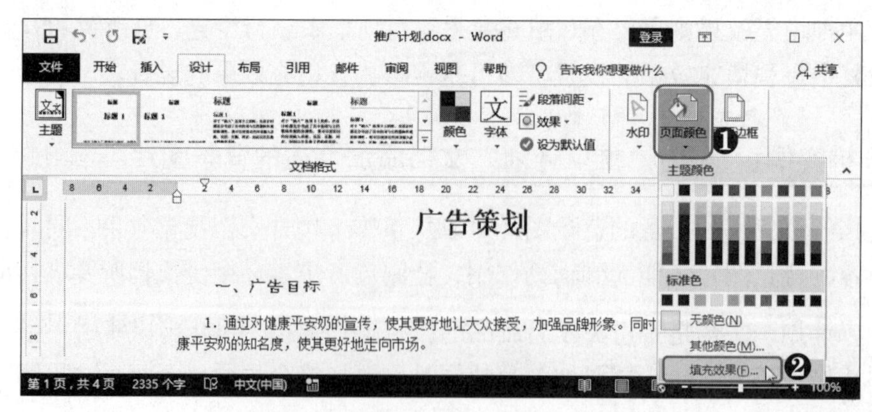

图 5-13　选择“填充效果”命令

Step02 ❶在打开的“填充效果”对话框中单击“图片”选项卡，❷在其中单击“选择图片”按钮，❸在打开的“插入图片”对话框中的“必应图像搜索”搜索框中输入要搜索的图片关键字，如输入“牛奶素材”，❹单击搜索框右侧的“搜索”按钮，如图 5-14 所示。

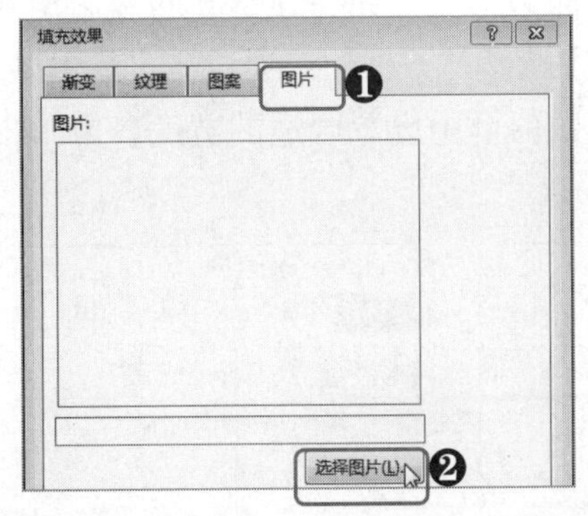

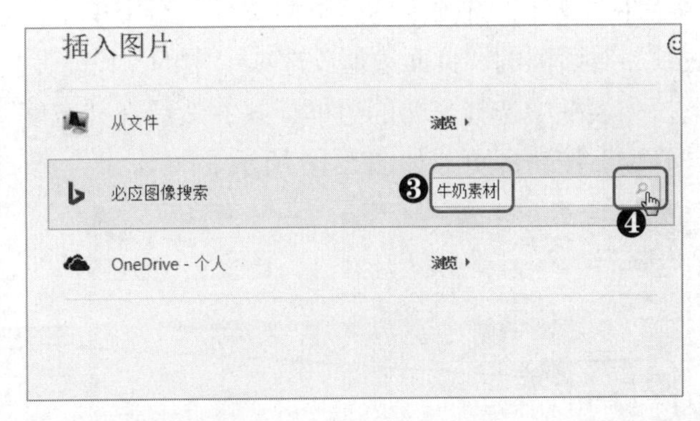

图 5-14　使用必应搜索图片

Step03 ❶在打开的对话框中单击“显示所有结果”按钮，❷在搜索得到的列表中选择需要的图片，❸单击“插入”按钮，❹在返回的“填充效果”对话框中单击“确定”按钮即可完成操作，如图 5-15 所示。

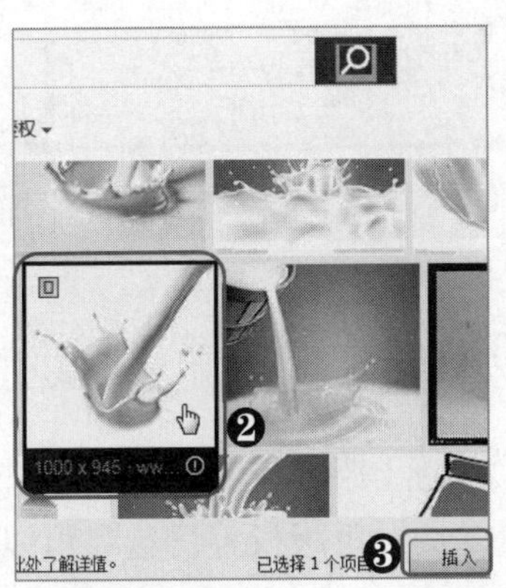

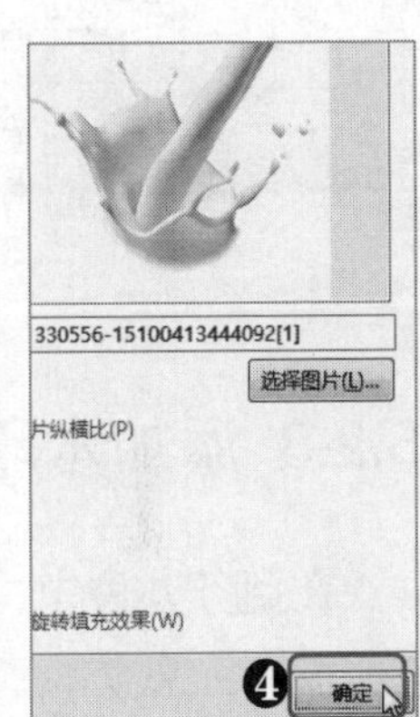

图 5-15　选择并插入图片

【注意】为页面设置图片背景除了通过必应图像搜索从网上下载图片直接作为文档的背景图片以外，还可以从文件中选择图片，即在电脑本地磁盘中选择需要的图片。只需要在“插入图片”对话框中单击“从文件”栏中的“浏览”按钮，在打开的“选择图片”对话框中即可进行图片选择。另外，如果登录了 Microsoft 个人账户，还可以从 OneDrive 个人云盘中选择图片作为背景。

5.2.2 添加页面边框

同文本一样，页面也可以添加边框，且操作方法基本相同。页面边框与文本边框的区别在于页面边框可以使用艺术型边框。页面边框的应用范围有 4 种，分别为整篇文档、本节、本节-仅首页和本节-除首页外所有页。

由于普通页面边框的设置方法与文本边框完全相同，这里只介绍页面的艺术型边框的使用方法，具体操作步骤如下。

在“设计”选项卡的“页面背景”组中单击“页面边框”按钮，在打开的“边框和底纹”对话框的“页面边框”选项卡中的“设置”栏中选择“方框”选项，在“艺术型”下拉列表框中选择需要的边框样式，然后在“宽度”数值框中设置合适的宽度，再单击“确定”按钮即可，如图 5-16 所示。

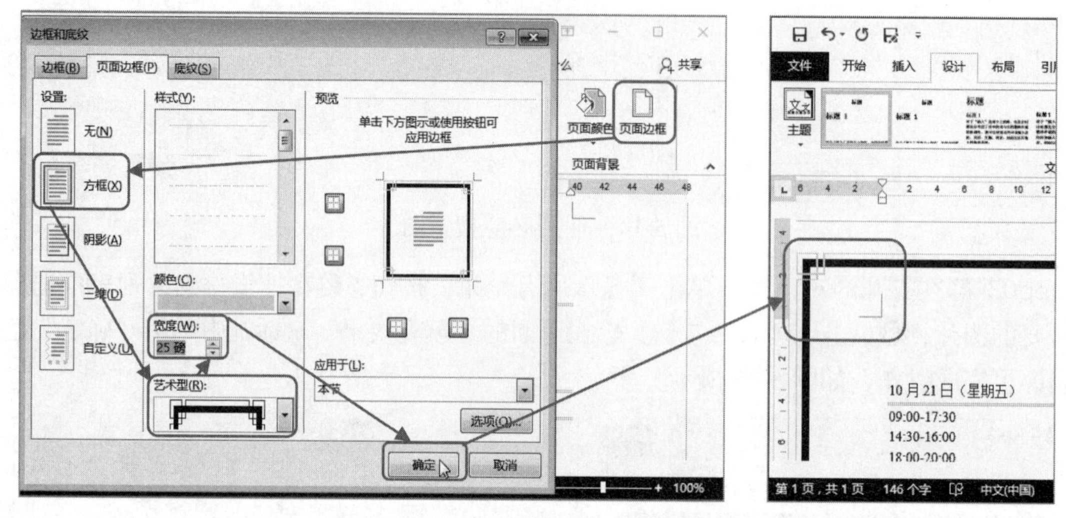

图 5-16　为页面添加艺术型边框

5.2.3 添加水印效果

在商务办公中，有些文档属于公司机密文件或存在版权的文件，这些文件在使用时一般需要注意防止泄密、侵犯版权等。这时可以为这些文档添加水印，以此提醒使用者该文档属于机密文件等。

Word 中预设了多种文字水印样式，如机密、紧急和免责声明等，用户可以选择使用；当然也可以自己输入文字作为水印添加到文档页面中，其操作方法如下。

在“设计”选项卡的“页面背景”组中单击“水印”下拉按钮，在弹出的下拉菜单中选择合适的文字水印样式即可。如果预设的文字水印不能满足要求，则可以选择“自定义水印”命令，然后在打开的“水印”对话框中选中“文字水印”单选按钮，在“文字”文本框中输入需要的文字内容，如输入“内部材料”，再单击“确定”按钮即可，如图 5-17 所示。

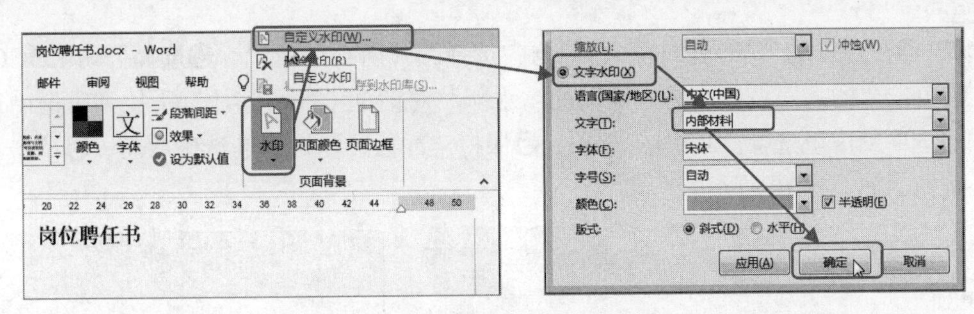

图 5-17　为页面添加文字水印

为文档页面添加文字水印后，页面中即会出现对应的灰色半透明文字，其效果如图 5-18 所示。

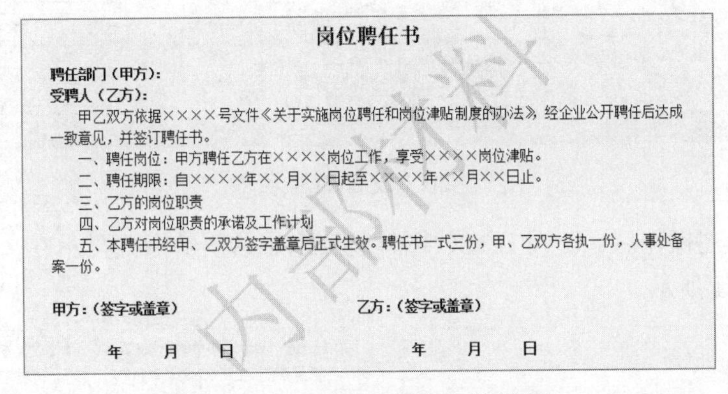

岗位聘任书

聘任部门（甲方）：
受聘人（乙方）：

甲乙双方依据××××号文件《关于实施岗位聘任和岗位津贴制度的办法》，经企业公开聘任后达成一致意见，并签订聘任书。

一、聘任岗位：甲方聘任乙方在××××岗位工作，享受××××岗位津贴。

二、聘任期限：自××××年××月××日起至××××年××月××日止。

三、乙方的岗位职责

四、乙方对岗位职责的承诺及工作计划

五、本聘任书经甲、乙双方签字盖章后正式生效。聘任书一式三份，甲、乙双方各执一份，人事处备案一份。

甲方：（签字或盖章）　　　　**乙方：（签字或盖章）**

年　月　日　　　　**年　月　日**

内部材料

图 5-18　添加文字水印的效果

知识延伸　*为页面添加图片水印*

如果不希望在页面中使用文字水印，也可以使用图片作为页面的水印。如为了将某些公司内部的资料与外部资料区分开来，可以为内部资料添加公司 LOGO 的图片水印，从而轻易区分资料来源。

下面以在“质量管理制度”文档中添加公司 LOGO 图片作为水印为例，来讲解添加图片水印的相关操作方法，其具体操作步骤如下。

Step01 通过“自定义水印”命令打开“水印”对话框，❶在该对话框中选中“图片水印”单选按钮，❷单击“选择图片”按钮，❸在打开的“插入图片”对话框中单击“从文件”栏中的“浏览”按钮，如图 5-19 所示。

图 5-19　单击“浏览”按钮

Step02 ❶在打开的“插入图片”对话框中选择图片所在的位置，❷选择公司 LOGO 图片，❸单击“插入”按钮，❹在返回的“水印”对话框中的“缩放”下拉列表框中选择合适的选项，这里选择“150%”选项，❺保持“冲蚀”复选框的选中状态，❻单击“确定”按钮，如图 5-20 所示。

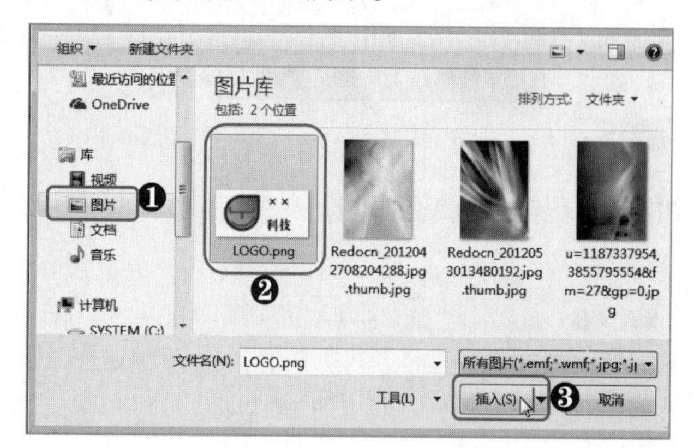

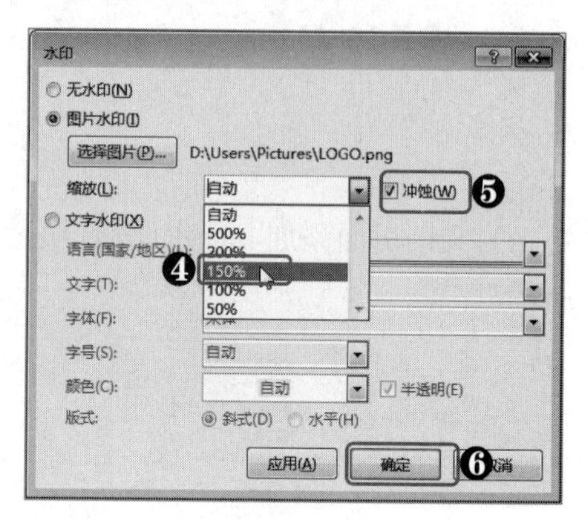

图 5-20　设置图片水印

Step03 执行上述操作后，公司 LOGO 图片就会以半透明的形式显示在文档每个页面的中央，如图 5-21 所示。

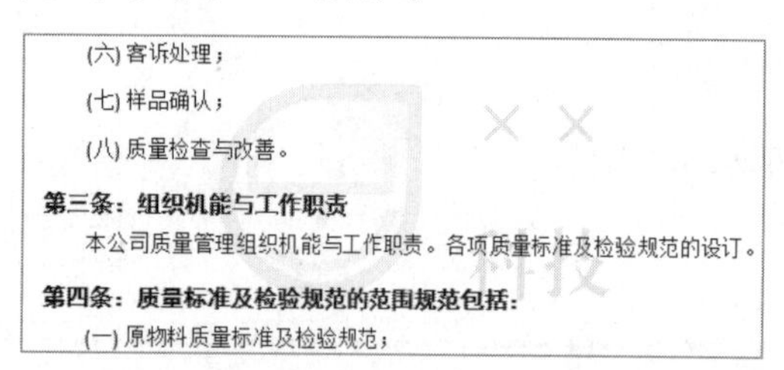

(六) 客诉处理；

(七) 样品确认；

(八) 质量检查与改善。

第三条：组织机能与工作职责

本公司质量管理组织机能与工作职责。各项质量标准及检验规范的设计。

第四条：质量标准及检验规范的范围规范包括：

(一) 原物料质量标准及检验规范；

第十一条：制造通知单的审核(新客户、新流程、特殊产品)

质量管理部主管收到制造通知单后，应于一日内完成审核。

(一) 制造通知单的审核

1. 订制料号-pc 板类别的特殊要求是否符合公司制造规范。
2. 种类-客户提供的油墨颜色。
3. 底板-底板规格是否符合公司制造规范，使用于特殊要求者有否特别注明
4. 质量要求-各项质量要求是否明确，并符合本公司的质量规范，如有特殊

图 5-21　图片水印效果图

5.3　页眉和页脚编辑

页眉和页脚是用于标注附加信息（如公司信息、文档信息、页码、制作人和制作时间等）的区域，分别位于页面的顶部和底部。为文档添加页眉和页脚可以让文档更为正式、规范。

5.3.1　插入页眉和页脚

Word 中有许多内置的页眉和页脚样式，如果对于页眉和页脚没有特殊的格式要求，可直接选择合适的内置样式使用，其操作方法如下。

在“插入”选项卡的“页眉和页脚”组中单击“页眉”下拉按钮，在弹出的下拉菜单中选择需要的页眉样式即可为文档插入页眉，然后将插入的页眉文本更改为需要的文

本内容即可，如图 5-22 所示。同样地，要插入页脚，只需要单击“页脚”下拉按钮并选择合适的样式。页眉或页脚插入完成后，在文档编辑区双击或者在“页眉和页脚工具 设计”选项卡中单击“关闭页眉和页脚”按钮退出页脚的可编辑状态即可。

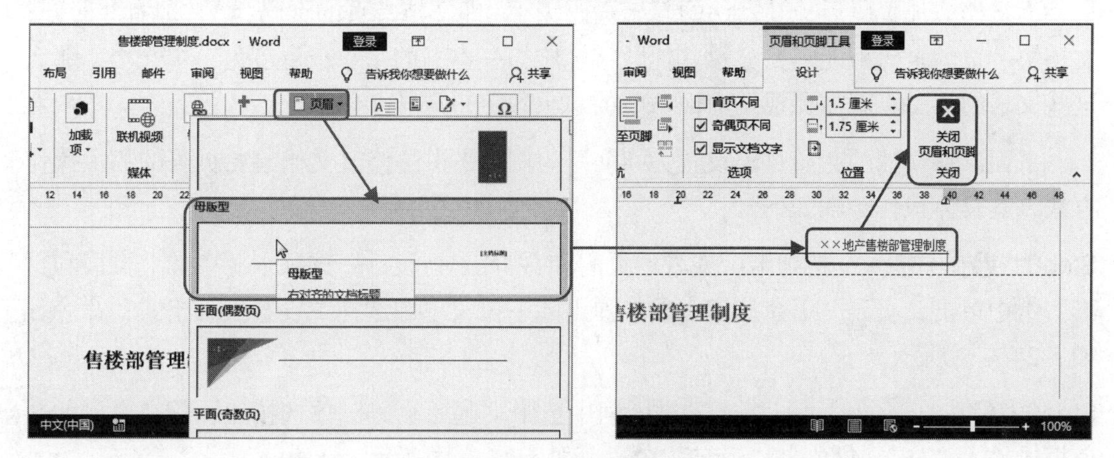

图 5-22　插入页眉

5.3.2 添加页码

当文档页数较多时，一般都会为文档添加页码，一方面是为了防止顺序错乱，另一方面也可以便于查阅。在 Word 中同样内置了许多页码样式，用户根据需要选择合适的样式添加到文档即可，其操作如下。

在“插入”选项卡的“页眉和页脚”组中单击“页码”下拉按钮，在弹出的下拉菜单中选择要插入页码的位置，如选择“页面底端”命令，然后在其子菜单中选择合适的样式即可，如图 5-23 所示。

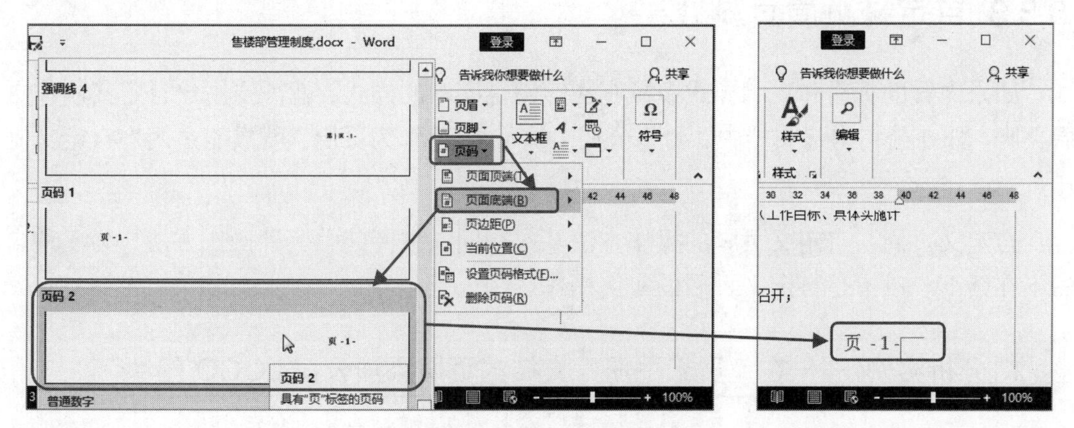

图 5-23　为文档添加页码

【注意】需要注意的是，虽然在页面底端插入页码的效果与直接在页脚输入“页-1”的效果类似，但直接在页眉或页脚输入数字作为页码是不可行的。页眉和页脚中的文本与整个文档中是相同的，如果直接输入“页-1”作为页码，则所有页面都只能显示为“页-1”。

知识延伸 修改文档的起始页码

为文档添加页码后，其默认的起始页码为 1，即文档首页的页码为 1。但有些时候，文档第一页的页码可能需要显示其他数字，比如一本书的每一个章节为一个文档，那么这些文档的第一页就需要根据前面章节的总页数进行调整。

下面以将文档的起始页码设置为“66”为例，来讲解修改文档起始页码的相关操作方法，其具体操作步骤如下。

Step01 ❶在“插入”选项卡（或者“页眉和页脚工具 设计”选项卡）中的“页眉和页脚”组中单击“页码”下拉按钮，❷在弹出的下拉菜单中选择“设置页码格式”命令，如 5-24 左图所示。

Step02 ❶在打开的“页码格式”对话框中选中“起始页码”单选按钮，❷在右侧的数值框中输入“66”，❸单击“确定”按钮，如 5-24 右图所示。

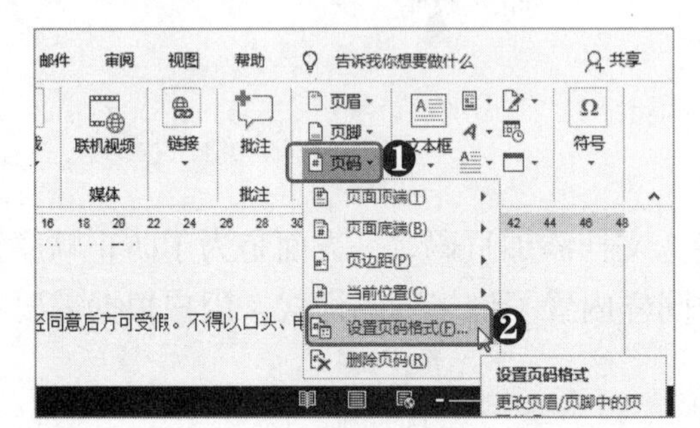

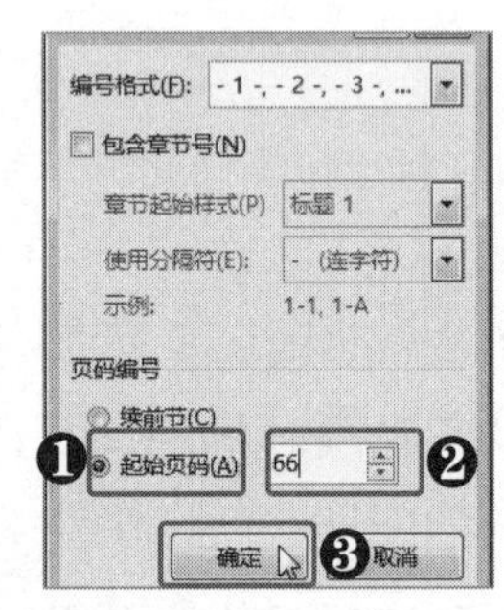

图 5-24　修改文档起始页码

5.3.3 自定义页眉页脚效果

如果内置的页眉和页脚样式中没有能够满足要求的样式，就需要用户自定义制作页眉页脚。如在公司内部文档中，要将公司 LOGO 图片作为页眉，就只能由用户自定义制作页眉。

自定义页眉与自定义页脚的操作方法基本相同，掌握其中一种操作方法，另一种自然不在话下。以下是自定义页眉的实例操作。

[分析实例]——在“员工手册”文档的页眉添加公司 LOGO 图片

下面以在“员工手册”文档中设置公司 LOGO 图片作为页眉为例，讲解自定义页眉的相关操作，如图 5-25 所示为使用图片作为页眉的前后对比效果。

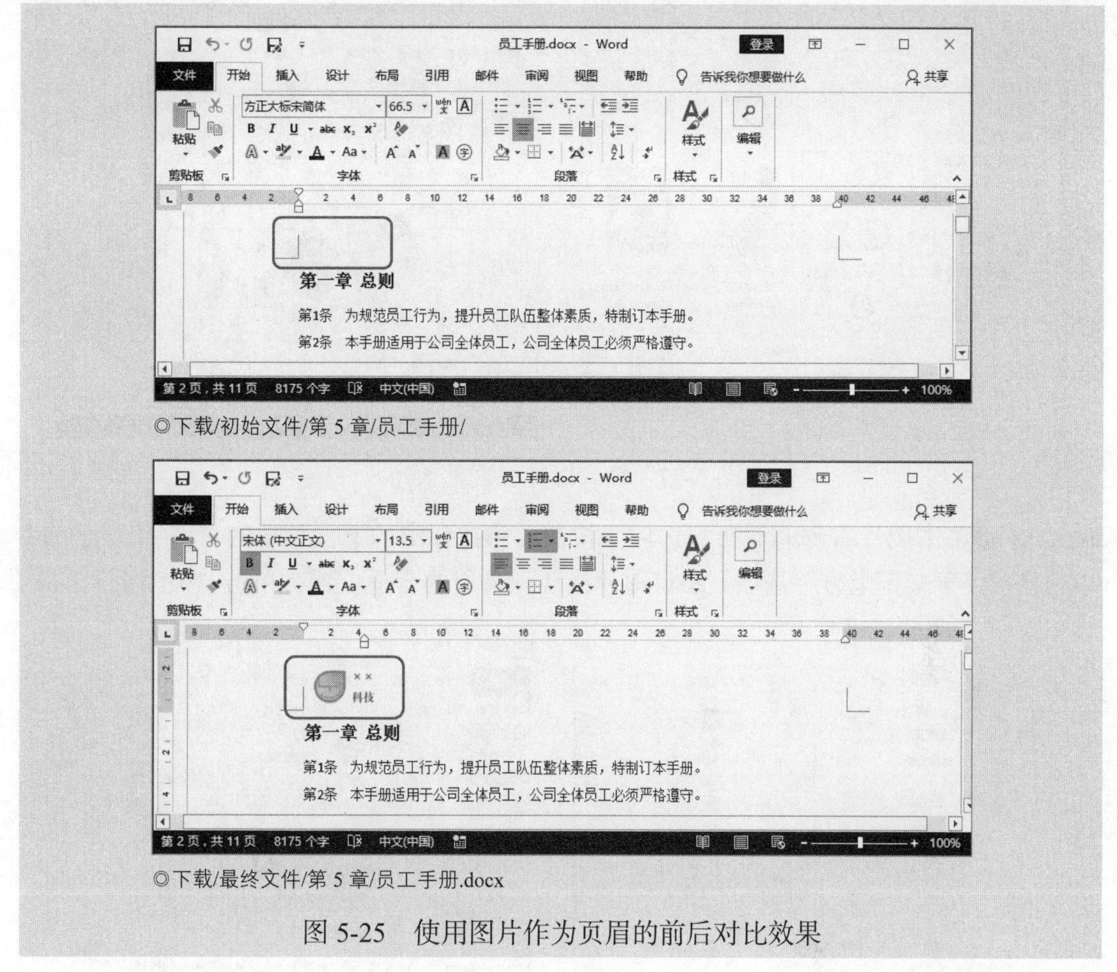

◎下载/初始文件/第 5 章/员工手册/

◎下载/最终文件/第 5 章/员工手册.docx

图 5-25 使用图片作为页眉的前后对比效果

其具体操作步骤如下。

Step01 打开素材文件，❶在文档任意页面的顶部（即页眉位置）双击，❷在激活的“页眉和页脚工具 设计”选项卡的“插入”组中单击“图片”按钮，如图 5-26 所示。

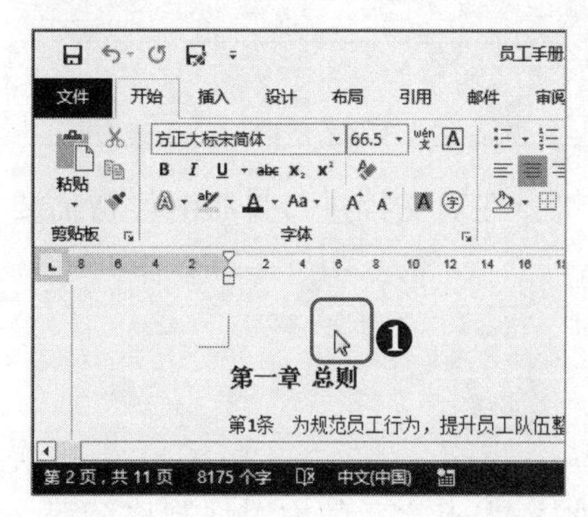

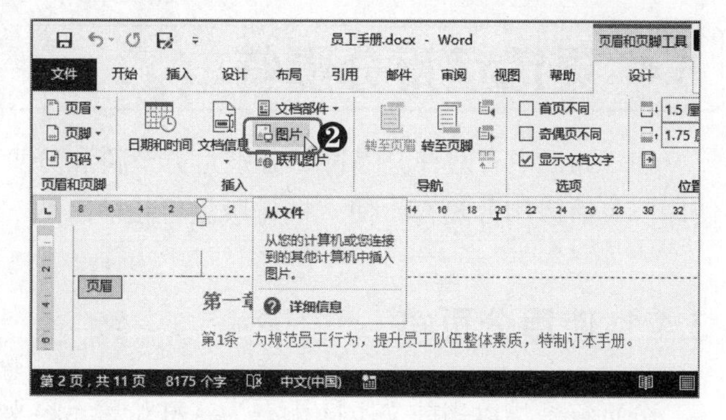

图 5-26 单击“图片”按钮

Step02 ❶在打开的“插入图片”对话框中找到图片保存的位置，❷选择公司 LOGO 图片，❸单击“插入”按钮，❹通过拖动图片 4 个角的控制点调整其大小，如图 5-27 所示。

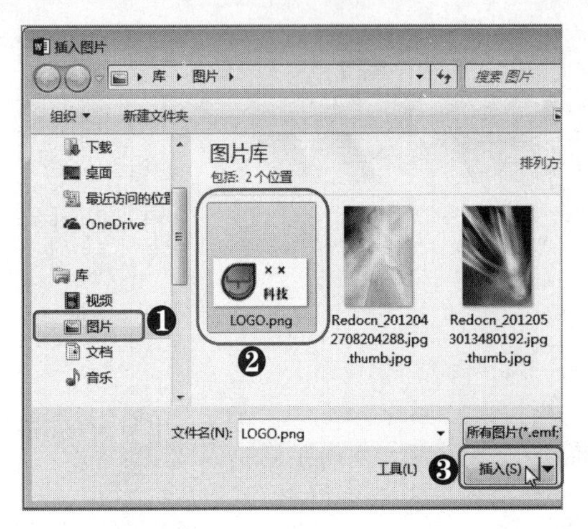

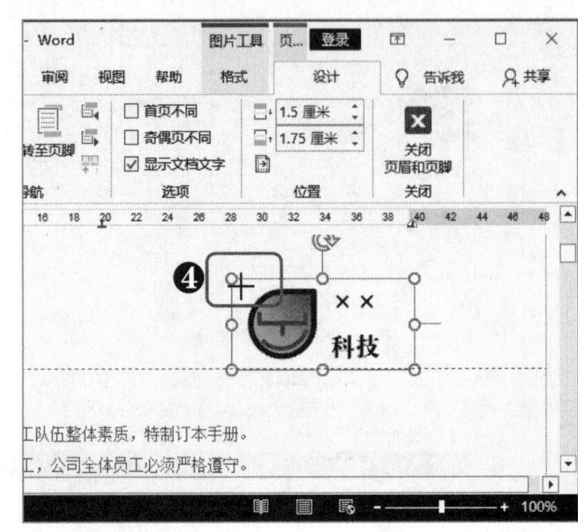

图 5-27　插入图片并调整大小

Step03 ❶单击图片右侧的“布局选项”按钮，❷在弹出的下拉菜单的“文字环绕”栏中选择“浮于文字上方”选项，❸将图片拖动到页眉的合适位置，单击“关闭页眉和页脚”按钮，如图 5-28 所示。

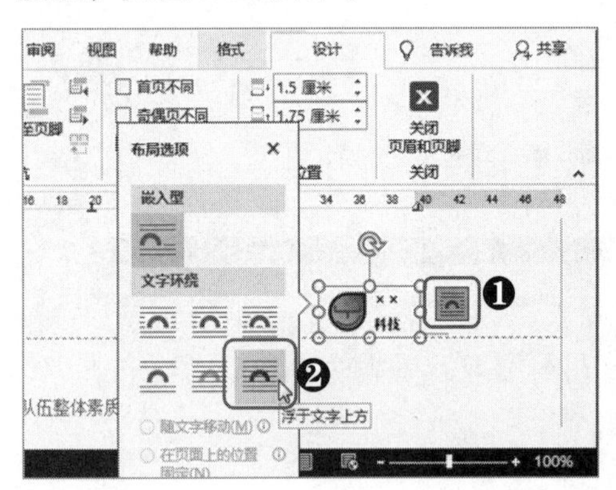

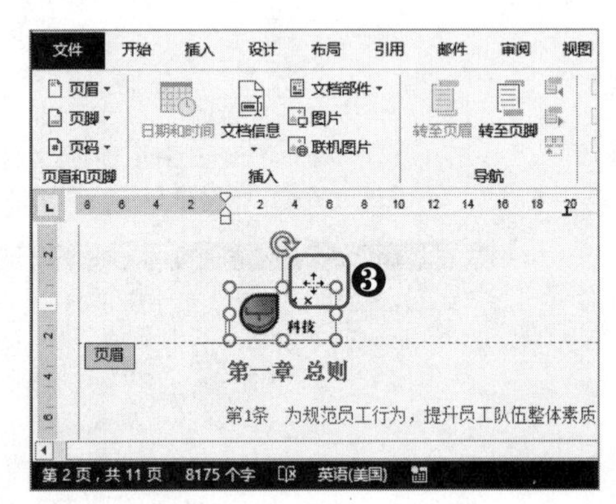

图 5-28　调整图片的位置

5.4 灵活运用分隔符

在 Word 中有两种分隔符，分别是分节符和分页符，在对文档进行排版时经常需要使用。灵活运用分隔符，使文档排版更轻松。

5.4.1 使用分页符

分页符是指以当前文本插入点为基准位置，将文本插入点之后的内容强制移至下一页，使用分页符可以确保某些内容能始终在每一页的起始位置显示，如标题等。

分页符的使用方法比较简单，只需要将文本插入点定位到需要在下一页显示的内容之前，然后在“布局”选项卡的“页面设置”组中单击“分隔符”下拉按钮，在弹出的下拉列表的“分页符”栏中选择“分页符”选项即可，如图 5-29 所示。

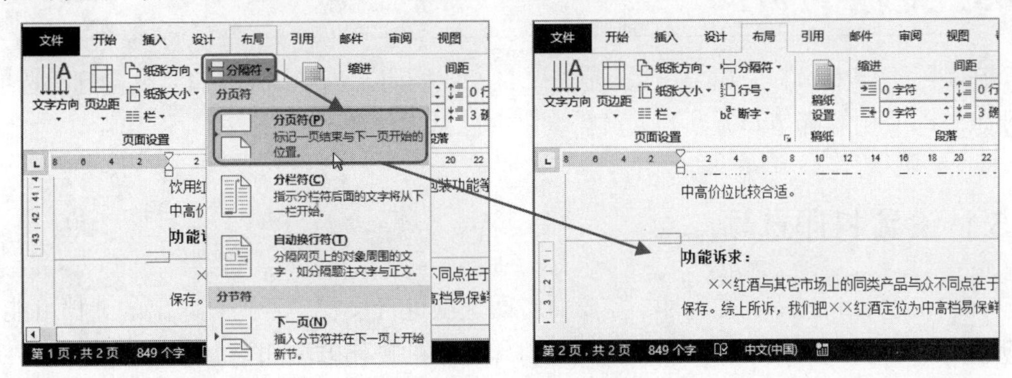

图 5-29　插入分页符

提个醒：分栏符的使用

从图 5-29 中可以看到“分页符”栏中除了分页符外，还有分栏符和自动换行符。其中，分栏符在页面至少分为双栏时，将文本插入点之后的内容移至下一栏开始。如果页面没有分栏，那么使用分栏符的效果与分页符相同。

5.4.2 使用分节符

分节符是指以当前文本插入点为基准位置，将文本插入点前后内容分为两个不同的章节。与分页符不同，插入分节符后，不同章节的文本依然可以在同一页显示；如果需要，也可以显示在不同页。用户根据实际情况选择合适的分节符即可。

分节符的插入方法与分页符相同，这里不再赘述。分节符有 4 种类型，如图 5-30 所示，下面分别对这 4 种分节符进行介绍。

◆ **下一页**：此分节方式的效果与分页符类似，都是将文本插入点之后的内容强制移至下一页开始。区别在于分节之后前后文本属于不同的节。

◆ **连续**：这种分节方式是将文本插入点的前后内容分为不同节，但在视觉效果上几乎没有变化，文本依旧显示在原始位置。

◆ **偶数页**：这种方式是将文本插入点之后的内容移至下一个偶数页的起始位置，并在偶数页之间空出一页。

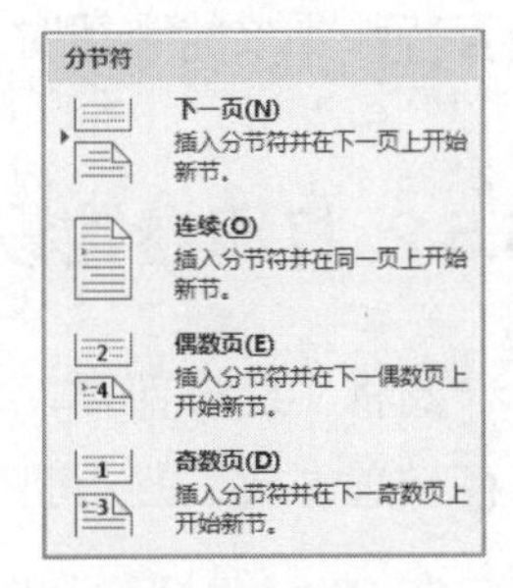

图 5-30　分节符

◆ **奇数页**：与偶数页分节方式类似，此方式是将文本插入点之后的内容移至下一个奇数页，且奇数页之间空出一页。

5.5 文档的打印

在实际工作中，许多文档往往都是需要打印成纸质文档使用的，如何设置打印选项、按要求打印文档等都是商务办公人员需要掌握的基本技能。

5.5.1 设置打印选项

首次在 Word 中打印文档时，需要对打印选项进行设置，否则打印出的文档可能与预期会有所区别。在 Word 2016 中，设置打印选项的操作方法如下。

在“文件”选项卡中单击“选项”按钮，在打开的“Word 选项”对话框中单击“显示”选项卡，然后在“打印选项”栏中选中需要的复选框，再单击“确定”按钮即可，如图 5-31 所示。

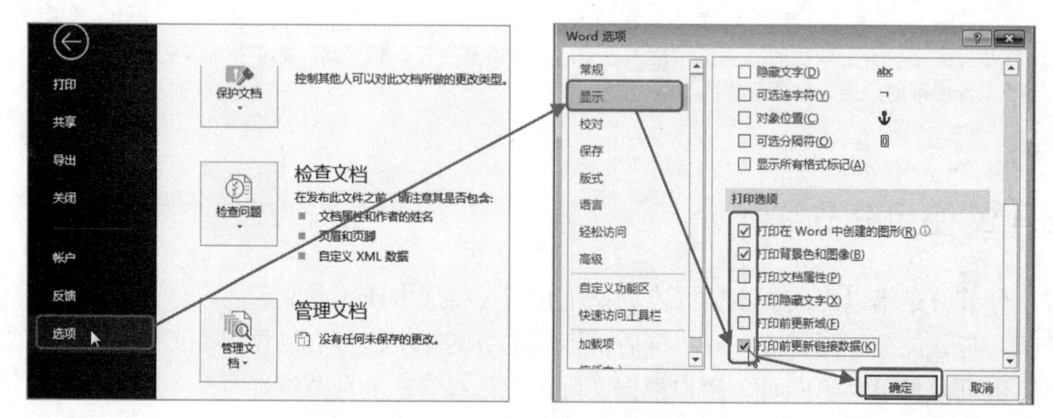

图 5-31　设置打印选项

打印选项是在 Word 程序中进行的设置，设置后对所有文档生效。因此，在打印某些有特殊要求的文档时，需要重新设置。

5.5.2 打印参数设置与打印效果预览

要将文档按照预期的要求打印，就需要对打印的内容、打印方式等参数进行设置，并在设置完成后进行打印预览，以免在文档打印出来后才发现不符合要求。

在 Word“打印”界面的“设置”栏中有 7 个下拉列表框，如图 5-32 所示。在学习文档的打印操作之前，我们需要先了解这些下拉列表框的作用，下面分别进行介绍。

- 第 1 个下拉列表框中可以设置需要打印的范围，可选择打印所有页、当前页、奇数或偶数页等选项。
- 第 2 个下拉列表框可以设置单面打印或手动双面打印。

◆ 第 3 个下拉列表框用于在需要将文档打印多份时，设置打印文档的排序方式。

◆ 第 4 个下拉列表框则是设置打印页面的方向，可选择纵向打印或横向打印。

◆ 第 5 个下拉列表框是用于设置打印的纸张大小，如 A4 纸张打印等。

◆ 第 6 个下拉列表框可设置页边距，其中提供了常规、窄、中等和宽 4 种常用边距设置，另外也可以自定义页边距。

◆ 第 7 个下拉列表框是用于设置在每张纸上打印的文档页数，一般为每版打印一页。

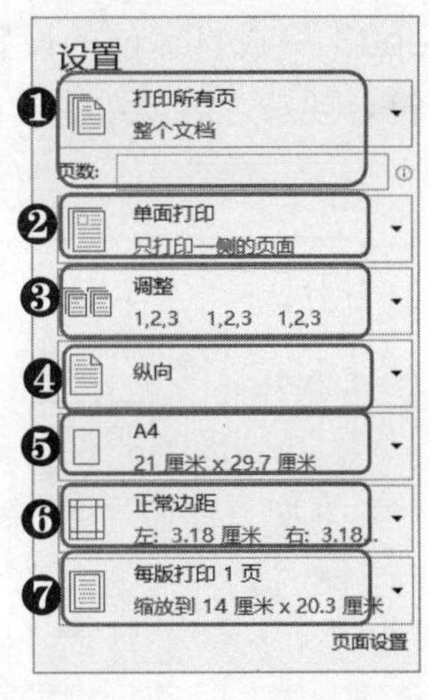

图 5-32 “设置”栏

[分析实例]——打印“员工手册”文档

下面以打印“员工手册”文档为例，讲解文档的打印参数设置与打印预览的相关操作，其具体操作步骤如下。

Step01 打开素材文件，❶单击“文件”选项卡，❷在打开的界面中选择“打印”选项，如图 5-33 所示。

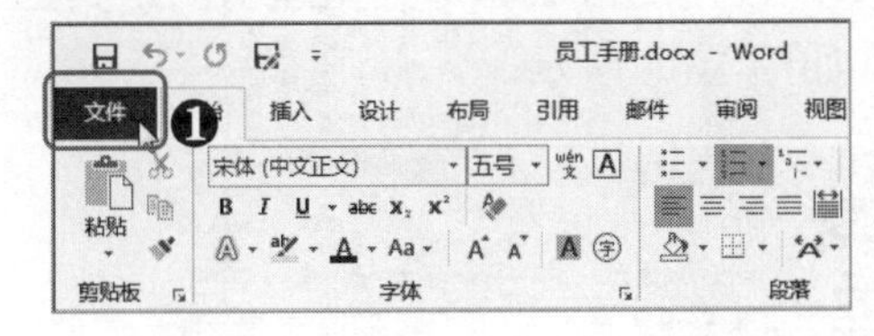

图 5-33 选择“打印”选项

Step02 ❶在“打印”界面的“份数”数值框中输入文档要打印的份数，如输入 10，❷在“打印机”下拉列表框中选择打印文档所要使用的打印机，❸在“设置”栏第 1 个下拉列表框中选择文档打印范围，这里选择“打印所有页”选项，❹在第 6 个下拉列表框中选择“窄页边距”选项，❺在第 7 个下拉列表框中选择“每版打印 2 页”选项，如图 5-34 所示。

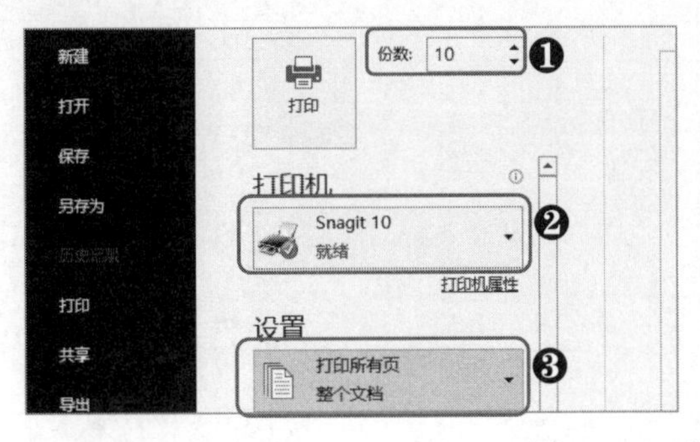

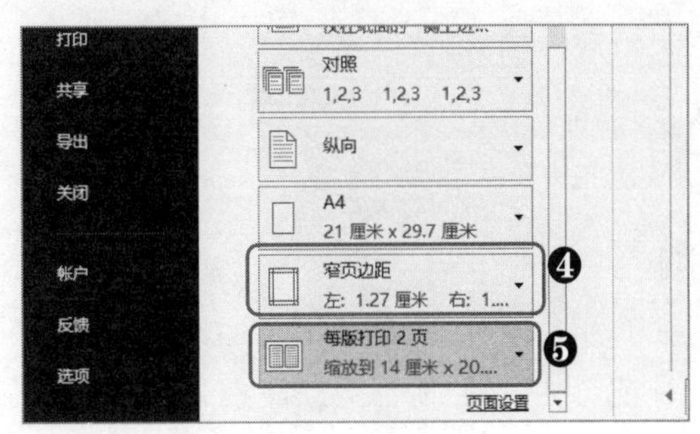

图 5-34 进行打印设置

Step03 完成打印前的设置后，就可以在“打印”界面右侧进行打印预览，确认打印效果符合要求之后，单击“打印”按钮即可，如图 5-35 所示。

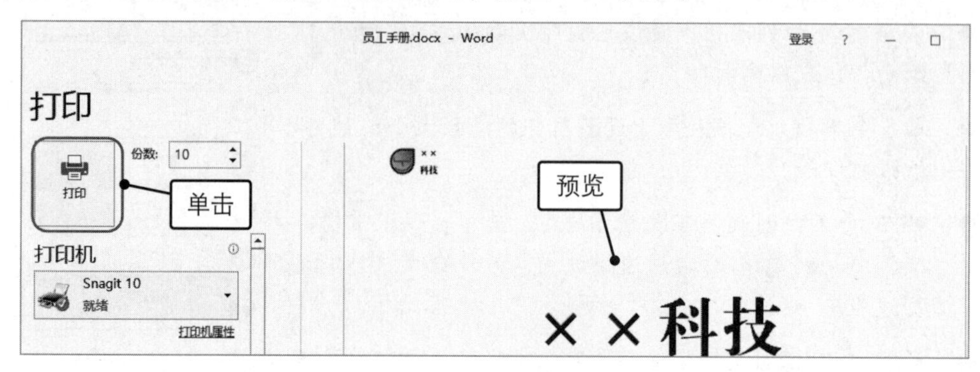

图 5-35　打印预览

5.5.3 使用快速打印功能

如果文档只需要使用默认的打印设置，或者文档已经设置好并打印过一次且符合要求。此时，可以使用快速打印功能直接打印文档，而没必要再执行多余的操作步骤去到“打印”界面中打印文档。

要使用快速打印功能需要将“快速打印”命令以按钮的形式添加到快速访问工具栏，然后单击“快速打印”按钮即可直接打印文档，如图 5-36 所示。

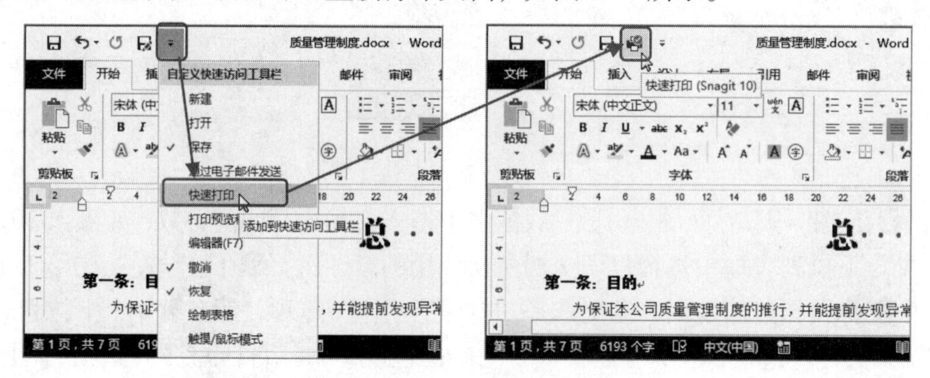

图 5-36　使用快速打印功能

第6章 制作图文并茂的文档

在制作一些比较严谨的文档时，如规则、制度等。可能需要纯文本的形式。但是，对于一些较为开放性的文档来说，如产品介绍、推广和活动策划等。如果依然是纯文本，就会显得枯燥乏味。此时可以在文档中使用图片、图形等对象，这不仅可以使文档更为美观，还能丰富文档内容，增强文档的趣味性。

|本|章|要|点|

- 图片的插入与编辑
- 形状在文档中的灵活运用
- SmartArt 图形的使用
- 艺术字让文档更美观

6.1 图片的插入与编辑

图片也是一种信息的载体，许多时候比文字传递的信息效果更直接，而且能美化文档。要制作出图文并茂的文档，掌握图片的插入与编辑操作是必备技能之一。

6.1.1 在文档中插入图片

在本书第 5 章的某些分析实例中有涉及使用图片作为背景或页眉的操作，那么现在对于图片的插入应该有一定的了解。在 Word 中，图片的插入方式分为两种，即插入本地图片和插入联机图片，下面分别对这两种方式进行简单讲解。

（1）插入本地图片

插入本地图片是指在电脑的本地磁盘中选择需要的图片插入文档中。通常在制作文档时会提前准备好文档中可能需要使用的图片，以提高文档制作效率。在 Word 2016 中插入本地图片的方法如下。

将文本插入点定位到待插入图片的位置，在“插入”选项卡中的“插图”组中单击“图片”按钮，然后在打开的“插入图片”对话框中选择图片所在的位置，选择需要的图片后单击“插入”按钮即可，如图 6-1 所示。

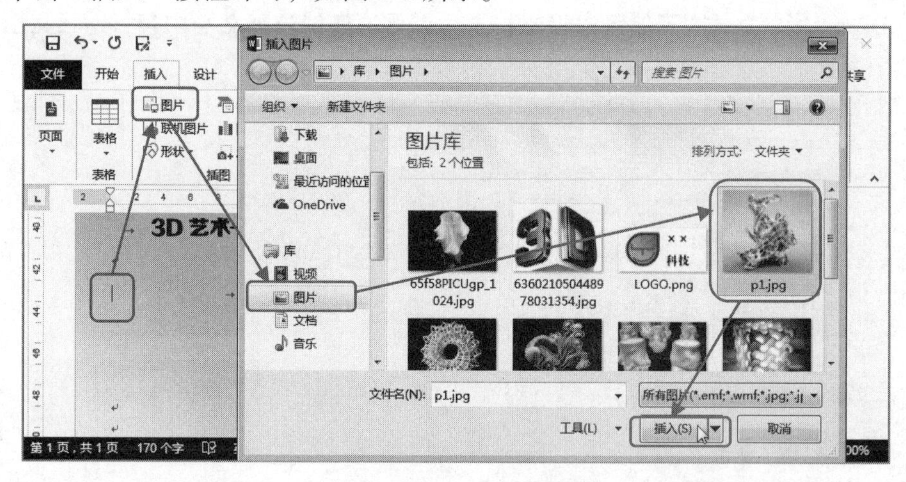

图 6-1　插入本地图片

（2）插入联机图片

插入联机图片是指直接在 Word 中通过网络搜索图片，然后将搜索到的图片下载并插入文档中使用。这种方式通常是临时需要插入图片到文档中，但电脑中又没有合适的图片时使用，其使用方法如下。

将文本插入点定位到待插入图片的位置，在“插入”选项卡中的“插图”组中单击“联机图片”按钮，然后在打开的“插入图片”对话框的“必应图像搜索”搜索框中输入所需图片的关键字，如输入“打印机”，单击“搜索”按钮⌕，在打开的对话框的搜索结果列表中选择需要的图片，最后单击“插入”按钮，等待图片下载完成后即会插入文档中，如图 6-2 所示。

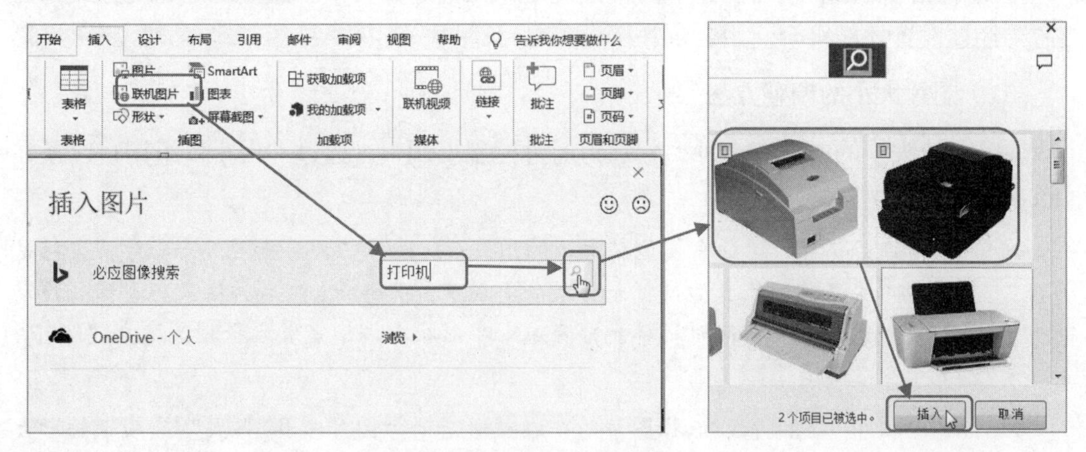

图 6-2　插入联机图片

知识延伸　*插入屏幕截图到文档中*

除了插入本地图片和联机图片外，还可以直接截取当前屏幕的图片并插入文档中，这就需要使用 Word 的屏幕截图功能。

下面以截取当前屏幕上打开的网页内容并插入文档为例，讲解使用屏幕截图功能的相关操作方法，其具体操作步骤如下。

Step01 ❶在“插入”选项卡的“插图”组中单击“屏幕截图”下拉按钮，❷在弹出的下拉菜单中选择“屏幕剪辑”选项，如 6-3 左图所示。

Step02 此时屏幕进入截图状态，变为灰色变半透明状，鼠标光标变为黑色十字形状，按住鼠标左键拖动选择需要截取的区域，然后释放鼠标即可将截取的图片插入文档中，如 6-3 右图所示。

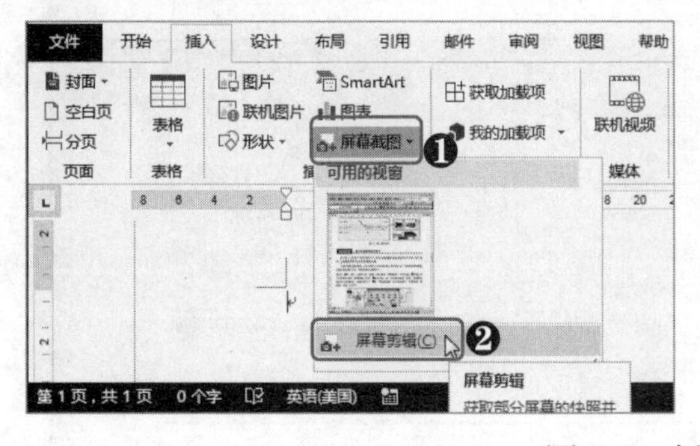

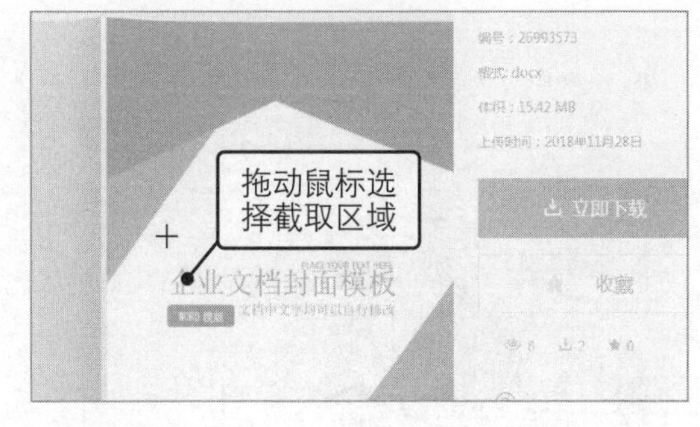

图 6-3　插入屏幕截图

6.1.2 设置图片大小、位置和环绕方式

将图片插入文档后，往往并不能直接使用，无论是其大小、位置还是环绕方式都可能需要经过设置才能符合使用要求。

（1）图片大小的调整方法

调整图片大小的方法有 3 种，分别为通过控制点调整、通过“大小”组调整以及在“布局”对话框调整。

- **通过控制点调整：**选择需要调整大小的图片后，图片四周会出现 8 个控制点，将鼠标光标移至任意控制点后鼠标光标就会变成双箭头形状。然后按住鼠标左键并拖动鼠标调整图片大小，此时鼠标光标变成十字形状，调整完成后释放鼠标左键即可，如 6-4 左图所示。
- **通过“大小”组调整：**选择图片后，在被激活的“图片工具 格式”选项卡的“大小”组中的“高度”和“宽度”数值框中直接输入数据即可对图片的大小进行精确设置，如 6-4 右图所示。

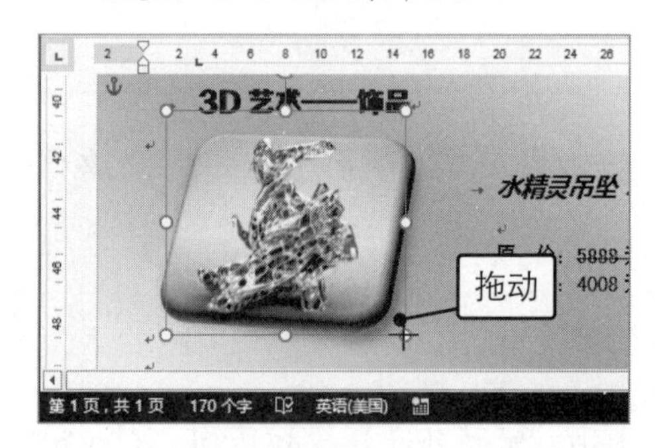

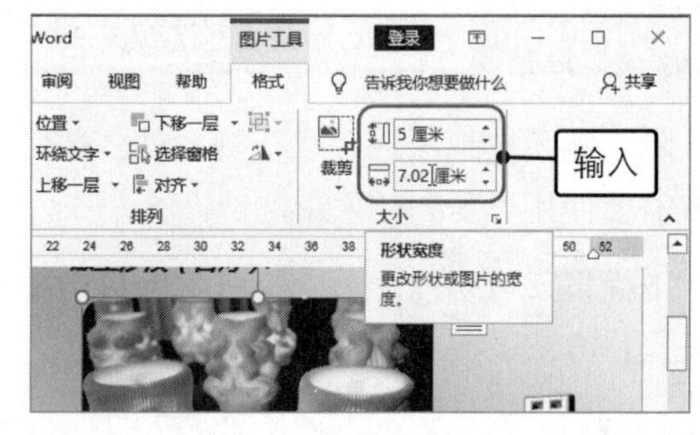

图 6-4　调整图片大小

- **在“布局”对话框调整：**在“图片工具 格式”选项卡的“大小”组中单击“对话框启动器”按钮，在打开的“布局”对话框中单击“大小”选项卡，然后分别在“高度”栏和“宽度”栏的“绝对值”数值框中输入高度和宽度即可。或者在“缩放”栏对图片的缩放比例进行设置，也可以调整图片大小，如图 6-5 所示。

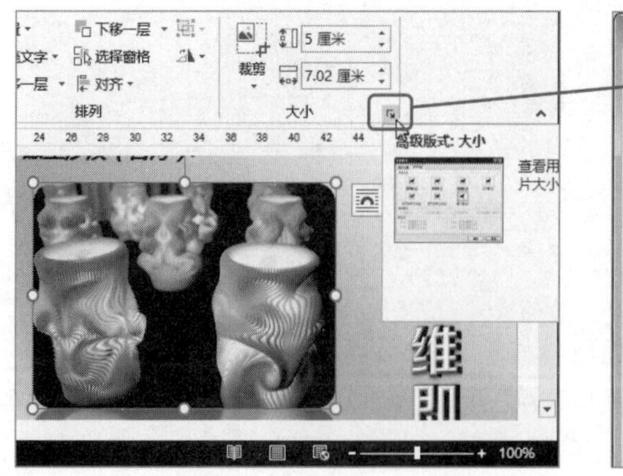

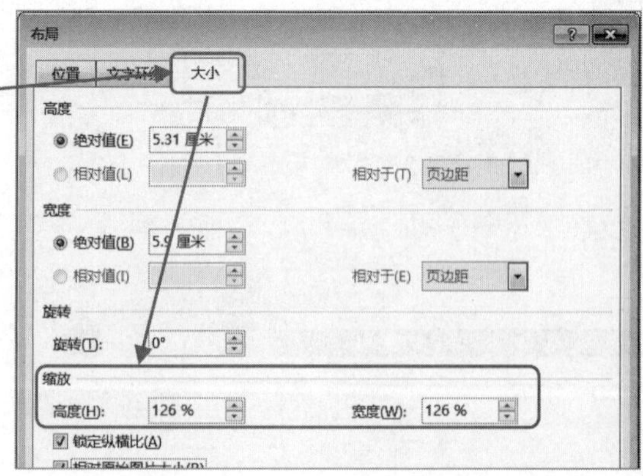

图 6-5　调整图片缩放比例

提个醒：保持图片纵横比例不变

在调整图片大小时，应使用图片四角的控制点或在对话框中选中“锁定纵横比”复选框后进行调整，以保证图片的纵横比例不变。如果图片的纵横比例发生变化，可能会导致图片变形。

（2）调整图片位置和文字环绕方式

为了让图片能够契合文档，不仅要将图片调整到合适的位置，其文字环绕方式也应重新设置。

- **调整图片位置**：选择图片后，在“图片工具 格式”选项卡的“排列”组中单击“位置”下拉按钮，然后在弹出的下拉菜单中选择合适的图片位置即可将图片移动到页面中的相应位置，如6-6左图所示。另外，也可以选择图片后，按住鼠标左键直接将图片拖动到合适的位置，如6-6右图所示。

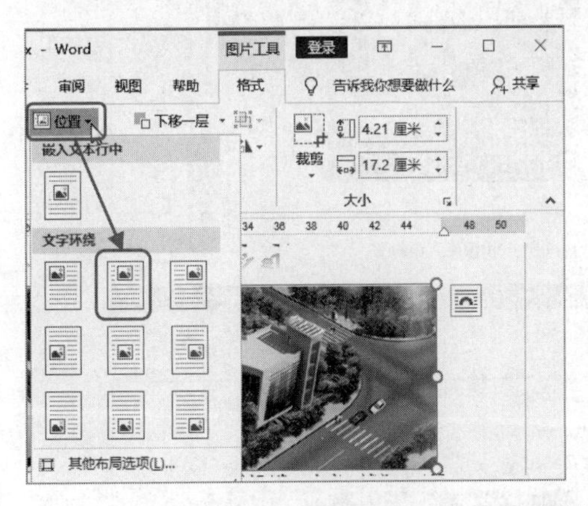

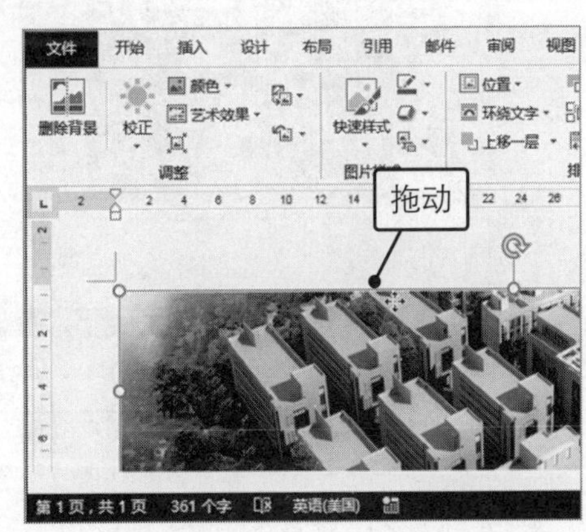

图 6-6　调整图片位置

- **设置图片的文字环绕方式**：图片的文字环绕方式有7种，其中使用“嵌入型”环绕方式的图片只能以行为单位进行上下移动，其余6种环绕方式则可向任意方向移动图片。选择图片后，在“图片工具 格式”选项卡中的“排列”组中单击“环绕文字”下拉按钮，然后在弹出的下拉菜单中选择合适的文字环绕方式即可，如图6-7所示。

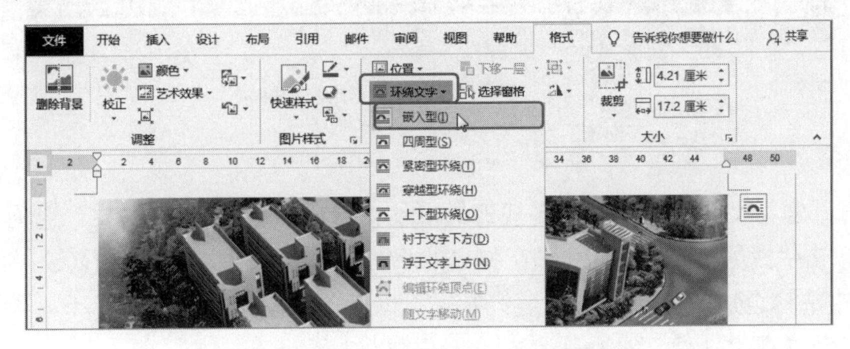

图 6-7　设置图片的文字环绕方式

6.1.3 裁剪图片

如果仅需要图片中的某一部分，则需要对插入文档的图片进行裁剪，可以通过拖动控制点裁去多余的部分，也可以使用各种形状对图片进行裁剪。

 [分析实例]——为“宣传单”文档中的图片裁剪掉多余部分

下面以在“宣传单”文档中为图片裁剪多余部分为例，讲解裁剪图片的相关操作方法，如图 6-8 所示为裁剪图片的前后对比效果。

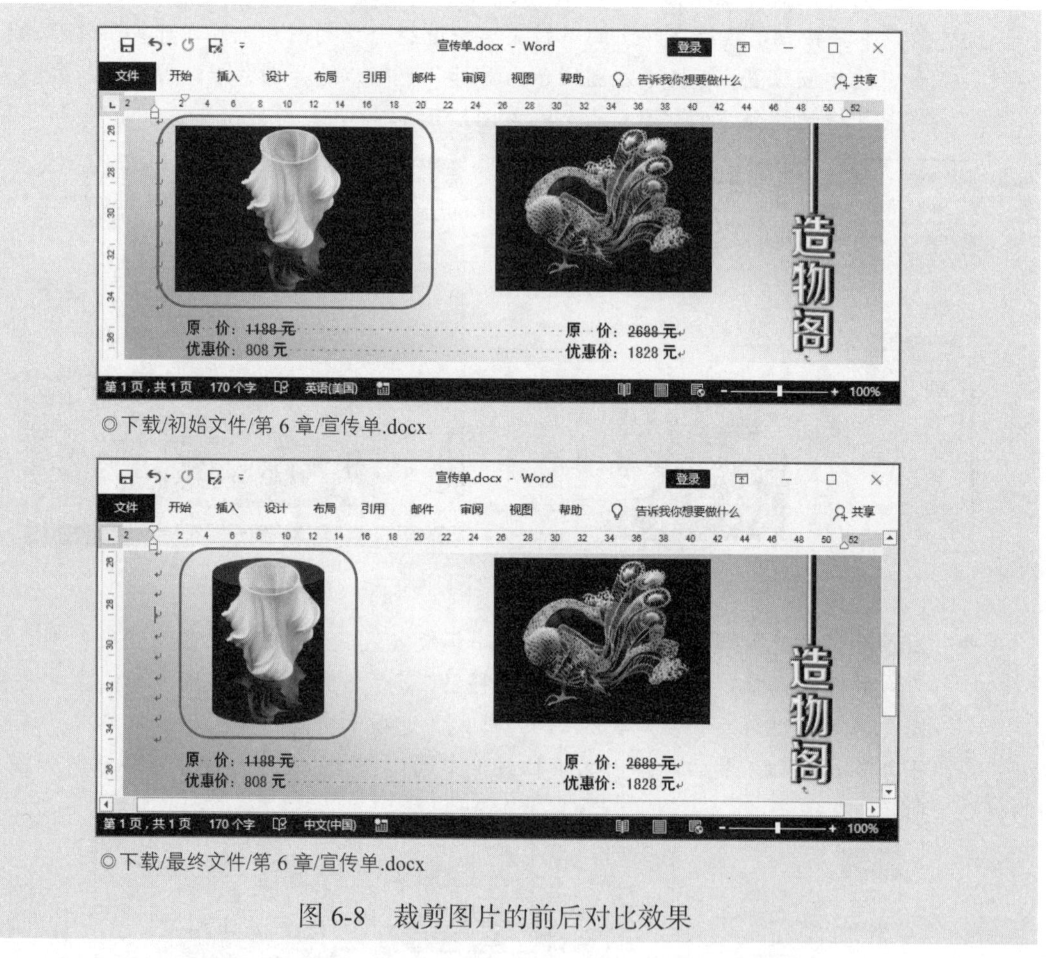

◎下载/初始文件/第 6 章/宣传单.docx

◎下载/最终文件/第 6 章/宣传单.docx

图 6-8　裁剪图片的前后对比效果

其具体操作步骤如下。

Step01 打开素材文件，❶选择需要裁剪的图片，❷在“图片工具 格式”选项卡的“大小”组中单击“裁剪”下拉按钮，❸在弹出的下拉菜单中选择“裁剪为形状”命令，❹在其子菜单中选择合适的形状，如图 6-9 所示。

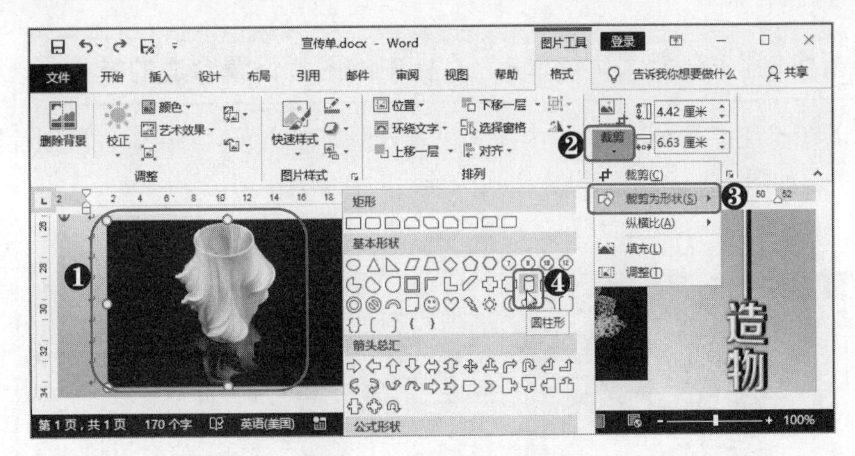

图 6-9　设置裁剪形状

提个醒：以特定纵横比裁剪图片

从图 6-9 可以看到“裁剪”下拉按钮中有“纵横比”命令，选择该命令可以使用特定的纵横比裁剪图片。其中，纵横比有多种类型，如方形、纵向和横向等，各类型下又有特定的比例。当用户需要将图片裁剪为一定的比例时，使用“纵横比”裁剪方式更为合适。

Step02 ❶单击“裁剪”按钮，将鼠标光标移至图片四周的裁剪控制柄，❷按住鼠标左键拖动控制柄对图片进行裁剪，如图 6-10 所示。

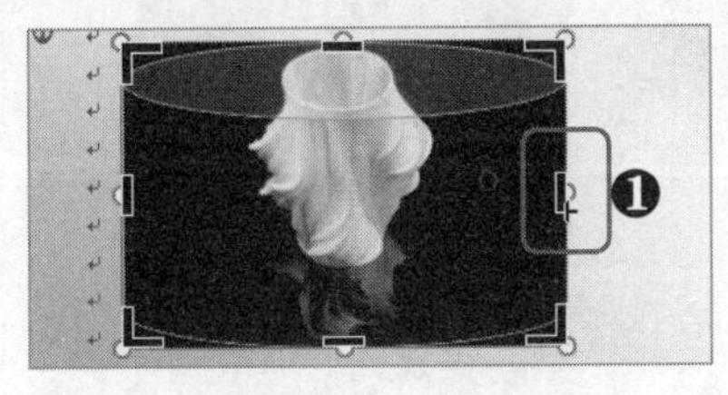
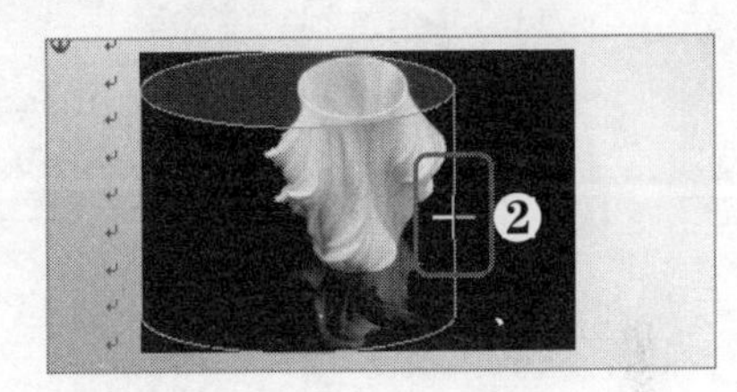

图 6-10　裁剪图片

Step03 ❶拖动图片将需要显示的部分移动到裁剪框中，❷继续拖动裁剪控制柄将图片裁剪完成，如图 6-11 所示，在非图片位置单击退出裁剪状态即可。

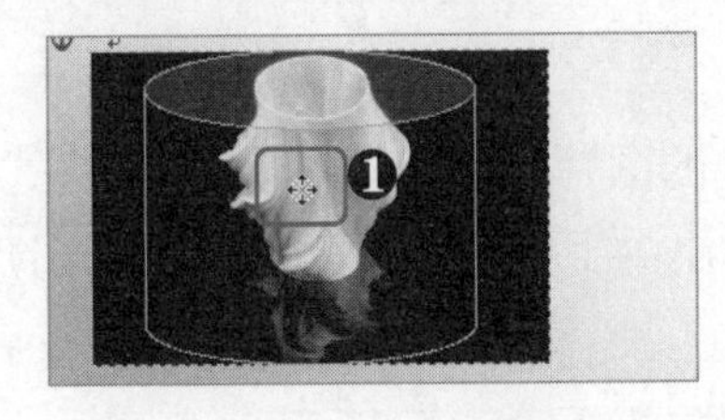
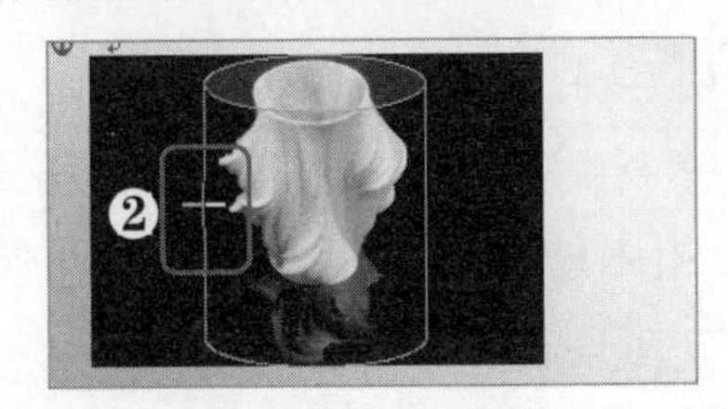

图 6-11　完善图片裁剪

6.1.4 设置图片样式

Word 中内置了许多图片样式，通过选择对应的图片样式，可快速对图片进行格式设置。若不满意内置的样式，用户也可以通过为图片设置边框和效果等自定义图片样式。

[分析实例]——为“宣传单 1”文档中的图片设置合适的样式

下面以在“宣传单 1”文档中为图片设置合适的样式为例，讲解设置图片样式的相关操作方法，如图 6-12 所示为设置样式的前后对比效果。

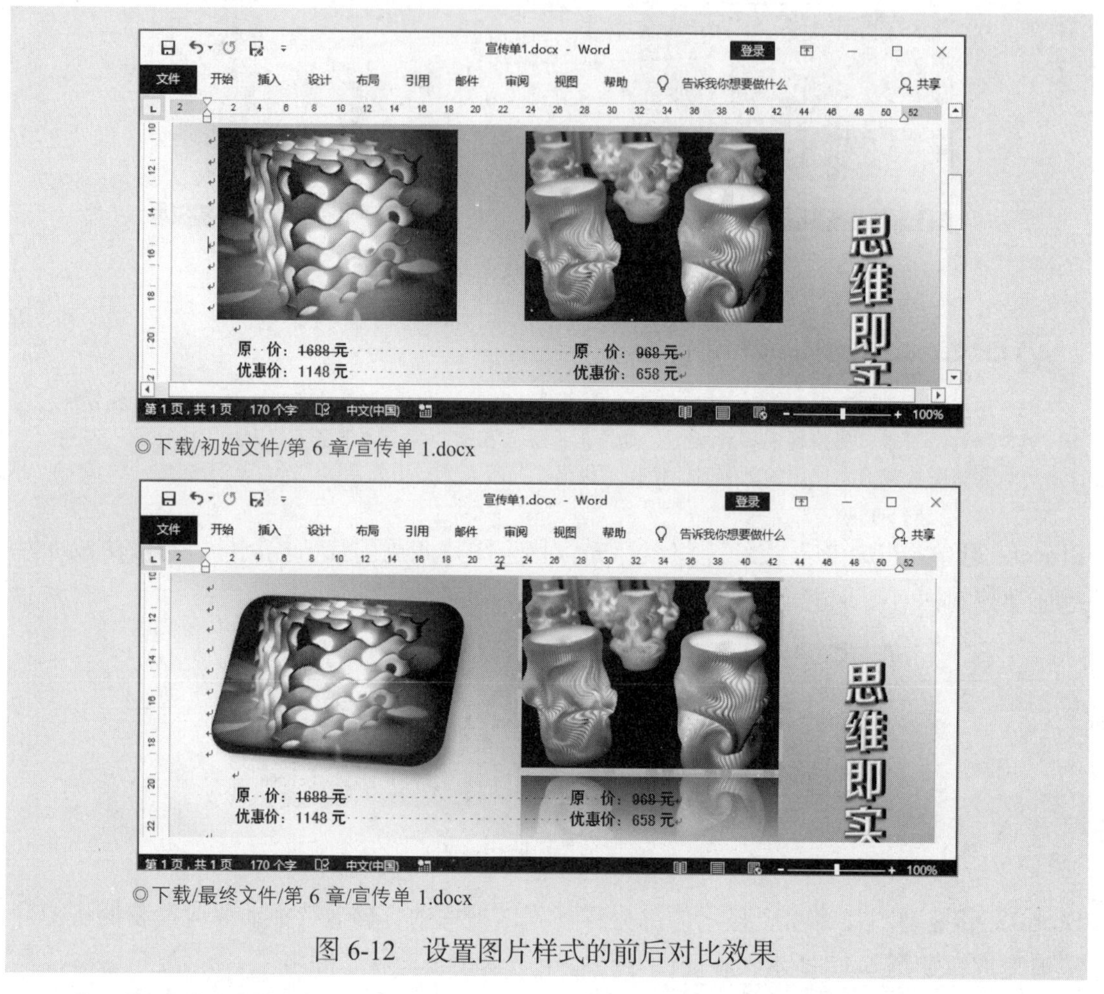

◎下载/初始文件/第 6 章/宣传单 1.docx

◎下载/最终文件/第 6 章/宣传单 1.docx

图 6-12　设置图片样式的前后对比效果

其具体操作步骤如下。

Step01　打开素材文件，❶选择需要设置样式的图片，❷在“图片工具 格式”选项卡的“图片样式”组中单击“其他”按钮，❸在弹出的下拉列表中选择合适的图片样式即可，如图 6-13 所示。

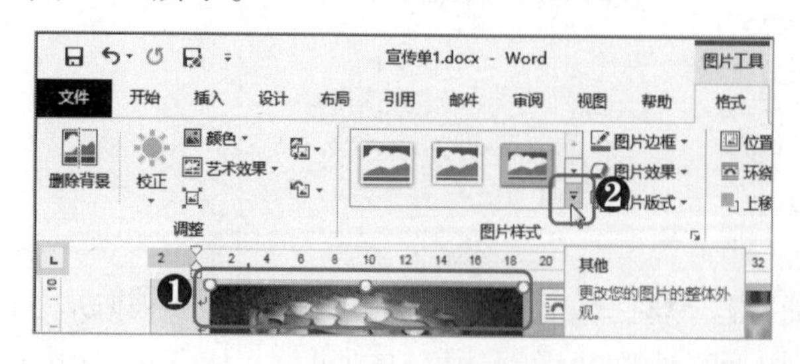

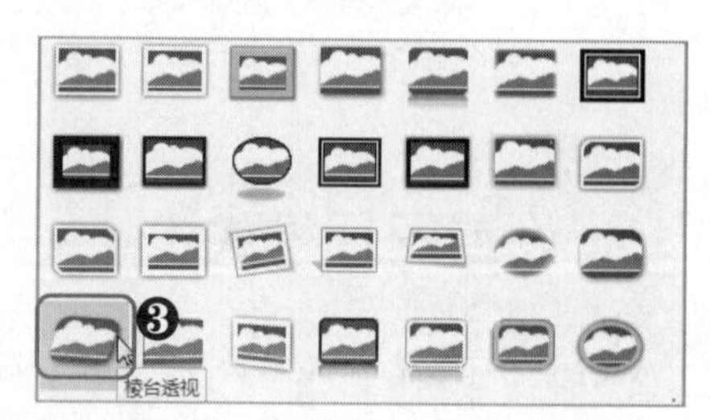

图 6-13　选择内置图片样式

Step02 继续选择其他待设置样式的图片，❶在“图片样式”组中单击“图片边框”下拉按钮，❷在弹出的下拉列表中选择需要的颜色，❸再次单击“图片边框”下拉按钮并选择“粗细”命令，❹在其子菜单中选择合适的边框粗细选项，❺在“虚线”命令的子菜单中选择合适的边框线类型，如图 6-14 所示。

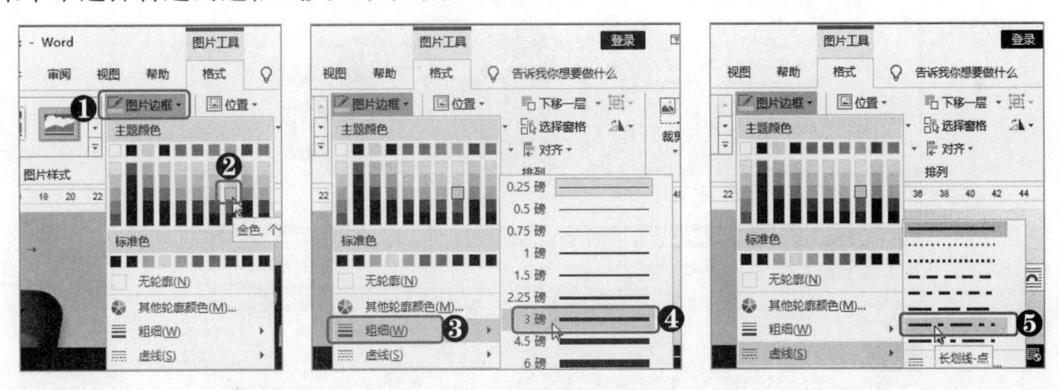

图 6-14　为图片添加边框

Step03 ❶在“图片样式”组中单击“图片效果”下拉按钮，❷在弹出的下拉列表中选择“映像”命令，❸在其子菜单中选择合适的映像效果选项即可，如图 6-15 所示。

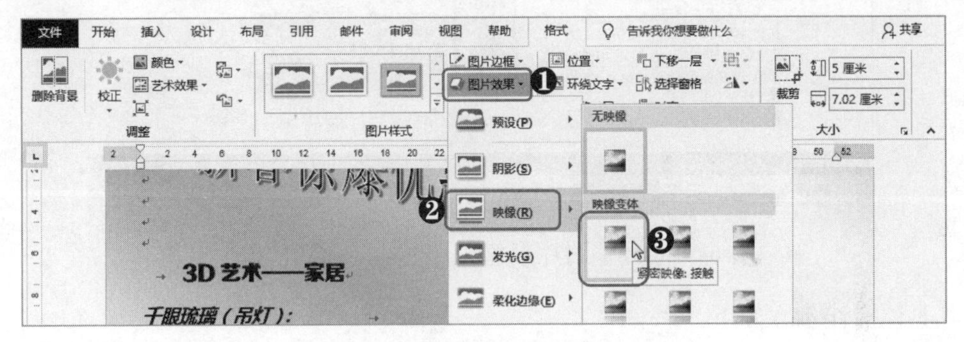

图 6-15　设置图片映像效果

6.1.5 调整颜色和效果

Word 对于图片也有着比较强大的处理能力，除了为图片添加样式外，还可以对图片进行颜色调整、校正以及为图片添加艺术效果等，从而使图片更加精美，与文档内容更为契合。

[分析实例]——为“招聘启事”文档中的图片调整颜色并添加艺术效果

下面以在“招聘启事”文档中为图片调整颜色、对比度和添加艺术效果为例，讲解调整图片颜色和效果的相关操作方法，如图 6-16 所示为调整图片颜色和效果的前后对比效果。

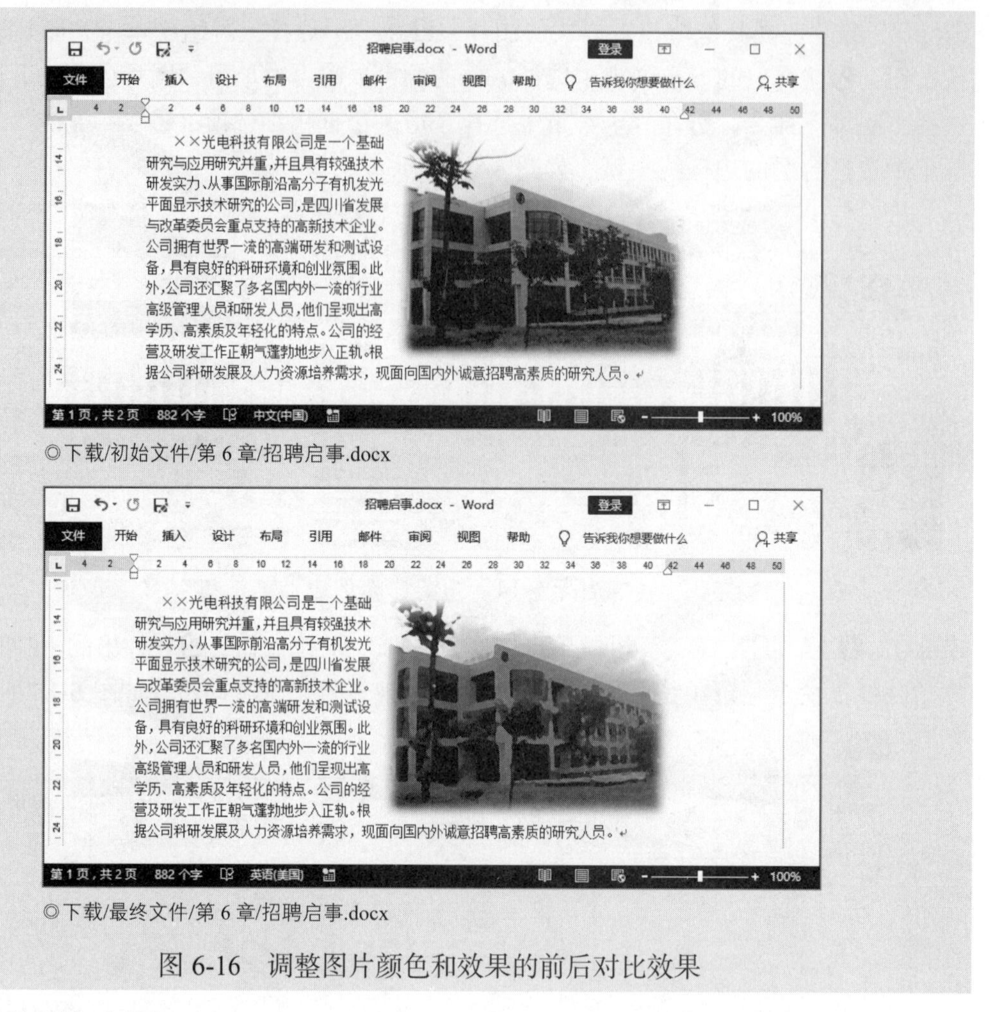

◎下载/初始文件/第 6 章/招聘启事.docx

◎下载/最终文件/第 6 章/招聘启事.docx

图 6-16　调整图片颜色和效果的前后对比效果

其具体操作步骤如下。

Step01 打开素材文件，选择需要编辑的图片，❶在“图片工具 格式”选项卡的“调整”组中单击“颜色”下拉按钮，❷在弹出的下拉菜单的“颜色饱和度”栏中选择“饱和度：200%”选项，❸再次单击“颜色”下拉按钮并在“色调”栏中选择合适的色调选项，如图 6-17 所示。

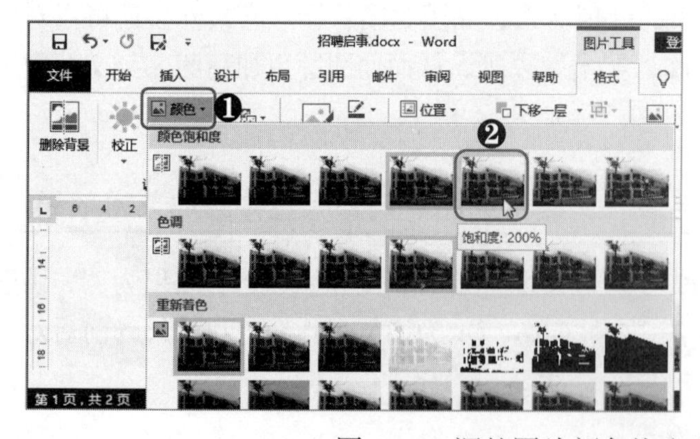

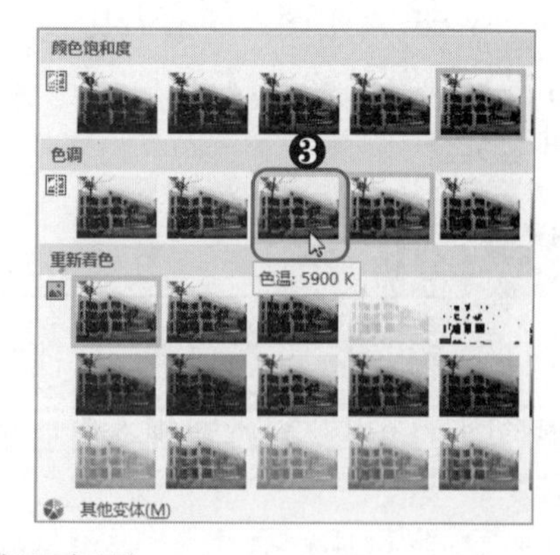

图 6-17　调整图片颜色饱和度和色调

Step02 ❶在“调整”组中单击“校正”下拉按钮，❷在弹出的下拉菜单的“亮度/对比度”栏中选择合适的选项，❸单击“艺术效果”下拉按钮，❹在弹出的下拉菜单中选择“画图刷”艺术效果选项，如图 6-18 所示。

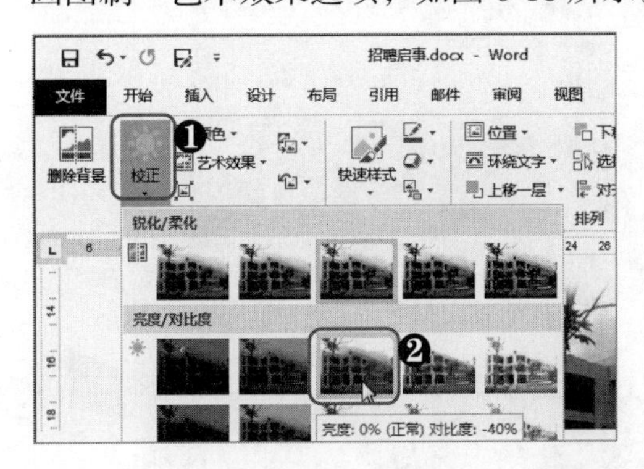

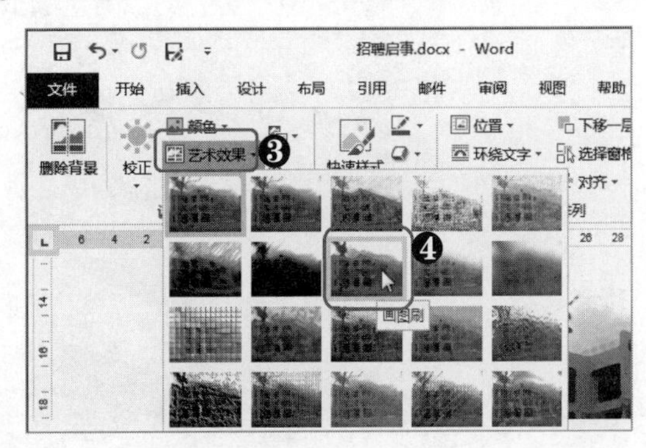

图 6-18　设置图片对比度和艺术效果

小技巧：快速重置图片

当对图片进行一系列格式设置后，如样式、颜色、校正以及艺术效果等，想要将图片快速重置为设置前的初始状态，只需要在“图片工具 格式”选项卡的“调整”组中单击“重设图片”下拉按钮，然后选择相应的选项即可，如图 6-19 所示。需要注意的是，图片的位置是无法重置的。

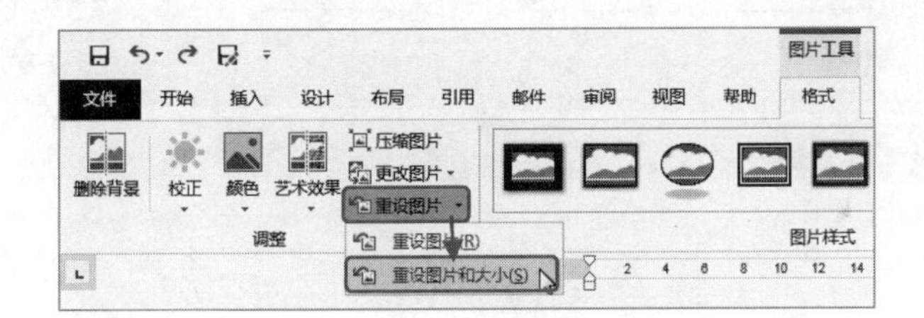

图 6-19　快速重置图片

6.1.6 删除图片背景

如果需要在文档中插入一张图片，但是这张图片的背景不符合文档内容，我们就可以通过 Word 的删除背景功能将图片的背景删除，只保留图片的主体内容。

【注意】删除图片背景之后，被删除的部分不是变为白色，而是变为透明。Word 的删除背景功能是根据图片背景与主体内容边界的色差进行识别，从而判断用户需要删除的背景的大致区域。对于无法识别的需要删除的区域，用户可进行标记。

[分析实例]——删除“企业标语”文档中图片的背景

下面以在“企业标语”文档中将图片的背景删除为例，讲解删除图片背景的具体操作，如图 6-20 所示为删除图片背景的前后对比效果。

◎下载/初始文件/第 6 章/企业标语.docx

◎下载/最终文件/第 6 章/企业标语.docx

图 6-20　删除图片背景的前后对比效果

其具体操作步骤如下。

Step01 打开素材文件，❶选择需要删除背景的图片，❷在“图片工具 格式”选项卡的“调整”组中单击“删除背景”按钮，❸在激活的“背景消除”选项卡的“优化”组中单击“标记要删除的区域”按钮，如图 6-21 所示。

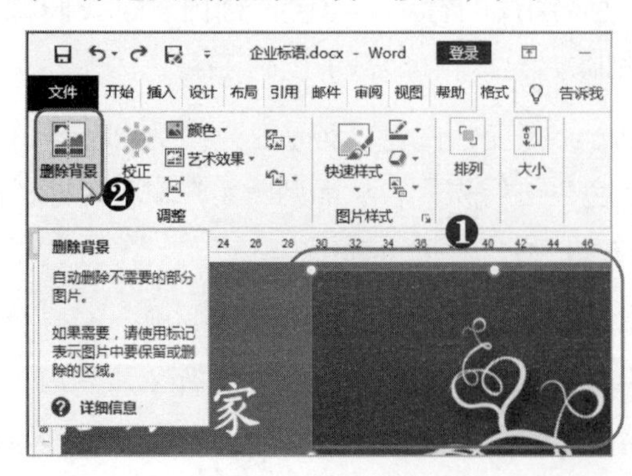

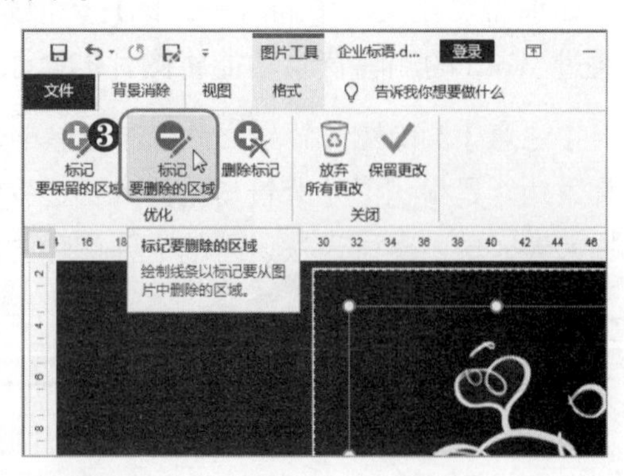

图 6-21　单击“标记要删除的区域”按钮

Step02 ❶在待删除的区域单击将其标记为红色区域，❷在“背景消除”选项卡中单击“标记要保留的区域”按钮，❸在需要保留的区域单击将其标记为要保留的区域（标记过程中，系统识别的要保留区域和删除区域可能会发生变化，因此可能需要重复进行标记删除区域和标记保留区域才能达到理想的效果），❹单击“保留更改”按钮即可完成背景的删除，如图 6-22 所示。

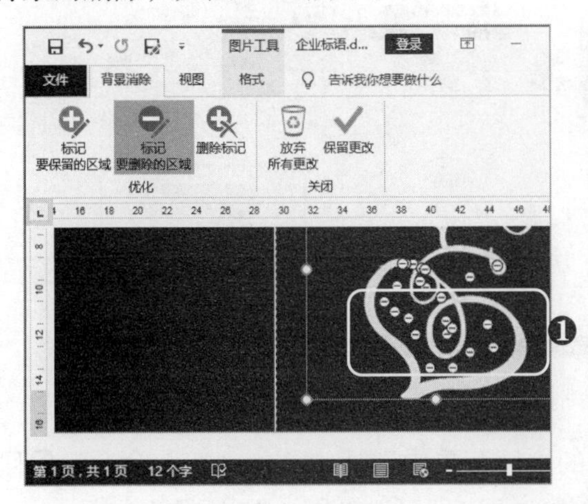

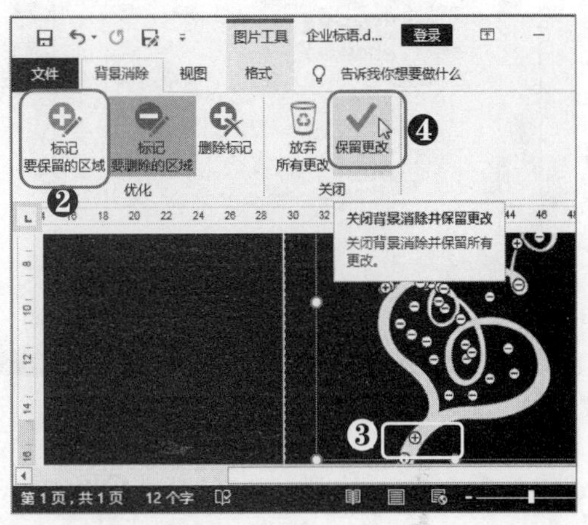

图 6-22　标记要删除和保留的区域

提个醒：巧用视图缩放比例标记细微区域

图片中的某些区域背景与主体内容色差不明显，系统无法精确识别，又因为区域太小，所以很难标记。这时，可以通过放大视图缩放比例来将图片放大显示，从而较为容易地标记出要保留或要删除的区域。

6.2 形状在文档中的灵活运用

在 Word 文档中可以绘制并插入各种形状，通过多个形状可以组成各种类型的图示或图案等。灵活运用形状可以使文档内容丰富多样，内容表达更为直观。

6.2.1 绘制形状并在其中输入文本

在 Word 中插入形状就是将形状绘制到文档中，形状绘制完成后，还可以在形状中输入文本，以对形状所代表的事物进行说明。

[分析实例]——在文档中绘制一个矩形并在其中输入文本

下面以在文档中绘制矩形并输入文本为例，讲解绘制形状以及在其中输入文本的具体操作。

其具体操作步骤如下。

Step01 ❶在“插入”选项卡中单击“形状”下拉按钮，❷在弹出的下拉菜单的“矩形”栏中选择圆角矩形选项，❸在文档中按住鼠标左键拖动绘制圆角矩形，如图 6-23 所示。

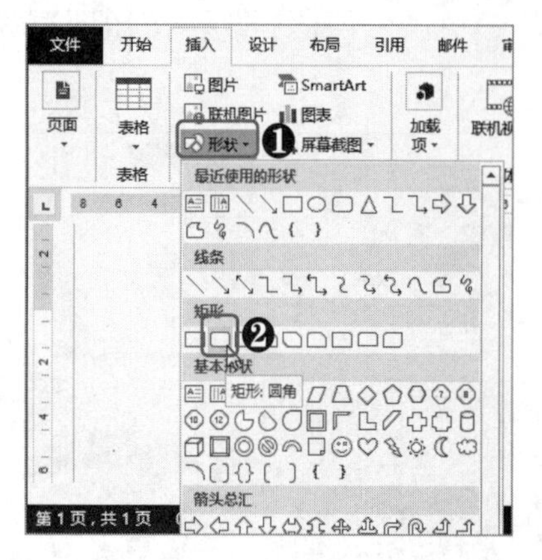

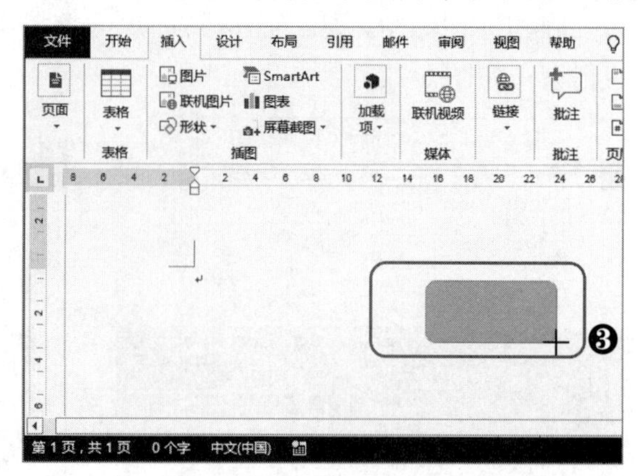

图 6-23　绘制圆角矩形

Step02 ❶在插入的图形上右击，❷在弹出的快捷菜单中选择“添加文字”命令，❸程序自动将文本插入点定位到其中，此时直接输入文字即可，如图 6-24 所示。

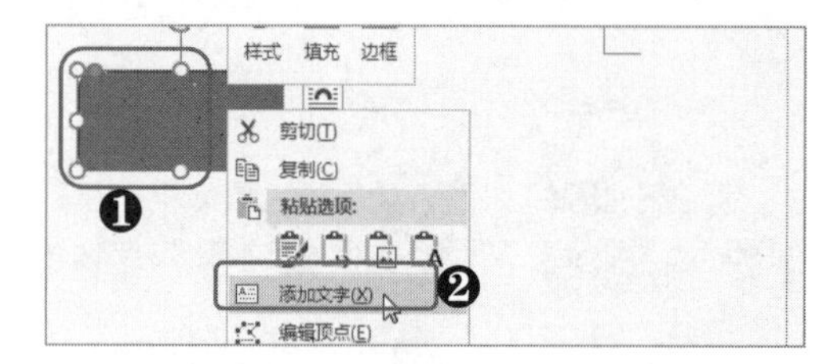

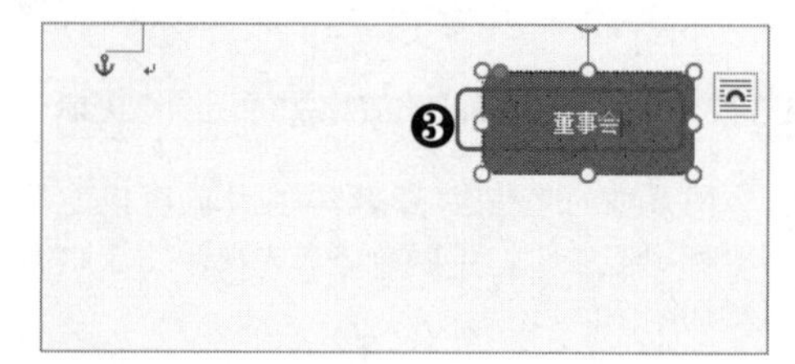

图 6-24　在形状中输入文字

6.2.2 对形状进行编辑

形状插入文档中后，还可以对形状进行一系列的编辑，如调整形状的大小、位置，更改形状以及对形状的顶点进行编辑等。

由于形状是手动绘制到文档中的，所以在绘制时便会考虑大小和位置等因素，一般不需要进行调整，但也不排除有需要对形状的大小和位置进行调整的情况。形状的大小和位置调整操作与图片一致，这里不再赘述。

（1）更改形状

如果发现文档中某一形状不合适，不需要将该形状删除，然后重新绘制。而是可以直接将该形状更改为其他形状，从而提高编辑效率。

其操作具体如下：选择需要更改的形状，在“绘图工具 格式”选项卡的“插入形状”组中单击“编辑形状”下拉按钮，在弹出的下拉菜单中选择“更改形状”命令，在其子菜单中选择需要的形状即可，如图 6-25 所示。

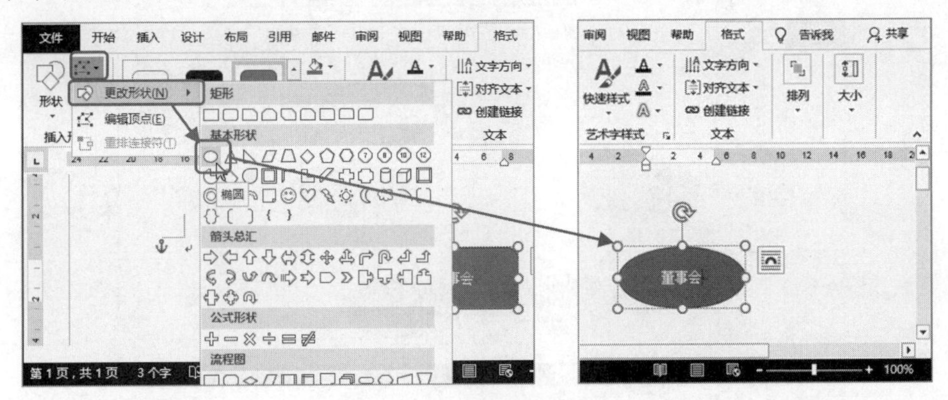

图 6-25　更改形状

（2）编辑形状顶点

通过编辑形状顶点可以将形状变为更加特殊的图形，从而使文档中的图形不仅仅局限于 Word 所提供的图形，而是可以千变万化的任意图形，其操作方法如下。

选择需要编辑顶点的形状，在“插入形状”组中单击“编辑形状”下拉按钮，然后在弹出的下拉菜单中选择“编辑顶点”命令，此时形状四周便会显示各个顶点，拖动这些顶点即可调整形状，如图 6-26 所示。

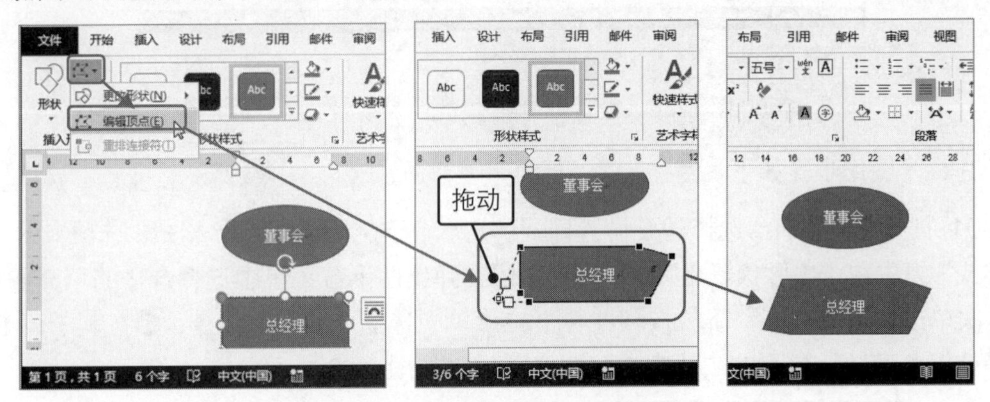

图 6-26　编辑形状顶点

6.2.3 设置形状样式

与图片相同，形状也可以设置样式，从而使其更加美观。形状的样式包括形状填充、形状轮廓和形状效果。对于有文字的形状，还可以设置其文字效果。

[分析实例]——为“工作流程图示”文档中的形状设置样式

下面以在“工作流程图示”文档中为各形状设置合适的样式为例，讲解形状样式设置的相关操作。如图 6-27 所示为设置形状样式的前后对比效果。

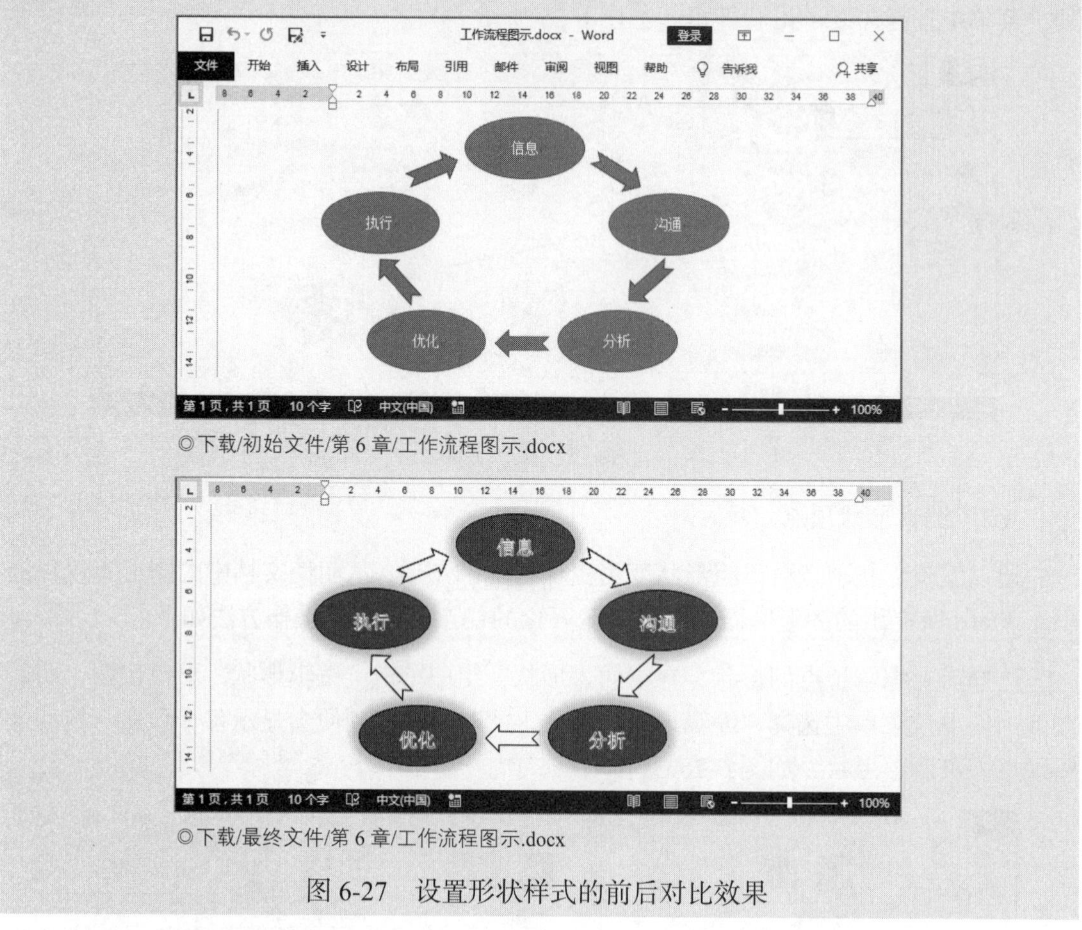

◎下载/初始文件/第 6 章/工作流程图示.docx

◎下载/最终文件/第 6 章/工作流程图示.docx

图 6-27 设置形状样式的前后对比效果

其具体操作步骤如下。

Step01 打开素材文件，选择需要设置样式的形状，❶在“绘图工具 格式”选项卡的“形状样式”组中单击“形状填充”下拉按钮，❷在弹出的下拉菜单中选择合适的填充颜色，❸再次单击“形状填充”下拉按钮并在下拉菜单中选择“渐变”命令，❹在其子菜单中选择“深色变体”栏下的“从中心”渐变选项，如图 6-28 所示。

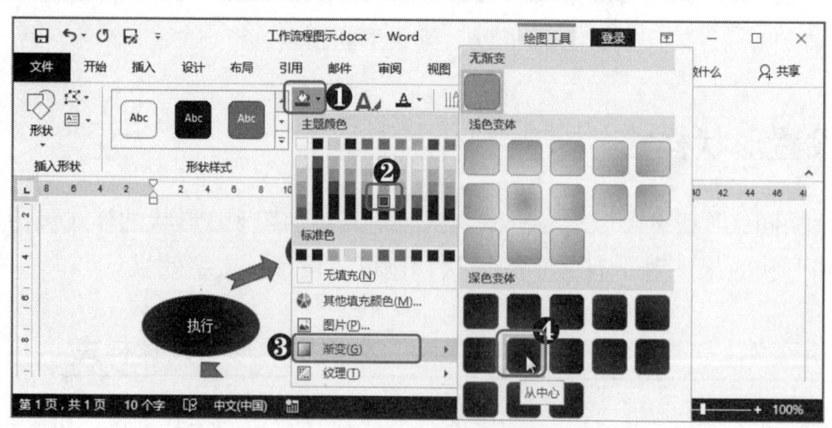

图 6-28 设置形状的填充颜色

Step02 ❶在“形状样式”组中单击“形状轮廓”下拉按钮，❷在弹出的下拉菜单中可以设置形状的轮廓颜色、粗细和样式等（与图片的轮廓设置步骤相同），这里设置形状轮廓颜色为黑色，❸单击“形状效果”下拉按钮，❹在弹出的下拉菜单中选择“发光”命令，❺在其子菜单中选择“发光：11 磅；灰色，主题色 3”选项，如图 6-29 所示。

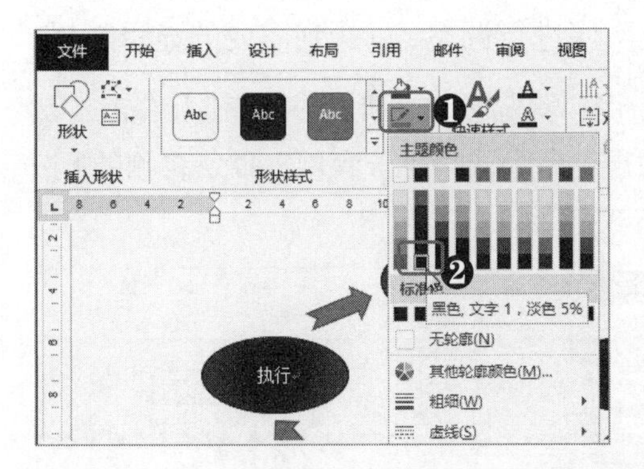

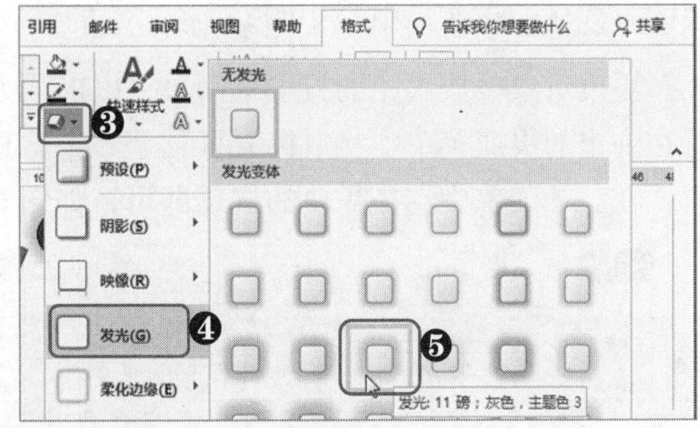

图 6-29　设置形状的轮廓颜色和形状效果

Step03 ❶按住【Ctrl】键不放，选择所有形状中的文本，❷在“开始”选项卡的“字体”组中单击“加粗”按钮，❸通过单击“增大字号”按钮调整文字到合适大小，❹在“绘图工具 格式”选项卡的“艺术字样式”组中单击“快速样式”下拉按钮，❺在弹出的下拉菜单中选择合适的选项，如图 6-30 所示。

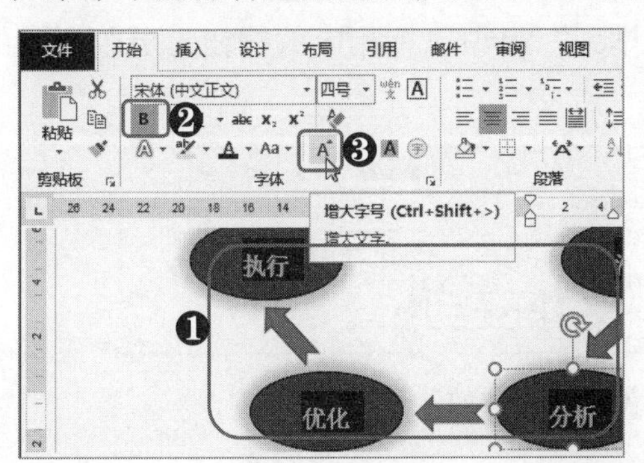

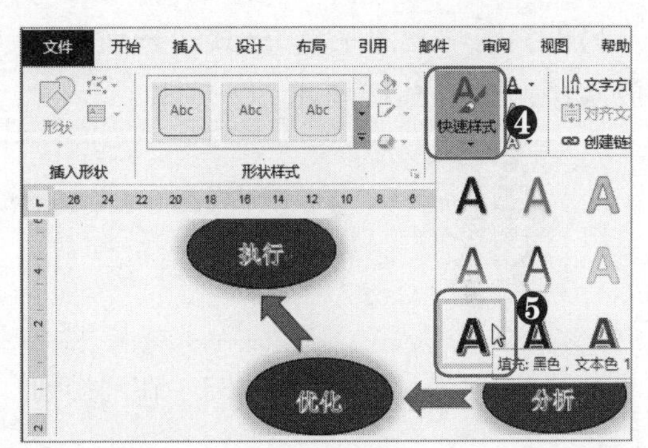

图 6-30　设置形状中的文本样式

Step04 ❶选择工作流程图示中的所有箭头形状，❷在“绘图工具 格式”选项卡的“形状样式”组中单击“其他”按钮，❸在弹出的下拉菜单中选择“彩色轮廓-黑色，深色 1”选项，如图 6-31 所示。

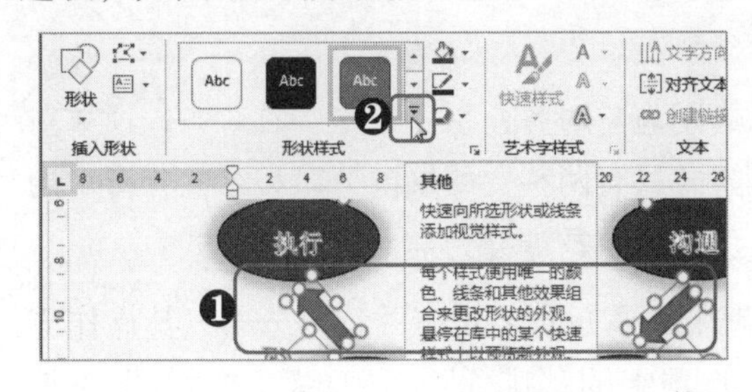

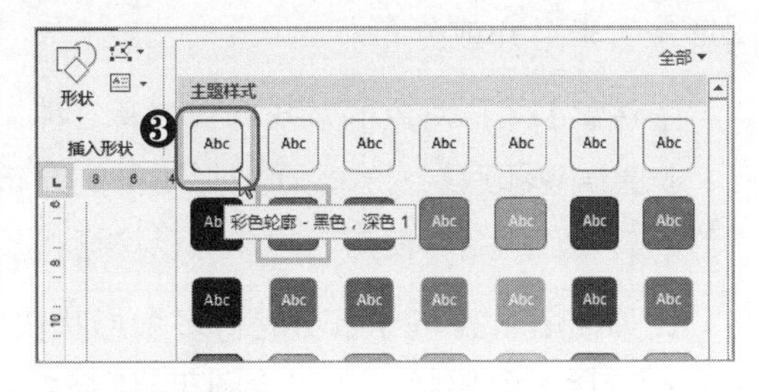

图 6-31　使用内置的形状样式

6.2.4 更改叠放次序

在文档中插入多个浮动版式的图片或形状时，可能出会现多个对象重叠的情况。如果不希望这些对象重叠，只需要对各对象的位置进行调整即可；如果需要多个对象以重叠的方式显示在文档中，则可以对各对象的叠放次序进行调整，以达到需要的显示效果。

更改对象叠放次序的方法很简单，以形状为例：只需要选择形状并在其上右击，然后在弹出的快捷菜单中将鼠标光标移至“置于顶层”命令或“置于底层”命令右侧的▸按钮，在其子菜单中选择需要的选项即可，如图 6-32 所示。

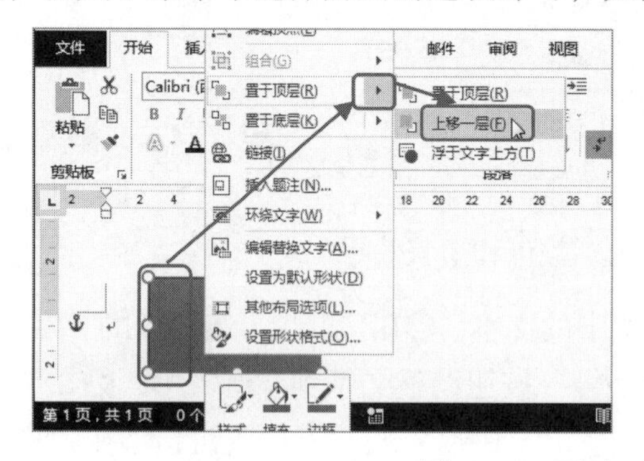

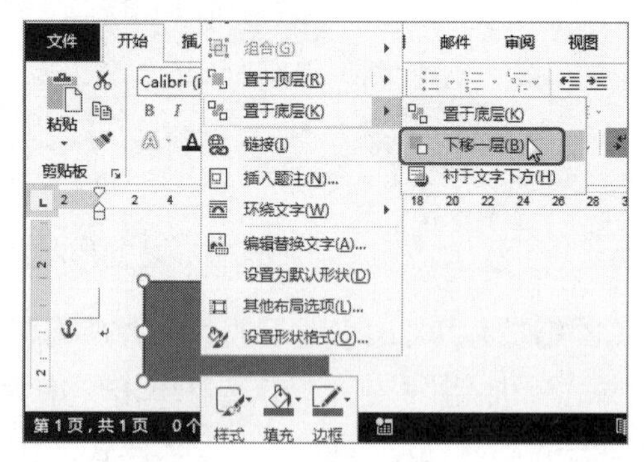

图 6-32　更改对象的叠放次序

另外，在“绘图工具 格式”选项卡的“排列”组中也有相应的按钮可更改形状的叠放次序，如图 6-33 所示。

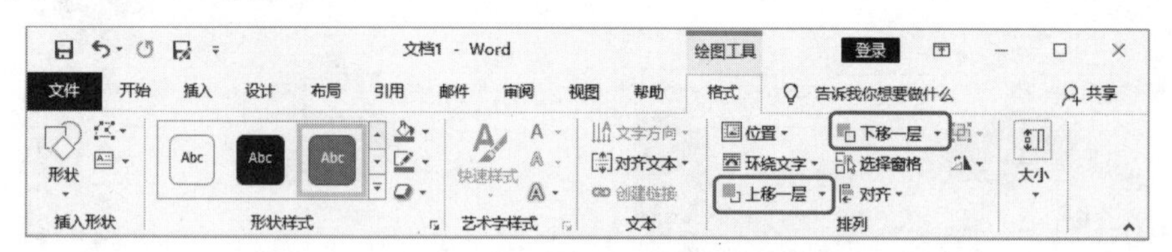

图 6-33　在“排列”组中更改叠放次序

6.2.5 图形对象的对齐与分布

当文档存在多个浮动版式的图形对象，要使这些对象在某一位置上对齐或要将这些对象均匀分布时，就可以使用图形的对齐与分布功能来快速实现，而不必通过手动调整图形位置来对齐或分布。

【注意】图形对象的对齐方式共有 6 种，分别为左对齐、水平居中、右对齐、顶端对齐、垂直居中和底端对齐；而图形对象的分布方式只有两种，即横向分布和纵向分布。通过对齐与分布的结合使用，用户可以快速将多个图形对象调整为需要的布局方式。

比如使用对齐与分布功能将多个形状快速在水平方向上对齐并均匀分布，其操作方法为：选择多个形状，在“绘图工具 格式”选项卡的“排列”组中单击“对齐”下拉按钮，然后在弹出的下拉菜单中选择“垂直居中”选项，再次单击“对齐”下拉按钮并选择“横向分布”选项即可，如图 6-34 所示。

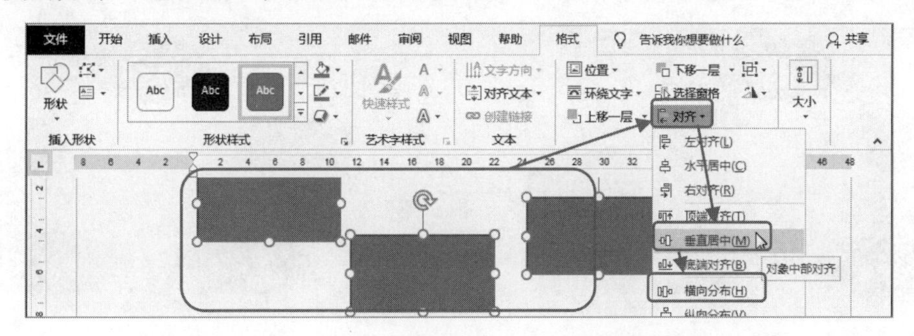

图 6-34　依次选择“垂直居中”和“横向分布”选项

执行上述操作后，这 3 个形状便会在同一水平线上均匀分布，如图 6-35 所示。

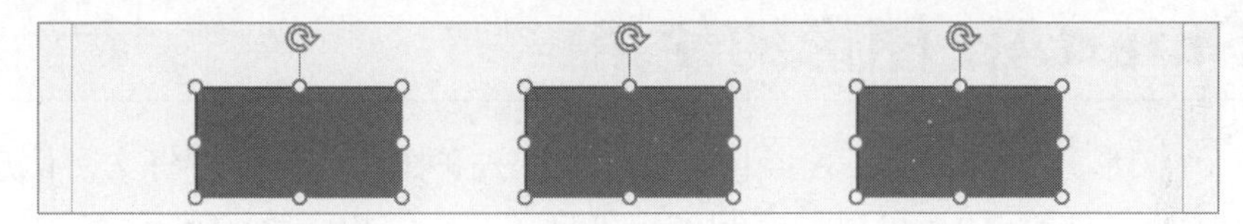

图 6-35　水平方向对齐与分布的效果图

6.2.6 组合图形对象

当我们使用多个图形对象制作成一个图示，或是多个对象之间存在某些联系时，为了防止这些对象在编辑文档的过程中被移动或分散，可以将这些对象组合成为一个整体。这样即使被移动也是一起移动，不会将这些图形对象分散。

[分析实例]——组合工作流程图示的所有形状

下面以在“工作流程图示”文档中将所有形状组合为一个对象为例，讲解组合图形对象的相关操作。其具体操作步骤如下。

Step01 ❶在“开始”选项卡的“编辑”组中单击“选择”下拉按钮，❷选择“选择对象”选项，❸按住鼠标左键拖动，使选择区域覆盖所有形状，如图 6-36 所示。

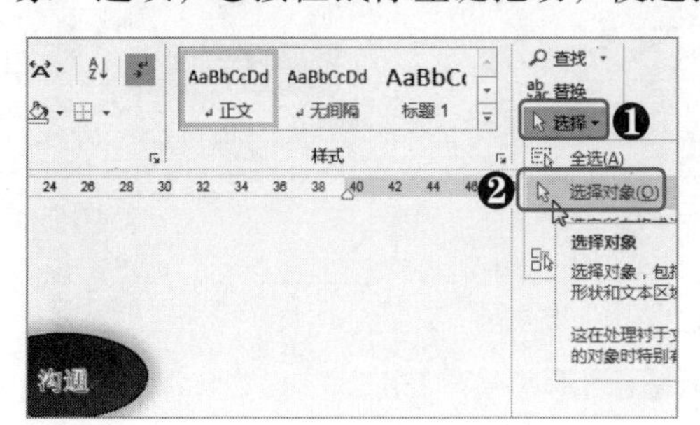

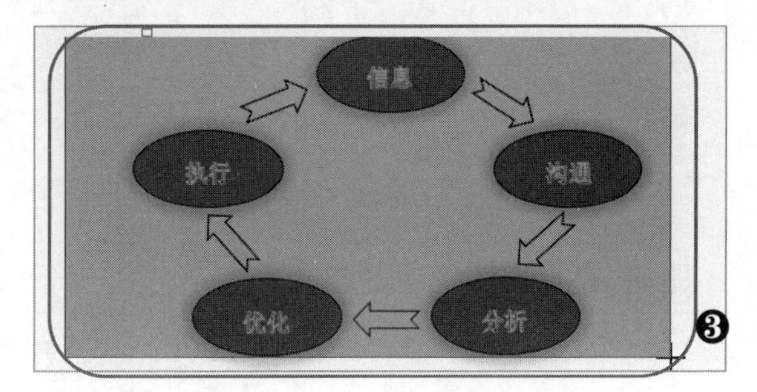

图 6-36　选择所有形状

Step02 ❶将鼠标光标移至形状上，待鼠标光标变为形状时右击，❷在弹出的快捷菜单中选择“组合”命令，❸在其子菜单中选择“组合”选项即可，如图 6-37 所示。

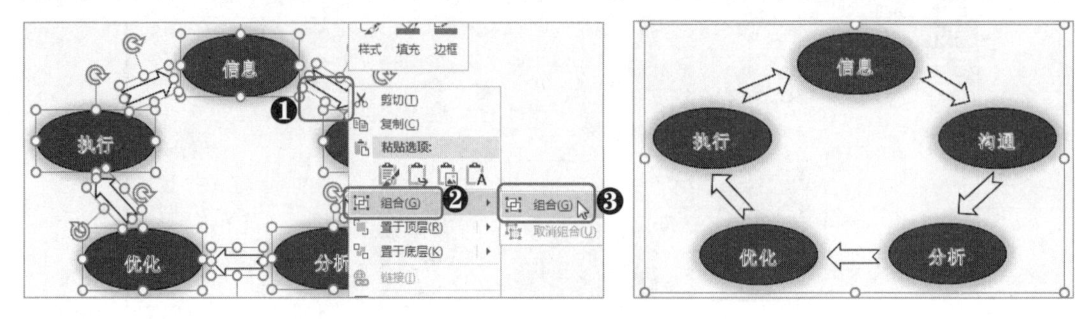

图 6-37　组合所选形状

6.3 SmartArt 图形的使用

SmartArt 图形其实就是由各种形状组合而成的一种图形，是一种将文字信息图形化的工具。使用 SmartArt 图形可以快速制作出外形美观、结构清晰的图示。

6.3.1 创建合适的 SmartArt 图形

在 Word 中提供了 8 种类型的 SmartArt 图形，分别为列表、流程、循环、层次结构、关系、矩阵、棱锥图和图片。用户可以根据实际需求选择合适的类型进行创建，其操作步骤如下。

在“插入”选项卡的“插图”组单击“SmartArt”按钮，在打开的“选择 SmartArt 图形”对话框中单击所需类型对应的选项卡，然后在右侧选择合适的 SmartArt 图形，最后单击“确定”按钮即可，如图 6-38 所示。

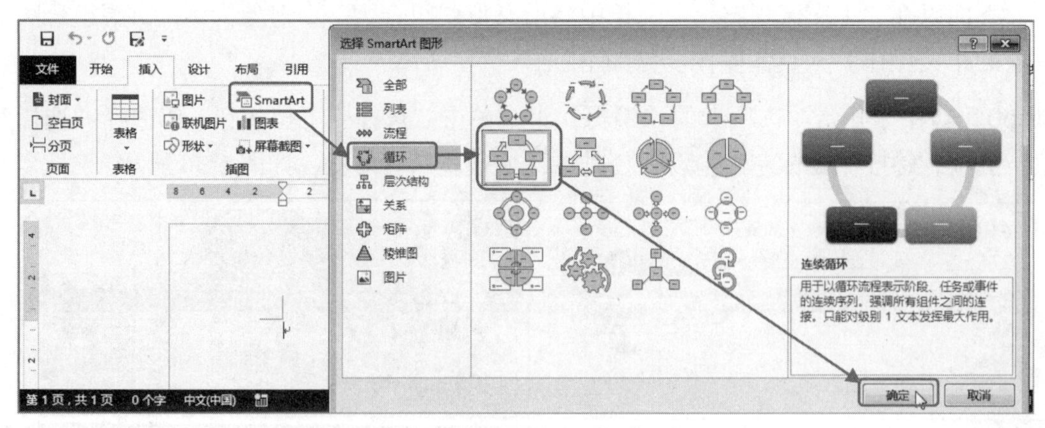

图 6-38　创建 SmartArt 图形

同样地，SmartArt 图形在创建后也需要对其大小和位置进行调整，其操作与图片和形状等编辑操作相同。在掌握了图片和形状的编辑操作后，对于 SmartArt 图形的大小和位置等编辑操作也就不在话下了，这里不再重复进行讲解。

6.3.2 在 SmartArt 图形中输入文本

SmartArt 图形在插入文档后，可以看到其各形状中有文本占位符。要在 SmartArt 图形中输入文本只需要在这些占位符中直接输入文字即可。另外，在 SmartArt 图形左侧的“在此处键入文字”任务窗格中也可以进行文本的输入，如图 6-39 所示。

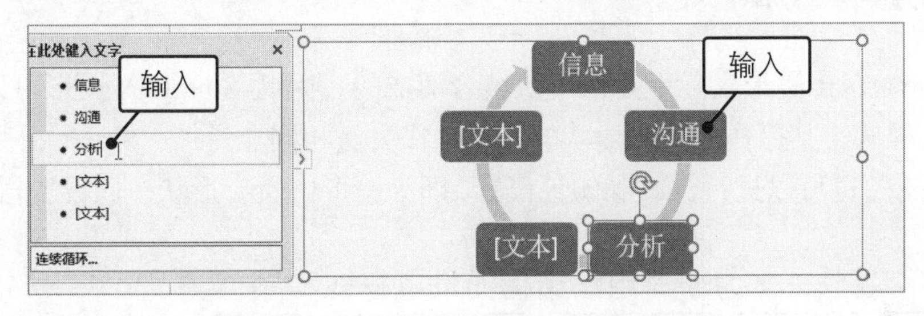

图 6-39　在 SmartArt 图形中输入文本

6.3.3 添加或删除形状

如果 SmartArt 图形中的形状个数不满足实际需求，用户可以在其中添加或删除形状，下面分别介绍相关操作。

◆ **添加形状**：要为 SmartArt 图形添加形状只需要在待添加位置旁边的形状上右击，在弹出的快捷菜单中选择“添加形状”命令，然后在其子菜单中根据情况选择相应的选项即可，如图 6-40 所示。

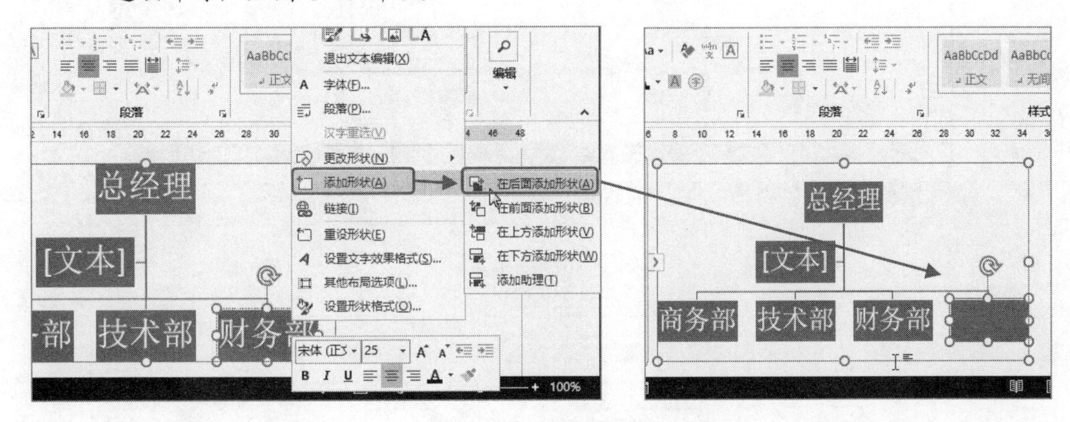

图 6-40　添加形状

◆ **删除形状**：当 SmartArt 图形中的形状数量过多时，可选择多余的形状，然后按【Delete】键即可将其删除，如图 6-41 所示。

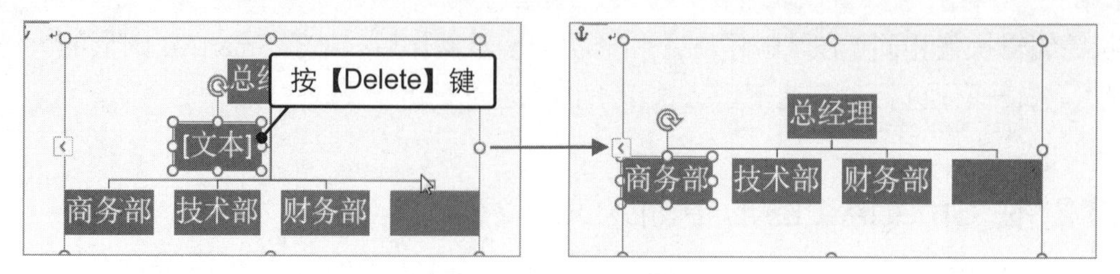

图 6-41　删除多余形状

6.3.4 设置样式和颜色

由于 SmartArt 图形实际上是由形状组合而成的，因此 SmartArt 图形可以为各个形状单独设置样式，其操作方法与形状的相关操作方法相同。另外，SmartArt 图形作为一个完整的对象，也可以进行样式和颜色设置，即为图形中所有形状一同设置样式和颜色。

[分析实例]——为公司组织结构图设置样式和颜色

下面以在“公司组织结构图”文档中为 SmartArt 图形设置样式和颜色为例，讲解其相关操作，如图 6-42 所示为设置样式和颜色的前后对比效果。

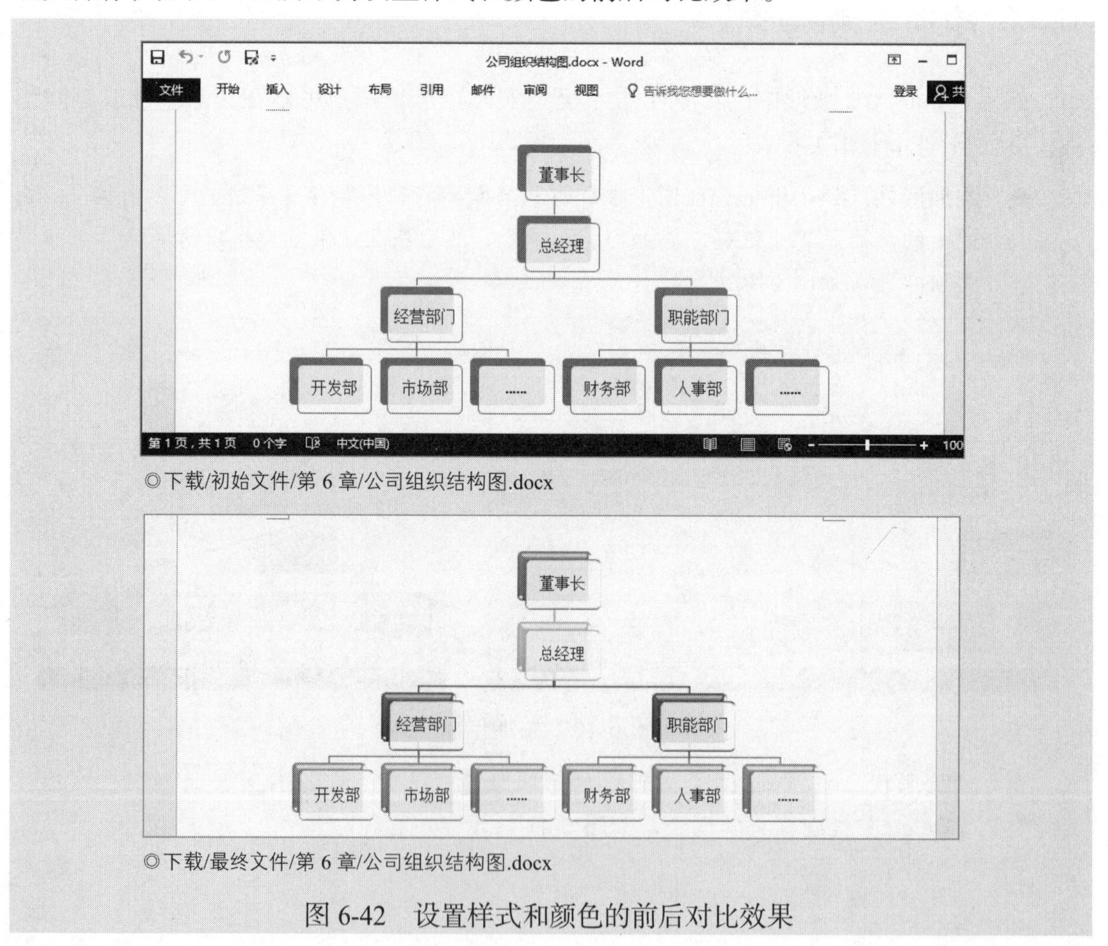

图 6-42　设置样式和颜色的前后对比效果

其具体操作步骤如下。

Step01 打开素材文件，❶选择需要编辑的 SmartArt 图形，❷在“SmartArt 工具 设计”选项卡的“SmartArt 样式”组中单击“更改颜色”下拉按钮，❸在弹出的下拉菜单中选择“彩色”栏中的“彩色范围-个性色 3 至 4”选项，如图 6-43 所示。

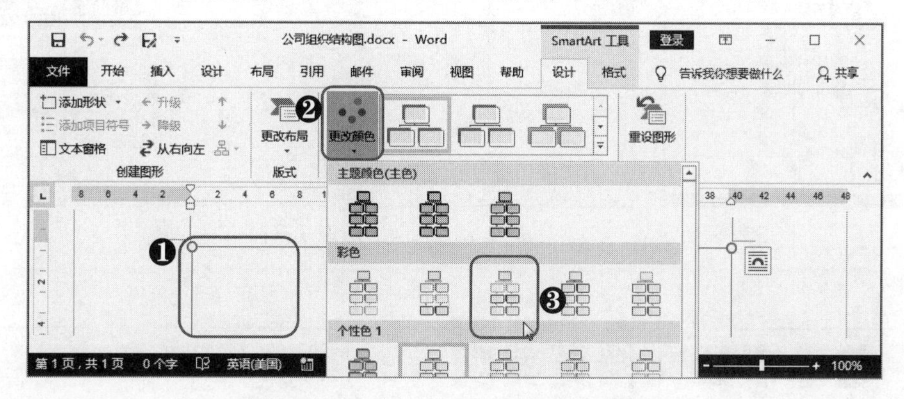

图 6-43 更改 SmartArt 图形的颜色

Step02 ❶在“SmartArt 样式”组中单击“其他”按钮，❷在弹出的下拉菜单中选择“优雅”选项完成操作，如图 6-44 所示。

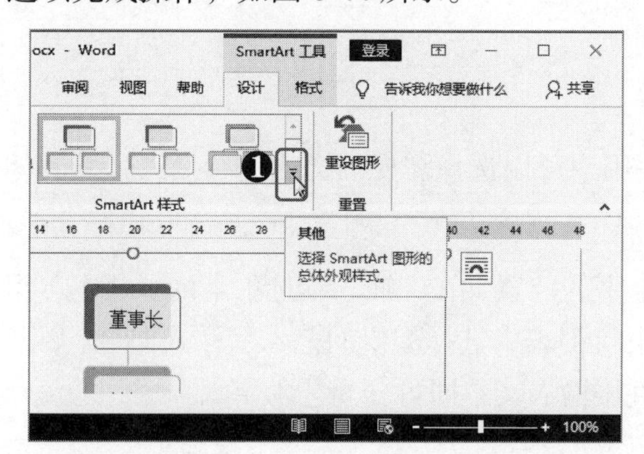

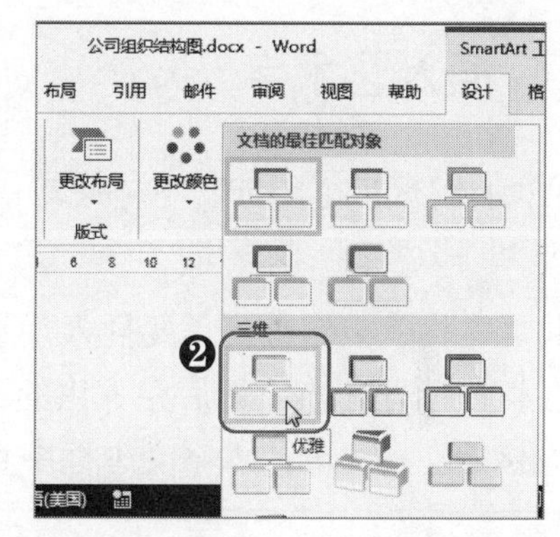

图 6-44 设置 SmartArt 图形的样式

6.3.5 更改布局

如果文档中的 SmartArt 图形已经编辑完成，但又发现该图形所使用的 SmartArt 图形类型不合适，此时可通过更改布局重新选择合适的类型，其操作如下。

选择需要更改布局的 SmartArt 图形后，在“SmartArt 工具 设计”选项卡的“版式”组中单击“更改布局”下拉按钮，然后在弹出的下拉菜单中选择合适的布局，如 6-45 左图所示。或选择“其他布局”命令，然后在打开的“选择 SmartArt 图形”对话框中重新选择类型，再单击“确定”按钮即可，如 6-45 右图所示。

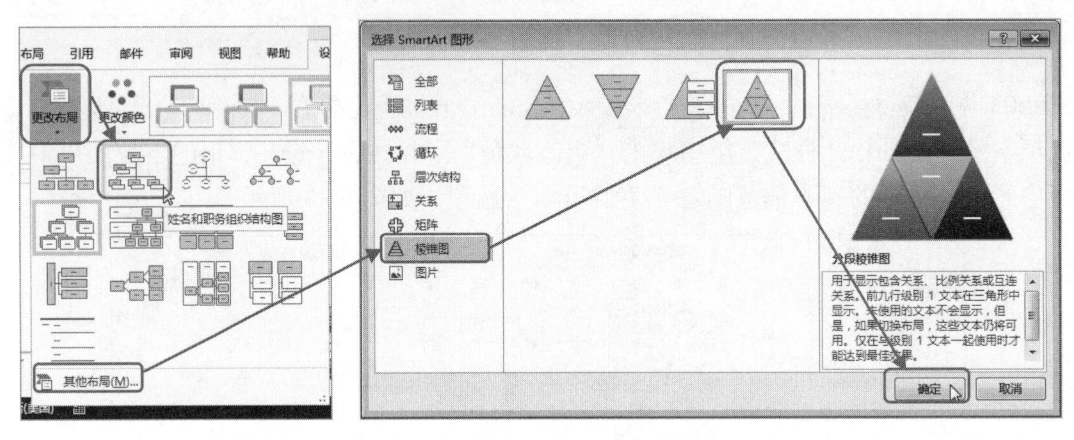

图 6-45　更改 SmartArt 图形布局

6.4 艺术字让文档更美观

艺术字是 Word 中一种比较美观的文字，可用于突出显示文本内容，也可以美化文档，适当地使用艺术字可以让文档更加丰富多彩。

6.4.1 插入艺术字

Word 中提供了多种艺术字样式，用户可以选择需要的样式进行插入，其具体操作步骤如下。

将文本插入点定位到需要插入艺术字的位置，在“插入”选项卡的“文本”组中单击“艺术字”下拉按钮，然后在弹出的下拉列表中选择需要的艺术字样式即可，如图 6-46 所示。然后在插入的艺术字文本框中直接输入文本即可变为艺术字。

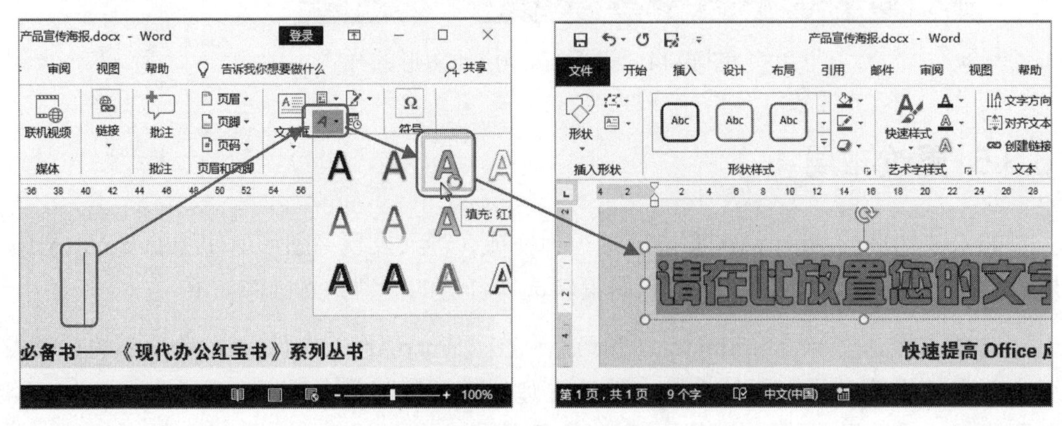

图 6-46　插入艺术字

【注意】艺术字文本框插入文档后，默认为“浮于文字上方”的版式，用户可根据实际需求对其进行位置、文本框大小等设置，其操作与形状和图片的相关操作相同，这里不再介绍。

6.4.2 更改艺术字样式

如果艺术字已经创建好，但其样式又不合适，可以对艺术字的样式进行更改，从而省去重新创建艺术字的时间，提高编辑效率。

在前文介绍设置形状中的文本样式时有涉及艺术字样式使用，而插入的艺术字文本框其实也是一种形状，因此更改艺术字样式的操作与更改形状中的文本样式相同。下面简单进行介绍。

选择需要更改样式的艺术字文本框，在“绘图工具 格式”选项卡的“艺术字样式”组中单击“其他”按钮，然后选择需要的内置艺术字样式即可，如图 6-47 所示。也可以通过该组中的“文本填充”、“文本轮廓”和“文字效果”下拉按钮设置自定义的艺术字样式，其操作步骤与形状的相关操作基本相同。

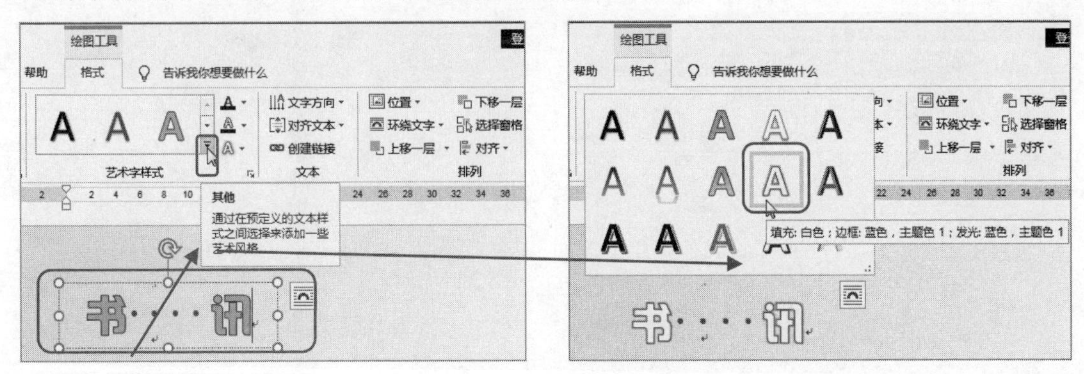

图 6-47　更改艺术字样式

知识延伸　*将普通文本设置为艺术字*

要在文档中使用艺术字不一定非要插入艺术字文本框不可，通过为普通文本添加效果也可以使其变为艺术字，其操作步骤如下。

选择需要设置为艺术字的文本后，在“开始”选项卡的“字体”组中单击“文本效果和版式”下拉按钮，然后在弹出的下拉菜单中选择“轮廓”命令，并在其子菜单中选择合适的轮廓颜色，如选择“金色，个性色 4”选项，如 6-48 左图所示。再次单击“文本效果和版式”下拉按钮，选择“阴影”命令，然后在其子菜单中选择合适的阴影选项，如 6-48 右图所示。

当然，如果不想自定义艺术字样式，也可以直接在“文本效果和版式”下拉菜单中选择艺术字样式，即可快速套用到文本上。

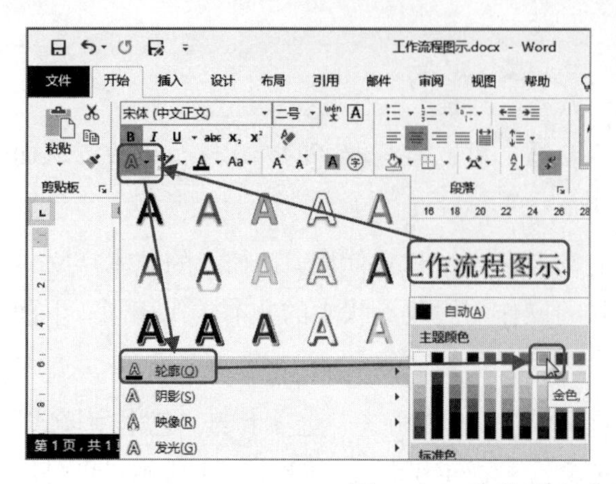

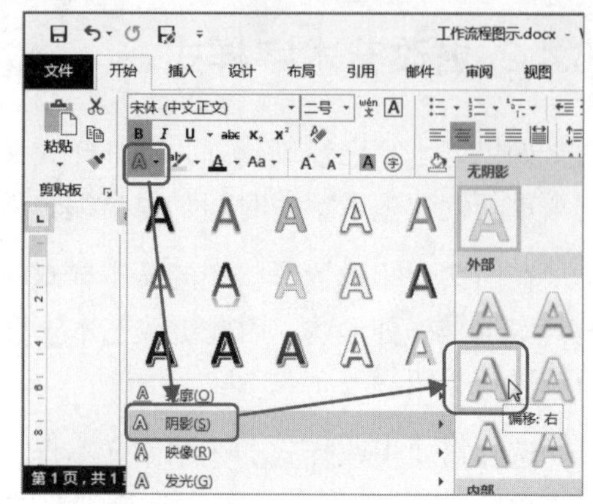

图 6-48　为普通文本设置轮廓和阴影

第7章 Word中表格与图表的应用

表格与图表都可以直观地展现数据，在文档中适当使用这些对象可以使文档内容的表达更加清晰，易于阅读与理解。本章主要介绍表格创建与编辑操作、简单的数据处理方法和图表的使用等。

|本|章|要|点|

- 表格创建与编辑
- 编辑表格中的文本
- 表格样式设置与数据处理
- 在文档中使用图表

7.1 表格创建与编辑

要在文档中使用表格，首先需要对其进行创建，而在制作某些比较复杂的表格时，还需要对新建的表格进行一系列的编辑操作，如合并单元格、调整行高和列宽等。

7.1.1 创建表格的方法

在 Word 中可以创建的表格有两种，一种是普通表格，另一种是 Excel 电子表格。其中，普通表格的创建方法有 3 种，分别为使用鼠标选择行列数创建表格、通过对话框创建表格和绘制表格；而 Excel 电子表格的创建方法则只有一种。下面对在 Word 文档中创建表格的 4 种方法分别进行介绍。

（1）使用鼠标选择行列数创建表格

使用鼠标选择行数和列数创建表格是一种非常快捷的创建表格方法，但是此方法有一定的局限性，即最大只能创建 10×8 的表格，也就是说能创建的表格的最大列数为 10，最大行数为 8。如果所需表格的行数和列数都在此范围内，则使用这种方法创建表格比较高效，其操作步骤如下。

将文本插入点定位到待插入表格的位置，在“插入”选项卡的“表格”组中单击“表格”下拉按钮，然后在弹出的下拉菜单的表格区域中选择要创建的表格的行列数即可，如图 7-1 所示。

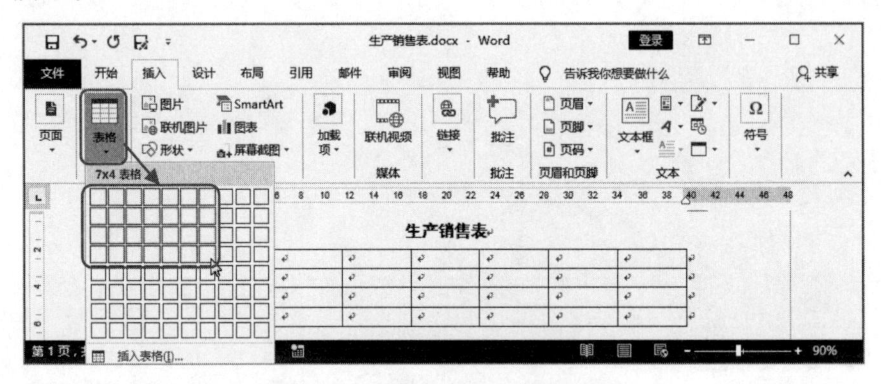

图 7-1　选择行列数创建表格

（2）通过对话框创建表格

当需要的表格超过了“10×8”的范围时，就可以通过在对话框中设置行数和列数创建表格，其操作方法如下。

在“表格”组中单击“表格”下拉按钮，在弹出的下拉菜单中选择“插入表格”命令，然后在打开的“插入表格”对话框的“表格尺寸”栏中输入列数和行数，再单击“确定”按钮即可插入表格，如图 7-2 所示。

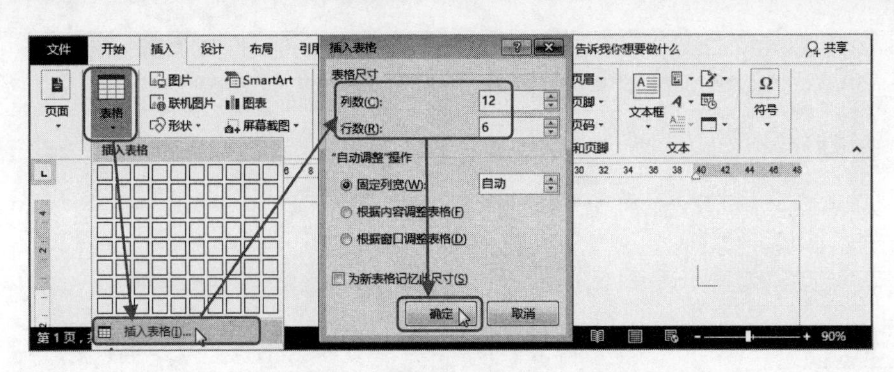

图 7-2　通过对话框插入表格

【注意】通过以上两种方法创建的表格默认情况下是规则的，即所有单元格大小相等，且各行的列数相等。

（3）绘制表格

Word 中提供了笔、橡皮擦等绘图工具，对于比较复杂的表格，可以通过绘制表格的方式进行创建。

[分析实例]——绘制员工档案表

下面以在“员工档案表”文档中手动绘制员工档案表格为例，讲解绘制表格的相关操作方法，如图 7-3 所示为绘制的员工档案表效果。

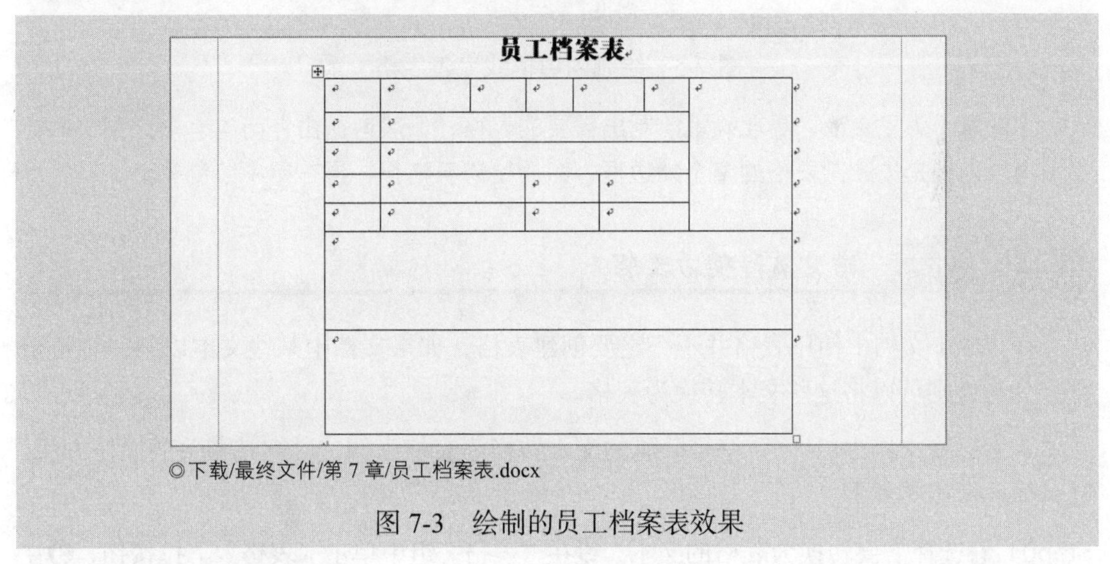

◎下载/最终文件/第 7 章/员工档案表.docx

图 7-3　绘制的员工档案表效果

其具体操作步骤如下。

Step01 打开“员工档案表”文档，并将文本插入点定位到待插入表格的位置，❶在“插入”选项卡的“表格”组中单击“表格”下拉按钮，❷在弹出的下拉菜单中选择“绘制表格”命令，此时鼠标光标变为✎形状，❸按住鼠标左键拖动将表格外边框线绘制完成，如图 7-4 所示。

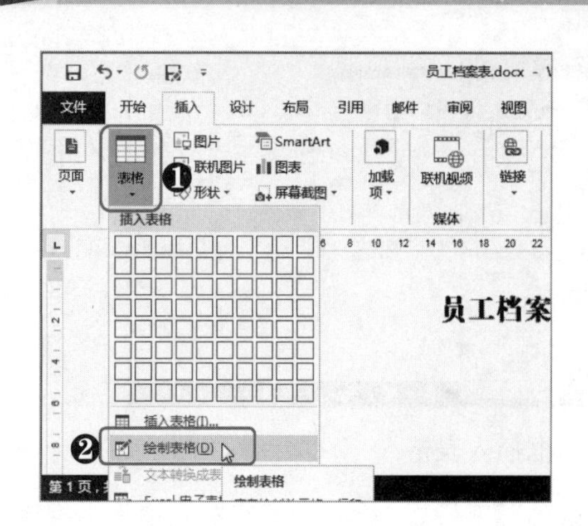

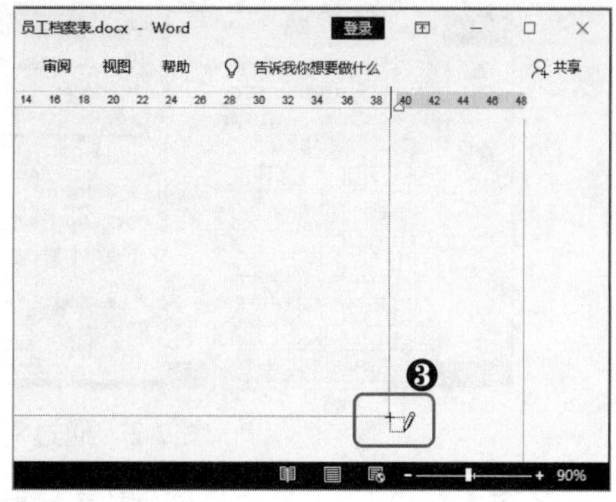

图 7-4　绘制表格外边框线

Step02 根据需要在表格合适的位置绘制内边框线，从而绘制出需要的表格，如图 7-5 所示。

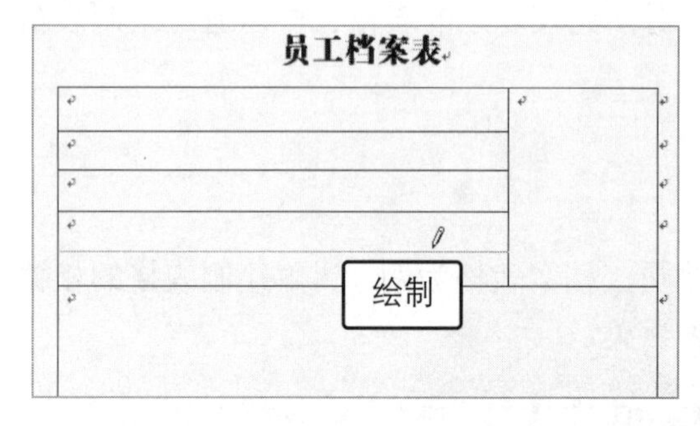

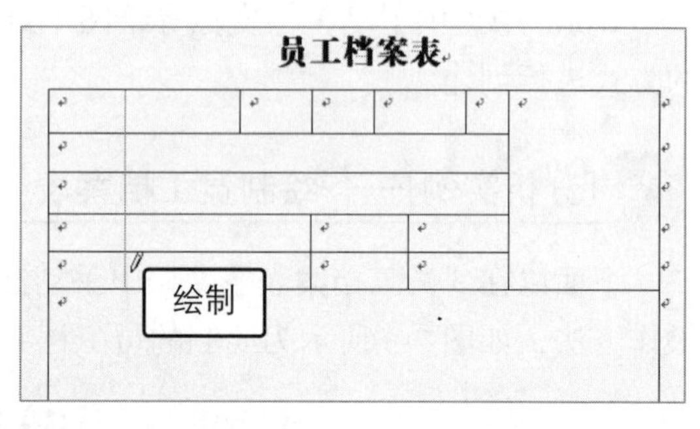

图 7-5　绘制内边框线完善表格

【注意】为了更快、更准确地绘制出需要的表格，一般遵循由外而内、由大到小的绘制顺序。也就是先绘制表格的整个外边框，然后绘制表格行，再在行中绘制列。

知识延伸　*将文本转换为表格*

在 Word 文档中使用表格并不一定要创建表格，如果文档中某些文本以某一种特定符号分隔，则可以将这些文本转换为表格。

下面以将文档中以“*”符号分隔的文本转换为表格为例，讲解其相关的操作方法，其具体操作步骤如下。

Step01 ❶选择需要转换为表格的文本，❷在“表格”组中单击“表格”下拉按钮，❸在弹出的下拉菜单中选择“文本转换成表格”命令，❹在打开的“将文字转换成表格”对话框中选中“其他字符”单选按钮，并在其右侧的文本框中输入“*”字符，❺在“表格尺寸”栏中检查列数和行数是否符合要求（一般不作调整），❻单击“确定”按钮，如图 7-6 所示。

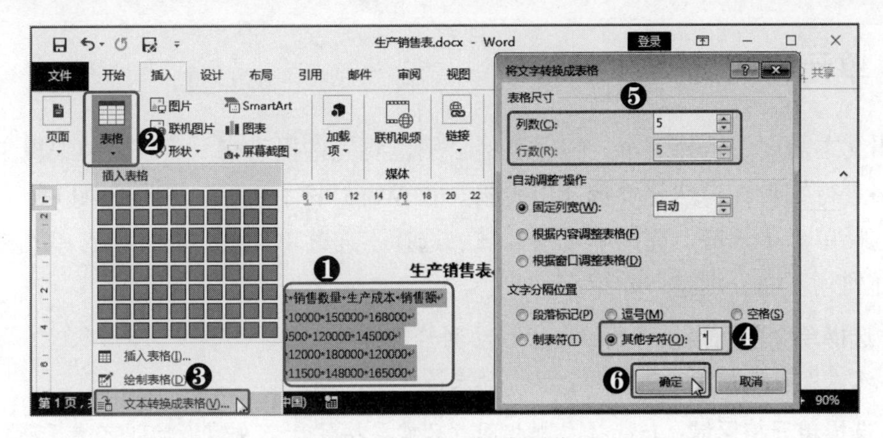

图 7-6　设置文字分隔位置

Step02 此时文本已经转换成了表格，检查表格是否符合要求、数据是否正确，然后进行调整即可，如图 7-7 所示。

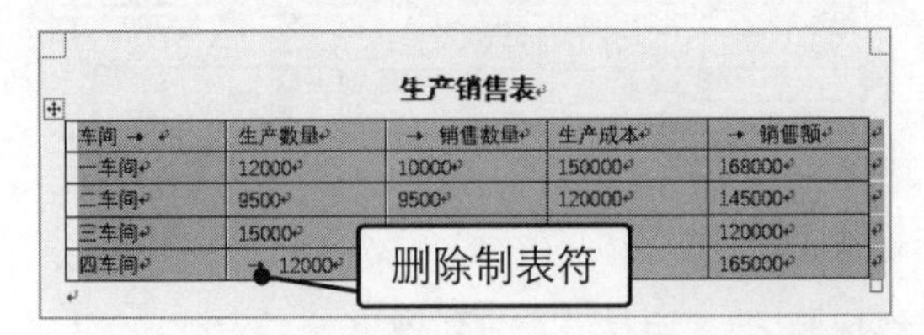

生产销售表

车间	生产数量	销售数量	生产成本	销售额
一车间	12000	10000	150000	168000
二车间	9500	9500	120000	145000
三车间	15000	12000	180000	120000
四车间	12000	11500	148000	165000

图 7-7　删除表格中多余的制表符

（4）插入 Excel 电子表格

当需要在文档中插入具有强大数据处理与分析功能的表格时，插入 Excel 电子表格是最佳的选择。在 Word 中插入的 Excel 电子表格具有 Excel 的大部分功能，且表格的操作方法也与 Excel 基本相同。插入 Excel 电子表格的操作方法如下。

在“表格”组中单击“表格”下拉按钮，在弹出的下拉菜单中选择“Excel 电子表格”选项即可将 Excel 电子表格插入到文档的指定位置，此时 Word 的功能区变为 Excel 的功能区，如图 7-8 所示。在编辑区非表格区域单击即可退出 Excel 表格的编辑状态。

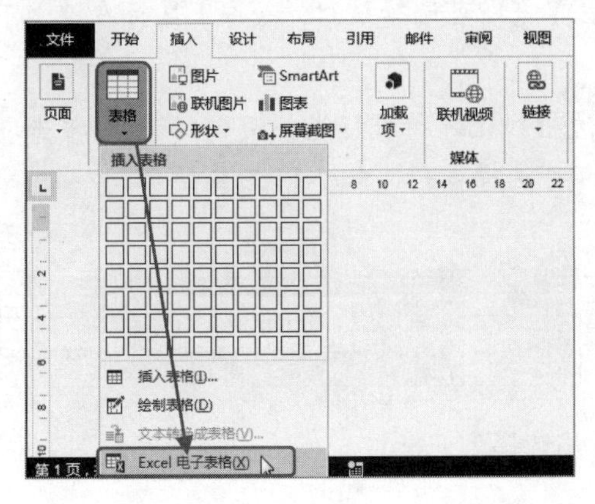

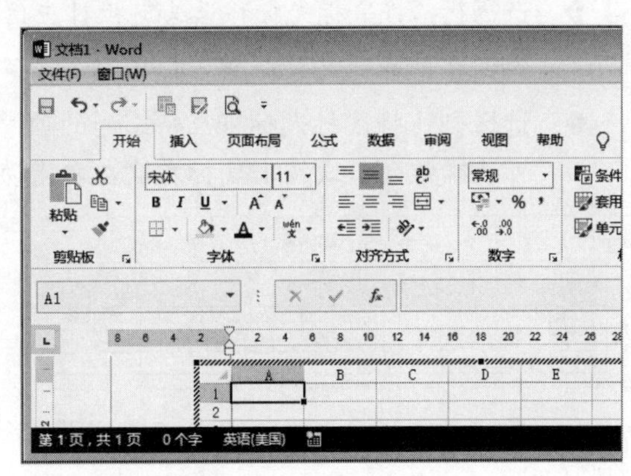

图 7-8　插入 Excel 电子表格

7.1.2 单元格的选择

编辑文本需要先选择文本，编辑表格自然也要先选择表格。而表格的编辑主要是对各单元格进行编辑，自然就要选择单元格。在 Word 中，单元格的选择可以分为 6 种情况，即选择单个单元格、选择单元格区域、选择不连续单元格、选择所有单元格、选择行和选择列，下面分别进行介绍。

◆ **选择单个单元格**：将鼠标光标移动到单元格的左侧，当其变为↗形状时，按下鼠标左键即可选择单个单元格，如 7-9 左图所示。

◆ **选择单元格区域**：与选择文本相同，只需要按住鼠标左键拖动即可选择所需单元格区域，如 7-9 右图所示（利用此方法也可以选择单个单元格）。

图 7-9　选择单个单元格和选择单元格区域

◆ **选择不连续单元格**：选择第一个单元格区域后，按住【Ctrl】键继续选择其他单元格区域即可，如 7-10 左图所示。

◆ **选择所有单元格**：选择表格中任意单元格即可发现表格左上角的全选按钮⊞，单击该按钮即可选择全部单元格，即整个表格，如 7-10 右图所示。

图 7-10　选择不连续单元格和选择所有单元格

◆ **选择行**：将鼠标光标移至选定栏对应位置单击即可选择该行；或按下鼠标左键上下拖动即可选择多行，如 7-11 左图所示。

◆ **选择列**：将鼠标光标移至待选列的顶端边框线上，待鼠标光标变成⬇形状时单击即可选择该列；或按下鼠标左键左右拖动即可选择多列，如 7-11 右图所示。

图 7-11　选择行和选择列

7.1.3 插入或删除单元格

表格创建之后，还可以在表格中插入或删除单元格，使表格更加符合要求。无论是插入单元格，还是删除单元格，都会使表格发生较大变化，所以在执行这些操作前要慎重考虑。

（1）插入单元格

在 Word 中，插入单元格有两种情况，分别为插入单个单元格、插入行或列，下面分别介绍。

◆ **插入单个单元格**：选择待插入单元格的位置，并在其上右击，在弹出的快捷菜单中选择“插入”命令，然后在其子菜单中选择“插入单元格”命令，在打开的“插入单元格”对话框中选中“活动单元格下移”单选按钮，再单击“确定”按钮即可，如图 7-12 所示。

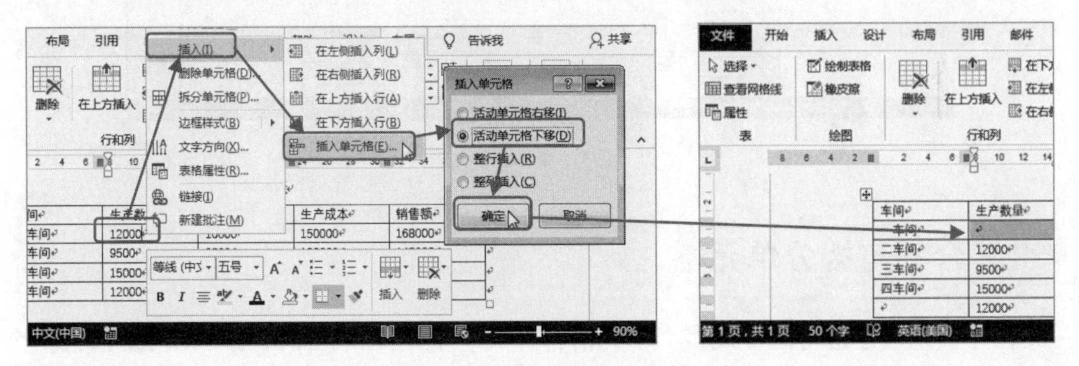

图 7-12　插入单个单元格

提个醒：活动单元格右移或下移

在“插入单元格”对话框中，选中“活动单元格右移”单选按钮并插入单元格后，插入位置右侧的该行所有单元格右移。如果选中“活动单元格下移”单选按钮插入单元格，则插入位置下方的该列所有单元格下移。

◆ **插入整行或整列**：选择待插入行或列的位置，在“表格工具 布局”选项卡的“行和列”组中单击相应的按钮即可，如单击“在上方插入行”按钮即可在所选位置上方插入空白行，如 7-13 左图所示。也可以将鼠标光标移至表格左边框线或上边框线，单击出现的⊕按钮即可在相应位置快速插入行或列，如 7-13 右图所示。

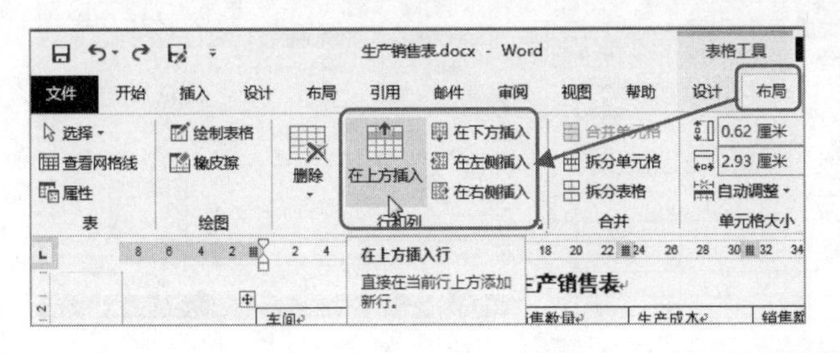

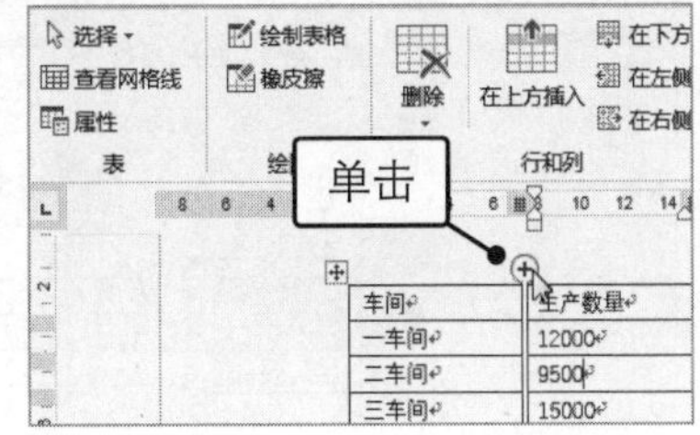

图 7-13　插入行或列

（2）删除单元格

删除单元格的操作方法有两种，其中通过快捷菜单删除单元格的操作步骤为：在待删除单元格上右击，在弹出的快捷菜单中选择“删除单元格”命令，然后在打开的“删除单元格”对话框中选中合适的单选按钮，再单击“确定”按钮即可。

还有一种删除方法则是选择单元格后，在“表格工具 布局”选项卡的“行和列”组中单击“删除”下拉按钮，在弹出的下拉菜单中选择“删除单元格”命令，然后在打开的“删除单元格”对话框中选中合适的单选按钮，再单击“确定”按钮，如图 7-14 所示。要删除行或列时，只需要在下拉菜单中选择“删除行”或“删除列”选项即可。

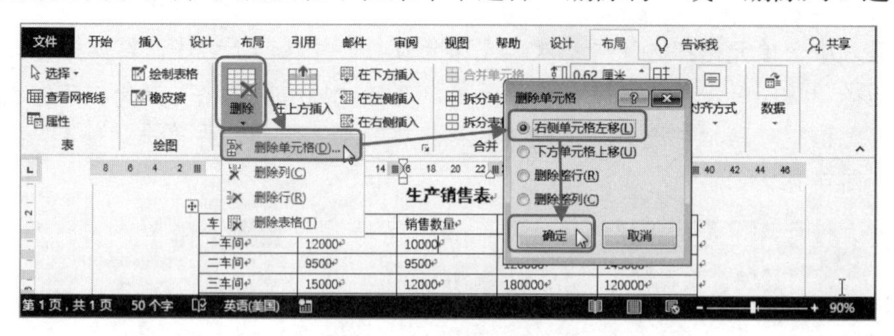

图 7-14　删除单元格

7.1.4 合并与拆分单元格

合并单元格是指将两个或多个单元格合并成一个单元格；而拆分单元格是指将一个单元格拆分为多个单元格。这两种单元格编辑操作都是在创建表格时比较常用且实用的操作。

[分析实例]——通过合并与拆分单元格制作较为复杂的表格

下面以使用合并单元格与拆分单元格操作将一个常规表格制作成较为复杂的表格为例，讲解合并与拆分单元格的相关操作方法，其具体操作步骤如下。

Step01 ❶选择需要合并的单元格区域，❷在“表格工具 布局”选项卡的“合并”组中单击“合并单元格”按钮，如图 7-15 所示。以同样的方法合并其他待合并单元格。

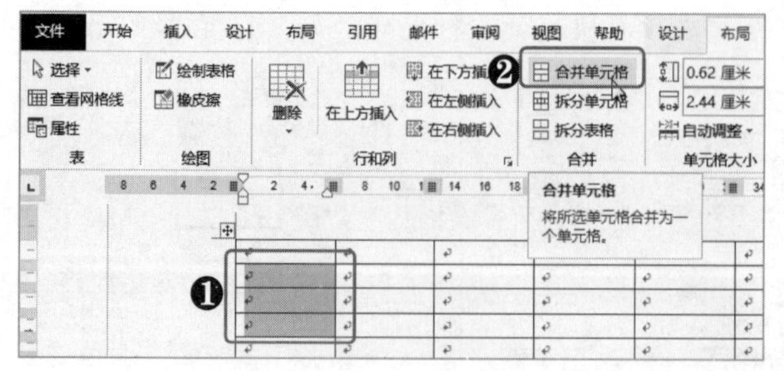

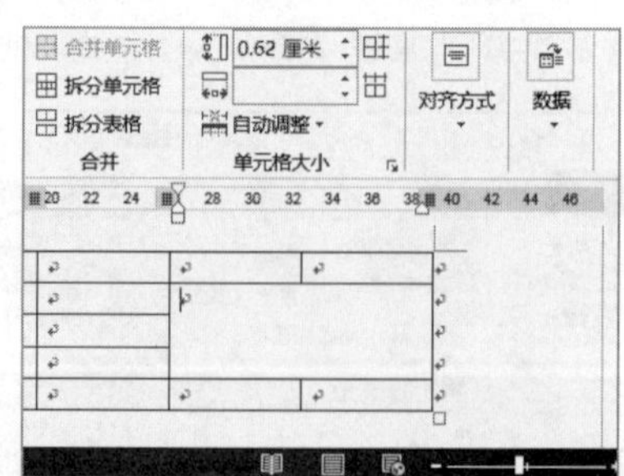

图 7-15　合并单元格

Step02 ❶选择需要拆分的单元格区域，❷在“表格工具 布局”选项卡的“合并”组中单击“拆分单元格”按钮，❸在打开的“拆分单元格”对话框中设置需要拆分的列数和行数，❹单击“确定”按钮，如图 7-16 所示。

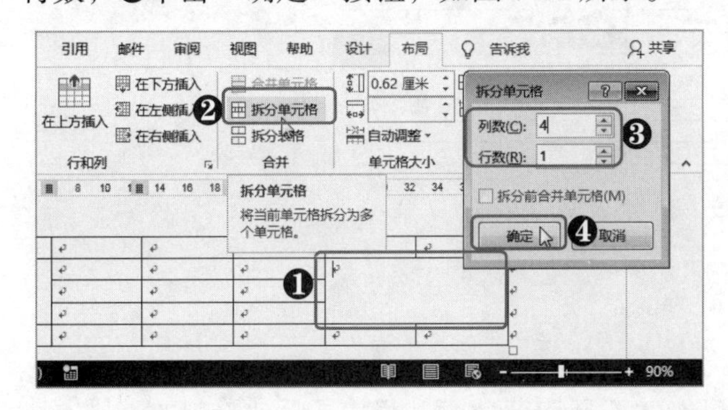

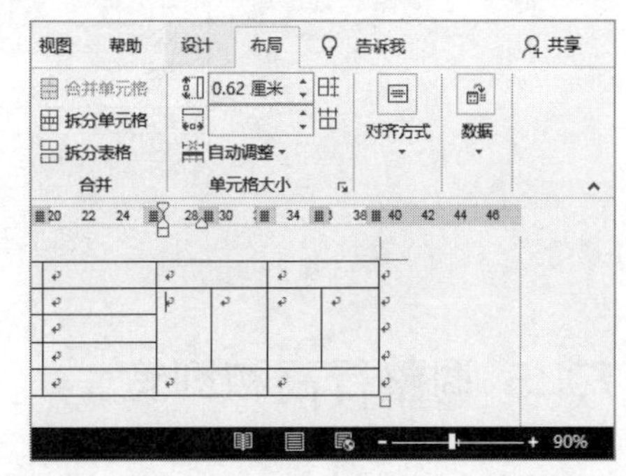

图 7-16　拆分单元格

Step03 执行上述操作后，一张常规的表格便制作成了较为复杂的表格，如图 7-17 所示。

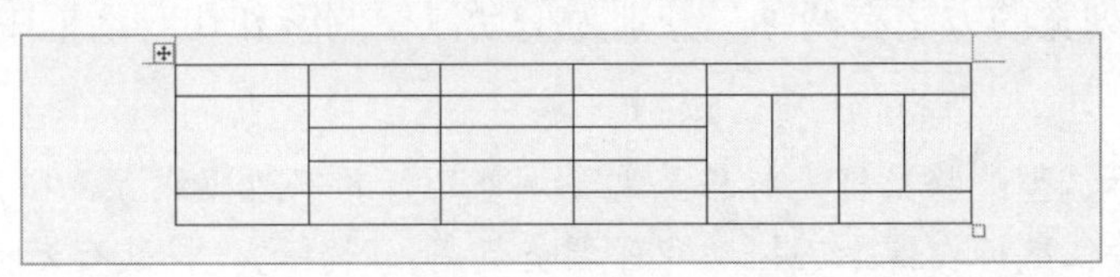

图 7-17　最终效果图

知识延伸　*拆分表格*

在 Word 中，不仅单元格可以拆分为多个单元格，表格同样可以进行拆分。不同的是，拆分表格是以当前行作为新表格首行，将表格拆分为上、下排列的两个表格。其具体的操作步骤如下。

Step01 ❶选择要作为新表格首行的行中任意单元格，❷在“表格工具 布局”选项卡的“合并”组中单击“拆分表格”按钮，如图 7-18 所示。

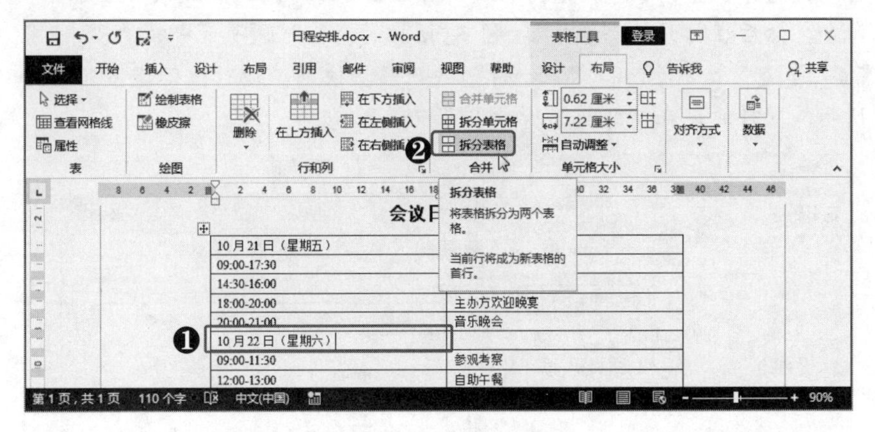

图 7-18　拆分表格

Step02 执行上述操作后，表格被一分为二，如图 7-19 所示。

会议日程安排

10 月 21 日（星期五）	
09:00-17:30	与会代表报到
14:30-16:00	主办方新闻发布会
18:00-20:00	主办方欢迎晚宴
20:00-21:00	音乐晚会

10 月 22 日（星期六）	
09:00-11:30	参观考察
12:00-13:00	自助午餐

图 7-19　拆分表格效果图

7.1.5 调整行高和列宽

表格创建完成后，其行高和列宽可能并不是特别合适。尤其是手动绘制的表格，往往只是粗略地绘制出表格的整体框架。因此，创建表格后还需要对行高和列宽进行调整。

调整行高和列宽的方法有两种，分别为拖动鼠标调整和在对话框中调整，下面分别进行介绍。

- **拖动鼠标调整**：将鼠标光标移至需要调整的行的下边框线上，待鼠标光标变为÷形状后，按住鼠标左键上下拖动即可调整行高；同样的，将鼠标光标移至待调整列的右边框线上，待鼠标光标变为⫲形状后，按住鼠标左键左右拖动即可调整列宽，如图 7-20 所示。

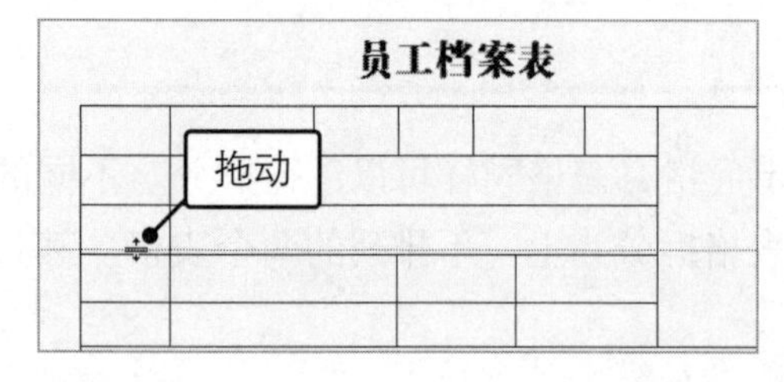

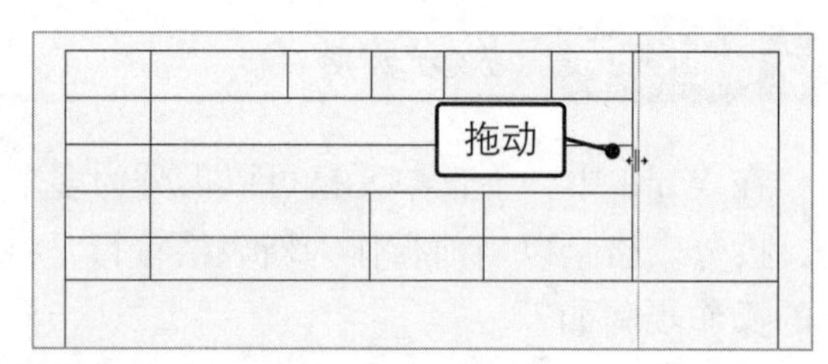

图 7-20　使用鼠标拖动调整行高和列宽

- **在对话框中调整**：在待调整的行或列上右击，在弹出的快捷菜单中选择“表格属性”命令，然后在打开的“表格属性”对话框的“行”选项卡中的“尺寸”栏中设置行高，通过“上一行”和“下一行”按钮可切换到其他行继续设置行高，如图 7-21 所示；同样的，在“列”选项卡中可设置列宽。

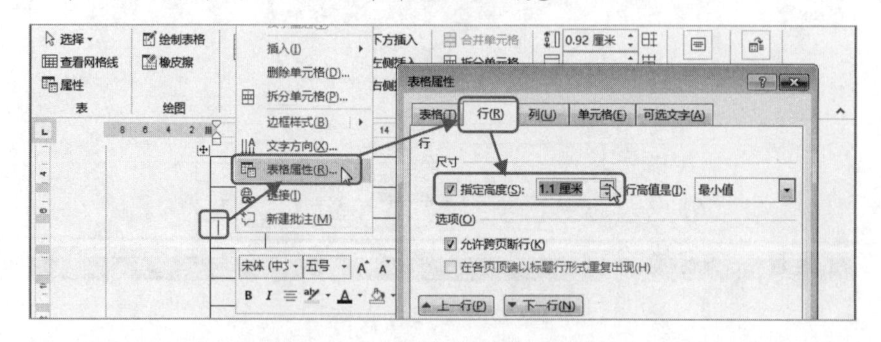

图 7-21　在对话框中设置行高

7.2 编辑表格中的文本

创建表格的目的是记录数据并更直观地展示数据，那么在表格中录入文本和编辑文本就必不可少。

7.2.1 在单元格中输入文本

在表格的单元格中输入文本其实与在文档中输入文本一样，只需要将文本插入点定位到需要输入文本的单元格中，然后直接输入文本即可，如图 7-22 所示。

图 7-22　在单元格中输入文本

【注意】当单元格中输入的文本长度超过了单元格宽度时，文本会在单元格中自动换行，且单元格高度自动增加。

小技巧：快速切换到下一单元格

在表格中输入文本需要先将文本插入点定位到单元格中，但每次都使用鼠标选择单元格会严重影响文本录入速度。而通过以下这些快捷键可以快速将文本插入点切换到下一单元格。

按【Tab】键可以从左往右依次切换单元格；按【Shift+Tab】组合键可以从右往左依次切换单元格；而按方向键（【→】、【←】、【↑】和【↓】键）则可以向相应方向切换单元格。

7.2.2 编辑表格中的文本

文本输入到表格后，为了让表格更加规范，还需要对文本的格式进行设置。另外，如果发现表格中文本的位置不正确，还需要将单元格中的文本移动到其他单元格中。

[分析实例]——在“员工档案表 1”文档中设置表格文本格式和移动文本

为表格中的文本设置格式不仅可以使表格更加规范，还能起到一定的美化作用，尤其是表头更需要设置与普通文本不同的格式。在“员工档案表 1”文档中，由于输入文本时不够仔细，“性别”二字输入到了本需要填写姓名的单元格中。

下面以在“员工档案表 1”文档中将位置错误的文本移动到合适的单元格并设置表头文本格式为例，讲解编辑表格中文本的相关操作。如图 7-23 所示为编辑表格文本的前后对比效果。

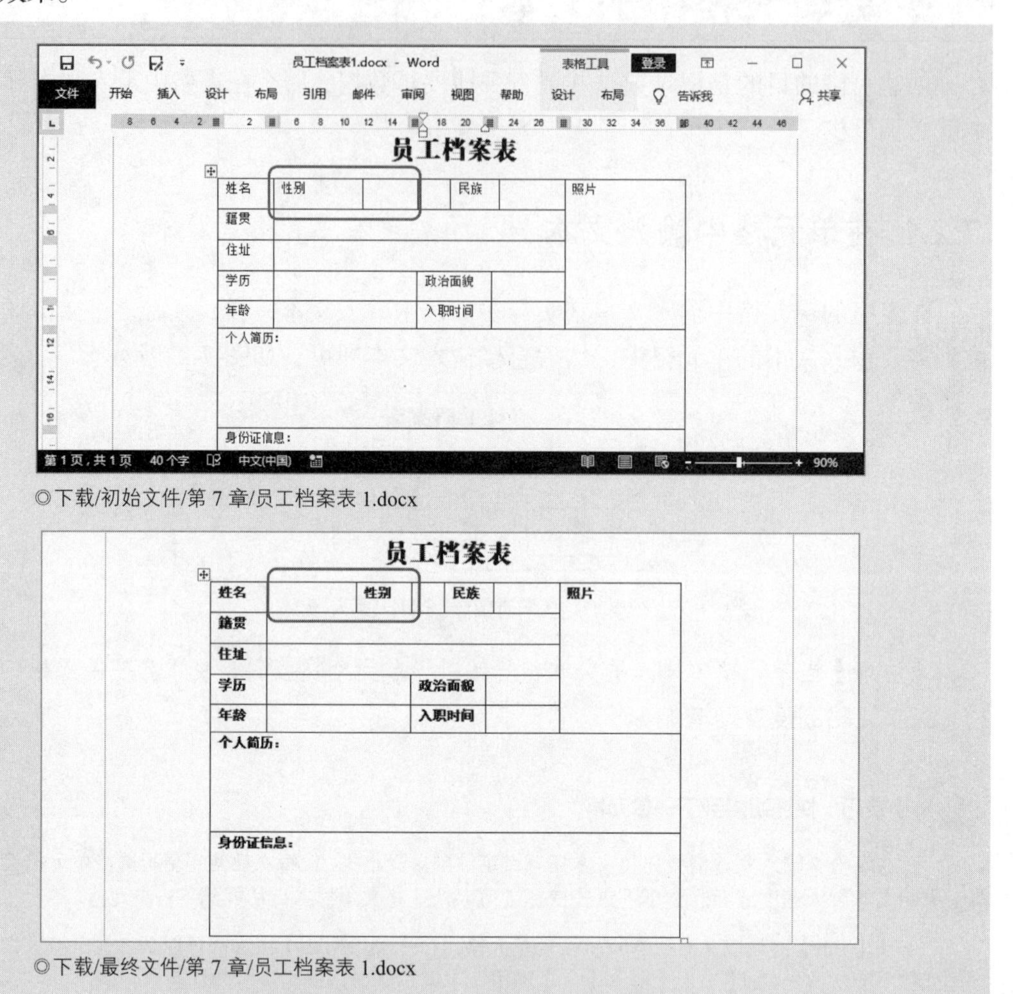

◎下载/初始文件/第 7 章/员工档案表 1.docx

◎下载/最终文件/第 7 章/员工档案表 1.docx

图 7-23　编辑表格文本的前后对比效果

其具体操作步骤如下。

Step01 打开素材文件，❶选择需要移动的单元格中的文本，❷按住鼠标左键拖动至合适的单元格中，如图 7-24 所示。

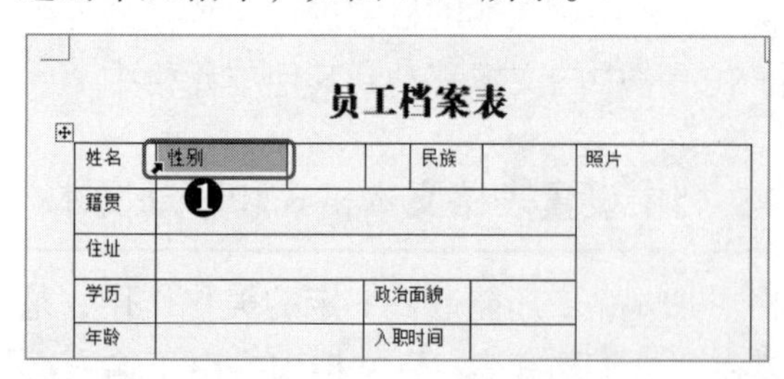

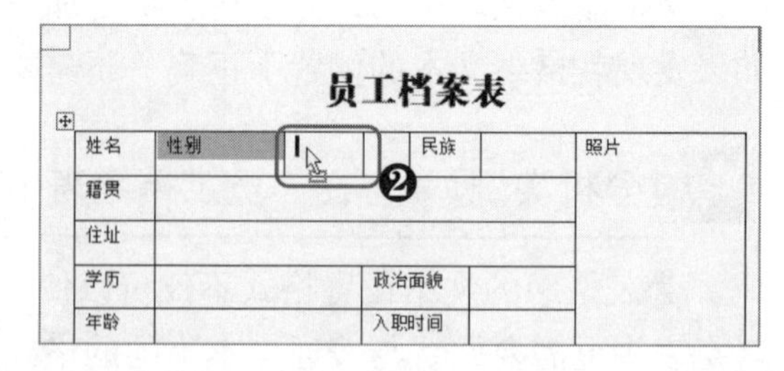

图 7-24　移动单元格中的文本

Step02 ❶选择表格中待设置格式的文本，❷在“开始”选项卡的“字体”组中设置字体为“黑体”、字号为“小四”，❸单击“加粗”按钮，如图 7-25 所示。

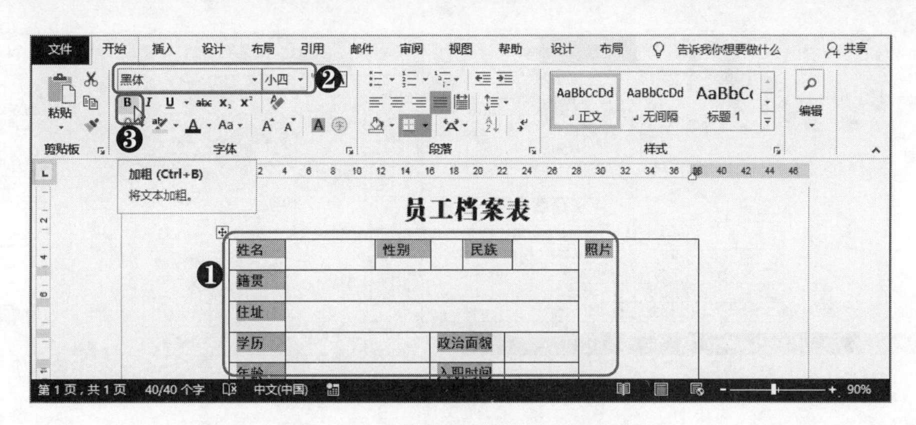

图 7-25　设置表格的文本格式

提个醒：调整表格中文本的对齐方式

默认情况下，表格的单元格中的文本为靠上两端对齐。如果该对齐方式不符合当前表格的要求，用户可以进行调整，其方法为：选择需要调整对齐方式的单元格或单元格区域，在“表格工具 布局”选项卡的“对齐方式”组中单击相应的按钮即可，如单击“水平居中”按钮可将单元格中的文本设置为水平居中对齐。

7.3 表格样式设置与数据处理

为了让表格更加契合文档且更加美观，对表格的样式进行设置是非常必要的，如设置表格的边框样式、添加底纹等。Word 中的表格也具有一定的数据处理功能，如数据的计算和排序等，数据录入完成即可使用。

7.3.1 设置表格边框和底纹

前文有介绍到为文本和页面添加边框和底纹，同样的，表格也可以设置边框和底纹。不同的是，表格在默认情况下就有边框，用户可以更改边框的样式或取消边框线等。

为表格设置边框样式和添加底纹可以美化表格，使各行之间区别更加明显，便于查阅。其操作方法与为文本设置边框和底纹的方法基本相同，只需要将文本插入点定位到表格任意单元格中，然后在“开始”选项卡的“段落”组中单击“边框”下拉按钮，在弹出的下拉菜单中选择“边框和底纹”命令，如图 7-26 所示。在打开的“边框和底纹”对话框的相应选项卡中进行设置即可为整个表格设置边框和底纹效果。

【注意】将文本插入点定位到表格中任意单元格后，设置的边框和底纹会应用到整个表格。如果需要为表格中部分单元格设置不同的边框和底纹，就需要先选择这些单元格区域，然后在对话框中设置格式。如为奇数行和偶数行设置不同的底纹，就需要先选择所有奇数行单元格，再设置底纹；然后选择所有偶数行单元格，再设置不同的底纹。

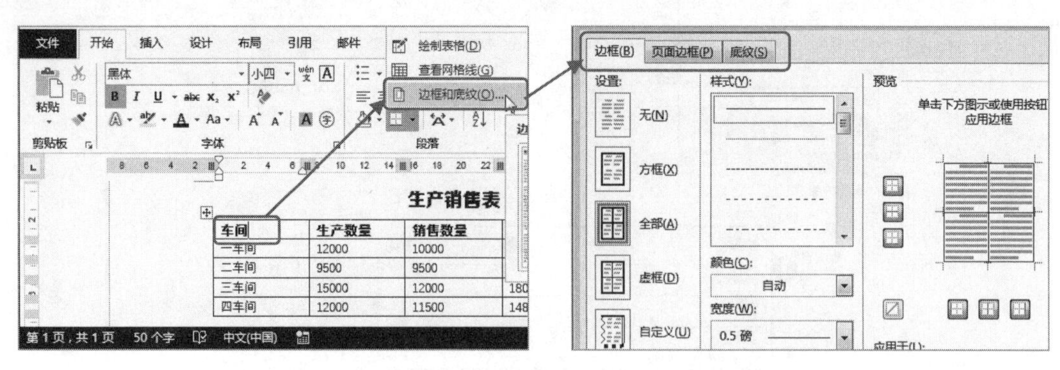

图 7-26　打开“边框和底纹”对话框

7.3.2 套用表格样式

Word 中内置了许多表格样式，如果用户不想手动设置表格的边框和底纹，则可以直接套用这些内置样式，从而快速美化表格。

[分析实例]——在“生产销售表”文档中为表格套用内置样式

下面以在“生产销售表”文档中为表格套用内置样式为例，讲解其相关的操作方法。如图 7-27 所示为套用表格样式的前后对比效果。

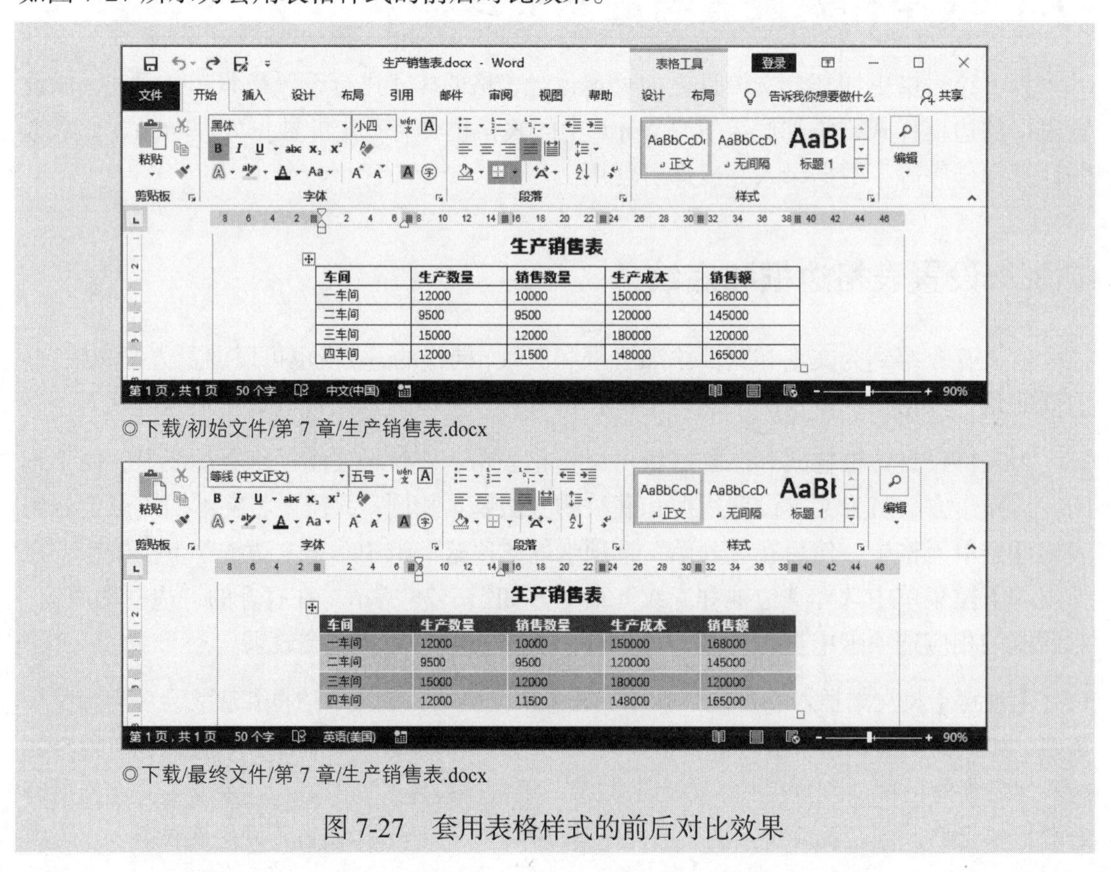

◎下载/初始文件/第 7 章/生产销售表.docx

◎下载/最终文件/第 7 章/生产销售表.docx

图 7-27　套用表格样式的前后对比效果

其具体操作步骤如下。

Step01 打开素材文件，❶将文本插入点定位到表格的任意单元格中，❷在激活的“表格工具 设计”选项卡的“表格样式”组中单击“其他”按钮，❸在弹出的下拉菜单中选择需要的表格样式，如图 7-28 所示。

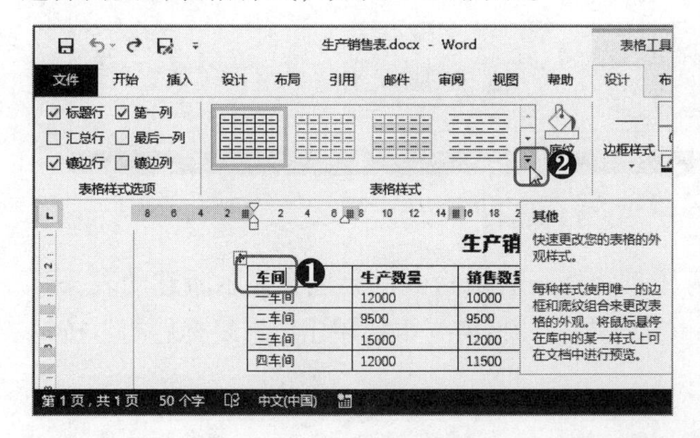

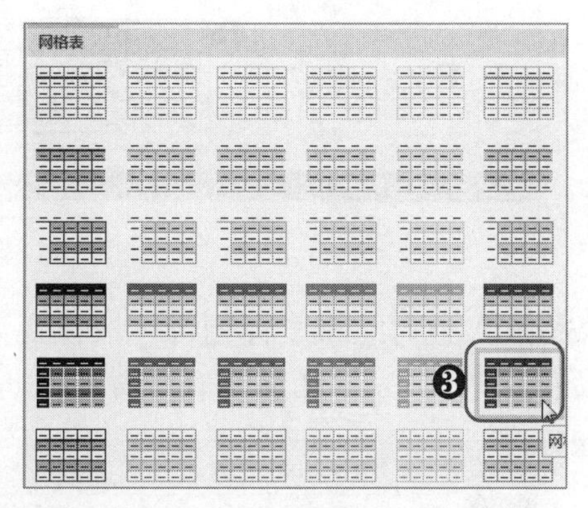

图 7-28 选择内置的表格样式

Step02 ❶在“表格样式选项”组中选中“标题行”复选框和“镶边行”复选框，❷取消选中其余复选框，如图 7-29 所示。

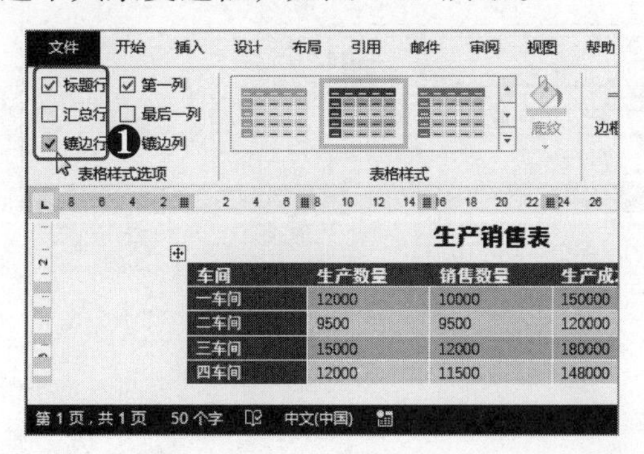

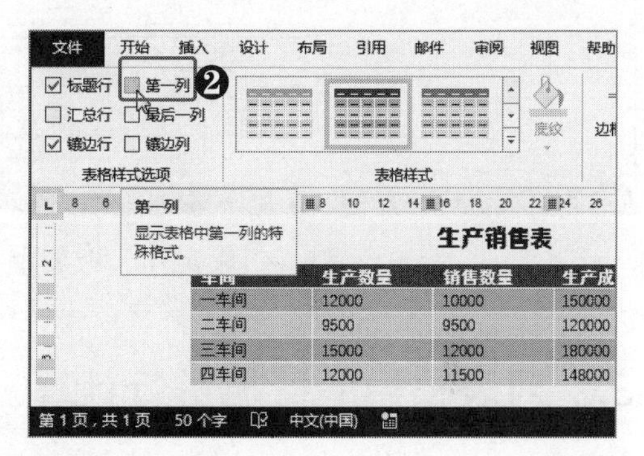

图 7-29 设置表格样式选项

知识延伸 设置表格跨页自动重复标题行

当表格行数过多时，可能会出现跨页的情况，而其他页面的表格将不会显示表头，这就对阅读表格造成了一定的影响。此时，就需要设置表格跨页时自动重复表头信息，从而解决这一问题。

下面以在“会议签到表”文档中设置表格跨页自动重复标题行为例，讲解相关的操作方法，其具体操作步骤如下。

Step01 ❶选择表格中需要在跨页时重复显示的表头行，❷在“表格工具 布局”选项卡的“数据”组中单击“重复标题行”按钮，如图 7-30 所示。

图 7-30　单击“重复标题行”按钮

Step02 此时“重复标题行”按钮变为按下状态，表格跨页部分也会显示所选的表头，如图 7-31 所示。如果要取消跨页自动重复标题行，只需要再次单击“重复标题行”按钮即可。

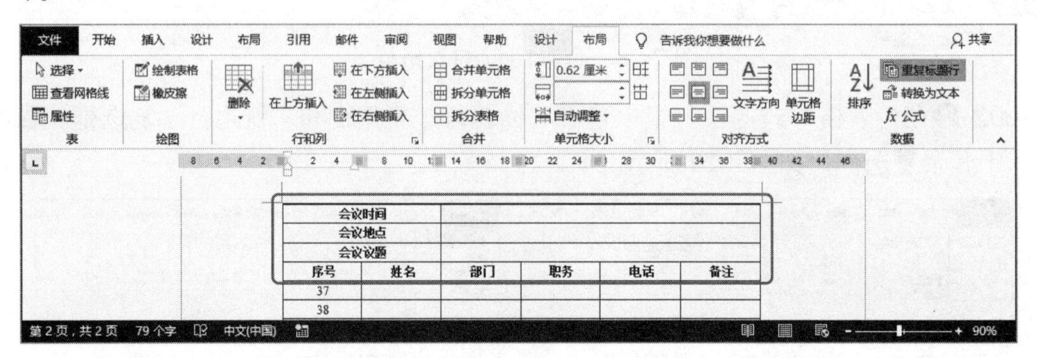

图 7-31　跨页重复标题行效果图

7.3.3 对表格中的数据进行计算

虽然 Word 中的表格没有 Excel 那般强大的数据处理能力，但也可以进行一些较为简单的数据计算。

【注意】Word 中的表格可以使用函数，但由于单元格没有行号和列标，自然就无法进行单元格引用。所以，Word 中的表格使用函数时，参数只能是 ABOVE 和 LEFT 其中之一。其中，ABOVE 参数表示所选单元格同一列的上方所有单元格数据；LEFT 参数则表示所选单元格同一行的左侧所有单元格数据。

[分析实例]——在“销售业绩统计”文档的表格中计算总销售额

下面以在“销售业绩统计”文档中使用 SUM()函数计算总销售额为例，讲解在 Word 中对表格中的数据进行计算的相关操作方法。如图 7-32 所示为计算总销售额的前后对比效果。

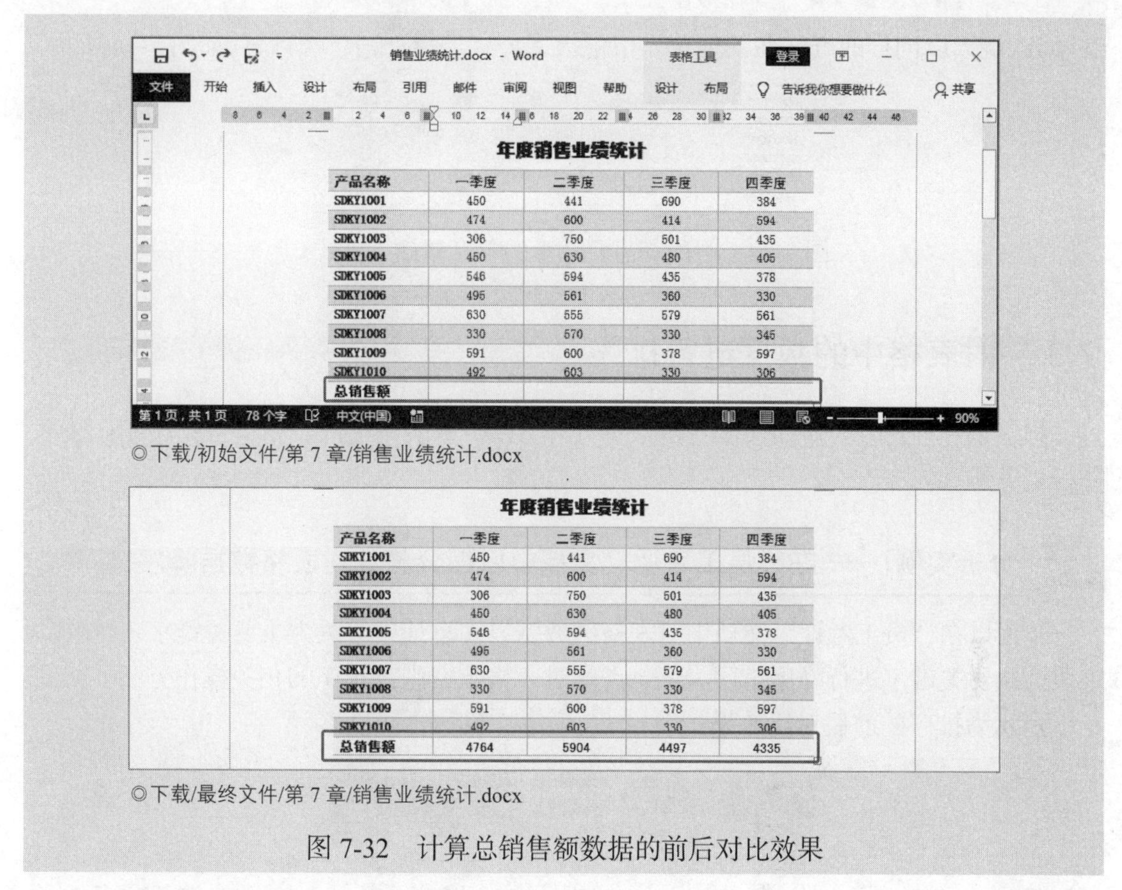

年度销售业绩统计

产品名称	一季度	二季度	三季度	四季度
SDKY1001	450	441	690	384
SDKY1002	474	600	414	594
SDKY1003	306	750	501	435
SDKY1004	450	630	480	405
SDKY1005	546	594	435	378
SDKY1006	495	561	360	330
SDKY1007	630	555	579	561
SDKY1008	330	570	330	345
SDKY1009	591	600	378	597
SDKY1010	492	603	330	306
总销售额				

◎下载/初始文件/第 7 章/销售业绩统计.docx

年度销售业绩统计

产品名称	一季度	二季度	三季度	四季度
SDKY1001	450	441	690	384
SDKY1002	474	600	414	594
SDKY1003	306	750	501	435
SDKY1004	450	630	480	405
SDKY1005	546	594	435	378
SDKY1006	495	561	360	330
SDKY1007	630	555	579	561
SDKY1008	330	570	330	345
SDKY1009	591	600	378	597
SDKY1010	492	603	330	306
总销售额	4764	5904	4497	4335

◎下载/最终文件/第 7 章/销售业绩统计.docx

图 7-32　计算总销售额数据的前后对比效果

其具体操作步骤如下。

Step01 打开素材文件，❶将文本插入点定位到需要计算的单元格中，❷在激活的“表格工具 布局”选项卡的“数据”组中单击“公式”按钮，❸在打开的“公式”对话框的“公式”文本框中输入公式“=SUM(ABOVE)”，❹单击“确定”按钮即可，如图 7-33 所示。（系统根据所选单元格的位置及表格中的数据推荐公式并自动输入到“公式”对话框的“公式”文本框中，如果所需公式刚好是系统推荐的公式，则直接单击“确定”按钮即可；若不是，则重新输入需要的公式。）

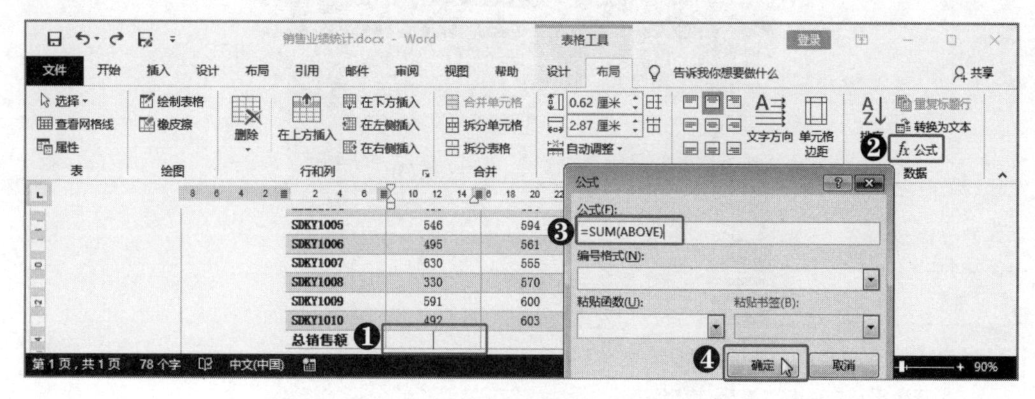

图 7-33　在单元格中插入公式

Step02 继续以同样的方法在其他单元格中插入公式进行总销售额计算，如图 7-34 所示。

SDKY1006	495	561	360	330
SDKY1007	630	555	679	561
SDKY1008	330	570	330	345
SDKY1009	591	600	378	597
SDKY1010	492	603	330	306
总销售额	4764	5904	4497	4335

图 7-34　为所有需要计算的单元格插入公式

7.3.4 对表格中的数据进行排序

排序是一种比较简单而又实用的数据处理方法，对表格中的数据进行排序能让数据分析更方便。

[分析实例]——在“员工考评”文档中以得分总计对表格数据降序排序

下面以在“员工考评”文档中对表格的数据以“总计”字段为主要关键字、“技能”字段为次要关键字进行降序排序为例，讲解对表格数据进行排序的相关操作方法。如图 7-35 所示为排序的前后对比效果。

员工年度考评表

个人编号	姓名	技能	效率	决断	协同	总计
YG2019001	杨莉莉	7.5	8	7.6	9	32.1
YG2019002	李雪白	8.4	8	9	8.7	34.1
YG2019003	谢晋	9.5	9.1	8.7	8.2	35.5
YG2019004	薛之�	8	8.6	8.4	7.9	32.9
YG2019005	万邦舟	8	9	9.5	9	35.5
YG2019006	钟大宝	9	9.1	9.7	9.5	37.3
YG2019007	高欢	8.5	8.7	8.6	8.3	34.1
YG2019008	周星	6	5	5	4	20
YG2019009	刘岩	7.9	7.8	8.4	8.2	32.3
YG2019010	张炜	8	7.5	7.9	7.6	31
YG2019011	谢丽婷	5.1	4.8	6.1	6	22
YG2019012	张婷婷	9	8.6	8.5	9.4	35.5
YG2019013	康新如	8.8	7.9	8.5	8.6	33.8
YG2019014	杨晓莲	8.6	8.7	8.9	9	35.2
YG2019015	胡艳	7.6	7.7	7.8	7.9	31
YG2019016	刘雪	8.6	8.5	7.9	8.7	33.7

◎下载/初始文件/第 7 章/员工考评.docx

员工年度考评表

个人编号	姓名	技能	效率	决断	协同	总计
YG2019006	钟大宝	9	9.1	9.7	9.5	37.3
YG2019003	谢晋	9.5	9.1	8.7	8.2	35.5
YG2019012	张婷婷	9	8.6	8.5	9.4	35.5
YG2019005	万邦舟	8	9	9.5	9	35.5
YG2019014	杨晓莲	8.6	8.7	8.9	9	35.2
YG2019007	高欢	8.5	8.7	8.6	8.3	34.1
YG2019002	李雪白	8.4	8	9	8.7	34.1
YG2019013	康新如	8.8	7.9	8.5	8.6	33.8
YG2019016	刘雪	8.6	8.5	7.9	8.7	33.7
YG2019004	薛之敖	8	8.6	8.4	7.9	32.9
YG2019009	刘岩	7.9	7.8	8.4	8.2	32.3
YG2019001	杨莉莉	7.5	8	7.6	9	32.1
YG2019010	张炜	8	7.5	7.9	7.6	31
YG2019015	胡艳	7.6	7.7	7.8	7.9	31
YG2019011	谢丽婷	5.1	4.8	6.1	6	22
YG2019008	周星	6	5	5	4	20

◎下载/最终文件/第 7 章/员工考评.docx

图 7-35　排序的前后对比效果

其具体操作步骤如下。

Step01 打开素材文件，❶选择表格所有数据行，❷在“表格工具 布局”选项卡的“数据”组中单击“排序”按钮，如图 7-36 所示。

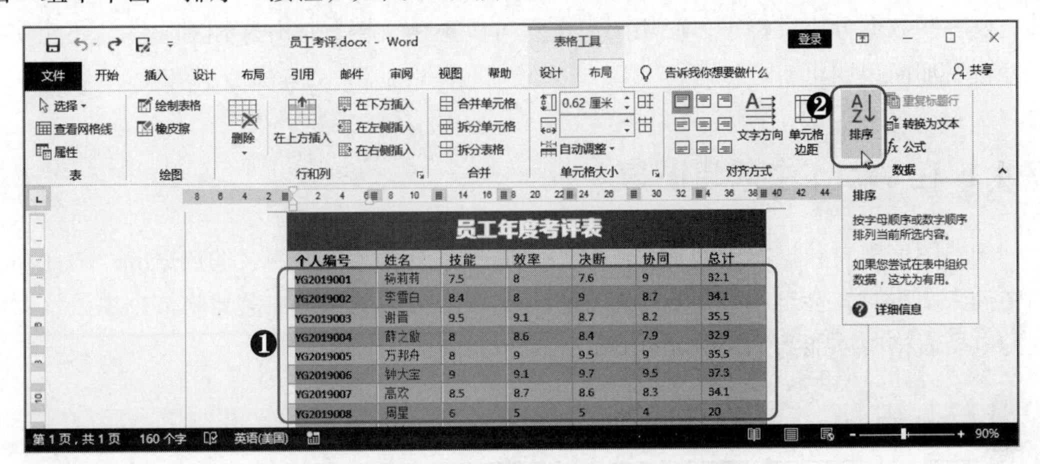

图 7-36 单击“排序”按钮

Step02 ❶在打开的“排序”对话框的“主要关键字”栏的第 1 个下拉列表框中选择“列 7”选项，❷在“类型”下拉列表框中选择“数字”选项，❸选中“降序”单选按钮，❹以同样的方法设置次要关键字，❺单击“确定”按钮，如图 7-37 所示。

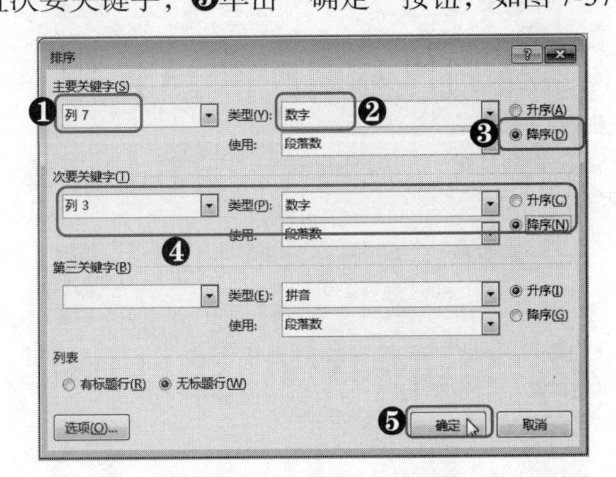

图 7-37 设置排序条件

提个醒：有标题行和无标题行

在“排序”对话框的“列表”栏中有“有标题行”和“无标题行”两个单选按钮。一般情况下不需要用户做任何处理，系统会根据所选数据自动选中对应的单选按钮。但也有系统识别错误的情况，如果选择的数据包含了表头，而系统默认选中的却是“无标题行”单选按钮，则需要用户手动选择“有标题行”单选按钮，否则执行排序时会将表头一并进行排序，或者排序根本无法执行。

7.4 在文档中使用图表

图表可以将表格中的数据以最直观的方式展现出来，是一种非常重要的数据分析工具。在一些数据分析文档中，使用图表不仅可以美化文档、提升文档专业性，还能使数据分析更加简单明了。

7.4.1 在 Word 中创建图表

创建图表需要数据源，但 Word 中的表格并不能直接作为图表的数据源，因此在文档中插入图表时，会自动打开一个 Excel 电子表格对话框，用户需要将数据填入该对话框的电子表格中才能为图表提供数据。

[分析实例]——在“生产销售表 1”文档中创建图表

下面以在“生产销售表 1”文档中为生产销售表创建图表为例，讲解创建图表的相关操作方法。如图 7-38 所示为创建图表的前后对比效果。

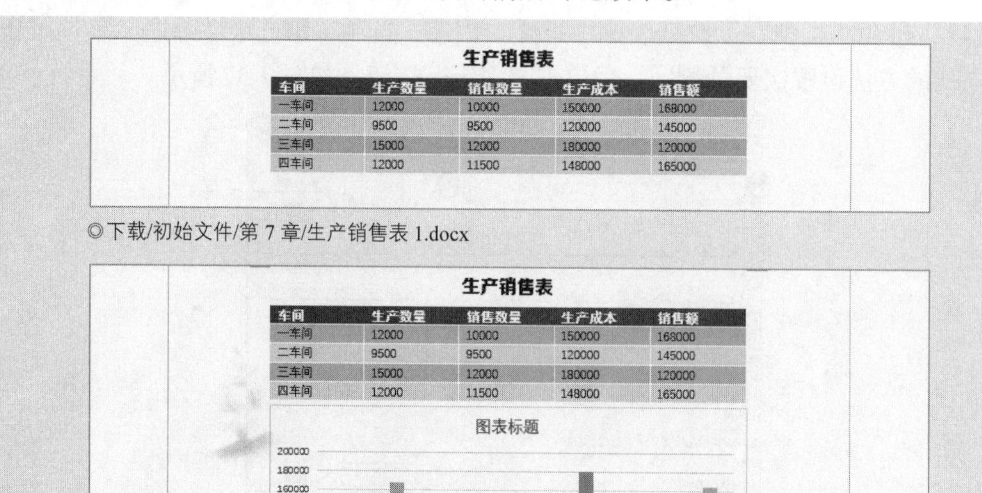

生产销售表

车间	生产数量	销售数量	生产成本	销售额
一车间	12000	10000	150000	168000
二车间	9500	9500	120000	145000
三车间	15000	12000	180000	120000
四车间	12000	11500	148000	165000

◎下载/初始文件/第 7 章/生产销售表 1.docx

生产销售表

车间	生产数量	销售数量	生产成本	销售额
一车间	12000	10000	150000	168000
二车间	9500	9500	120000	145000
三车间	15000	12000	180000	120000
四车间	12000	11500	148000	165000

◎下载/最终文件/第 7 章/生产销售表 1.docx

图 7-38　创建图表的前后对比效果

其具体操作步骤如下。

Step01 打开素材文件，❶将文本插入点定位到待插入图表的位置，❷在“插入”选项卡的“插图”组中单击“图表”按钮，❸在打开的“插入图表”对话框中单击“柱形图”

选项卡，❹选择“簇状柱形图”图表类型，❺单击“确定”按钮，如图 7-39 所示。

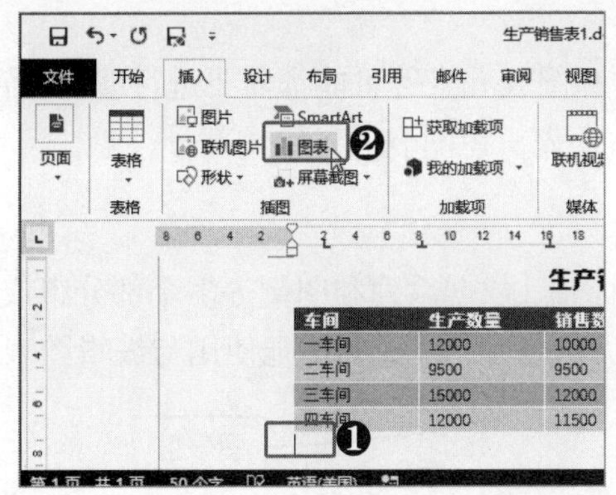

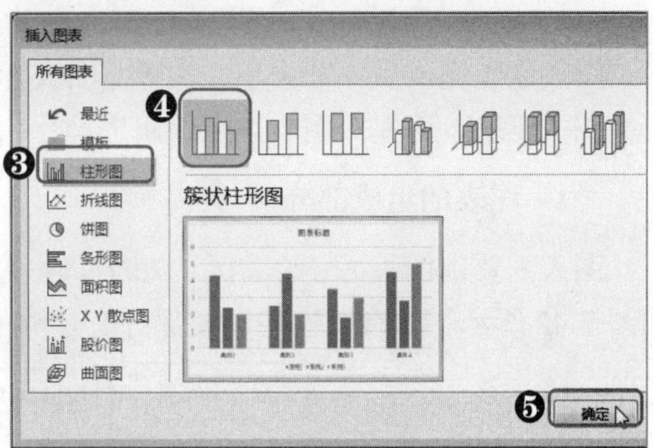

图 7-39 选择图表类型

Step02 ❶全选文档中的生产销售表并按【Ctrl+C】组合键将其复制到剪贴板，❷在“Microsoft Word 中的图表”对话框的 Excel 电子表格中选择 A1 单元格，❸按【Ctrl+V】组合键将生产销售表的数据粘贴到 Excel 电子表格，❹单击该对话框的“关闭”按钮即可，如图 7-40 所示。

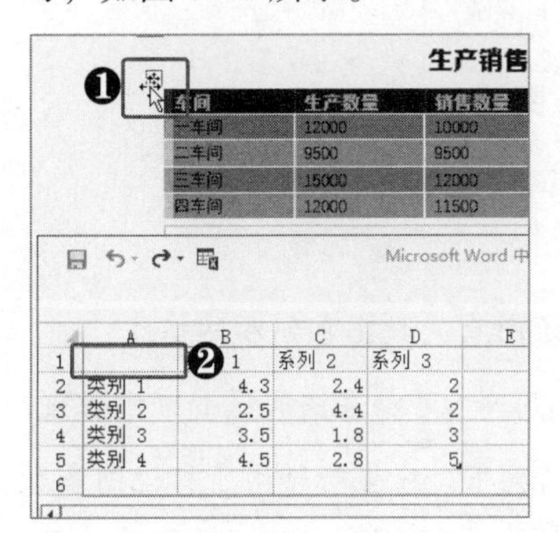

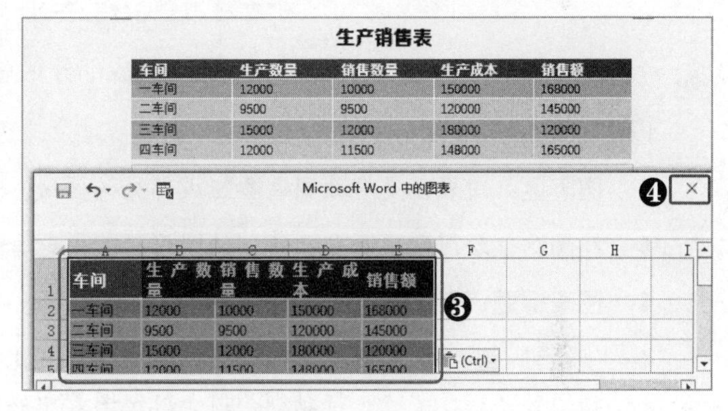

图 7-40 向图表中添加数据

【注意】将数据输入到“Microsoft Word 中的图表”对话框的 Excel 电子表格后，图表的数据源就默认为输入的全部数据。如果关闭该对话框后希望对图表的数据源进行修改，可选择图表后单击其右侧的“图表筛选器”按钮，然后单击“选择数据”超链接，如图 7-41 所示，然后在打开的对话框中进行修改即可。

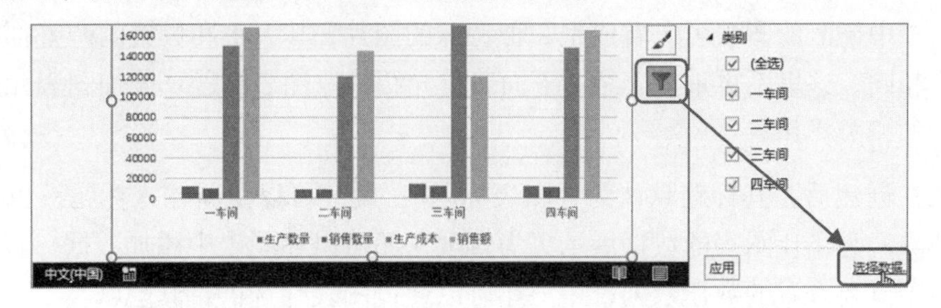

图 7-41 打开“Microsoft Word 中的图表”对话框

7.4.2 编辑图表

图表创建完成后，其大小、位置、图表标题和图表元素等可能都需要进行编辑才符合文档的要求。而在对图表进行编辑之前，自然要先认识图表的各组成部分。

（1）图表的组成部分

图表主要由图表区、绘图区、图表标题、坐标轴、数据系列和图例等多个部分组成，如图 7-42 所示。只有对这些组成部分有足够的认识之后，才能熟练地使用与编辑图表。

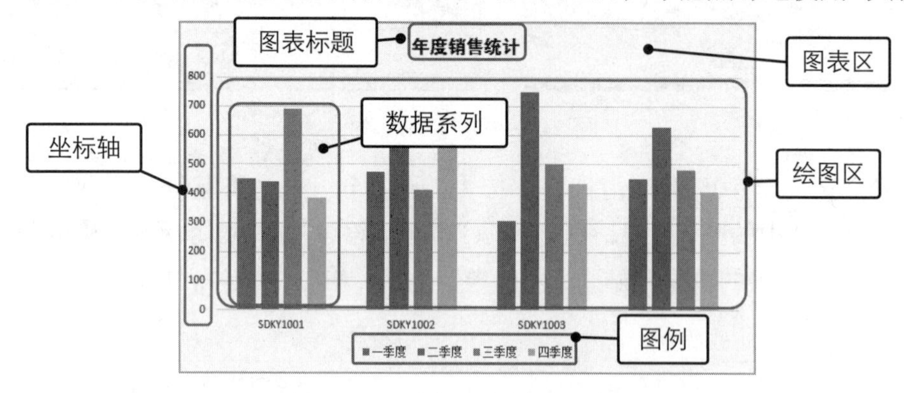

图 7-42　图表组成部分示意图

以上各图表组成部分的介绍如下。

- **图表区**：图表区是存放图表各组成部分的区域。
- **绘图区**：绘图区用于显示绘制的图形，其中包含了所有的数据系列和网格线。
- **图表标题**：图表标题则是用于说明图表的用途或内容等，可以在图表区的任意位置。
- **坐标轴**：坐标轴分为纵坐标轴和横坐标轴。一般情况下，纵坐标轴用于标记图表数据的数字刻度；横坐标轴则是用于标记图表中的数据系列分类。
- **数据系列**：数据系列是图表中数据的图形化展示结果，用不同的长度、高度或形状等表示数据的变化。
- **图例**：对图表中数据系列的不同数据进行说明，通常以不同颜色进行区分。

（2）对图表进行编辑

在文档中插入的图表可以看成是一种特殊的图片，其大小和位置的调整都与图片的相关操作相同，这里不再重复介绍。下面着重介绍修改图表标题、添加图表元素和设置数据系列的相关操作。

图表在创建后，其标题默认为“图表标题”，用户可以重新输入标题，也可以将图表标题删除。为了让图表的数据展示更为直观，还可以在图表中添加数据标签。另外，对于暂时不需要查看的数据系列，用户还可以通过图表筛选器将其隐藏。

 [分析实例]——在“生产销售表 2”文档中编辑图表元素和数据系列

下面以在“生产销售表 2”文档中对图表的标题、图表元素和数据系列等进行编辑为例，讲解编辑图表的相关操作方法。如图 7-43 所示为编辑图表的前后对比效果。

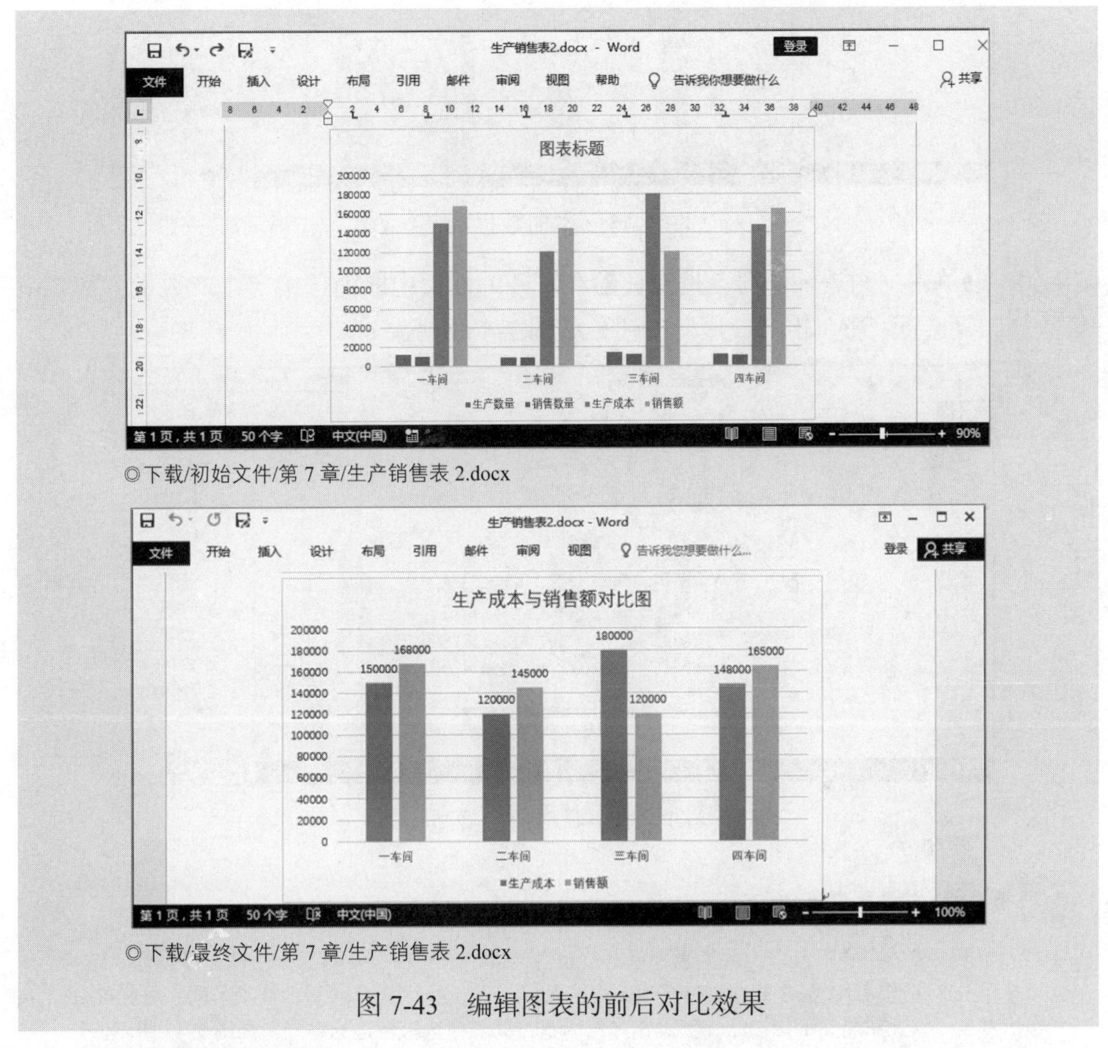

◎下载/初始文件/第 7 章/生产销售表 2.docx

◎下载/最终文件/第 7 章/生产销售表 2.docx

图 7-43　编辑图表的前后对比效果

其具体操作步骤如下。

Step01 打开素材文件，❶将文本插入点定位到图表标题文本框中，并删除其中的文本，❷重新输入“生产成本与销售额对比图”，如图 7-44 所示。

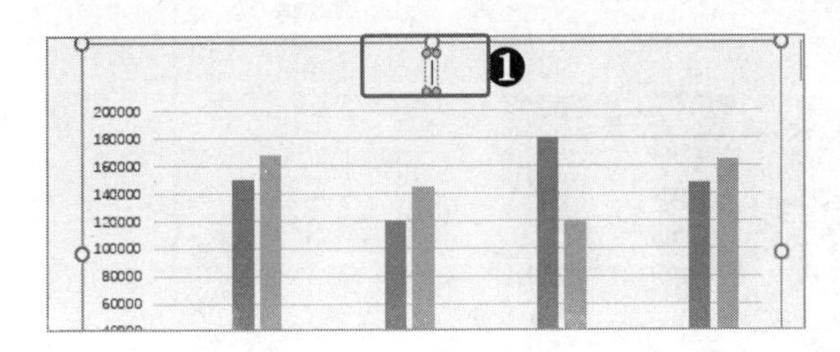

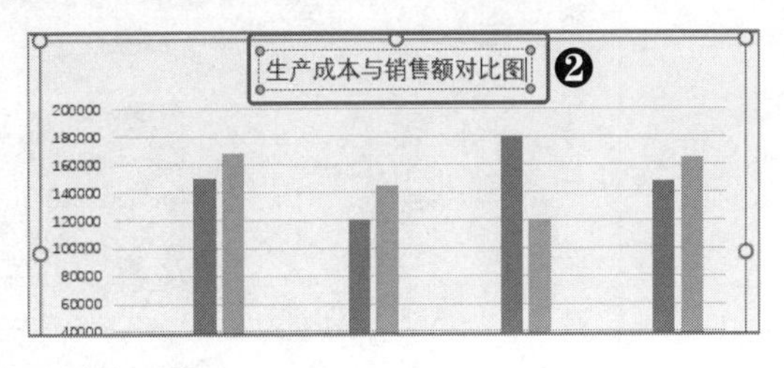

图 7-44　修改图表标题

Step02 ❶单击图表右侧的“图表元素”按钮，❷在打开的面板中选中“数据标签”复选框，如图 7-45 所示。

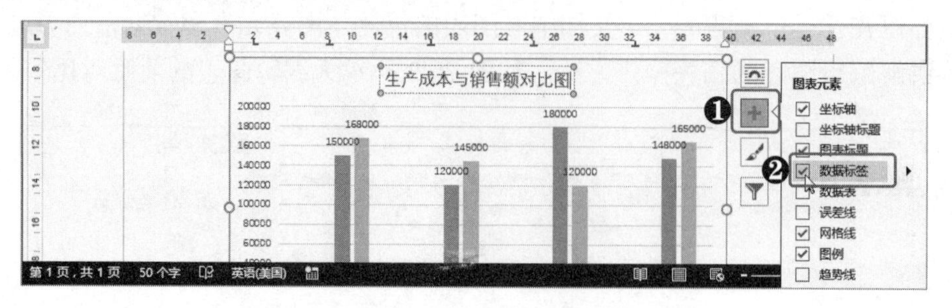

图 7-45　添加数据标签

Step03 ❶单击“图表筛选器”按钮，❷在打开的面板中取消选中“生产数量”和“销售数量”复选框，❸单击“应用”按钮，如图 7-46 所示。

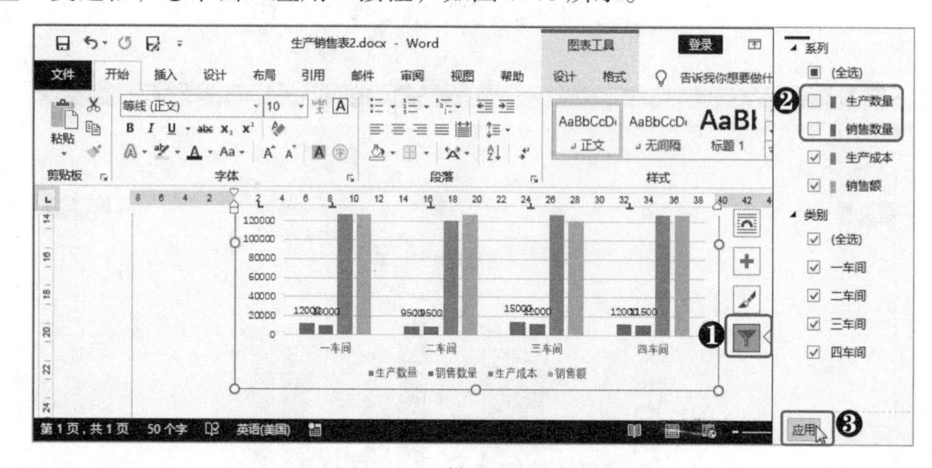

图 7-46　筛选图表数据

提个醒：快速更改图表的布局

如果图表的布局不合适，除了通过单击“图表元素”按钮在打开的面板中进行设置外，还可以使用快速布局功能。只需要选择待更改布局的图表，在“图表工具 设计”选项卡的“图表布局”组中单击“快速布局”下拉按钮，然后在弹出的下拉列表中选择合适的布局，如图 7-47 所示。

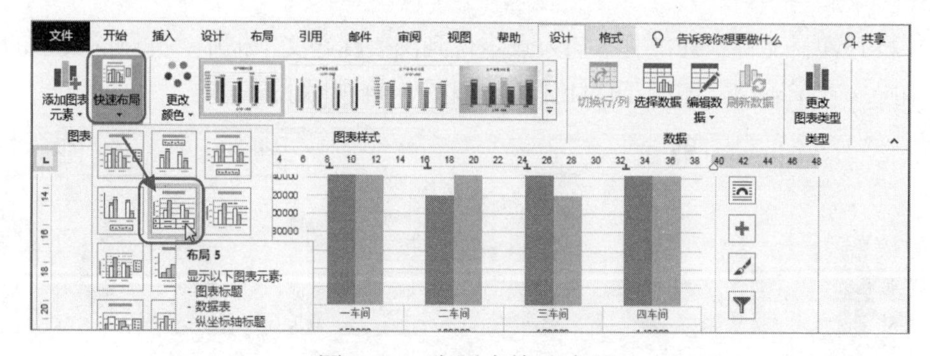

图 7-47　为图表快速布局

7.4.3 美化图表

Word 中为图表预设了许多样式，使用这些样式可以让图表更加美观。用户还可以更改图表颜色，使其与文档更统一。

选择需要美化的图表后，在“图表工具 设计”选项卡的“图表样式”组中选择合适的图表样式，然后单击“更改颜色”下拉按钮，在弹出的下拉列表中选择需要的颜色即可，如图 7-48 所示。

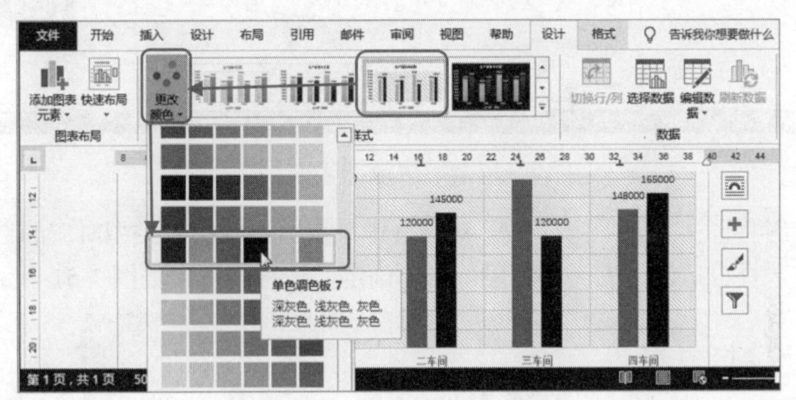

图 7-48 设置图表样式和颜色

另外，在图表右侧单击“图表样式”按钮，然后在弹出的下拉菜单的相应选项卡中也可以进行图表样式和颜色的设置，如图 7-49 所示。

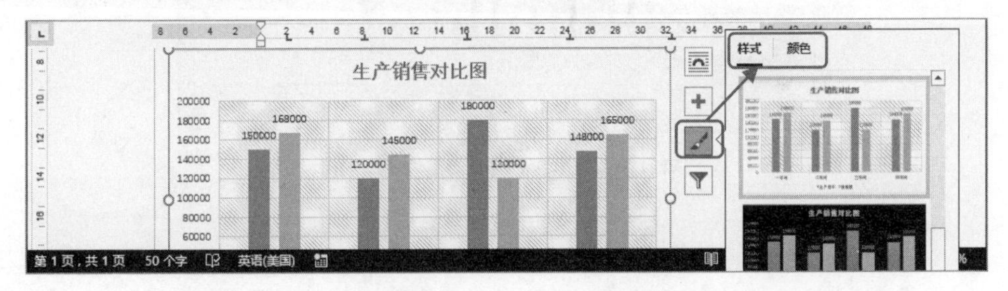

图 7-49 在“图表样式”下拉菜单设置样式和颜色

知识延伸 *更改图表类型*

如果已经创建图表并完成了大部分的编辑与美化操作后，发现该图表类型并不合适，无法起到预期的数据分析效果，就可以为图表更改图表类型，而不需要删除图表再重新创建。

更改图表类型的操作其实非常简单，只需要选择一个合适的图表类型将当前图表替换即可，其具体操作步骤如下。

Step01 ❶选择需要更改类型的图表，❷在“图表工具 设计”选项卡的“类型”组中单击“更改图表类型”按钮，如图 7-50 所示。

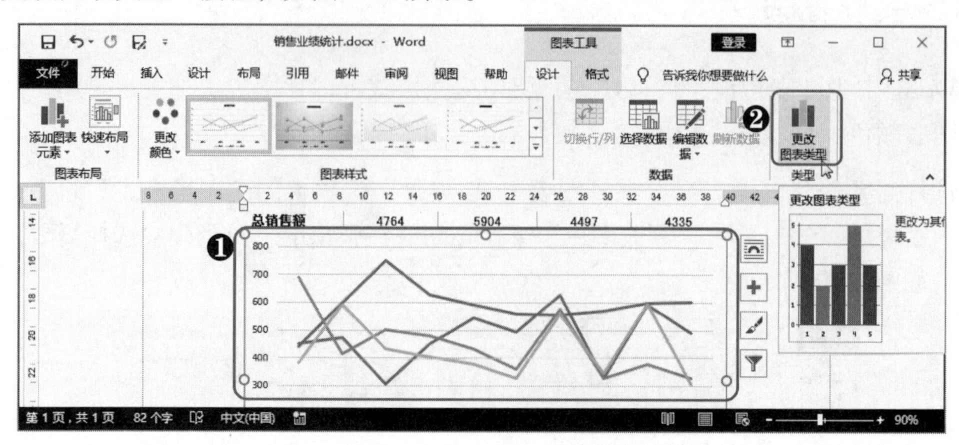

图 7-50　单击“更改图表类型”按钮

Step02 ❶在打开的“更改图表类型”对话框中单击需要的图表类型对应的选项卡，❷在该选项卡中选择合适的图表类型，❸单击“确定”按钮即可，如图 7-51 所示。

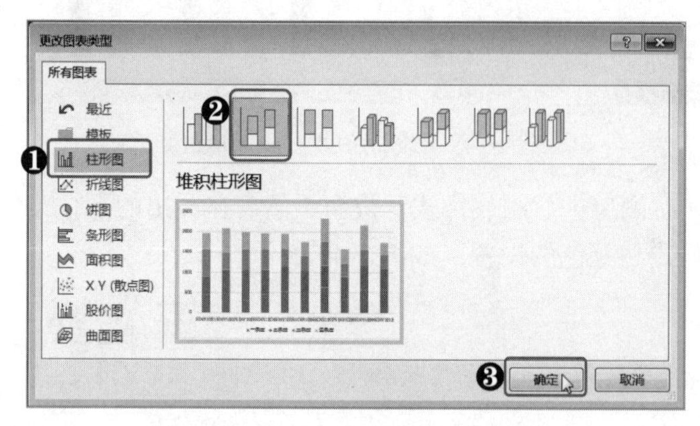

图 7-51　选择合适的图表类型

第 8 章
长文档的编排与查阅

作为商务办公人员，制作一些长篇幅的文档是在所难免的，如策划方案等类型的文档。在制作长文档时，自然会涉及到一些短篇幅文档中很少使用或基本不用的功能，如多级列表、脚注、目录和封面等。本章主要对编排与查阅长文档中常用的功能进行介绍。

|本|章|要|点|

- 多级列表的应用
- 链接的使用
- 脚注与尾注的使用
- 目录和封面的创建与编辑
- 使用文档结构图查看文档

8.1 多级列表的应用

多级列表是 Word 中一种自动为多级标题进行编号的功能。大部分长文档都会分为多个层级，如一级标题、二级标题和正文等。而为各级标题进行编号排序可以使文档结构更为清晰，阅读更加方便。此外使用多级列表可以让系统自动进行编号，不仅可以减少编号的错误率，还能帮助用户提升工作效率。

8.1.1 使用内置的多级列表

Word 中内置了多种样式的多级列表，如果对于列表的格式没有特殊要求，则可以直接使用这些内置的多级列表。由于应用多级列表后，默认显示一级列表样式，因此用户还需要根据实际情况更改列表的级别。

[分析实例]——为“节约奖惩管理制度”文档应用内置多级列表

下面以在“节约奖惩管理制度”文档中使用内置的多级列表为例，讲解相关的操作方法，如图 8-1 所示为应用内置多级列表的前后对比效果。

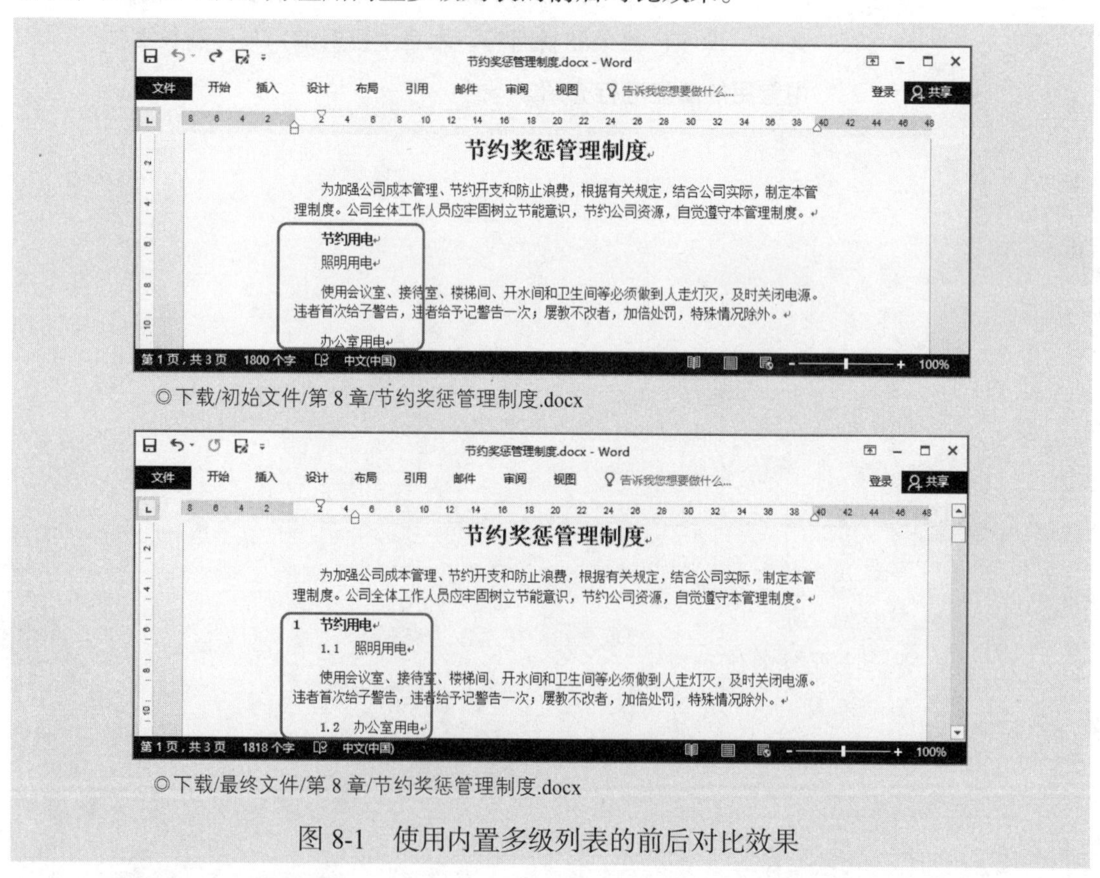

图 8-1 使用内置多级列表的前后对比效果

其具体操作步骤如下。

Step01 打开素材文件，❶按住【Ctrl】键不放选择所有需要应用多级列表的标题文本，❷在“开始”选项卡的“段落”组中单击“多级列表”下拉按钮，❸在弹出的下拉菜单中的“列表库”栏中选择需要的多级列表样式，如图 8-2 所示。

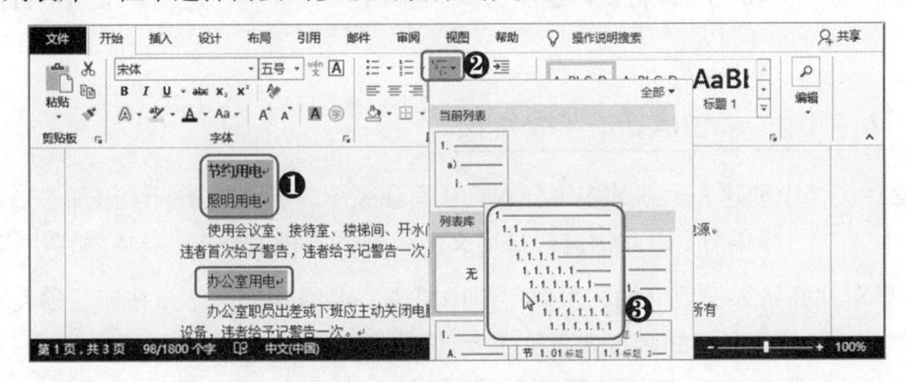

图 8-2 使用内置多级列表

Step02 ❶将文本插入点定位到第 1 个一级标题文本，❷单击“多级列表”下拉按钮，❸在弹出的下拉菜单中选择“更改列表级别”命令，❹在其子菜单中选择“1 级”选项，如图 8-3 所示。

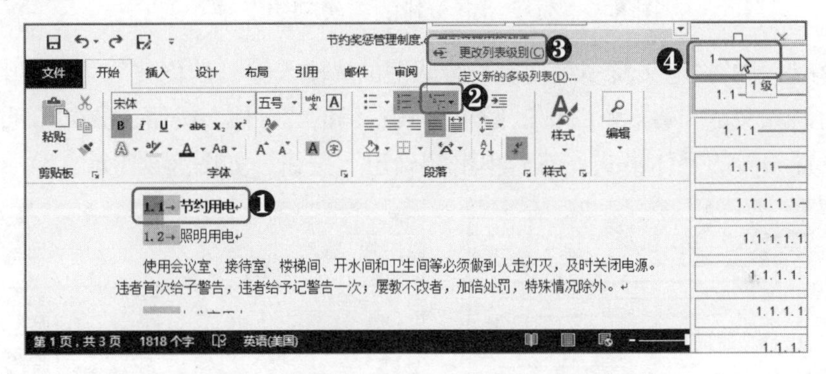

图 8-3 修改第 1 个一级标题的列表级别

Step03 ❶选择已经修改好列表级别的一级标题，❷在“剪贴板”组中使用鼠标左键双击“格式刷”按钮，❸使用格式刷快速为其他需要更改为一级标题的文本设置列表级别为 1 级，如图 8-4 所示。

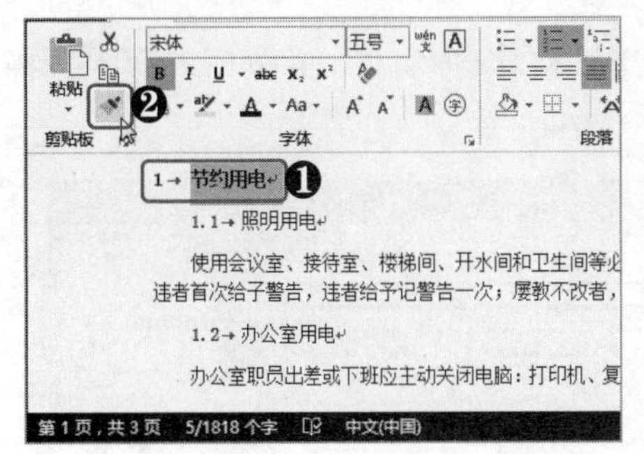

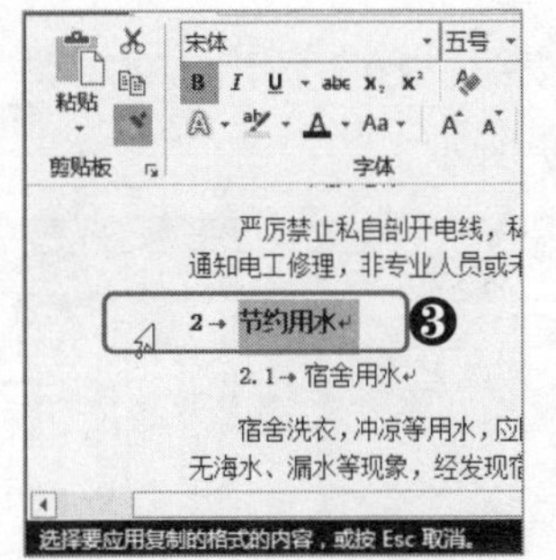

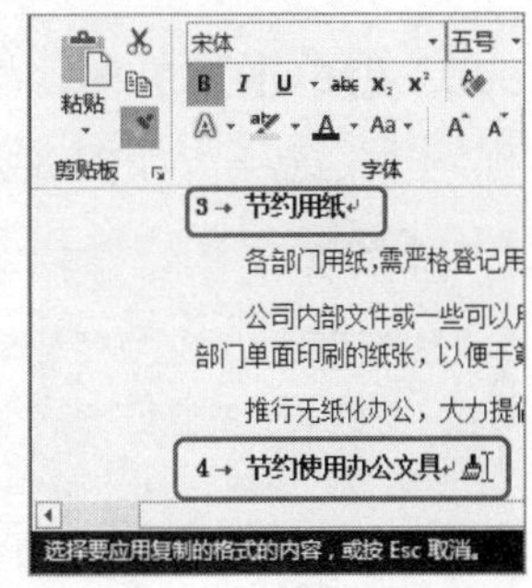

图 8-4 使用格式刷更改其他一级标题的列表级别

8.1.2 自定义多级列表

许多时候，Word 中的内置多级列表并不能满足文档要求，这就要求用户自定义合适于当前文档的多级列表。

[分析实例]——创建新的多级列表

下面在文档中创建一个新的多级列表，从而让系统为各级标题自动添加“第 1 节”、“1.1”和“1.1.1”等编号，以此例讲解自定义多级列表的相关操作，具体操作步骤如下。

Step01 ❶在“开始”选项卡的“段落”组中单击“多级列表”下拉按钮，❷在弹出的下拉菜单中选择“定义新的多级列表”命令，如图 8-5 所示。

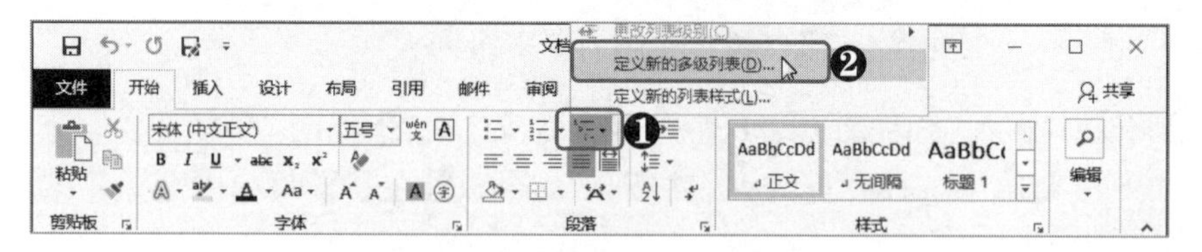

图 8-5　选择“定义新的多级列表”命令

Step02 ❶在打开的“定义新多级列表”对话框的“输入编号的格式”文本框中数字“1”的前后分别输入文本“第”和“节”，❷单击其右侧的“字体”按钮，❸在打开的“字体”对话框中设置编号的字体格式，然后单击“确定”按钮，如图 8-6 所示。

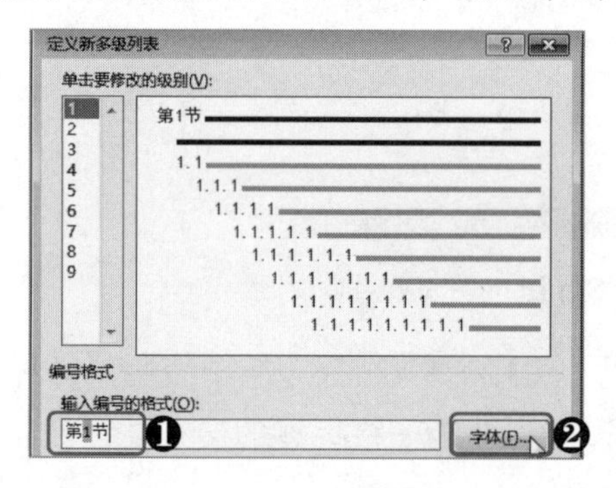

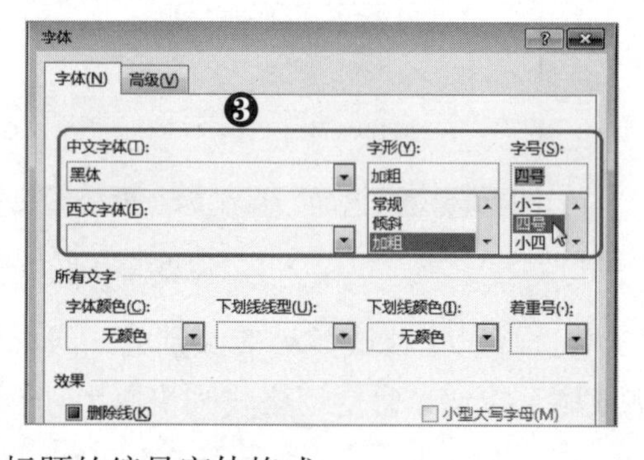

图 8-6　设置一级标题的编号字体格式

Step03 ❶单击“更多”按钮，❷在新出现的“将级别链接到样式”下拉列表框中选择“标题 1”选项，如图 8-7 所示。

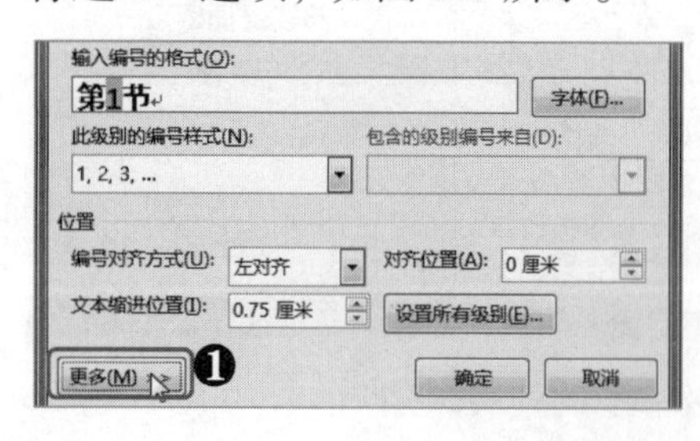

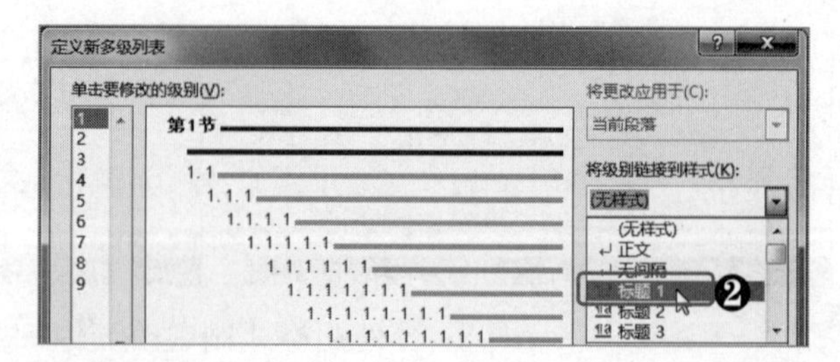

图 8-7　将级别链接到样式

Step04 ❶在“单击要修改的级别”列表框中选择“2”选项，❷在“将级别链接到样式”下拉列表框中选择“标题 2”选项，❸以同样的方法设置三级标题的编号样式，如图 8-8 所示。

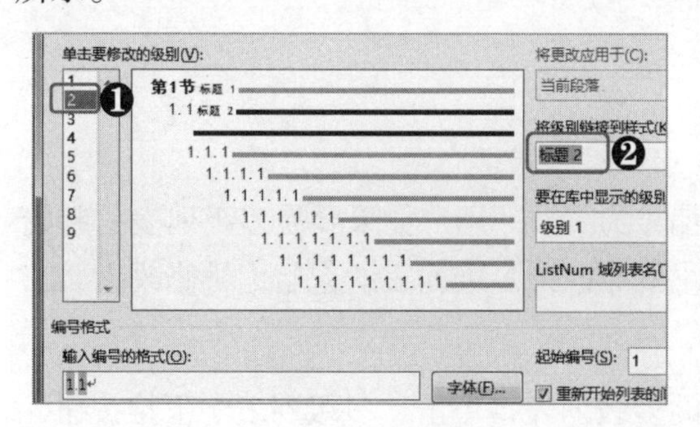

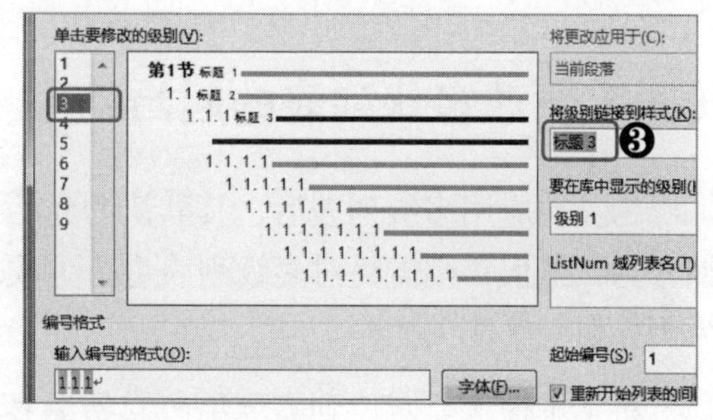

图 8-8　设置二级和三级标题编号的样式

Step05 ❶在“单击要修改的级别”列表框中选择“4”选项，❷在“此级别的编号样式”下拉列表框中选择“A，B，C，...”选项，❸在“输入编号的格式”文本框中删除“A”前面的所有文本，❹在“将级别链接到样式”下拉列表框中选择“标题 4”选项，❺单击“确定”按钮，如图 8-9 所示。

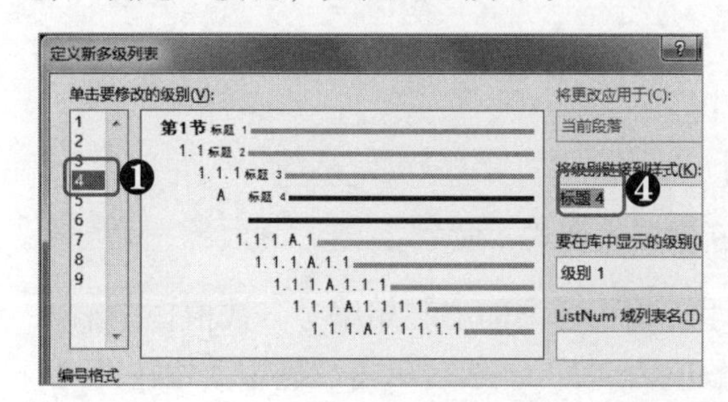

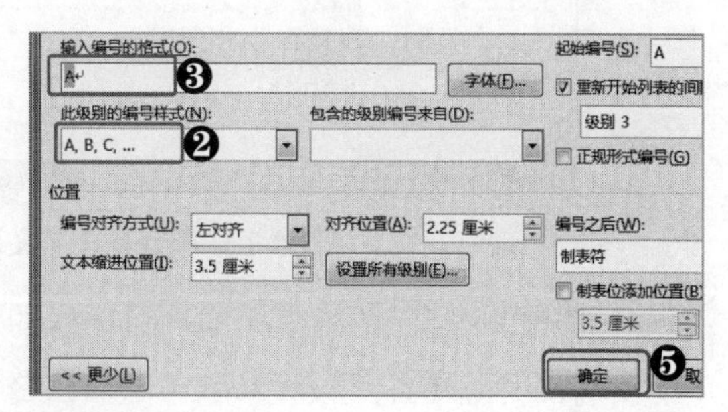

图 8-9　设置四级标题编号的样式

Step06 自定义多级列表创建完成后，在“多级列表”下拉菜单中可以查看，其效果如图 8-10 所示。

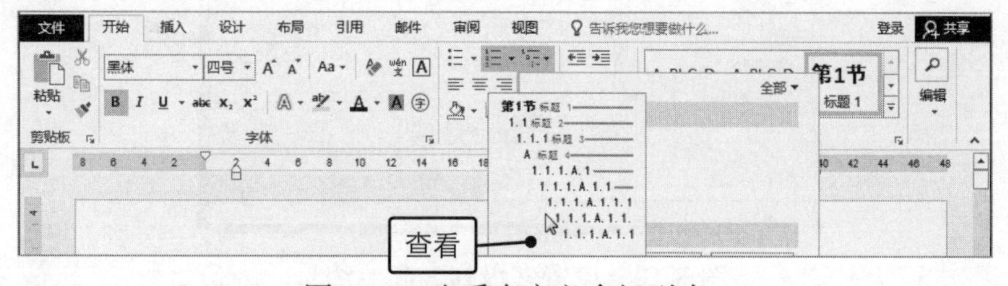

图 8-10　查看自定义多级列表

提个醒：编号中固定不变的文本

在“输入编号的格式”文本框中手动输入的文本没有底纹，而自动生产的文本是有底纹的。其意义在于有底纹的编号可以自动递增，而没有底纹的文本（用户输入的文本）则是固定的。如图 8-11 所示，其中无底纹的文本“第”、“节”和“1”就是固定不变的。

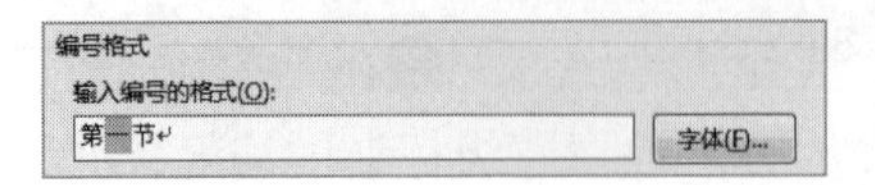

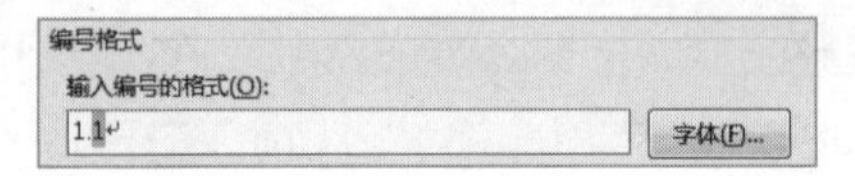

图 8-11 编号中固定不变的文本

8.1.3 更改多级列表的起始编号

为文档应用多级列表后，其默认的起始编号为“1”。用户如果要使多级列表的起始编号为其他值，则需要对多级列表进行更改。下面以将多级列表的起始编号修改为“2”为例，讲解其相关操作。

将文本插入点定位到需要更改起始编号的多级列表，单击“多级列表”下拉按钮，在弹出的下拉菜单中选择“定义新的列表样式”命令，如图 8-12 所示。

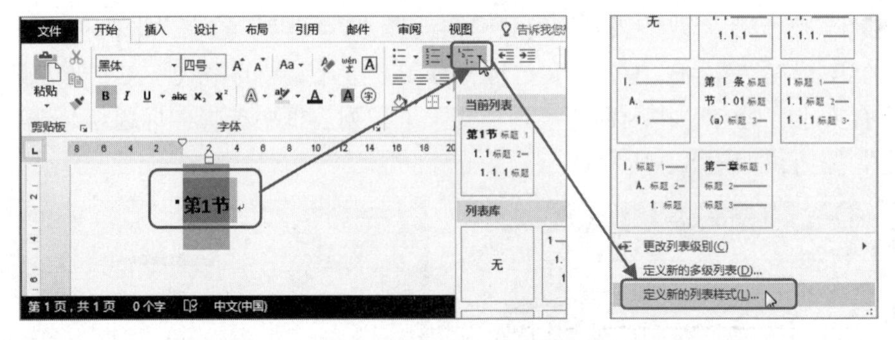

图 8-12 选择“定义新的列表样式”命令

在打开的“定义新列表样式”对话框的“格式”栏中的“起始编号”数值框中输入“2”(或者单击其右侧的向上微调按钮调整数值为“2”)，然后单击“确定”按钮即可，如图 8-13 所示。

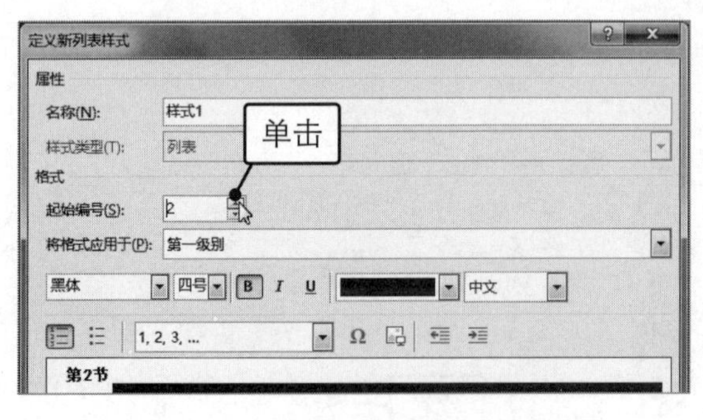

图 8-13 设置多级列表起始编号

8.2 链接的使用

Word 中的链接功能主要用于将 Word 文档与文档其他位置或其他文件连接在一起，从而实现文档的位置跳转或快速打开链接的文件。在长文档中适当使用链接可以使文档查阅更为方便。下面具体介绍如何使用超链接、书签和交叉引用实现链接。

8.2.1 超链接的使用

将文本创建为超链接是比较常见的超链接使用方式，如在文档的目录中将各标题文本创建为超链接，可以使用通过目录快速定位到文档相应位置的功能。当然，在 Word 中可以将任何对象创建为超链接，如图片、形状等。

（1）创建超链接

创建超链接的方法为：选择要创建为超链接的文本或对象，在“插入”选项卡的“链接”组中单击“超链接”按钮，然后在打开的“插入超链接”对话框的“链接到”栏中选择“现有文件或网页”选项，在“查找范围”下拉列表框中选择文件的所在位置，再选择需要链接的文件，最后单击“确定”按钮即可，如图 8-14 所示。

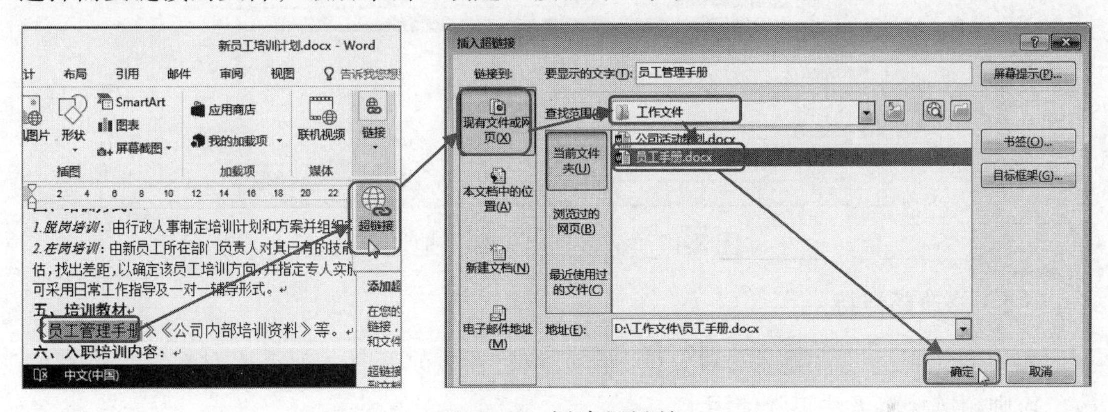

图 8-14　创建超链接

将文本创建为超链接后，当鼠标光标移至该文本时，会出现访问超链接的提示。如果要访问该超链接，只需要按住【Ctrl】键单击该文本即可，如图 8-15 所示。

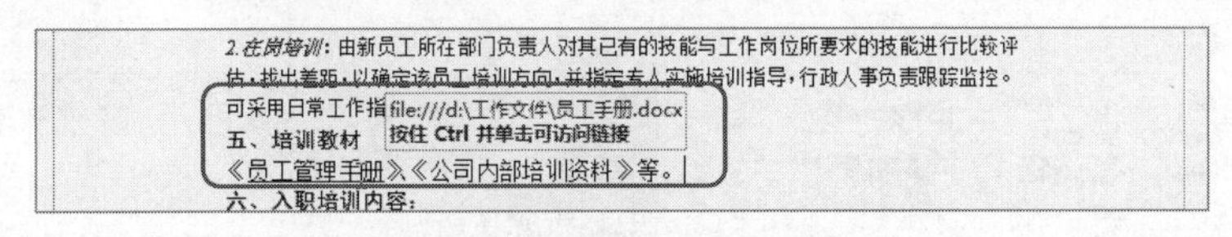

图 8-15　超链接效果图

在 8-14 右图中可以看到，超链接可以将如下 4 种形式的对象作为链接对象。

- **现有文件或网页**：如果要使用链接快速打开已存在的文件，则选择此选项，然后选择要链接的文件。
- **本文档中的位置**：当要使用超链接实现文档中的位置跳转，则选择此选项，然后选择文档位置即可，如 8-16 左图所示。
- **新建文档**：如果要链接的文件需要临时创建，则可以选择此选项，然后设置新建的文档名称和保存路径即可，如 8-16 右图所示。

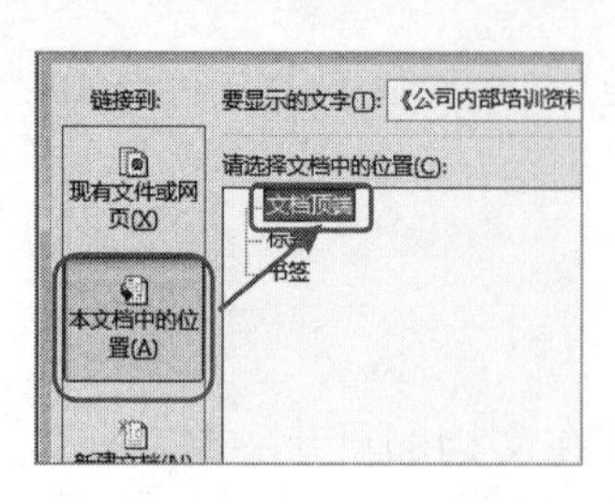

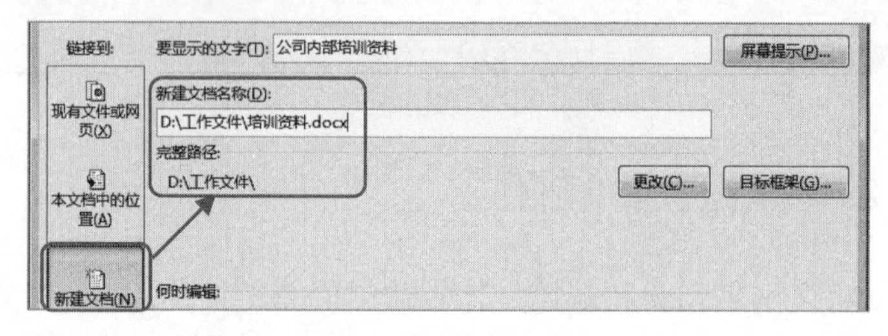

图 8-16　链接到本文档中的位置或新建文档

◆ **电子邮件地址**：此选项用于链接一个邮箱地址，如图 8-17 所示。访问超链接可以直接打开邮箱软件并进入发送邮件界面，然后将邮箱地址自动填入收件人地址中。

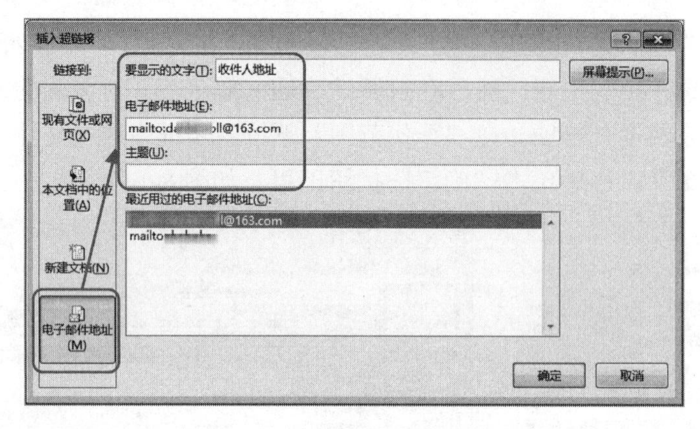

图 8-17　链接到电子邮件地址

（2）修改超链接

如果创建超链接后链接的对象被删除或位置发生改变时，就需要对超链接进行修改，否则超链接将无法正常使用。

修改超链接的方法比较简单，只需要在待修改的超链接上右击，在弹出的快捷菜单中选择“编辑超链接”命令，然后在打开的“编辑超链接”对话框中进行修改即可，如图 8-18 所示。

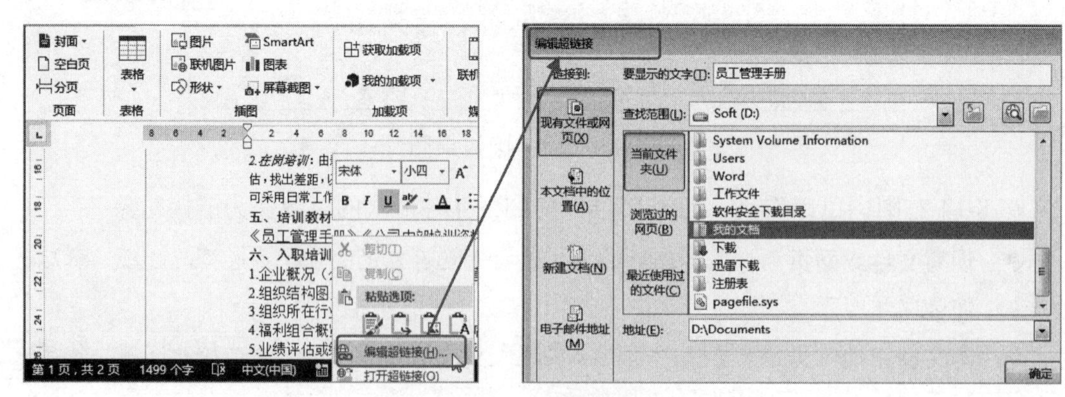

图 8-18　修改超链接

小技巧：快速取消多个超链接

如果要取消文档中的某个超链接，可以在该超链接上右击，然后选择“取消超链接”选项即可。但是，当要取消的超链接比较多时，逐个取消会浪费很多时间。此时，可以使用快捷键来取消超链接。选择待取消的超链接所在的文本（如果要取消文档中全部超链接，可按【Ctrl+A】组合键全选文档），然后按【Ctrl+Shift+F9】组合键即可取消所选文本中的全部超链接。

8.2.2 书签的插入与使用

要在长文档中快速找到一个非标题位置是比较困难的，而插入书签可以将所选的对象进行标记，当需要找到这些被标记的对象时，直接使用书签定位到该对象的位置即可。

[分析实例]——在“质量管理制度”文档中添加书签并快速定位到书签

下面以在“质量管理制度”文档中为需要标记的文本添加书签，并通过书签定位到要查找的文本位置为例，讲解书签的插入与使用。如图 8-19 所示为添加书签的前后对比效果。

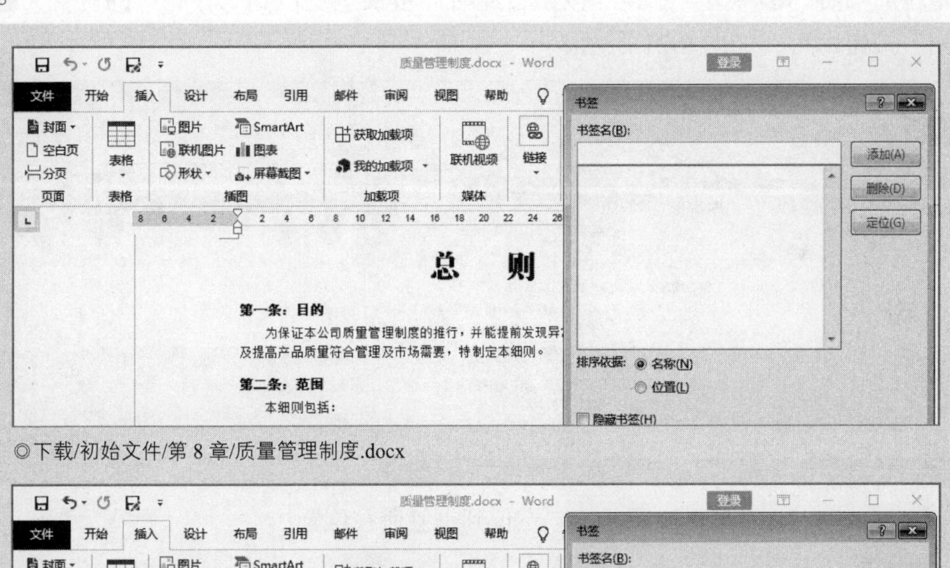

◎下载/初始文件/第 8 章/质量管理制度.docx

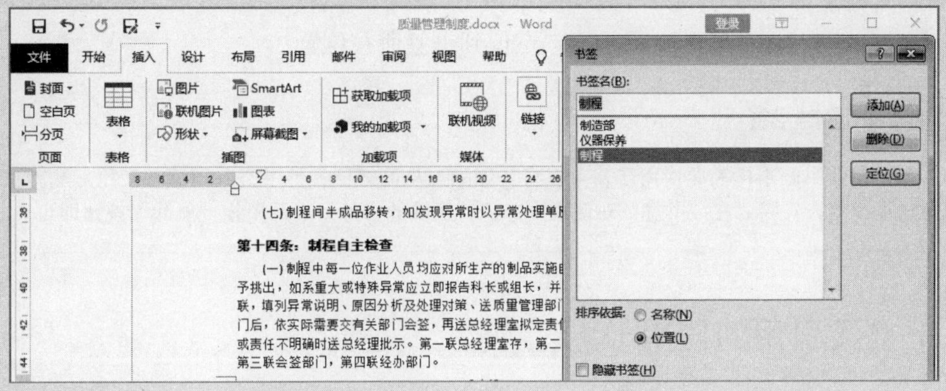

◎下载/最终文件/第 8 章/质量管理制度.docx

图 8-19　添加书签的前后对比效果

其具体操作步骤如下。

Step01 打开素材文件，❶选择要插入书签的文本，❷在“插入”选项卡的“链接”组中单击“书签”按钮，❸在打开的“书签”对话框的“书签名”文本框中输入便于识别的书签名称，❹单击“添加”按钮，如图 8-20 所示。以同样的方法继续添加书签。

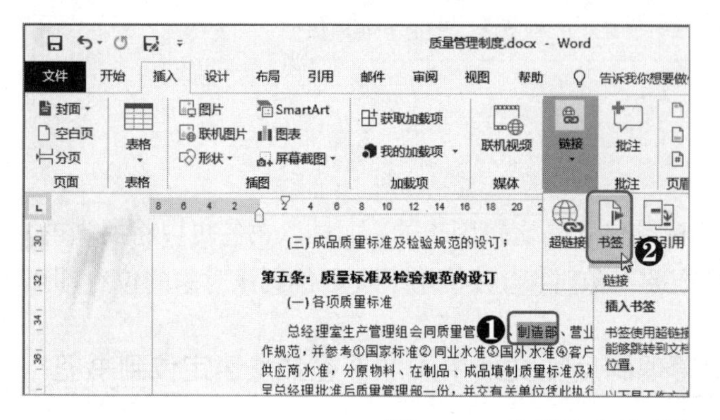

图 8-20　为所选文本添加书签

Step02 ❶在“链接”组中单击“书签”按钮，❷在打开的“书签”对话框中选择需要快速定位的书签，❸单击“定位”按钮，此时即可快速定位到书签相应的位置，❹单击“关闭”按钮即可，如图 8-21 所示。

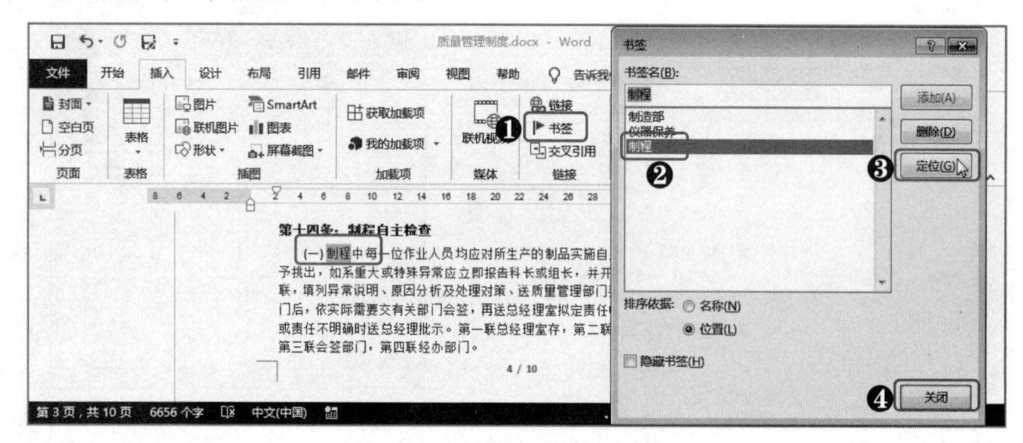

图 8-21　定位到书签所在位置

提个醒：删除书签

如果某些书签不再需要使用了，可以将其删除，从而方便其他书签的查找与使用。删除书签的方法很简单，只需要在“书签”对话框中选择待删除的书签，然后单击“删除”按钮即可。

8.2.3 交叉引用的使用

在 Word 文档中，通过插入交叉引用可以动态引用当前 Word 文档中的书签、标题、编号、脚注等内容。

[分析实例]——在“质量管理制度 1”文档中创建交叉引用

下面以在“质量管理制度 1”文档中交叉引用书签为例，讲解交叉引用的相关使用方法，如图 8-22 所示为创建交叉引用的前后对比效果。

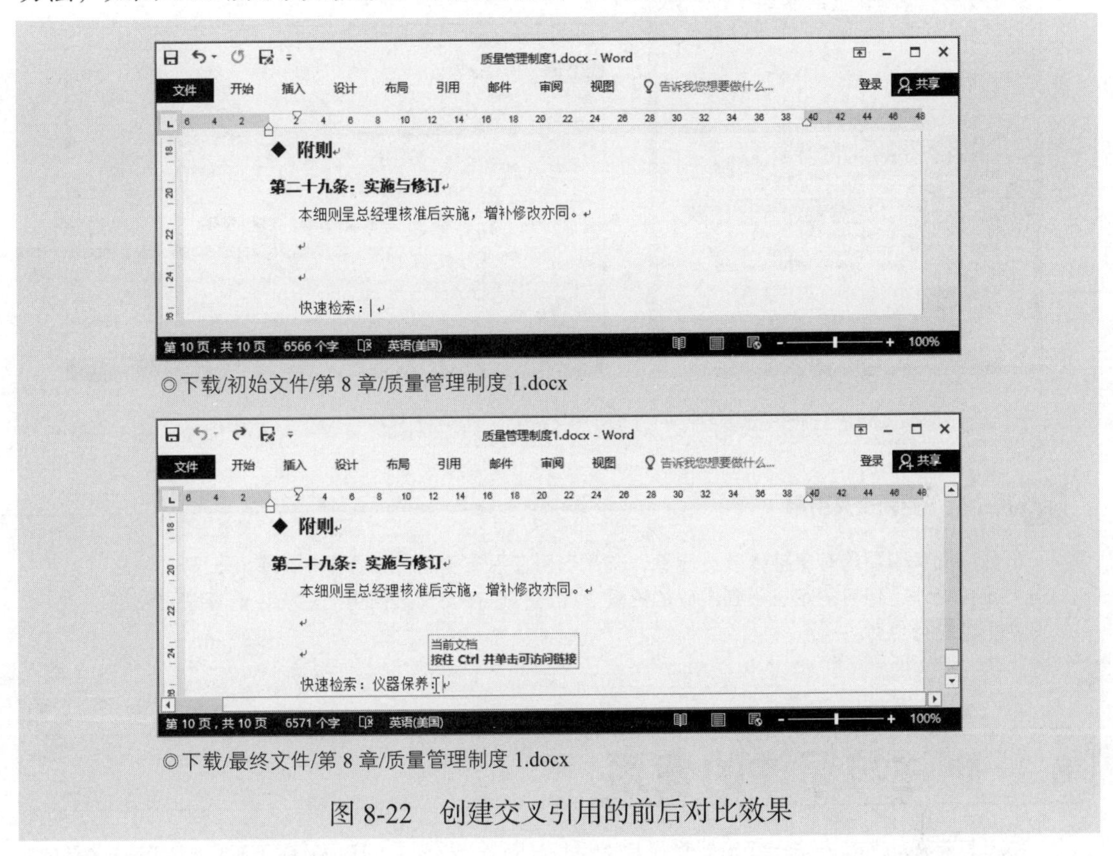

图 8-22　创建交叉引用的前后对比效果

其具体操作步骤如下。

Step01 打开素材文件，❶定位文本插入点到需要插入交叉引用的位置，❷在“插入”选项卡的“链接”组中单击“交叉引用”按钮，❸在打开的“交叉引用”对话框的“引用类型”下拉列表框中选择“编号项”选项，❹在“引用内容”下拉列表框中选择“段落文字”选项，如图 8-23 所示。

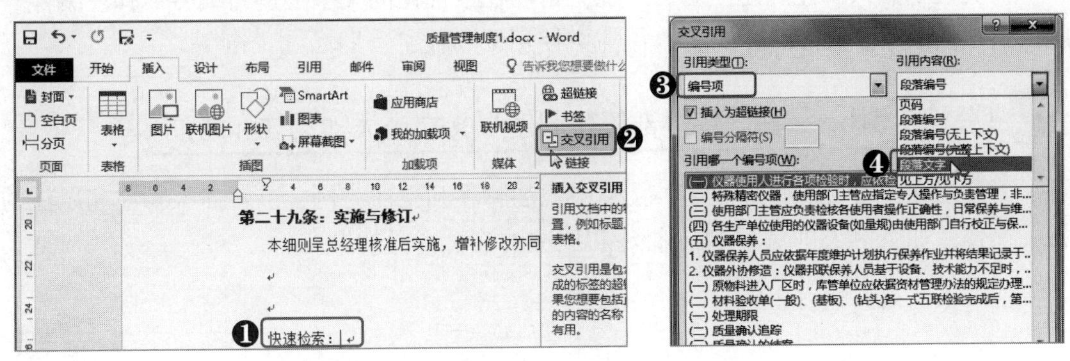

图 8-23　设置交叉引用类型与内容

Step02 ❶在“引用哪一个编号项”列表框中选择“（五）仪器保养”选项，❷单击“插入”按钮，程序自动在文本插入点位置插入一个与编号名称相同的链接，如图 8-24 所示，然后单击“关闭”按钮即可。按住【Ctrl】键单击该超链接即可定位到该编号所在位置。

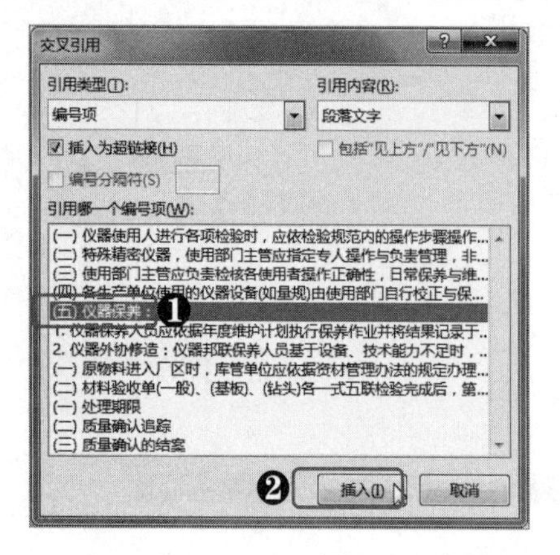

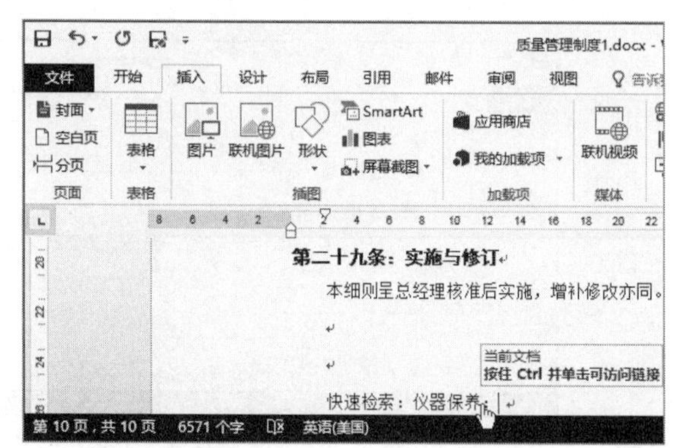

图 8-24　交叉引用书签效果图

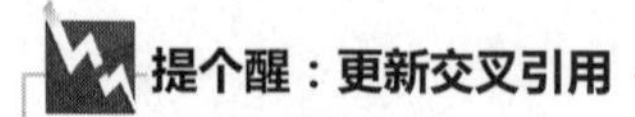

提个醒：更新交叉引用

如果交叉引用的对象被修改或删除，交叉引用在没有更新前不会有任何变化，且其依然可以进行定位操作，但可能定位不到准确的位置。此时可以在该交叉引用上右击，选择“更新域”命令对引用进行更新。

8.3 脚注与尾注的使用

脚注是添加在页面底端的注释，尾注是添加在文档末尾的注释。脚注与尾注在长文档中使用较为广泛，可以为读者解释被注释内容的含义，或对一些参考文献等进行说明。

8.3.1 插入脚注和尾注

在文档中插入脚注和尾注时，系统会自动在被标记的文本上进行编号。脚注编号一般为阿拉伯数字，即 1，2，3 等；尾注则使用罗马数字，即 i，ii，iii 等。

[分析实例]——在“售楼部管理制度”文档中添加脚注和尾注

下面以在“售楼部管理制度”文档中添加脚注和尾注为例，讲解插入脚注和尾注的相关操作。如图 8-25 所示为插入脚注和尾注的前后对比效果。

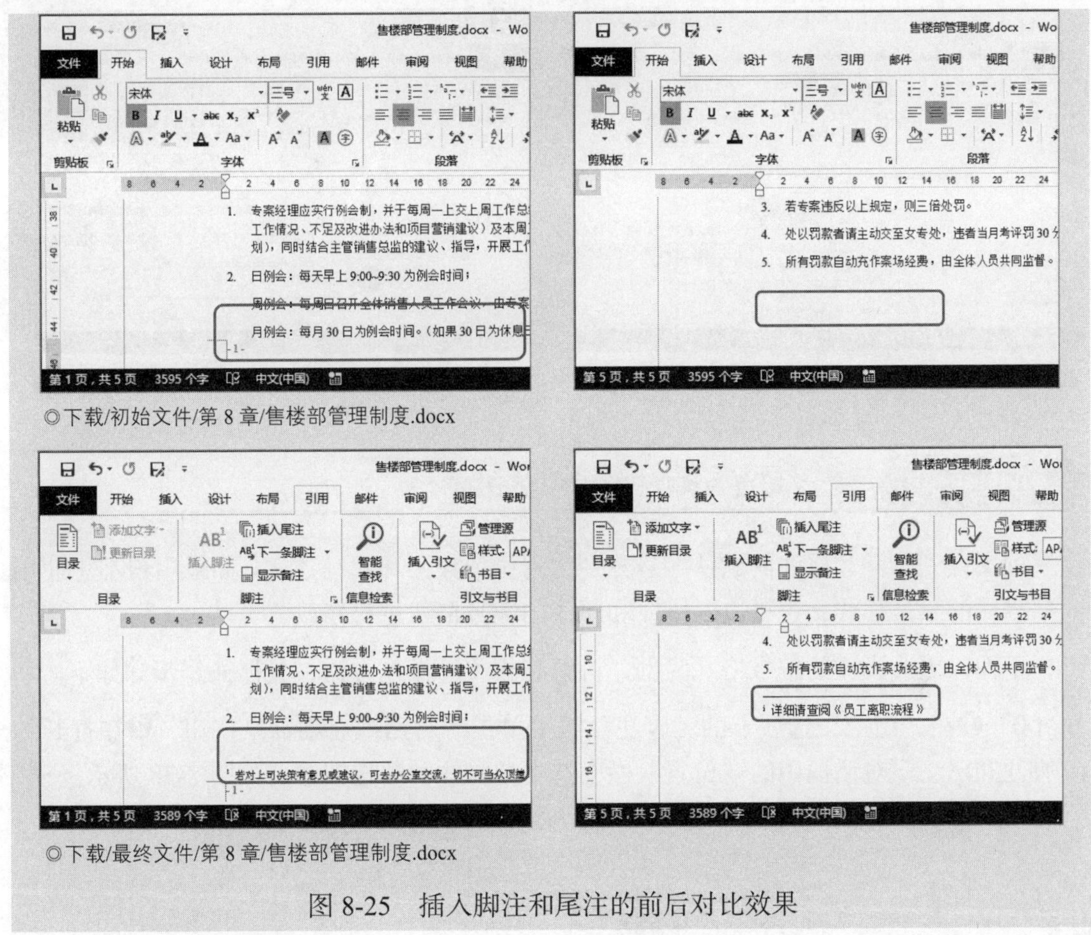
◎下载/初始文件/第 8 章/售楼部管理制度.docx

◎下载/最终文件/第 8 章/售楼部管理制度.docx

图 8-25　插入脚注和尾注的前后对比效果

其具体操作步骤如下。

Step01 打开素材文件，❶选择要添加脚注的文本，❷在“引用”选项卡的“脚注”组中单击“插入脚注”按钮，此时系统自动跳转至本页底端，并添加脚注序号，❸直接在序号后面输入注释内容即可，如图 8-26 所示。

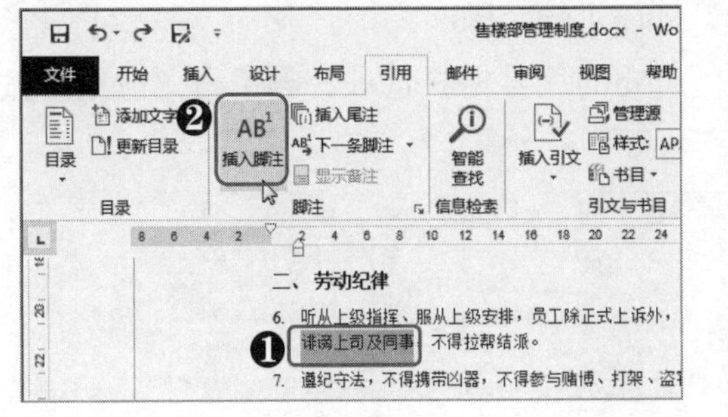

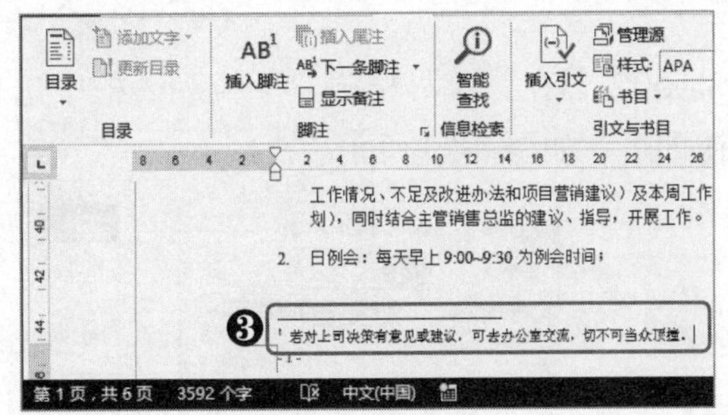

图 8-26　插入脚注

Step02 ❶选择要添加尾注的文本，❷在“引用”选项卡的“脚注”组中单击“插入尾注”按钮，此时系统自动跳转至文档末尾，并添加尾注序号，❸直接在序号后面输入注释内容即可，如图 8-27 所示。

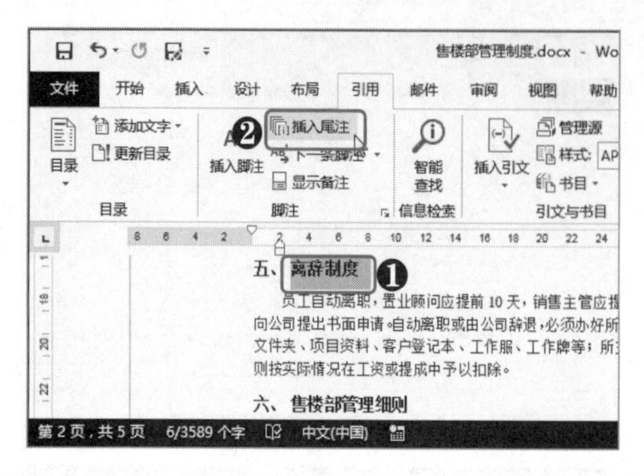

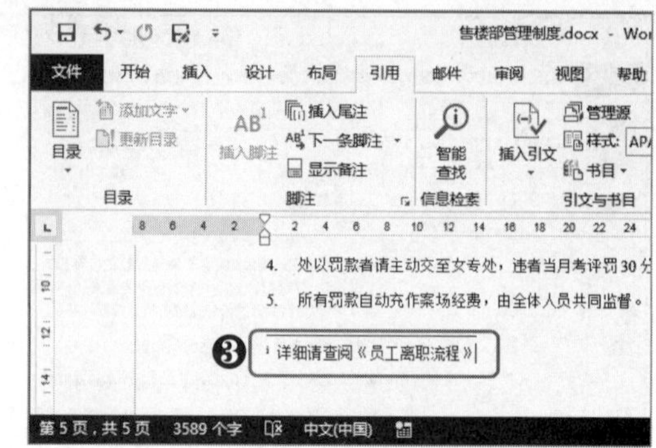

图 8-27　插入尾注

知识延伸　*更改脚注和尾注的编号格式*

前文说到脚注和尾注的默认编号分别为阿拉伯数字和罗马数字，如果用户不想使用这些默认的编号样式，也可以对脚注和尾注的编号格式进行修改。

下面以更改脚注的编号格式为例，讲解其相关的操作方法，具体操作步骤如下。

Step01 ❶在“引用”选项卡的“脚注”组中单击“对话框启动器”按钮，❷在打开的“脚注和尾注”对话框中的“位置”栏中选中“脚注”单选按钮，如图 8-28 所示。

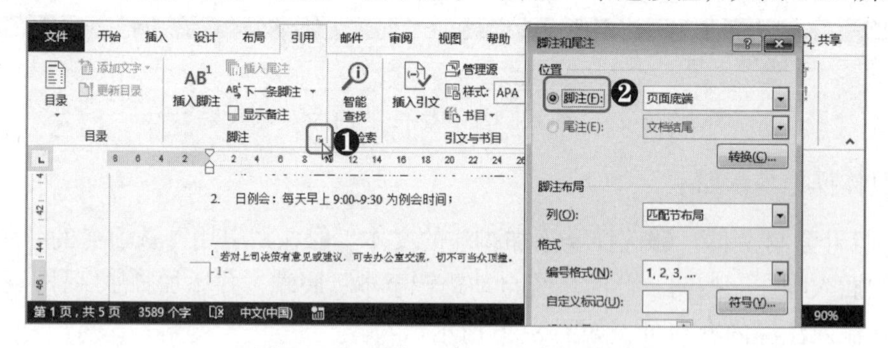

图 8-28　选中“脚注”单选按钮

Step02 ❶在“编号格式”下拉列表框中选择需要的编号格式选项，❷单击“应用”按钮即可，如图 8-29 所示。

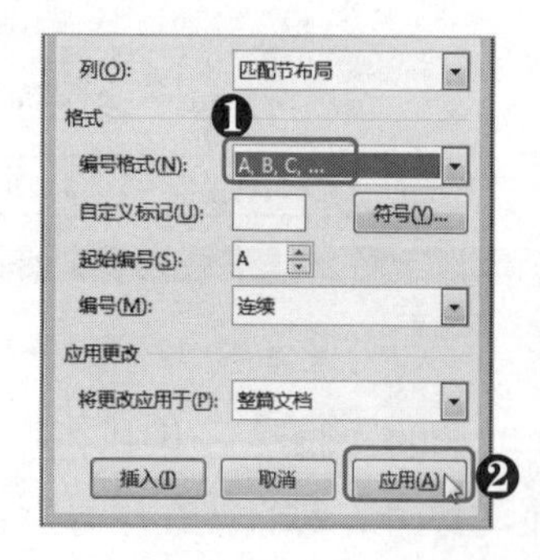

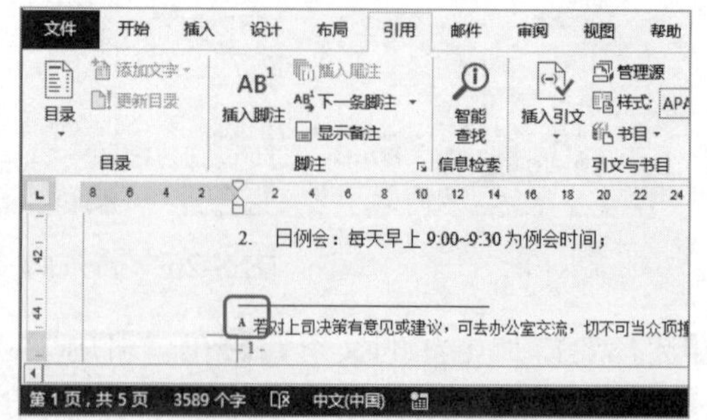

图 8-29　更改脚注的编号格式

8.3.2 脚注与尾注的转换

在 Word 中，脚注和尾注之间可以相互转换，且操作方法比较简单。如果需要将某一条脚注转换为尾注，只需要在该脚注上右击，然后在弹出的快捷菜单中选择“转换至尾注”命令即可；同样的，将尾注转换为脚注则选择“转换为脚注”命令，如图 8-30 所示。

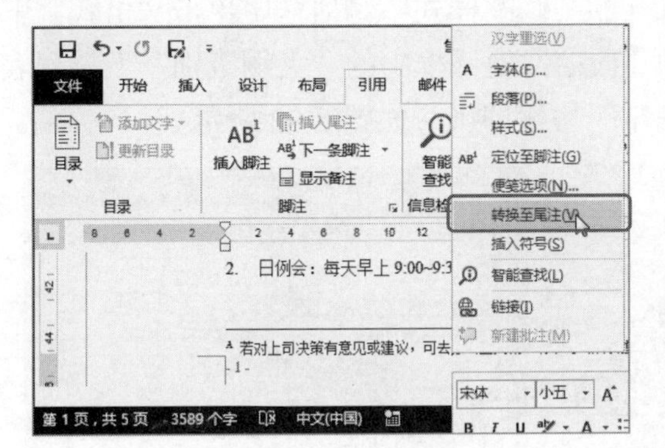

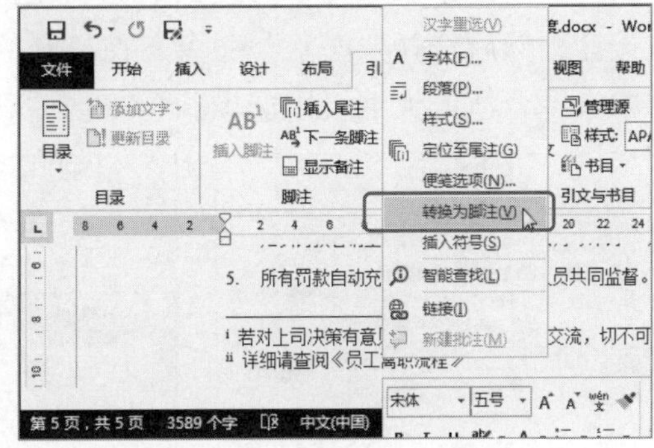

图 8-30　单个脚注和尾注的转换

如果要对脚注或尾注进行批量转换，则可以在“脚注”组中单击“对话框启动器”按钮，然后在打开的“脚注和尾注”对话框中单击“转换”按钮，在打开的“转换注释”对话框中选中对应的单选按钮，再单击“确定”按钮即可，如图 8-31 所示。

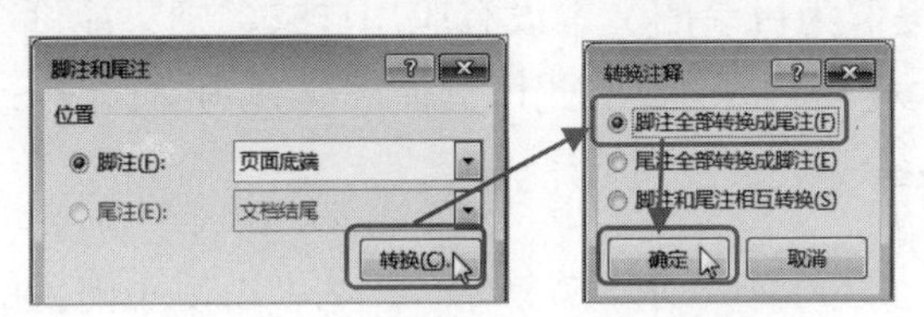

图 8-31　全部脚注或尾注的转换

8.4 目录和封面的创建与编辑

在制作长文档时，目录和封面都是必不可少的。目录不仅可以方便用户快速了解文档的整体结构，还能帮助用户快速定位到相应的页面；而封面则是文档的第一印象，同样非常重要。

8.4.1 提取文档目录

如果为文档中的标题文本设置了大纲级别，则可以将这些标题直接提取出来而成为目录。Word 中内置了许多目录样式，用户可选择使用，当然也可以自定义目录。

（1）设置大纲级别

在文本的段落格式中有“大纲级别”这一格式，其作用是将文档分为多个层级，如设置 1 级标题、2 级标题，从而方便提取目录。因此，如果要为文档提取目录，则至少要保证需要提取的标题设置了大纲级别，其操作步骤如下。

在“开始”选项卡的“样式”组中需要提取为目录的文本所使用的样式上右击，在弹出的快捷菜单中选择“修改”命令，在打开的“修改样式”对话框中单击“格式”下拉按钮，然后选择“段落”命令，在打开的“段落”对话框中的“大纲级别”下拉列表框中选择合适的大纲级别选项，再单击“确定”按钮即可，如图 8-32 所示。

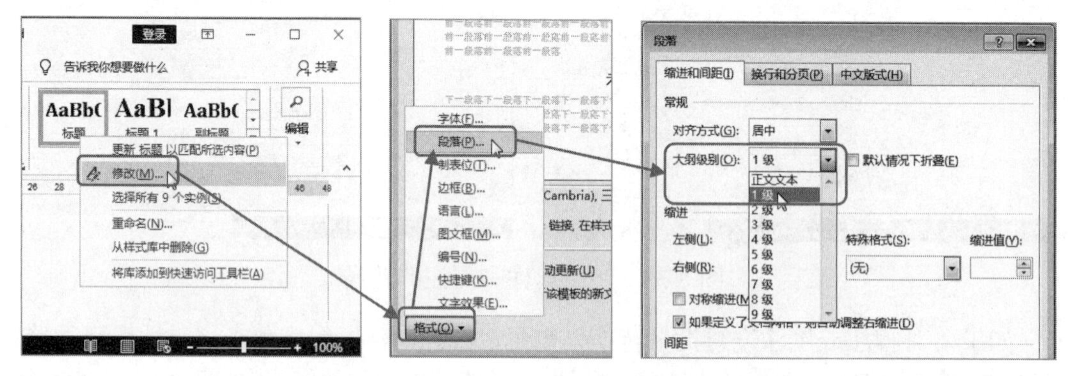

图 8-32　在样式中修改大纲级别

如果文档中需要提取为目录的文本没有应用样式，则只能逐个在“段落”对话框中进行修改，但这样就太耗费时间了，由此可见使用样式为文档设置格式有着众多的优势。

（2）使用内置目录

确认文档中各标题的大纲级别设置合理后，就可以使用内置的目录样式直接创建目录，其操作方法如下。

将文本插入点定位至需要插入目录的位置，然后在“引用”选项卡的“目录”组中单击“目录”下拉按钮，在弹出的下拉菜单中选择合适的自动目录样式即可，如图 8-33 所示。

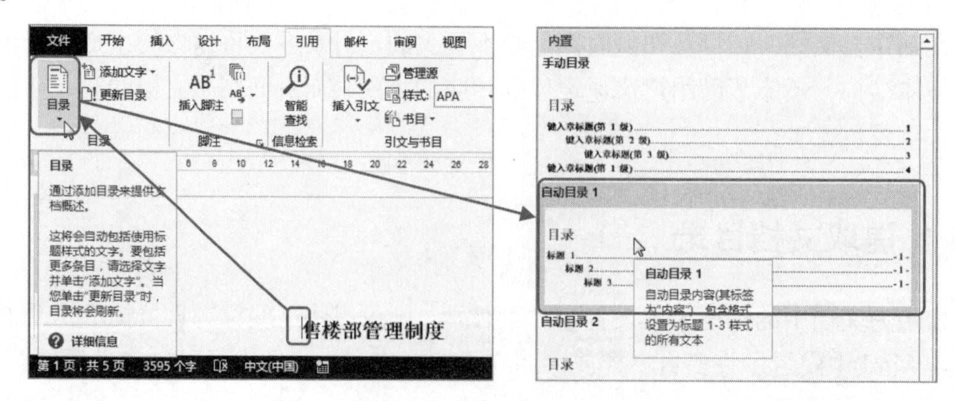

图 8-33　插入目录

（3）自定义目录

自定义目录是指由用户手动设置需要提取为目录的大纲级别，以及目录的显示样式，其操作方法如下。

在“引用”选项卡的“目录”组中单击“目录”下拉按钮，在弹出的下拉菜单中选择“自定义目录”命令，在打开的“目录”对话框中可设置是否显示页码、制表符前导符样式、目录格式和显示级别等。还可以单击“修改”按钮，在打开的“样式”对话框中选择要修改样式的目录级别，再单击“修改”按钮，如图 8-34 所示。然后在打开的“修改样式”对话框中对该级别的目录显示格式进行自定义，完成设置后依次单击“确定”按钮即可。

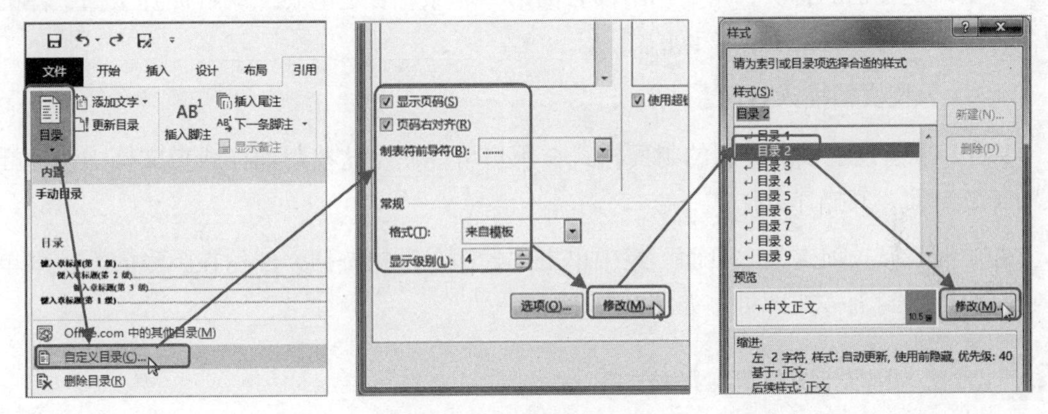

图 8-34　自定义目录

8.4.2 更新目录

如果文档的目录已经创建完成，而文档又进行了较大的修改，则需要对文档的目录进行更新，避免文档目录和内容不匹配，其操作方法如下。

在“目录”组中单击“更新目录”按钮，然后在打开的“更新目录”对话框中选中“更新整个目录”单选按钮，再单击“确定”按钮即可，如图 8-35 所示。

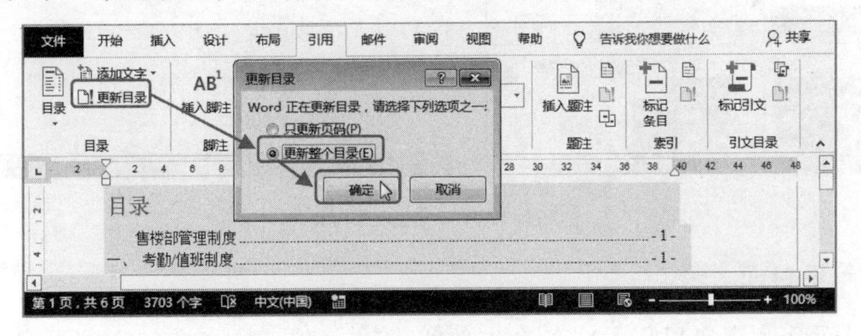

图 8-35　更新目录

小技巧：删除目录中超链接并去掉下划线

提取生成的目录其各个标题都是一个超链接，可以方便快速定位到相应页面。如果用户想取消目录的链接，可使用取消超链接的快捷键，即选择目录后按【Ctrl+Shift+F9】组合键。但是，在取消目录的超链接后，目录各文本下方会出现下划线，此时只需在“开始”选项卡的“字体”组中单击“下划线”按钮即可取消文本下划线。

8.4.3 插入并编辑封面

封面即是文档的首页，是文档给读者的第一印象，合适的封面既可提升文档整体的规范程度，又可以起到引导阅读的作用。

（1）为长文档插入封面

Word 中预设了多种类型的封面样式，用户可以使用这些封面样式在文档中快速插入精美的封面，其操作方法如下。

在“插入”选项卡的“页面”组中单击“封面”下拉按钮，然后在弹出的下拉菜单中选择合适的封面样式即可，如图 8-36 所示。

提个醒：自制封面并保存到封面样式库

封面并不是只能使用内置样式，用户也可直接插入空白页，然后在其中插入文本和各种对象制作个性化封面。自制的封面可以保存到封面样式库中，操作方法为：选择自制封面中的内容，在“页面”组中单击“封面”下拉按钮，然后在弹出的下拉菜单中选择“将所选内容保存到封面库”命令，再在打开的对话框中进行保存即可。

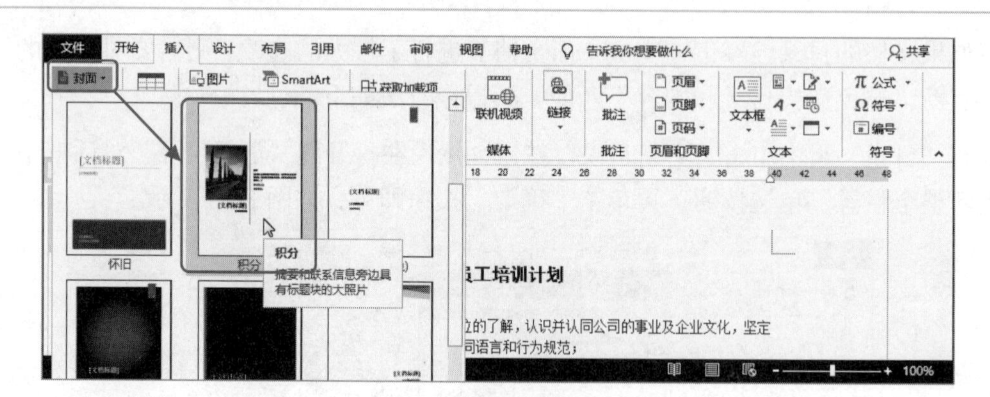

图 8-36　插入封面

（2）编辑封面

插入封面后，用户只需要在各个占位符中输入对应的文本内容即可完成封面的编辑，其操作如下。

将文本插入点定位到主标题的占位符中，删除文本后输入本文档的标题，如输入文本“新员工培训计划”，然后在空白处单击鼠标即可，如 8-37 左图所示。

如果要更改封面中的图片，可在图片上右击，然后在弹出的快捷菜单中选择“更改图片”命令，在其子菜单中选择“来自文件”命令，如 8-37 右图所示，再在打开的“插入图片”对话框中选择合适的图片插入即可。

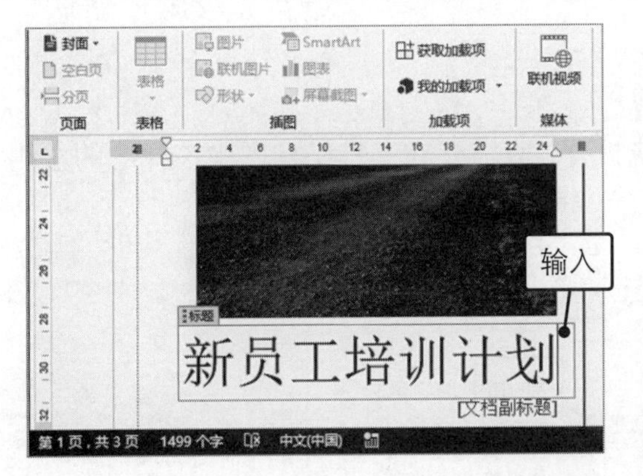

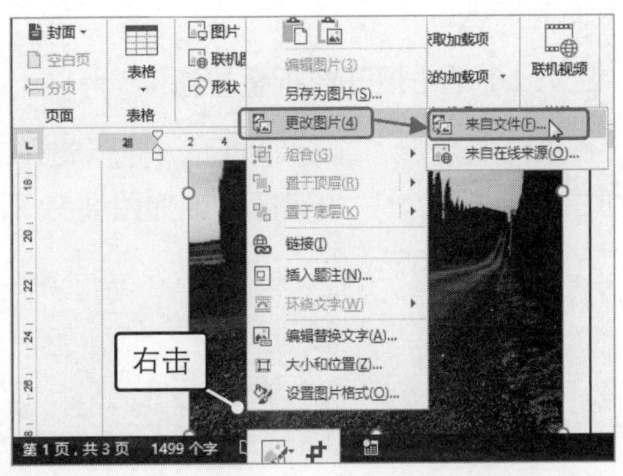

图 8-37　编辑封面

8.5 使用文档结构图查看文档

通过文档结构图可以快速定位到文档相应的位置，从而提高长文档的查阅速度。文档结构图与目录非常相似，区别在于不需要占用文档的页面，且可以随时调整标题的显示级别。

8.5.1 打开文档结构图

在 Word 2016 中打开文档结构图的方法非常简单，只需要在“视图”选项卡的“显示”组中选中“导航窗格”复选框，然后在打开的“导航”窗格的“标题”选项卡中即可查看文档结构图，如图 8-38 所示。

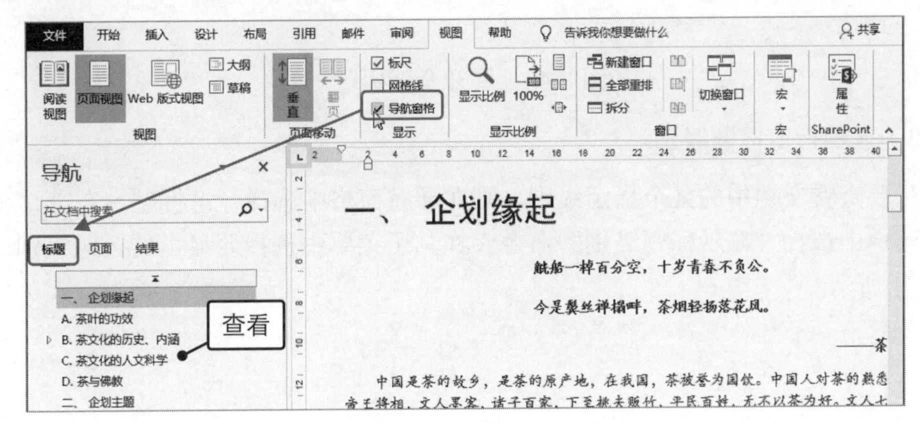

图 8-38　打开文档结构图

8.5.2 控制文档结构图标题的显示级别

当文档的标题较多时，文档结构图显示的内容也会比较多。为了便于查看，用户可以控制文档结构图的显示级别，即打开或折叠标题级别。控制显示级别的方法有多种，下面分别进行介绍。

（1）单击展开或折叠按钮

如果要将某一个标题的下级标题展开或折叠，只需要在文档结构图中该标题的左侧单击“展开/折叠”按钮即可，如图 8-39 所示。

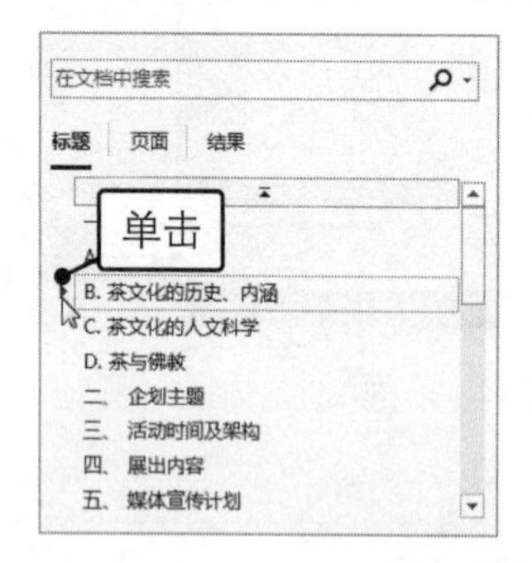

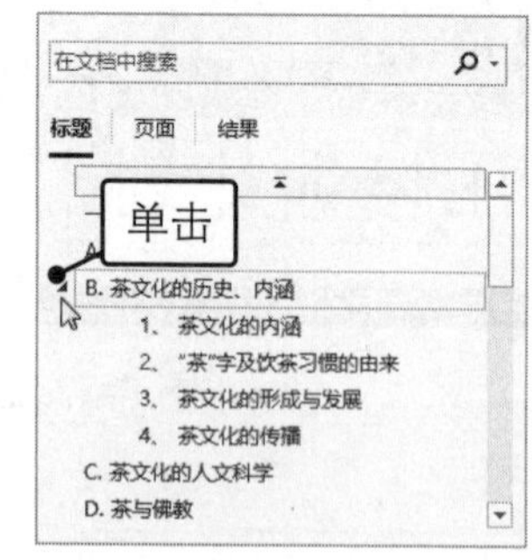

图 8-39　展开或折叠标题

（2）全部展开/折叠

如果要将文档结构图的所有标题展开，则可以在文档结构图中右击，然后选择“全部展开”命令，如图 8-40 所示；若要只显示 1 级标题，则选择“全部折叠”命令即可。

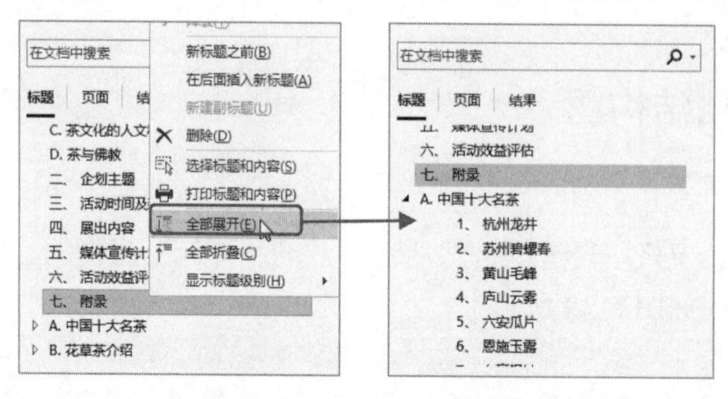

图 8-40　展开全部标题

（3）显示指定标题级别

如果要查看文档中的某个指定级别，则在导航窗格中选择任意标题，右击，在弹出的快捷菜单中选择“显示标题级别”命令，在其子菜单中选择要显示的标题级别即可，如图 8-41 所示。

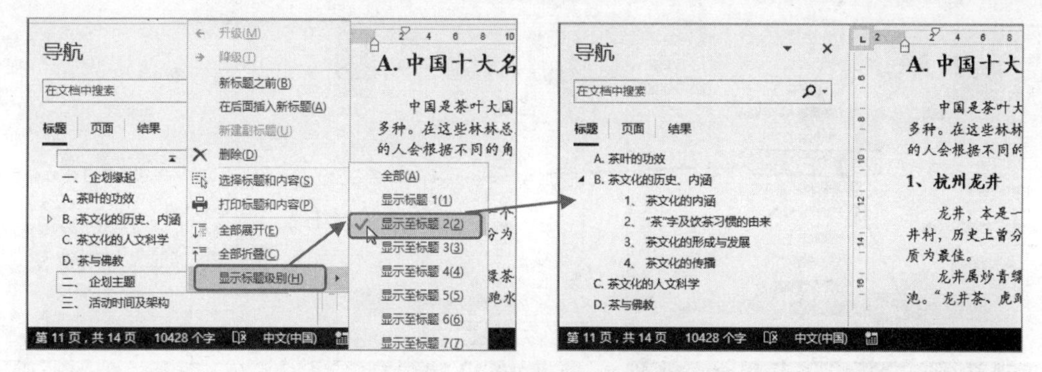

图 8-41　显示指定标题级别

8.5.3 通过文档结构图跳转到指定位置

如果要查阅文档中某一个标题及其正文内容，使用文档结构图可以快速定位到文档相应的位置，其操作方法如下。

在文档结构图中找到需要查阅的内容对应的标题，然后在其上单击即可使文档快速跳转到该标题起始位置，如图 8-42 所示。

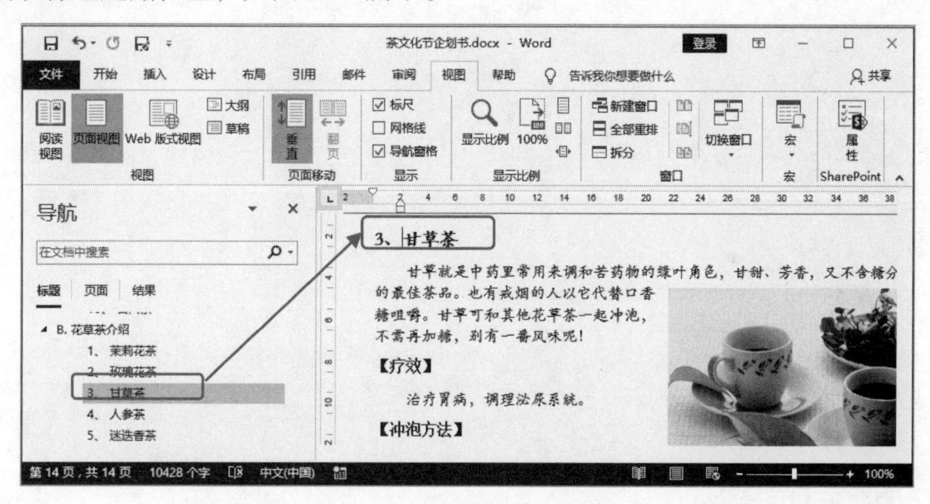

图 8-42　使用文档结构图定位到文档指定位置

小技巧：利用文档结构图添加或删除内容

文档结构图除了定位文档的位置，还可以对文档的内容进行添加或删除操作。如果要在某一标题前添加一个同级别标题内容，可在文档结构图的该标题上右击，在弹出的快捷菜单中选择“新标题之前”命令即可（选择“在后面插入新标题”命令则是在该标题之后添加内容）。

如果要删除一个标题的全部内容，则可以在文档结构图中待删除的标题上右击，然后选择“删除”命令即可将该标题及其全部内容删除，如图 8-43 所示。

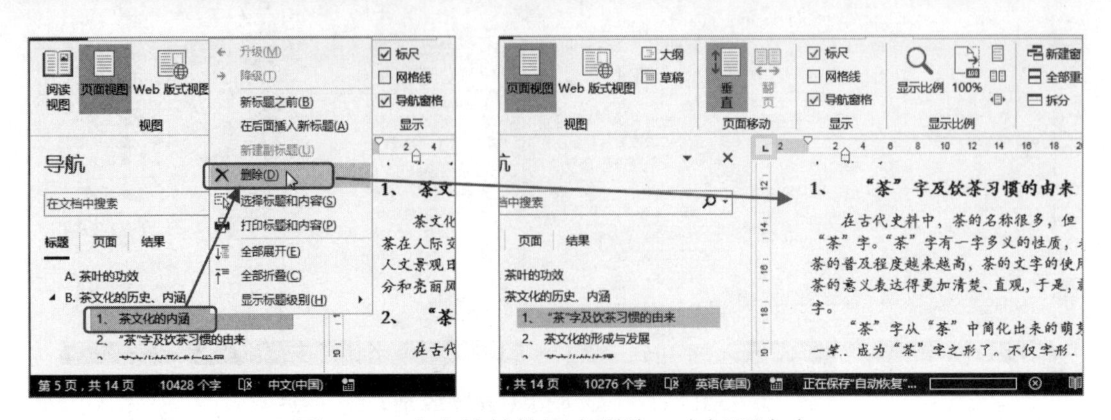

图 8-43　在文档结构图中删除一个标题内容

第9章
文档的审阅与修订操作

制作长文档的过程中很难避免输入错别字或语句不通顺等情况的出现，因此文档制作完成后还需要经过一系列的审阅和修订操作，从而提高文档内容的整体质量。

|本|章|要|点|

- 校对文档
- 对文档进行批注
- 修订文档

9.1 校对文档

Word 为用户提供了较为专业的文档校对功能，其中常用的包括拼写和语法检查、自动更正以及字数统计等。

9.1.1 检查拼写和语法错误

默认情况下，Word 的拼写和语法检查是启用状态，当用户在文档中输入文本时，该功能就会检查文本的拼写和语法是否存在错误。若存在可疑错误，则在文本下方添加红色或蓝色的波浪线，便于用户发现并处理。

【注意】拼写和语法检查是根据常规的词语、语法来识别错误，一些特殊的用法也会被识别为错误，需要用户自行判断其是否错误并进行处理。

因此，用户在制作文档的过程中如果发现文字下方出现波浪线，应及时排查错误并处理。如果文档制作完成之后，文档中还存在着波浪线，则可使用以下方法进行处理。

在“审阅”选项卡的“校对”组中单击“拼写和语法”按钮，此时文档自动跳转至第一处可疑错误位置（即存在波浪线的位置），并且打开“语法”窗格。检查被波浪线标记的文本是否存在错误，如果无错误则在“语法”窗格中单击“忽略规则”按钮；此时文档跳转至下一处波浪线标记的位置，若该文本存在错误且“语法”窗格中给出了正确修改建议，可双击建议的修改选项；然后文档继续跳转至下一处可疑位置，若该文本存在错误但“语法”窗格没有修改建议，则用户可直接在编辑区将文本修改正确，然后在“语法”窗格中单击“继续”按钮，如图 9-1 所示。重复上述操作，直至完成全部检查，在打开的检查完成对话框中单击“确定”按钮即可。

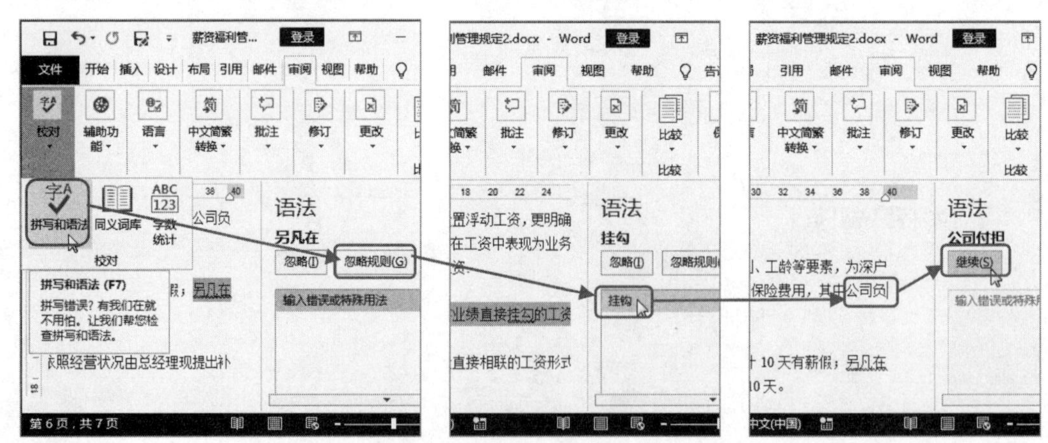

图 9-1　使用拼写和语法检查功能检查文档

9.1.2 设置自动更正选项

Word 的拼写和语法检查功能如果检查到明显的错误，且在自动更正词库中存在该错误词组的正确替换词组，则系统会将该错误词组自动替换为正确词组。如在 Word 中输入文本“做茧自缚”，系统就会自动将其替换为“作茧自缚”。

当然，Word 并不能将所有可能的错误词组及其正确替换词组内置到系统中。因此，用户可以将那些自己经常会输入错误的词组及其正确替换词组添加到自动更正词库中。另外，对于英文单词的自动更正，用户也可以根据自己的使用习惯和要求进行设置。

[分析实例]——设置自动更正选项以及添加自动更正词组

下面以取消自动更正前两个字母连续大写和添加自动更正词组为例，讲解设置自动更正选项的相关操作，其具体操作步骤如下。

Step01 ❶在“文件”选项卡中单击“选项”按钮，❷在打开的“Word 选项”对话框中单击“校对”选项卡，❸单击“自动更正选项”按钮，如图 9-2 所示。

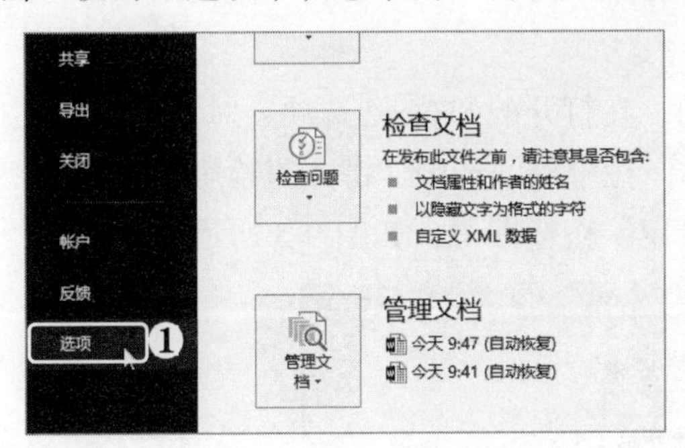

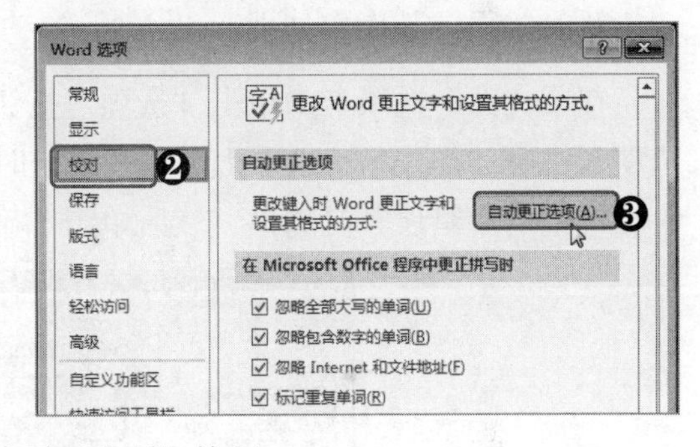

图 9-2 单击“自动更正选项”按钮

Step02 ❶在打开的“自动更正”对话框的“自动更正”选项卡中取消选中“更正前两个字母连续大写”复选框，❷在“键入时自动替换”栏中的“替换”文本框中输入需要替换的文本，❸在“替换为”文本框中输入正确的文本，❹单击“添加”按钮，❺单击“确定”按钮即可，如图 9-3 所示。

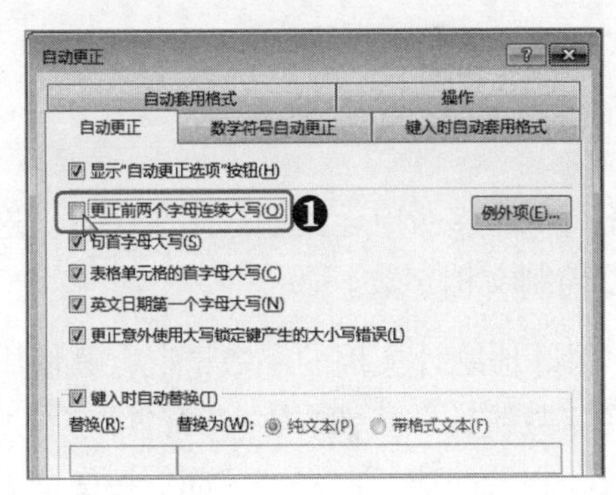

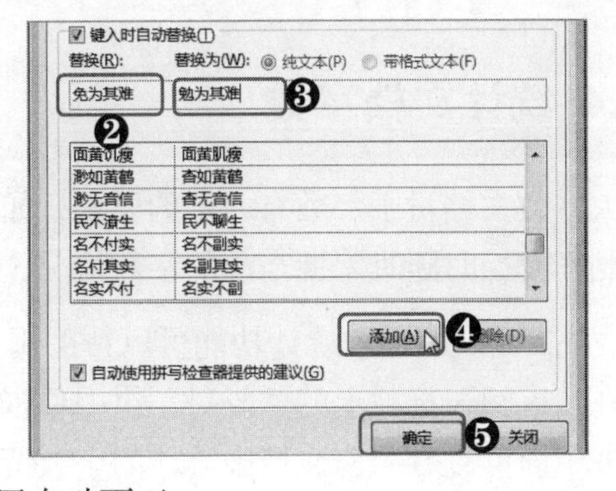

图 9-3 设置自动更正

小技巧：巧妙运用自动更正功能快速输入长文本

既然自动更正功能可以自动添加替换词组，那么，我们可以将一些经常需要输入的文本（如收货地址、公司信息等）添加到自动更正词库中，从而实现这些文本的快速输入。例如，在自动更正词库中添加这样一组自动替换：将“shdz”替换为“四川省 成都市 郫都区 ××镇 ××街”，这样，当用户需要在文档中输入收货地址时，只需要输入“shdz”即可，如图 9-4 所示。

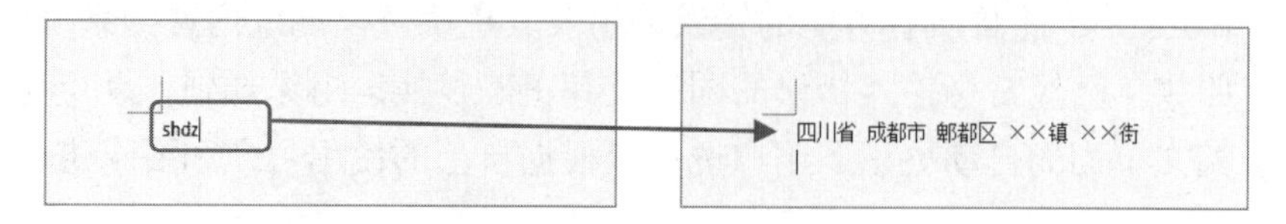

图 9-4　巧用自动更正功能快速输入长文本

9.1.3 关闭拼写和语法检查

前文介绍到拼写和语法检查功能检查到并添加波浪线的可疑文本并不一定是错误的，某些时候为了避免过多的波浪线影响文档的阅读体验，用户可以将拼写和语法检查功能暂时关闭，其操作如下。

在“文件”选项卡中单击“选项”按钮，在打开的“Word 选项”对话框的“校对”选项卡中的“在 Word 中更正拼写和语法时”栏中取消选中“键入时检查拼写”和“键入时标记语法错误”复选框，然后单击“确定”按钮即可，如图 9-5 所示。

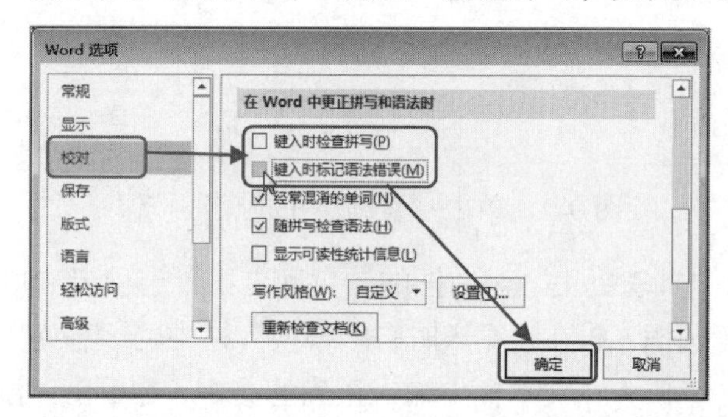

图 9-5　取消选中相应复选框关闭拼写和语法检查功能

9.1.4 统计文档字数

大多数文档对于字数有一定的要求，如不得低于多少字、不超过多少字等。这就要求在制作文档时随时掌握当前的字数情况，以控制文档字数。

Word 提供的字数统计功能可以帮助用户很好地统计文档的字数情况，其使用方法为：在“审阅”选项卡的“校对”组中单击“字数统计”按钮，在打开的“字数统计”对话框中即可查看当前文档中具体的字数情况，查看完成后单击“关闭”按钮即可，如

图 9-6 所示。

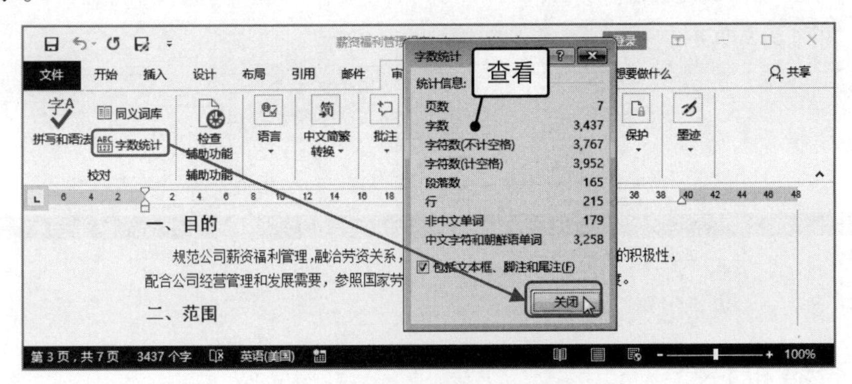

图 9-6　查看字数统计信息

另外，在 Word 的状态栏也可以查看文档的字数，但“字数统计”对话框中显示的字数信息更为详细。

9.2 对文档进行批注

在商务办公中，许多文档都需要上报给上级领导审阅，然后上级领导会在文档中给出修改意见，这就需要使用 Word 的批注功能。

9.2.1 添加批注

批注只是标记文档中的内容并给出意见或建议，并不会对文档进行修改，且批注存在于文档页面之外，不影响文档排版。当需要对文档某部分内容提出修改意见时，可以为该部分内容添加批注，其操作步骤如下。

选择需要添加标注的内容，在“审阅”选项卡的“批注”组中单击“新建批注”按钮，此时页面的右侧会出现一个批注框，在其中输入文本即可，如图 9-7 所示。

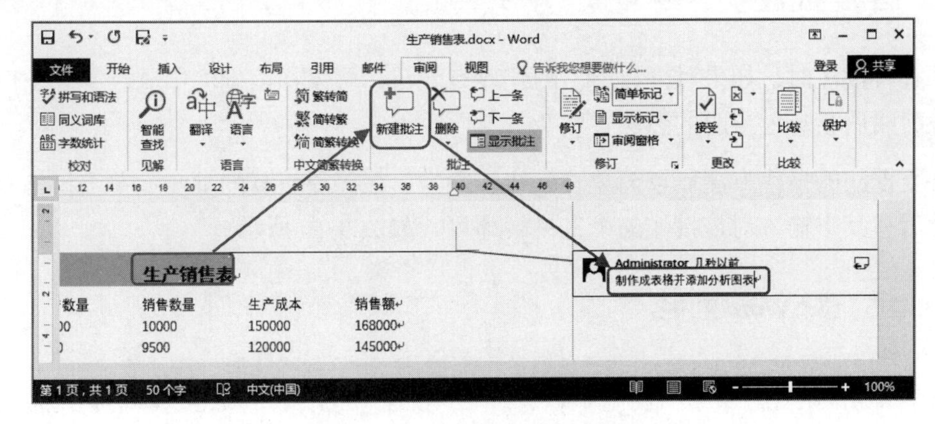

图 9-7　在文档中添加批注

另外，选择文本后右击，然后在弹出的快捷菜单中选择“新建批注”命令也可以添加批注，如图 9-8 所示。

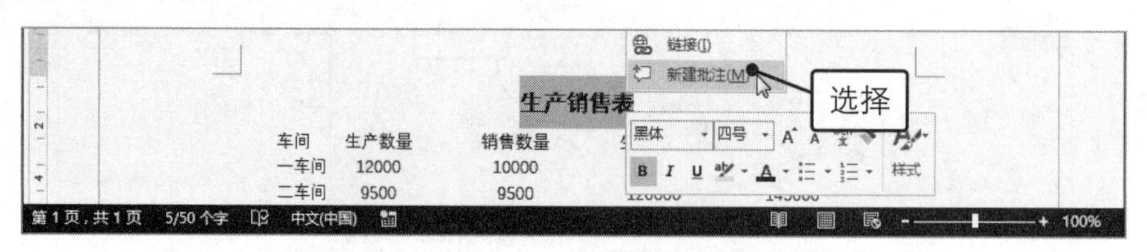

图 9-8 通过快捷菜单添加批注

9.2.2 查看批注

当需要查看文档中的批注时，可以通过相应按钮按上下顺序快速定位到各批注进行逐条查看，不必由用户从头到尾检查文档中哪些位置存在批注，其操作方法如下。

在“审阅”选项卡的“批注”组中单击“下一条”按钮即可将文档直接跳转到下一条批注所在的位置，如图 9-9 所示。如果要返回上一条批注，只需要单击“上一条”按钮即可。

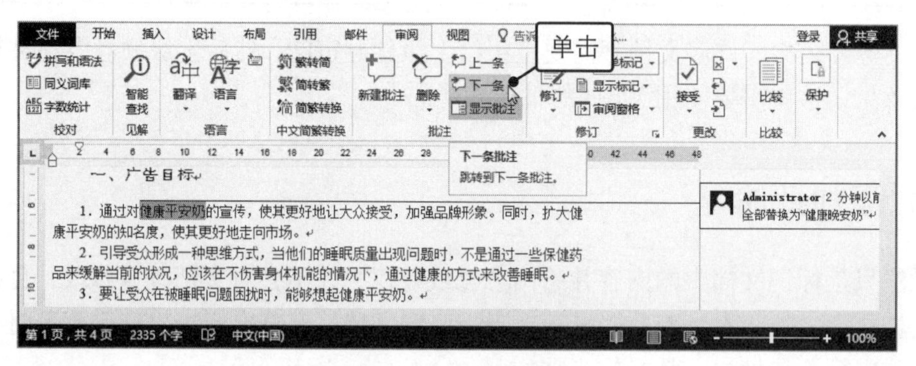

图 9-9 快速查看批注

9.2.3 答复批注

在查看批注时，如果对批注给出的建议有异议，可以在该批注中进行答复，以免经过一段时间后会忘记当时的想法。

答复批注的操作方法比较简单，具体步骤为：在需要答复的批注上单击“答复”按钮，然后在其中输入对该批注的个人见解即可，如图 9-10 所示。

小技巧：修改 Word 用户名

Word 的默认用户名为 China，为了方便了解批注的来源，可以将用户名修改为自己的称呼或职位等，其操作为：在“文件”选项卡中单击“选项”按钮，在打开的“Word 选项”对话框的“常规”选项卡中的“用户名”文本框中输入自己的称呼即可。

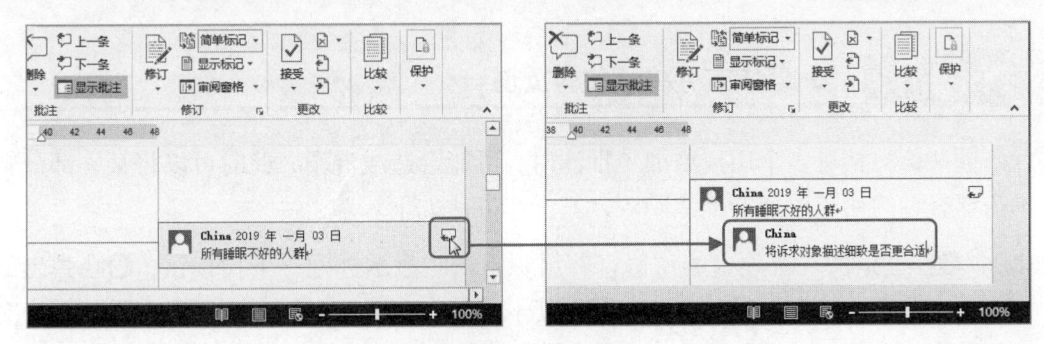

图 9-10　答复批注

9.2.4 删除批注

当文档已经根据批注进行了修改后，批注就失去了作用。此时为了不影响文档的美观，可以将批注删除，其操作如下。

选择待删除的批注，在“审阅”选项卡的“批注”组中单击“删除”按钮即可将该条批注删除，如9-11左图所示。或者在待删除的批注上右击，然后在弹出的快捷菜单中选择“删除批注”命令，如9-11右图所示。

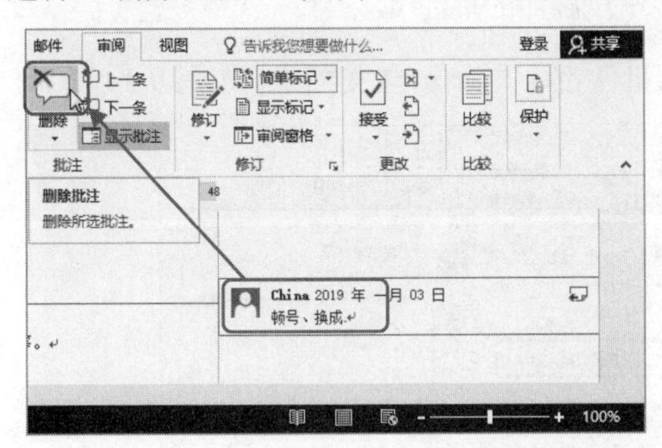

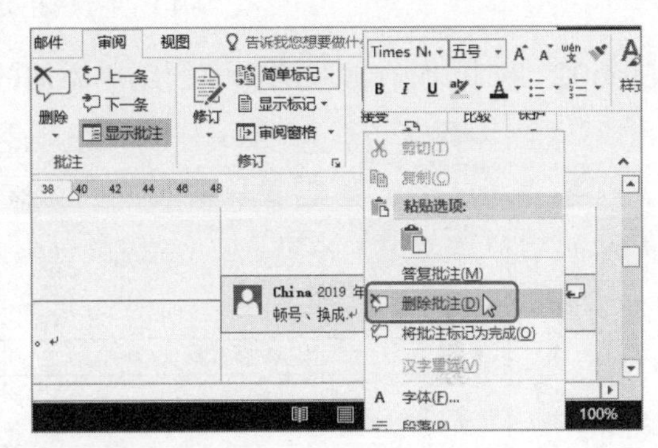

图 9-11　删除所选批注

如果需要删除文档中所有批注，则可以在“批注”组中单击“删除”下拉按钮，然后在弹出的下拉列表中选择“删除文档中的所有批注”选项即可，如图9-12所示。

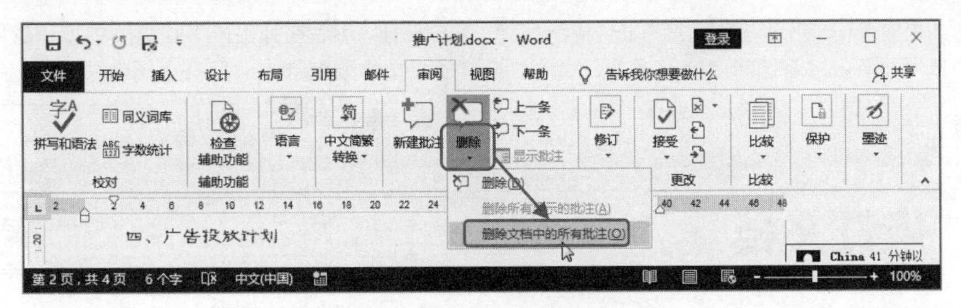

图 9-12　删除文档中所有批注

知识延伸 隐藏特定用户添加的批注

当同一篇文档有多个用户添加了批注时，可能会造成混淆，此时可以将某一部分暂时不需要查看的用户添加的批注隐藏，其操作方法如下。

Step01 ❶在“审阅”选项卡的“修订”组中单击“显示标记”下拉按钮，❷在弹出的下拉菜单中选择“特定人员”命令，❸在其子菜单中取消选中暂时不需要查看的用户对应的复选框，如图 9-13 所示。

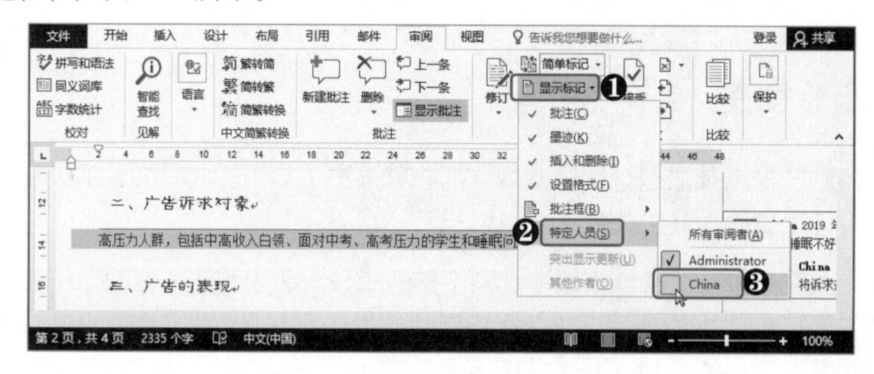

图 9-13 隐藏指定用户添加的批注

Step02 此时，所有被取消选中的用户添加的批注都不再显示在文档中，如图 9-14 所示。

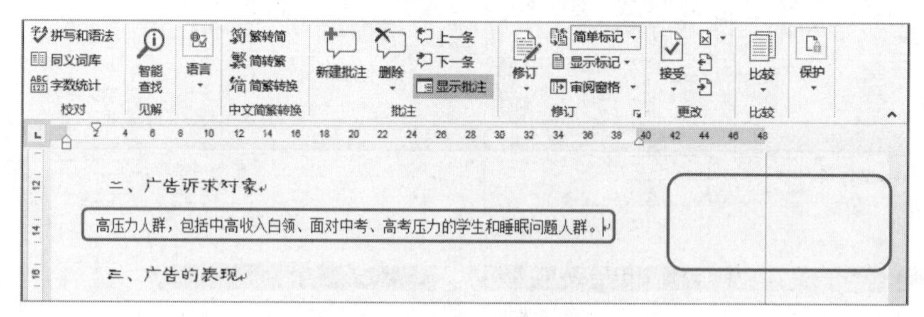

图 9-14 隐藏批注效果图

提个醒：隐藏全部批注

如果需要隐藏所有批注，可单击“显示标记”下拉按钮，然后在弹出的下拉菜单中取消选中“批注”选项即可。或者选择“特定人员”命令，在其子菜单中取消选中“所有审阅者”选项。

9.3 修订文档

相对于批注而言，文档的修订更为直接而明确。修订文档是对文档进行修改，并将被修改的文本标记出来，以提醒作者该位置有进行修订，而原作者在查看这些修订后可以选择接受修订或拒绝修订。

9.3.1 添加修订

对文档进行修订之前，需要先进入修订状态，否则就会直接对文档进行修改，且不会标记被修改的文本。

[分析实例]——对“人事档案保管制度”文档进行修订

下面以修订“人事档案保管制度”文档为例，讲解添加修订的相关操作，如图 9-15 所示为添加修订的前后对比效果。

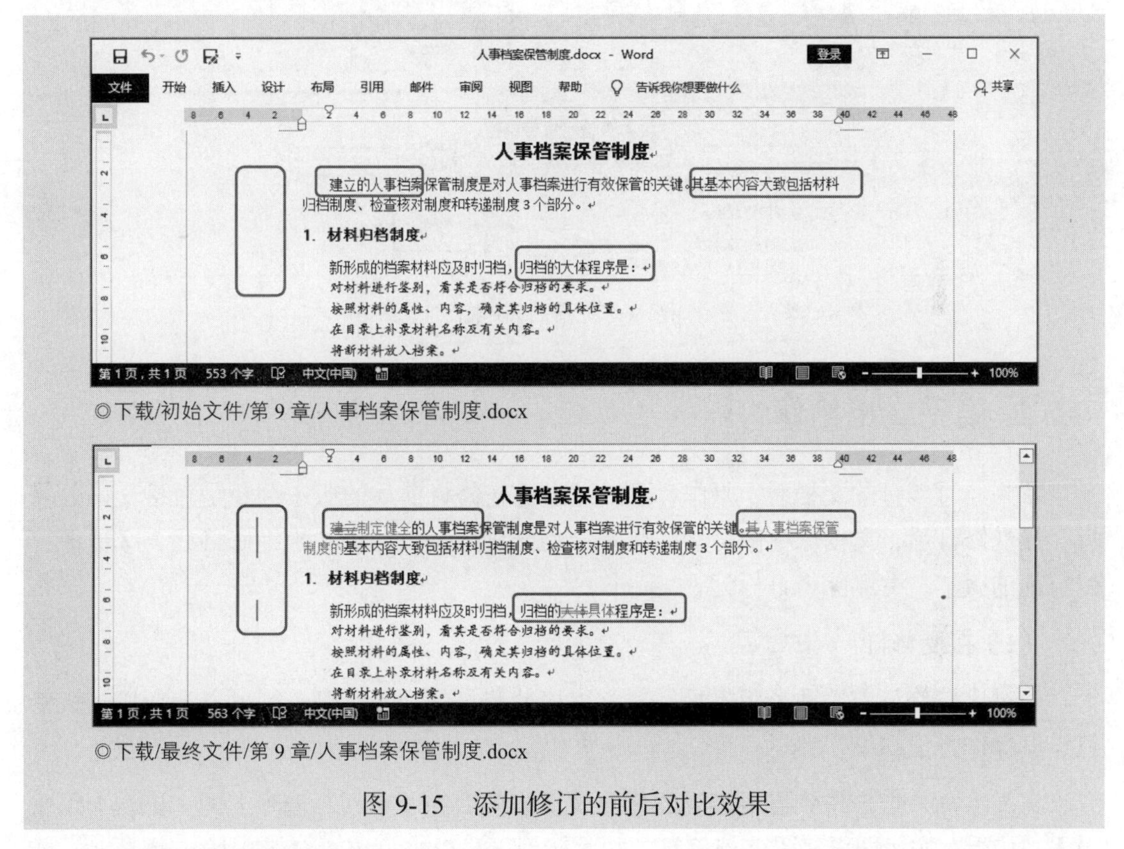

◎下载/初始文件/第 9 章/人事档案保管制度.docx

◎下载/最终文件/第 9 章/人事档案保管制度.docx

图 9-15　添加修订的前后对比效果

其具体操作步骤如下。

Step01 打开素材文件，❶单击“审阅”选项卡，❷在“修订”组中单击“修订”下拉按钮，❸在弹出的下拉列表中选择“修订”选项，如图 9-16 所示。

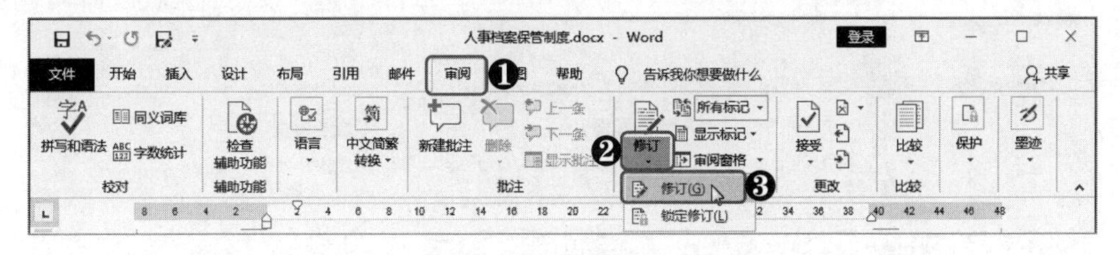

图 9-16　选择“修订”选项

提个醒：锁定修订状态

从图 9-16 可以看到，在“修订”下拉菜单中有“锁定修订”选项，其作用是用密码锁定修订状态，以防止无意中关闭修订状态。其使用方法为：选择“锁定修订”选项，然后在打开的“锁定修订”对话框中输入密码并确认密码，再单击“确定”按钮即可用密码锁定修订状态。

Step02 此时文档进入修订状态，直接在编辑区对文档内容进行修改，即可将修订内容添加到文档，如图 9-17 所示。

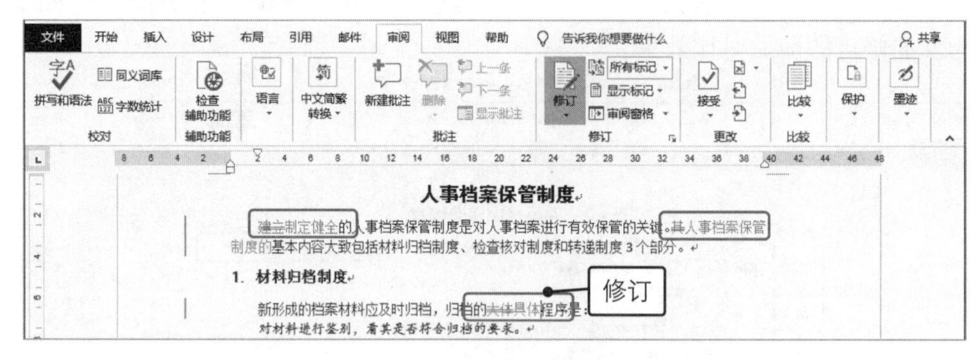

图 9-17 修订文档

9.3.2 接受或拒绝修订

拿到经过修订的文档后，原作者可以通过比较修订前后的版本判断是否接受该处修订。接受修订后，文档保存修订后的版本，且修订标记被删除；拒绝修订后，文档保存修订前的版本，并删除修订标记。

（1）接受修订

通过比较修订前后两个版本后，若觉得该处修订的内容合理，则可以选择接受该修订，其操作方法如下。

将文本插入点定位到需要接受的修订位置之前，在“审阅”选项卡的“更改”组中单击“接受”按钮即可接受该处修订，并跳转到下一处修订位置，如 9-18 左图所示；或者在“接受”下拉列表中选择“接受并移到下一处”选项，如 9-18 右图所示。

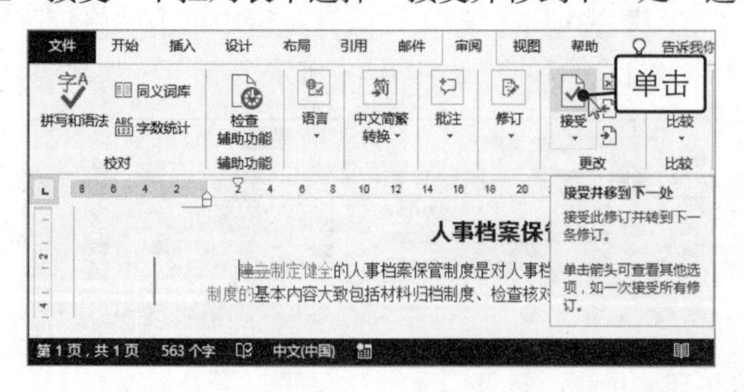

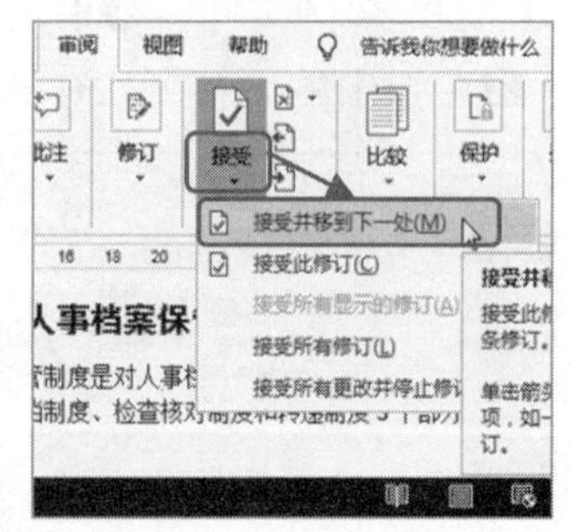

图 9-18 接受修订

如果需要接受全部修订，可以单击“更改”组中的“接受”下拉按钮，在弹出的下拉列表中选择“接受所有修订”选项，如图 9-19 所示。

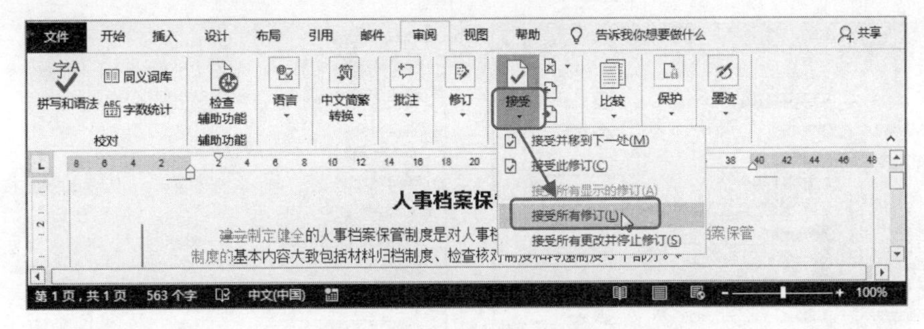

图 9-19　接受所有修订

（2）拒绝修订

如果觉得修订的内容不合理，可以拒绝该修订，其操作方法为：将文本插入点定位到要拒绝的修订位置之前，在“更改”组中单击“拒绝”按钮即可；也可以在“拒绝”下拉列表中选择“拒绝并移到下一处”选项，如图 9-20 所示。

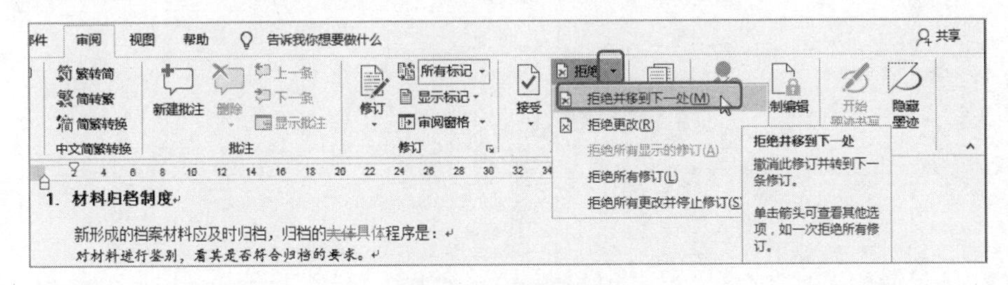

图 9-20　拒绝修订

9.3.3 设置修订样式

默认情况下，修订的内容是以删除线、下划线等进行标记。当多个用户对同一文档进行修订时，如果都使用默认的标记方式，很容易产生混淆，从而无法辨别该修订是哪个用户完成的。这时就需要对修订的标记方式进行修改，其操作方法如下。

在“审阅”选项卡的“修订”组中单击“对话框启动器”按钮，然后在打开的“修订选项”对话框中单击“高级选项”按钮，如图 9-21 所示。

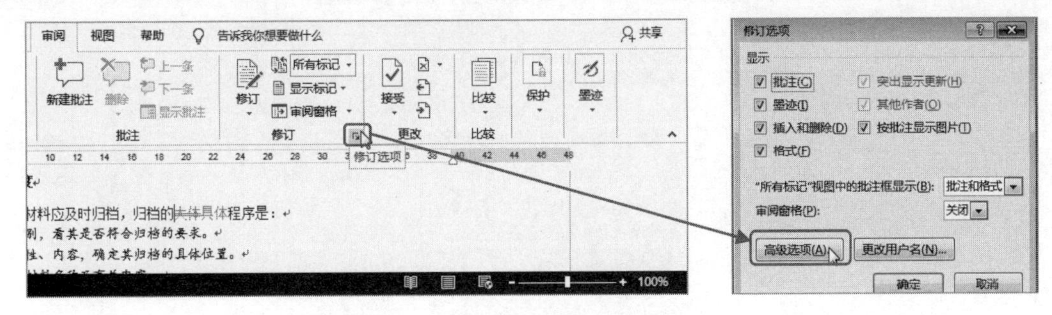

图 9-21　单击“高级选项”按钮

在打开的“高级修订选项”对话框中的“标记”、“移动”和“格式”栏中分别设置相应的修订选项，然后依次单击“确定”按钮，如图 9-22 所示。

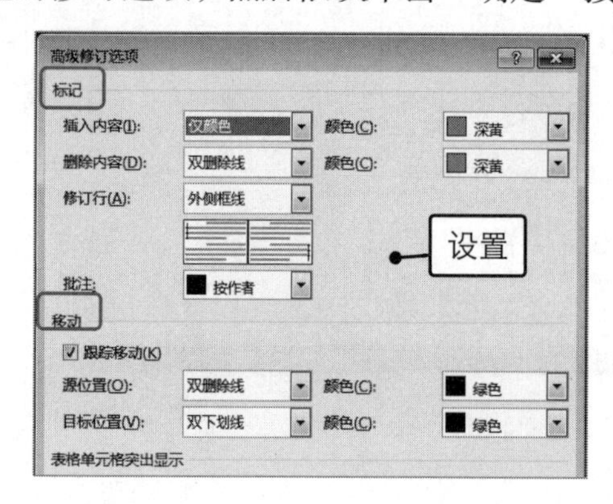

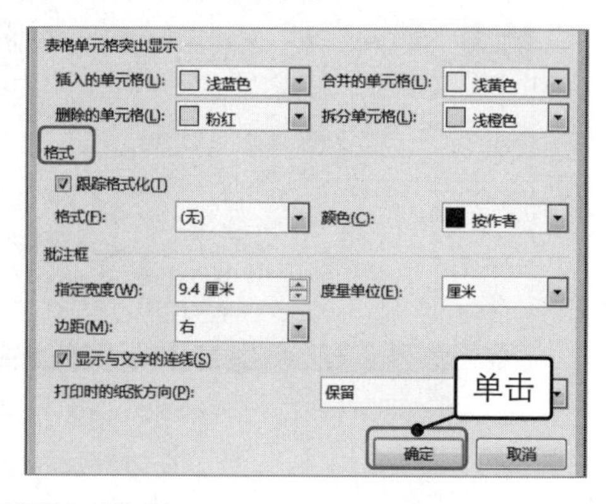

图 9-22　设置修订选项

第 10 章
Word 的高级应用

通过对本书前面章节的学习，对于 Word 工作应用方面的知识应该已经基本掌握。本章将主要介绍在工作中比较实用的高级应用，如比较文档、合并文档和邮件合并的应用等。掌握 Word 的高级应用，可以较大程度地提高工作效率。

|本|章|要|点|

- 比较与合并文档
- 邮件合并的应用
- 制作信封与标签
- 添加复选框控件

10.1 比较与合并文档

对于经常与 Word 文档打交道的商务办公人员而言，掌握比较文档与合并文档的操作方法是很有必要的，无论对审阅文档还是制作文档都有很大帮助。

10.1.1 比较文档

当同一文档有两个不同的版本时，可以对这两个文档进行比较，从而发现文档的不同之处。

[分析实例]——比较不同版本的“节约奖惩管理制度”文档并处理

下面以比较两个不同版本的“节约奖惩管理制度”文档并进行处理为例，讲解比较文档的相关操作。如图 10-1 所示为比较文档的前后对比效果。

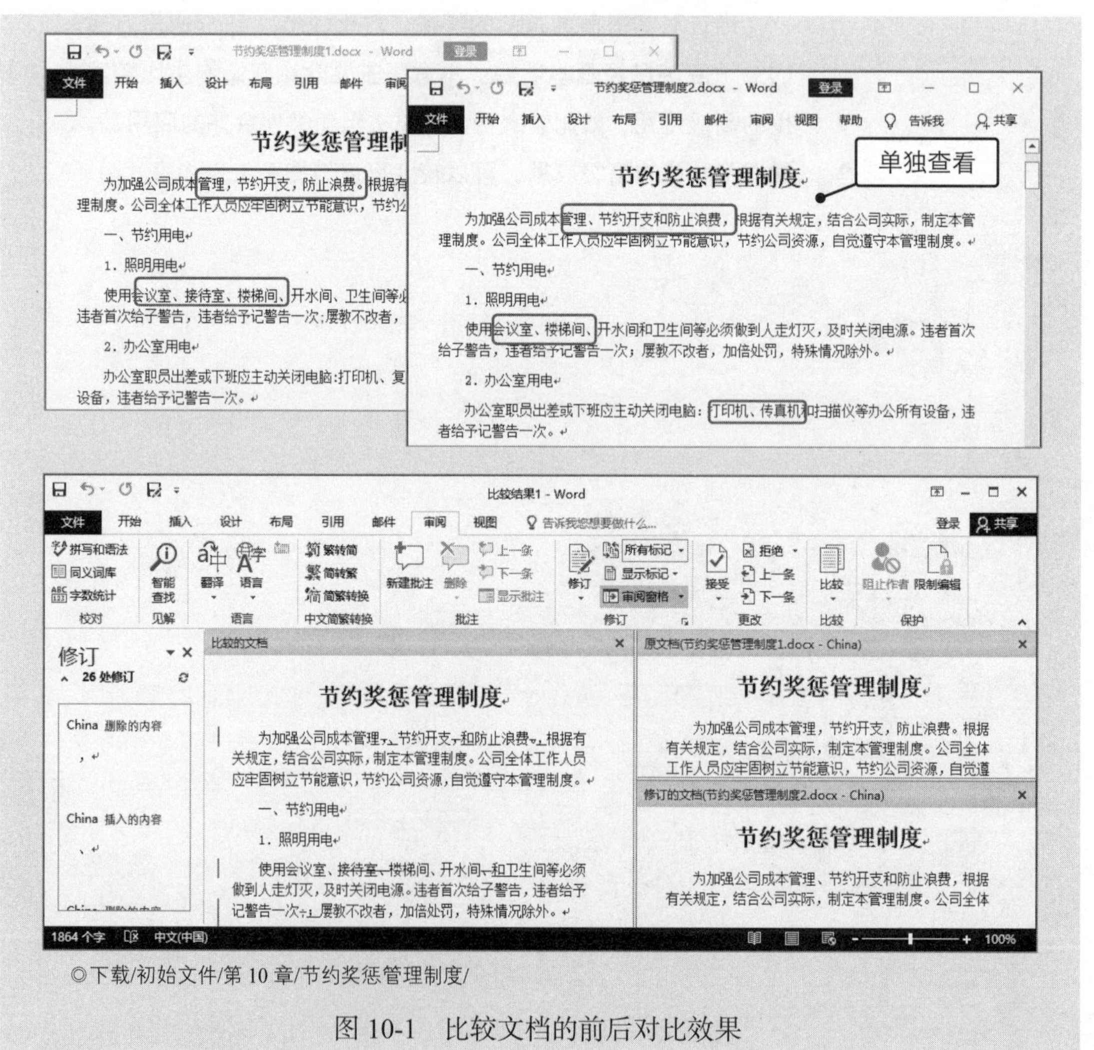

◎下载/初始文件/第 10 章/节约奖惩管理制度/

图 10-1 比较文档的前后对比效果

其具体操作步骤如下。

Step01 任意打开一个文档，❶单击“审阅”选项卡，❷在“比较”组中单击“比较”下拉按钮，❸在弹出的下拉列表中选择“比较”选项，如图 10-2 所示。

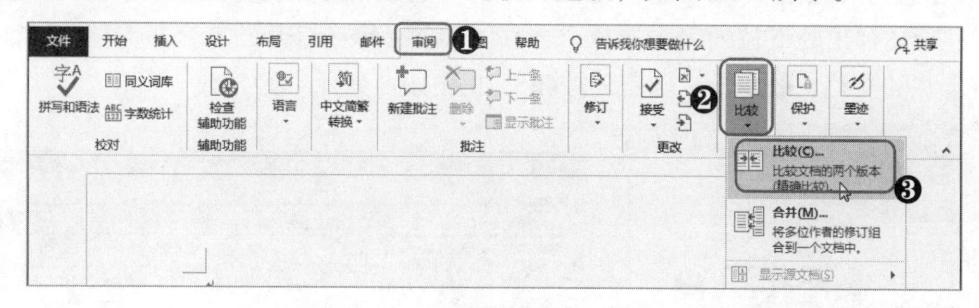

图 10-2 选择“比较”选项

Step02 ❶在打开的“比较文档”对话框中的“原文档”栏中单击“浏览”按钮，❷在打开的“打开”对话框中选择第 1 个需要比较的文档，❸单击“打开”按钮，如图 10-3 所示。

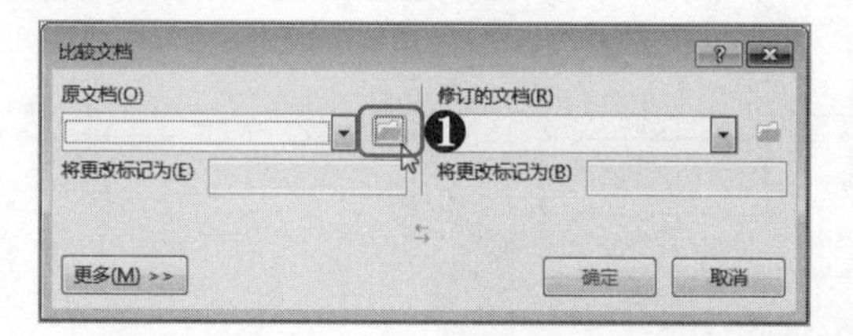

图 10-3 选择第 1 个需要比较的文档

Step03 ❶以同样的方法在“修订的文档”栏中选择第 2 个需要比较的文档，❷单击“确定”按钮，此时会打开一个比较结果文档，如图 10-4 所示。

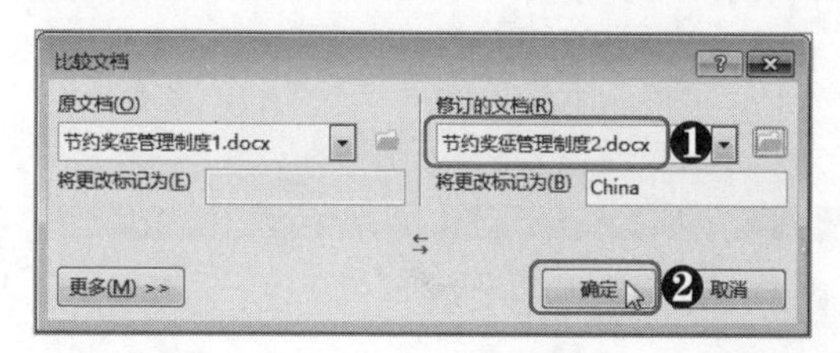

图 10-4 选择第 2 个需要比较的文档

知识延伸 *将多位作者的修订组合到同一文档中*

从前文可知，在“比较”下拉列表中除了“比较”选项，还有“合并”选项。这个合并的作用是将同一源文档的不同副本文档中的批注和修订内容合并到一个文档中。当同一文档经由多个用户进行批注和修订后，可以使用此功能将这些批注和修订合并到一个文档中，再对该文档进行核实工作即可，而不必对每一个文档一一核实。

合并修订的操作与比较文档的操作方法基本相同，都需要先选择待合并的两个文档并打开，然后会打开一个合并结果文档，在该文档中同样可以进行接受和拒绝修订的操作，最后保存合并结果文档即可。

Step01 任意打开一个 Word 文档，❶在“审阅”选项卡的“比较”组中单击“比较”下拉按钮，❷在弹出的下拉列表中选择“合并”选项，❸在打开的“合并文档”对话框中选择待合并的文档，❹单击“确定”按钮，如图 10-5 所示。

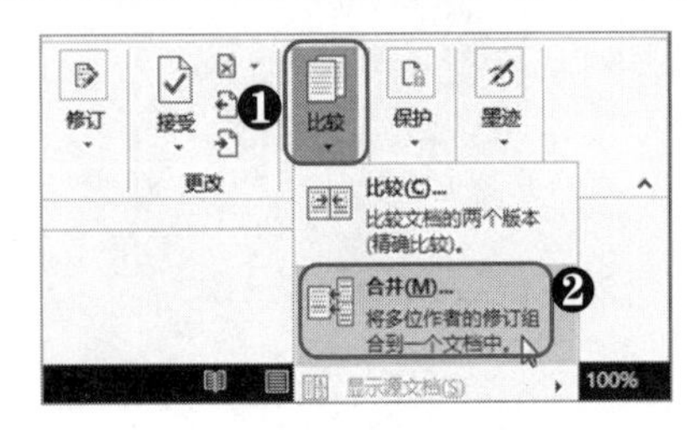

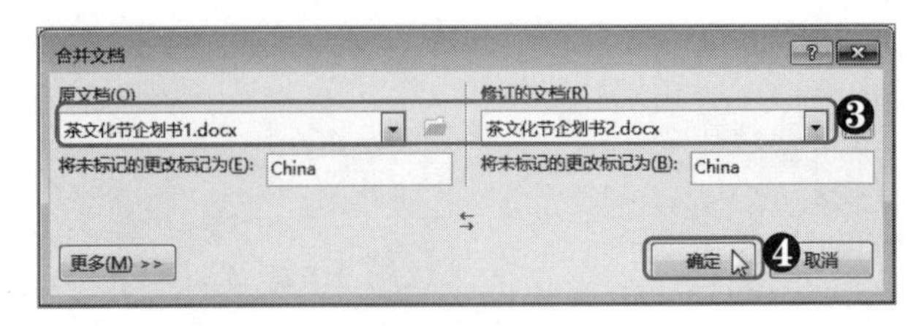

图 10-5　选择待合并修订的文档

Step02 此时会打开合并结果文档，在合并文档的窗口可以查看合并后的效果，也可以直接在合并的文档中对修订和批注进行处理，如图 10-6 所示。处理完成后，保存合并结果文档即可。

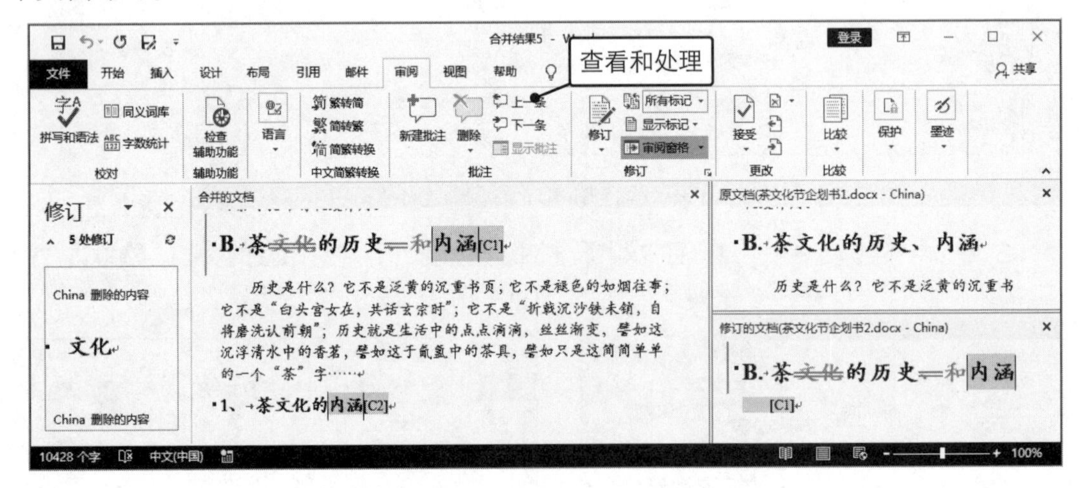

图 10-6　合并结果文档效果图

10.1.2 合并多个文档的内容

在工作中，有些时候为了更快地制作文档，可能会由多人合作完成同一份文档。当各自完成制作后，再将所有人制作的文档合并到一起，从而很大程度地缩短了文档的制作时间。

[分析实例]——将多个文档中的内容合并到“推广计划”文档中

下面以将“推广计划 1”、“推广计划 2”和“推广计划 3”3 个文档的内容合并到一个文档为例，讲解合并多个文档内容的相关操作。如图 10-7 所示为将 3 个文档合并为一个文档的前后对比效果。

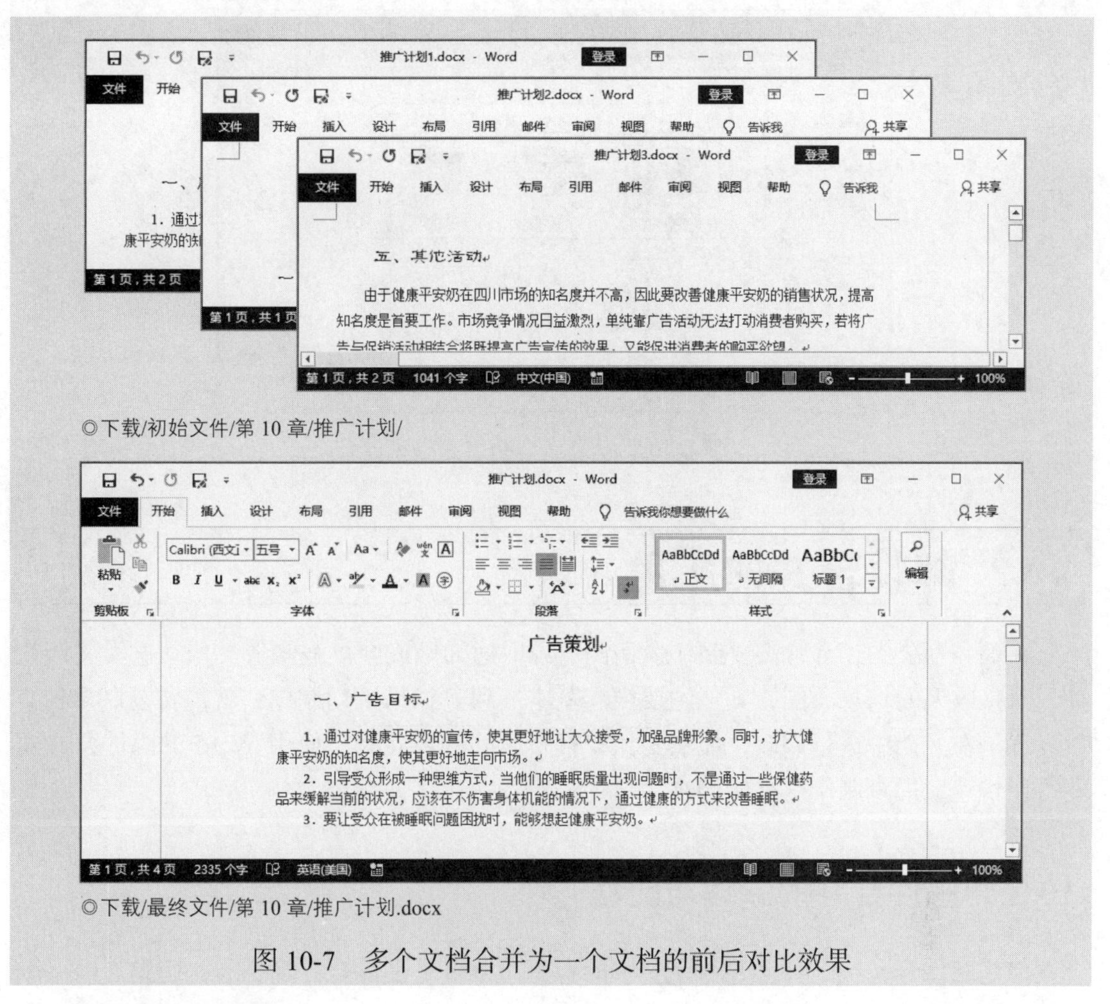

图 10-7　多个文档合并为一个文档的前后对比效果

其具体操作步骤如下。

Step01 ❶新建“推广计划”空白文档，❷在“插入”选项卡的“文本”组中单击“对象”下拉按钮，❸在弹出的下拉菜单中选择“文件中的文字”命令，如图 10-8 所示。

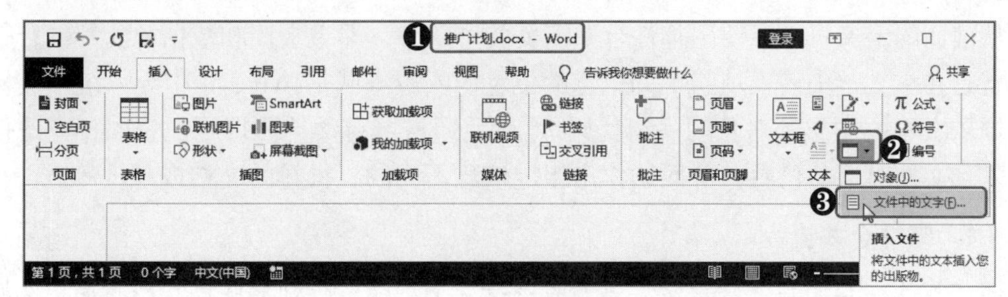

图 10-8　选择“文件中的文字”命令

Step02 ❶在打开的“插入文件”对话框中选择需要合并的文件，❷单击“插入”按钮，如图 10-9 所示。此时 3 个文档的内容就全部合并到了“推广计划”文档中，检查合并后的文档并稍作调整即可。

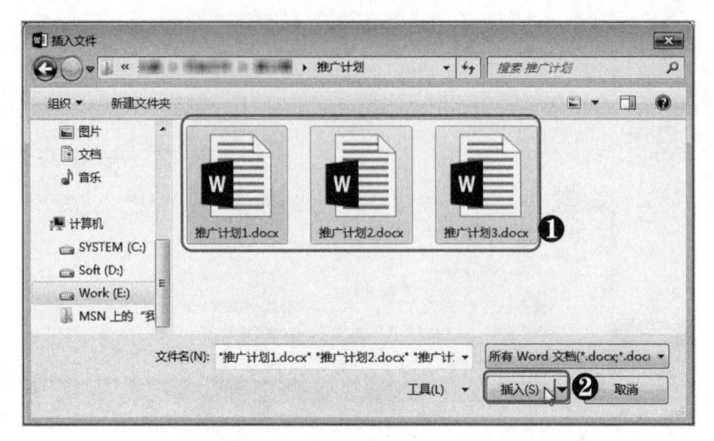

图 10-9　插入需要合并的文档

10.2 邮件合并的应用

在商务办公中，常常需要制作邀请函、录取通知函或会议通知等文档，这类文档往往只有接收人的信息不同，其他主要内容基本一致。如果手动制作，就需要复制多份，然后逐一在文档中进行修改，显然是比较耗费时间的。此时，使用 Word 的邮件合并功能可以快速地批量制作这类文档。

10.2.1 邮件合并的原理与流程

何为邮件合并？邮件合并不是其字面意思，将多个邮件合并到一起，而是指以一个包含所有公共内容的文档和一个包含所有变化信息的数据源为基础，批量制作基本内容与主文档相同，而特定信息不同（如邀请函的收件人信息）的文档等。

（1）邮件合并原理

从前面的定义可知，使用邮件合并需要两个条件，即主文档和数据源。邮件合并的原理就是在主文档中需要填写不同信息的位置插入域（域是 Word 中引导系统在文档中自动插入文本、图形等对象的一组代码），然后通过域自动从数据源中获取相应的信息并插入到文档对应的位置，从而制作出指定信息不同的、批量的文档或邮件等。

（2）邮件合并流程

使用邮件合并功能批量制作文档需要经过 6 个步骤，分别是选择文档类型、选择开始文档（主文档）、选择收件人、撰写信函（插入域）、预览信函和完成合并，下面分别进行介绍。

- **选择文档类型**：在邮件合并第 1 步，用户需要根据主文档的类型选择相应的类型，如信函、电子邮件、信封、标签和目录等，如 10-10 左图所示。
- **选择开始文档**：这一步就是选择需要进行邮件合并的主文档，如果当前打开的文档即是主文档，则选中“使用当前文档”单选按钮即可，如 10-10 右图所示。如果主文档不是当前文档，则应选中“从模板开始”或“从现有文档开始”单选按钮。

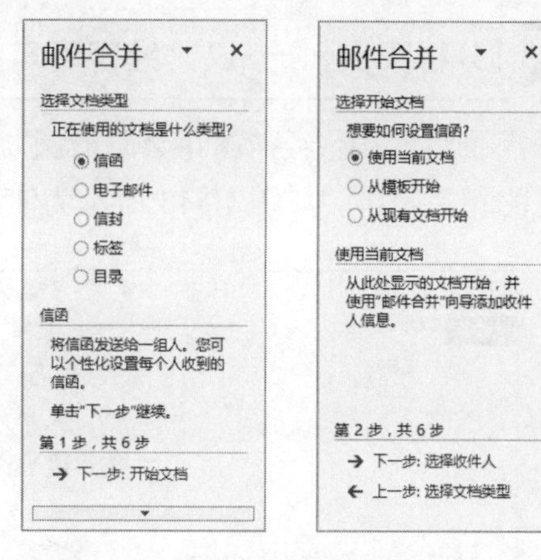

图 10-10　选择文档类型和开始文档

- **选择收件人**：选择收件人即是指选择包含变化信息的数据源文件。若没有数据源文件，则需要手动键入数据源并保存为数据源文件，如 10-11 左图所示。
- **撰写信函**：这一步其实就是在主文档中需要填写数据源中变化信息的位置插入域，如 10-11 右图所示。
- **预览信函**：到这一步，邮件合并也就基本完成了。可以通过单击相应的按钮对邮件合并制作的文档进行预览，如 10-12 左图所示。
- **完成合并**：最后一步就是将制作的文档输出，可以选择打印或生成新文档，如 10-12 右图所示。

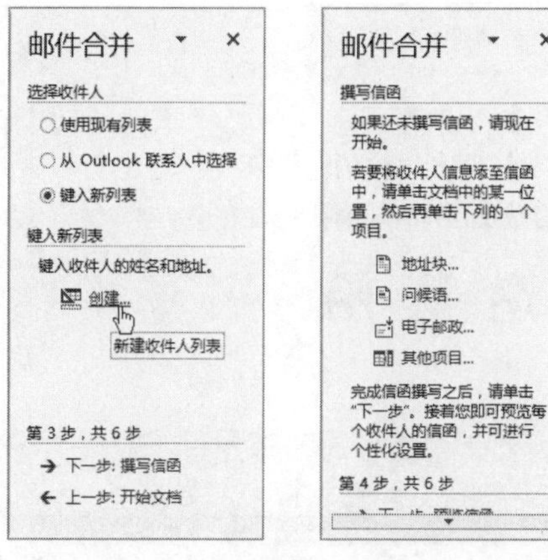

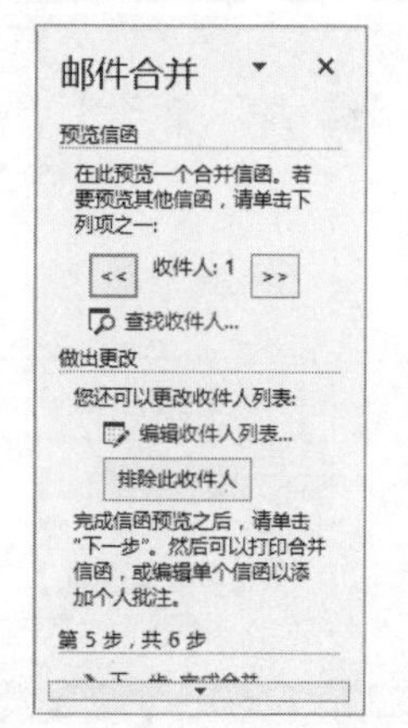

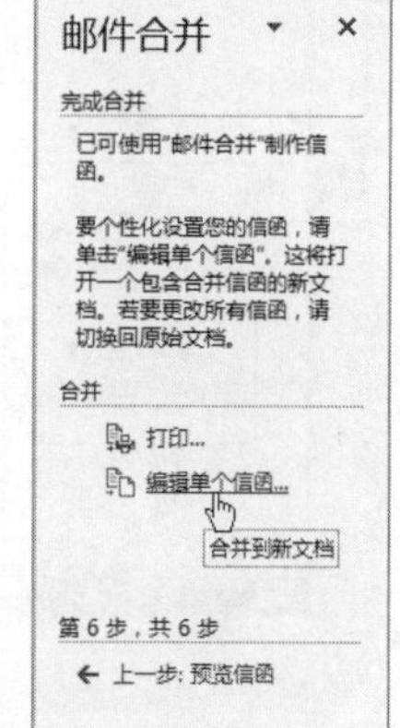

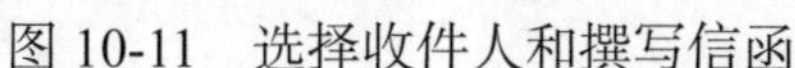
图 10-11　选择收件人和撰写信函

图 10-12　预览信函和完成合并

10.2.2 邮件合并向导的使用

对邮件合并过程中各个步骤有了基本的认识后，就可以使用邮件合并向导来批量制作主体内容基本相同，只有少部分变化信息的文档了。

[分析实例]——以“经销商年会邀请函”文档为主文档批量制作邀请函

下面以使用“经销商年会邀请函”文档作为主文档批量制作邀请函为例，讲解邮件合并的相关操作。如图 10-13 所示为使用邮件合并的前后对比效果。

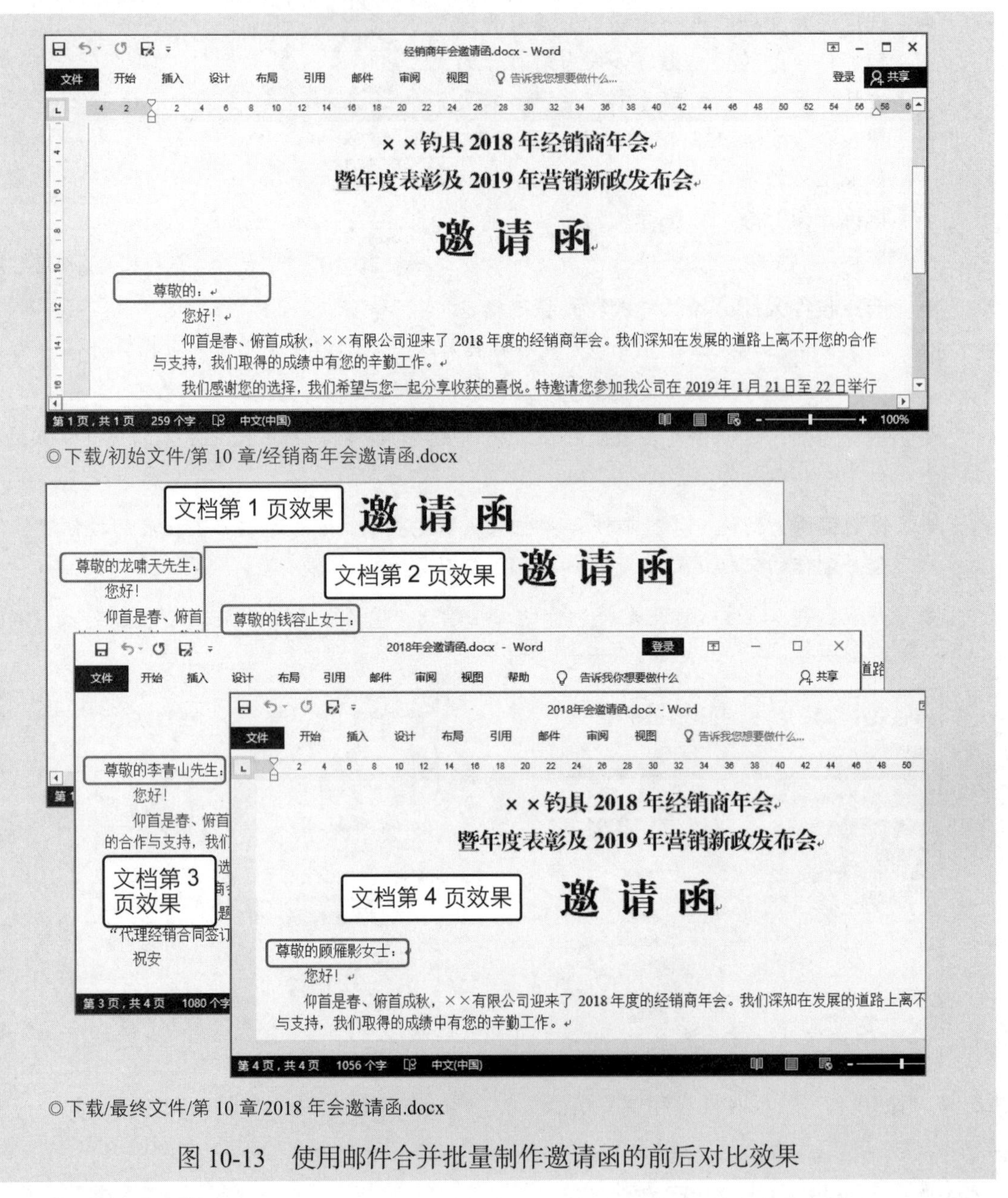

◎下载/初始文件/第 10 章/经销商年会邀请函.docx

◎下载/最终文件/第 10 章/2018 年会邀请函.docx

图 10-13 使用邮件合并批量制作邀请函的前后对比效果

其具体操作步骤如下。

Step01 打开素材文档，❶在“邮件”选项卡的“开始邮件合并”组中单击“开始邮件合并”下拉按钮，❷选择“邮件合并分布向导”命令，❸在打开的“邮件合并”窗格中选中“信函”单选按钮，❹单击“下一步：开始文档”超链接，如图 10-14 所示。

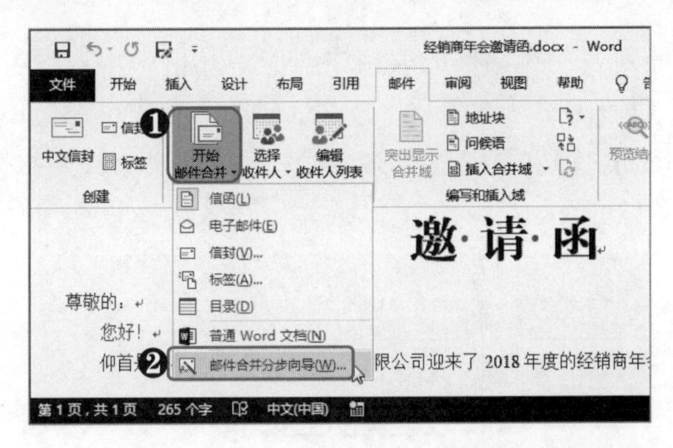
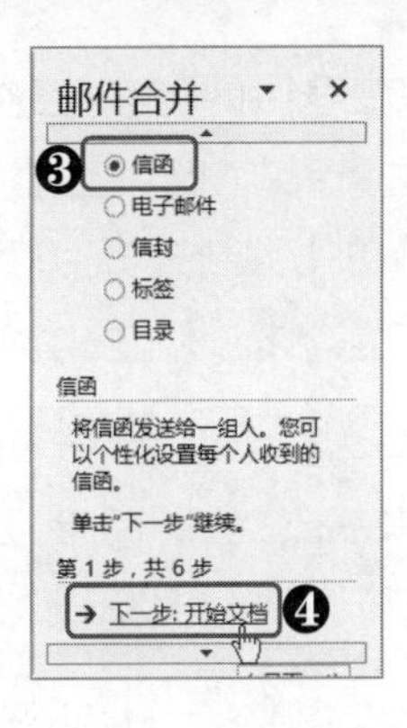

图 10-14　选择文档类型

Step02 ❶选中“使用当前文档”单选按钮，❷单击“下一步：选择收件人”超链接，❸在“选择收件人”栏中选中“键入新列表”单选按钮，❹单击“创建”超链接，❺在打开的“新建地址列表”对话框中单击“自定义列表”按钮，❻在打开的“自定义地址列表”对话框的“字段名”列表框中选择不需要的字段名选项，❼单击“删除”按钮，❽在打开的对话框中单击“是”按钮，如图 10-15 所示。以相同方式删除所有不需要的字段名。

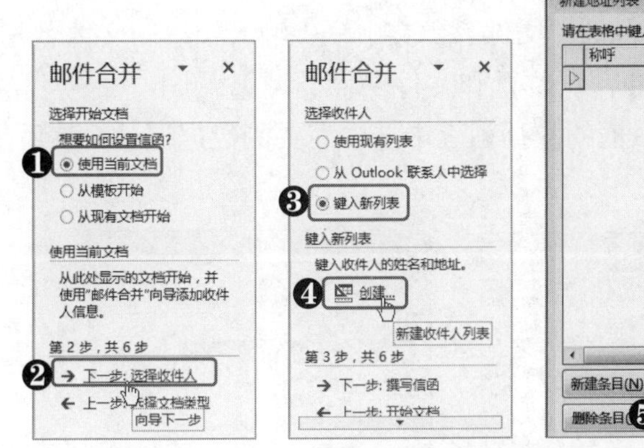
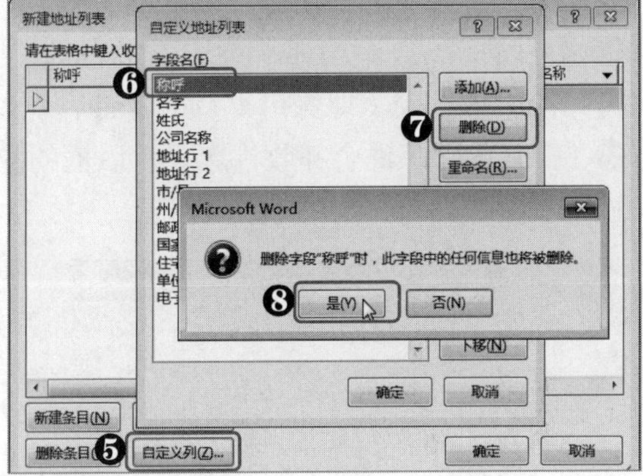

图 10-15　选择主文档并自定义地址列表

Step03 ❶在“自定义地址列表”对话框单击“添加”按钮，❷在打开的“添加域”对话框中输入需要的字段名，如输入“姓名”，❸单击“确定”按钮，❹继续添加“称谓”字段名，❺在返回的对话框中单击“确定”按钮，如图 10-16 所示。

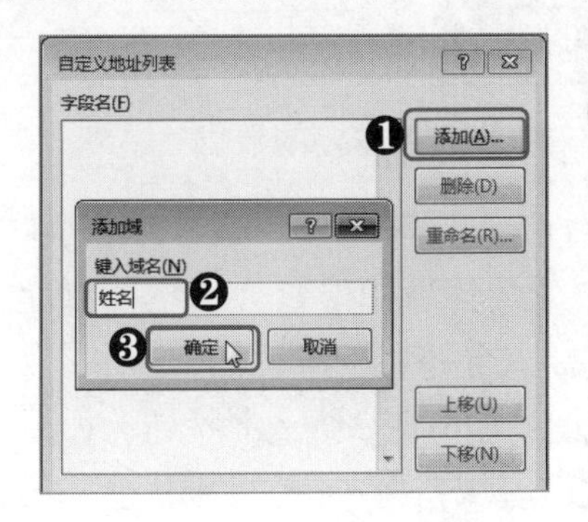
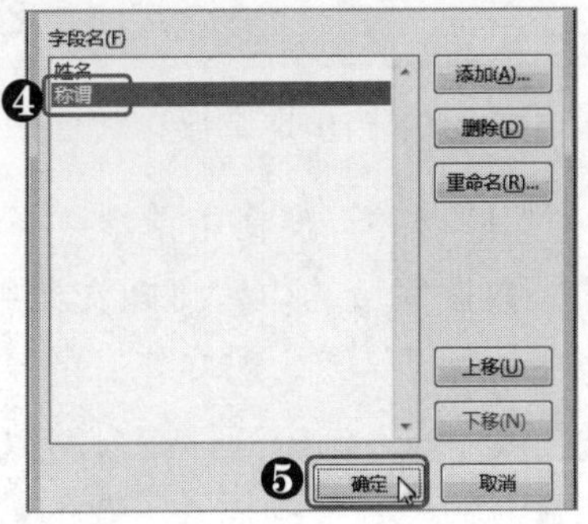

图 10-16　添加字段名

Step04 ❶在返回的“新建地址列表”对话框的表格中对应单元格中输入姓名和称谓，如输入“龙啸天”和“先生”，❷单击“新建条目”按钮，❸继续在表格对应单元格中输入数据，❹单击“新建条目”按钮，❺重复上述操作步骤，完成所有收件人数据的录入，❻单击“确定”按钮，如图 10-17 所示。

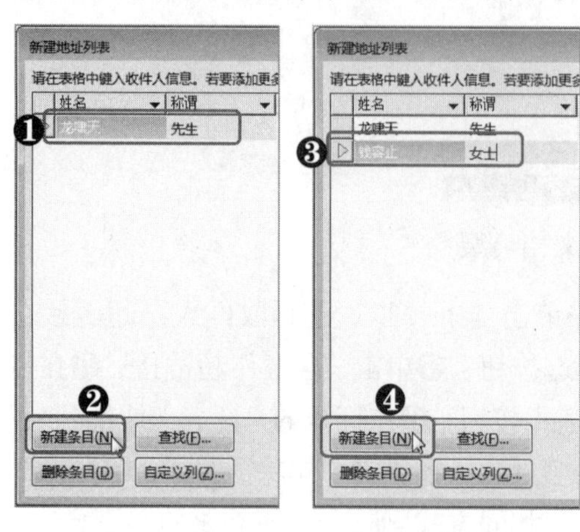

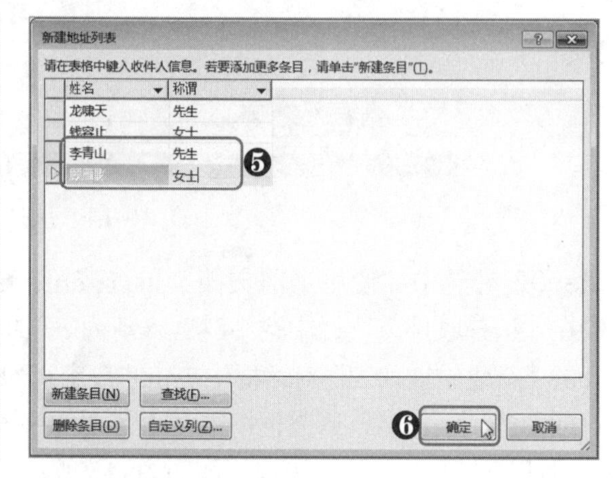

图 10-17　录入收件人数据

Step05 ❶在打开的“保存通讯录”对话框的“文件名”文本框中输入合适的文件名称，❷保持其他设置不变（即保持默认的文件存储位置和文件保存类型），单击“保存”按钮，❸在打开的“邮件合并收件人”对话框的数据列表中选中需要的数据记录，然后单击“确定”按钮即可，如图 10-18 所示。

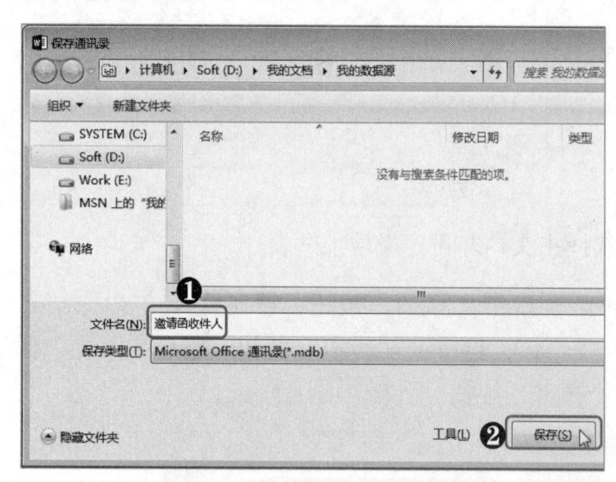

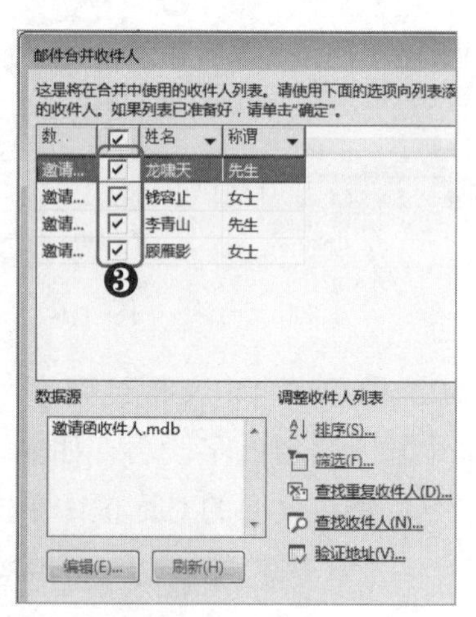

图 10-18　保存数据源文件并选择需要的数据

Step06 ❶在“邮件合并”窗格中单击“下一步：撰写信函”超链接，❷将文本插入点定位到需要插入数据库域的位置（即文档中变化信息的位置），❸在“邮件合并”窗格中单击“其他项目”超链接，❹在打开的“插入合并域”对话框中选中“数据库域”单选按钮，❺在“域”列表框中选择需要的数据，❻单击“插入”按钮，如图 10-19 所示，以相同方法在合适的位置继续插入需要的数据库域，再单击“关闭”按钮。

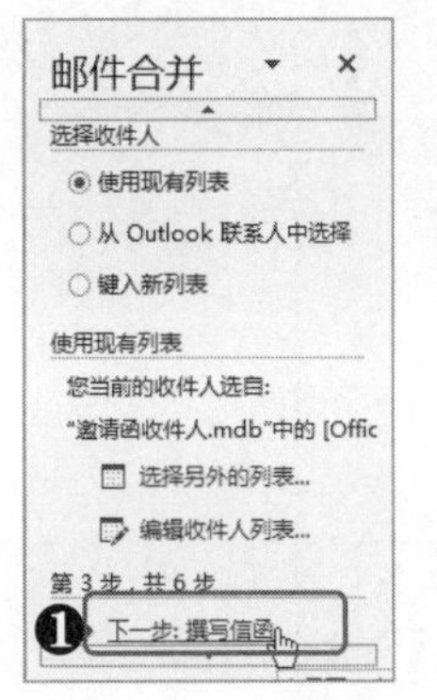
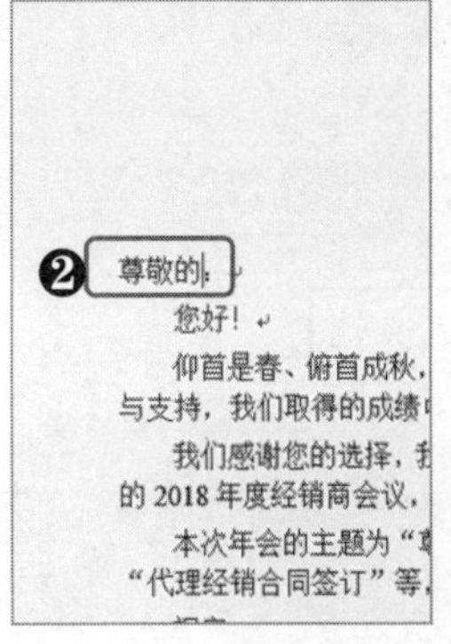
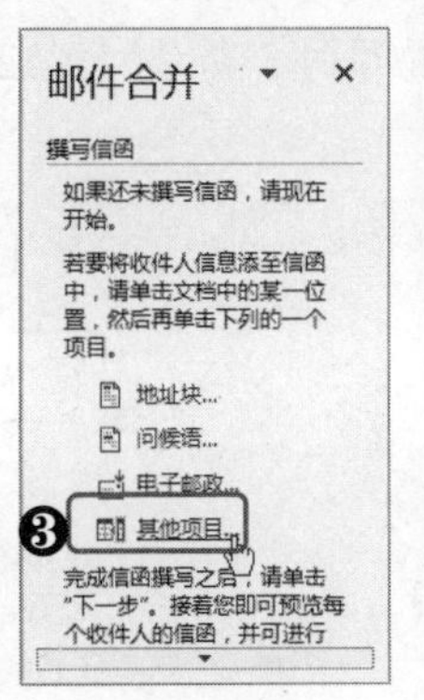
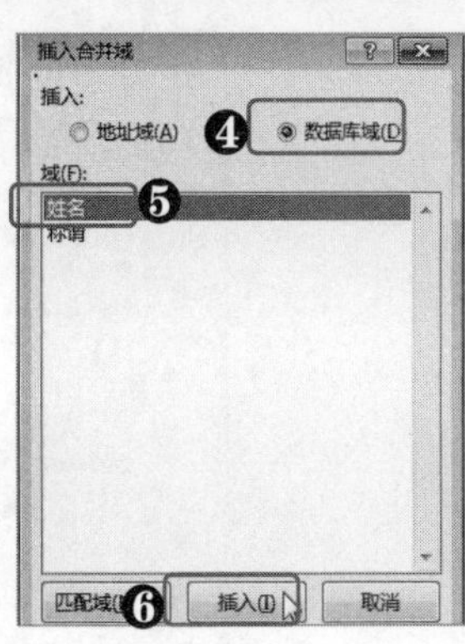

图 10-19　插入数据库域

Step07 ❶在“邮件合并”窗格中单击下一步超链接，此时进入“预览信函”步骤，❷在“邮件合并”窗格中单击向左«或向右»按钮，❸在编辑区可以看到插入的数据库域会根据数据的变化而变化，如图 10-20 所示。（如果在预览信函时发现有不需要制作信函的数据，可以单击“排除此收件人”按钮，就可将该数据记录的信函删除。）

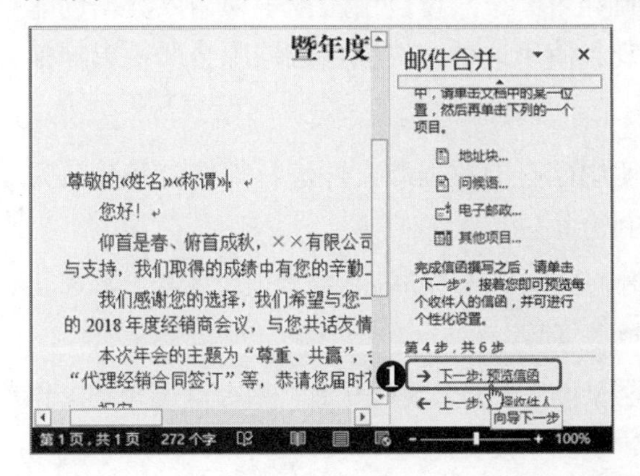
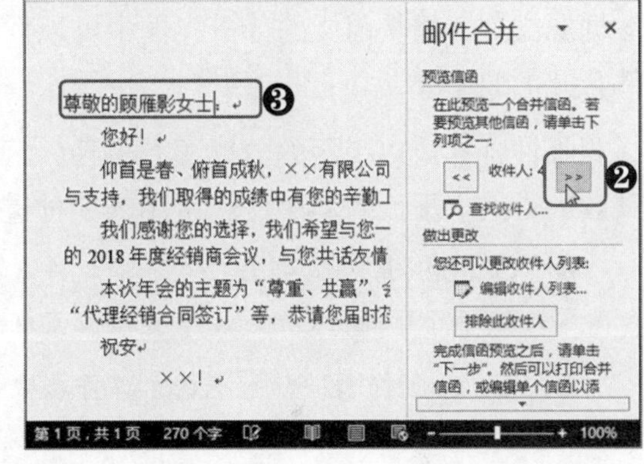

图 10-20　预览邮件合并结果

Step08 ❶单击“下一步：完成合并”超链接，进入“完成合并”步骤，❷此时可选择将合并结果打印或合并到新文档，这里单击“编辑单个信函”超链接，❸在打开的“合并到新文档”对话框中选中“全部”单选按钮，❹单击“确定”按钮，如图 10-21 所示。

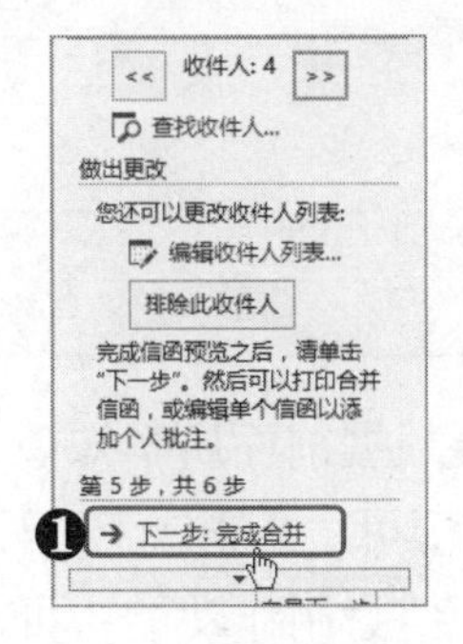
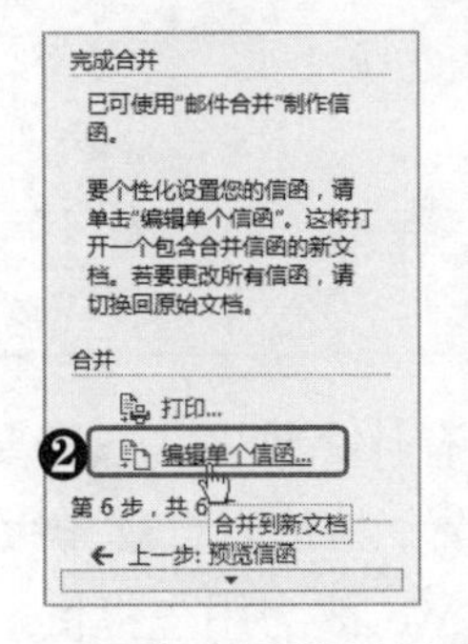
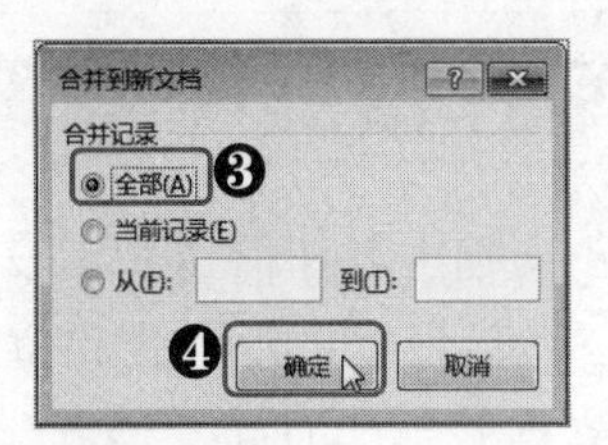

图 10-21　将合并结果输出到新文档

Step09 此时会自动生成一个新文档，其中包含了使用邮件合并功能批量制作的邀请函，将此文档保存到合适的位置即可，如图 10-22 所示。

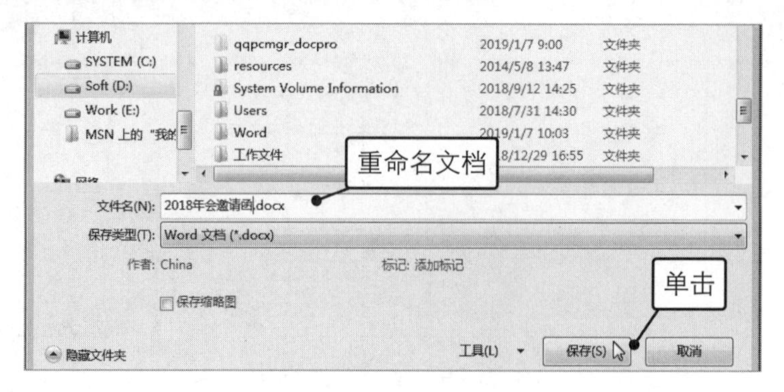

图 10-22　将新文档保存到合适位置并重命名

10.2.3 邮件合并的数据源类型

数据源是邮件合并过程中不可缺少的基础条件，虽然可以由用户手动输入数据创建数据源文件，但从前文的分析实例中可以发现，使用这种方式创建数据源会严重影响邮件合并的效率。

邮件合并可以引用的数据源有多种，而使用已有的数据源文件进行邮件合并是最为高效的方式。下面对其中比较常用的 5 种进行介绍。

- **Outlook 联系人列表**：在选择收件人时，选中“从 Outlook 联系人中选择”单选按钮即可直接在 Outlook 中直接检索联系人信息。
- **Excel 工作表**：如果 Excel 工作表中包含邮件合并需要的信息，则可以选择将工作表中包含数据的单元格区域作为数据源。
- **Access 数据库**：可以将任意表或数据库中定义的查询作为数据源。
- **HTML 文件**：如果 HTML 文件中只包含一个表格，且表格的第一行为表头，其余行是数据，则可以作为邮件合并的数据源。
- **文本文件**：如果文本文件中包含数据域（由制表符或逗号分隔）和数据记录（由段落标记分隔），则可以作为数据源。

10.3 制作信封与标签

在 Word 文档中制作信封其实没有什么难度，只需要根据前面所学知识为页面设置合适的格式，然后设置文本格式和位置，再进行合理排版即可。虽然这个过程没有难度，但是却需要耗费较多的时间。为此，Word 为用户提供了信封制作功能，可以帮助用户更加快速地制作出需要的信封。

10.3.1 使用向导制作信封

信封制作向导可以引导用户快速完成信封制作，用户只需要按照向导的提示进行相应的设置和操作即可。

[分析实例]——制作一份寄往四川省成都市郫都区×街 8 号的信封

下面以使用信封制作向导制作一份由湖南省长沙市岳麓区××路 23 号寄往四川省成都市郫都区×街 8 号的信封为例，讲解使用信封制作向导的相关操作。如图 10-23 所示为信封制作完成的效果图。

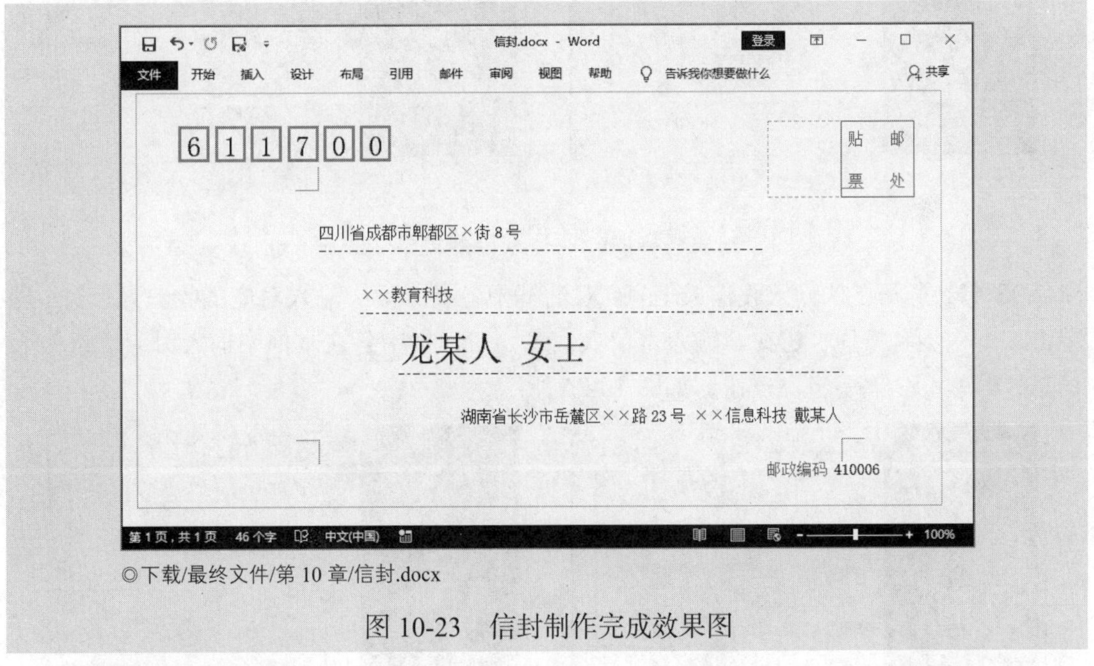

◎下载/最终文件/第 10 章/信封.docx

图 10-23　信封制作完成效果图

其具体操作步骤如下。

Step01 新建一个空白文档，❶在“邮件”选项卡的“创建”组中单击“中文信封”按钮，❷在打开的“信封制作向导”对话框中单击“下一步”按钮，如图 10-24 所示。

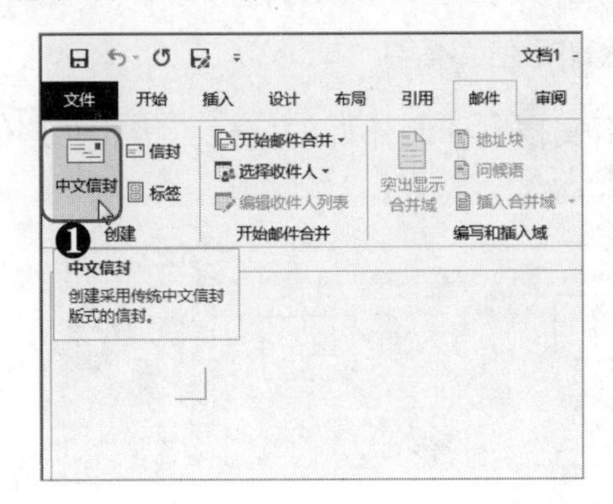

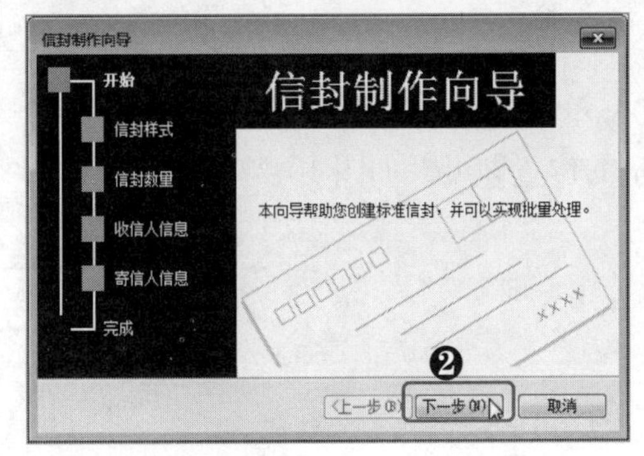

图 10-24　单击“下一步”按钮

Step02 ❶在打开的对话框的“信封样式”下拉列表框中选择“国内信封-DL（220×110）”信封样式，❷选中需要在信封上显示的对象对应的复选框，❸单击“下一步”按钮，❹在打开的对话框中选中“键入收信人信息，生成单个信封”单选按钮（如果需要批量制作信封，则应选中“基于地址簿文件，生成批量信封”单选按钮，并提供包含收信人数据的地址簿文件，如Excel工作表等），❺单击“下一步”按钮，如图10-25所示。

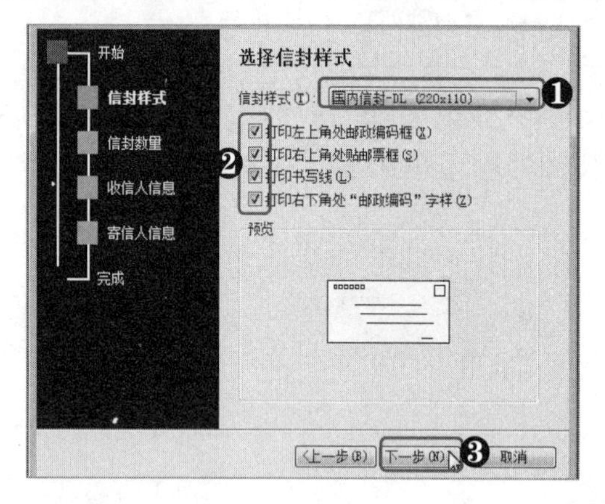

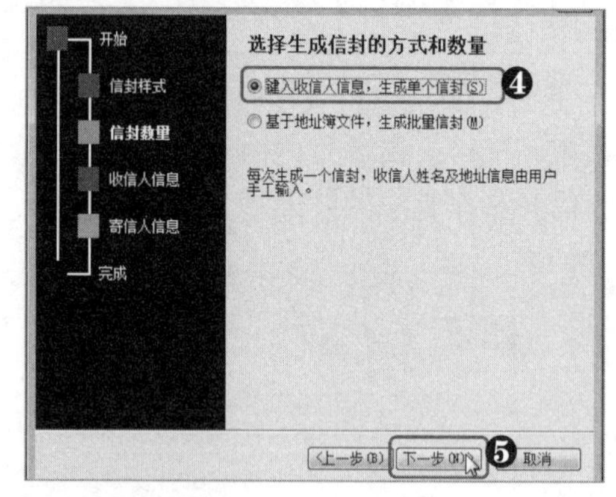

图 10-25　设置信封样式并选择信封生成方式

Step03 ❶在打开的“输入收信人信息”对话框中各文本框中输入对应的收信人信息，❷单击“下一步”按钮，❸在“输入寄信人信息”对话框中各文本框中输入对应的寄信人信息，❹单击“下一步”按钮，如图10-26所示。

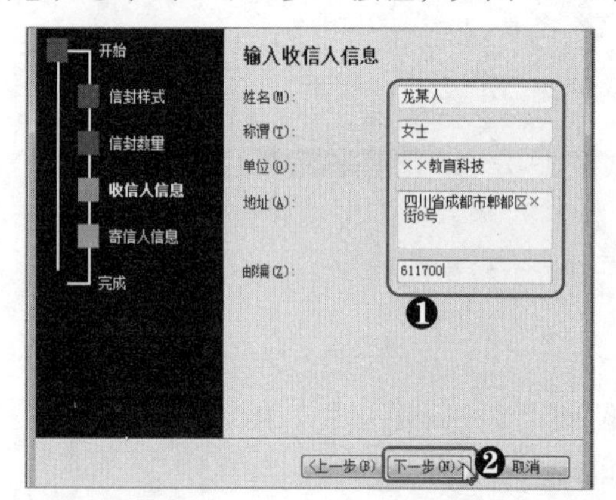

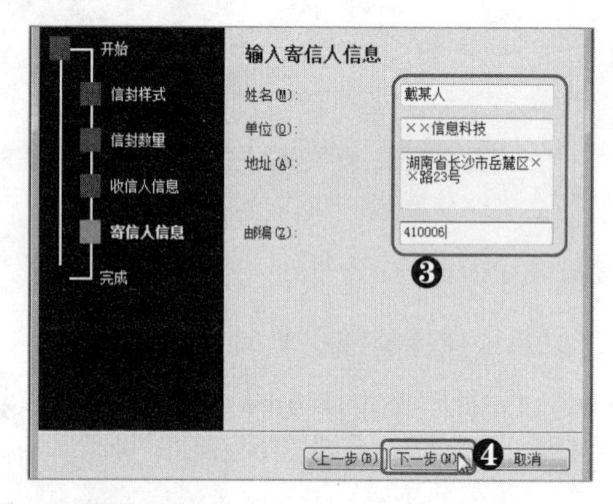

图 10-26　输入收信人和寄信人信息

Step04 单击“完成”按钮后会自动打开一个新文档，即制作好的信封，将此文档保存到合适的位置即可，如图10-27所示。

图 10-27　保存信封

10.3.2 制作自定义信封

通过信封制作向导制作的信封格式规范、工整，但有其局限性，即不能完全满足用户的个性化要求，非常大众化。如果要制作一封别具一格的信封，就要用户自定义制作。

下面要介绍的自定义信封不是让用户直接在文档的空白页面中进行制作，虽然这样也可以制作出需要的信封效果，但无论是页面格式还是文本格式都需要用户手动设置，着实过于麻烦。这里要介绍的制作自定义信封是指使用 Word 的创建信封功能，快速创建信封，其操作如下。

在“邮件”选项卡的“创建”组中单击“信封”按钮，在打开的“信封和标签”对话框的“信封”选项卡相应的文本框中输入完整的收信人和寄信人信息，然后单击“添加到文档”按钮，在打开的提醒对话框中单击“否”按钮，如图 10-28 所示。

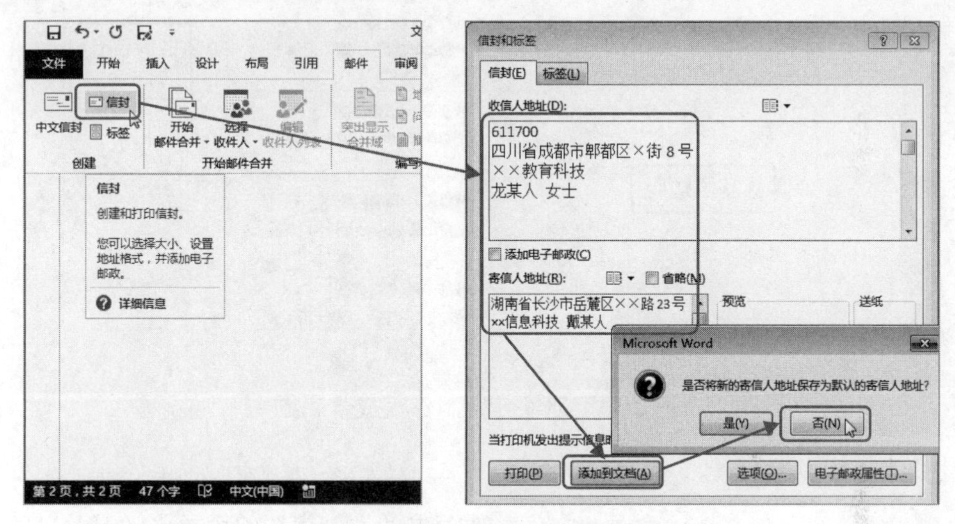

图 10-28　快速创建信封

执行上述操作后，在文档中会创建一页信封，如图 10-29 所示，只需要在其中为文本设置格式即可，而不再需要手动设置页面的各种属性。

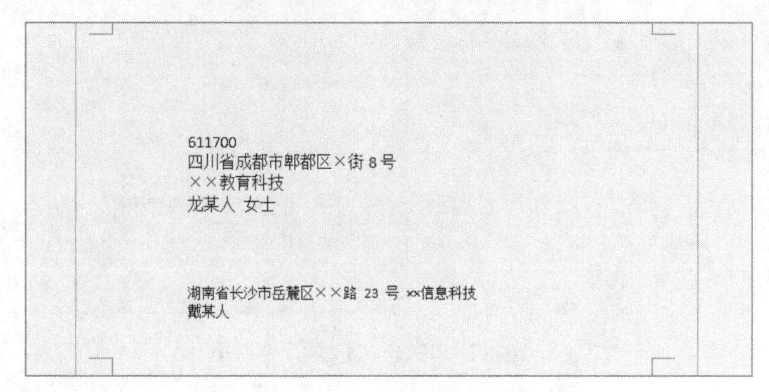

图 10-29　快速创建的信封效果

10.3.3 制作标签

Word 的“邮件”选项卡中囊括了与之相关的许多功能，前文已经介绍了使用邮件合并批量制作邀请函和使用向导制作信封的操作。下面将介绍如何使用 Word 批量制作标签。

[分析实例]——使用 Word 快速制作一套地址标签

下面以制作一套地址标签为例，讲解制作标签的相关操作。如图 10-30 所示为地址标签制作完成的效果图。

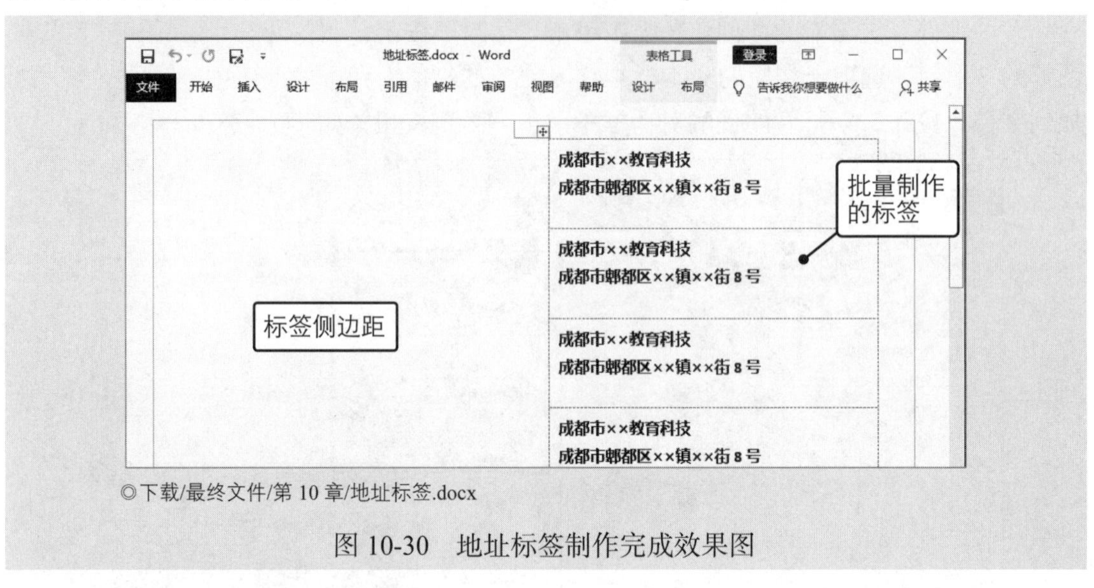

◎下载/最终文件/第 10 章/地址标签.docx

图 10-30　地址标签制作完成效果图

其具体操作步骤如下。

Step01 新建一个空白文档，❶在“邮件”选项卡的“创建”组中单击“标签”按钮，❷在打开的“信封和标签”对话框中的“标签”选项卡中单击“选项”按钮，如图 10-31 所示。

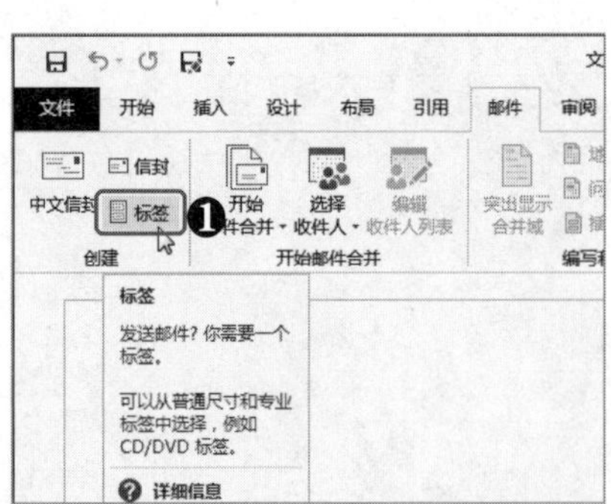

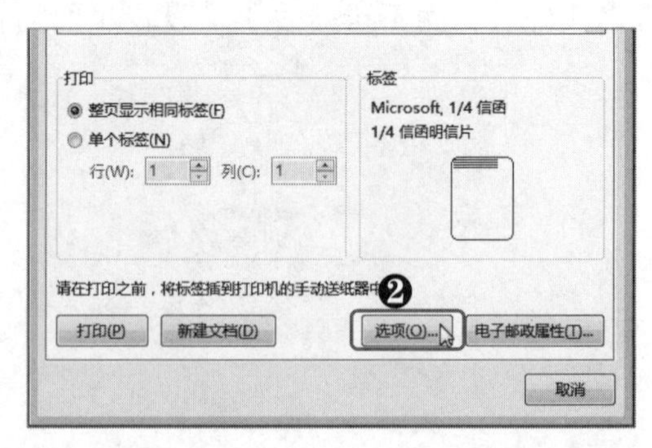

图 10-31　单击“选项”按钮

Step02 ❶在打开的“标签选项”对话框中的“标签供应商”下拉列表框中选择需要的选项，❷在“产品编号”列表框中选择需要的选项（这两个信息可从标签盒上获取），

❸单击“确定”按钮，❹在返回的对话框的“地址”文本框中输入要在标签中显示的信息，选择输入的文本并右击，❺在弹出的快捷菜单中选择“字体”命令，如图 10-32 所示。

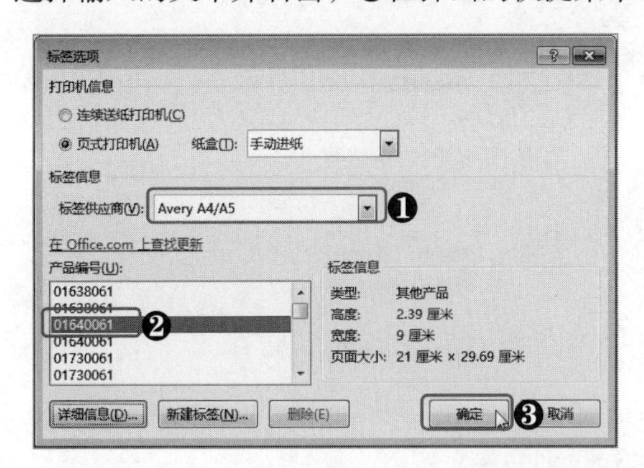
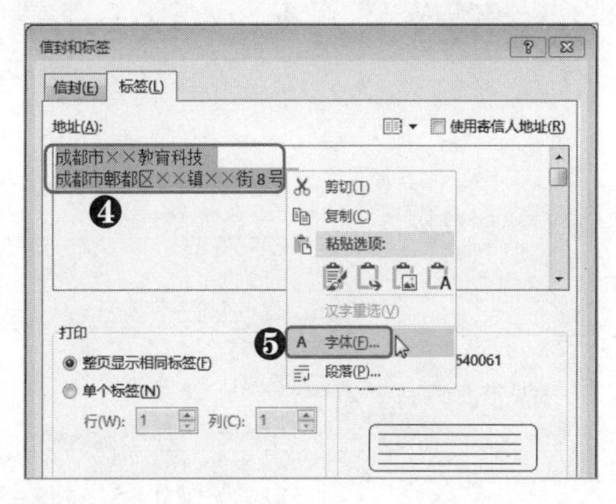

图 10-32　设置标签选项和输入标签显示信息

提个醒：详细设置标签选项

如果要详细设置标签的各选项，可以在“标签选项”对话框中单击“详细信息”按钮，然后在打开的对话框中对标签的各详细属性进行预览和设置，如图 10-33 所示。

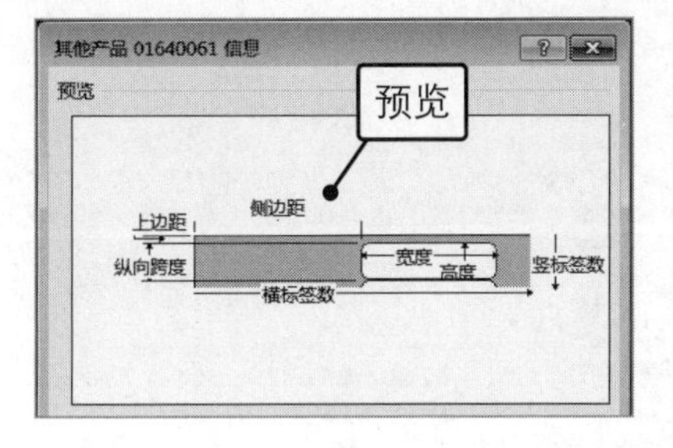

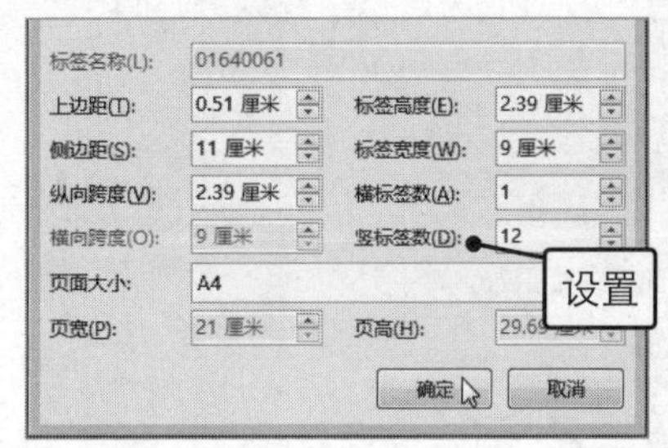

图 10-33　标签选项详细信息对话框

Step03 ❶在打开的“字体”对话框中设置合适的字体格式，如设置字体为“微软雅黑”，字形为“加粗”，字号为“小四”，❷单击“确定”按钮，如图 10-34 所示。

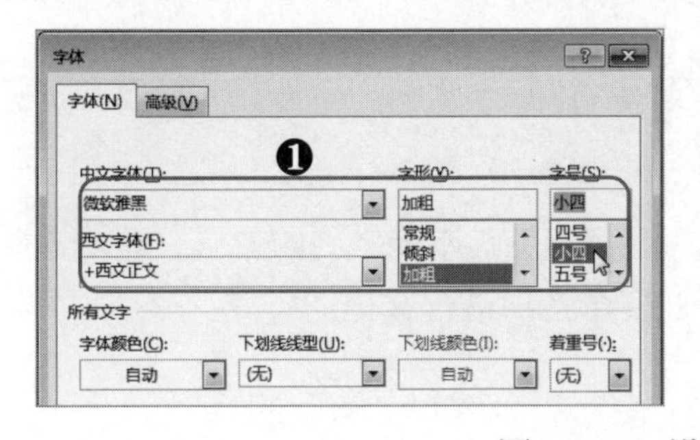
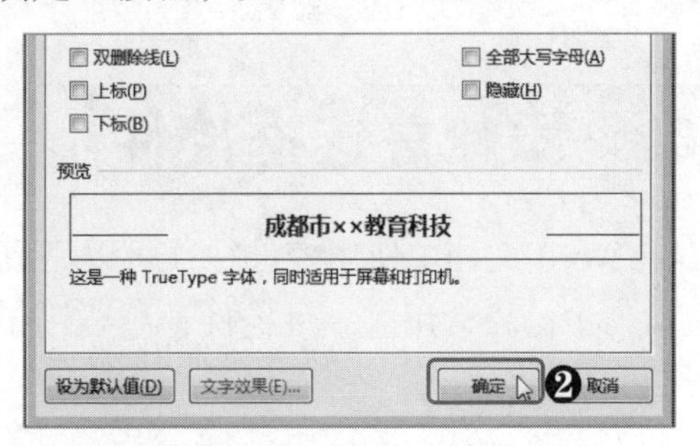

图 10-34　设置字体格式

Step04 在返回的“信封和标签”对话框中单击“新建文档”按钮，此时在新打开的文档中可以看到制作的标签效果，如图 10-35 所示。

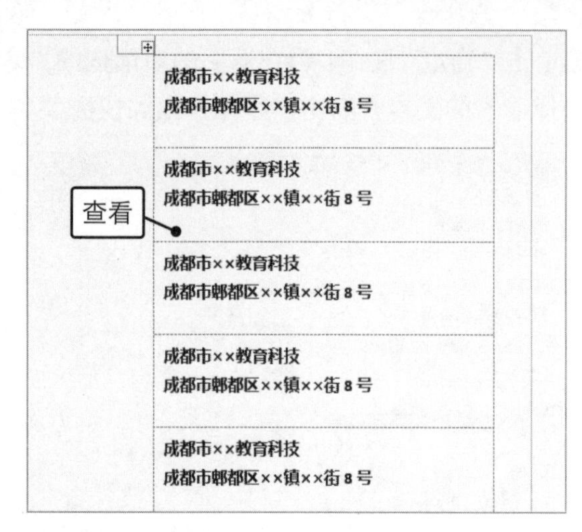

图 10-35　将标签输出到新建文档中

Step05 ❶在新建文档的“另存为”选项卡中单击“浏览”按钮，❷在打开的“另存为”对话框中选择合适的保存位置，❸在“文件名”文本框中输入文本“地址标签”，❹单击“保存”按钮，如图 10-36 所示，需要使用标签时将其打印出来即可。

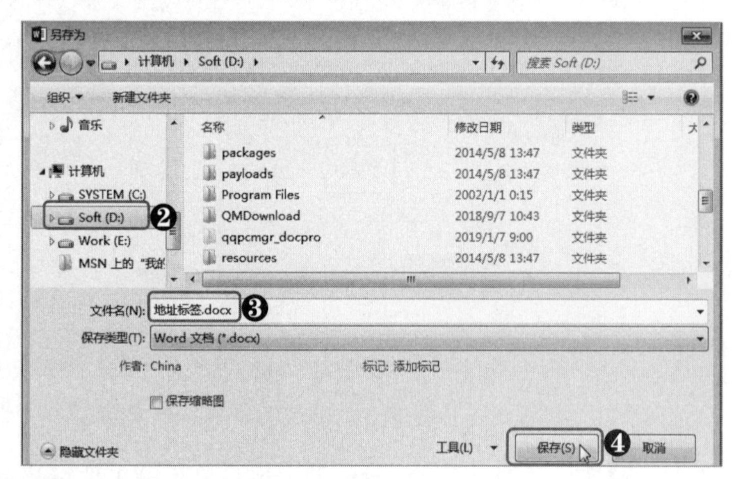

图 10-36　保存新建的文档

10.4　添加复选框控件

在 Word 文档中使用控件往往可以完成一些其他工具不能做到的效果，而复选框是众多控件中比较常用的一种控件，主要用于对多个选项进行选择。

10.4.1　创建复选框

要在文档中实现复选框的效果，就需要先创建复选框控件。此时，需要将“开发工具”选项卡显示到功能区才可以进行后续操作。下面对创建复选框的操作进行具体介绍。

首先，在“Word 选项”对话框的“自定义功能区”选项卡中选中“开发工具”复选框并单击“确定”按钮；然后，在“开发工具”选项卡的“控件”组中单击“旧式工具”下拉按钮，在弹出的下拉列表的“ActiveX 控件”栏中选择“复选框”选项即可在文档中插入一个复选框，如图 10-37 所示。

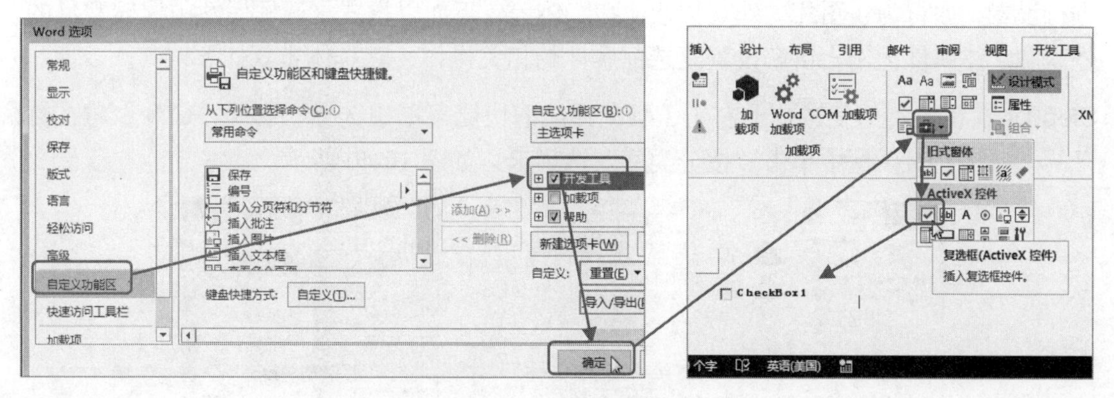

图 10-37　插入复选框

10.4.2 编辑复选框

将复选框插入到文档后，还需要对其进行编辑才符合使用要求，如复选框的文本信息以及复选框是否选中等。

要对复选框进行编辑只需要在待编辑的复选框控件上右击，在弹出的快捷菜单中选择“‘复选框’对象”命令，并在其子菜单中选择“编辑”选项即可进入编辑状态，然后将原文本删除并输入需要的文本即可，如图 10-38 所示。

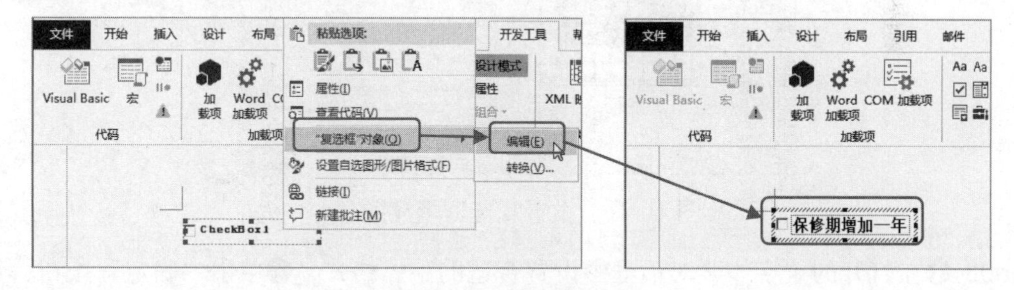

图 10-38　编辑复选框

若要选中复选框，只需要进入编辑状态，然后单击其左侧的□图形，当该图形变为☑状态时，表示选中了该复选框，如图 10-39 所示。

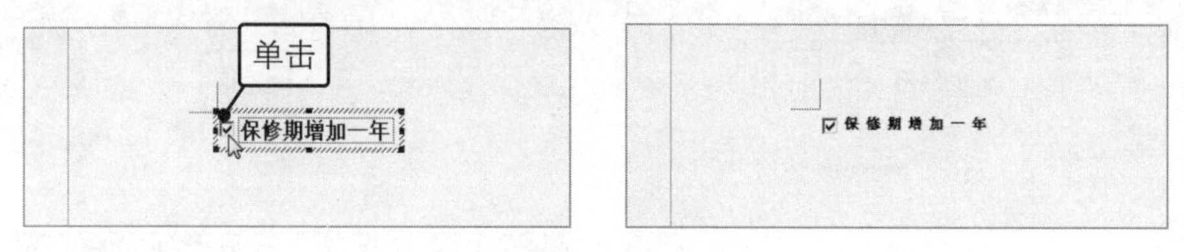

图 10-39　选中复选框

知识延伸 设置复选框属性

除了可以对复选框的状态和显示的文本信息进行编辑外，用户还可以对其各种属性进行设置，如行为、图片、外观、杂项和字体等。下面以设置复选框属性中比较常见的外观和字体属性为例，讲解设置复选框属性的相关操作，其具体步骤如下。

Step01 在待设置的复选框上右击，❶在弹出的快捷菜单中选择“属性”命令，❷在打开的“属性”对话框中单击“按分类序”选项卡，如图 10-40 所示。

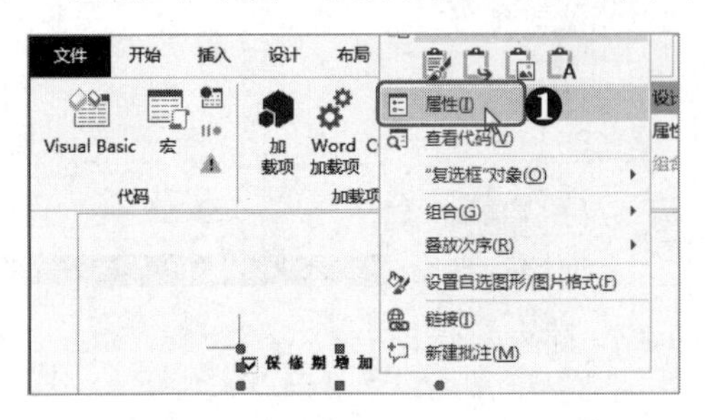

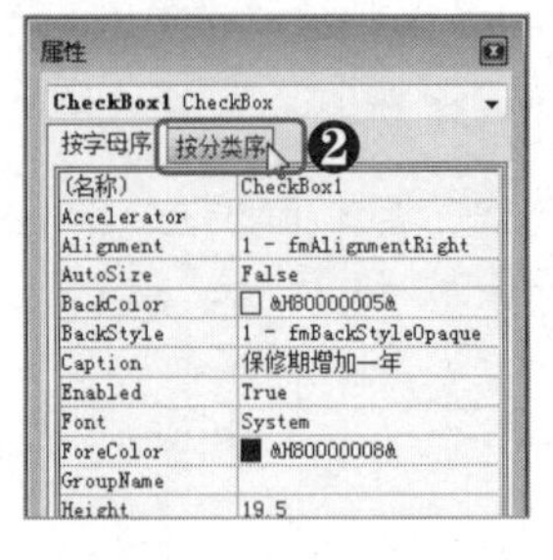

图 10-40 单击“按分类序”选项卡

Step02 ❶在“外观”栏单击“BackColor”属性右侧的下拉按钮，❷在弹出的面板的“调色板”选项卡中选择合适的复选框填充颜色，❸在“字体”栏的“Font”属性右侧单击按钮，如图 10-41 所示。

图 10-41 设置复选框填充颜色

Step03 ❶在打开的“字体”对话框中设置合适的字体格式，❷单击“确定”按钮，然后关闭所有对话框即可，如图 10-42 所示。

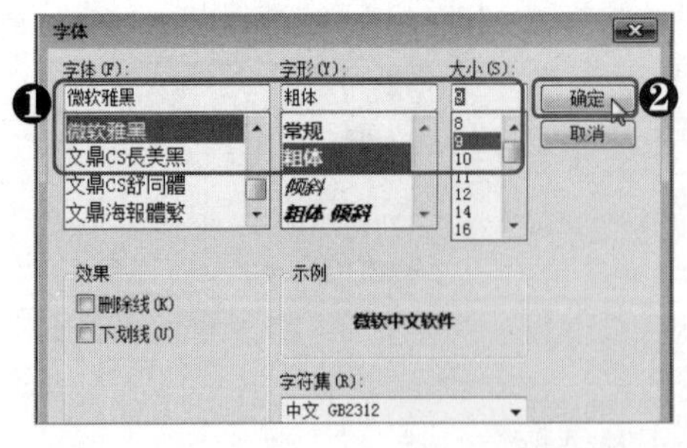

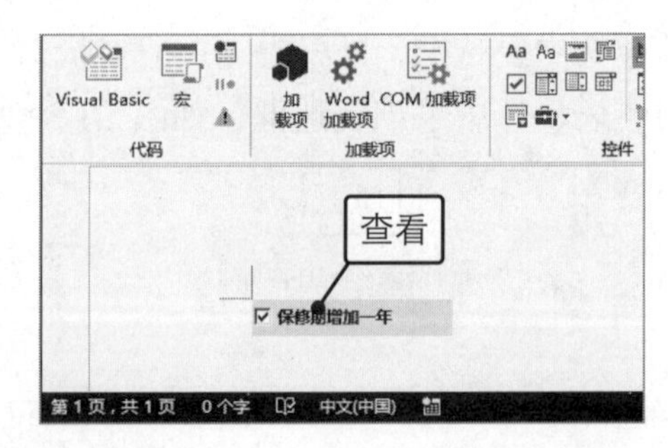

图 10-42 设置字体格式

第11章 文本输入与编辑技巧

文本是文档中最重要的部分之一，文本的输入与编辑也是编辑文档时的主要操作。本章主要介绍一些工作中比较实用的输入与编辑文本技巧，以帮助用户提升工作效率。

|本|章|要|点|

- 文本输入技巧
- 文本的编辑技巧
- 高级查找与替换操作

11.1 文本输入技巧

文本的输入是制作 Word 文档的基础，是最简单的操作之一。但文本的输入也有许多实用小技巧，如快速输入中文大写数字、输入偏旁部首和生僻字等，掌握常用的文本输入技巧可以提升文档制作的速度。

11.1.1 在空白区域快速输入内容

◎应用说明

大多数情况下，文本的输入都是连续的，即从左往右、从上往下没有间断，但也偶尔需要在文档的空白区域输入文本。此时，大部分用户都会使用换行符（即按【Enter】键）和空格或制表符来将文本插入点移动到需要输入的位置。这种方法虽然可以达到在空白位置输入文本的效果，但其中需要非常多的换行符和空格或者制表符，如果需要输入文本的位置与上一文本位置相距太远，这种方法显然就不合适。

这里介绍一种更加高效地在空白区域输入内容的小技巧，即通过在待输入文本的位置双击，将文本插入点定位到该空白区域。

◎操作解析

下面以在“宣传单”文档中的空白位置输入文本“3D 艺术——饰品”为例，讲解快速在空白区域输入内容的相关操作方法。

◎下载/初始文件/第 11 章/宣传单.docx　　◎下载/最终文件/第 11 章/宣传单.docx

Step01 打开素材文件，❶在空白区域待输入文本的位置双击，❷此时文本插入点就已经定位到该位置，直接输入文本即可，如图 11-1 所示。

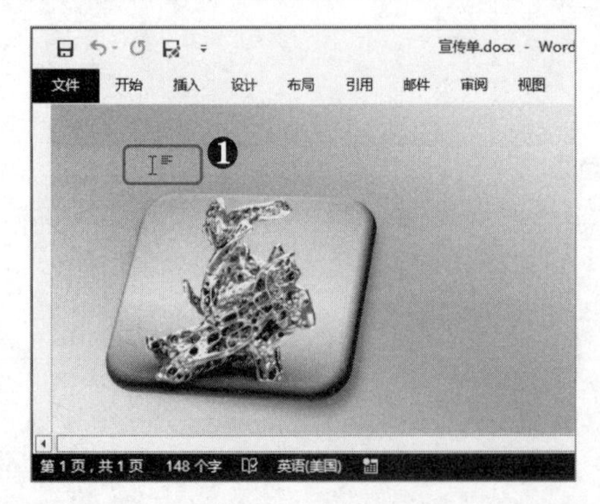

图 11-1　在空白区域输入文本

Step02 继续在待输入文本的位置双击，然后输入相关文本，如图 11-2 所示，然后为文本设置合适的格式即可。

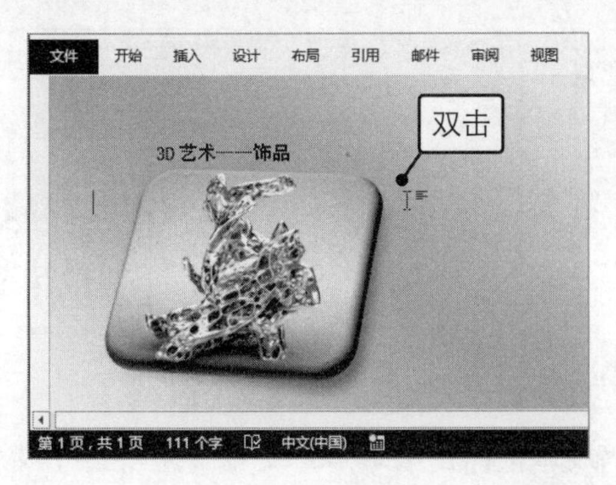

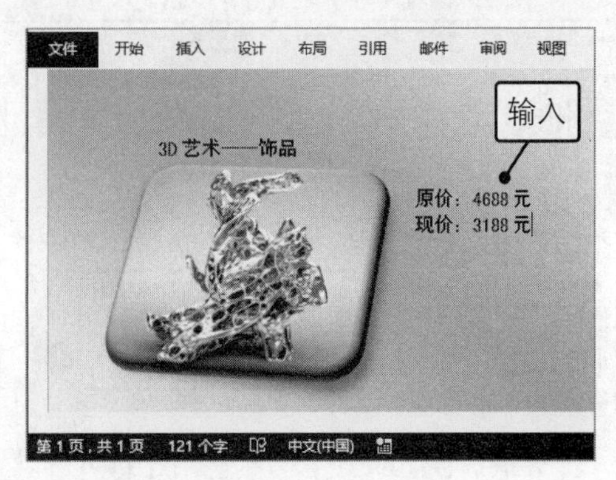

图 11-2　继续在空白位置输入内容

知识延伸　*使用文本框在空白位置输入内容*

除了上述方法外，还可以通过在 Word 文档中插入文本框的方式在空白区域输入内容。而且，相比于直接在空白区域双击输入文本的方式，插入文本框的方法对用户编排文档来说更加方便。

下面在“宣传单”文档中以插入文本框的方式在空白区域输入活动时间和地址等内容，以此讲解其相关操作方法。

Step01 ❶在“插入”选项卡的“文本”组中单击“文本框”下拉按钮，❷在弹出的下拉菜单中选择“绘制横排文本框”选项，❸在合适的位置拖动鼠标光标绘制文本框，如图 11-3 所示。

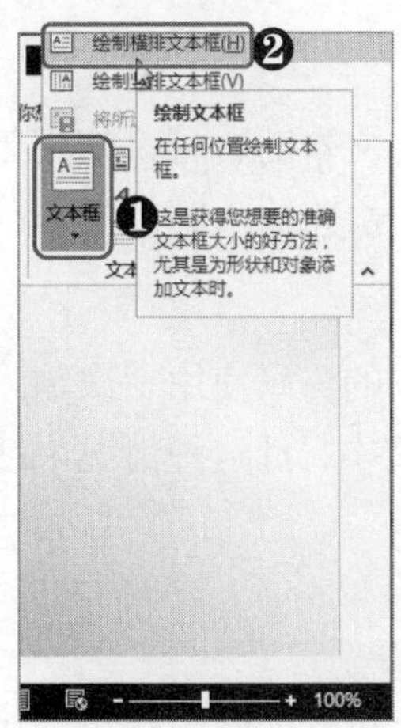

图 11-3　绘制文本框

Step02 ❶在文本框中输入内容，❷在激活的“绘图工具 格式”选项卡的“形状样式”组中单击“形状填充”下拉按钮，❸选择“无填充”选项，❹单击“形状轮廓”下拉按钮，❺选择“无轮廓”选项，如图 11-4 所示。

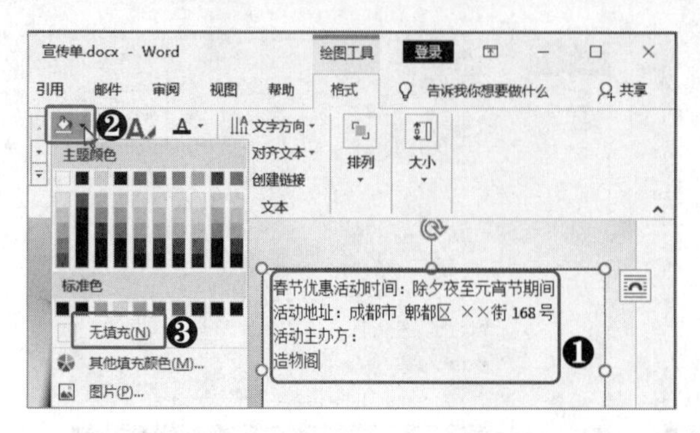

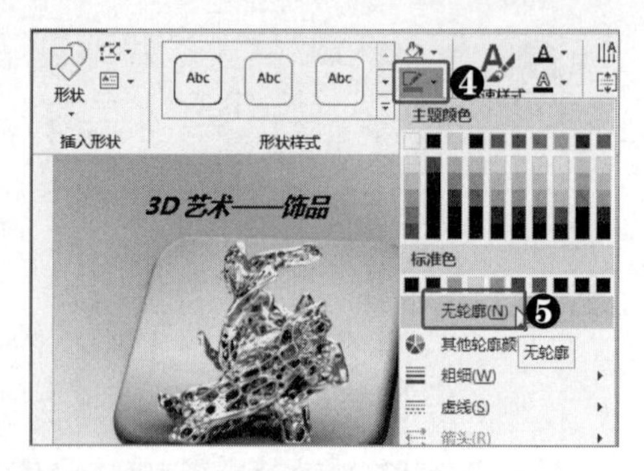

图 11-4　设置文本框样式

Step03 此时，文档中的文本框轮廓就被隐藏了，只显示其中的文本，然后为文本设置合适的格式即可，如图 11-5 所示。

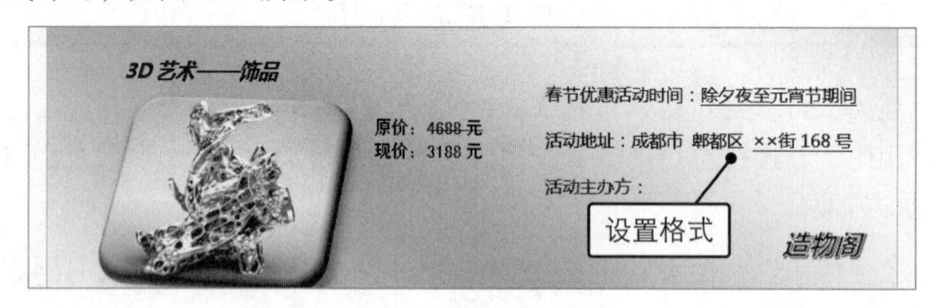

图 11-5　设置文本格式

11.1.2 快速重复输入内容

◎应用说明

根据本书前面章节的学习可知，当需要在文档中多次输入同一文本时，可以使用复制粘贴的方式来实现，且很多时候都非常适用。这里，再介绍一种快速输入同一文本的操作。

在特定情况下，即需要重复输入的内容是一次性输入到文档中的（只使用一次输入法输入的文本），可以使用 Word 的重复键入功能快速重复输入该文本，且这种情况下使用重复键入功能比复制粘贴更加简单快捷。

◎操作解析

下面以在“客户对接安排”文档中使用重复键入功能快速输入对接人姓名为例，讲解快速重复输入内容的相关操作方法。

◎下载/初始文件/第 11 章/客户对接安排.docx　　◎下载/最终文件/第 11 章/客户对接安排.docx

Step01 打开素材文件，❶在表格第 2 行的“对接人”字段中输入对接人姓名“龙轩月”，❷将文本插入点定位到需要重复输入该对接人姓名的单元格中，这里定位到第 4 行的“对接人”字段单元格中，❸在快速访问工具栏单击“重复键入”按钮，如图 11-6 所示。

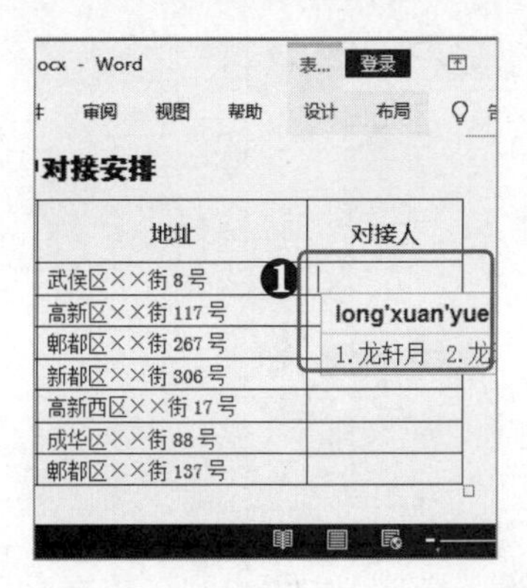

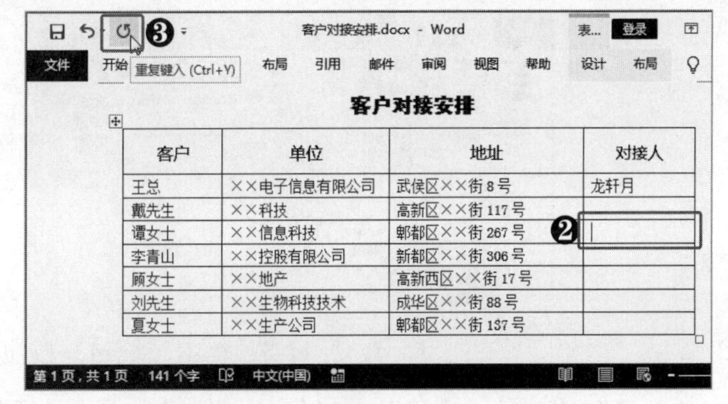

图 11-6　单击“重复键入”按钮

Step02 ❶继续将文本插入点定位到相应单元格，并单击“重复键入”按钮（或按【Ctrl+Y】组合键），❷以同样的方法在其余单元格中输入对接人姓名“罗厚明”，如图 11-7 所示。

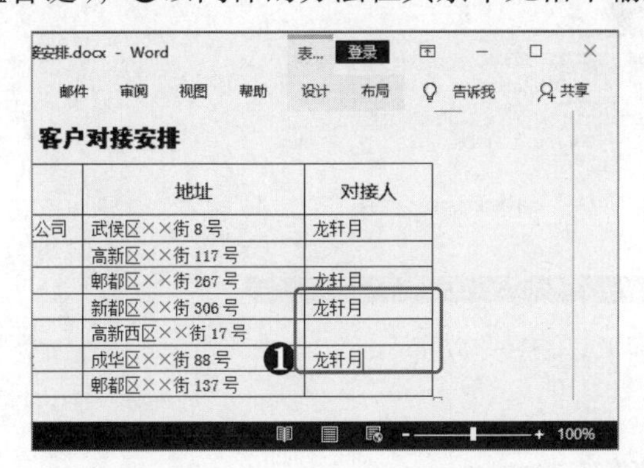

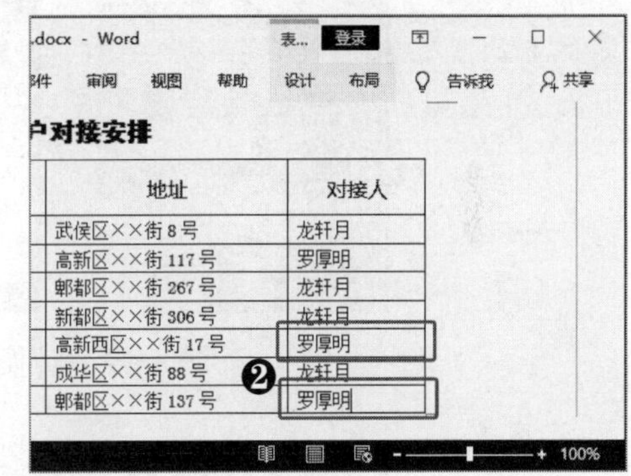

图 11-7　完成对接人姓名的输入

11.1.3 快速输入大写中文数字

◎应用说明

在商务办公中，许多文档都需要使用大写中文数字，即壹、贰、叁……。虽然通过输入法也可以进行输入，但其效率是非常低的，尤其是要输入一长串大写中文数字的时候，如在财务、会计类文档中输入金额。

此时，就可以用到 Word 提供的插入编号功能了，此功能可以将输入的数字转换为各种类型的数字。

◎操作解析

下面以使用 Word 的插入编号功能将数字“687934”转换为大写中文数字为例，讲解其相关的操作方法。

Step01 ❶将文本插入点定位到需要输入大写中文数字的位置，❷在“插入”选项卡的“符号”组中单击“编号”按钮，如图 11-8 所示。

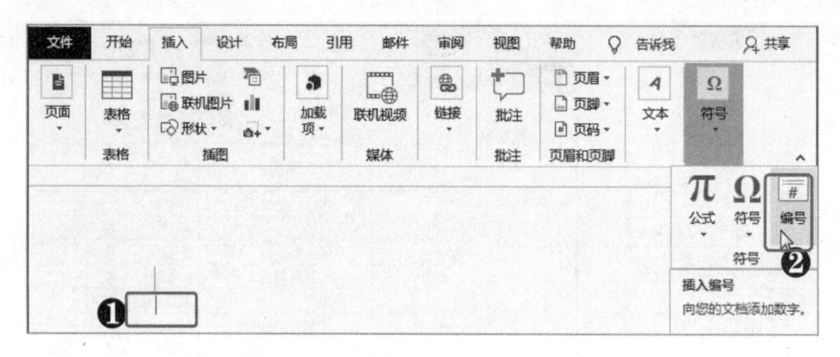

图 11-8　单击“编号”按钮

Step02 ❶在打开的“编号”对话框的“编号”文本框中输入数字“687934”，❷在“编号类型”列表框中选择大写中文数字类型对应的选项，❸单击“确定”按钮，如图 11-9 所示。

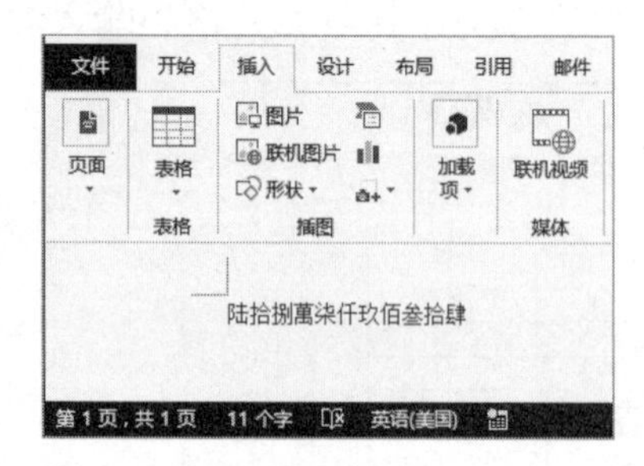

图 11-9　转换为大写中文数字

11.1.4 如何输入偏旁部首

◎应用说明

当遇到需要在文档中输入汉字的偏旁部首的情况时，如果使用的输入法软件没有手写输入功能，则很难完成输入。这里介绍一种输入偏旁部首的技巧，即通过 Word 的插入符号功能，快速输入需要的偏旁部首。

◎操作解析

下面以使用 Word 的插入符号功能在文档中输入“丬”为例，讲解其相关的操作方法。

Step01 将文本插入点定位到需要输入偏旁部首的位置，❶在“插入”选项卡的“符号”组中单击“符号”下拉按钮，❷选择“其他符号”命令，如 11-10 左图所示。

Step02 ❶在打开的“符号”对话框中的“符号”选项卡的“字体”下拉列表框中选择“普通文本”选项，❷在“子集”下拉列表框中选择“CJK 统一汉字”选项，❸在符号列表中选择需要插入到文档中的偏旁部首，❹单击“插入”按钮即可，如 11-10 右图所示。

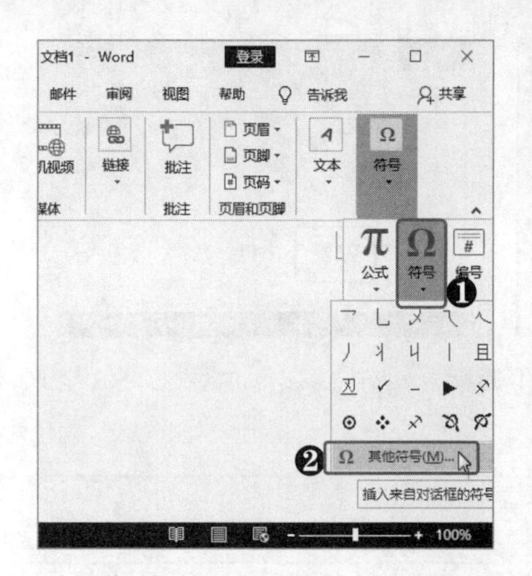
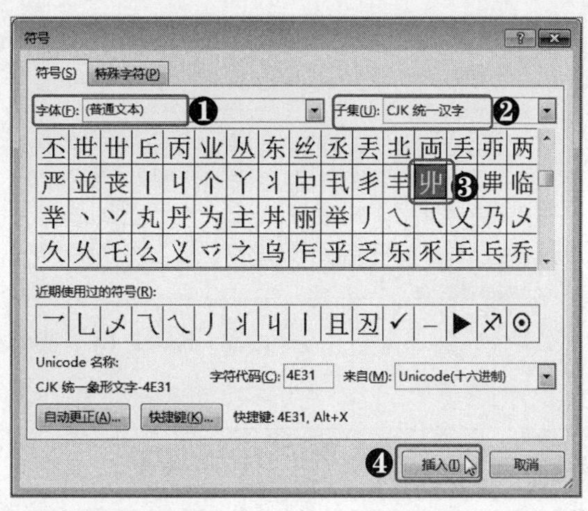

图 11-10　插入偏旁部首

11.1.5 如何在文档中输入生僻字

◎应用说明

汉字数量如此之多，难免会遇到一些生僻字。如果在制作文档时遇到需要输入生僻字的情况怎么办呢？这里介绍一个输入生僻字的技巧，依然还是要利用 Word 的插入符号功能来完成输入。

◎操作解析

下面以使用 Word 的插入符号功能在文档中输入文字“㸚”为例，讲解其相关的操作方法。

Step01 ❶在文档中输入组成该生僻字的一部分，这里输入“目”字，并选择输入的文字，❷在“符号”下拉菜单中选择“其他符号”命令，如图 11-11 所示。

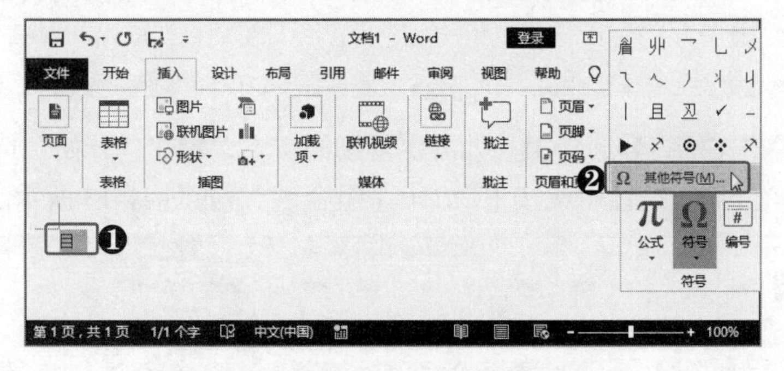

图 11-11　选择“其他符号”命令

Step02 在打开的“符号”对话框中找到需要输入的文字并在其上双击即可将该文字输入到文档中，如图 11-12 所示。

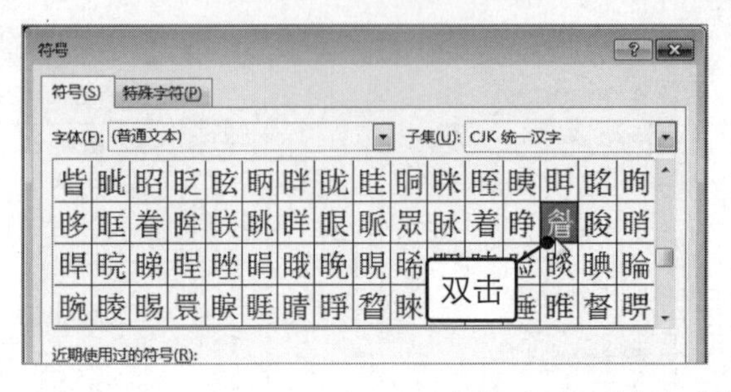

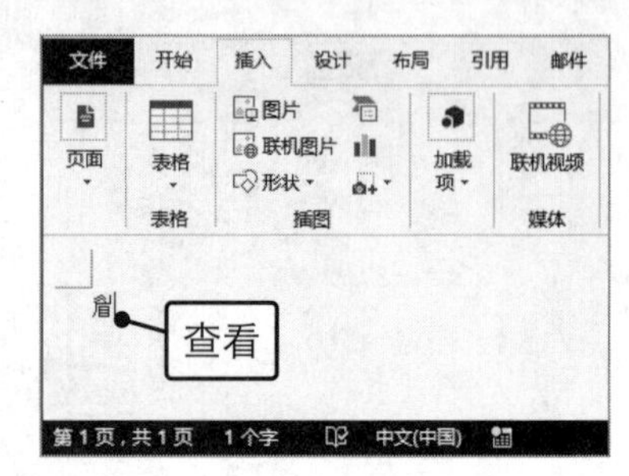

图 11-12　输入生僻字

11.2　文本的编辑技巧

在这个快节奏的时代，制作文档也需要在保证质量的基础上尽可能地加快速度。所以，任何能够提升效率的方法都值得去学习和掌握，如接下来要介绍的文本编辑技巧就是制作文档过程中经常会使用到的技巧。

11.2.1　如何复制并粘贴多个文本

◎应用说明

相信许多经常制作文档的用户都有这样一个烦恼：当复制多处文本并粘贴到指定位置时，需要重复进行复制和粘贴操作，这就导致用户要反复进行切换文档等操作。那么有没有办法可以先执行多次复制文本操作，然后一次性粘贴到文档指定位置呢？自然是有办法的，这就需要使用 Word 的“剪贴板”窗格了。

◎操作解析

下面以在“施工管理制度”文档中手动制作一份简单的目录为例，讲解复制并粘贴多个文本的相关操作方法。

◎下载/初始文件/第 11 章/施工管理制度.docx　　◎下载/最终文件/第 11 章/施工管理制度.docx

Step01 打开素材文件，❶选择第一处需要复制的文本，❷在“开始”选项卡的“剪贴板”组中单击“复制”按钮（或按【Ctrl+C】组合键），如图 11-13 所示。

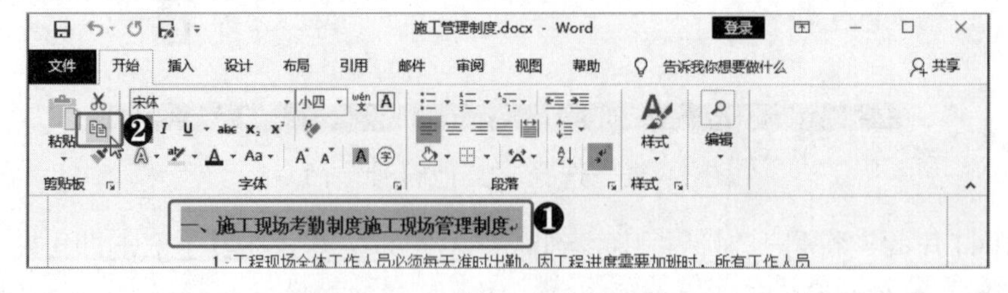

图 11-13　单击“复制”按钮

Step02 ❶继续复制其他文本，❷在“剪贴板”组中单击“对话框启动器”按钮，此时，在打开的“剪贴板”窗格中可以看到近期复制的所有内容，如图 11-14 所示。

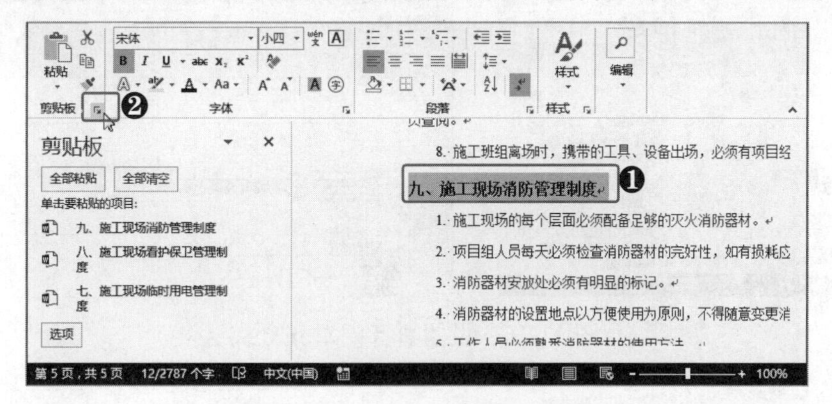

图 11-14　查看最近复制的内容

Step03 ❶将文本插入点定位到需要粘贴这些内容的位置，❷在“剪贴板”窗格中单击“全部粘贴”按钮即可，如图 11-15 所示。

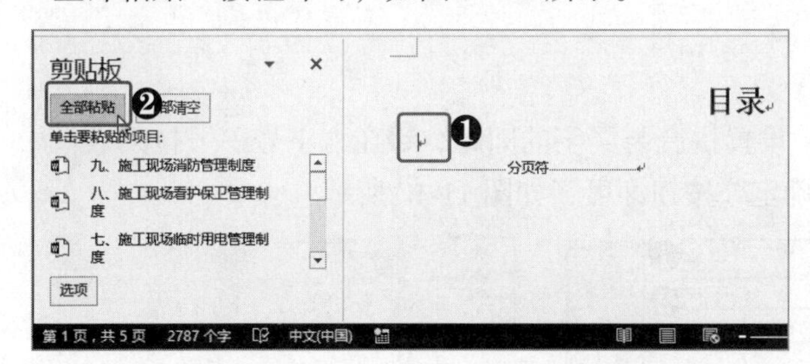

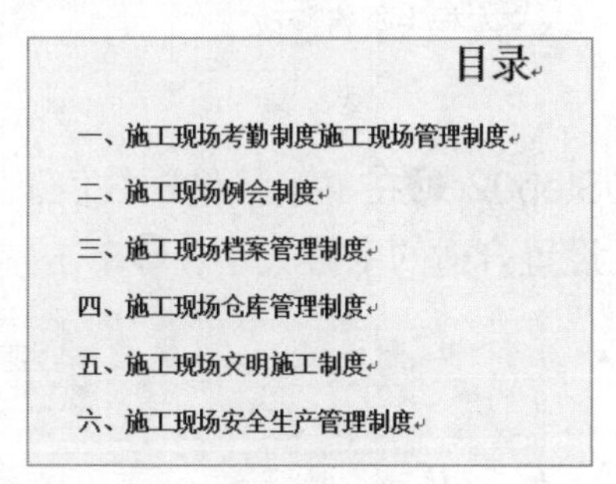

图 11-15　将多次复制的内容全部粘贴

11.2.2 如何为文字添加拼音

◎应用说明

当文档中输入了比较少见的生僻字时，为了便于读者阅读，可以为该文字添加拼音。然而，添加拼音并不只是输入几个字母，还需要注明其声调。那么，该如何为文字注音呢？如果要手动为文字注音是比较困难的，但使用 Word 的拼音指南功能就变得非常简单了。

◎操作解析

下面以使用 Word 的拼音指南功能快速为“窾”字注音为例，讲解为文字添加拼音的相关操作方法。

Step01 ❶选择需要添加拼音的文本，❷在“开始”选项卡的“字体”组中单击“拼音指南”按钮，❸在打开的“拼音指南”对话框中的“对齐方式”下拉列表框中选择“居中”选项，如图 11-16 所示。

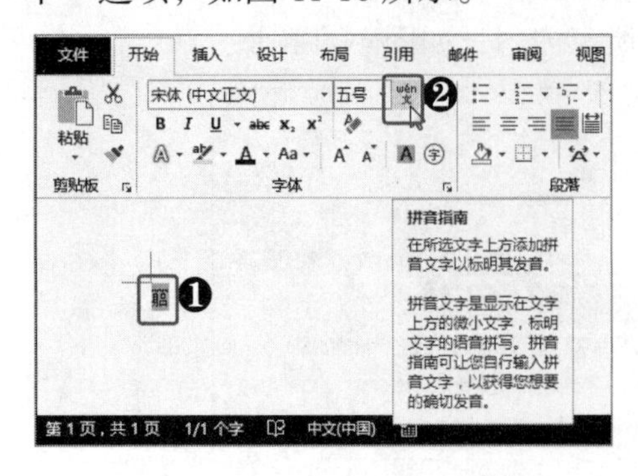

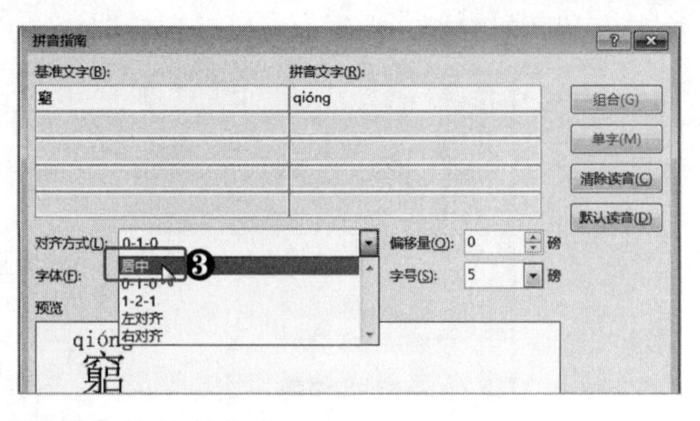

图 11-16　设置拼音的对齐方式

提个醒：默认注音不一定正确

需要注意的是，Word 的拼音指南功能并不是绝对准确无误的，对于不确定是否正确的拼音，可以在网上搜索并进行确认。若默认的拼音有错误，则可以在“拼音指南”对话框的“拼音文字”文本框中进行修改。

Step02 ❶在“偏移量”数值框中设置拼音与文字的间距，❷在“字号”下拉列表框中设置合适的字号大小，❸单击“确定”按钮即可，如图 11-17 所示。

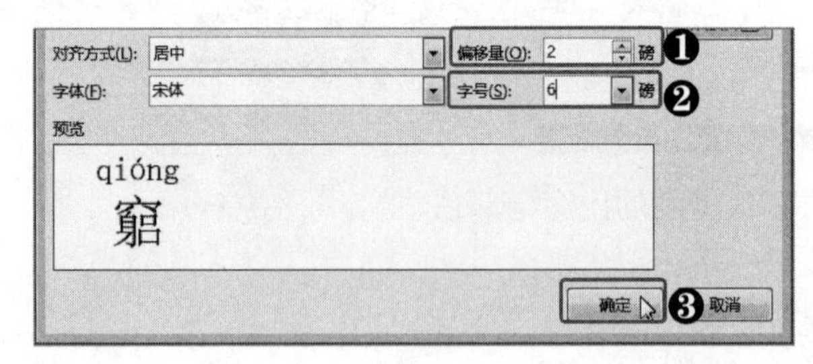

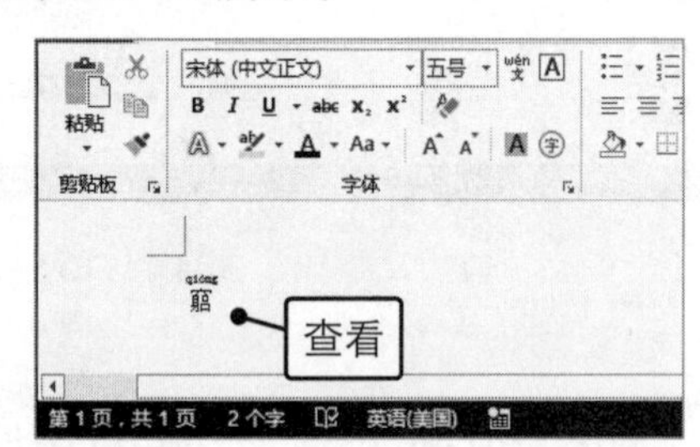

图 11-17　设置拼音格式

11.2.3 如何快速删除单词或词语

◎应用说明

当需要删除文档中的词语或英文单词时，以按【Backspace】键或【Delete】键的方法删除就需要多次按键。尤其是英文单词，每按一次键只能删除一个字母，非常麻烦，而且一不小心就删除了需要的文本。

这里介绍一种快速删除单词、连续字符串（中间没有空格等分隔符）或词语的技巧，即将【Ctrl】键与【Backspace】键或【Delete】键配合使用。

◎操作解析

下面以快速删除文档中不需要的英文单词为例，讲解快速删除单词、连续字符串和词语等文本的相关操作方法。

Step01 ❶将文本插入点定位到待删除的单词之后，❷按【Ctrl+Backspace】组合键即可快速删除该单词，如图 11-18 所示。

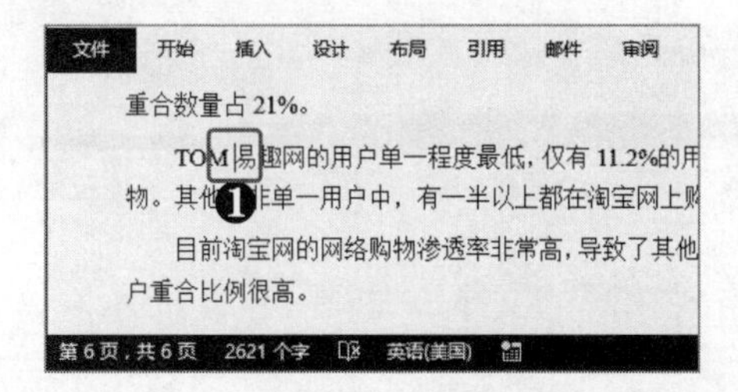

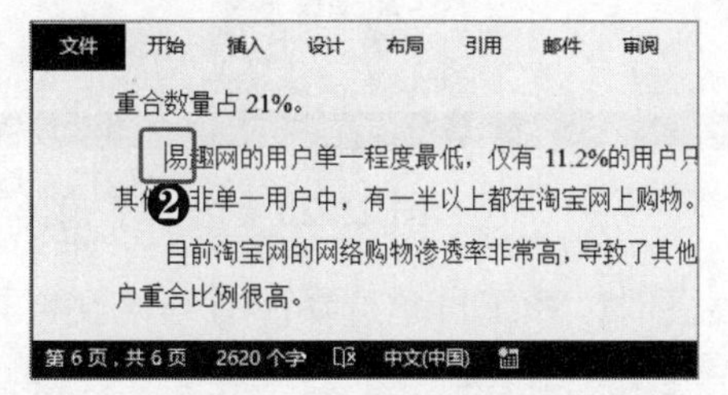

图 11-18　使用【Ctrl+Backspace】组合键向左删除单词

Step02 ❶将文本插入点定位到待删除的单词之前，❷按【Ctrl+Delete】组合键即可快速删除该单词，如图 11-19 所示。

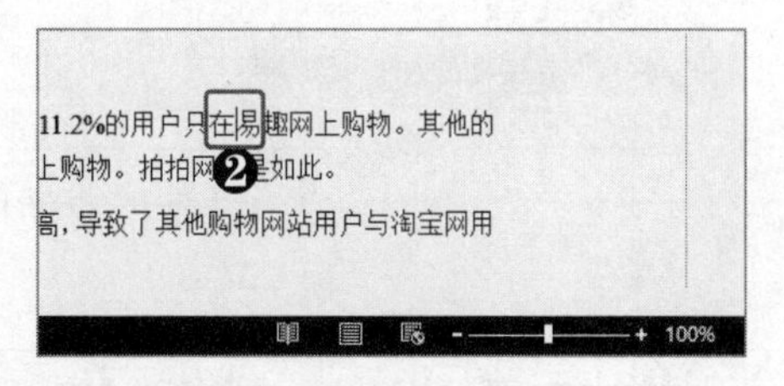

图 11-19　使用【Ctrl+Delete】组合键向右删除单词

11.2.4 快速选择格式相同的内容

◎应用说明

在对文档进行修改时，若要对某一格式进行调整，而此时文档中许多文本都应用了这个格式，就需要选择所有使用该格式的文本再进行编辑。如果文档篇幅较长，选择使用该格式的所有文本就是一件比较复杂的事情，而且有些文本格式是无法轻易分别的。所以，在这种情况下就需要使用 Word 的选择功能来快速选择格式相同的内容。

◎操作解析

下面以在“质量管理制度”文档中快速选择所有二级标题文本为例，讲解快速选择格式相同的内容的相关操作方法。

◎下载/初始文件/第 11 章/质量管理制度.docx　　◎下载/最终文件/第 11 章/无

Step01 打开素材文件，❶将文本插入点定位到任意二级标题文本中，❷在“开始”选项卡的“编辑”组中单击“选择”下拉按钮，❸在弹出的下拉菜单中选择“选择格式相似的文本”选项，如图 11-20 所示。

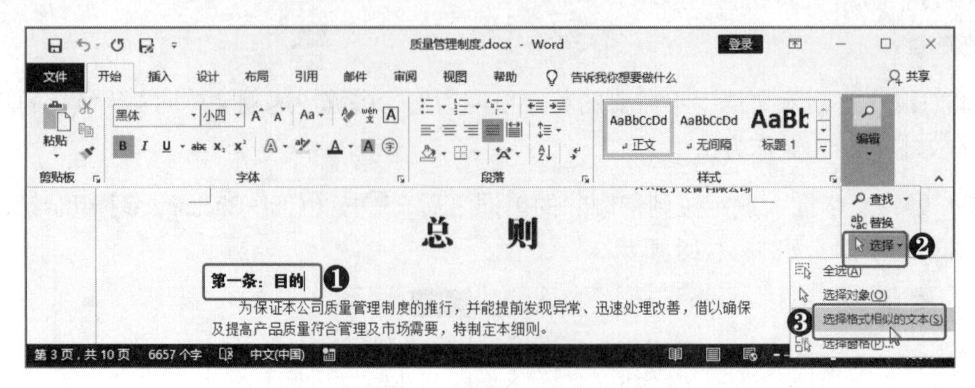

图 11-20　选择“选择格式相似的文本”选项

Step02 此时，系统自动选择所有与该文本格式相同的文本，如图 11-21 所示。

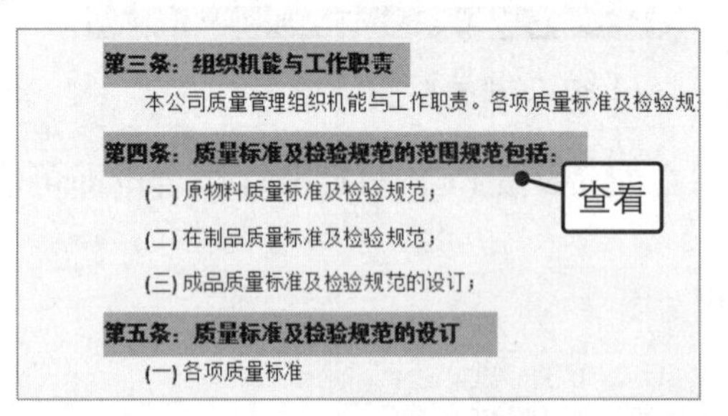

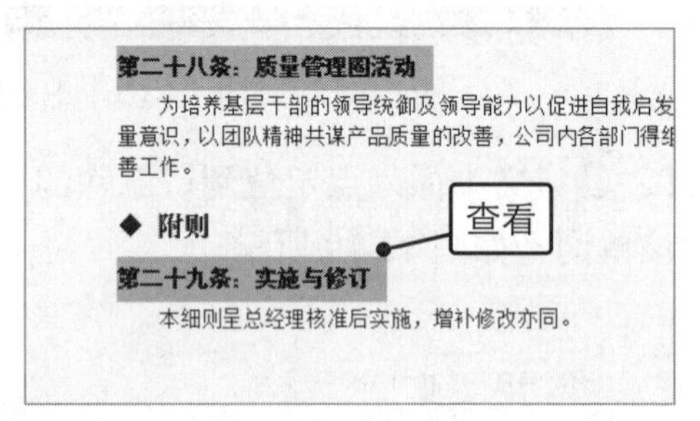

图 11-21　选择所有使用该格式的文本效果图

11.3　高级查找与替换操作

查找和替换是 Word 中非常重要的功能，该功能不仅可以查找和替换文本内容，还可以对字符格式、段落格式和样式以及换行符、段落标记等特殊符号进行查找和替换，掌握这些高级查找与替换操作，可以更高效地对文档进行编辑。

11.3.1　批量修改文本的格式

◎应用说明

如果要对文档中某一格式进行修改，除了选择所有使用该格式的文本再进行编辑外，还可以使用替换功能来实现格式的修改。

◎操作解析

下面以在“质量管理制度 1”文档中通过替换功能对文档中二级标题的格式进行修改为例，讲解批量修改文本格式的相关操作方法。

◎下载/初始文件/第 11 章/质量管理制度 1.docx　　◎下载/最终文件/第 11 章/质量管理制度 1.docx

Step01 打开素材文档，并将文本插入点定位到任意二级标题文本中，在“字体”组中查看该文本的字体格式，❶在“编辑”组中单击“替换”按钮，❷在打开的“查找和替换”对话框的“替换”选项卡中单击“更多”按钮，如图 11-22 所示。

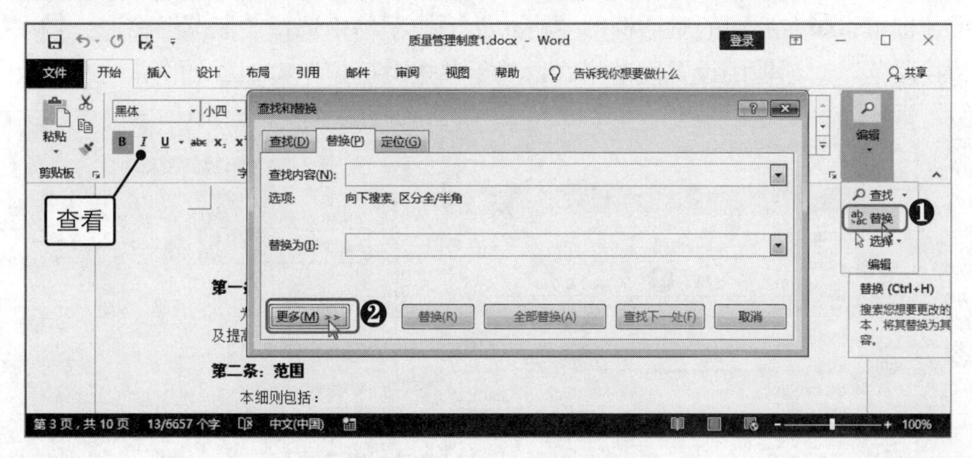

图 11-22 单击“更多”按钮

Step02 ❶在“搜索”下拉列表框中选择“全部”选项，❷单击“格式”下拉按钮，❸在弹出的下拉菜单中选择“字体”命令，❹在打开的“查找字体”对话框的“字体”选项卡中设置待查找的字体格式，这里设置为“黑体，小四，加粗”，然后单击“确定”按钮即可，如图 11-23 所示。

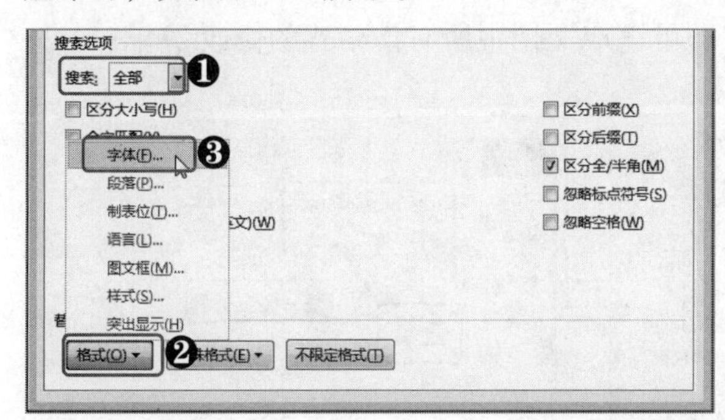

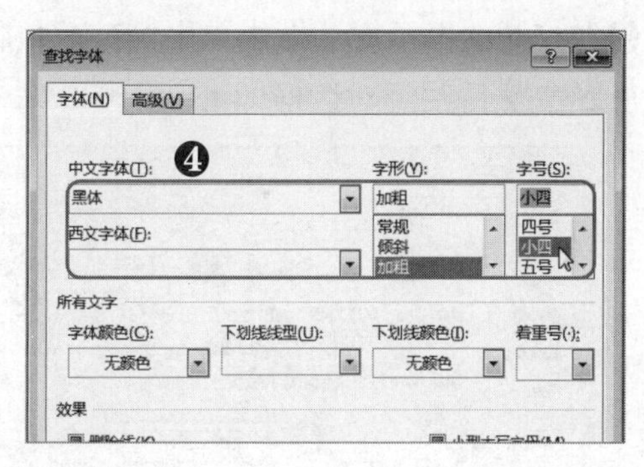

图 11-23 设置待查找的字体格式

Step03 ❶单击“查找下一处”按钮，❷查看找到的文本是否为使用了待修改格式的文本，如图 11-24 所示。

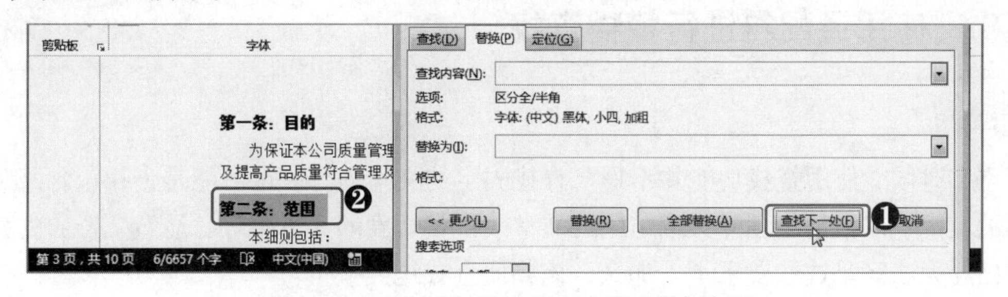

图 11-24 验证查找结果是否为预计结果

Step04 ❶将文本插入点定位到“替换为”文本框中，❷单击“格式”下拉按钮，❸在弹出的下拉菜单中选择“字体”命令，❹在打开的“替换字体”对话框的“字体”选项卡中设置待替换的字体格式，这里设置为“方正大黑简体，加粗，四号”，然后单击“确定”按钮即可，❺在返回的对话框的“格式”下拉菜单中选择“段落”命令，❻在打开的“替换段落”对话框中设置段落格式，然后单击“确定”按钮，如图 11-25 所示。

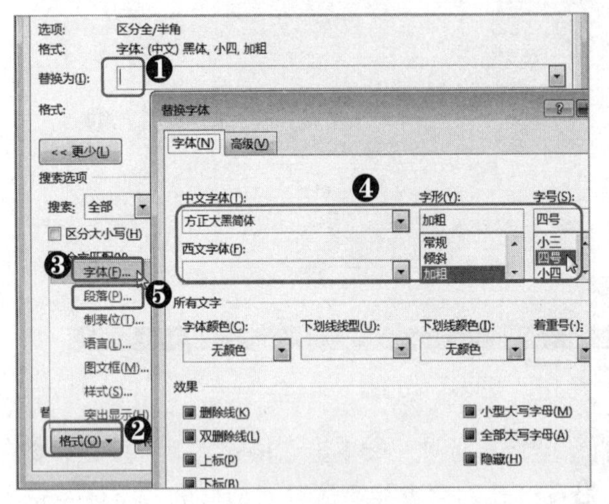

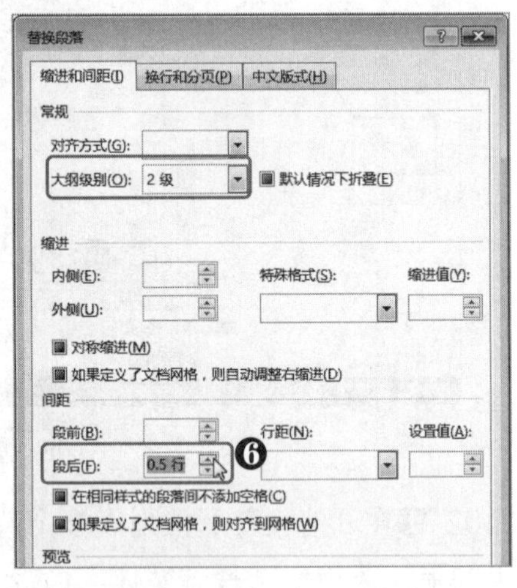

图 11-25　设置替换的字体和段落格式

Step05 “查找内容”和“替换为”的格式全部设置完成后，❶单击“全部替换”按钮，❷在打开的提示对话框中单击“确定”按钮即可完成文档中所有该格式的修改，如图 11-26 所示，然后关闭对话框即可。

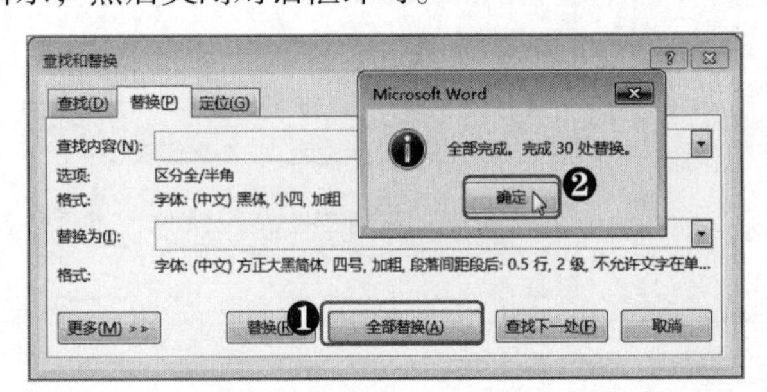

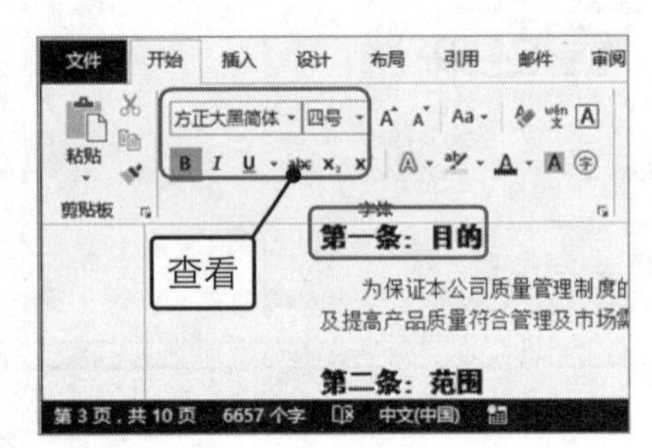

图 11-26　完成格式修改

11.3.2 使用通配符进行模糊查找

◎应用说明

许多时候，使用查找功能并不是要查找固定的文本内容，也可能是查找包含某一个字词的文本、以指定字词开头或结尾的文本或指定长度的字符串等。显然，普通的查找方法已经无法满足这些要求了。那么，该如何查找这类文本？

这就必须要使用到一种工具——通配符，通配符可以看成是一种用于进行模糊匹配的代码。不同的通配符代表着不同的匹配内容，如比较常用的通配符有“?”和“*”两种，分别代表匹配单个字符和匹配任意字符。

◎操作解析

下面以使用通配符查找文档中所有的 B2C 和 C2C 文本为例，讲解使用通配符进行模糊查找的相关操作方法。

◎下载/初始文件/第 11 章/网络购物市场宏观状况.docx　　◎下载/最终文件/第 11 章/无

Step01 打开素材文档，❶在“编辑”组中单击“查找”下拉按钮，❷在弹出的下拉菜单中选择“高级查找”命令，❸在打开的“查找和替换”对话框的“查找”选项卡中单击“更多”按钮，如图 11-27 所示。

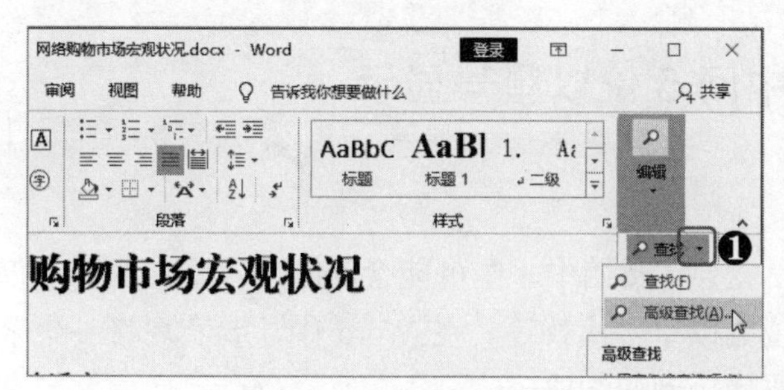

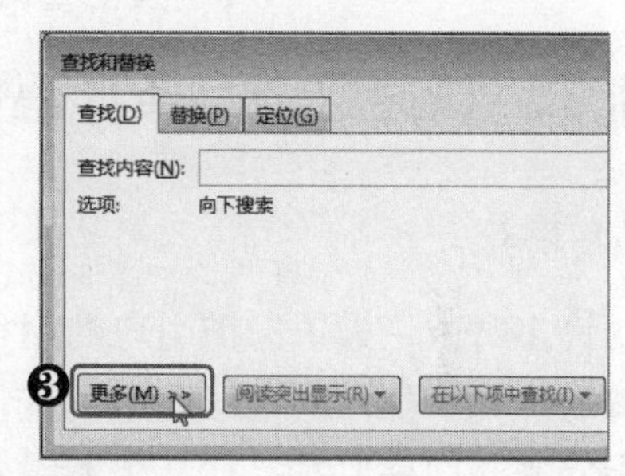

图 11-27　单击“更多”按钮

Step02 ❶在“搜索”下拉列表框中选择“全部”选项，❷在“搜索选项”栏中选中“使用通配符”复选框，❸单击“更少”按钮将对话框多余部分收起，❹在查找内容文本框中输入文本“[a-zA-Z]2[a-zA-Z]”，❺单击“查找下一处”按钮，如图 11-28 所示。

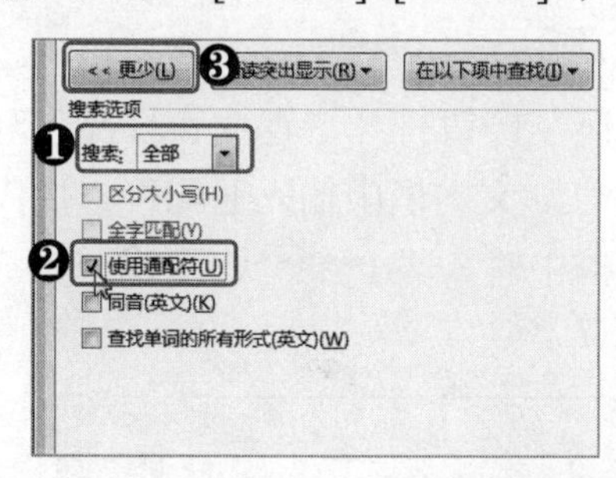

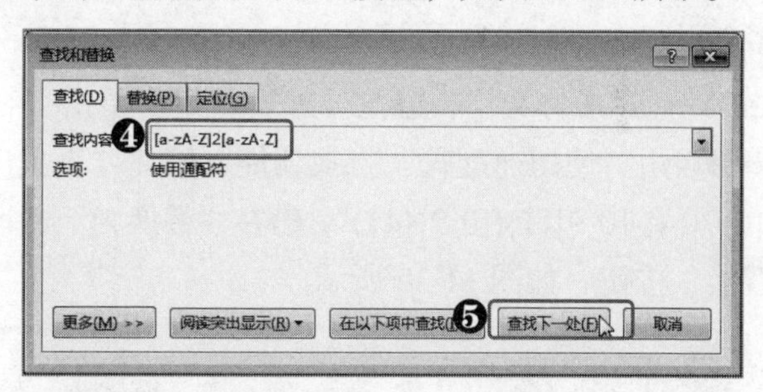

图 11-28　使用通配符查找文本

Step03 每单击一次“查找下一处”按钮即可在文档中往后查找一次 B2C 或 C2C 文本，如图 11-29 所示。

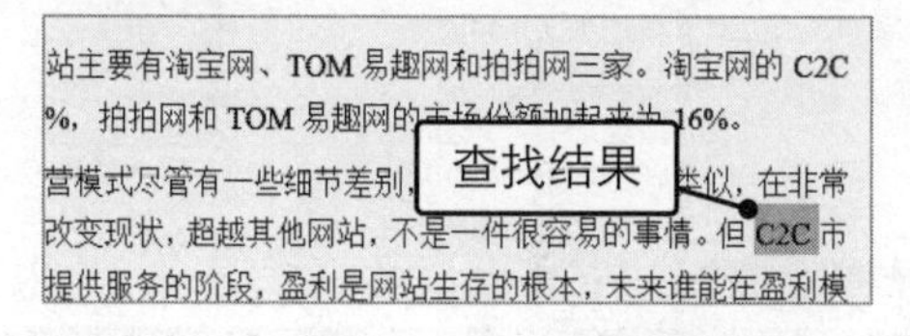

图 11-29　查找效果图

提个醒：常用通配符列举

本例中使用[a-zA-Z]表示匹配单个英文字母，且不区分大小写。而[a-z]表示匹配单个小写字母，[A-Z]表示匹配单个大写字母。Word 中可以使用的通配符非常多，下面列举一些常用的通配符并进行简单介绍。

[0-9]表示匹配单个数字；[.0-9]表示匹配单个小数点或数字。{n}表示匹配 n 个前一字符或表达式；{n,}表示匹配 n 个以上前一字符或表达式；{n,m}表示匹配 n～m 个前一字符或表达式。例如，[.0-9]{4,}表示匹配 4 个以上带小数点的数字，如 38.9、42.98。

\1 和\2 分别表示依次匹配表达式中的第一个括号内容和第二个括号内容，如查找(a)66(b)替换为\266\1，其结果为：b66a。

11.3.3 快速将产品条形码中间 5 位以星号显示

◎应用说明

许多时候，为了保护用户的隐私，会将文档中一些可能会泄露用户隐私的信息以特殊符号取代，如产品条形码中间几位数以星号代替等。在 Word 中，要实现将一个字符串中间某一部分以符号代替依然需要使用到通配符。

◎操作解析

下面以在“产品月销量报表”文档中将产品的条形码中间 5 位数以星号显示为例，讲解其相关的操作方法。

◎下载/初始文件/第 11 章/产品月销量报表.docx　　◎下载/最终文件/第 11 章/产品月销量报表.docx

Step01 打开素材文档，❶在“编辑”组中单击“替换”按钮打开“查找和替换”对话框，❷启用“使用通配符”查找功能，❸在“查找内容”文本框中输入通配符查找代码“([0-9]{4})[0-9]{5}([0-9]{4})”，❹在“替换为”文本框中输入“\1*****\2”，❺单击“全部替换”按钮，如图 11-30 所示。

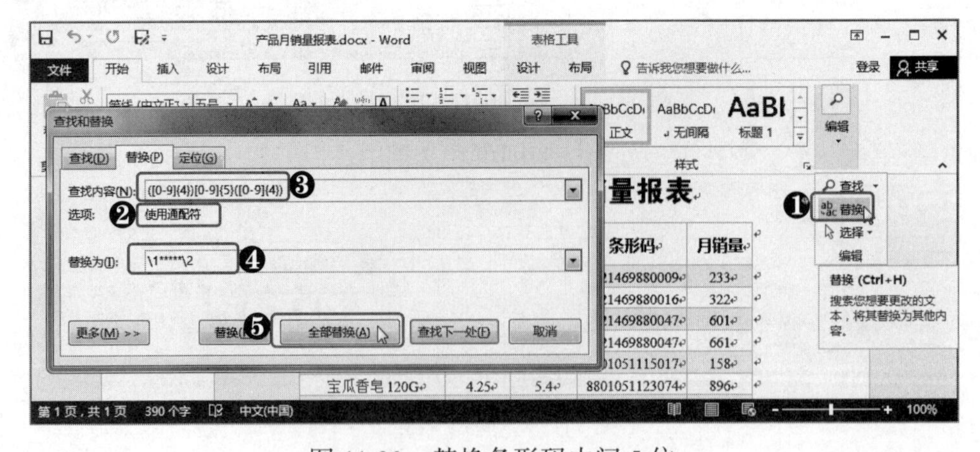

图 11-30　替换条形码中间 5 位

Step02 在打开的提示对话框中单击“确定”按钮，然后关闭所有对话框，此时文档中的条形码中间 5 位全部被星号替换，如图 11-31 所示。

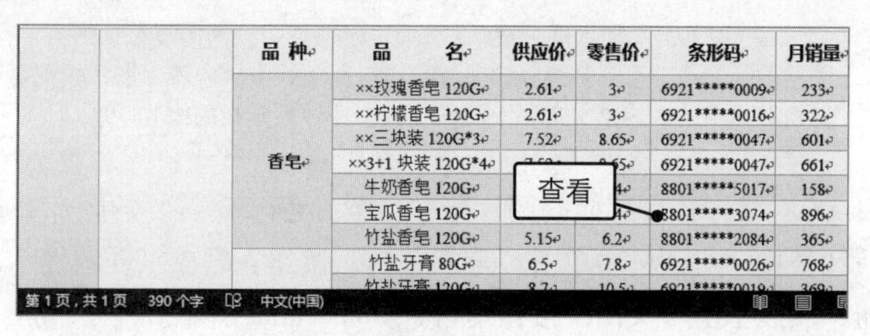

图 11-31　以星号显示的效果

11.3.4 快速将文本批量替换为图片

◎应用说明

如果要将文档中某一文本全部替换为指定的图片，以常规的方式逐个替换是非常麻烦的，还可能出现遗漏的情况。这时就可以通过高级替换操作来快速将文本批量替换为指定的图片。

◎操作解析

下面以将“茶文化节企划书”文档中的特殊符号“★”替换为图片“cha.jpg”为例，讲解使用替换功能将文本批量替换为图片的相关操作方法。

◎下载/初始文件/第 11 章/茶文化节企划书/　　◎下载/最终文件/第 11 章/茶文化节企划书.docx

Step01 ❶在“编辑”组中单击“替换”按钮打开“查找和替换”对话框，❷在“查找内容”文本框中输入文本“★”，❸在“替换为”文本框中输入“^c”，如图 11-32 所示。

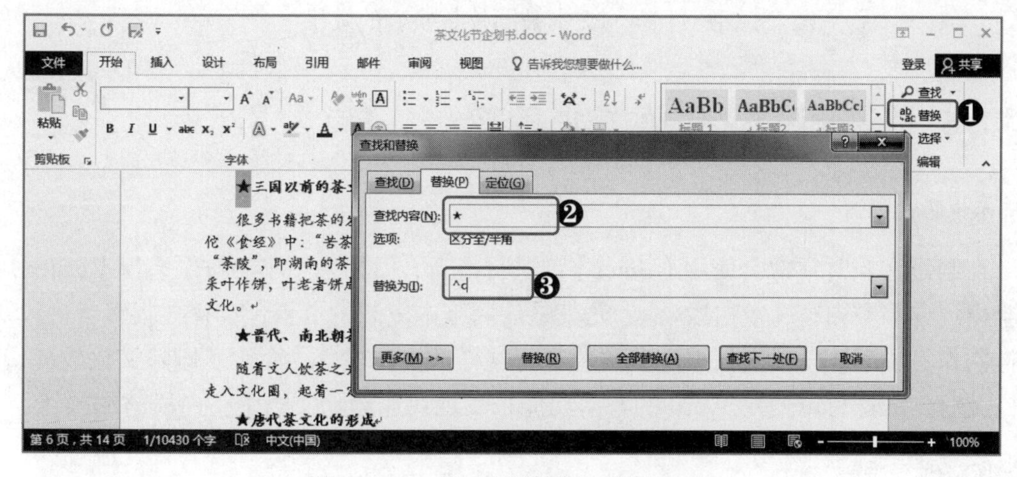

图 11-32　输入被替换与替换内容

提个醒：在“替换为”文本框中输入“^c”的作用

在“替换为”文本框中输入“^c”表示将查找到的内容替换为当前剪贴板中的内容。如果在单击“替换”或“全部替换”按钮时，当前剪贴板中的内容为图片，则可以将该图片作为替换对象；若剪贴板中的内容是文本，则同样以该文本替换查找的内容。

Step02 ❶打开待替换的图片所在位置，❷选择需要的图片并复制到剪贴板，❸在“查找和替换”对话框中单击“全部替换”按钮，❹在打开的提示对话框中单击“确定”按钮，然后单击“关闭”按钮即可，如图 11-33 所示。

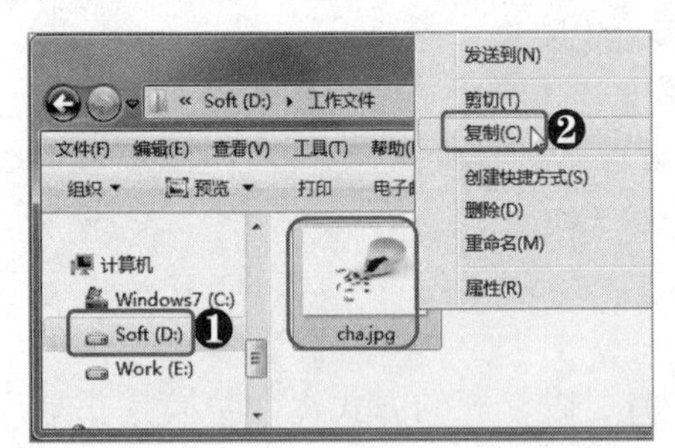

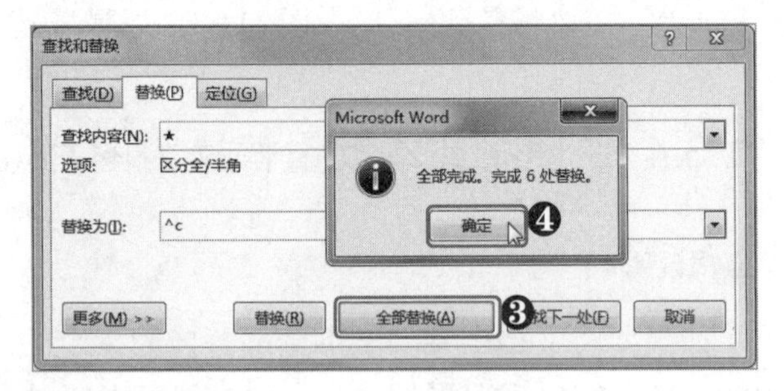

图 11-33 替换图片

Step03 此时文档中的符号“★”便被所选的图片替换了，对图片的大小、格式等进行调整即可，如图 11-34 所示。

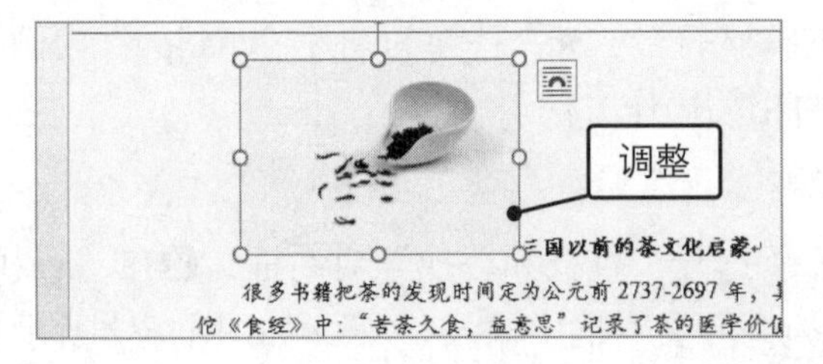

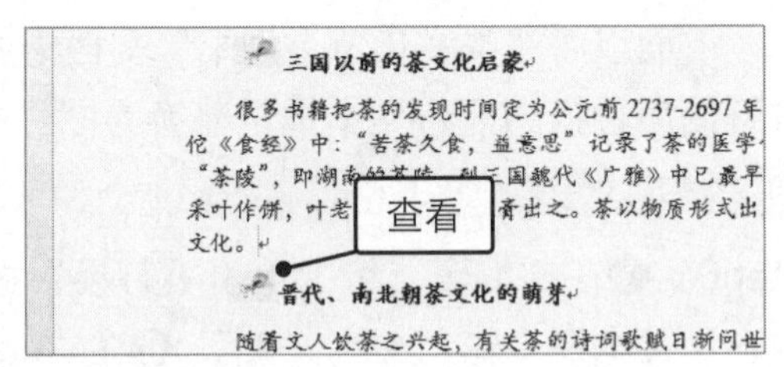

图 11-34 文本被图片替换后的效果

11.3.5 批量删除文档中的空白段落

◎应用说明

在制作文档时常常会使用【Enter】键进行换行，但如果不小心按了多次【Enter】键就会出现许多空白行（空白段落），尤其是从网络中复制的资料，会存在很多空白段落。文档制作完成后，发现文档中许多位置都有这样的空白段落，而逐一删除又比较耗费时间。此时，依然可以使用 Word 的替换功能来实现快速删除文档中空白段落的操作。

◎操作解析

下面以批量删除“行政部 2019 年工作计划”文档中的空白段落为例，讲解其相关的操作方法。

◎下载/初始文件/第 11 章/行政部 2019 年工作计划.docx　　◎下载/最终文件/第 11 章/行政部 2019 年工作计划.docx

Step01 打开素材文件，并在“编辑”组中单击“替换”按钮打开“查找和替换”对话框，❶在“替换”选项卡中单击“更多”按钮，❷单击“特殊格式”下拉按钮，❸在弹出的下拉列表中选择“段落标记”选项，如图 11-35 所示。

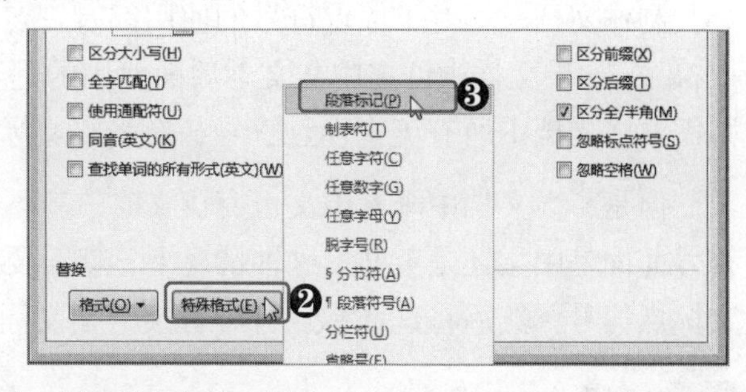

图 11-35　选择“段落标记”选项

Step02 此时在“查找内容”文本框中会出现通配符“^p”，❶复制出现的文本并再次粘贴到该文本框，❷继续将复制的文本粘贴到“替换为”文本框，❸单击“全部替换”按钮，❹在打开的提示对话框中单击“确定”按钮，如图 11-36 所示。

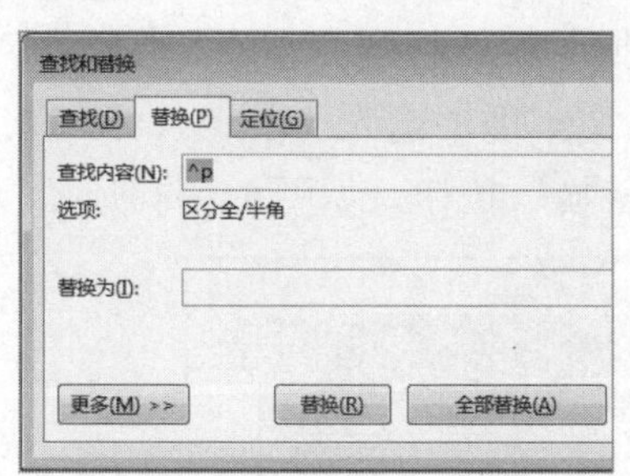

图 11-36　单击“全部替换”按钮

Step03 此时已有一部分空白段落被删除，重复单击“全部替换”按钮（由于在“查找内容”文本框中输入的文本“^p^p”只能代表两个段落标记，每次只能将两个段落标记替换为一个，所以需要重复多次替换才能删除所有空白段落），直到打开的提示对话框中提示“完成 0 处替换”为止，表示文档所有空白段落删除完成，如图 11-37 所示。

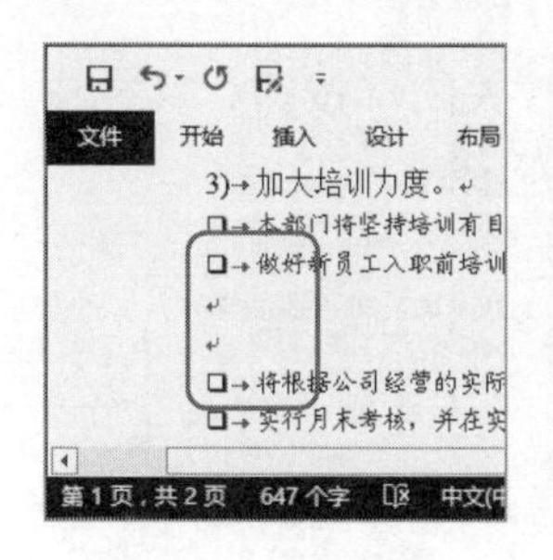

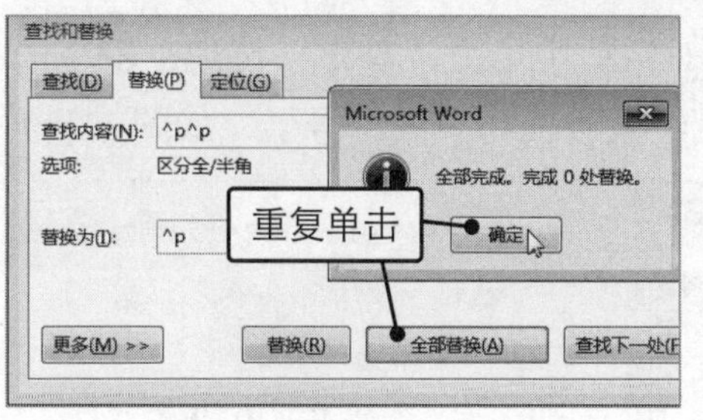

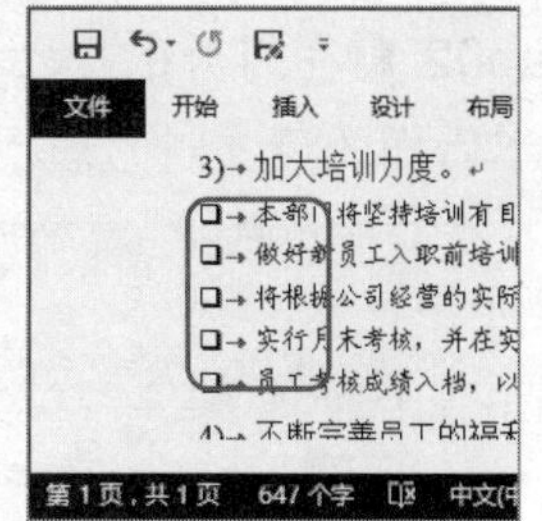

图 11-37　批量删除空白段落完成

11.3.6 批量修改中文后面的英文标点符号

◎应用说明

制作文档时，对于标点符号的使用都有一定的规范，如在中文后面不可使用英文标点符号。如果文档中许多中文文本后面使用的是英文标点符号，且文档又是纯中文文档，则需要将文档中所有英文标点符号替换为中文标点符号，其操作非常简单。

但是，当文档中既有中文也有英文时，就不能简单地进行全部替换，需要区分标点符号前面是中文还是英文。这种情况下，就需要使用通配符查找出所有在中文后面的英文标点符号，然后将这些标点符号替换为中文标点符号。

◎操作解析

下面以在“请柬”文档中将中文后面的“,”替换为“，”为例，讲解批量修改中文文本后面的英文标点符号的相关操作方法。

◎下载/初始文件/第 11 章/请柬.docx　　◎下载/最终文件/第 11 章/请柬.docx

Step01 打开素材文件，并在“编辑”组中单击“替换”按钮打开“查找和替换”对话框，❶启用“使用通配符”功能，❷在“查找内容”文本框中输入“([!a-zA-Z0-9]),”，❸在“替换为”文本框中输入“\1，”，❹单击“全部替换”按钮，如图 11-38 所示。

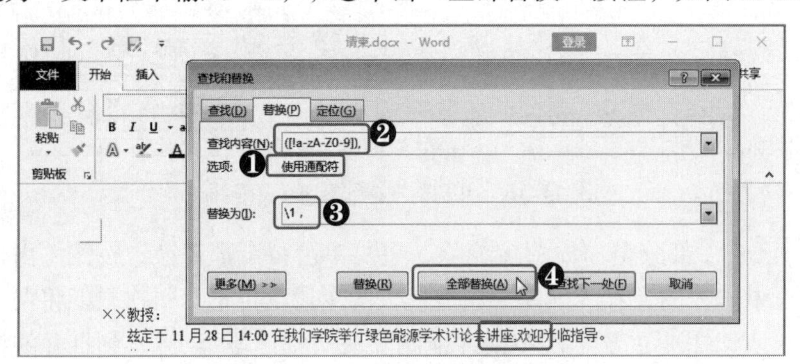

图 11-38　单击“全部替换”按钮

Step02 ❶在打开的提示对话框中单击“确定”按钮，❷单击“关闭”按钮，文档中文文本后面的英文逗号就已经被替换为中文逗号了，如图 11-39 所示。

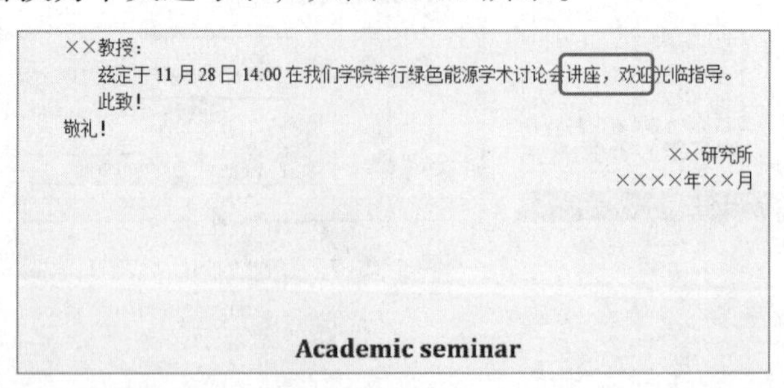

图 11-39　替换标点符号效果图

提个醒：修改英文后面的中文标点符号

上述查找表达式“([!a-zA-Z0-9]),”中，感叹号“!”表示逻辑非。因此，该表达式代表匹配所有非字母或数字的单个文本。如果要修改的是英文后面的中文标点符号，则只需要将表达式中的“!”去掉，然后将“,”改为需要修改的标点符号。例如，要将英文后面的中文句号“。”修改为英文句号“.”，则只需要在“查找内容”文本框输入“([a-zA-Z0-9])。”，然后在“替换为”文本框中输入“\1.”，再依次单击“全部替换”按钮和“确定”按钮即可，如图 11-40 所示。

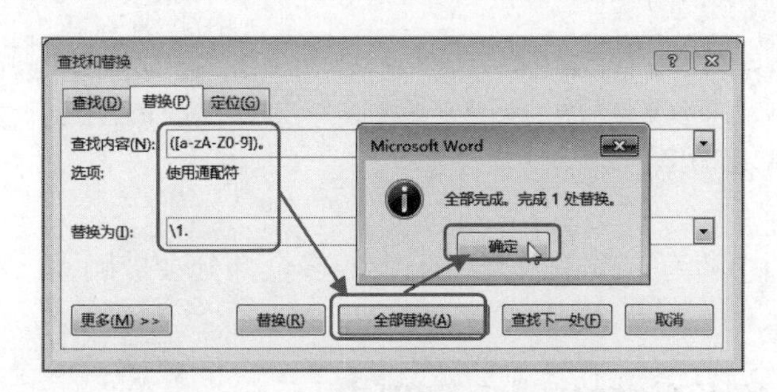

图 11-40　替换英文后的中文句号

知识延伸　*删除文档中连续的相同字词*

在文档中输入文本时，偶尔会有重复输入的情况。但随着文档内容的增加，越来越难发现这些重复的字词，所以很难将这些重复的内容全部删除。这里介绍一种快速删除文档中相邻的重复字词的方法。

下面以在“质量管理制度”文档中删除连续的相同字词为例，讲解相关操作方法，其具体步骤如下。

Step01 ❶在“编辑”组中单击“替换”按钮打开“查找和替换”对话框，❷启用“使用通配符”功能，❸在“查找内容”文本框中输入“(?{1,}){2,}”，❹在“替换为”文本框中输入“\1”，❺单击“全部替换”按钮，❻在打开的提示对话框中单击“确定”按钮，如图 11-41 所示。

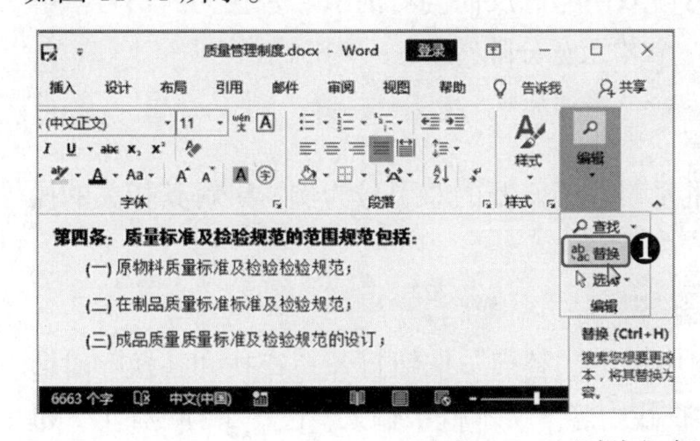

图 11-41　删除相邻的重复字词

提个醒：删除重复字词注意事项

在本例中使用的通配符“?”是匹配任意单个字符，可以是汉字、字母、数字或字符等。所以，这里使用“?”并不严谨。如果文档不是纯中文文档，则会将重复的数字或字母等进行删除，如22会被替换为2。

因此，当在包含中文、英文和数字等各种文本的文档中执行删除重复字词操作时，需要将“查找内容”文本框中的文本“(?{1,}){2,}”改为“([一-龥]{2}){2,}”，其余设置与操作不变。其中，“[一-龥]”表示匹配任意单个汉字。

但这种方法也有缺点，就是只能查找固定字数的重复字词，如“([一-龥]{2}){2,}”只能查找两个字的重复词组，即“重复重复”等。如果要查找3个汉字的重复词组（如“重复的重复的”)，则需要改为“([一-龥]{3}){2,}”。

Step02 此时，文档中所有连续的重复字词中的多余部分会被删除，只留下该字词，如图11-42所示。

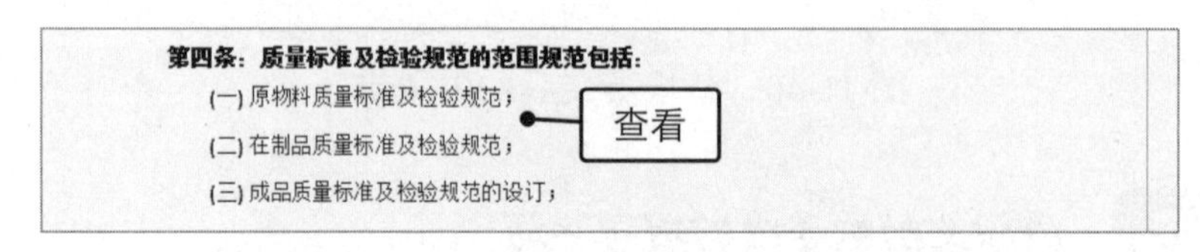

图11-42　删除连续的相同字词效果图

11.3.7 批量修改文档中不匹配的双引号

◎应用说明

在文档中输入文本时，如果不小心输错了双引号，如后引号输入为前引号等，则后面输入的双引号都有可能发生错误。这时就需要用户检查全篇文档，并对错误的引号进行修改，但这样会耗费大量时间。

此时，应该想到使用替换功能来对文档中不匹配的双引号进行修改。然而，又会产生新的问题，普通的替换依然无法正确修改双引号，反而会将前引号替换为后引号。解决方法也很简单，只需要在替换时增加一个“无宽分隔符”——“^x”。

◎操作解析

下面以在“公司活动策划”文档中批量修改不匹配的双引号为例，讲解其相关的操作方法。

◎下载/初始文件/第11章/公司活动策划.docx　　◎下载/最终文件/第11章/公司活动策划.docx

Step01 打开素材文件，并在“编辑”组中单击“替换”按钮打开“查找和替换”对话框，❶启用“使用通配符”功能，❷在“查找内容”文本框中输入“[“”](*)[“”]”，❸在“替换为”文本框中输入“^x“\1””，❹单击“全部替换”按钮，❺在打开的提示对话框中单击“确定”按钮即可，如图 11-43 所示。

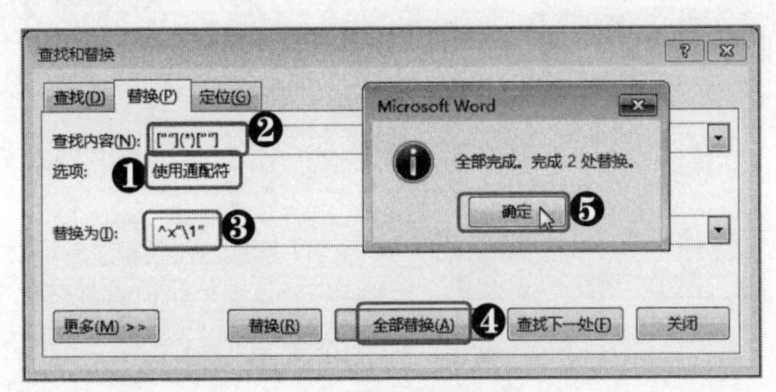

图 11-43　全部替换不匹配的双引号

Step02 此时可以发现文档中所有不匹配的双引号都被修改正确，但是在每个前引号之前都多了一个特殊的分隔符号，如图 11-44 所示。

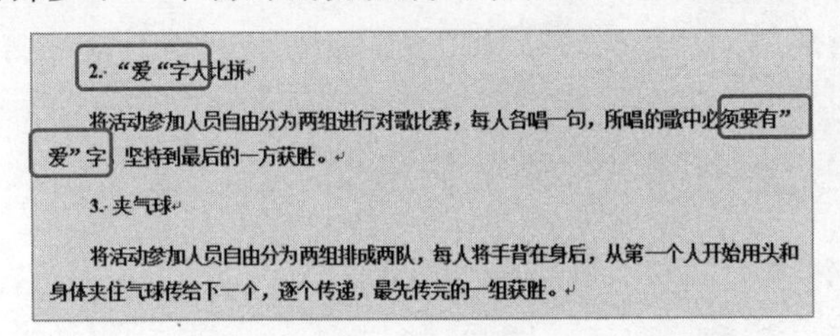

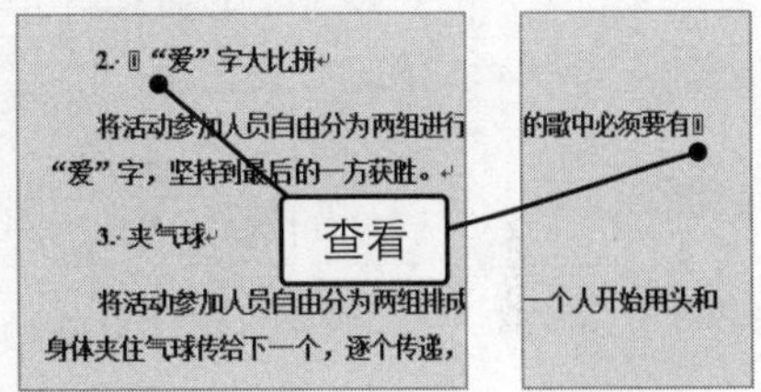

图 11-44　替换的前后对比效果

提个醒：替换后没有出现无宽分隔符

需要注意的是，无宽分隔符也是一种编辑标记，若执行上述替换操作后文档中没有显示无宽分隔符，则可能是因为文档将编辑标记隐藏了。只需要在“开始”选项卡的“段落”组中单击“显示/隐藏编辑标记”按钮即可将编辑标记显示出来，如图 11-45 所示。

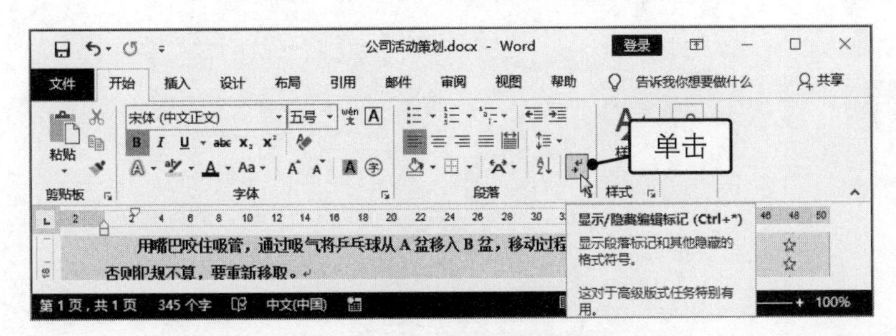

图 11-45　显示编辑标记

Step03 将“替换”选项卡中文本框的内容全部删除，❶在“查找内容”文本框中输入“^x”，❷单击“全部替换”按钮，❸单击“确定”按钮，❹单击“关闭”按钮，如图 11-46 所示。

图 11-46　删除多余的无宽分隔符

Step04 执行上述操作后，文档中所有不匹配的双引号被修改正确，且不会多出任何特殊符号，如图 11-47 所示。

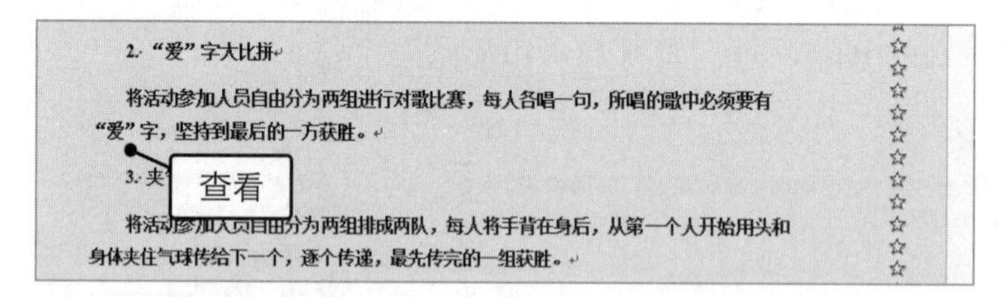

图 11-47　修改不匹配的双引号的最终效果

第 12 章 表格与图形对象处理技巧

使用表格和图形对象可以制作出图文并茂的文档，使文档内容更为丰富。但是要在制作出更加精美的文档的前提下，还要保证文档的制作效率，就需要用户掌握一定的表格与图形对象编辑处理技巧。

|本|章|要|点|

- 文档中表格的编辑技巧
- 图形对象的编辑技巧

12.1 文档中表格的编辑技巧

在文档中使用表格可以直观而准确地展示数据，作为商务办公人员，要能够比较熟练地制作并使用表格，就需要掌握一些常用的表格编辑技巧。

12.1.1 利用“+ -”加减号绘制表格

◎应用说明

在 Word 文档中创建表格的方法有多种，在本书前面的章节已经介绍了一部分。这里再介绍一种绘制表格的方法，就是使用加号、减号和等号等符号绘制表格。

在这些符号中，加号“+”是必须使用的，用于绘制表格中的列；减号“-”和等号“=”可使用其一即可（还可以使用“——”或“_”等符号），也可混合使用，且必须出现在两个“+”之间，作用是绘制单元格的宽度。

◎操作解析

下面以使用“+-”加减号在文档中绘制简单表格为例，讲解使用符号绘制表格的相关操作方法。

Step01 ❶在需要插入表格的位置输入加号“+”，❷在“+”之后根据需要绘制的表格宽度输入适当数量的减号“-”或其他绘制单元格宽度的符号，❸输入加号“+”结尾，如图 12-1 所示。

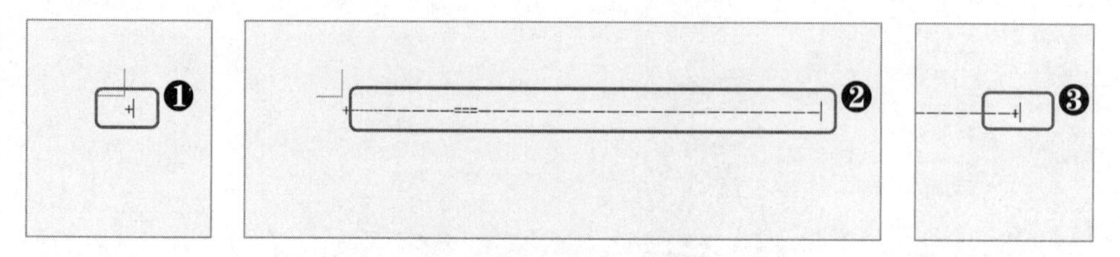

图 12-1　绘制表格宽度

Step02 将文本插入点定位到合适的位置并输入加号“+”，以绘制单元格竖边框线，如图 12-2 所示。

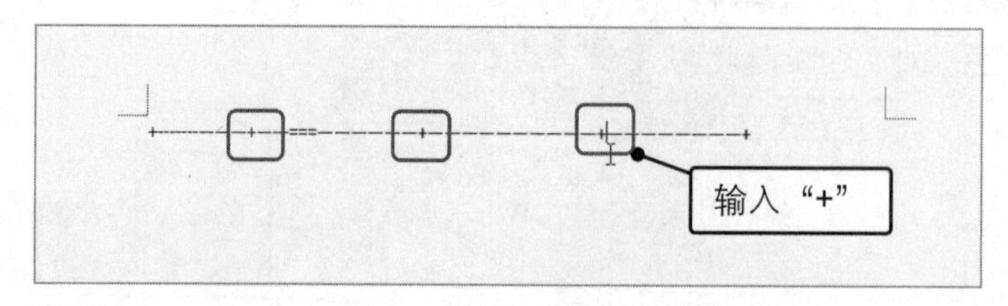

图 12-2　使用“+”绘制单元格竖边框线

Step03 将文本插入点定位到该行符号的末尾位置，按【Enter】键换行即可生成一行表格，如图 12-3 所示。继续在末尾按【Enter】键可以添加表格行。

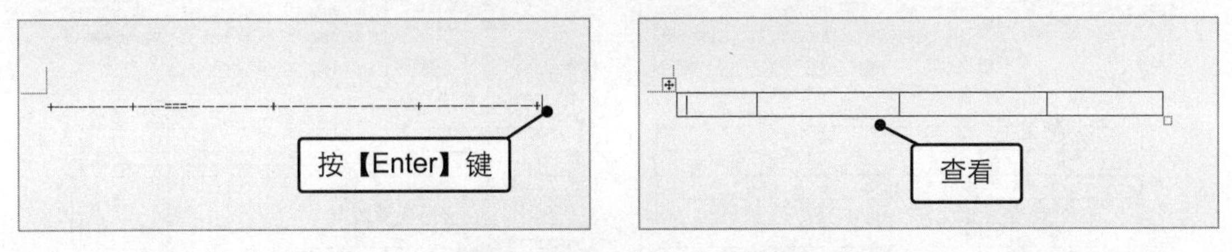

图 12-3　在该行末尾按【Enter】键生成表格

12.1.2 使用【F4】键快速编辑表格结构

◎应用说明

一般在创建表格后，还需要对表格结构进行编辑才能符合使用要求，如添加表格行、合并单元格和拆分单元格等。而这些编辑往往需要重复进行多次，自然会减慢表格的编辑速度。

前文有提到 Word 的重复键入功能，其实，该功能不仅可以重复键入刚输入的文本，还可以重复上一步执行的操作，如重复插入行、重复合并单元格等。而且，Word 的重复功能的快捷键除了【Ctrl+Y】组合键外，还有【F4】键，可以更方便地使用重复功能。

◎操作解析

下面以使用【F4】键与各种表格编辑操作配合完成表格的编辑为例，讲解其相关的操作方法。

Step01 ❶将文本插入点定位到表格的任意单元格中，❷在表格左侧单击⊕按钮，为表格添加行，❸多次按【F4】键重复添加适当数量的表格行，如图 12-4 所示。

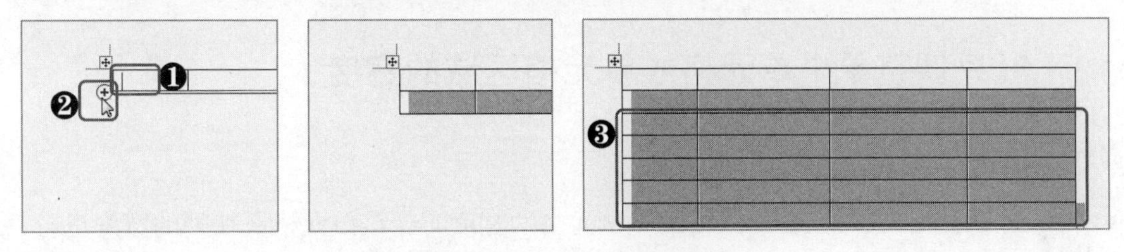

图 12-4　按【F4】键重复插入行

Step02 ❶选择待合并的单元格，❷在“表格工具 布局”选项卡中单击“合并单元格”按钮，❸继续选择待合并的单元格并按【F4】键将所选单元格合并，❹重复上一操作步骤，将需要合并的单元格合并，如图 12-5 所示。

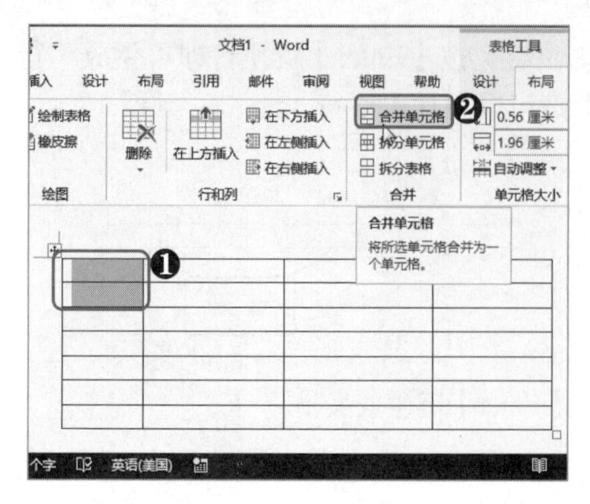
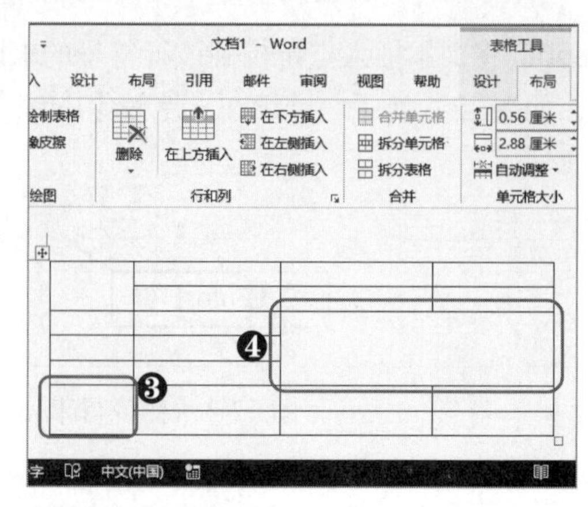

图 12-5　按【F4】键重复合并单元格

Step03 ❶选择待拆分的单元格，❷在“表格工具 布局”选项卡中单击“拆分单元格”按钮，❸在打开的“拆分单元格”对话框中设置拆分的列数和行数，❹单击“确定”按钮，❺选择要以相同方式拆分的单元格并按【F4】键将所选单元格拆分，❻重复上一操作步骤，将需要拆分的单元格进行拆分，如图 12-6 所示。

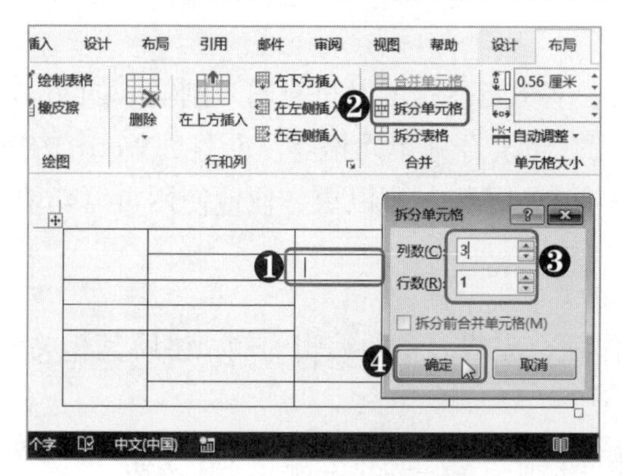
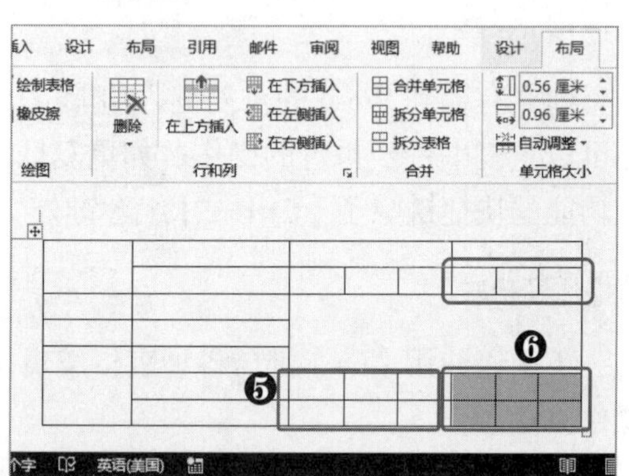

图 12-6　按【F4】键重复拆分单元格

12.1.3 只调整单个单元格或单元格区域的宽度

◎应用说明

默认情况下，在 Word 中调整某一单元格的宽度时，该单元格所在列的宽度也会一同发生改变。在大多数时候，这项功能都可以很好地为用户带来方便。但是，当只需要调整表格中某一单元格的宽度时，这项整列单元格自动跟随调整的功能又给用户带来了不少麻烦。

那么，要调整单个单元格的宽度时应如何操作呢？其实很简单，只需要选择待调整宽度的单元格（不是将文本插入点定位到该单元格，而是选择单元格，即单元格颜色变深），然后调整宽度即可。

◎操作解析

下面以在“会议签到表”文档中的调整表格前3行的单元格宽度为例，讲解其相关的操作方法。

◎下载/初始文件/第12章/会议签到表.docx ◎下载/最终文件/第12章/会议签到表.docx

Step01 打开素材文件，❶选择需要调整的单元格或单元格区域，❷将鼠标光标移至该单元格右边框线上，此时鼠标光标变为形状，❸按住鼠标左键拖动调整所选单元格的宽度，然后释放鼠标即可，如图12-7所示。

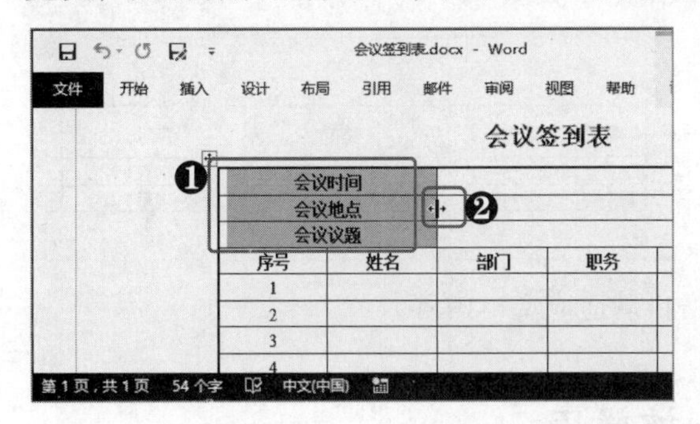

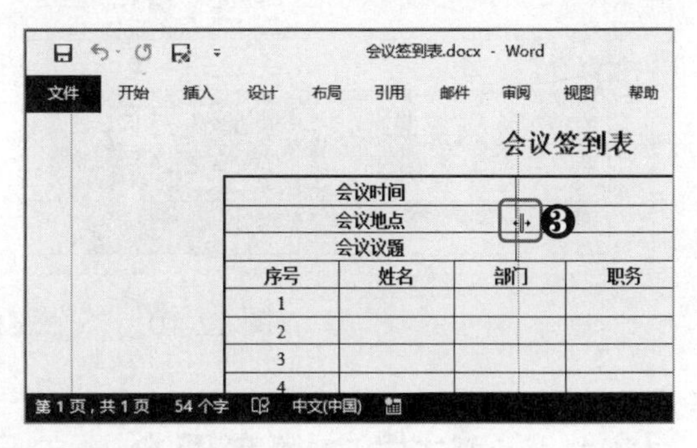

图12-7 调整所选单元格区域的宽度

Step02 此时可以看到，表格的其他单元格宽度并没有发生变化，只有选择的单元格宽度被调整，如图12-8所示。

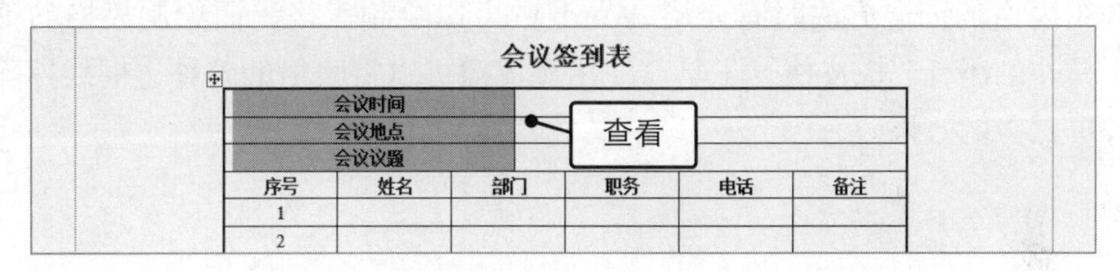

图12-8 只调整所选单元格宽度效果图

知识延伸 *快速使列宽自动适应文本内容*

当在Word文档中的表格单元格中输入的文本内容较多，超过单元格的宽度时，文本会自动分为两行或更多行。而如果希望这些文本只在一行显示，通常的做法就是拖动单元格的右边框线来调整单元格宽度。

但是这种办法操作起来既麻烦，又不能使单元格宽度完美适应文本内容。其实，有更快速又能使单元格宽度刚好适应文本内容长度的方法，其具体的操作步骤如下。

Step01 将鼠标光标移至待调整的单元格右边框线上，此时鼠标光标变为形状，如12-9左图所示。

Step02 双击鼠标左键即可使单元格自动适应文本内容，其效果如12-9右图所示。

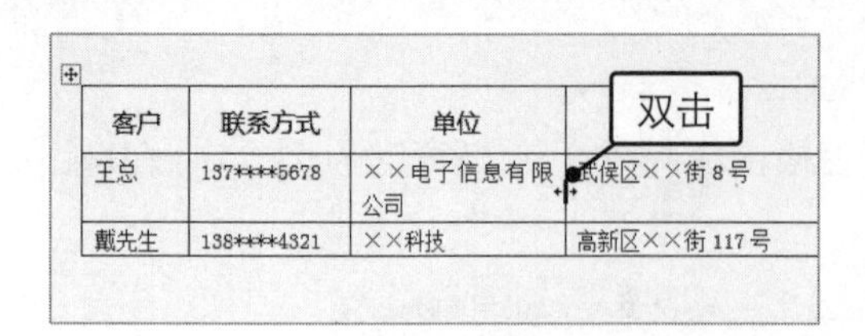

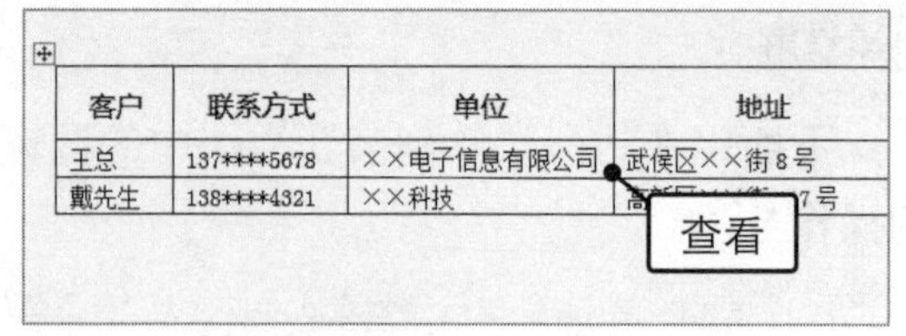

图 12-9　快速使单元格自动适应文本内容

【注意】如果整个表格都需要自动适应文本内容，则可以全选表格，然后在任意竖边框线双击，即可使表格全部单元格自适应文本内容，如图 12-10 所示。

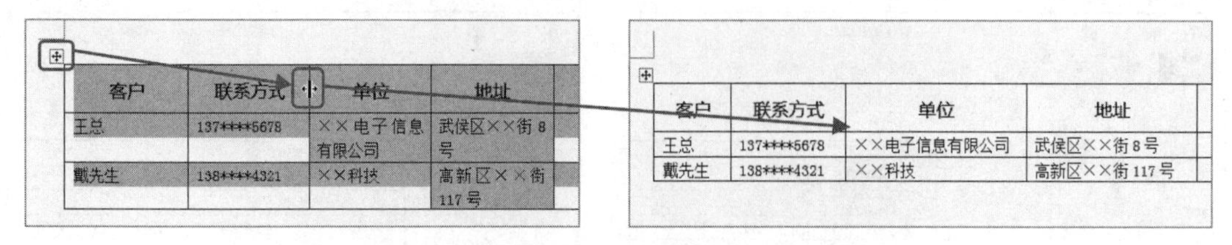

图 12-10　整个表格自动适应文本内容

12.1.4 通过橡皮擦实现合并单元格效果

◎应用说明

在介绍表格的创建方法时有介绍 Word 中可以绘制表格，而绘制表格的工具除了“笔”工具外，还有“橡皮擦”工具。使用橡皮擦可以将表格的各种边框线擦除，从而实现合并单元格的效果。

◎操作解析

下面以使用橡皮擦将上下两个单元格之间的边框线擦除为例，讲解通过橡皮擦合并单元格的相关操作方法。

Step01 ❶将文本插入点定位到表格任意单元格，❷在激活的“表格工具 布局”选项卡的“绘图”组中单击“橡皮擦”按钮，如图 12-11 所示。

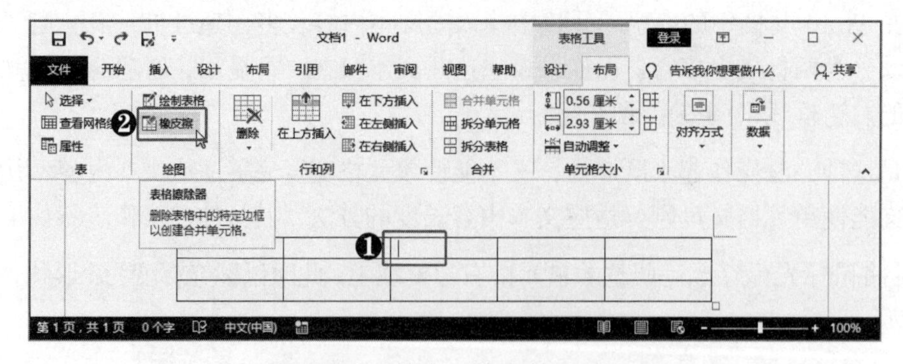

图 12-11　单击“橡皮擦”按钮

Step02 此时鼠标光标变为橡皮擦形状，按住鼠标左键拖动需要擦除的边框线，然后释放鼠标即可，如图 12-12 所示。

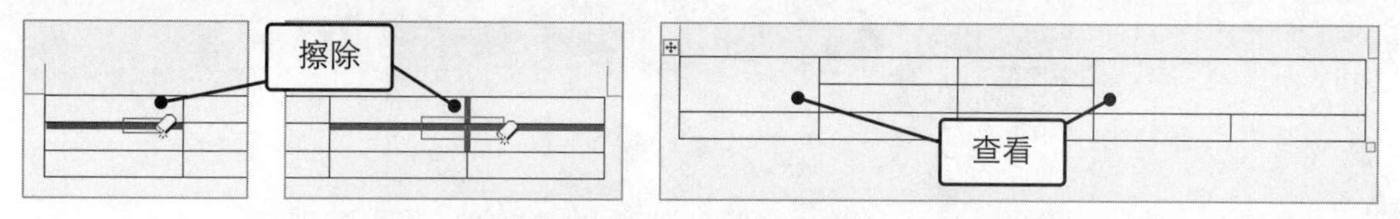

图 12-12　擦除边框线

12.1.5 如何将表格快速转换为文本

◎应用说明

在 Word 文档中，许多表格的内容其实都是文本，表格也只是作为容纳这些文本的容器而已。如果要将这类表格内容传送给他人阅读，但又要确保对方能够正常打开文件并进行查阅，可以使用 Word 中的将表格转换为文本的功能，快速将表格转换为文本。对于这种纯文本的文档，用户就可以将其转化为记事本这种可移植性更好的文件类型，再传递给他人。

◎操作解析

下面以在“日程安排”文档中将表格转换成文本为例，讲解其相关操作。

◎下载/初始文件/第 12 章/日程安排.docx　　◎下载/最终文件/第 12 章/日程安排.docx

Step01 打开素材文件，❶单击文档中表格左上角的全选按钮⊞，❷在“表格工具 布局”选项卡的“数据”组中单击“转换为文本”按钮，如图 12-13 所示。

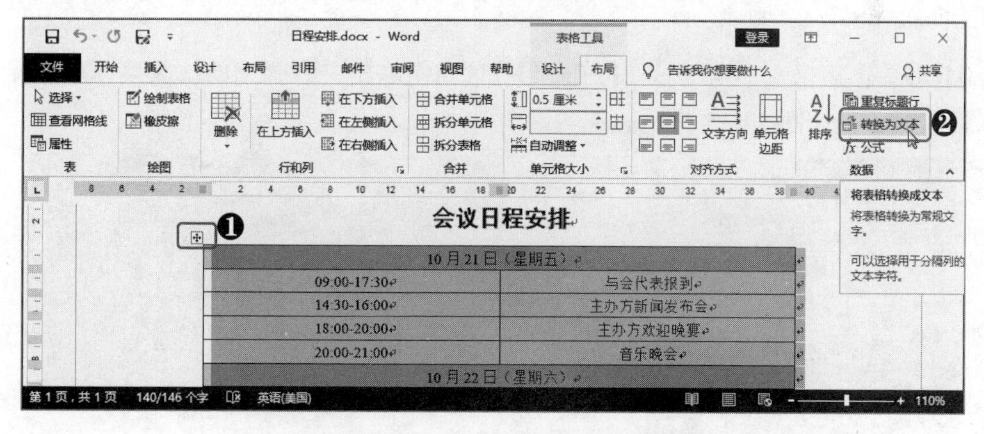

图 12-13　单击“转换为文本”按钮

Step02 ❶在打开的“表格转换成文本”对话框中选择合适的文字分隔符，如选中“制表符”单选按钮，❷单击“确定”按钮即可，如图 12-14 所示。

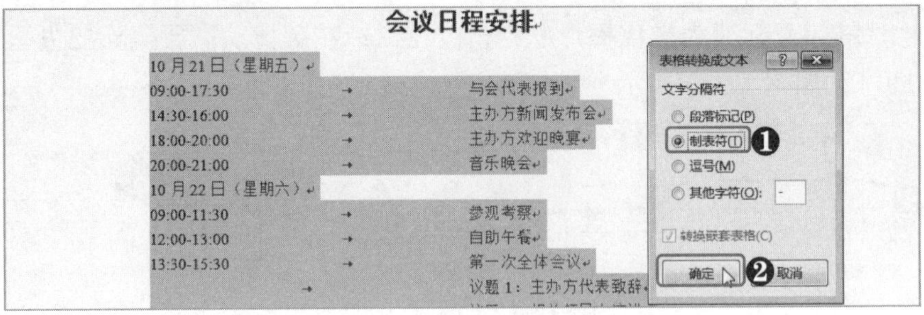

图 12-14　将表格转换为文本

12.1.6 如何防止表格跨页断行

◎应用说明

当单元格中的内容有多行，而恰好这个单元格又在页面的底端时，这个单元格中的下一行内容就有可能被转移到下一页显示，这就是跨页断行。但是，同一个单元格内容显示在不同页面显然是不合适的，会为读者阅读带来不便。

那么，该如何防止跨页断行的情况出现呢？比较简单直接的办法是调整表格中文本的字体、行距和单元格行高等，尽可能使页面底端的单元格能够在一页内显示完整。这里要介绍的是另一种更为快捷的方法，就是使 Word 文档中的表格禁止跨页断行。

◎操作解析

下面以在“打印机说明书 1”文档中使页面底端出现跨页断行的单元格在同一页显示为例，讲解防止表格跨页断行的相关操作方法。

◎下载/初始文件/第 12 章/打印机说明书 1.docx　　◎下载/最终文件/第 12 章/打印机说明书 1.docx

Step01 ❶单击表格左上角的全选按钮，❷在表格上右击并在弹出的快捷菜单中选择“表格属性”命令，如图 12-15 所示。

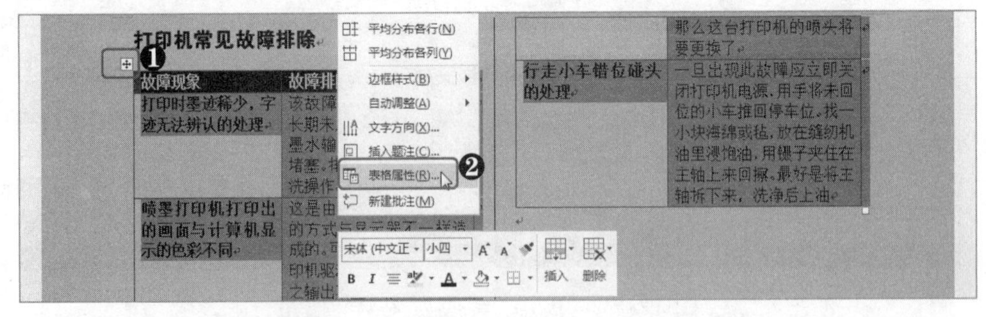

图 12-15　选择“表格属性”命令

Step02 ❶在打开的“表格属性”对话框中单击“行”选项卡，❷在“选项”栏中取消选中“允许跨页断行”复选框，然后单击“确定”按钮，此时跨页的单元格全部显示在下一页中，如图 12-16 所示。

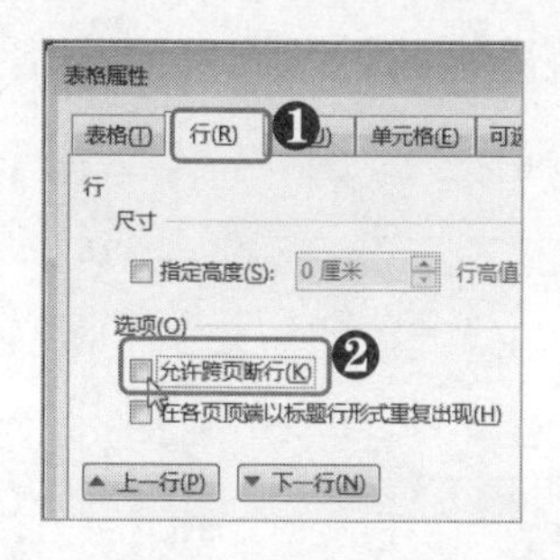

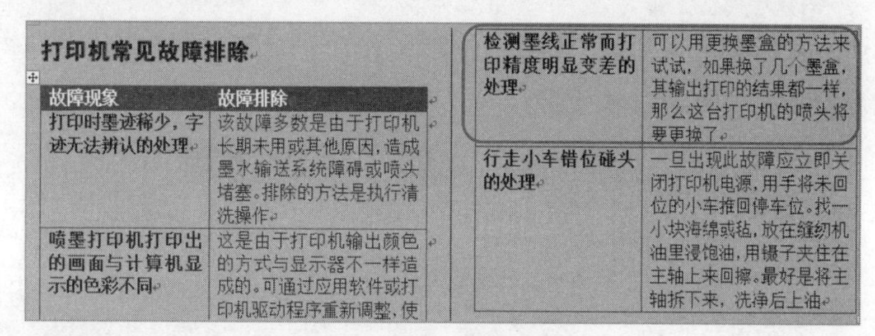

打印机常见故障排除

故障现象	故障排除
打印时墨迹稀少，字迹无法辨认的处理	该故障多数是由于打印机长期未用或其他原因，造成墨水输送系统障碍或喷头堵塞。排除的方法是执行清洗操作
喷墨打印机打印出的画面与计算机显示的色彩不同	这是由于打印机输出颜色的方式与显示器不一样造成的。可通过应用软件或打印机驱动程序重新调整，使
检测墨线正常而打印精度明显变差的处理	可以用更换墨盒的方法来试试，如果换了几个墨盒，其输出打印的结果都一样，那么这台打印机的喷头将要更换了
行走小车错位碰头的处理	一旦出现此故障应立即关闭打印机电源，用手将未回位的小车推回停车位。找一小块海绵或毡，放在缝纫机油里浸饱油，用镊子夹住在主轴上来回擦。最好是将主轴拆下来，洗净后上油

图 12-16　取消选中“允许跨页断行”复选框

12.2 图形对象的编辑技巧

Word 软件的图形对象处理功能虽然无法与专业的图形编辑软件比较，但也是较为强大的。掌握 Word 的图形对象编辑技巧才能制作出更加专业、精美的图文混排文档。

12.2.1 怎样让图片的纯色背景变为透明

◎应用说明

有些图片的背景可能与页面颜色不太协调，当插入到 Word 文档中时，会显得格格不入。因此，需要将这些图片的背景删除或做一些处理。如果待处理图片的背景为纯色，则有一种比删除图片背景更为快捷方便的方式就是将图片的纯色背景去掉，即将纯色背景设置为透明。

◎操作解析

下面以在“打印机说明书”文档中将打印机图片的白色背景设置为透明为例，讲解将其相关的操作方法。

◎下载/初始文件/第 12 章/打印机说明书.docx　　◎下载/最终文件/第 12 章/打印机说明书.docx

Step01 打开素材文件，❶选择需要编辑的图片对象，❷单击被激活的“图片工具 格式”选项卡，如图 12-17 所示。

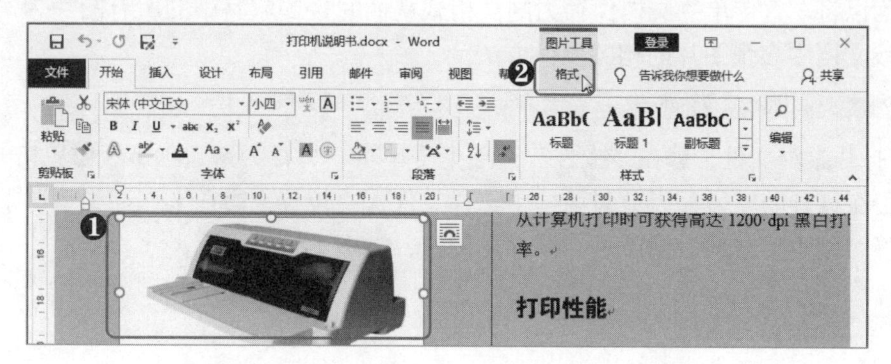

图 12-17　单击“图片工具 格式”选项卡

Step02 ❶在“调整”组中单击“颜色”下拉按钮，❷选择“设置透明色”选项，此时鼠标光标变为✐形状，❸在图片背景位置单击即可，如图 12-18 所示。

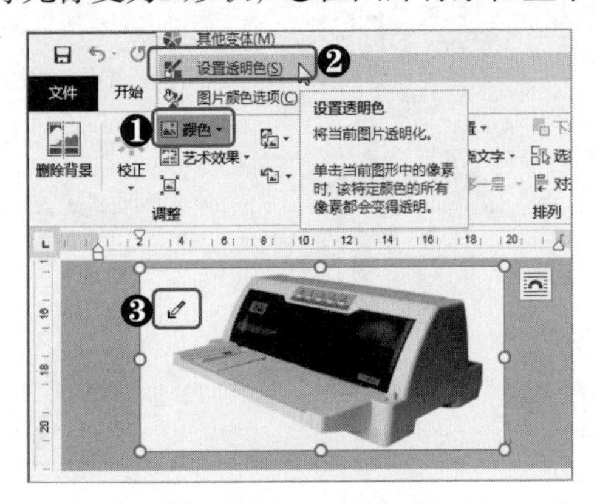

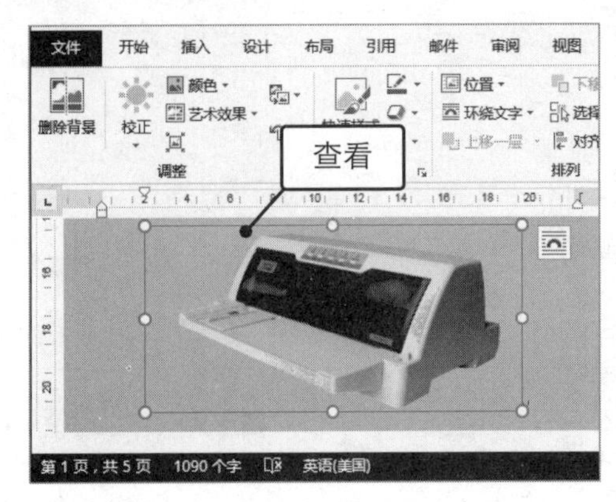

图 12-18　将纯色背景设置为透明

12.2.2 快速提取文档中的所有图片

◎应用说明

当文档中的图片需要保存到电脑中时，大多数用户都会以直接将图片另存为的方式将需要的图片提取到电脑的本地磁盘中。但是，如果文档中有许多图片，且都需要提取出来时，再以这种逐张图片另存为的方式来提取显然是一件让人头疼的事情。

那么，有没有一种办法可以将文档中的图片一次性全部提取出来呢？自然是有的，那就是将 Word 文档另存为网页格式，系统会自动生成一个文件夹，此文件夹中包含了文档中的所有图片以及一些其他文件。

【注意】需要注意的是，将文档保存为网页后，文档中的每张图片都会在生成的文件夹中重复出现两次。打开两个相同的图片可以发现，两种图片的大小和清晰度等都有所区别，用户可选择性的删除多余的图片。

◎操作解析

下面以将“宣传单”文档保存为网页格式从而间接提取其中的所有图片为例，讲解批量提取文档中多张图片的相关操作方法。

◎下载/初始文件/第 12 章/宣传单.docx　　◎下载/最终文件/第 12 章/宣传单图片/

Step01 打开素材文件，❶在“文件”选项卡中单击“另存为”选项卡，❷单击“浏览”按钮，❸在打开的“另存为”对话框中选择文件保存位置，❹在“保存类型”下拉列表框中选择“网页”选项，❺单击“保存”按钮，如图 12-19 所示。

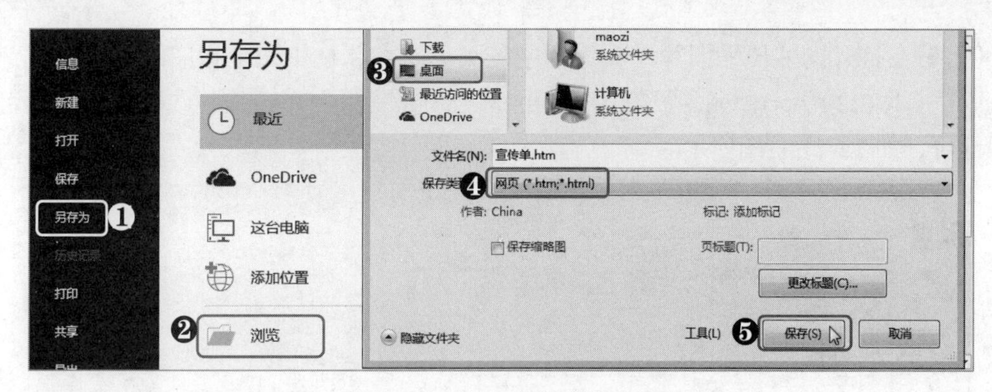

图 12-19　将文本保存为网页

Step02 打开系统生成的名称为“宣传单.files”的文件夹，即可看到文档中所有的图片都已经保存在其中，如图 12-20 所示。

图 12-20　在系统生成的文件夹中查看提取出的图片

12.2.3 修改图片的分辨率

◎应用说明

如果文档中使用了非常多的图片，很可能由于文件过大而导致 Word 文档启动缓慢，也会造成文档的传送和共享等耗费许多时间。另外，插入了图片的文档在不同的使用场合，可能其图片的清晰度也有所不同，如在电脑上图片很清晰，而打印出来后图片就比较模糊。而这些情况都可以通过调整图片的分辨率来解决。

◎操作解析

下面以修改文档中图片的分辨率，使其即使打印成纸质文档也有较好的显示效果为例，讲解其相关的操作方法。

◎下载/初始文件/第 12 章/宣传单 1.docx　　　◎下载/最终文件/第 12 章/宣传单 1.docx

Step01 打开素材文件，❶选择待修改分辨率的图片，❷在“图片工具 格式”选项卡的“调整”组中单击“压缩图片”按钮，如 12-21 左图所示。

Step02 ❶在打开的“压缩图片”对话框中的“分辨率”栏中选中相应的单选按钮，这里选中“打印(220 ppi)：在多数打印机和屏幕上质量良好”单选按钮，❷单击“确定”按钮即可，如 12-21 右图所示。

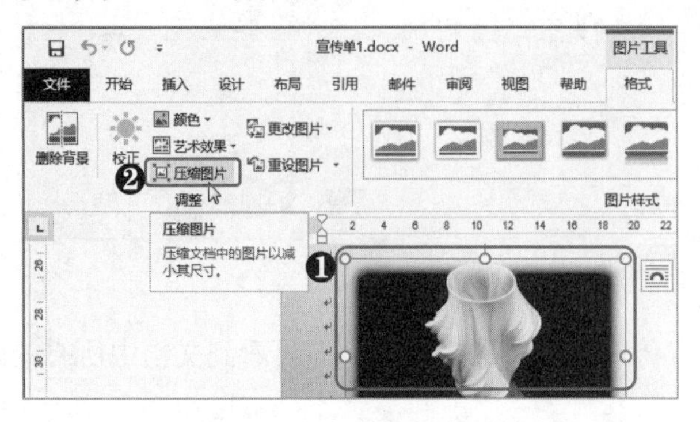

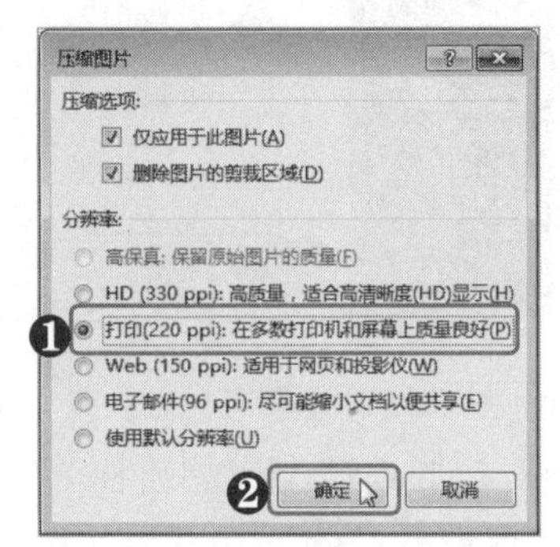

图 12-21　设置图片分辨率

修改图片分辨率后，在视觉上看不出有什么变化，但文件的大小会发生变化，打印成纸质文档的效果也会有所变化。

另外，如果要修改文档中所有图片的分辨率，且设置为同一分辨率，则只需要在“压缩图片”对话框中取消选中“仅应用于此图片”复选框，再进行分辨率设置即可。

12.2.4 插入可以更新的图片链接

◎应用说明

通常情况下，在文档中插入的图片是不可更新的。如要对插入的图片进行更改，则只能打开文档，在其中进行更改。如果文档中的大部分图片都需要进行更改，就会非常麻烦。

如果在文档中插入的是可以更新的图片链接，则不需要打开 Word 文档，就可以在存放图片的文件夹中直接对图片进行批量修改。文档下一次打开时，会自动更新图片链接。如果文件夹中图片被删除，则文档保留原始图片；若文件夹中图片进行了更改（文件名和保存位置不变），则文档中的图片也会随之更改。

◎操作解析

下面在文档中插入可以更新的图片链接，并在文件夹中修改图片，然后再次打开文档查看插入的图片。以此为例，讲解插入可以更新的图片链接的操作方法。

◎下载/初始文件/第 12 章/链接图片/　　◎下载/最终文件/第 12 章/链接图片/

Step01 打开文档，❶在“插入”选项卡的“插图”组中单击“图片”按钮，❷在打开的“插入图片”对话框中选择图片所在位置，❸选择需要的图片，❹单击“插入”下拉按钮，❺在弹出的下拉列表中选择“插入和链接”选项，如图 12-22 所示。

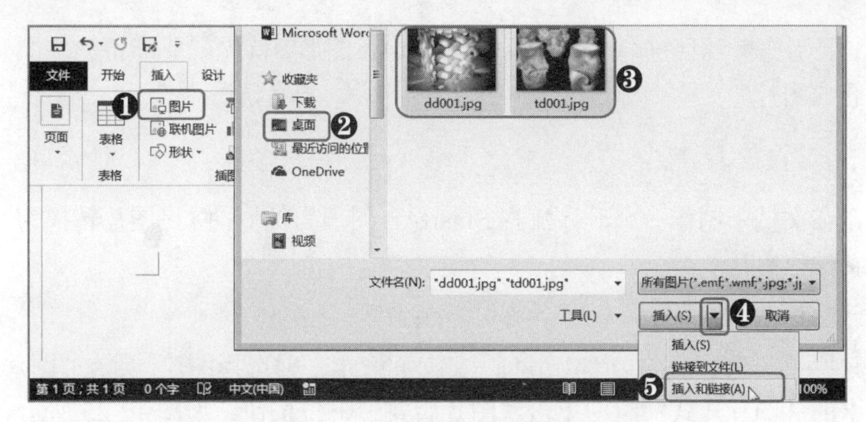

图 12-22　选择“插入和链接”选项

Step02 此时，选择的图片便以可更新的链接的形式插入到了文档中，如 12-23 左图所示。❶在存放图片的文件夹中将其中一张图片使用其他图片替换，同时修改文件名，❷将另一张图片也使用其他图片替换，保持文件名不变，如 12-23 右图所示。

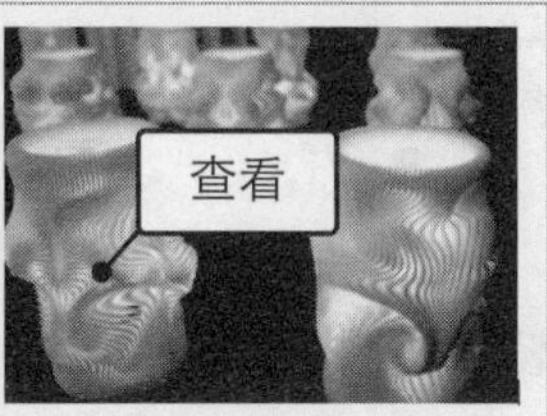

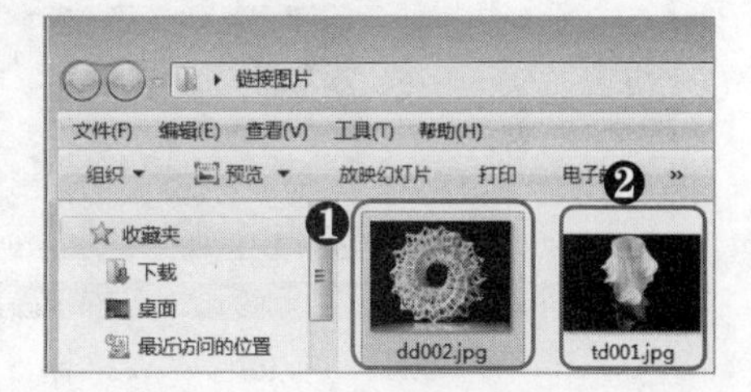

图 12-23　插入图片链接的效果图和在文件夹中更改图片

Step03 关闭文档后再次打开文档，此时图片链接已经更新完毕，可以看到文档中第一张图片没有更改，而第二张图片则被更改，如图 12-24 所示。

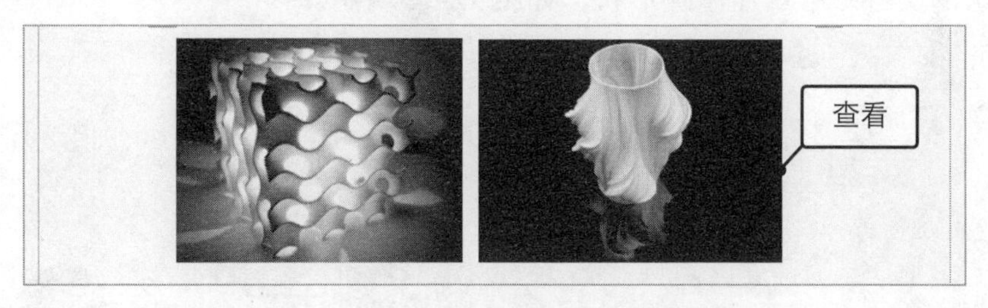

图 12-24　更新图片链接后效果图

12.2.5 将图片转换为 SmartArt 图形

◎应用说明

制作文档时，常常会使用 SmartArt 图形来展示文本内容。然而 Word 中内置的样式有限，并不能完全满足用户的实际需求。这时，我们就可以将图片转换为 SmartArt 图形来获得更多更加精美的 SmartArt 图形样式。

当然，要制作美观且符合文档内容的 SmartArt 图形，首先就要准备一些漂亮且与文档内容契合的图片。

◎操作解析

下面以在文档中制作一个升序流程 SmartArt 图形为例，讲解将图片转换为 SmartArt 图形的相关操作方法。

◎下载/初始文件/第 12 章/ttt.jpg　　◎下载/最终文件/第 12 章/图片 SmartArt 图形.docx

Step01 新建一份空白 Word 文档，并插入需要的图片，❶选择图片，❷在“图片工具 格式”选项卡的“图片样式”组中单击“图片版式”下拉按钮，如图 12-25 所示。

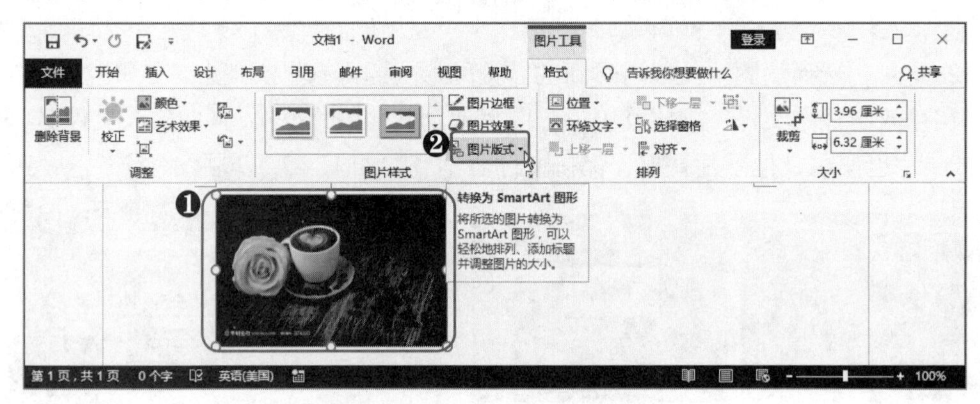

图 12-25　单击“图片版式”下拉按钮

Step02 ❶在弹出的下拉列表中选择“升序图片重点流程”选项，此时图片就已经转换成了 SmartArt 图形，❷将文本插入点定位到“在此处键入文字”窗格中的文本框，然后按【Enter】键换行即可快速添加形状，如图 12-26 所示。

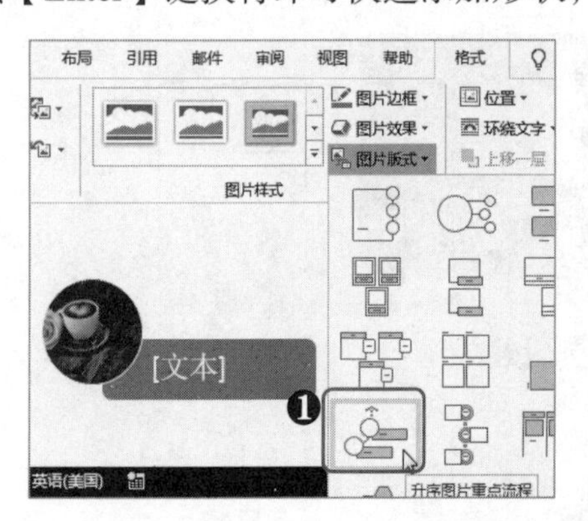

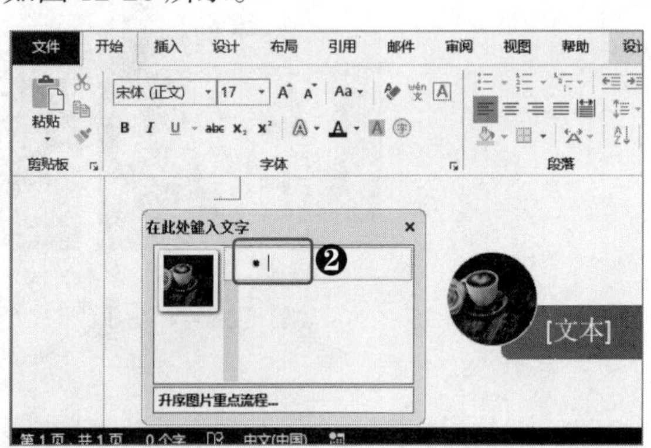

图 12-26　将图片转换为 SmartArt 图形

Step03 ❶单击图形中的图片占位符，❷在打开的“插入图片”对话框中单击“浏览”按钮，❸在打开的“插入图片”对话框中选择需要的图片，❹单击“插入”按钮，如图 12-27 所示。以同样的方法为其他图片占位符添加图片。

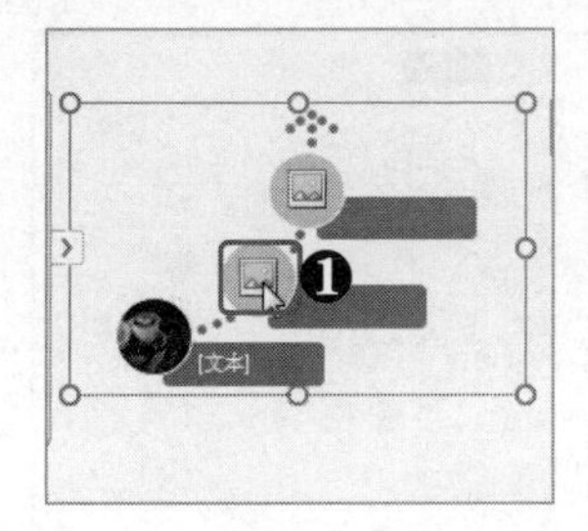

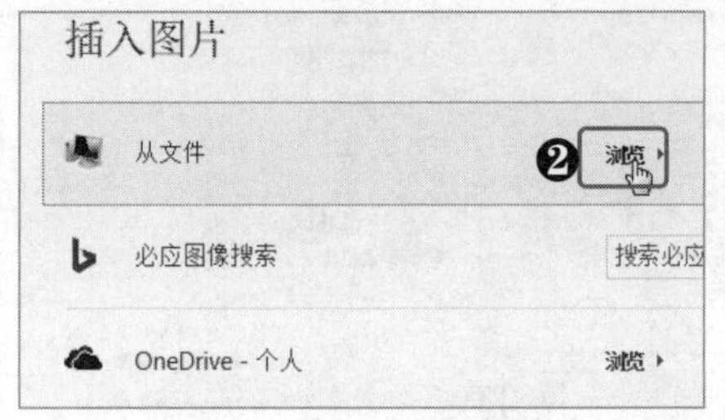

图 12-27　为图片占位符添加图片

Step04 到此，带有图片的精美 SmartArt 图形样式就制作完成了，如图 12-28 所示，用户可以根据需要继续对其格式和样式等进行编辑，然后将文档保存到合适位置并重命名即可，这里将文档命名为“图片 SmartArt 图形”。

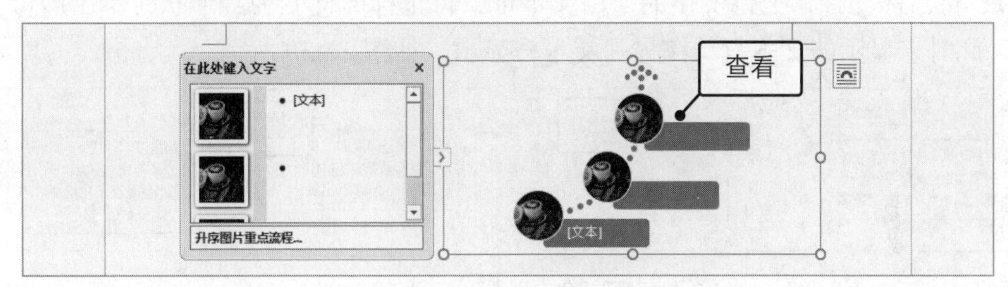

图 12-28　效果展示

12.2.6 将文本框多余的文本链接到另一空白文本框

◎应用说明

在文档中使用文本框来承载文本时，如果文本内容过多，那么文本框无法完全显示所有的文本。这种情况下，可通过调整文本框的大小，以使其能够完全容纳所有文本。但是，在某些时候，文本框的大小不能进行调整，否则会导致文档排版不够美观，甚至是排版混乱。

其实，文本框中的内容无法显示完全时，还可以将未显示的文本移至其他文本框中，即将文本框与另一个空白文本框链接起来，从而使文本自动在另一文本框中显示，这种方式也被称为文本流。

◎操作解析

下面以将内容过多的文本框链接到一个空白文本框为例，讲解其相关的操作方法。

Step01 ❶选择内容过多的文本框，❷在“绘图工具 格式”选项卡的“文本”组中单击“创建链接”按钮，如图 12-29 所示，此时鼠标光标变为形状。

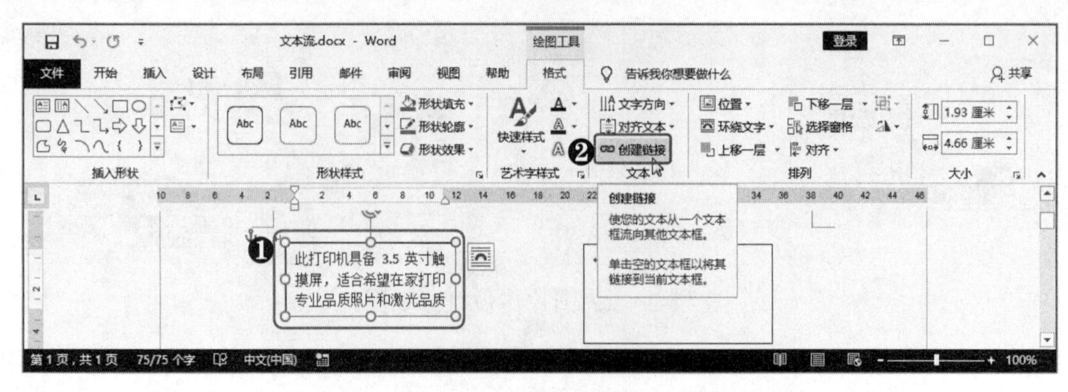

图 12-29　单击“创建链接”按钮

Step02 将鼠标光标移至待链接的空白文本框，待鼠标光标变为形状时单击即可完成链接，此时未显示的文本自动在另一文本框显示，如图 12-30 所示。

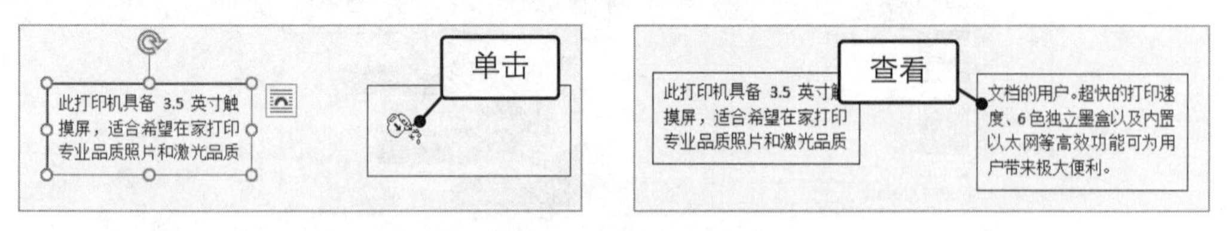

图 12-30　链接完成效果

知识延伸　如何断开文本框的链接

为文本框创建链接后，用户依然可以根据需要将链接断开。但是断开链接后，所有文本会重新流回原文本框中，如果想要完全显示文本，则要调整文本框大小。以下是断开文本框链接的具体操作步骤。

Step01 ❶选择创建链接的文本框（即初始文本框），❷在“绘图工具 格式”选项卡的“文本”组中单击“断开链接”按钮，如图 12-31 所示。

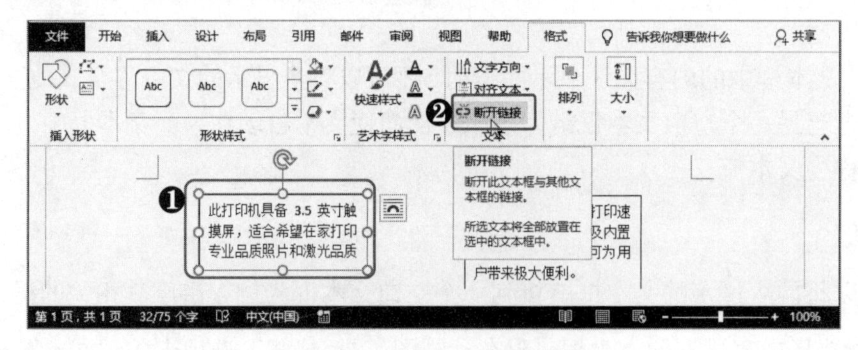

图 12-31　断开文本框链接

Step02 链接被断开后，文本回流，被链接的文本框中不再显示任何文本，调整初始文本框的大小，以显示全部文本，如图 12-32 所示。

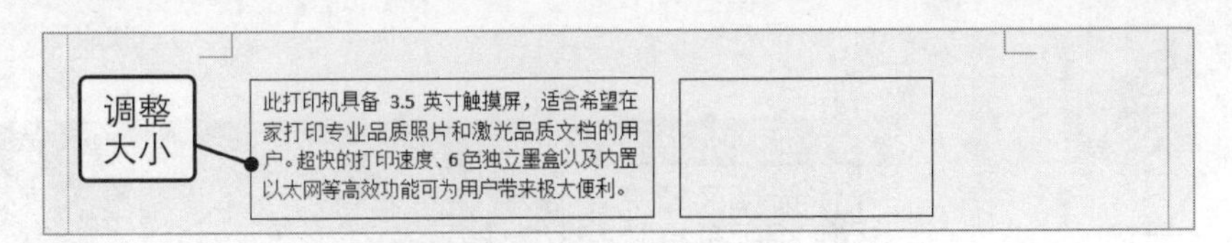

图 12-32　断开链接后效果图

12.2.7 快速选择多个图形对象

◎应用说明

在编辑文档中的图形时，往往需要同时对多个图形对象进行同一格式的编辑。通常，我们都会按住【Shift】键再逐个选择需要编辑的图形对象，这种方法在需要编辑的对象不多或不在同一区域时比较合适。

如果需要编辑的图形对象非常多，且都在同一区域内，则有更方便快捷的方法可以一次性选择多个图形对象。

◎操作解析

下面以在“公司结构图”文档中选择由多个图形组成的图示为例，讲解快速选择多个图形对象的相关操作方法。

◎下载/初始文件/第 12 章/公司结构图.docx　　◎下载/最终文件/第 12 章/无

Step01 打开素材文档，❶在“开始”选项卡的“编辑”组中单击“选择”下拉按钮，❷在弹出的下拉菜单中选择“选择对象”选项，如图 12-33 所示。

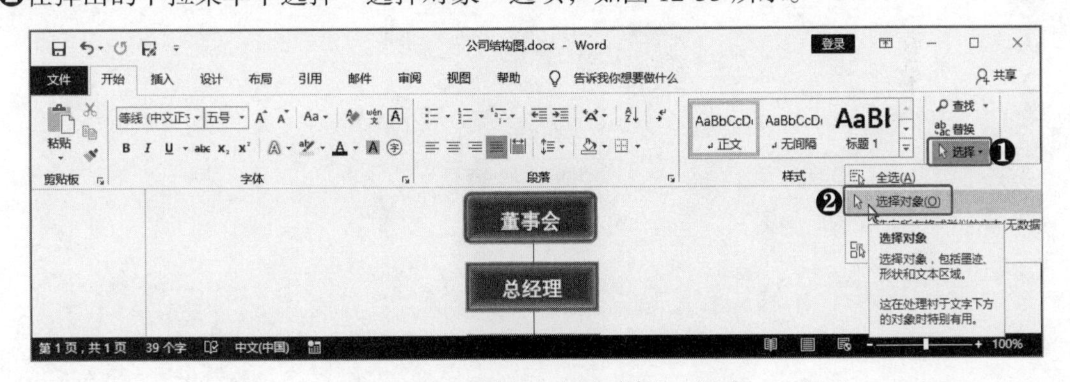

图 12-33　选择“选择对象”选项

Step02 变为选择对象状态后，鼠标光标移至编辑区时不再显示为I形状，而是显示为形状，如 12-34 左图所示。将鼠标光标移至合适的位置按住鼠标左键拖动鼠标光标，使选择区域将所有待编辑的图形对象完全包括，然后释放鼠标即可，如 12-34 右图所示。

【注意】如果要选择同一区域内的大部分图形对象，只有小部分不需要选择，则可以根据上述方法先选择这个区域内的全部图形对象，然后按住【Shift】键不放，再使用鼠标选择其中不需要被选择的图形对象即可将其取消选择。

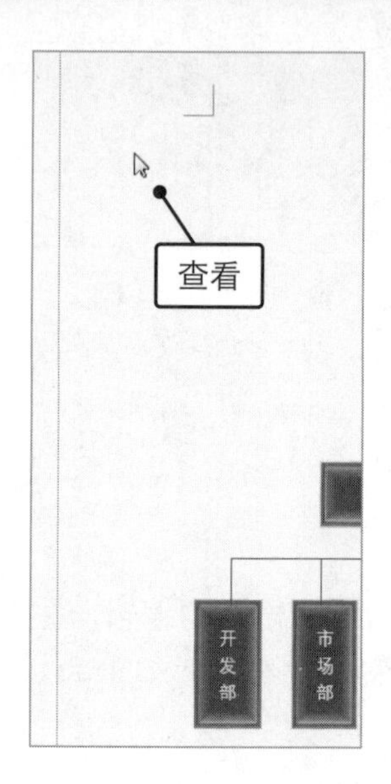

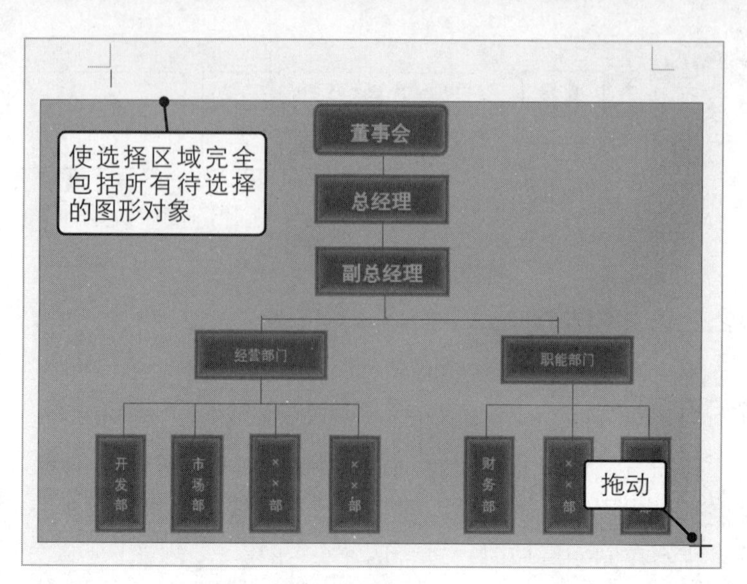

图 12-34　拖动鼠标选择图形对象

第 13 章 页面的设置与文档打印技巧

页面的布局决定了文档的整体外观，直接影响文档内容的排版；页眉和页脚是显示文档名、页码或企业名称等各种信息的区域，在大多数文档中都必不可少；打印文档更是将文档输出的最常用方式。本章主要对以上几个方面的实用技巧进行介绍。

|本|章|要|点|

- Word 的页面布局技巧
- 页眉页脚的编辑技巧
- 打印文档的技巧

13.1 Word 的页面布局技巧

合理的页面布局是制作规范而又美观的文档的重要前提，掌握一些常用的 Word 文档页面布局技巧，可以更加熟练、快速地完成页面布局，从而提升工作效率。

13.1.1 在文档中添加装订线

◎应用说明

对于需要打印并装订成册的文档，为了防止装订时将文档内容遮盖，一般都会在制作文档时为文档预留装订线区域。装订线区域一般都是在文档页面的左侧，用户也可以设置为页面顶端。为了让装订线区域更为明显，还可以在页面相应位置添加边框线。

◎操作解析

下面以在“推广计划”文档中设置预留装订线距离并添加边框线进行标记为例，讲解在文档中添加装订线的相关操作方法。

◎下载/初始文件/第 13 章/推广计划.docx　　◎下载/最终文件/第 13 章/推广计划.docx

Step01 打开素材文件，❶在“布局”选项卡的“页面设置”组中单击“对话框启动器”按钮，❷在打开的“页面设置”对话框的“页边距”选项卡中的“装订线”数值框中设置合适的装订线距离，❸在“装订线位置”下拉列表框中选择“靠左”选项，如图 13-1 所示。

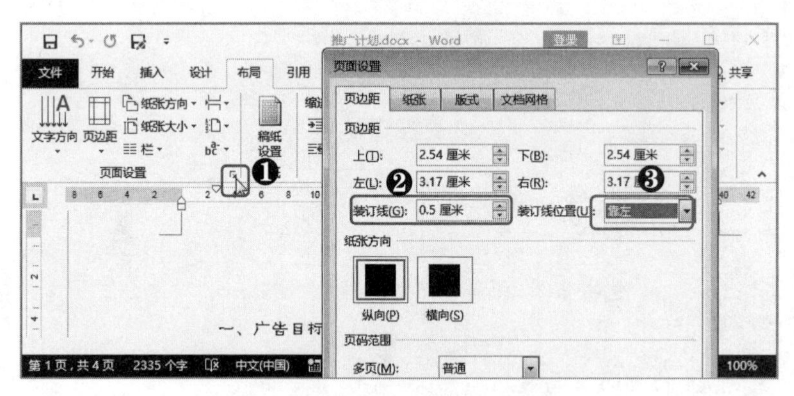

图 13-1　设置装订线距离和位置

Step02 ❶单击“版式”选项卡，❷在对话框下方单击“边框”按钮，❸在打开的“边框和底纹”对话框的“设置”栏中选择“自定义”选项，❹在“样式”列表框中选择合适的虚线边框样式，❺在“预览”栏中单击“左边框线”按钮，❻单击“确定”按钮，如图 13-2 所示。

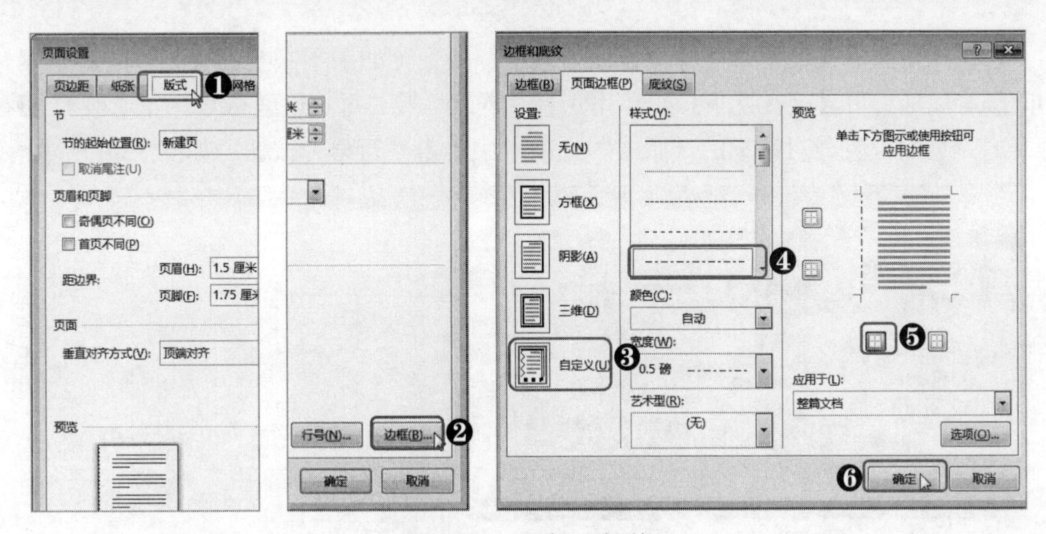

图 13-2　添加边框线

Step03 执行上述操作后，文档的页面左侧便预留了 0.5cm 宽度的装订区域，并添加了一条虚线对装订区域进行标记，如图 13-3 所示。

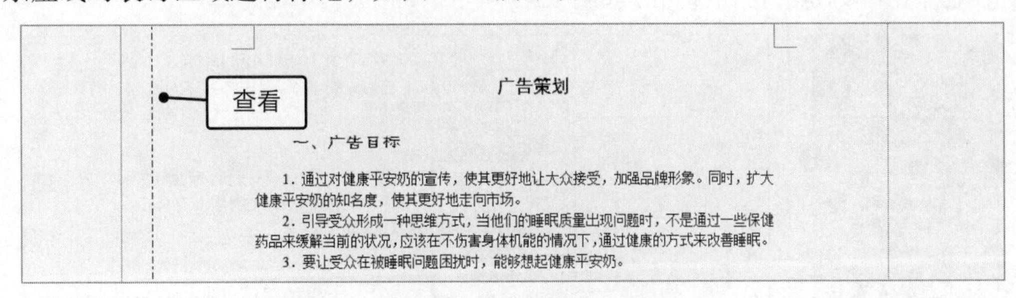

图 13-3　装订线效果图

13.1.2 为文档添加行号

◎应用说明

一篇长文档难免会进行多次编辑，从而出现忘记上一次编辑到哪个位置的情况。如果文档的每一行都有行号，就很容易记住编辑位置。

在 Word 中为文档添加行号有 3 种情况，分别为连续编号、每页重新编号和每节重新编号，用户根据实际需要选择合适的编号方式即可。

◎操作解析

下面以为“产品责任事故处理”文档的页面添加每页重新编号且间隔为 5 的行号为例，讲解为文档添加行号的相关操作方法。

◎下载/初始文件/第 13 章/产品责任事故处理.docx　　◎下载/最终文件/第 13 章/产品责任事故处理.docx

Step01 打开素材文件，❶在“布局”选项卡的“页面设置”组中单击“行号”下拉按

钮，❷在弹出的下拉菜单中选择“行编号选项”命令（如果不需要设置行号的起始编号和间隔等属性，可直接在此下拉菜单中选择“连续”或“每页重编行号”等选项），❸在打开的“页面设置”对话框的“版式”选项卡中单击“行号”按钮，如图 13-4 所示。

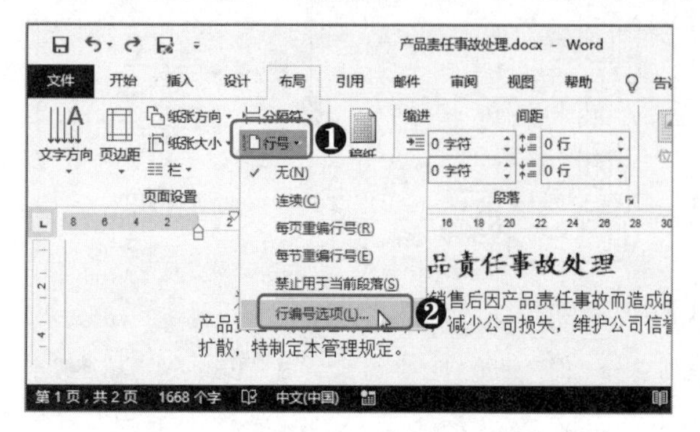

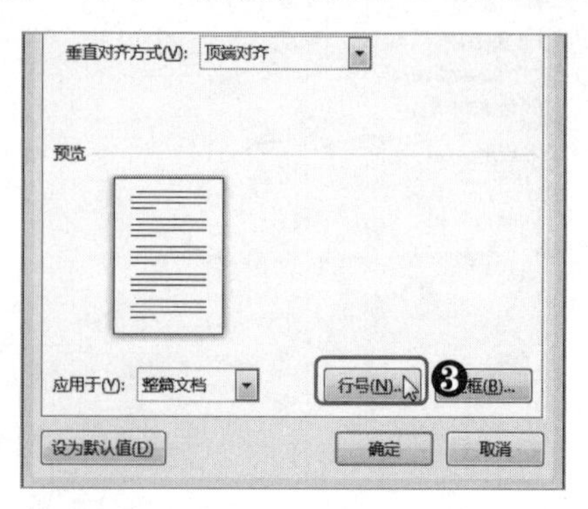

图 13-4　单击“行号”按钮

Step02 ❶在打开的“行号”对话框中设置行号间隔为 5，❷选中“每页重新编号”单选按钮，❸单击“确定”按钮即可，如图 13-5 所示。

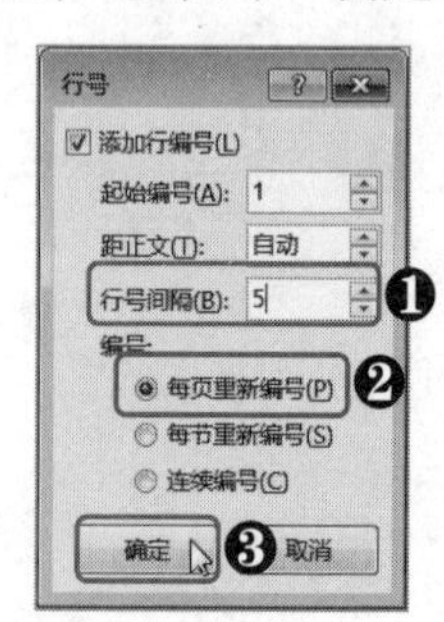

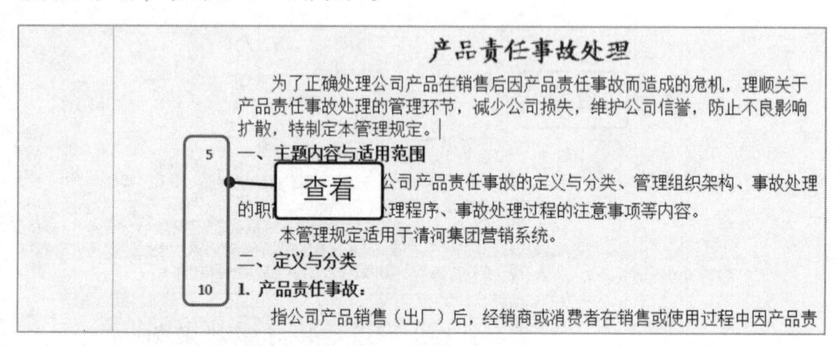

图 13-5　设置间隔为 5 的行号

13.1.3 禁止指定段落显示行号

◎应用说明

为文档添加行号之后，如果要使某些段落不显示行号，且行号编号跳过该段落继续编号，则可以将该段落设置为禁止显示行号。

◎操作解析

下面以取消“质量管理制度”文档中的二级标题段落左侧显示的行号为例，讲解禁止指定段落显示行号的相关操作方法。

◎下载/初始文件/第 13 章/质量管理制度.docx　　◎下载/最终文件/第 13 章/质量管理制度.docx

Step01 打开素材文件，❶将文本插入点定位到需要取消显示行号的段落中，❷在“开始”选项卡的“编辑”组中单击“选择”下拉按钮，❸选择“选择格式相似的文本”选项（由于本例需要禁止文档中所有二级标题显示行号，所以要选择所有二级标题段落），如图 13-6 所示。

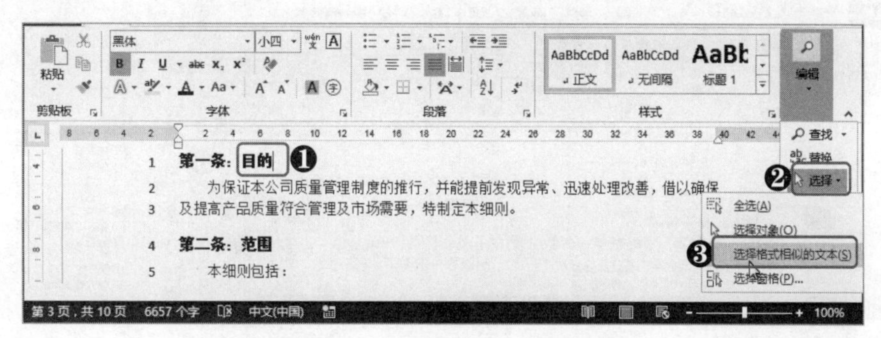

图 13-6　选择所有二级标题

Step02 ❶在“布局”选项卡的“页面设置”组中单击“行号”下拉按钮，❷在弹出的下拉菜单中选择“禁止用于当前段落”选项即可使所有二级标题段落不显示行号，如图 13-7 所示。

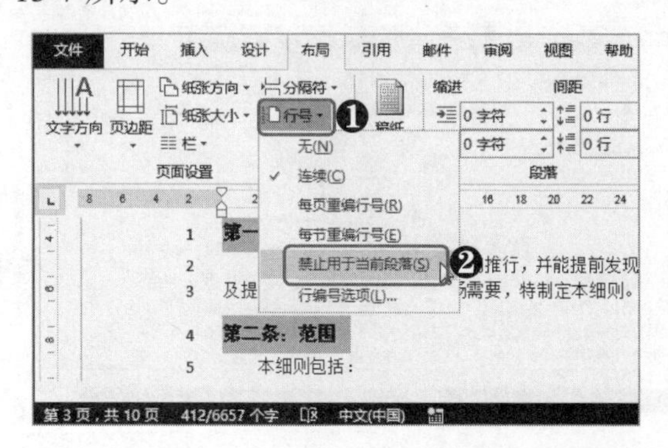

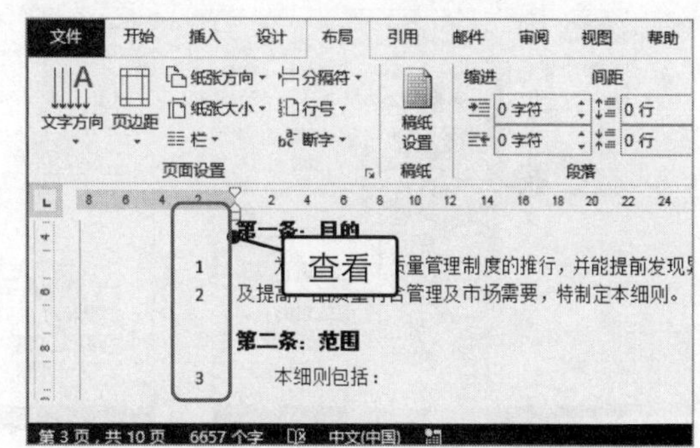

图 13-7　禁止所选段落显示行号

13.1.4 为文档设置跨栏标题

◎应用说明

当要将文档设置为双栏或多栏排版时，我们会发现文档的标题也只能显示在页面的其中一栏中。这种情况下，如何才能使文档的标题以正常情况显示呢？这就需要将标题与文档内容区分开来，然后通过设置使标题跨栏显示。

◎操作解析

下面以在“新员工培训计划”文档中使标题跨栏显示为例，讲解为文档设置跨栏标题的相关操作方法。

◎下载/初始文件/第 13 章/新员工培训计划.docx　　◎下载/最终文件/第 13 章/新员工培训计划.docx

Step01 打开素材文件，❶将文本插入点定位到文档内容的起始位置（文档标题的下一行起始位置），❷在“布局”选项卡的“页面设置”组中单击“分隔符”下拉按钮，❸在弹出的下拉列表中的“分节符”栏中选择“连续”选项，如图 13-8 所示。

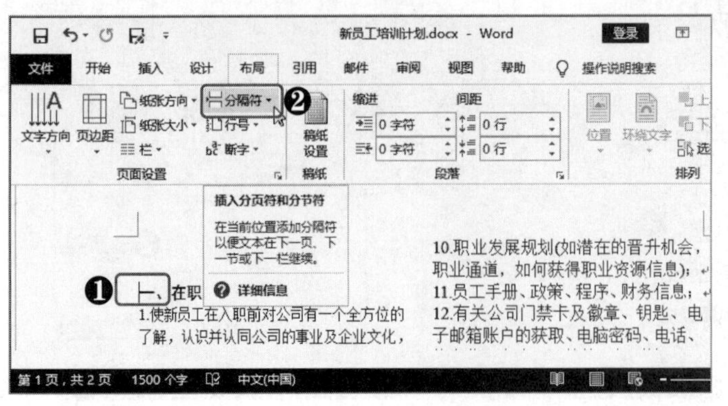

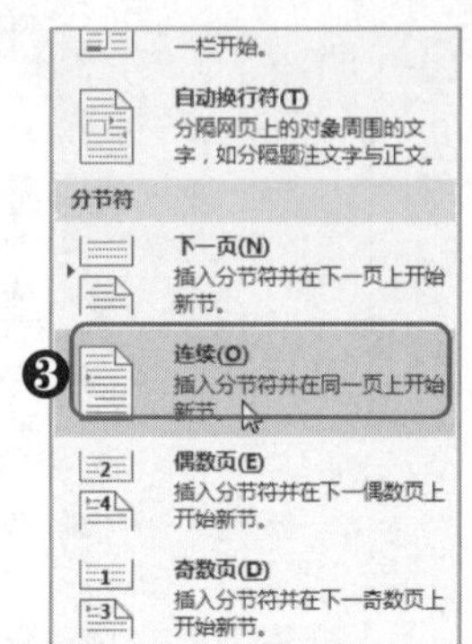

图 13-8　插入连续的分节符

Step02 ❶将文本插入点定位到文档标题所在的节，❷在“页面设置”组中单击“栏”下拉按钮，❸在弹出的下拉列表中选择“一栏”选项，即可使标题跨栏显示，如图 13-9 所示。

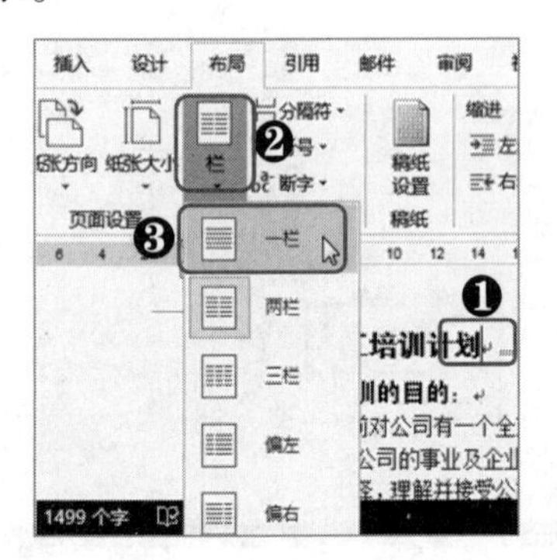

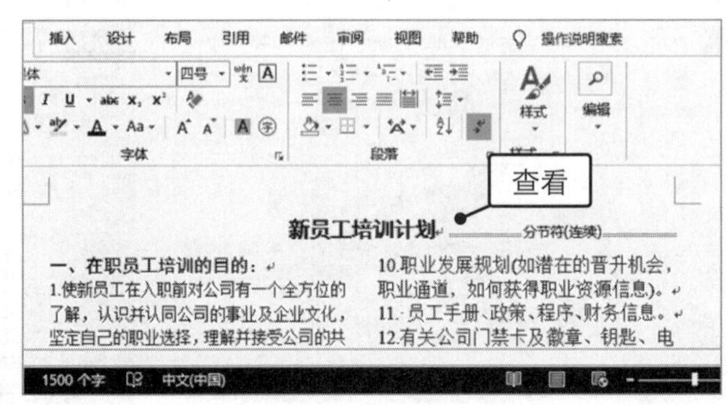

图 13-9　跨栏显示标题

13.1.5 如何将内容平均分配到各栏

◎应用说明

文档分栏后，最后一页的内容往往没有平均分配到各栏，而是左侧栏的内容填满后，才继续往后续分栏中显示，在一定程度上影响了文档的美观。因此，设置了分栏的文档，还需用户对最后一页进行调整，使内容平均分配到各栏中。

◎操作解析

下面以在“新员工培训计划 1”文档中将最后一页的内容平均分配到各栏为例，讲解其相关的操作方法。

◎下载/初始文件/第 13 章/新员工培训计划 1.docx　　◎下载/最终文件/第 13 章/新员工培训计划 1.docx

Step01 打开素材文件，❶将文本插入点定位到文档最后一页的结束位置，❷在“布局”选项卡的“页面设置”组中单击“分隔符”下拉按钮，❸在弹出的下拉列表中的“分节符”栏中选择“连续”选项，如图 13-10 所示。

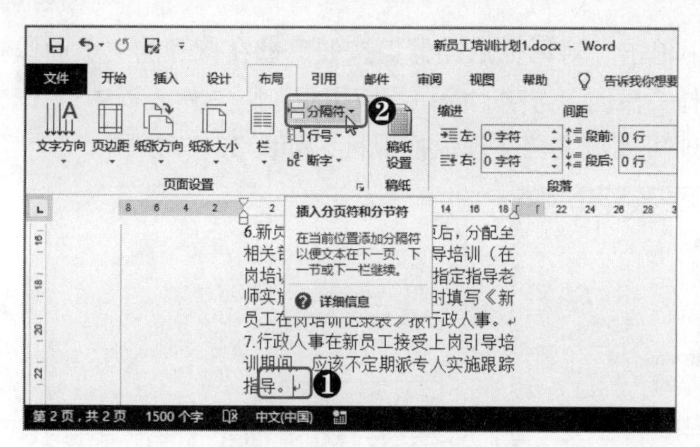

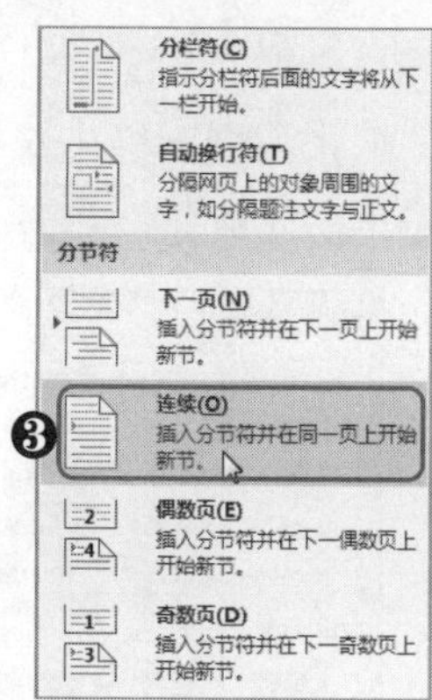

图 13-10　在文档末尾插入连续的分节符

Step02 此时，文档的内容自动平均分配到各栏中，其效果如图 13-11 所示。

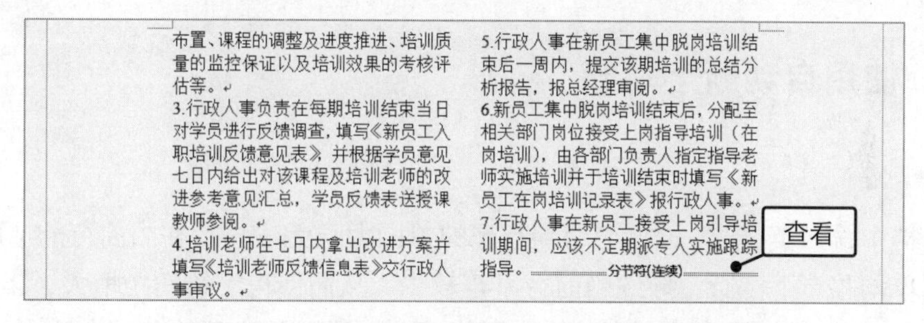

图 13-11　文档内容平均分配到各栏的效果图

知识延伸　*在同一文档纵横混排*

所谓纵横混排就是指文档中一部分页面的纸张方向为纵向，另一部分页面的纸张方向为横向。而要实现纵横混排，同样需要使用分节符，与上述两个案例不同的是，这里使用的分节符为“下一页”分节符。以下是在同一文档中实现纵横混排的具体操作步骤。

Step01 ❶将文本插入点定位到需要显示横向页面的内容之前，❷在“布局”选项卡的“页面设置”组中单击“分隔符”下拉按钮，❸选择“分节符”栏中的“下一页”选项，如图 13-12 所示。

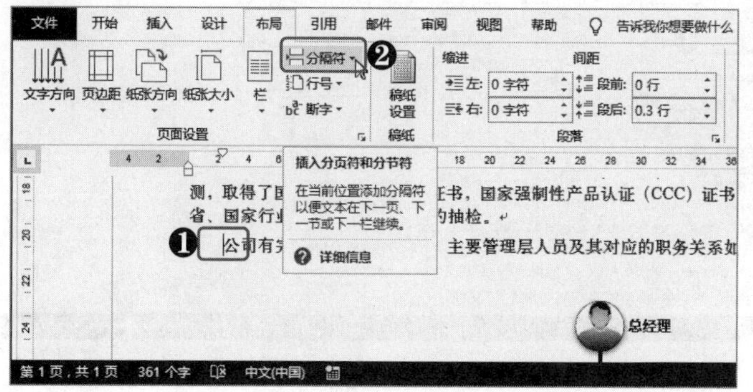

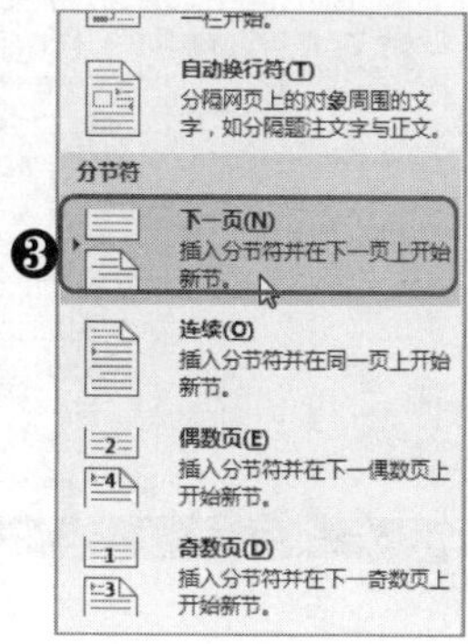

图 13-12　插入“下一页”分节符

Step02 在“页面设置”组中单击“对话框启动器”按钮，❶在打开的“页面设置”对话框的“纸张方向”栏中选择“横向”选项，❷在“应用于”下拉列表框中选择“本节”选项，❸单击“确定”按钮即可使该文档实现纵横混排，如图 13-13 所示。

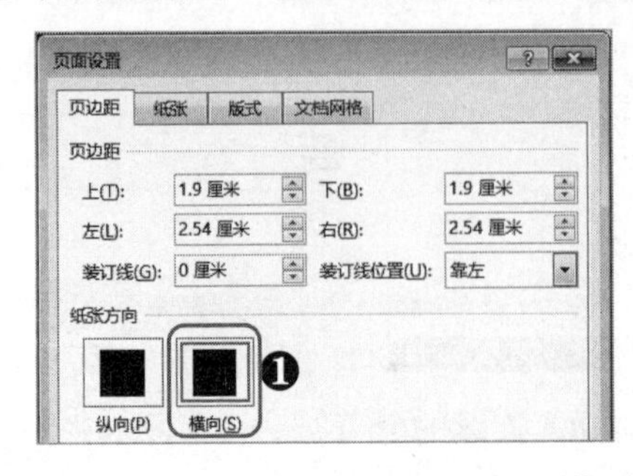
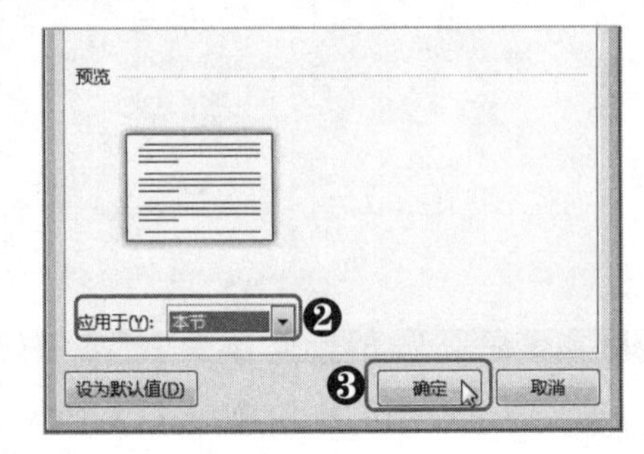

图 13-13　设置纸张方向为横向

13.1.6 使用自动断字功能

◎应用说明

在文档中输入英文时，可能会遇到行尾的单词太长无法显示在当前行的情况。此时，由于行尾单词移至下一行，导致当前行字符较少，从而使得字符间距增大，影响文档美观。为此，Word 提供了自动断字功能，即将行尾无法显示完整的单词在适当位置断开，并以连接符进行连接。使用自动断字功能可以使文档排版更加整齐、美观。

◎操作解析

下面通过启动自动断字功能，使文档中的英文文本排版更加整齐为例，讲解其相关的操作方法。

◎下载/初始文件/第 13 章/自动断字.docx　　◎下载/最终文件/第 13 章/自动断字.docx

Step01 打开素材文件，❶在“布局”选项卡的“页面设置”组中单击“断字”下拉按钮，❷在弹出的下拉菜单中选择“自动”选项，如图 13-14 所示。

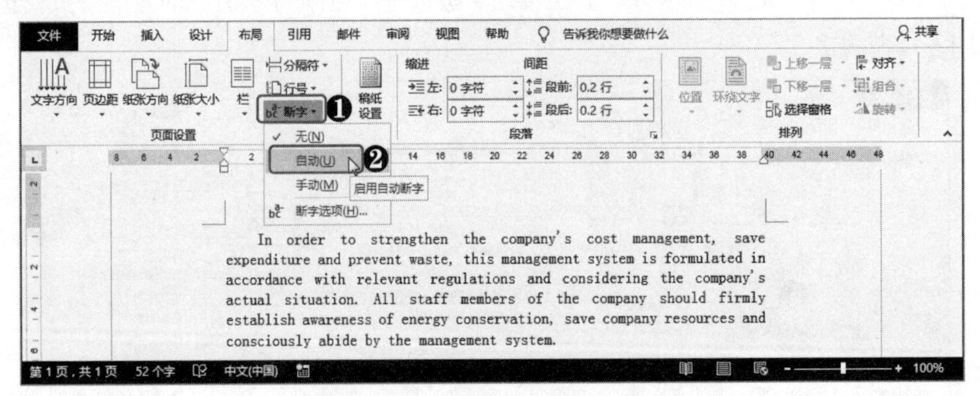

图 13-14　启动自动断字功能

Step02 启动自动断字功能后，行尾无法完整显示的单词被拆分并以“-”符号连接，且各字符的间距也不再参差不齐，如图 13-15 所示。

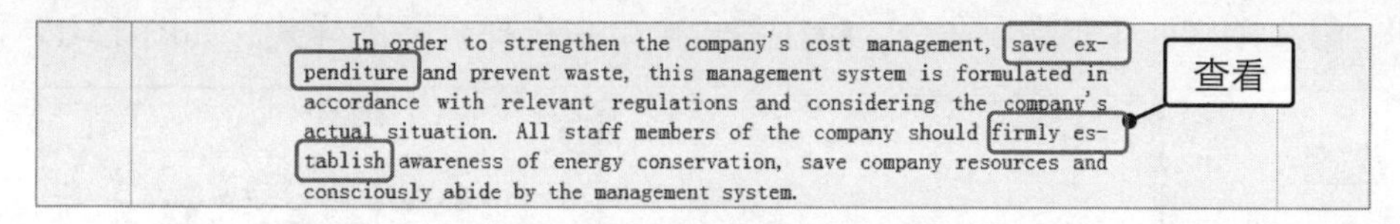

图 13-15　自动断字效果图

13.2 页眉页脚的编辑技巧

页眉和页脚是文档中非常重要的部分，需要用来显示公司名称或页码等重要信息。尤其是对于长文档而言，页眉和页脚更是必不可少。而想要熟练地为文档设置页眉和页脚，不仅要学习其基本操作，还要掌握常用的编辑技巧。

13.2.1 设置奇偶页不同的页眉和页脚

◎应用说明

对于某些需要以双面打印方式打印并装订成册的文档，往往要求奇偶数页的页眉或页脚不能相同。且大多数情况下，其奇数页的页眉应该是右对齐，而偶数页则是左对齐。也有的文档可能要求奇数页和偶数页的页眉内容不同，如奇数页为文档名称，偶数页为企业名称等。

◎操作解析

下面以在“茶文化节企划书”文档中为奇偶数页面设置不同的页眉和页脚为例，讲解设置奇偶页不同页眉和页脚的相关操作方法。

◎下载/初始文件/第 13 章/茶文化节企划书.docx　　◎下载/最终文件/第 13 章/茶文化节企划书.docx

Step01 打开素材文件，❶在文档正文内容第 1 页的页面页眉位置双击，❷在激活的“页眉和页脚工具 设计”选项卡的“选项”组中选中“奇偶页不同”复选框，❸在页眉中输入需要的内容并设置为右对齐，如图 13-16 所示。

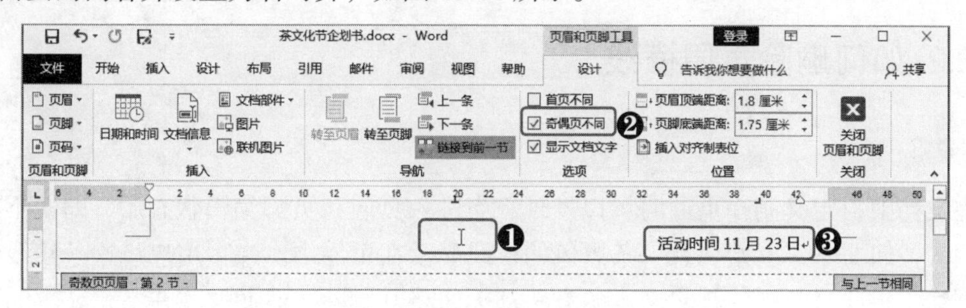

图 13-16　设置奇数页页眉

Step02 ❶在第 2 页的页眉输入内容并设置为左对齐，❷将文本插入点定位到第 1 页的页脚中，❸在“页眉和页脚工具 设计”选项卡的“页眉和页脚”组中单击“页码”下拉按钮，❹选择“页面底端”命令，❺在其子菜单中选择合适的样式，如图 13-17 所示。

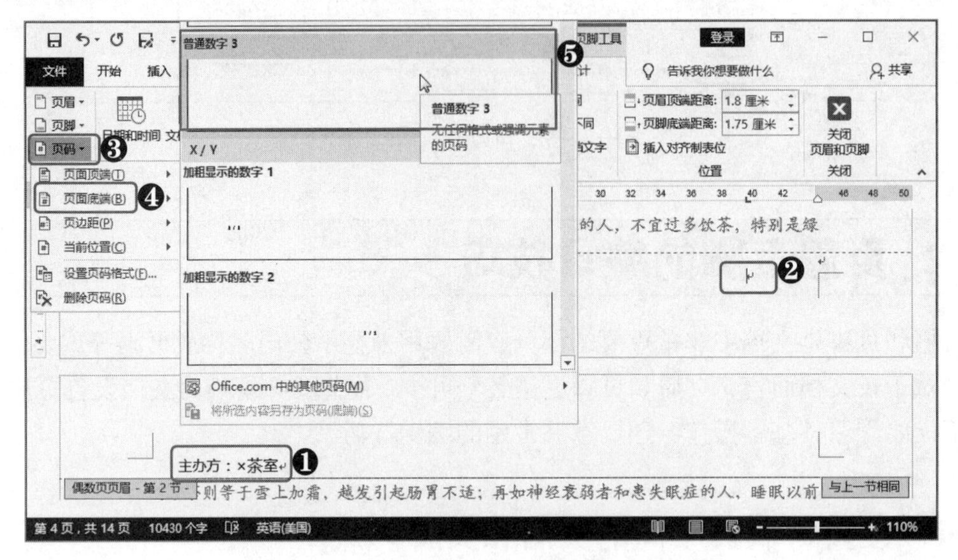

图 13-17 设置偶数页页眉和奇数页页脚

Step03 ❶将文本插入点定位到第 2 页的页脚，❷以同样的方式在其中插入页码，如图 13-18 所示。

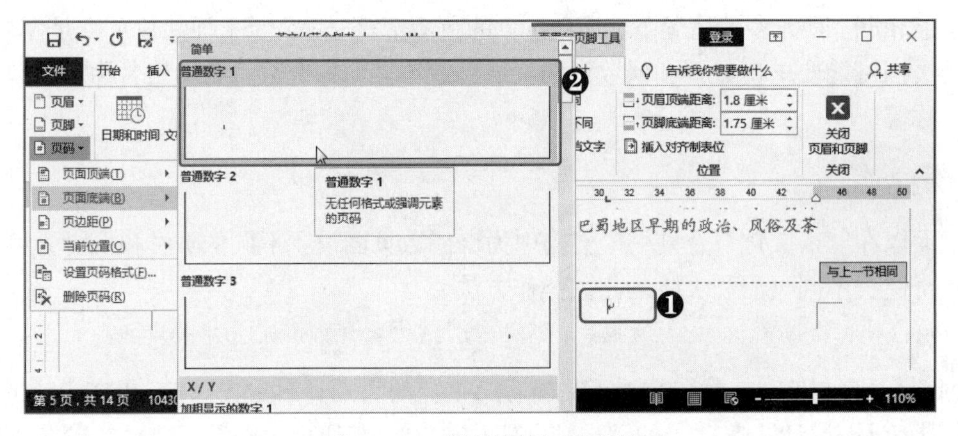

图 13-18 设置偶数页页脚

13.2.2 如何删除页眉横线

◎应用说明

在文档中自定义制作页眉时可以发现，当进入页眉和页脚编辑状态后，即使不在页眉中输入任何文本，也始终有一条黑色的横线显示在页眉中。许多用户将这条横线当成了下划线，想通过常规的删除文本的方法却无法将其删除。然而，其并不是文本的下划线，自然就无法用删除文本的方式将其删除。

其实，页眉中的这条横线本质上是页眉段落的下边框线。因此，只需要取消段落的下边框线即可将其删除。

◎操作解析

下面以实际操作来对删除页眉分割线的方法进行讲解，其具体操作步骤如下。

◎下载/初始文件/第 13 章/产品责任事故处理 1.docx　　◎下载/最终文件/第 13 章/产品责任事故处理 1.docx

Step01 打开素材文件，❶在页面顶端页眉位置双击，进入页眉和页脚编辑状态，❷选择页眉中的段落标记，❸在“开始”选项卡的“段落”组中单击“边框”下拉按钮，❹在弹出的下拉菜单中选择“无框线”选项，如图 13-19 所示。

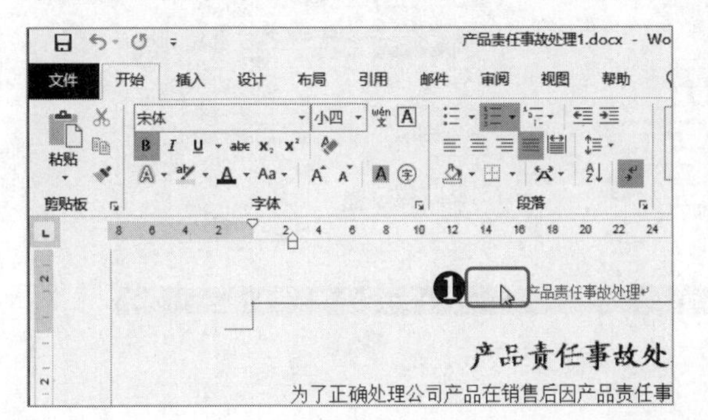

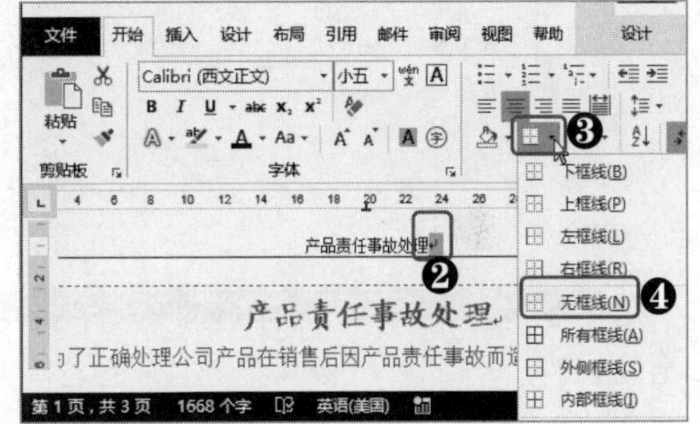

图 13-19　选择“无框线”选项

Step02 此时页眉中的分割线就已经被删除了，其效果如图 13-20 所示。

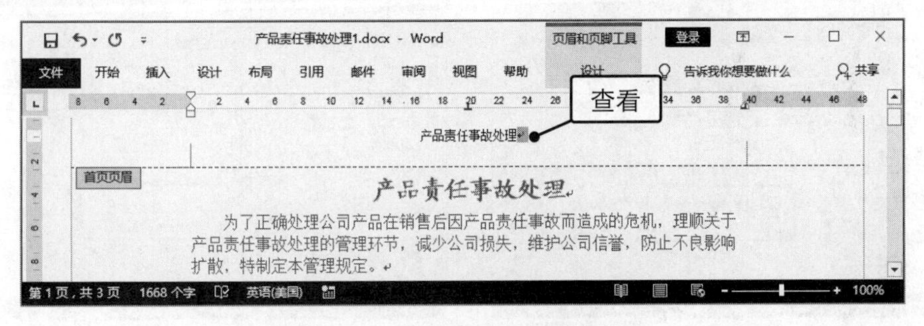

图 13-20　删除页眉横线效果图

13.2.3 更改页眉和页脚的边距

◎应用说明

在 Word 文档中插入的页眉和页脚，其都有一个默认的边距。为了使页眉和页脚更加符合文档的要求，往往需要对其边距进行修改。更改页眉边距和页脚边距的方法相同，只需要在对应的数值框中设置合适的边距即可。

◎操作解析

下面以在“质量管理制度 1”文档中更改页眉边距为例，讲解其相关的操作方法，具体操作步骤如下。

◎下载/初始文件/第 13 章/质量管理制度 1.docx　　◎下载/最终文件/第 13 章/质量管理制度 1.docx

Step01 打开素材文件，❶在页面顶端空白位置双击，进入页眉和页脚编辑状态，❷在激活的“页眉和页脚工具 设计”选项卡的“位置”组中的“页眉顶端距离”数值框中设置页眉边距，如设置为“2 厘米”，❸单击“关闭页眉和页脚”按钮即可，如图 13-21 所示。

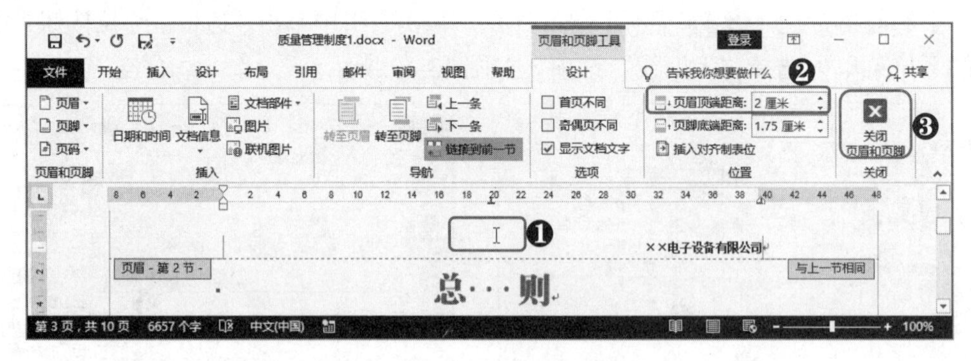

图 13-21　设置页眉边距

Step02 更改页眉和页脚边距后，其中相应的文本也会随之上下移动，如图 13-22 所示为更改页眉边距的前后对比效果。

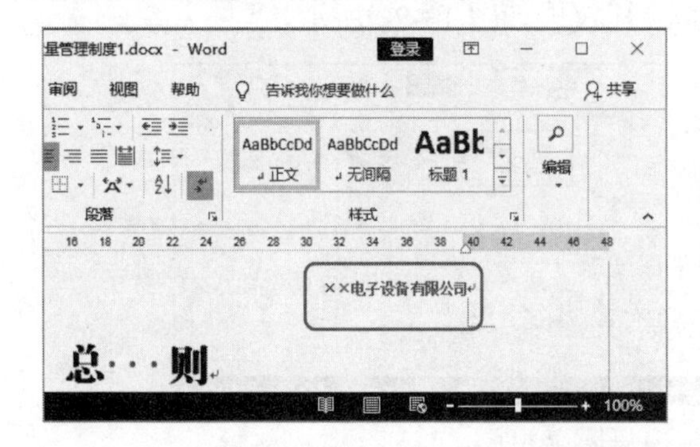

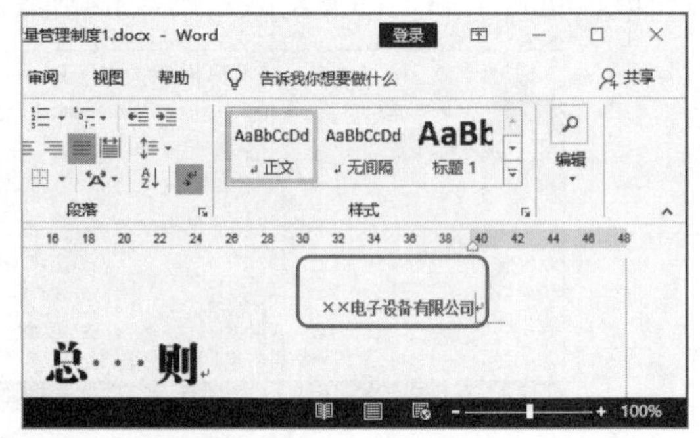

图 13-22　更改页眉边距的前后对比效果

13.2.4 快速将标题自动提取到页眉

◎应用说明

当文档的页眉中的内容需要根据当前页面的标题内容来确定，即每个页面的页眉都有可能不相同时，依然通过手动输入内容的方法来制作页眉显然是不合适的。一是当文档内容较多时，逐页输入页眉很浪费时间；二是如果文档内容发生变化，则输入的页眉内容可能需要重新修改。

这种情况下，使用 Word 自动提取文档信息的功能将当前页面的标题提取到页眉中是最合适的方法。既不需要逐页输入页眉内容，也不需要因为文档内容的变化而修改页眉内容。

◎操作解析

下面以在“行政部 2019 年工作计划”文档中将标题提取到页眉为例，讲解快速将标题自动提取到页眉的相关操作方法，具体操作步骤如下。

◎下载/初始文件/第 13 章/行政部 2019 年工作计划.docx　◎下载/最终文件/第 13 章/行政部 2019 年工作计划.docx

Step01 打开素材文件，并进入页眉和页脚编辑状态，❶在“页眉和页脚工具 设计”选项卡的“插入”组中单击“文档信息”下拉按钮，❷在弹出的下拉菜单中选择“域”命令，如图 13-23 所示。

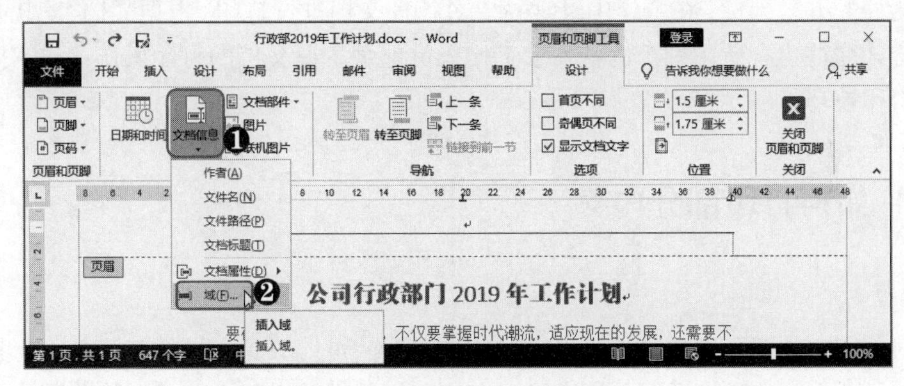

图 13-23　选择“域”命令

Step02 ❶在打开的“域”对话框的“类别”下拉列表框中选择“链接和引用”选项，❷在“域名”列表框中选择“StyleRef”选项，❸在“样式名”列表框中选择需要提取的内容应用的文本样式，这里选择“标题”选项，❹在“域选项”栏中根据实际情况选中相应的复选框，❺单击“确定”按钮即可，如图 13-24 所示。

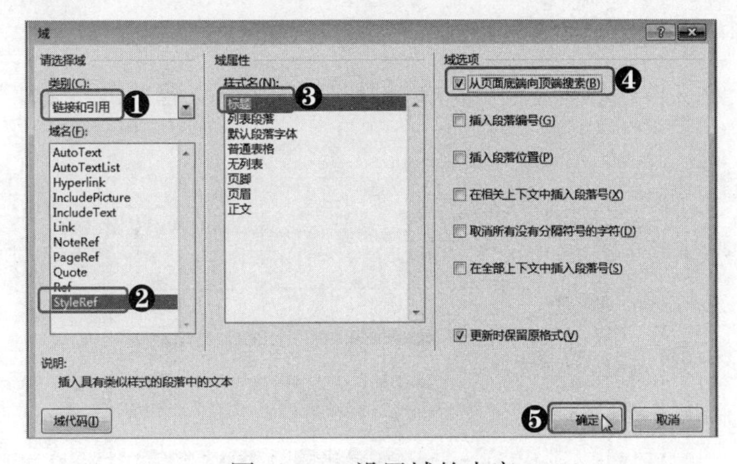

图 13-24　设置域的内容

Step03 单击“关闭页眉和页脚”按钮退出编辑状态，在页眉中查看自动提取的信息是否符合要求，如图 13-25 所示。

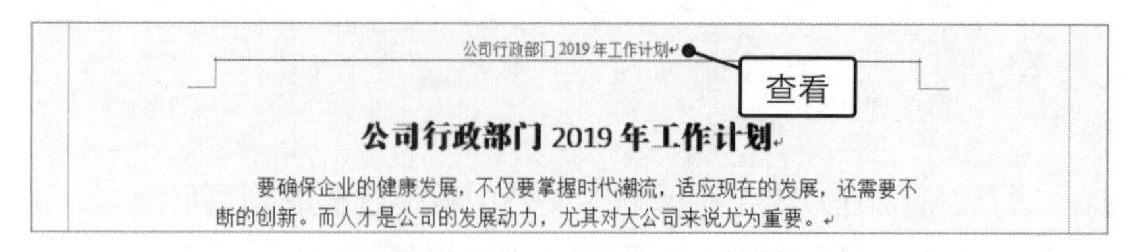

图 13-25　自动提取标题到页眉

13.3 打印文档的技巧

作为商务办公人员，在工作中经常需要对各种文档进行打印。根据文档类型的不同，其打印方式往往也有所区别，这就要求工作人员熟练掌握文档的打印操作，并掌握一些常用的打印技巧。

13.3.1 如何打印部分内容

◎应用说明

有时打印文档并不需要文档的全部内容，需要的可能只是文档的某些页面、某一节或是某些段落等。这种情况下，用户可以在打印之前手动设置文档的打印范围，避免打印不需要的内容。

◎操作解析

下面以打印“售楼部管理制度”文档中选择的段落为例，讲解打印部分内容的相关操作方法，具体操作步骤如下。

◎下载/初始文件/第 13 章/售楼部管理制度.docx　　◎下载/最终文件/第 13 章/无

Step01 打开素材文件，❶在文档中选择需要打印的内容，❷单击“文件”选项卡，如图 13-26 所示。

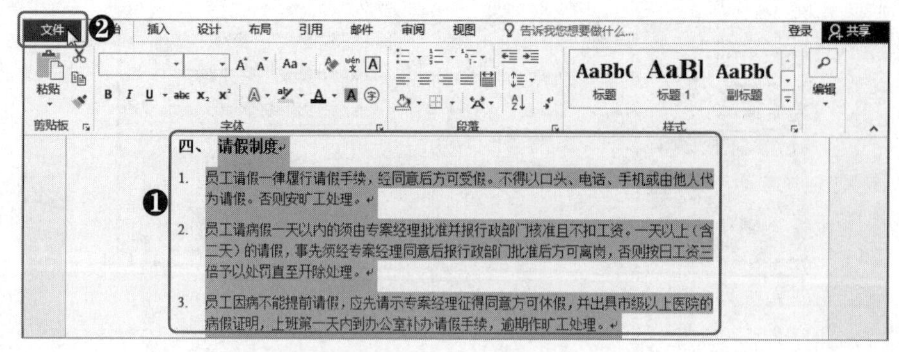

图 13-26　单击“文件”选项卡

Step02 ❶在“打印”选项卡的“设置”栏中第一个下拉列表框中选择“打印选定区域”选项，❷设置打印份数，❸单击“打印”按钮即可让打印机只打印选择的文本，如图 13-27 所示。

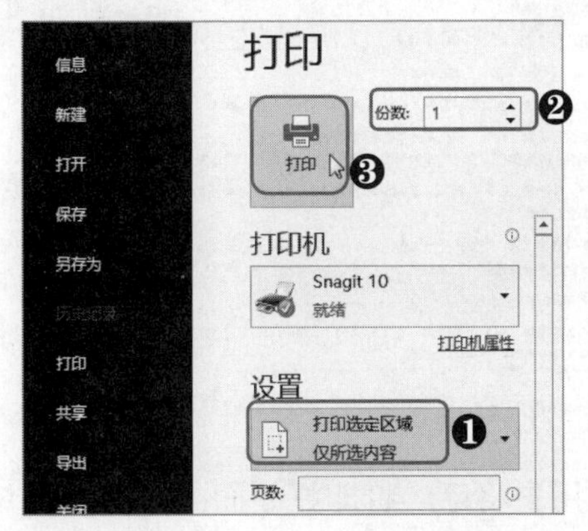

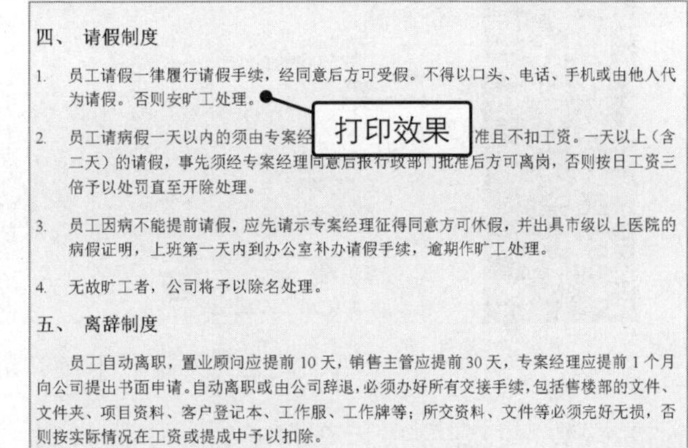

四、 请假制度

1. 员工请假一律履行请假手续，经同意后方可受假。不得以口头、电话、手机或由他人代为请假。否则安旷工处理。

2. 员工请病假一天以内的须由专案经……准且不扣工资。一天以上（含二天）的请假，事先须经专案经理同意后报行政部门批准后方可离岗，否则按日工资三倍予以处罚直至开除处理。

3. 员工因病不能提前请假，应先请示专案经理征得同意方可休假，并出具市级以上医院的病假证明，上班第一天内到办公室补办请假手续，逾期作旷工处理。

4. 无故旷工者，公司将予以除名处理。

五、 离辞制度

员工自动离职，置业顾问应提前 10 天，销售主管应提前 30 天，专案经理应提前 1 个月向公司提出书面申请。自动离职或由公司辞退，必须办好所有交接手续，包括售楼部的文件、文件夹、项目资料、客户登记本、工作服、工作牌等；所交资料、文件等必须完好无损，否则按实际情况在工资或提成中予以扣除。

图 13-27　设置打印区域并打印

小技巧：设置自定义打印范围

除了打印选择的内容外，Word 还可以打印用户自定义的范围。其操作也比较简单，只需要在“打印”选项卡的“设置”栏中第一个下拉列表框中选择“自定义打印范围”选项，然后在“页数”文本框中输入规范的打印范围即可，如要打印共有 3 页的目录，可输入 p1s1-p3s1，其中 p1 表示第一页，s1 表示第一节。

13.3.2 如何实现双面打印

◎应用说明

许多文档都需要双面打印，这样既能适合大部分人的阅读习惯，又可以很好地节省纸张。然而许多打印机都无法做到自动进行双面打印，需要由用户手动操作才可实现双面打印。那么，该如何实现双面打印呢？

◎操作解析

下面以双面打印“售楼部管理制度 1”文档为例，讲解实现双面打印的相关操作方法，具体操作步骤如下。

◎下载/初始文件/第 13 章/售楼部管理制度 1.docx　　◎下载/最终文件/第 13 章/无

Step01 打开素材文件，❶在“文件”选项卡的“打印”选项卡中的“设置”栏第 2 个下拉列表框中选择“手动双面打印”选项，确认其他打印选项设置完成后，❷单击“打印”按钮，如图 13-28 所示。此时，打印机开始打印文档的第 1，3，5，……等所有奇数页。

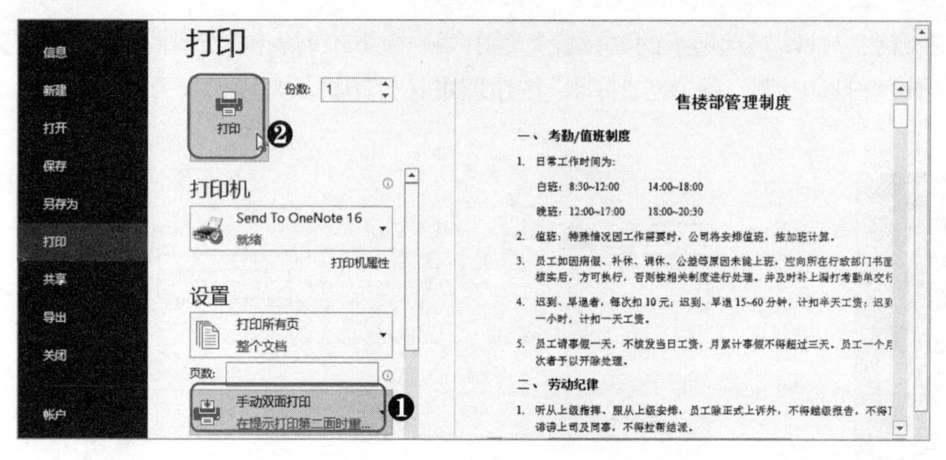

图 13-28 选择“手动双面打印”选项

Step02 奇数页打印完成后会自动暂停文档打印，用户将已经打印好一面的纸张取出并正确放回打印机的送纸器中，然后在 Word 打开的对话框中单击“确定”按钮即可开始打印偶数页，如图 13-29 所示。

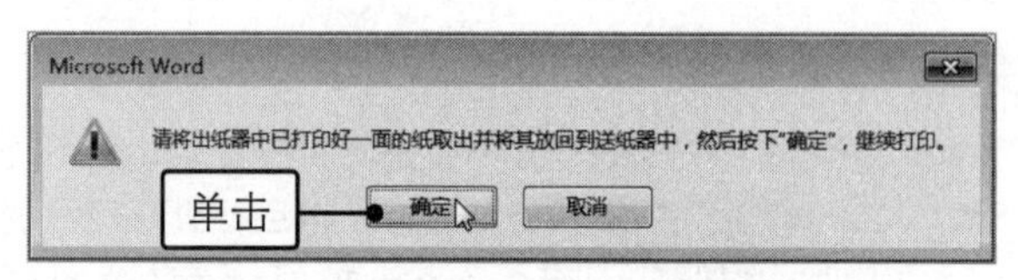

图 13-29 重新装纸打印偶数页

知识延伸 通过设置打印范围实现双面打印

上述操作中选择“手动双面打印”选项实现双面打印的原理其实就是选择此选项后，系统会自动将文档的奇数页和偶数页区分后进行打印。那么，用户通过设置打印范围同样可以实现双面打印，即分两次打印，第一次只打印奇数页，然后将纸张放回后继续打印偶数页，其操作方法如下。

Step01 ❶在“文件”选项卡的“打印”选项卡中的“设置”栏第 1 个下拉列表框中选择“仅打印奇数页”选项，❷单击“打印”按钮开始打印文档所有的奇数页，如图 13-30 所示。

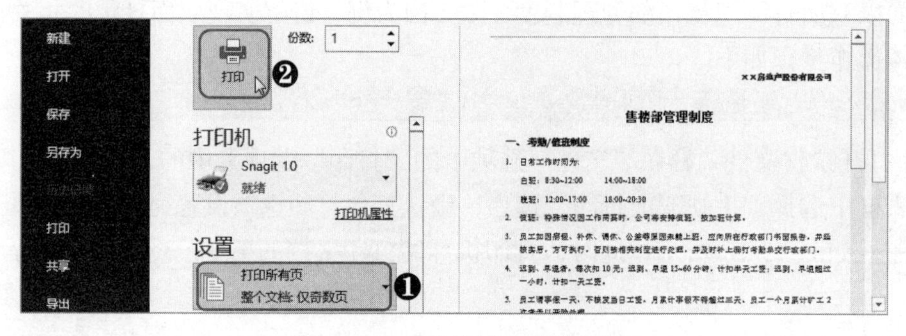

图 13-30 手动打印奇数页

Step02 将已经打印好一面的纸张取出并正确放回打印机的送纸器中，在“设置”栏的第 1 个下拉列表框中选择“仅打印偶数页”选项，如图 13-31 所示，然后单击“打印”按钮开始打印文档所有偶数页。

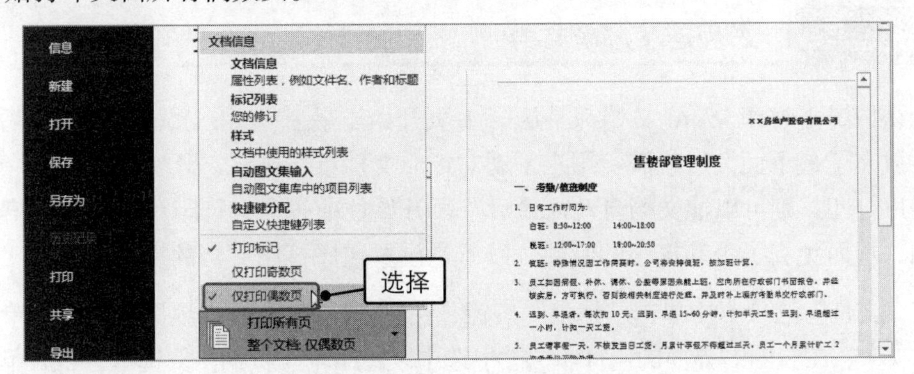

图 13-31　手动打印偶数页

13.3.3 设置允许打印页面的背景颜色或图片

◎应用说明

默认情况下，在打印 Word 文档时，只会将文档内容打印出来，而其页面背景等不会打印到纸质文档上。如果需要将文档的页面颜色或背景图片打印出来，则需要在 Word 中进行设置。

◎操作解析

设置 Word 允许打印页面的背景颜色或图片的方法很简单，只需要在“Word 选项”对话框中选中相应的复选框即可，其具体的操作步骤如下。

Step01 ❶在“文件”选项卡中单击“选项”按钮，❷在打开的“Word 选项”对话框中单击“显示”选项卡，❸在右侧的界面中选中“打印背景色和图像”复选框，然后单击“确定”按钮即可，如图 13-32 所示。

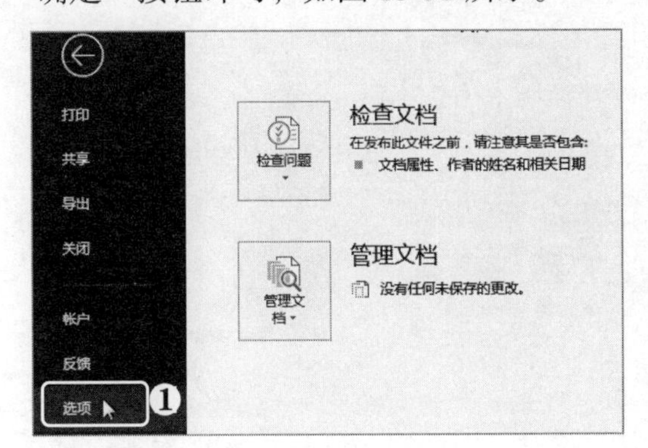

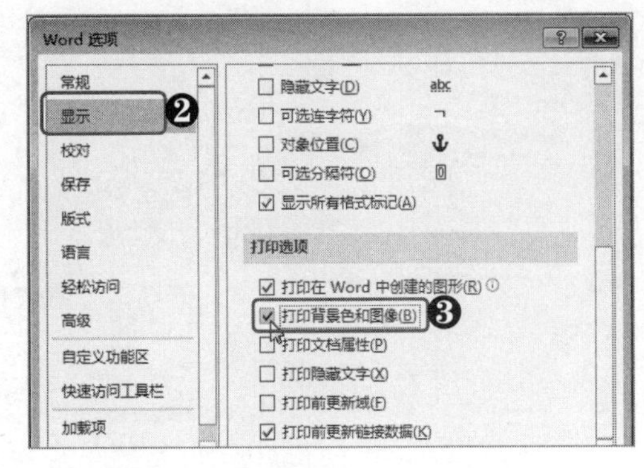

图 13-32　选中“打印背景色和图像”复选框

Step02 在“Word 选项”对话框中设置完成后，再进行文档打印时，页面的颜色或背景图片也会一同被打印，且该设置在任何 Word 文档都生效。

知识延伸 *如何逆序打印文档*

默认情况下打印 Word 文档都是从第 1 页开始至最后一页，文档打印完成后，第 1 页就被放在了最下面。这就需要用户手动对纸质文档重新排序，既费时又费力。如果设置了逆序打印，则可以使文档自动从最后一页开始往前打印，打印完成后文档第 1 页在最上面，从而免去了手动排序的麻烦。以下是设置逆序打印文档的操作方法。

在“文件”选项卡中单击“选项”按钮，在打开的“Word 选项”对话框中单击“高级”选项卡，在右侧的界面的“打印”栏中选中“逆序打印页面”复选框，然后单击“确定”按钮，如图 13-33 所示。

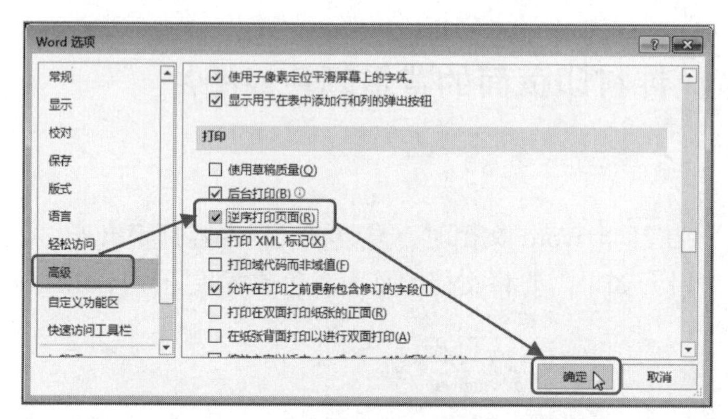

图 13-33　选中“逆序打印页面”复选框

通过上述设置后，打印文档时即可自动从最后一页开始打印。此设置对所有文档生效，若某文档不需要逆序打印，则应在“Word 选项”对话框中取消选中“逆序打印页面”复选框。

第 14 章 制作员工手册

员工手册是企业为员工制作的一份帮助员工全面了解公司规章制度、员工义务、员工福利和考勤管理等各方面信息的手册，是一份以文本为主体的文档。本章将通过制作员工手册文档，帮助用户对 Word 中的文本格式设置、表格编辑、页眉和页脚的编辑以及文档的审阅等知识点进行巩固和加深理解。

|本|章|要|点|

- 新建“员工手册”空白文档并设置页面格式
- 输入员工手册内容并设置格式
- 创建表格并输入内容
- 设置表格及其内容的格式
- 在页眉和页脚添加公司信息和页码
- 检查员工手册内容并修改错误
- 对员工手册进行加密
- 打印员工手册

14.1 案例简述和效果展示

员工手册是员工进入公司后全面了解和认识公司的重要依据，也是规范员工行为的准则。一般情况下，员工手册的语言应简单明了，内容应足够严谨，格式也应工整、规范。本案例涉及的操作主要为文本的编辑操作，其次是页面格式设置和表格编辑等。

以下是“员工手册”文档制作完成后的效果展示，如图 14-1 所示。

◎下载/初始文件/第 14 章/LOGO1.png　　◎下载/最终文件/第 14 章/员工手册.docx

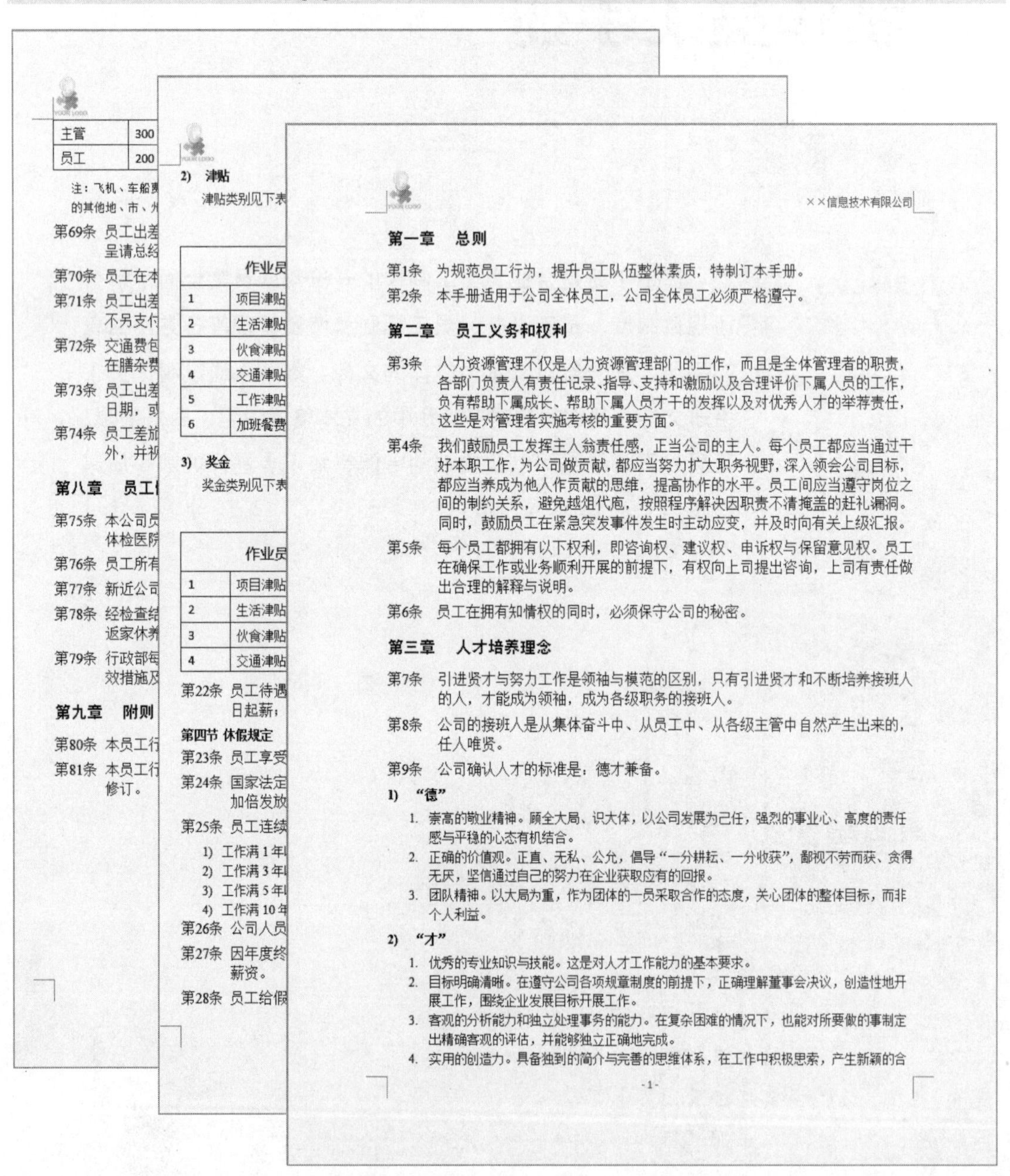

××信息技术有限公司

第一章　总则

第1条　为规范员工行为，提升员工队伍整体素质，特制订本手册。

第2条　本手册适用于公司全体员工，公司全体员工必须严格遵守。

第二章　员工义务和权利

第3条　人力资源管理不仅是人力资源管理部门的工作，而且是全体管理者的职责，各部门负责人有责任记录、指导、支持和激励以及合理评价下属人员的工作，负有帮助下属成长、帮助下属人员才干的发挥以及对优秀人才的举荐责任，这些是对管理者实施考核的重要方面。

第4条　我们鼓励员工发挥主人翁责任感，正当公司的主人。每个员工都应当通过干好本职工作，为公司做贡献，都应当努力扩大职务视野，深入领会公司目标，都应当养成为他人作贡献的思维，提高协作的水平。员工间应当遵守岗位之间的制约关系，避免越俎代庖，按照程序解决因职责不清掩盖的赶礼漏洞。同时，鼓励员工在紧急突发事件发生时主动应变，并及时向有关上级汇报。

第5条　每个员工都拥有以下权利，即咨询权、建议权、申诉权与保留意见权。员工在确保工作或业务顺利开展的前提下，有权向上司提出咨询，上司有责任做出合理的解释与说明。

第6条　员工在拥有知情权的同时，必须保守公司的秘密。

第三章　人才培养理念

第7条　引进贤才与努力工作是领袖与模范的区别，只有引进贤才和不断培养接班人的人，才能成为领袖，成为各级职务的接班人。

第8条　公司的接班人是从集体奋斗中、从员工中、从各级主管中自然产生出来的，任人唯贤。

第9条　公司确认人才的标准是：德才兼备。

1) “德”

1. 崇高的敬业精神。顾全大局、识大体，以公司发展为己任，强烈的事业心、高度的责任感与平稳的心态有机结合。
2. 正确的价值观。正直、无私、公允，倡导“一分耕耘、一分收获”，鄙视不劳而获、贪得无厌，坚信通过自己的努力在企业获取应有的回报。
3. 团队精神。以大局为重，作为团体的一员采取合作的态度，关心团体的整体目标，而非个人利益。

2) “才”

1. 优秀的专业知识与技能。这是对人才工作能力的基本要求。
2. 目标明确清晰。在遵守公司各项规章制度的前提下，正确理解董事会决议，创造性地开展工作，围绕企业发展目标开展工作。
3. 客观的分析能力和独立处理事务的能力。在复杂困难的情况下，也能对所要做的事制定出精确客观的评估，并能够独立正确地完成。
4. 实用的创造力。具备独到的简介与完善的思维体系，在工作中积极思索，产生新颖的合

-1-

图 14-1　“员工手册”文档效果图

14.2 案例制作过程详讲

制作员工手册这类文档，最重要的就是文本内容正确、格式规范。在本案例中，将制作“员工手册”文档分为 6 个步骤进行，其具体的制作流程如图 14-2 所示。

图 14-2 “员工手册”文档的制作流程

14.2.1 新建“员工手册”空白文档并设置页面格式

制作文档的第一步自然是在 Word 中新建文档，然后将文档保存到合适的位置并进行命名。文档创建完成后，还需要对页面格式进行设置，以免文档制作完成后需要对文档重新进行排版。下面对具体的操作步骤进行讲解。

Step01 启动 Word 程序，❶在打开的界面中选择“空白文档”选项，❷在新建的空白文档中单击快速访问工具栏中的“保存”按钮，如图 14-3 所示。

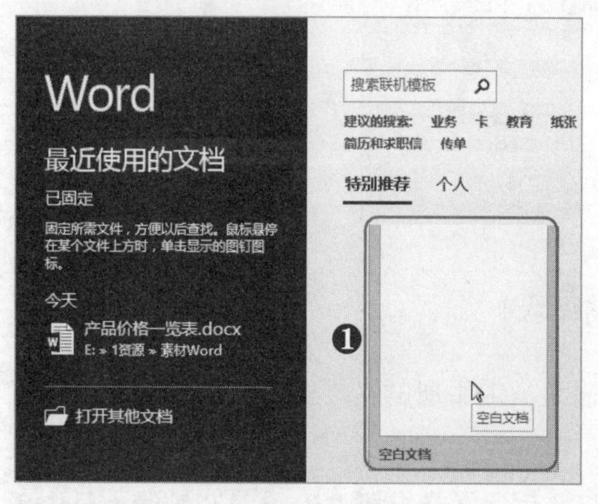

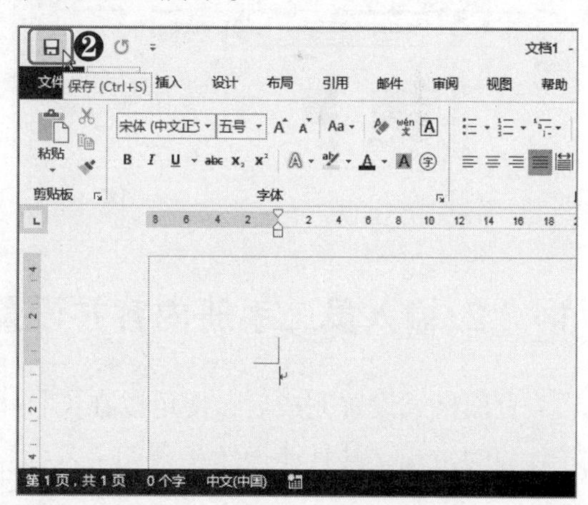

图 14-3 新建空白文档并单击“保存”按钮

Step02 ❶在打开的“另存为”界面中单击“浏览”按钮，❷在打开的“另存为”对话框中选择文件保存位置，❸在“文件名”文本框中将文件重命名为“员工手册”，❹单击“保存”按钮即可，如图 14-4 所示。

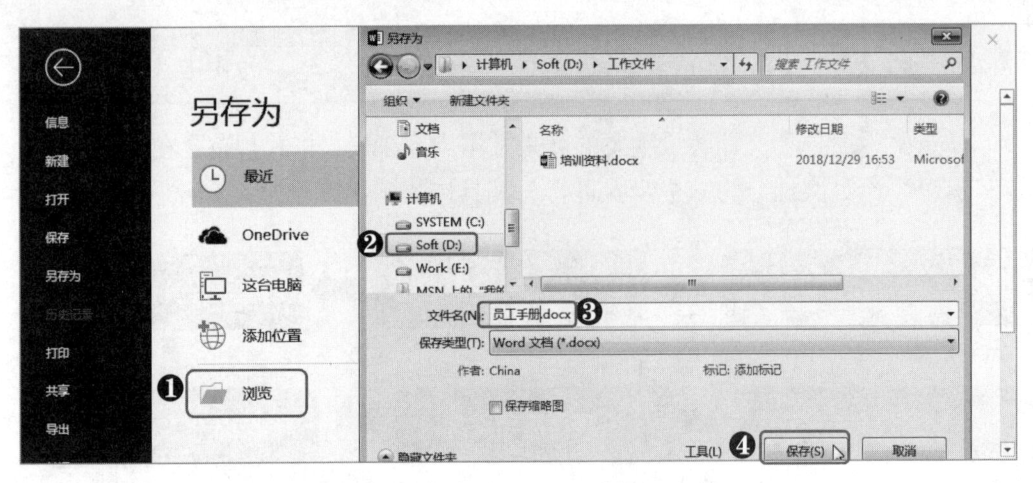

图 14-4　保存为“员工手册”文档

Step03 保持默认的纸张大小和方向不变，即纸张大小为“A4”，纸张方向为“纵向”。

Step04 在“布局”选项卡的“页面设置”组中单击“对话框启动器”按钮，❶在打开的“页面设置”对话框的“页边距”选项卡的“页边距”栏中设置左边距和右边距均为“2.5 厘米”，❷在“装订线”数值框中输入“0.5 厘米”，保持其他设置不变，❸单击“确定”按钮即可，如图 14-5 所示。

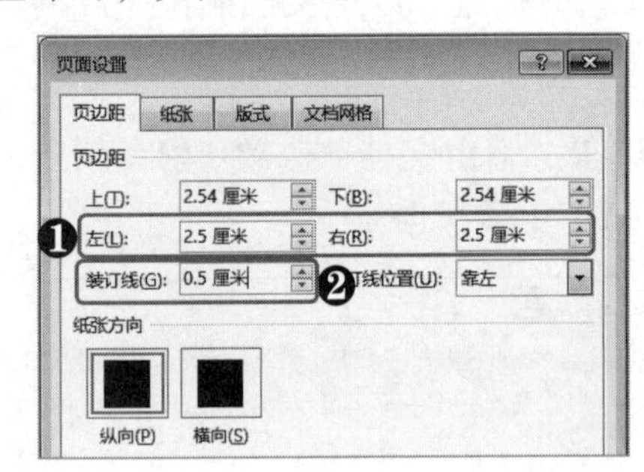

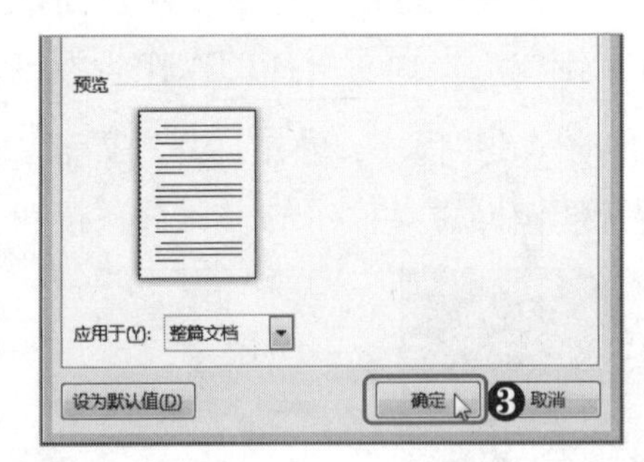

图 14-5　设置页边距

14.2.2 输入员工手册内容并设置格式

页面格式设置完成后，便可以在文档中输入员工手册的文本内容，然后为文本设置好合适的格式，其具体操作步骤如下。

Step01 程序自动将文本插入点定位到文档起始位置，❶直接在编辑区开始输入员工手册的相关大纲内容，这里输入所有章节名，❷选择输入的所有章节名称文本，❸在“开始”选项卡的“段落”组中单击“编号”下拉按钮，❹在弹出的下拉菜单中选择合适的编号格式，如图 14-6 所示。

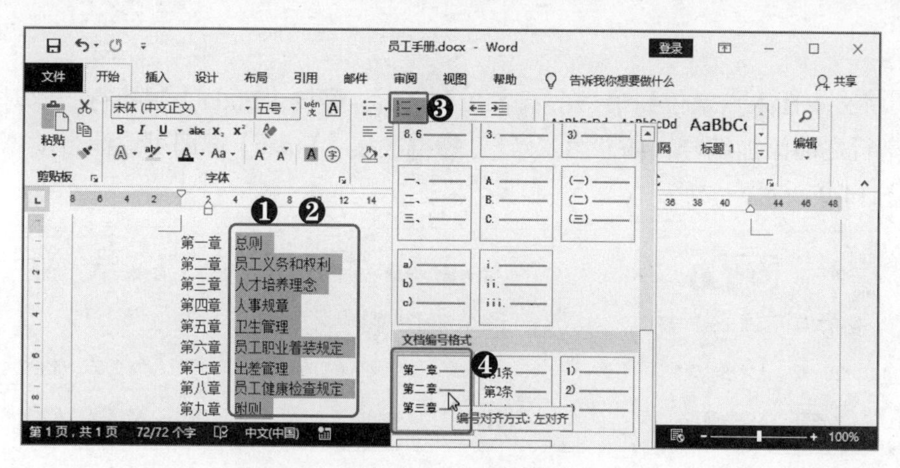

图 14-6　输入章名并设置编号格式

Step02 ❶在“字体”组中设置章节名称文本的字体为“黑体”、字号为“13.5”，❷拖动标尺中的“悬挂缩进”按钮⌂，为章名文本设置合适的悬挂缩进格式，如图 14-7 所示。

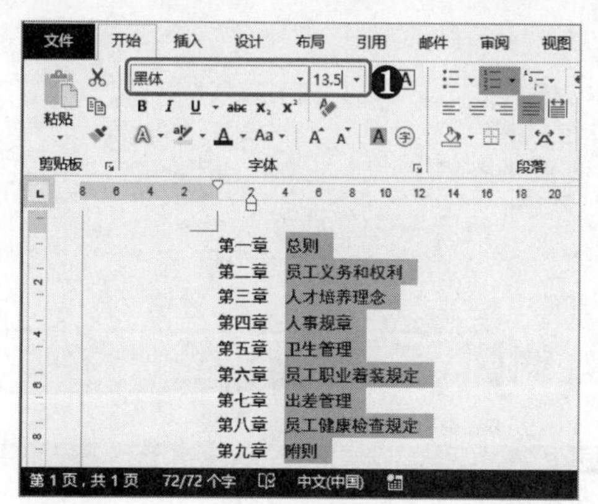

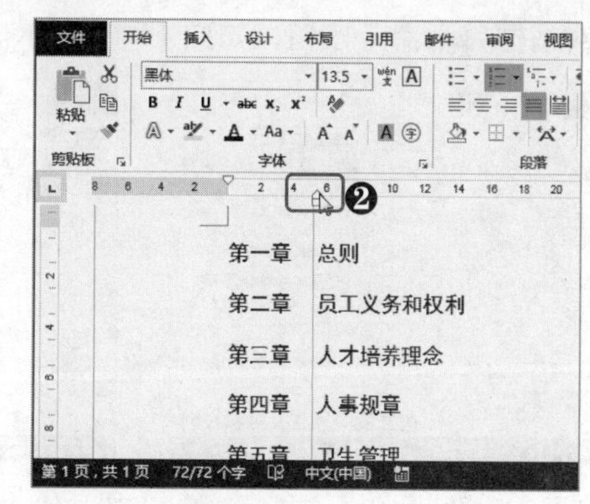

图 14-7　设置章名字体格式及悬挂缩进

Step03 ❶在“段落”组中单击“对话框启动器”按钮，❷在打开的“段落”对话框中设置大纲级别为“1 级”，设置段前和段后间距分别为“0.3 行”和“0.2 行”，如图 14-8 所示。

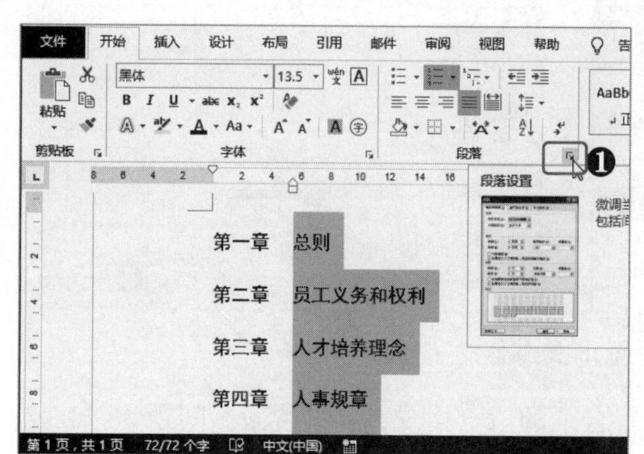

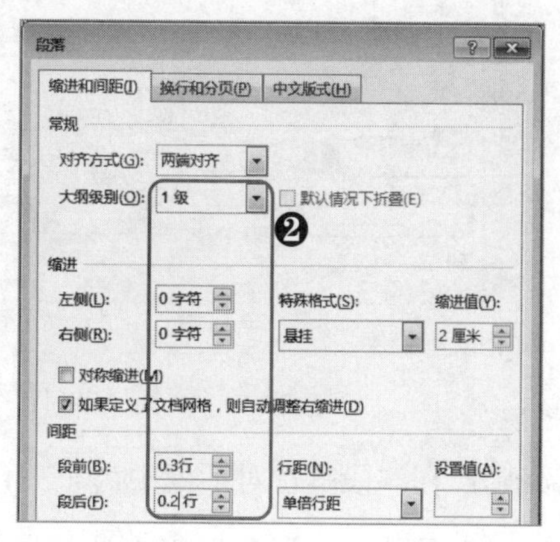

图 14-8　设置章名的大纲级别、段前和段后间距

Step04 将文本插入点定位到第一个章名文本之后，❶按【Enter】键换行，此时系统会自动在空行之前添加编号，如“第二章”，❷再次按【Enter】键即可取消自动添加的编号，如图 14-9 所示。

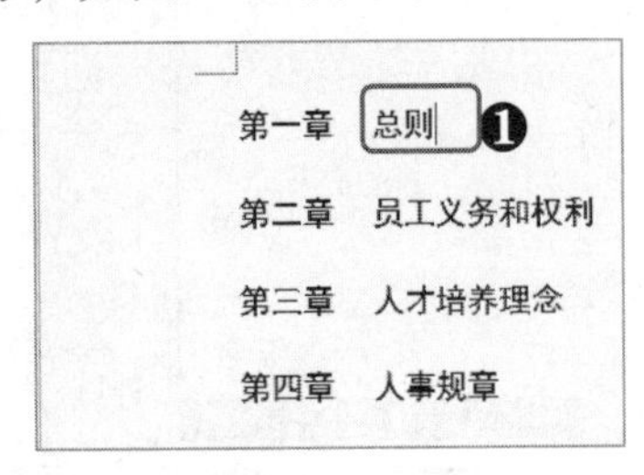

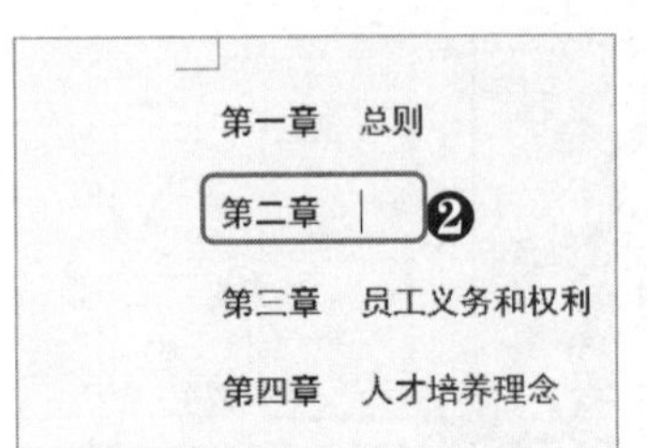

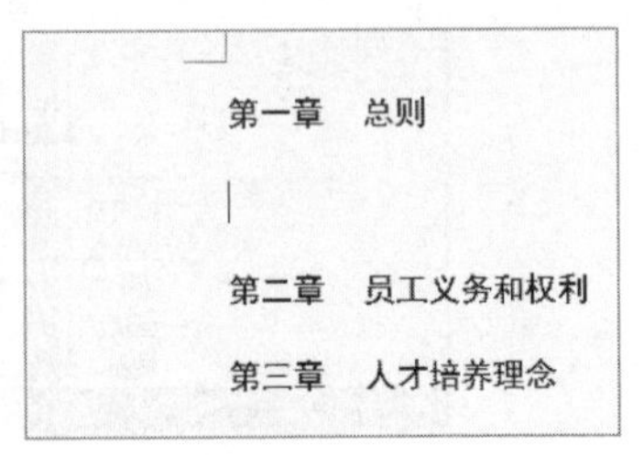

图 14-9 在第一个章名后插入空白行

Step05 ❶在“字体”组中单击“清除所有格式”按钮，将插入的空白行的格式删除，❷从空白行开始输入员工手册的第一章内容，并选择输入的文本，❸在“字体”组中单击“对话框启动器”按钮，如图 14-10 所示。

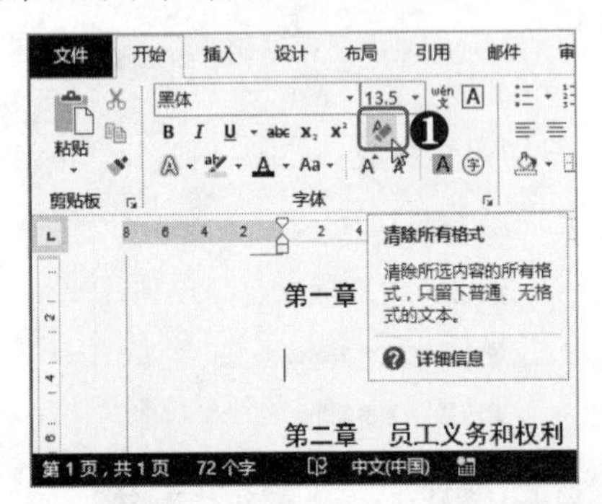

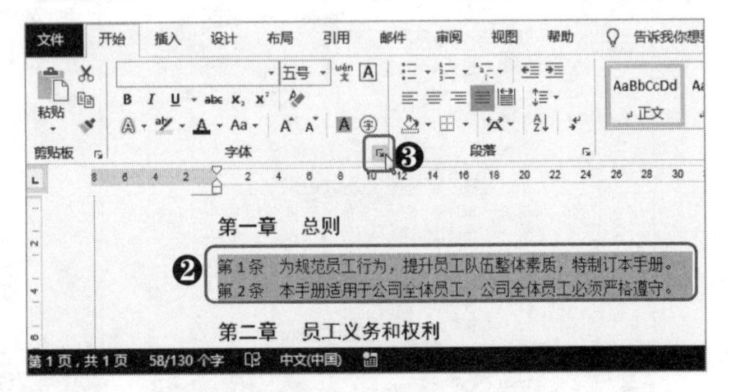

图 14-10 输入第一章的内容

Step06 ❶在打开的“字体”对话框的“字体”选项卡中设置中文字体为“宋体”，❷设置西文字体为“Times New Roman”，❸在“字形”下拉列表框中选择“常规”选项，❹在“字号”下拉列表框中选择“小四”选项，❺单击“确定”按钮，如图 14-11 所示。

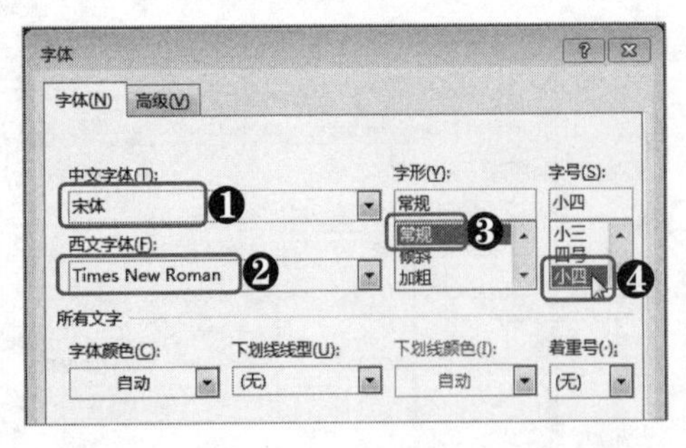

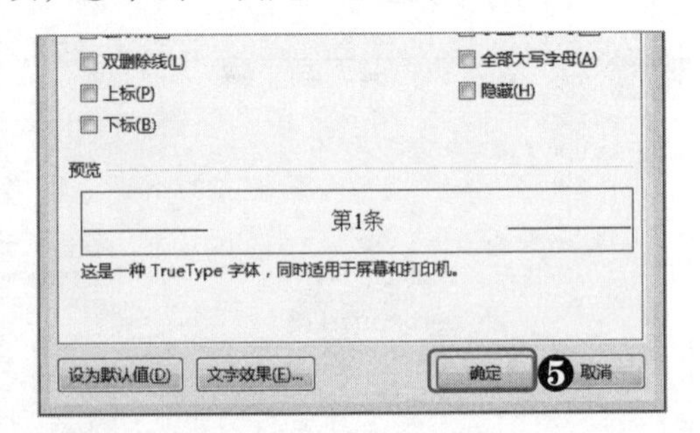

图 14-11 设置正文内容的字体格式

Step07 在“段落”对话框中为正文设置合适的段落格式，如设置段后间距为“0.3 行”。

Step08 ❶单击“段落”组中的“编号”下拉按钮，❷在弹出的下拉菜单中选择合适的编号格式，如图 14-12 所示。

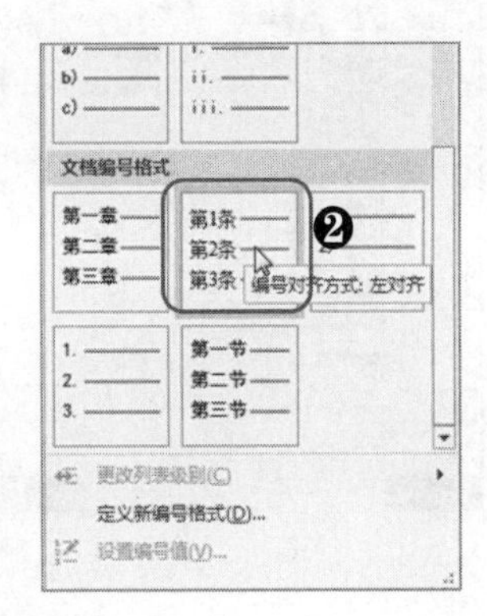

图 14-12　设置正文内容的段落和编号格式

Step09 以上述相同的方法将“员工手册”文档的所有文本内容输入，并设置好合适的字体格式、段落格式以及编号格式等，如图 14-13 所示。

提个醒：适当使用格式刷和重复功能

在为剩下的文本内容设置格式时，适当使用格式刷工具与重复操作功能可以更加方便快捷地设置文本格式。例如，使用格式刷为一段正文设置好格式之后，为其他正文内容设置格式时只需要选择文本之后按【F4】键即可，而不需要按【Ctrl+Shift+V】组合键。

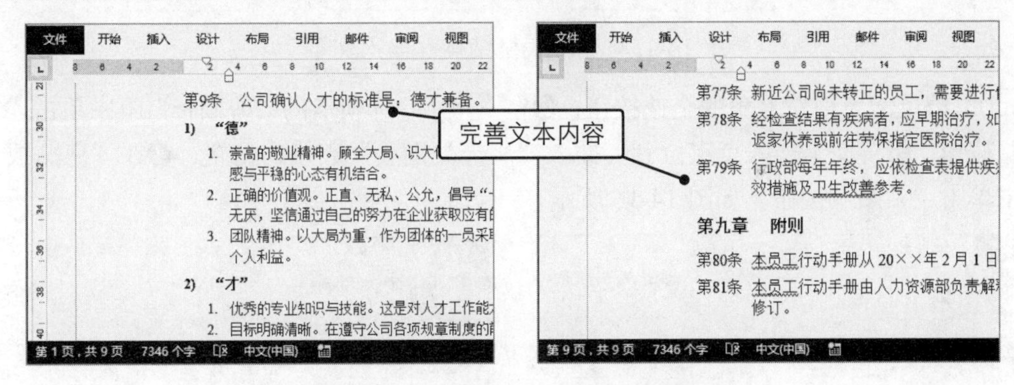

图 14-13　完善文档内容并设置格式

14.2.3 创建表格并输入内容

在文档所有文本内容输入与编辑完成后，便可以在文档适当的位置创建表格，然后在表格中录入数据。以下是创建表格并输入数据的具体操作步骤。

Step01 将文本插入点定位到待插入表格的位置，❶在“插入”选项卡的“表格”组中单击“表格”下拉按钮，❷在弹出的下拉菜单中的表格区域中选择创建一个“3 × 7”的表格，❸在“表格工具 布局”选项卡的“绘图”组中单击“绘制表格”按钮，如图 14-14 所示。

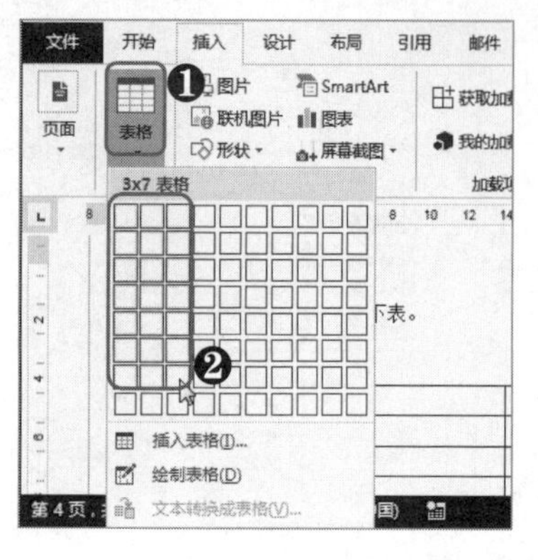

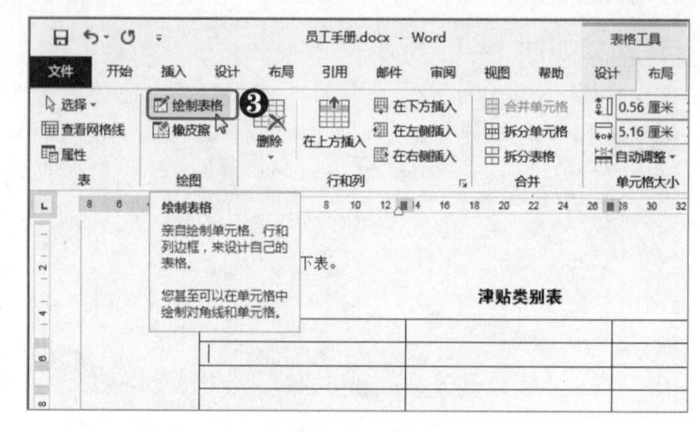

图 14-14　插入表格并单击“绘制表格”按钮

Step02 ❶在表格合适的位置绘制竖边框线，对单元格进行拆分，❷在表格各单元格中输入相应的文本内容，如图 14-15 所示。

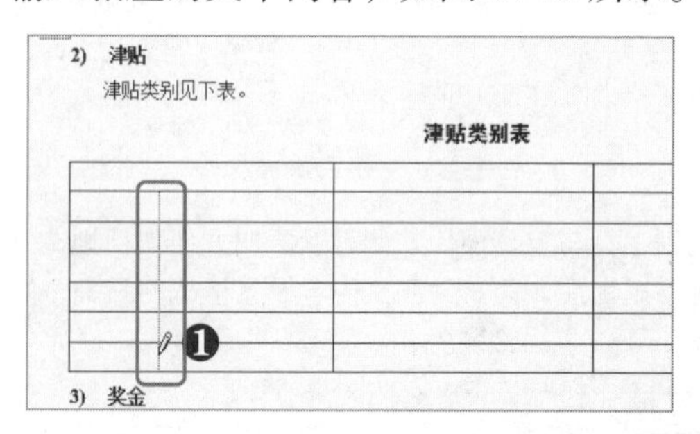

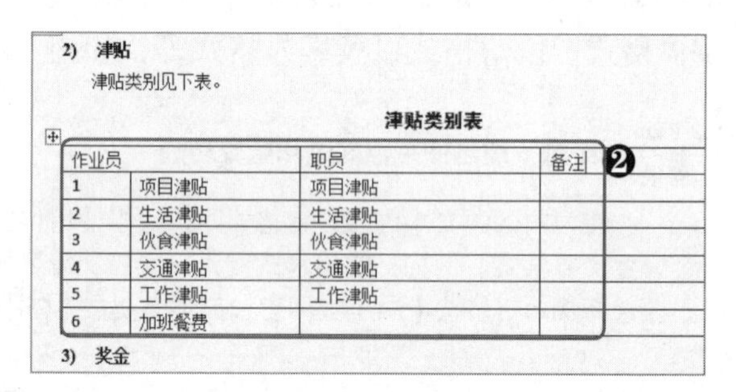

图 14-15　编辑表格结构并输入文本

Step03 ❶单击表格左上角的全选按钮，❷在“开始”选项卡的“剪贴板”组中单击“复制”按钮，❸将文本插入点定位到待插入“奖金类别表”表格的位置，❹在“剪贴板”组中单击“粘贴”按钮，如图 14-16 所示。

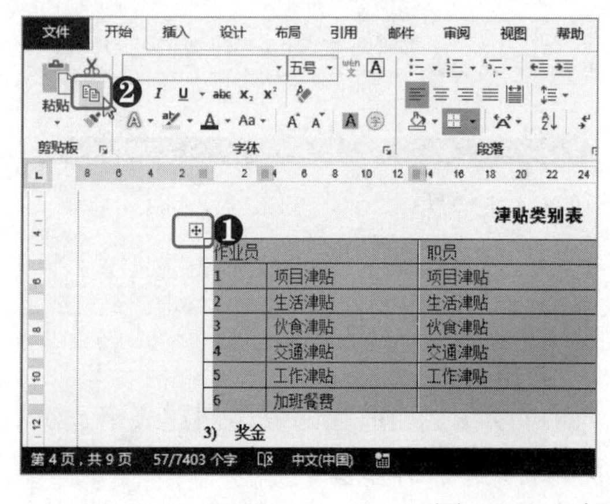

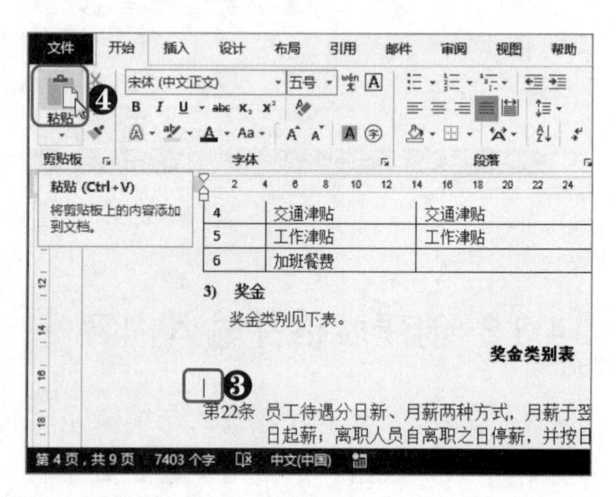

图 14-16　复制相似的表格

Step04 ❶选择多余的表格行，❷在“表格工具 布局”选项卡的“行和列”组中单击“删除”下拉按钮，❸选择“删除行”选项，❹将表格中的文本修改为“奖金类别表”对应的文本，如图 14-17 所示。

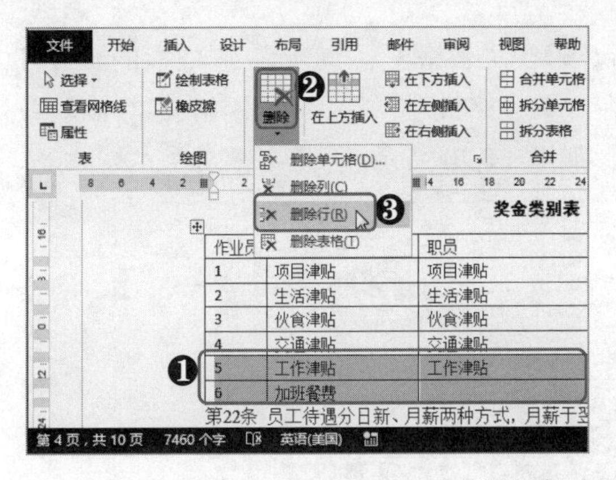

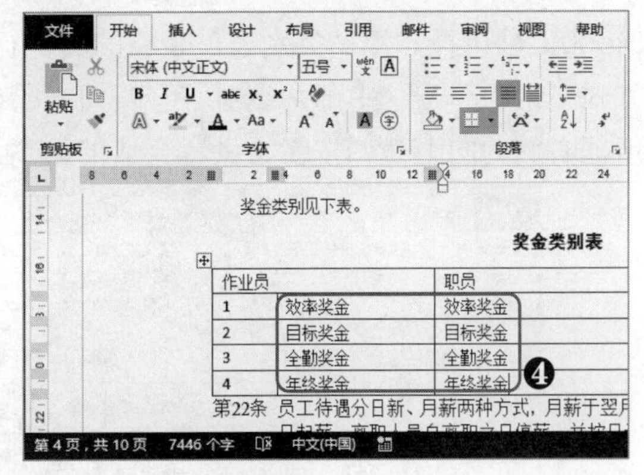

图 14-17　以相似表格快速创建需要的表格

Step05 继续以同样的方法创建“请假给假表”表和“差旅费报销标准”表，并输入相应的文本内容，如图 14-18 所示。

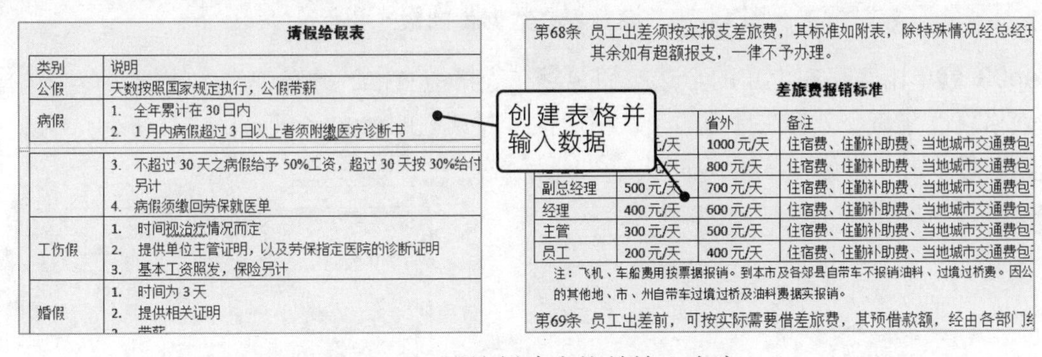

图 14-18　继续创建表格并输入内容

14.2.4 设置表格及其内容的格式

为了让表格更加规范、美观，在创建完成后还需要对表格及其文本的格式进行一系列的设置，其具体操作步骤如下。

Step01 ❶选择“津贴类别表”表格的表头，即第一行，❷在“字体”组中设置字体为“微软雅黑”，字号为“小四”，❸在“表格工具 布局”选项卡的“对齐方式”组中单击“水平居中”按钮，如图 14-19 所示。

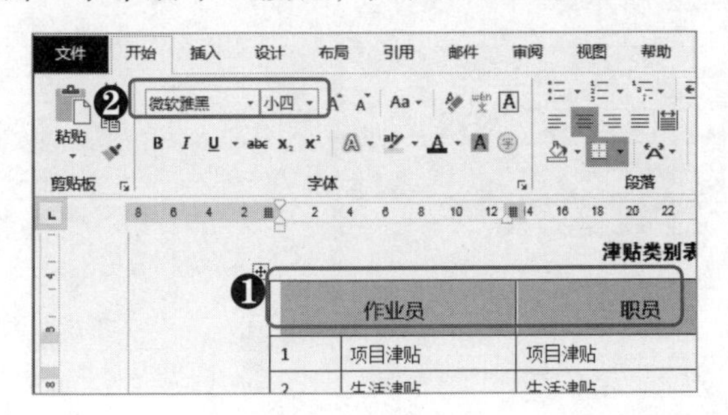

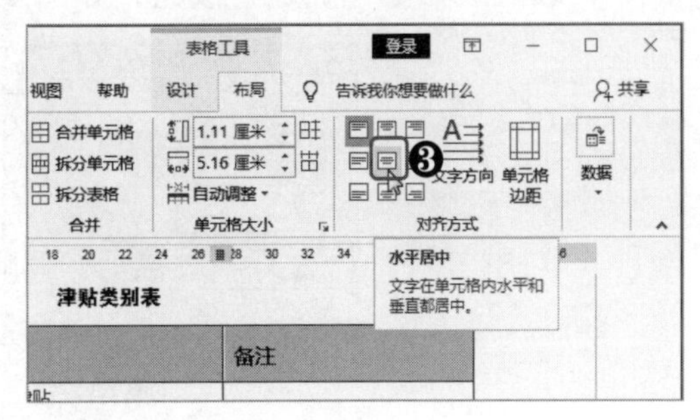

图 14-19　设置表头的文本格式和对齐方式

Step02 ❶选择“津贴类别表”表格的其他行，❷在“表格工具 布局”选项卡的“对齐方式”组中单击“中部两端对齐”按钮，❸在“单元格大小”组中单击“表格行高”数值框右侧的向上微调按钮，设置合适的行高，如图 14-20 所示。

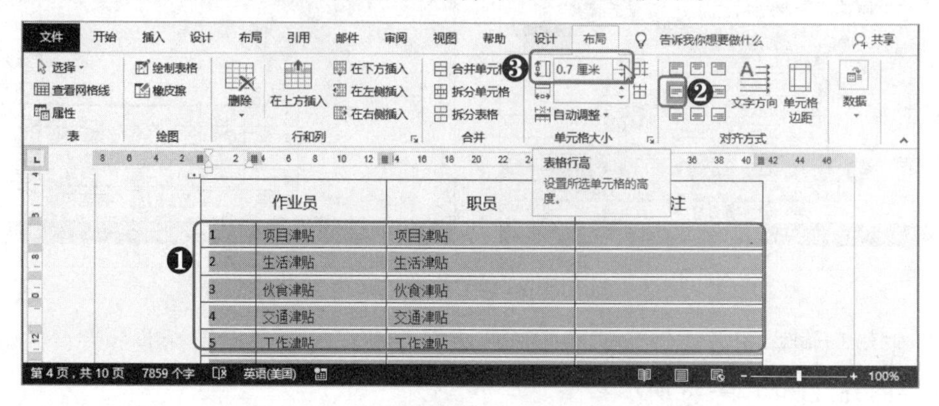

图 14-20　设置表格数据行的格式和行高

Step03 ❶单击表格左上角的全选按钮，❷在表格上右击，并在弹出的快捷菜单中选择“表格属性”命令，❸在打开的“表格属性”对话框的“文字环绕”栏中选择“环绕”选项，❹单击“定位”按钮，如图 14-21 所示。

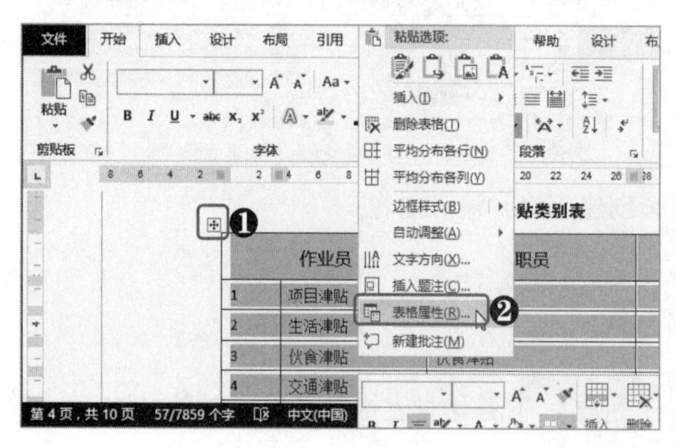

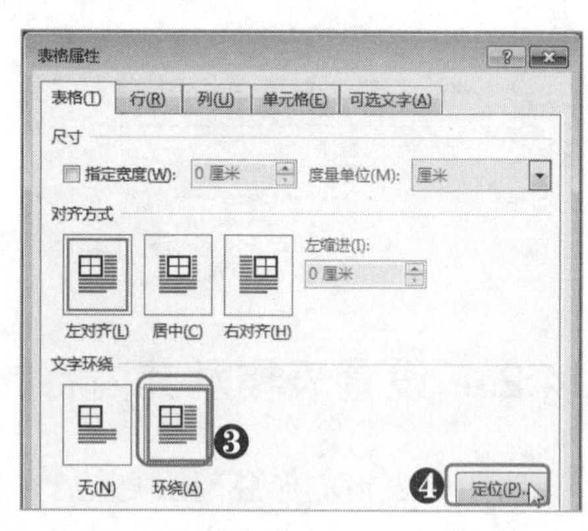

图 14-21　设置表格属性

Step04 ❶在打开的“表格定位”对话框中单击“位置”下拉列表框右侧的下拉按钮，❷在弹出的下拉列表中选择“居中”选项，❸在“距正文”栏的“下”数值框中输入“0.25 厘米”，❹依次单击“确定”按钮，如图 14-22 所示。

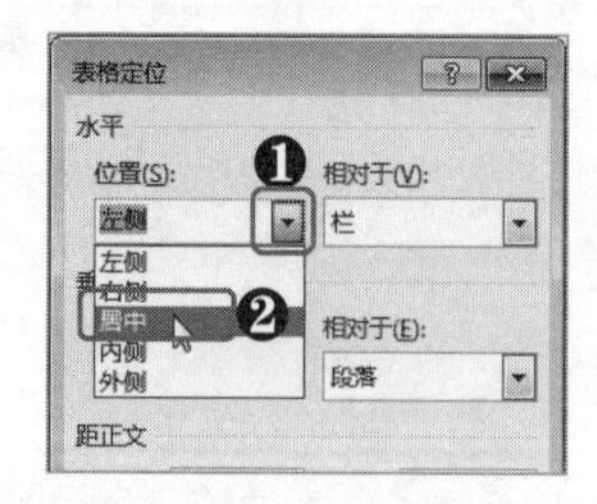

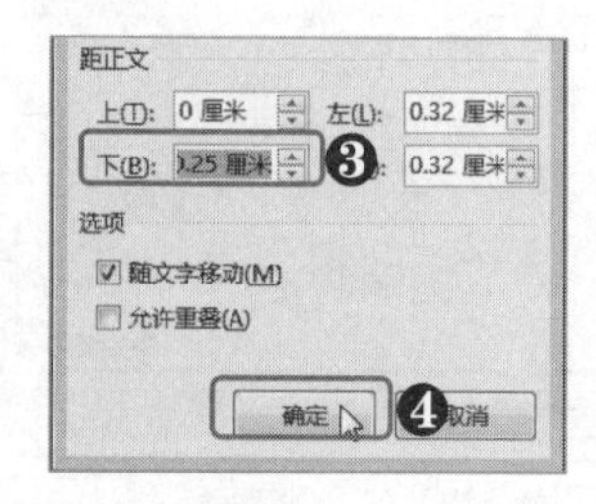

图 14-22　设置表格位置

Step05 以上述同样的方法为其他表格设置合适的格式，如图 14-23 所示。

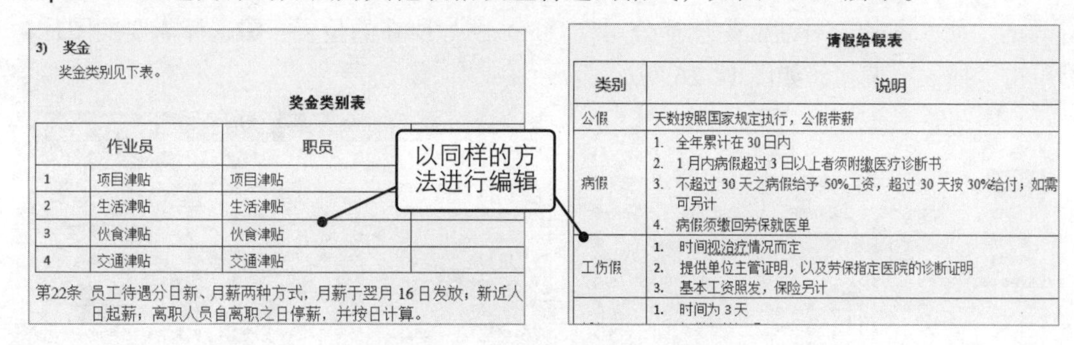

3) 奖金

奖金类别见下表。

奖金类别表

作业员		职员	
1	项目津贴	项目津贴	
2	生活津贴	生活津贴	
3	伙食津贴	伙食津贴	
4	交通津贴	交通津贴	

第22条 员工待遇分日薪、月薪两种方式，月薪于翌月 16 日发放；新近人日起薪；离职人员自离职之日停薪，并按日计算。

请假给假表

类别	说明
公假	天数按照国家规定执行，公假带薪
病假	1. 全年累计在 30 日内 2. 1 月内病假超过 3 日以上者须附缴医疗诊断书 3. 不超过 30 天之病假给予 50%工资，超过 30 天按 30%给付；如需可另计 4. 病假须缴回劳保就医单
工伤假	1. 时间视治疗情况而定 2. 提供单位主管证明，以及劳保指定医院的诊断证明 3. 基本工资照发，保险另计
	1. 时间为 3 天

图 14-23　完成所有表格的编辑

14.2.5 在页眉和页脚添加公司信息和页码

做到这里，员工手册的制作也就基本完成了，只需要为文档添加上页眉和页脚即可。在“员工手册”文档中，页眉需要添加公司的 LOGO 图标以及公司名称，在页脚需要添加页码。以下是具体的操作步骤。

Step01 ❶在页面顶端的页眉位置双击，❷选择页眉的段落标记，❸在“开始”选项卡的“段落”组中单击“边框”下拉按钮，❹选择“无框线”选项，如图 14-24 所示。

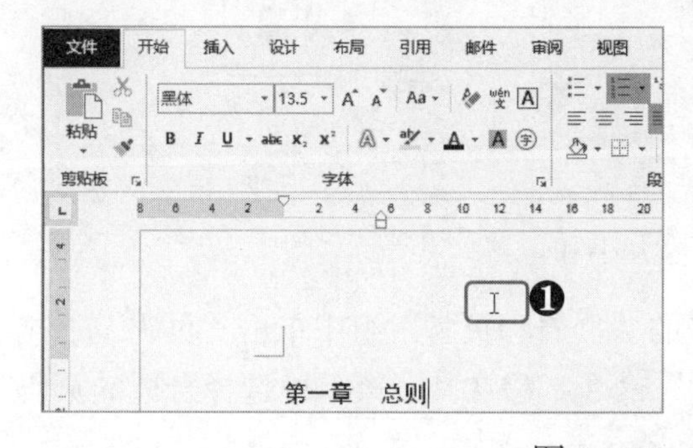

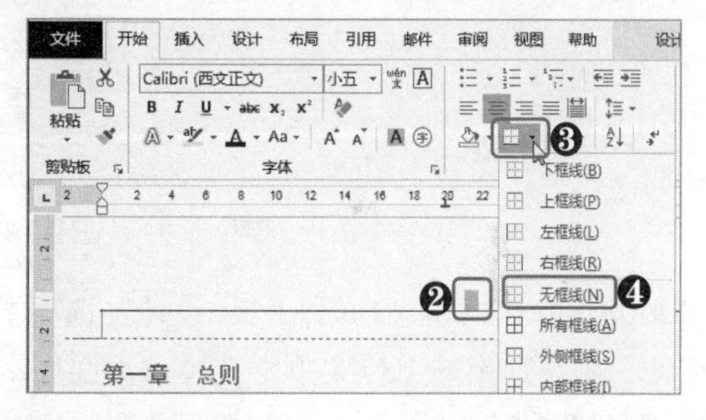

图 14-24　删除页眉横线

Step02 ❶在页眉中输入公司名称，❷在“页眉和页脚工具 设计”选项卡的“位置”组中设置页眉顶端距离为“2 厘米”，❸在“选项”组中取消选中“首页不同”复选框，❹在“开始”选项卡的“段落”组中单击“右对齐”按钮，如图 14-25 所示。

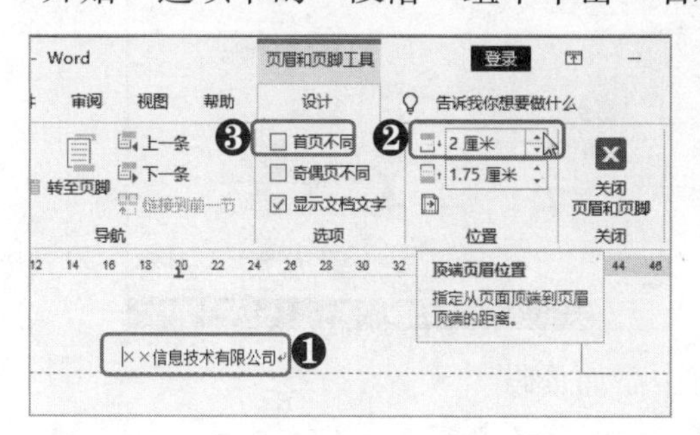

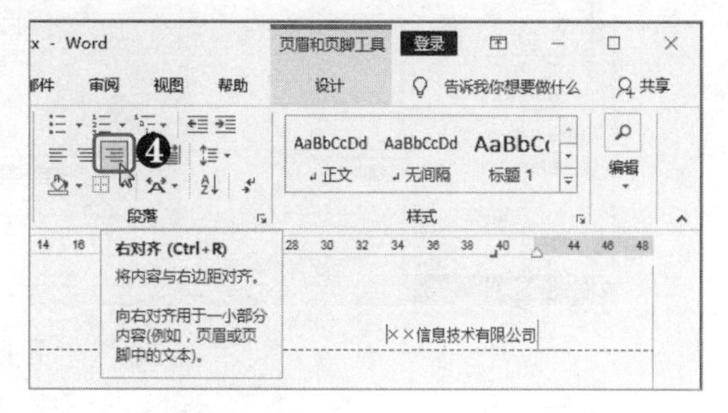

图 14-25　输入页眉文本并设置格式

Step03 ❶在“页眉和页脚工具 设计”选项卡的“插入”组中单击“图片”按钮，❷在打开的“插入图片”对话框中选择公司 LOGO 图片所在的位置，❸选择需要的图片，❹单击“插入”按钮，如图 14-26 所示。

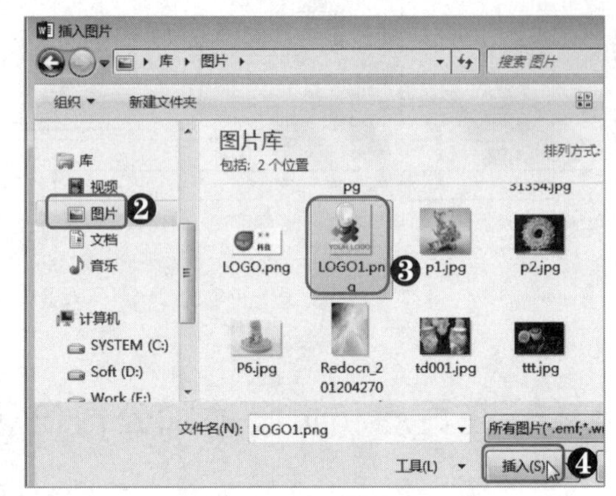

图 14-26　在页眉中插入公司 LOGO 图片

Step04 ❶调整图片大小，❷在图片右侧单击“布局选项”按钮，❸在弹出的下拉菜单中选择“浮于文字上方”选项，❹将图片拖动到页眉左侧的合适位置，如图 14-27 所示。

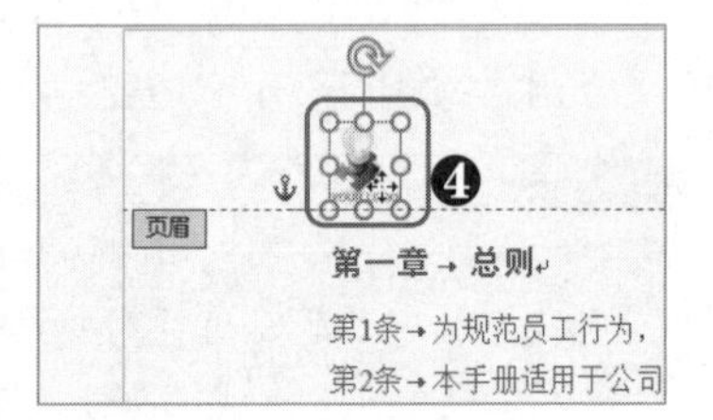

图 14-27　调整图片大小和位置

Step05 ❶在“页眉和页脚工具 设计”选项卡的“页眉和页脚”组中单击“页码”下拉按钮，❷在弹出的下拉菜单中选择“页面底端”命令，❸在其子菜单中选择合适的页码样式，如图 14-28 所示。

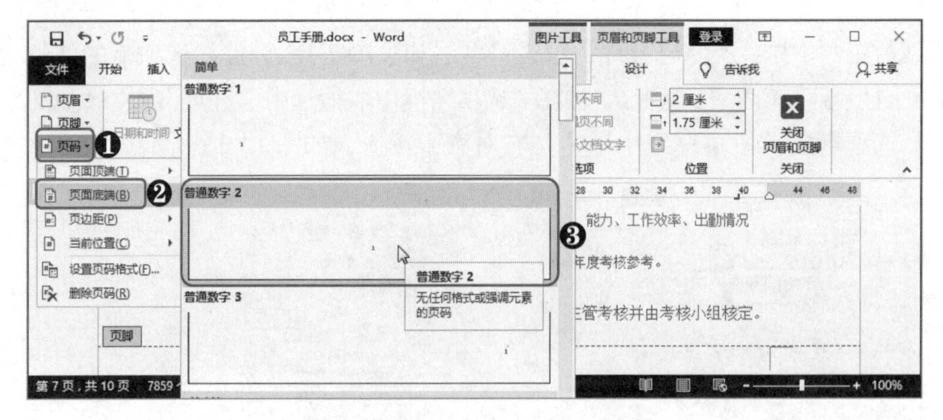

图 14-28　在页脚中添加页码

Step06 ❶单击“页码”下拉按钮，❷在弹出的下拉菜单中选择“设置页码格式”命令，❸在打开的“页码格式”对话框中单击“编号格式”下拉列表框的下拉按钮，❹选择合适的选项，❺在“页码编号”栏中选中“起始页码”单选按钮，并在数值框中输入合适的起始页码，❻单击“确定”按钮，❼在“关闭”组中单击“关闭页眉和页脚”按钮，如图 14-29 所示。

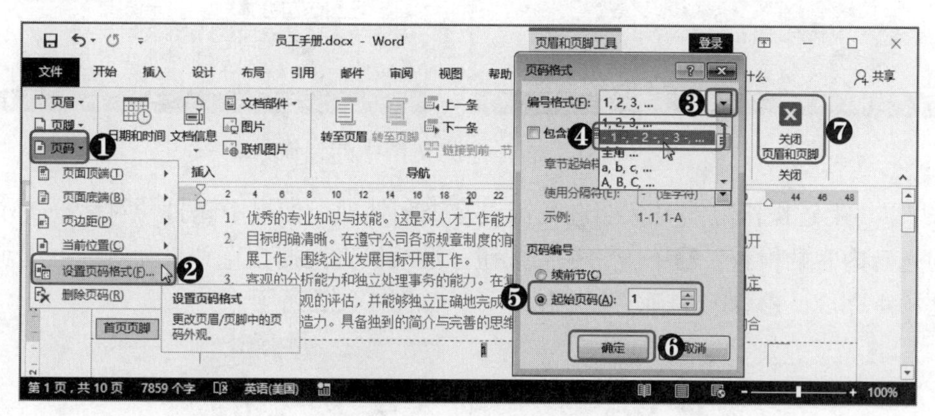

图 14-29　设置页码格式

14.2.6 检查员工手册内容并修改错误

为了防止文档中出现错别字或语句不通顺等情况，在文档制作完成后，还需要通查文档内容，并对检查到的错误进行处理。下面是使用 Word 的拼写和语法检查功能对文档进行错误检查的具体操作步骤。

Step01 ❶将文本插入点定位到文档起始位置，❷在“审阅”选项卡的“校对”组中单击“拼写和语法”按钮，此时文档自动定位到下一处可能存在错误的位置，❸检查该位置是否存在错误，若无错误，❹在打开的“语法”窗格中单击“忽略”按钮，如图 14-30 所示。

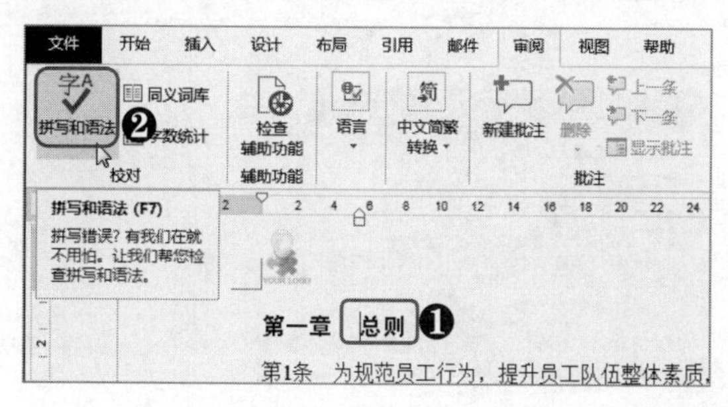

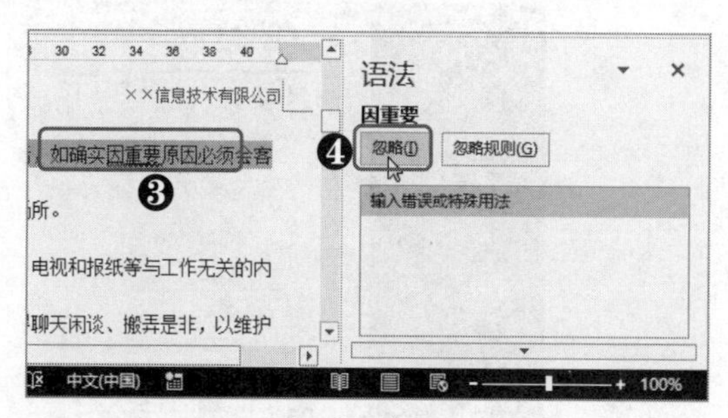

图 14-30　忽略自动检测的错误

Step02 文档继续定位至下一处可疑位置，若无错误则单击“忽略”按钮；若存在错误，❶在编辑区对错误的位置进行修改，❷在“语法”窗格中单击“继续”按钮，如图 14-31 所示。

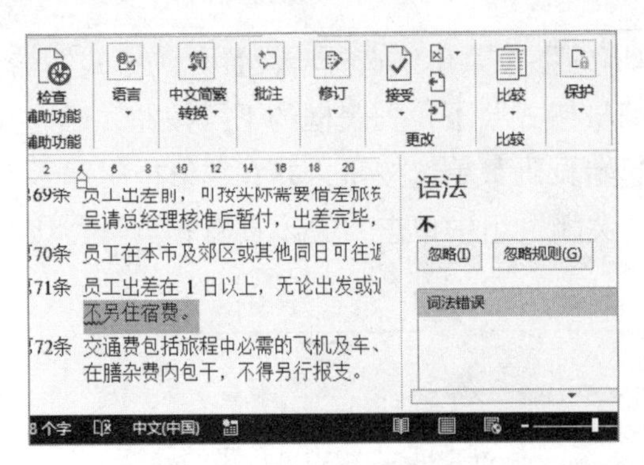

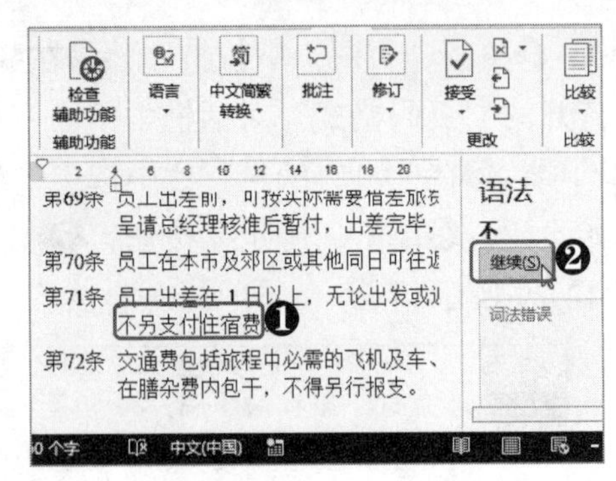

图 14-31　继续检测文档中的错误

Step03 重复上述操作继续对文档进行错误检查和处理，如果中途打开对话框提示已经完成对选定内容的检查，❶单击“是”按钮，继续检查文档，直到打开对话框提示拼写和语法检查完成，❷单击“确定”按钮即可，如图 14-32 所示。

图 14-32　完成拼写和语法检查

14.2.7 对员工手册进行加密

员工手册的制作到这里就已经全部完成了，为了防止文档被他人恶意修改，还需要对文档进行保护操作，如加密文档。下面是以密码对文档进行加密保护的操作步骤。

Step01 ❶在“文件”选项卡的“信息”选项卡中单击“保护文档”下拉按钮，❷在弹出的下拉列表中选择“用密码进行加密”选项，❸在打开的“加密文档”对话框的“密码”文本框中输入密码，如输入“1234”，❹单击“确定”按钮，如图 14-33 所示。

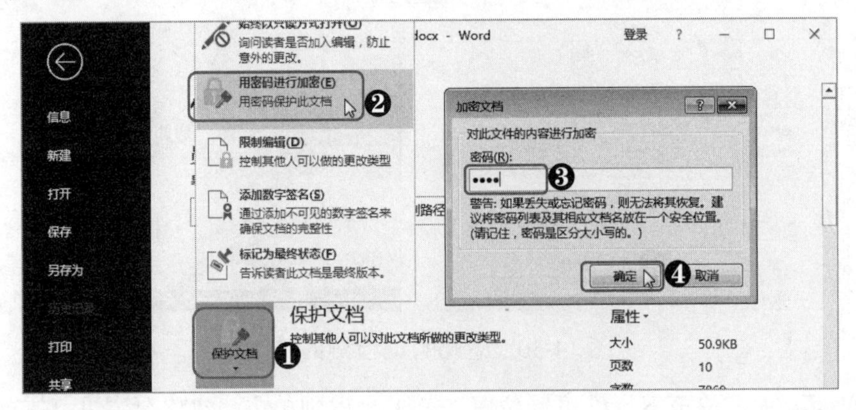

图 14-33　设置文档密码

Step02 ❶在打开的“确认密码”对话框的“重新输入密码”文本框中再次输入刚才设

置的密码，❷单击“确定”按钮即可完成文档的加密操作，❸单击“保存”按钮将制作完成并加密的“员工手册”文档保存到原位置，如图 14-34 所示。

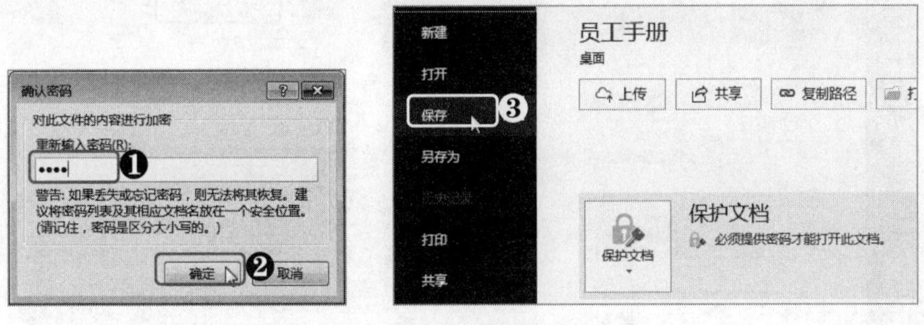

图 14-34 保存文档

14.2.8 打印员工手册

既然是员工手册，自然要打印成纸质文档方便员工查阅。本案例在开始制作文档时便已经考虑到了这一点，所以对页面的格式进行了一系列的设置。因此，在打印此员工手册时就不再需要重新对页面进行设置，只需要设置打印份数等基本打印选项即可，其具体操作步骤如下。

Step01 为了使文档打印出来就是第 1 页在最上方，从而不需要重新排序即可直接装订，就需要设置逆序打印，❶打开“Word 选项”对话框，在“高级”选项卡的“打印”栏中选中“逆序打印页面”复选框，❷单击“确定”按钮即可，如图 14-35 所示。

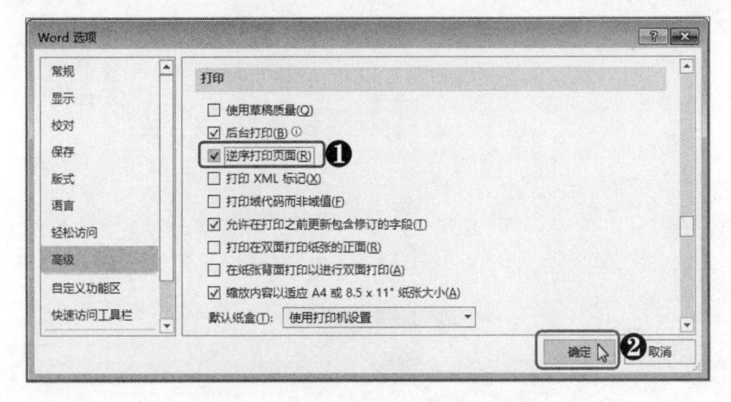

图 14-35 设置逆序打印文档

Step02 ❶在“文件”选项卡的“打印”选项卡中设置需要打印的份数，这里输入“26”，❷在“打印机”下拉列表框中选择可以使用的打印机，❸在“设置”栏的第 1 个下拉列表框中选择“打印所有页”选项，❹在第 2 个下拉列表框中选择“单面打印”选项，❺在第 3 个下拉列表框中选择“对照”选项。在“打印”界面的右侧预览打印效果，若符合要求，❻单击“打印”按钮开始打印文档，如图 14-36 所示。

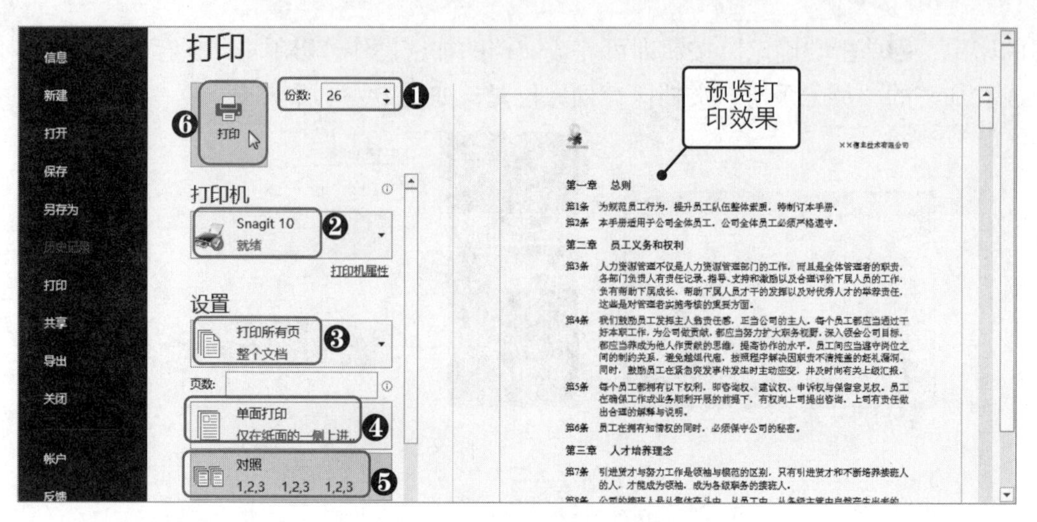
打印
份数: 26
打印
打印机
Snagit 10
就绪
打印机属性
设置
打印所有页
整个文档
页数:
单面打印
仅在纸面的一侧上进...
对照
1,2,3 1,2,3 1,2,3
信息
新建
打开
保存
另存为
打印
共享
导出
关闭
帐户
预览打印效果

图 14-36 打印文档

第 15 章 制作酒店宣传手册

酒店宣传手册是推销酒店、宣传酒店形象的一种有效途径。这类宣传文档对于视觉效果有较高的要求，要做到外观精美、内容简洁。本章制作的酒店宣传手册主要涉及对 Word 的图形对象的编辑，通过本章的学习，让读者更深入地体会图形对象的使用与编辑操作。

|本|章|要|点|

- 新建“酒店宣传手册”文档并设置页面格式
- 设置宣传手册的页面背景
- 根据需要插入多张空白页
- 制作宣传手册的封面和封底
- 插入并编辑酒店宣传图片
- 插入文本框并输入宣传文本
- 使用形状对页面进行布局
- 将宣传手册各对象对齐
- 设置多个对象的叠放顺序
- 将文档导出为 PDF 文档

15.1 案例简述和效果展示

作为酒店推销自身的一种重要途径，酒店宣传手册无论在外观，还是内容上都要做到高端大气，能够激发读者的阅读欲望。本案例主要涉及文档的页面背景设置、图片的编辑、文本框的使用、文本格式设置以及形状的灵活运用等操作和技巧。

以下是“酒店宣传手册”文档制作完成后的效果展示，如图 15-1 所示。

◎下载/初始文件/第 15 章/酒店宣传手册图片/　　　　◎下载/最终文件/第 15 章/酒店宣传手册/

图 15-1　酒店宣传手册效果图

15.2 案例制作过程详讲

制作酒店宣传手册主要是将酒店宣传图片恰到好处地展现出来，加以文字进行描述。所以主体在于图形对象的编辑，其次是将各对象在页面中合理地布局。此案例中，将“酒店宣传手册”文档分为6个步骤进行制作，其具体的制作流程如图15-2所示。

图15-2 “酒店宣传手册”文档的制作流程

15.2.1 新建“酒店宣传手册”文档并设置页面格式

制作宣传手册的第一步是创建文档并设置好页面格式，如纸张大小和纸张方向等。以下是设置宣传手册页面格式的具体操作步骤。

Step01 ❶新建“酒店宣传手册”文档并保存到合适的位置，❷在“布局”选项卡的“页面设置”组中单击“对话框启动器”按钮，❸在打开的“页面设置”对话框的“纸张”选项卡中的“纸张大小”栏中设置纸张的宽度和高度分别为20厘米和16厘米，如图15-3所示。

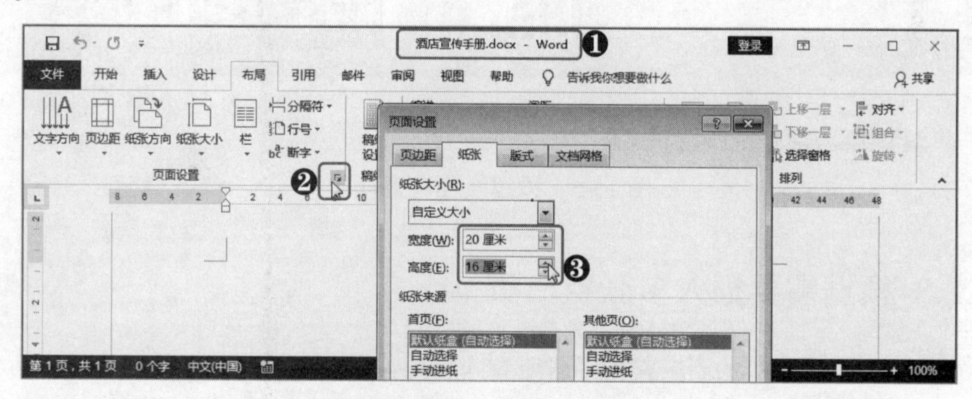

图15-3 设置纸张大小

Step02 ❶在“页边距”选项卡的“纸张方向”栏中选择“横向”选项，❷在“版式”选项卡的“页眉和页脚”栏中设置页眉和页脚的边距分别为1.5厘米和1.75厘米，然后单击“确定”按钮关闭对话框即可，如图15-4所示。

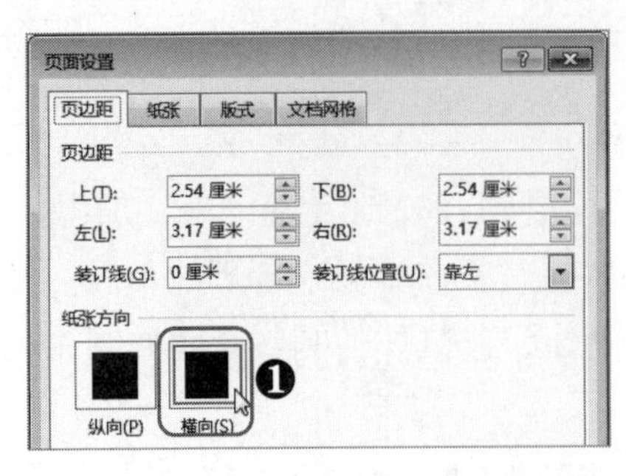

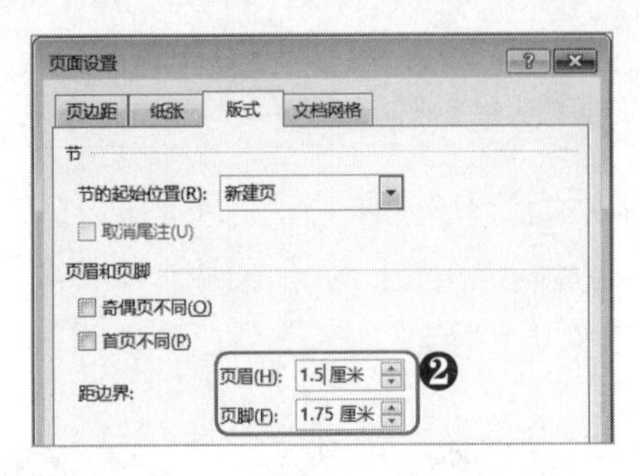

图 15-4　设置纸张方向和页眉页脚边距

15.2.2 设置宣传手册的页面背景

为了让宣传手册的页面更加美观，为其设置页面背景是很好的选择，不仅操作简单，而且效果美观。以下是为酒店宣传手册设置页面背景颜色的具体操作步骤。

Step01 ❶在“设计”选项卡的“页面背景”组中单击“页面颜色”下拉按钮，❷在弹出的下拉菜单中选择“其他颜色”命令，如 15-5 左图所示。

Step02 ❶在打开的“颜色”对话框的“自定义”选项卡中设置合适的页面背景颜色，❷单击“确定”按钮，如 15-5 右图所示。

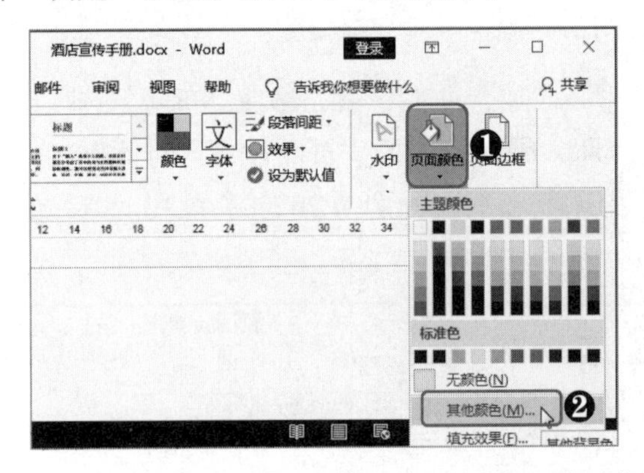

图 15-5　设置页面背景颜色

15.2.3 根据需要插入多张空白页

由于本案例中制作的酒店宣传手册所有内容均浮于页面上方，所以即使内容填满页面也不会自动新增空白页。而一份酒店宣传手册肯定不止一页，这就需要用户手动添加空白页，其具体操作步骤如下。

Step01 ❶在“布局”选项卡的“页面设置”组中单击“分隔符”下拉按钮，❷在弹出的下拉菜单的“分页符”栏中选择“分页符”选项即可插入新页面，如图 15-6 所示。

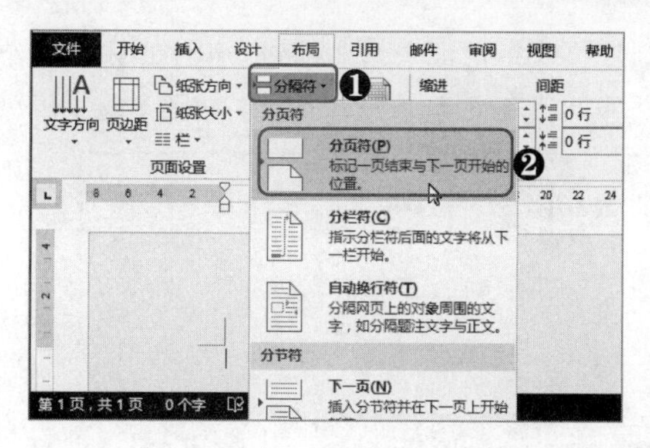

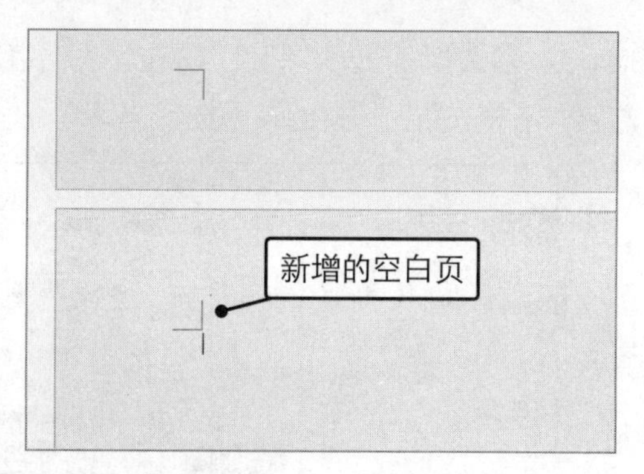

图 15-6 添加空白页

小技巧：使用快捷键插入分页符

Word 中插入分页符也可以使用快捷键，只需要在待插入分页符的位置按【Ctrl+Enter】组合键即可。

Step02 重复插入分页符，为酒店宣传手册添加足够数量的空白页面，这里插入 9 个分页符，即文档共 10 页，如图 15-7 所示。

图 15-7 添加 9 页空白页

15.2.4 制作宣传手册的封面和封底

封面和封底分别是文档的第一页和最后一页，对于文档的整体外观有着举足轻重的作用。同时，也是宣传手册给予受众的第一印象，一个好的封面和封底往往可以让人对其内容产生阅读兴趣。下面是制作宣传手册封面和封底的具体操作。

Step01 将文本插入点定位到文档第一页，❶在“插入”选项卡的“插图”组中单击“图片”按钮，❷在打开的“插入图片”对话框中选择图片所在的位置，❸选择作为宣传手册封面的图片，❹单击“插入”按钮，如图 15-8 所示。

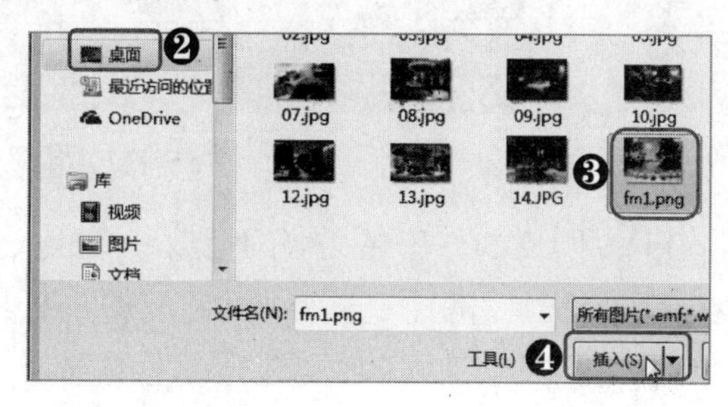

图 15-8 插入封面图片

Step02 ❶选择插入的图片，❷在“图片工具 格式”选项卡的“排列”组中单击“环绕文字”下拉按钮，❸在弹出的下拉菜单中选择“浮于文字上方”选项，如图 15-9 所示。

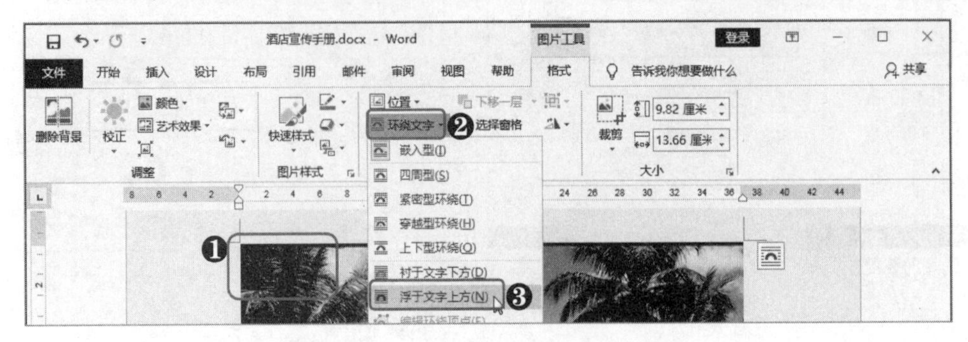

图 15-9 将图片浮于文字上方

Step03 ❶拖动图片四角的控制点等比例调整图片大小，使其将页面完全覆盖，❷拖动图片到合适的位置，如图 15-10 所示。

图 15-10 调整图片的大小和位置

Step04 ❶在封面图片上右击，❷在弹出的快捷菜单中选择“置于底层”命令将图片置于页面的最底层，如图 15-11 所示。

图 15-11 将图片置于底层

Step05 以同样的方法在文档的最后一页插入封底图片，并调整大小、位置和叠放层次，❶在“图片工具 格式”选项卡的“调整”组中单击“校正”下拉按钮，❷在弹出的下拉菜单的“亮度/对比度”栏中选择合适的选项，如图 15-12 所示。

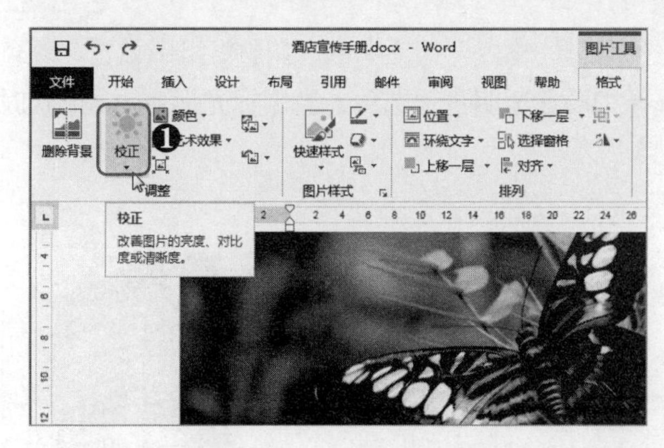

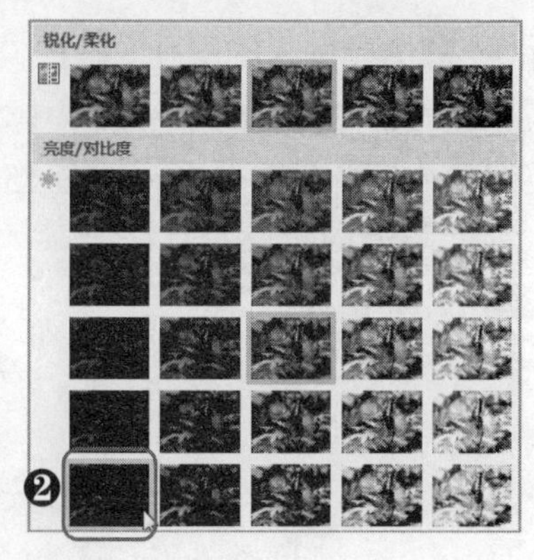

图 15-12　设置图片亮度和对比度

Step06 ❶在“调整”组中单击“颜色”下拉按钮，❷在弹出的下拉菜单的“颜色饱和度”栏中选择合适的饱和度，❸再次单击“颜色”下拉按钮并在“色调”栏中选择合适的选项，如图 15-13 所示。

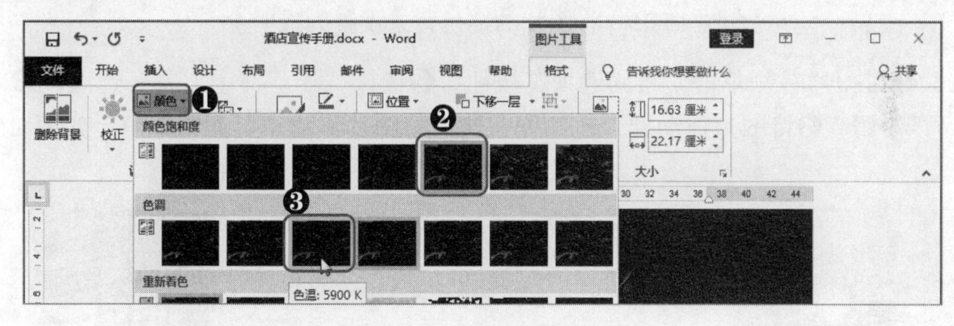

图 15-13　调整图片颜色

15.2.5 插入并编辑酒店宣传图片

宣传手册的封面和封底制作完成后，便可以开始制作酒店宣传内容了。酒店宣传手册主要是对酒店内的设施和服务进行展示和介绍，而对酒店设施展示最有效的方法就是图片展示。下面在酒店宣传手册中插入并编辑宣传图片，具体操作步骤如下。

Step01 将文本插入点定位到文档的第 2 页，❶在“插入”选项卡的“插图”组中单击“图片”按钮，❷在打开的“插入图片”对话框中待插入的图片上双击将该图片插入到文档中，如图 15-14 所示。

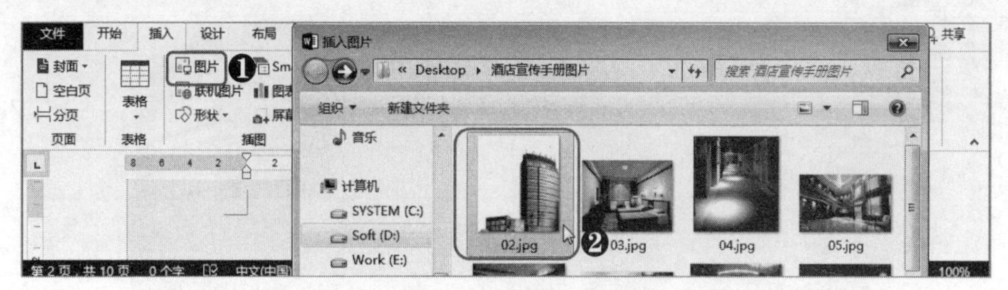

图 15-14　插入酒店宣传图片

Step02 ❶选择插入的图片，❷在“图片工具 格式”选项卡的“调整”组中单击“颜色”下拉按钮，❸在弹出的下拉菜单中选择“设置透明色”选项，当鼠标光标变为✐形状时，❹在图片纯色背景上单击，如图 15-15 所示。

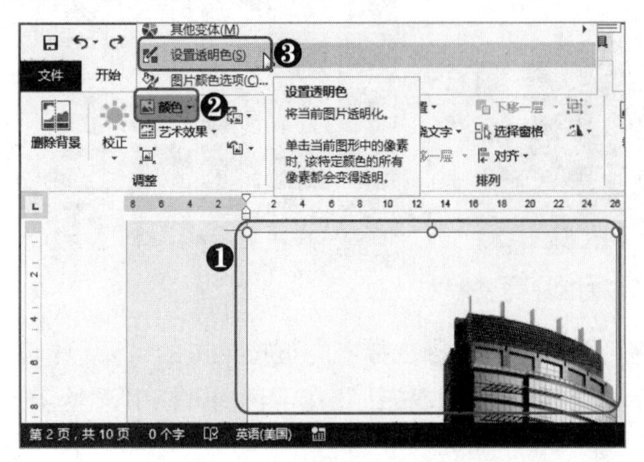

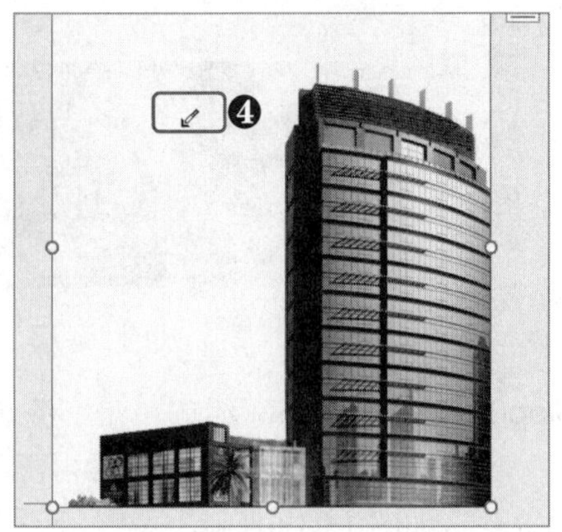

图 15-15　将图片的纯色背景设置为透明

Step03 ❶在图片右侧单击“布局选项”按钮，❷选择“浮于文字上方”选项，❸单击“关闭”按钮，❹将图片拖动到合适位置，这里将图片移动至页面右下角，如图 15-16 所示。

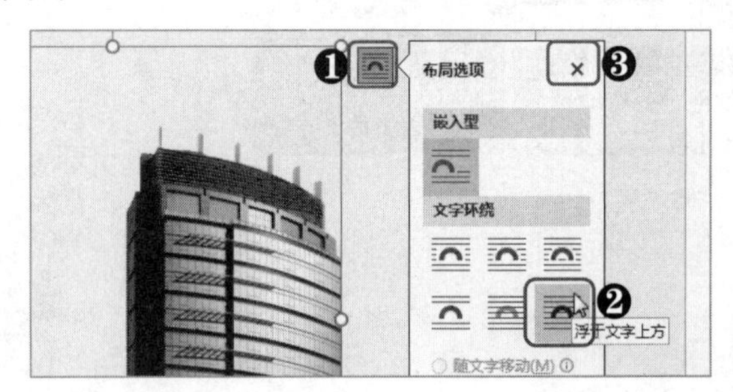

图 15-16　设置图片的布局并移动图片位置

Step04 按住【Shift】键不放拖动图片左上角的控制点，将图片等比例调整为合适的大小，如图 15-17 所示。

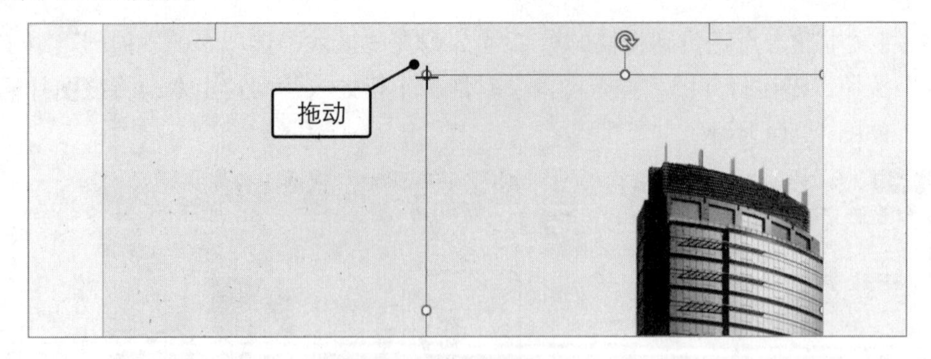

图 15-17　调整图片大小

Step05 切换到文档的第 3 页，继续插入需要的图片，并调整图片的大小和位置。

Step06 以同样的方法为所有页面插入需要的图片，并对图片的格式进行合理的设置和布局，如图 15-18 所示。

图 15-18　为所有页面插入图片并编辑

15.2.6 插入文本框并输入宣传文本

有了宣传图片后，还需要通过文字对酒店的设施和服务进行更为详细地说明。为了排版更加方便，此案例使用文本框来展示文本，因此需要在文档中插入文本框才能输入文字，具体操作步骤如下。

Step01 切换到酒店宣传手册首页，❶在“插入”选项卡的“文本”组中单击“文本框”下拉按钮，❷在弹出的下拉菜单中选择“绘制横排文本框”选项，❸在文档首页绘制合适大小的文本框，如图 15-19 所示。

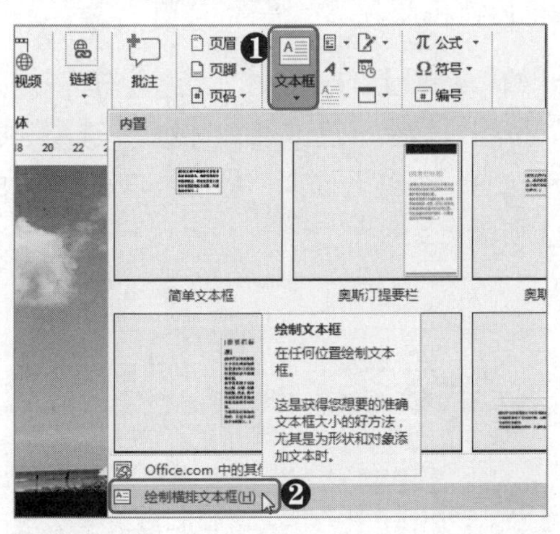

图 15-19　绘制文本框

Step02 ❶在文本框中输入需要的文本，❷在“绘图工具 格式”选项卡的“形状样式”组中单击“形状填充”下拉按钮，❸选择“无填充”选项，如图 15-20 所示。

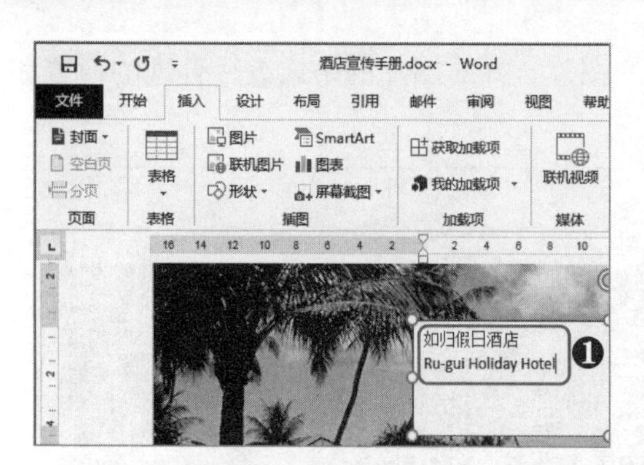

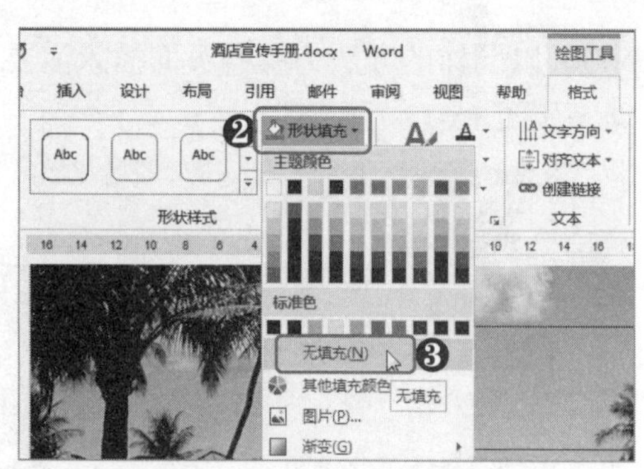

图 15-20　输入文本并将文本框设置为无填充

Step03 ❶将鼠标光标移至文本框边框线上，❷按住【Ctrl】键拖动到合适位置再释放鼠标左键，复制一个文本框，如图 15-21 所示。

图 15-21　复制文本框

Step04 ❶修改复制的文本框中的内容，❷调整文本框大小，如图 15-22 所示。

图 15-22　修改文本框内容和大小

Step05 ❶选择文本框中的中文文本，❷在“开始”选项卡的“字体”组中设置字体为“华文行楷”，字号为“小初”，❸单击“加粗”按钮，❹在“绘图工具 格式”选项卡的“艺术字样式”组中的“文本填充”下拉菜单中选择“深红”选项，❺单击“文本轮廓”下拉按钮，❻选择合适的轮廓颜色，如图 15-23 所示。

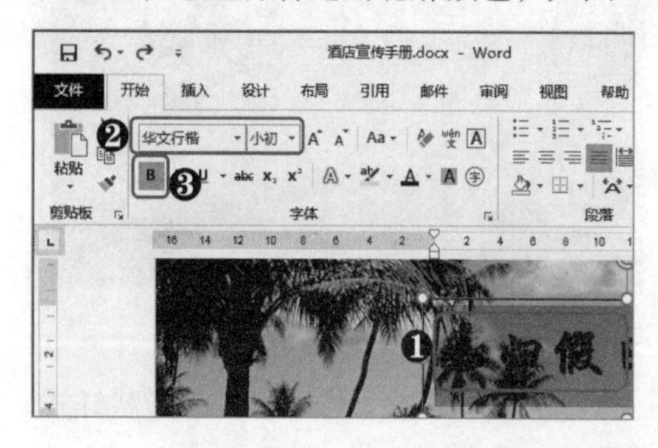

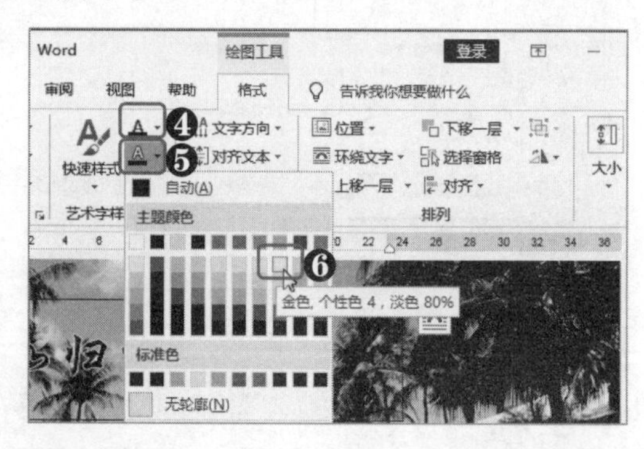

图 15-23　设置中文文本格式

Step06 此时，由于文本字体增大，英文文本无法显示，再次将文本框调大即可，然后选择英文文本，为其设置合适的格式，如15-24左图所示；以同样的方法为封面的另一个文本框中的文本设置格式，如15-24右图所示。

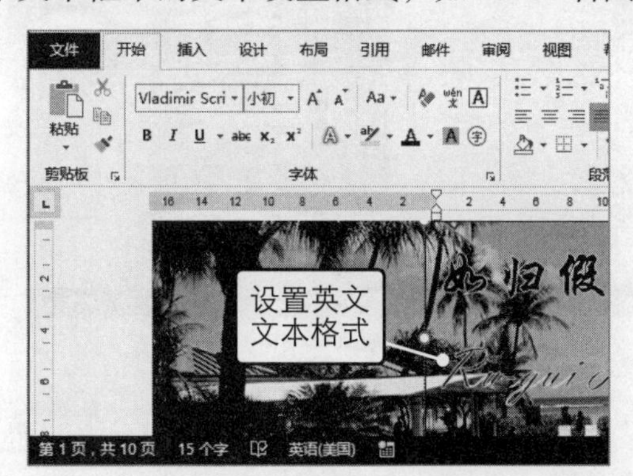

图 15-24　为其他文本设置格式

Step07 以上述同样的方法为酒店宣传手册其他页面添加文本框并输入文本，以及设置合适的格式，如图15-25所示。

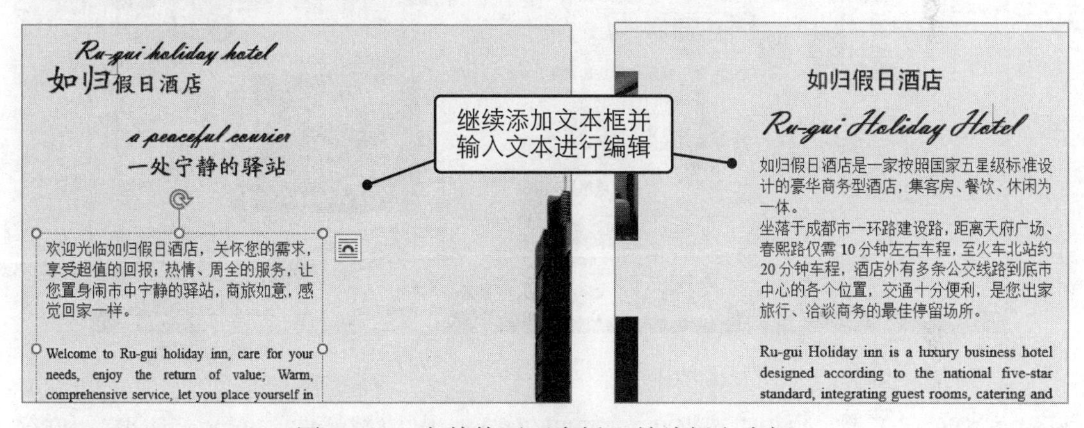

图 15-25　在其他页面中插入并编辑文本框

15.2.7 使用形状对页面进行布局

此时，图片与文本都已经编辑完成，也没有再需要添加的内容，但是宣传手册整体的效果并不理想。这时，可以在页面中添加一些形状，对页面进行合理的布局，以提高文档的视觉效果。下面是使用形状对页面进行布局的具体操作步骤。

Step01 将文本插入点定位到待插入形状的页面中，❶在“插入”选项卡的“插图”组中单击“形状”下拉按钮，❷在弹出的下拉菜单中选择“矩形”选项，❸在页面中绘制一个合适的矩形，如图15-26所示。

图 15-26　绘制矩形

Step02 ❶在“绘图工具 格式”选项卡的“形状样式”组中单击“形状填充”下拉按钮，❷在弹出的下拉菜单中选择“其他填充颜色”命令，❸在打开的“颜色”对话框的“自定义”选项卡中设置合适的颜色，❹单击“确定”按钮，如图 15-27 所示。

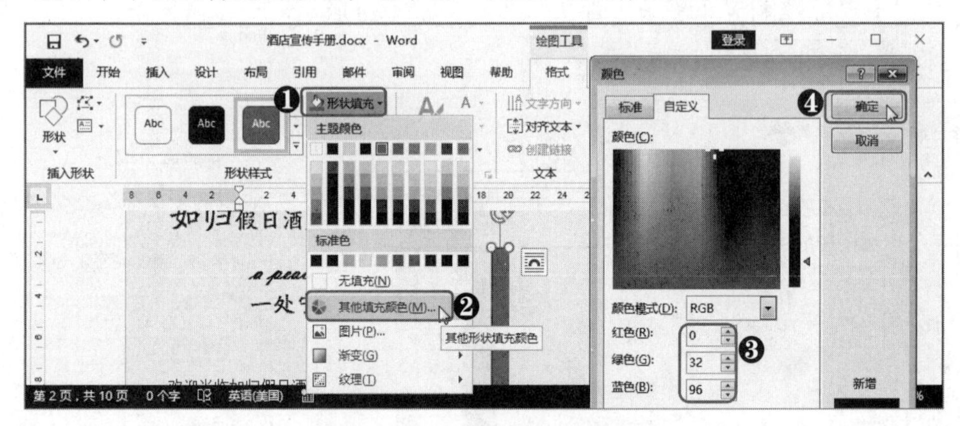

图 15-27　设置形状填充颜色

Step03 ❶在“大小”组中设置形状高度和宽度分别为“14 厘米”和“0.1 厘米”，❷在“形状样式”组中单击“形状轮廓”下拉按钮，❸在弹出的下拉菜单中选择“无轮廓”选项，如图 15-28 所示。

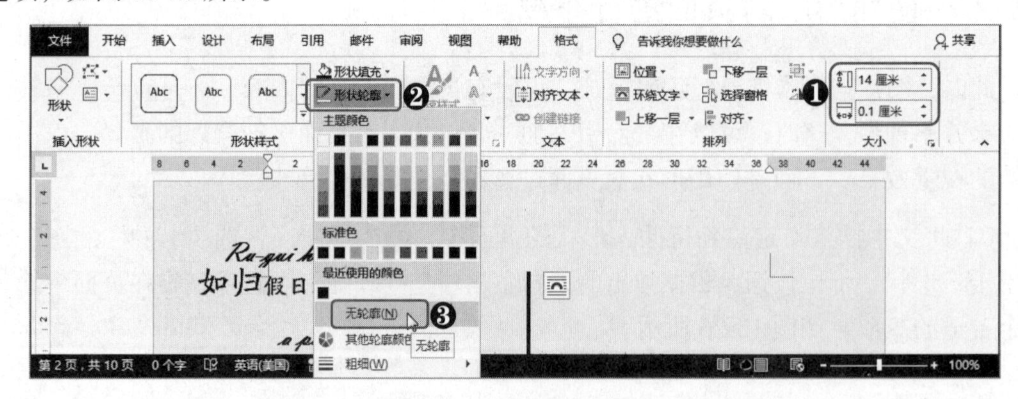

图 15-28　设置形状大小并取消显示形状轮廓

Step04 ❶将形状移动到合适的位置，❷在“开始”选项卡的“剪贴板”组中单击“复制”按钮，如图 15-29 所示。

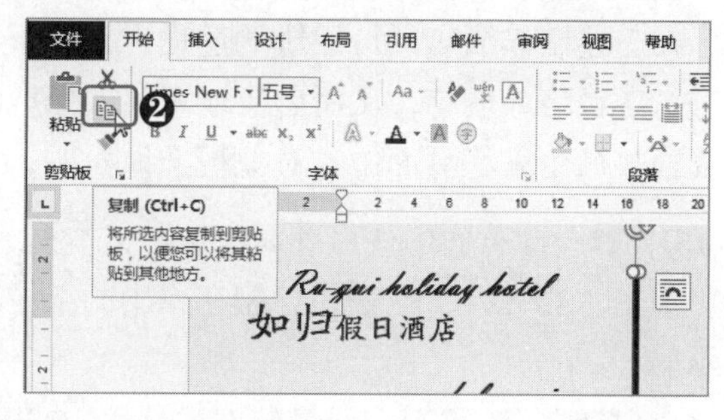

图 15-29 移动形状并复制到剪贴板

Step05 切换到文档的第 3 页，❶在“剪贴板”组中单击“粘贴”按钮，再次单击“粘贴”按钮，在该页面粘贴两个相同的形状，❷将复制的形状移动到合适的位置，❸将其中一个形状的高度设置为“10 厘米”，❹在“排列”组中单击“旋转对象”下拉按钮，❺选择“向右旋转 90° ”选项，如图 15-30 所示。

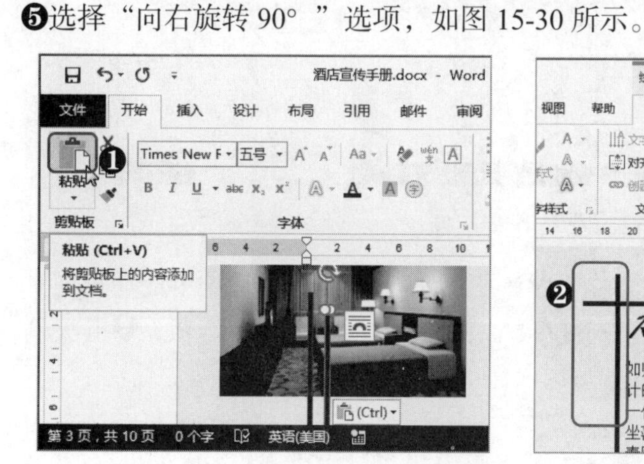

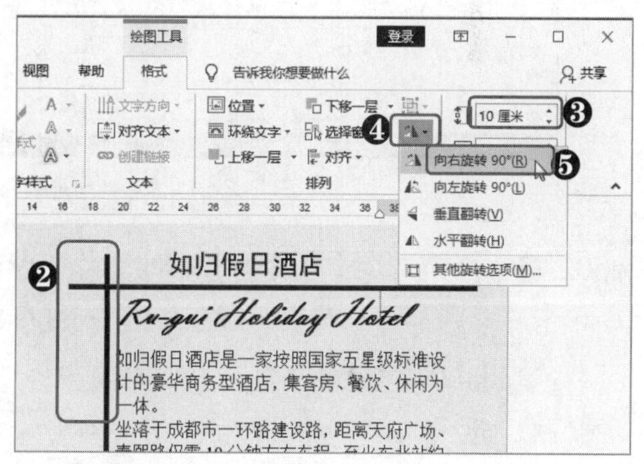

图 15-30 旋转形状

Step06 以上述同样的方法为酒店宣传手册其他页面添加形状，并进行合适的布局，如图 15-31 所示。

图 15-31 使用形状对其他页面进行布局

15.2.8 将宣传手册各对象对齐

在上述制作酒店宣传手册的过程中，对于各种对象的位置都只是通过鼠标拖动的方式进行了粗略地调整，从而更快地完成文档整体结构的制作。而在文档基本完成后，还需要通过命令来将页面中各对象精准地对齐，其具体操作步骤如下。

Step01 ❶选择页面中待对齐对象，如文本框，❷在“绘图工具 格式”选项卡的“排列”组中单击“对齐”下拉按钮，❸在弹出的下拉菜单中选择“左对齐”选项，如图 15-32 所示。

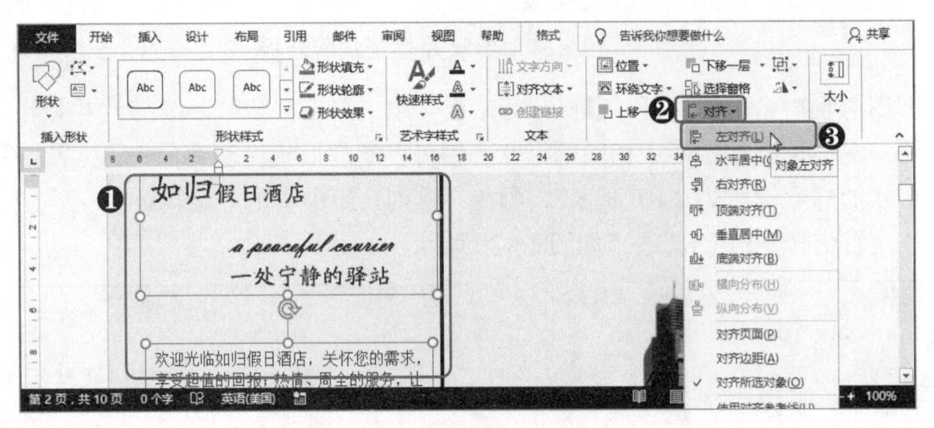

图 15-32　左对齐文本框

Step02 ❶选择第 7 页中未均匀分布的图片，❷在“图片工具 格式”选项卡的“排列”组中单击“对齐”下拉按钮，❸在弹出的下拉菜单中选择“横向分布”选项，❹再次单击“对齐”下拉按钮，并选择“纵向分布”选项，如图 15-33 所示。

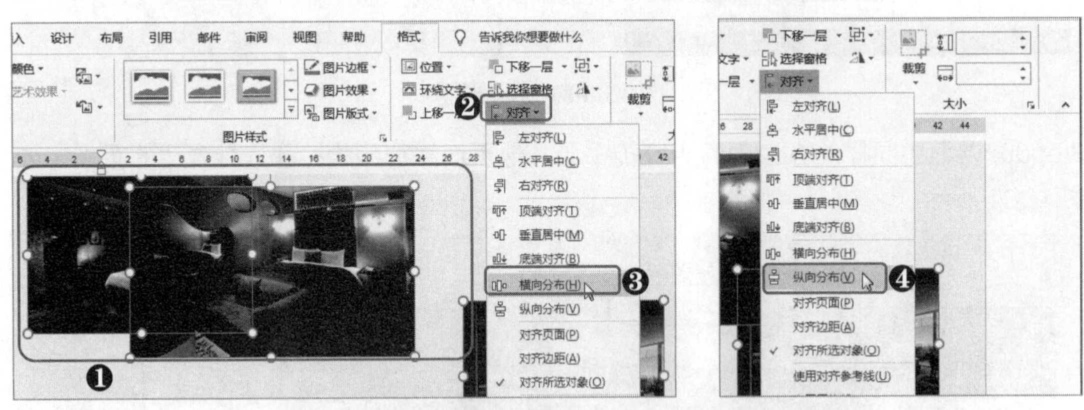

图 15-33　将图片在水平和垂直方向均匀分布

提个醒：分布对象注意事项

在对文档中的多个对象进行分布时，需要手动调整最外侧对象的位置。例如，在将多个对象横向分布时，需要用户手动设置最左侧对象和最右侧对象的位置，系统才能将选择的对象在这个范围内进行均分分布；同理，进行纵向分布时，则需要手动设置最上方和最下方的对象位置。

Step03 以上述同样的方法对文档所有页面的对象进行精确地对齐或均匀分布，如图 15-34 所示。

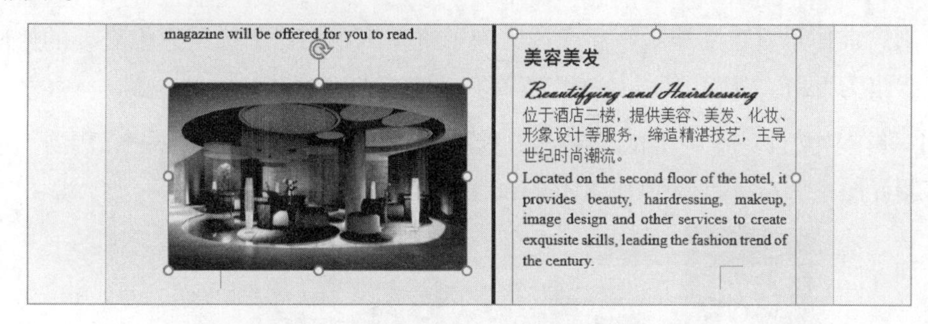

图 15-34 图片和文本框垂直居中对齐

15.2.9 设置多个对象的叠放顺序

如果文档的页面中有多个图形对象，则需要合理的设置各对象的叠放次序，否则会导致需要显示的内容被其他对象遮盖的情况出现。设置对象叠放顺序的操作步骤如下。

Step01 ❶选择页面中的第 1 张图片，并在其上右击，❷在弹出的快捷菜单中选择“置于顶层”命令，❸在第 3 张图片上右击，并选择“置于底层”命令，如图 15-35 所示。

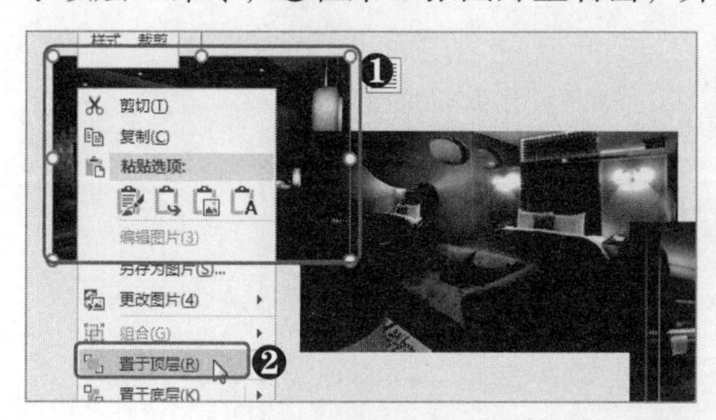

图 15-35 修改图片的叠放顺序

Step02 更改叠放顺序后，被置于顶层的对象则完全显示，其下层的对象则只显示未被上层对象遮盖的区域。依次类推，置于底层的对象则只显示未被任何对象遮盖的区域，如图 15-36 所示。

图 15-36 修改图片叠放顺序的效果图

15.2.10 将文档导出为 PDF 文档

“酒店宣传手册”文档制作完成后，为了避免不小心对其进行了没必要的修改，可以将其导出为 PDF 文档，其具体操作步骤如下。

Step01 ❶在“文件”选项卡的“导出”选项卡中选择“创建 PDF/XPS 文档”选项，❷在右侧界面中单击“创建 PDF/XPS”按钮，如图 15-37 所示。

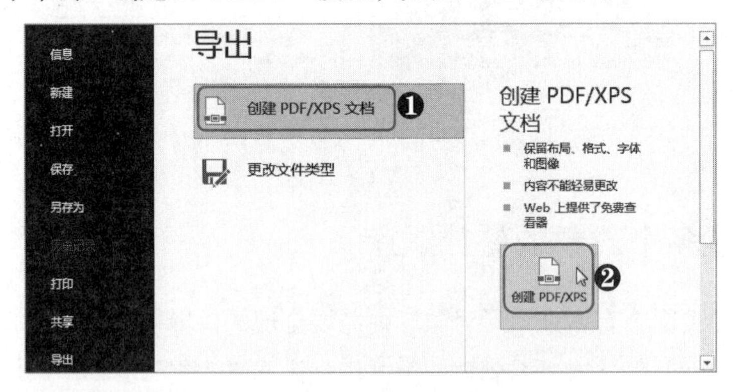

图 15-37　单击“创建 PDF/XPS”按钮

Step02 ❶在打开的“发布为 PDF 或 XPS”对话框中选择文件保存位置，❷单击“发布”按钮即可，如图 15-38 所示。

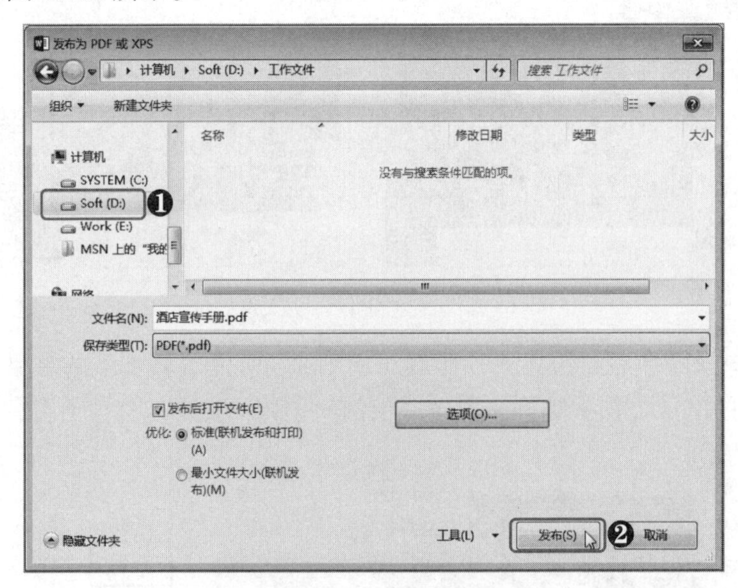

图 15-38　设置保存位置并单击“发布”按钮

第16章 制作工程招标书

招标书也称为招标通知、招标公告、招标启事，是一种告知性文件。招标人通过招标书将招标的主要事项和要求公告于世，从而邀请众多的投资者前来投标，以便招标人在招标过程中选择理想的合作伙伴。本章通过对招标书的制作流程和操作步骤进行详细讲解，来帮助用户进一步掌握和理解样式的创建和使用、插入目录和制作封面等知识。

|本|章|要|点|

- 新建“工程招标书”文档并预留装订线
- 创建各级标题和其他文本样式
- 输入招标书内容并应用样式
- 创建并编辑表格
- 替换工程招标书的错别字
- 创建并编辑目录
- 制作工程招标书封面
- 为招标书内容页添加页眉和页脚

16.1 案例简述和效果展示

招标书有多种类型，根据招标目的不同，可以分为工程招标书、项目招标书、采购招标书、物流招标书和物业招标书等。本案例要制作的是工程招标书，其组成可分为 3 个部分，分别是封面、目录以及内容。

下面是“工程招标书”文档制作完成后的效果图，如图 16-1 所示。

◎下载/初始文件/第 16 章/fm.jpg　　◎下载/最终文件/第 16 章/工程招标书.docx

图 16-1　“工程招标书”文档效果图

16.2 案例制作过程详讲

在制作文档之前需要理清其制作流程，才能有条不紊地完成制作。本案例中，将制作“工程招标书”分为6个步骤，其具体的制作流程如图16-2所示。

图16-2　工程招标书的制作流程

16.2.1 新建“工程招标书”文档并预留装订线

新建文档是必要的步骤，为避免工程招标书在装订时被遮盖内容，还需要为文档预留装订线区域，其具体的操作步骤如下。

Step01 ❶新建“工程招标书”文档并保存到合适的位置，❷在“布局”选项卡的“页面设置”组中单击“对话框启动器”按钮，❸在打开的“页面设置”对话框的“页边距”选项卡中设置装订线距离为“0.5厘米”，如图16-3所示。

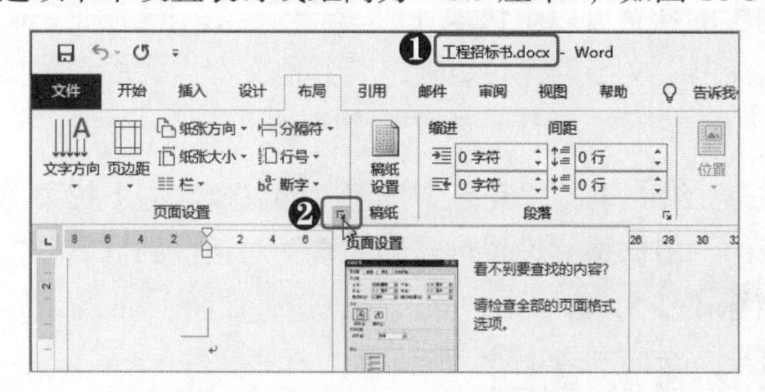

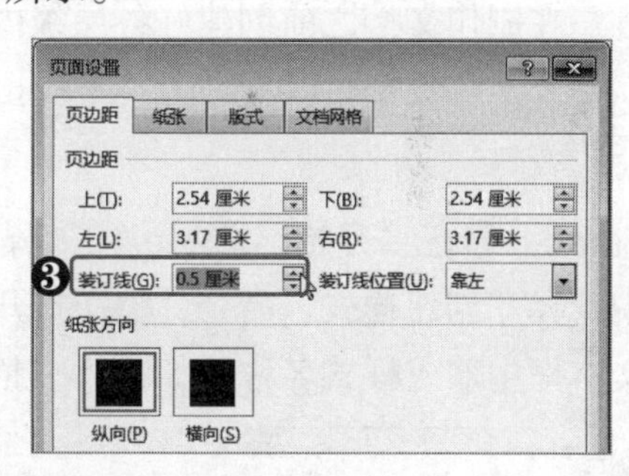

图16-3　设置装订线距离

Step02 ❶单击“版式”选项卡，❷在其中单击“边框”按钮，如图16-4所示。

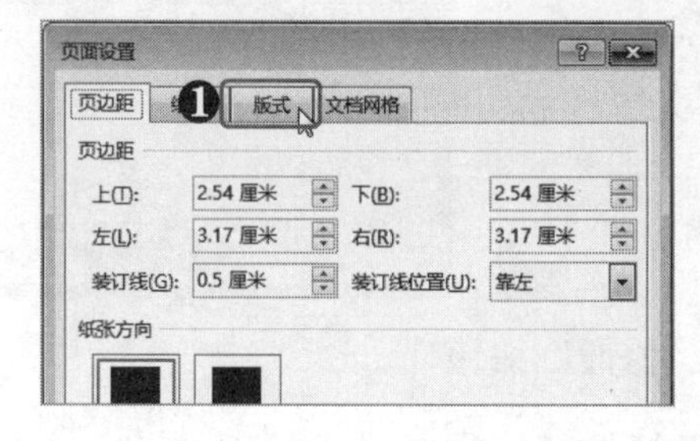

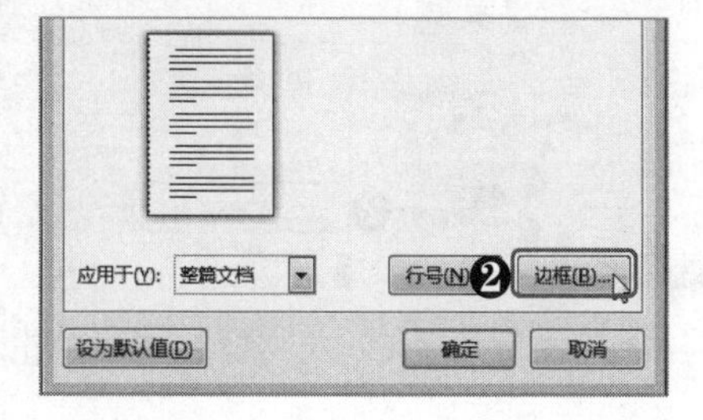

图16-4　单击“边框”按钮

Step03 ❶在打开的“边框和底纹”对话框的“页面边框”选项卡的“设置”栏中选择“自定义”选项，❷在“样式”下拉列表框中选择合适的边框线样式，❸在“宽度”下拉列表框中选择“0.75 磅”选项，❹在“预览”栏中单击“左框线”按钮，❺在“应用于”下拉列表框中选择“本节-除首页外所有页”选项，❻单击“确定”按钮，如图 16-5 所示。

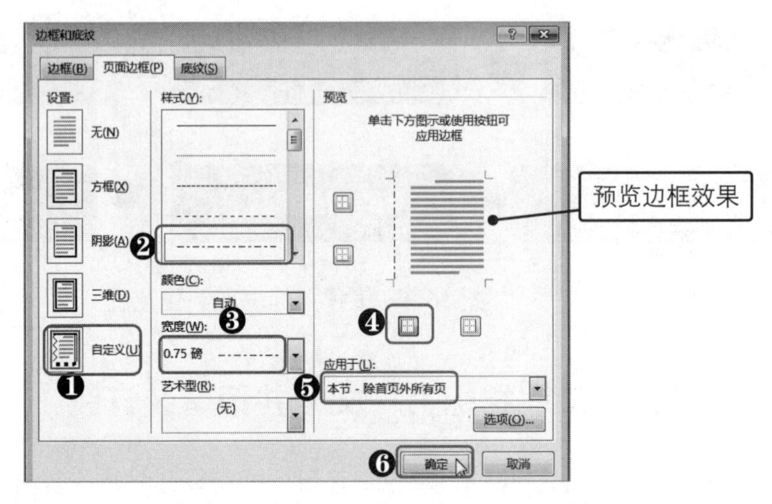

图 16-5　添加左边框线

16.2.2 创建各级标题和其他文本样式

在制作文档之前创建好各层级内容的样式可以更快地完成文档内容的格式设置，从而提升工作效率。以下是为“工程招标书”文档创建各级标题和其他文本样式的具体操作步骤。

Step01 ❶在“开始”选项卡的“样式”组中单击“其他”按钮，❷在弹出的下拉菜单中选择“创建样式”命令，❸在打开的“根据格式设置创建新样式”对话框的“名称”文本框中输入样式名称，如输入“招标-1 级”，❹单击“修改”按钮，如图 16-6 所示。

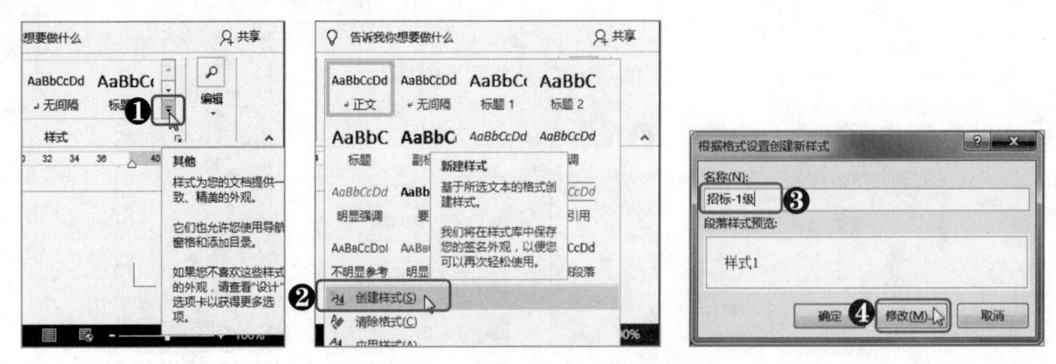

图 16-6　单击“修改”按钮

Step02 ❶在打开的对话框中单击“格式”下拉按钮，❷在弹出的下拉菜单中选择“字体”命令，❸在打开的“字体”对话框中设置中文字体为“黑体”，西文字体为“Arial”，❹在“字形”列表框中选择“常规”选项，❺在“字号”列表框中选择“小四”选项，然后单击“确定”按钮，如图 16-7 所示。

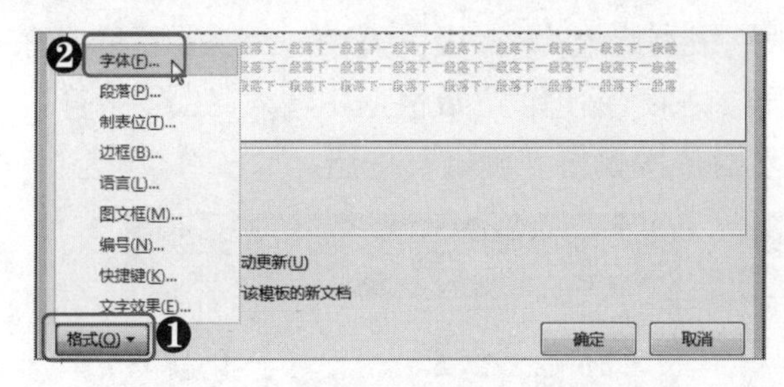

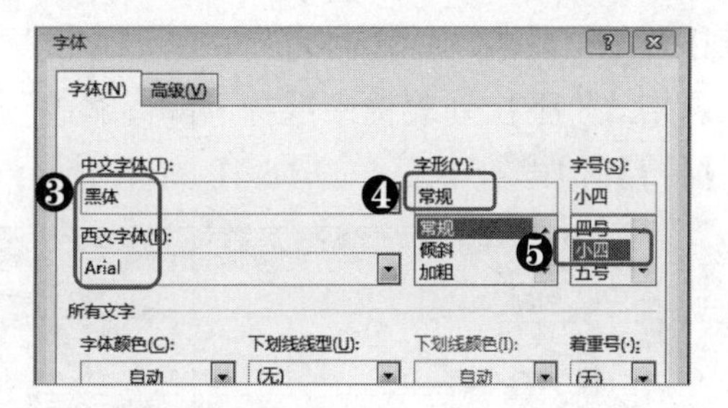

图 16-7　设置“招标-1 级”样式的字体格式

Step03 ❶在返回的对话框中单击“格式”下拉按钮，❷选择“段落”命令，❸在打开的“段落”对话框的“常规”栏中的“对齐方式”下拉列表框中选择“左对齐”选项，❹在“大纲级别”下拉列表框中选择“1 级”选项，❺在“间距”栏中设置段前和段后间距皆为“2 磅”，❻在“行距”下拉列表框中选择“固定值”选项，❼在“设置值”数值框中输入“20 磅”，然后依次单击“确定”按钮，如图 16-8 所示。

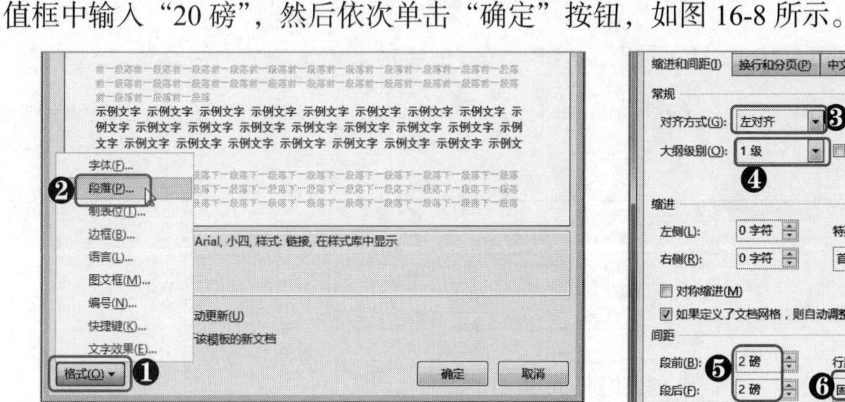

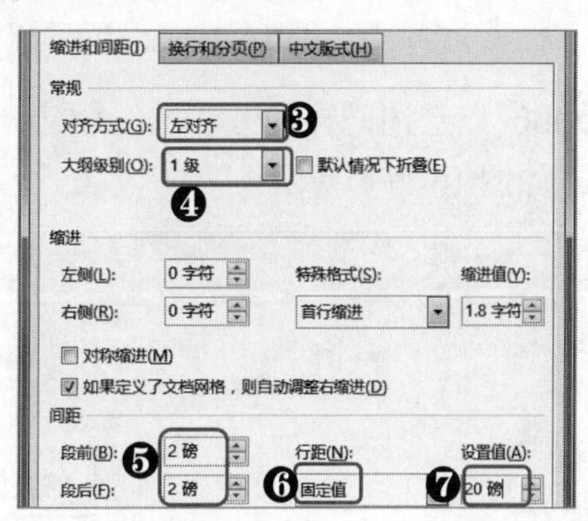

图 16-8　设置“招标-1 级”样式的段落格式

Step04 ❶在“样式”组中单击“其他”按钮并选择“创建样式”命令，❷在打开的“根据格式设置创建新样式”对话框的“名称”文本框中输入样式名称，如输入“招标-2 级”，❸单击“修改”按钮，❹在打开的对话框中单击“格式”下拉按钮，❺在弹出的下拉菜单中选择“字体”命令，如图 16-9 所示。

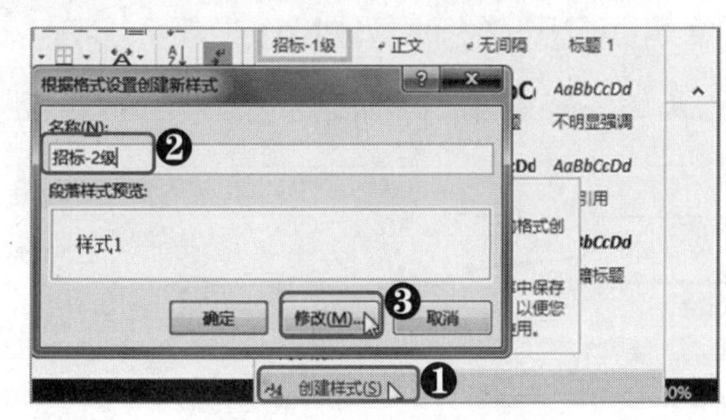

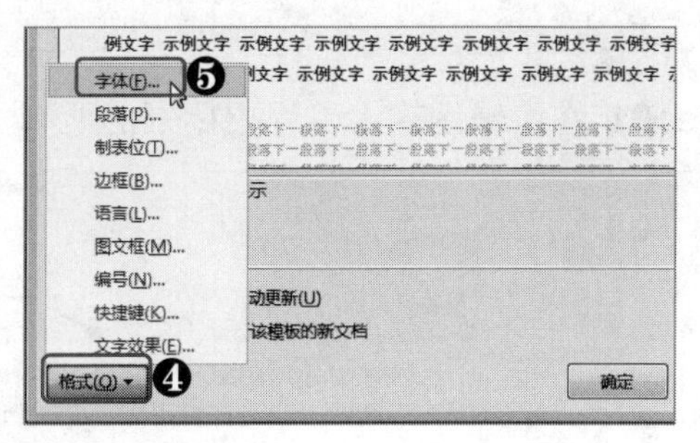

图 16-9　创建“招标-2 级”样式

Step05 ❶在打开的“字体”对话框中设置中文字体和西文字体分别为“宋体”和“Times New Roman”，❷设置字形为“加粗”，字号为“五号”，如16-10左图所示，然后单击“确定”按钮。在返回的对话框中再次单击“格式”下拉按钮，并选择“段落”命令，❸在打开的“段落”对话框的“常规”栏中将大纲级别修改为“2级”，❹在“缩进”栏的“特殊格式”下拉列表框中选择“首行缩进”选项，在“缩进值”数值框中输入“1.24字符”，保持其他设置不变，如16-10右图所示，然后依次单击“确定”按钮。

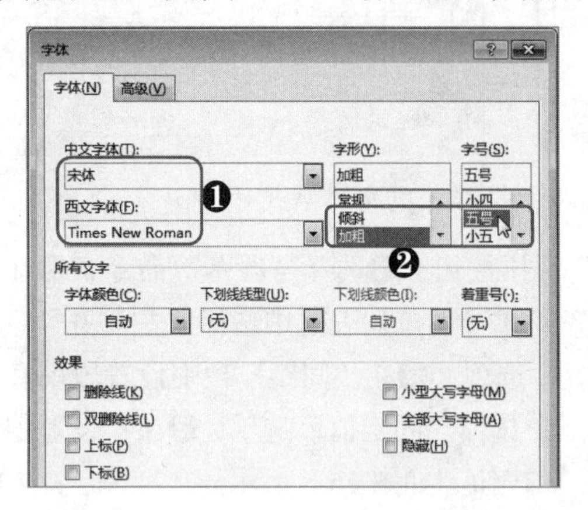

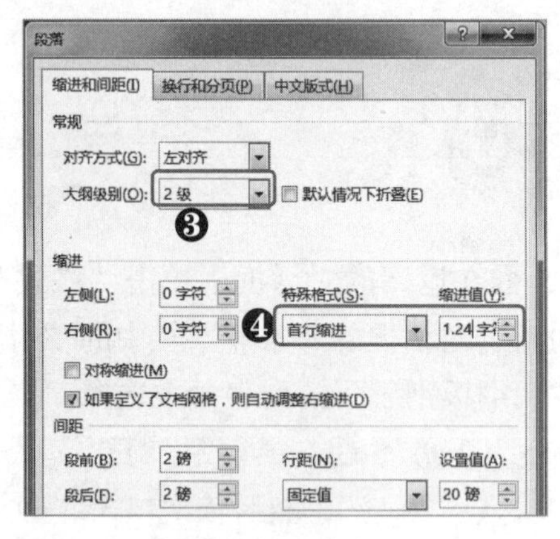

图16-10 设置“招标-2级”样式的字体和段落格式

Step06 以上述同样的方法继续创建“工程招标书”文档需要的样式，如正文和要点样式，如图16-11所示。

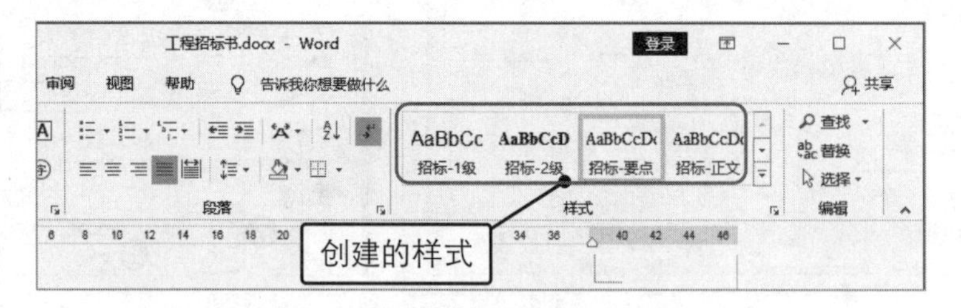

图16-11 创建其余需要的样式

16.2.3 输入招标书内容并应用样式

样式创建完成后便可以将招标书内容输入到文档中，然后为各文本应用合适的样式即可快速完成文本的格式设置。以下是输入文本并应用样式的具体操作步骤。

Step01 在编辑区输入工程招标书的所有文本内容，如图16-12所示。

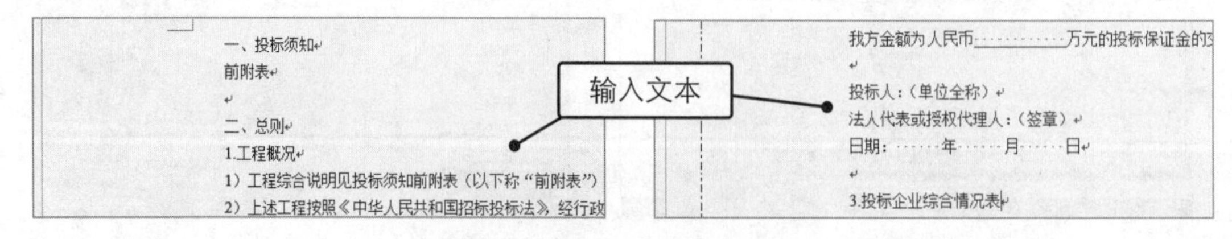

图16-12 输入招标书内容

Step02 ❶选择文档中的 1 级标题文本，❷在“开始”选项卡的“样式”组中选择“招标-1 级”选项即可为所选文本设置相应的格式，❸选择文档中的 2 级标题文本，❹在“样式”组中选择“招标-2 级”选项，如图 16-13 所示。

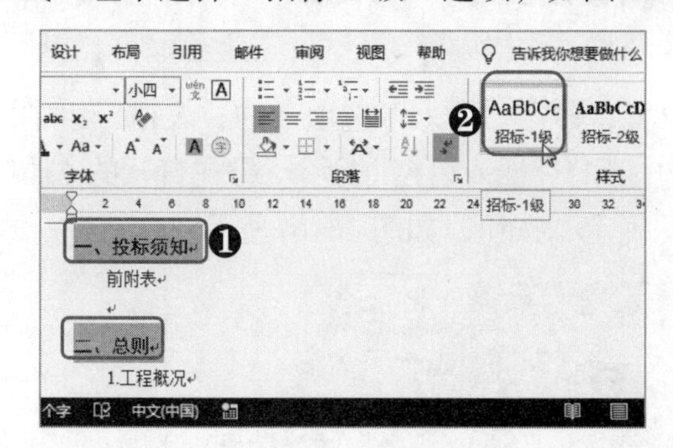

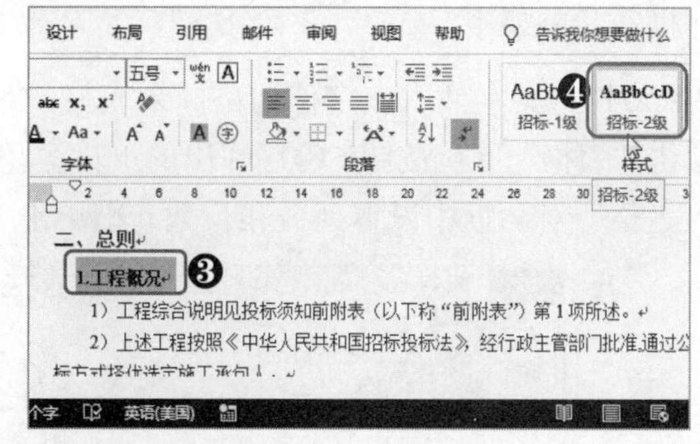

图 16-13　为 1 级和 2 级标题应用样式

Step03 ❶选择文档中的正文文本，❷在“开始”选项卡的“样式”组中选择“招标-正文”选项，❸选择文档中的要点文本，❹在“样式”组中选择“招标-要点”选项，如图 16-14 所示。

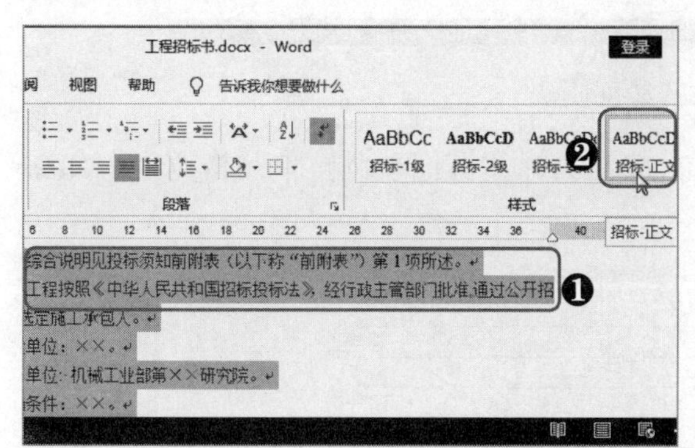

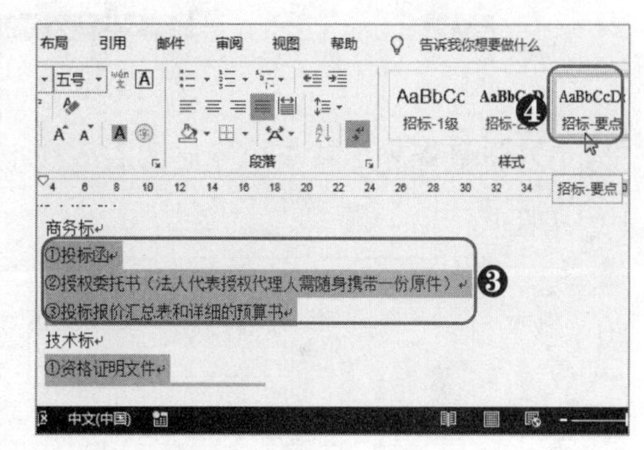

图 16-14　为正文和要点文本应用样式

Step04 以上述方法为工程招标书文档中各文本应用相应的样式。

Step05 在“开始”选项卡中为其余的没有样式可使用的文本设置合适的文本格式，如图 16-15 所示。

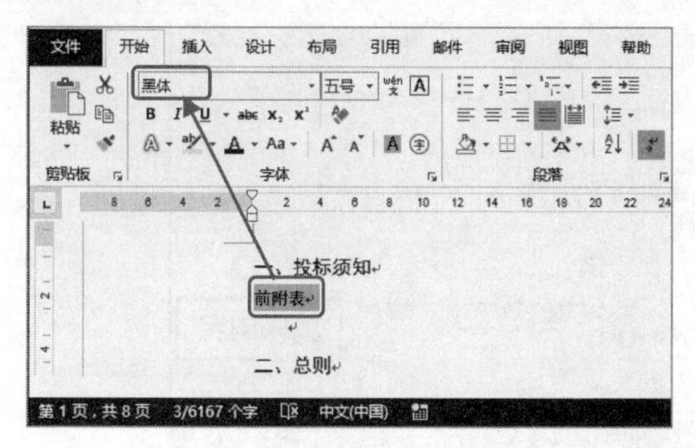

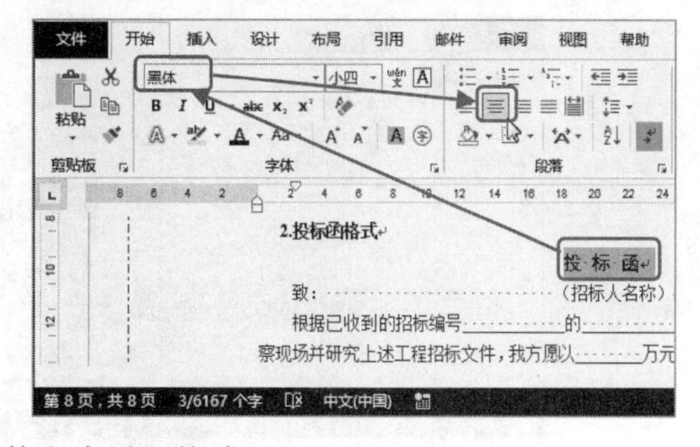

图 16-15　为其他文本设置格式

16.2.4 创建并编辑表格

文本内容输入并编辑完成后，接下来就可以在合适位置插入表格并进行编辑，其具体操作步骤如下。

Step01 将文本插入点定位到待插入表格的位置，❶在“插入”选项卡的“表格”组中单击“表格”下拉按钮，❷在弹出的下拉菜单中选择“插入表格”命令，❸在打开的“插入表格”对话框中设置列数和行数，❹单击“确定”按钮，如图 16-16 所示。

图 16-16 创建前附表

Step02 将鼠标光标移至单元格的右框线上，按住鼠标左键拖动调整单元格宽度，如图 16-17 所示。

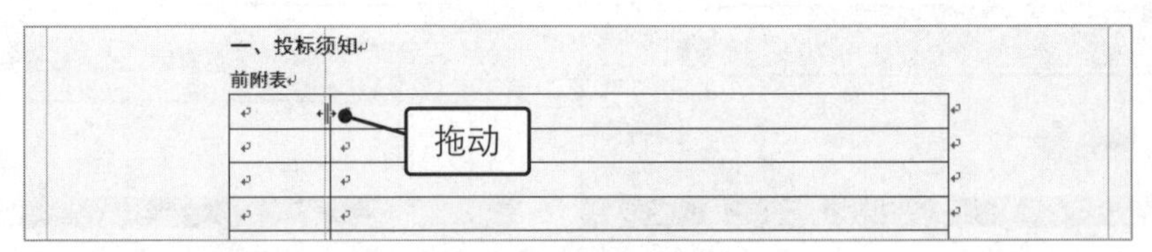

图 16-17 编辑表格结构

Step03 在表格中输入对应的文本内容，❶选择表头行，❷在“开始”选项卡的“字体”组中设置字体格式为“黑体、五号”，❸在“段落”组中单击“居中”按钮，❹单击“底纹”下拉按钮，❺在弹出的下拉菜单中选择合适的颜色，如图 16-18 所示。

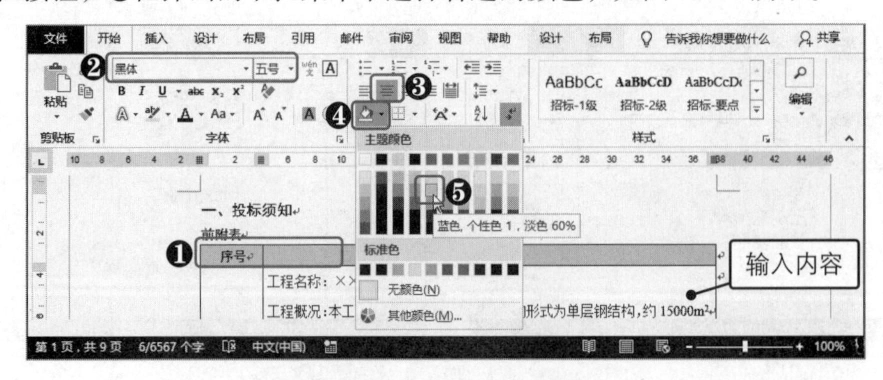

图 16-18 设置表头行的格式

Step04 ❶选择表格所有内容行，❷在“开始”选项卡的“字体”组中单击“对话框启动器”按钮，❸在打开的“字体”对话框中设置合适的字体格式，然后单击“确定”按钮即可，如图 16-19 所示。

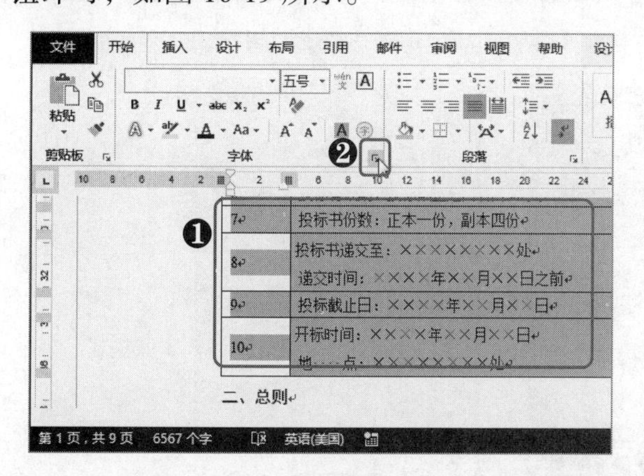

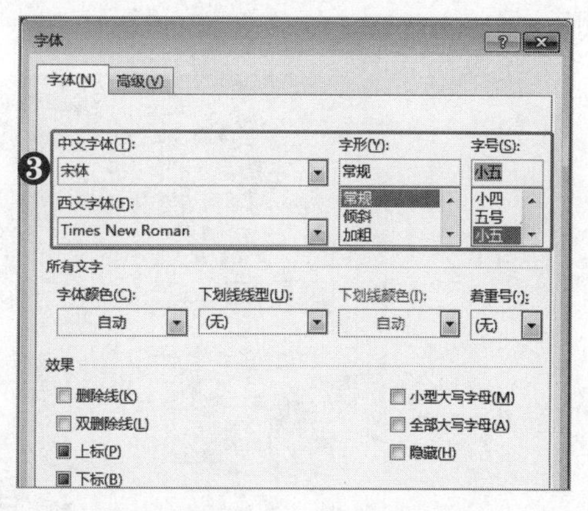

图 16-19　设置表格内容所在行的字体格式

Step05 ❶选择表格中内容行的第 1 列，❷在“段落”组中单击“居中”按钮，如图 16-20 所示。

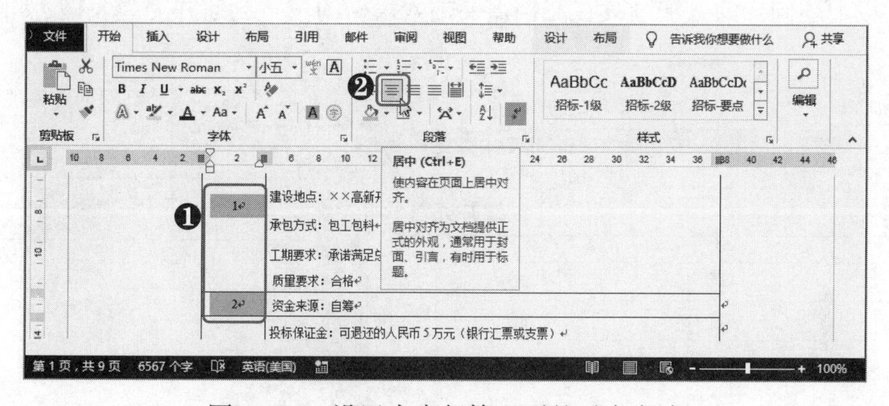

图 16-20　设置内容行第 1 列的对齐方式

Step06 ❶单击表格左上角的全选按钮，❷在表格上右击，并在弹出的快捷菜单中选择“表格属性”命令，如图 16-21 所示。

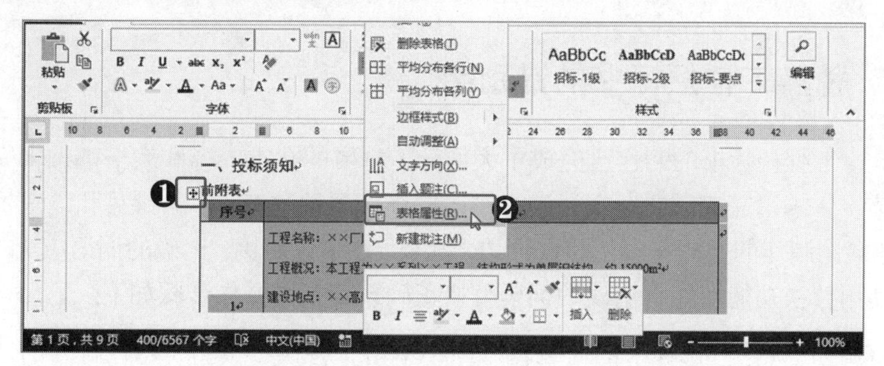

图 16-21　选择“表格属性”命令

Step07 ❶在打开的“表格属性”对话框的“表格”选项卡中的“文字环绕”栏中选择“环绕”选项，❷单击“定位”按钮，❸在打开的“表格定位”对话框的“水平”栏中的“位置”下拉列表框中选择“居中”选项，❹在“距正文”栏中为表格设置合适的间距，❺单击“确定”按钮，如图 16-22 所示。

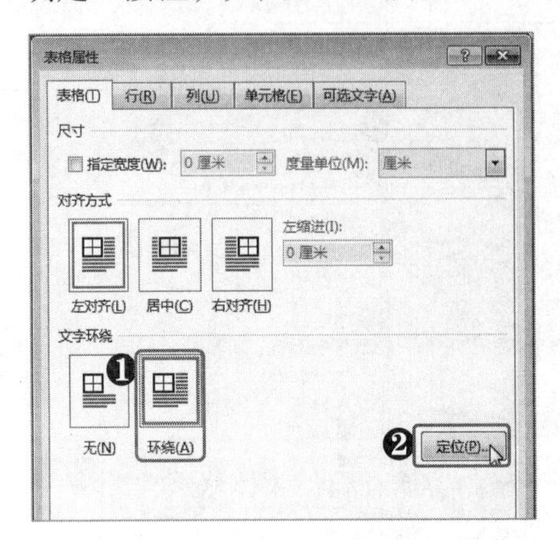

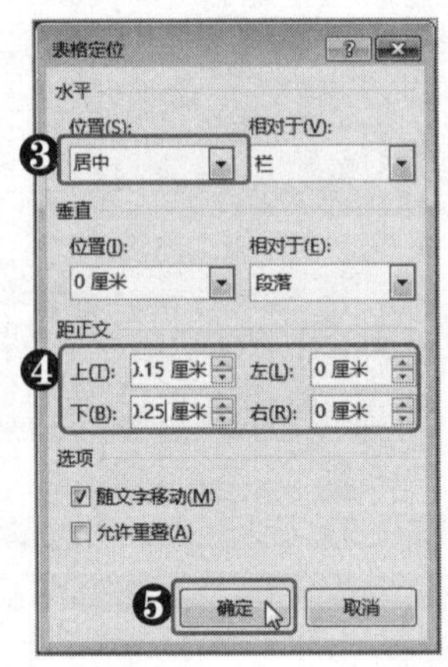

图 16-22　设置表格文字环绕方式

Step08 以上述同样的方法继续在文档需要插入表格的位置创建并完善表格，如图 16-23 所示。

1.投标报价汇总表

项目	材料制作费	安装费	包装运输费	其它	合计
钢结构					
围护（屋面及墙面）					

总报价	
工期	
质保期	
优惠条件	

创建并完善

3.投标企业综合情况表

企业名称		法人代表	
技术负责人		资质等级	
经营范围		安全资质	
企业组建时间		企业性质	
电话		企业邮编	
企业地址		开户银行	
企业人员	企业总人数……… 在册工程技术人员…… 其中：	累计施工总面积：…… 目前在施工工程面积：… 迄今已竣工工程面积：	

图 16-23　创建并完善其余表格

16.2.5 替换工程招标书的错别字

到此，工程招标书的制作已完成了大部分，主要的文本内容和表格都编辑完成。为了减少错误，编辑完成后要对文档进行错误检查。而经过 Word 的拼写和语法检查功能发现，本案例制作的文档有一个错误词语“看查”在多处使用，正确的词语应为“勘察”，此时可使用替换功能快速将错误的词语替换正确，其具体操作步骤如下。

Step01 ❶在“开始”选项卡的“编辑”组中单击“替换”按钮，❷在打开的“查找和替换”对话框的“替换”选项卡中的“查找内容”文本框输入错误的词语，这里输入“看查”，❸在“替换为”文本框中输入要替换的词语，如输入“勘察”，❹单击“全部替换”按钮，❺在打开的提示对话框中单击“确定”按钮，然后单击“关闭”按钮关闭对话框即可，如图 16-24 所示。

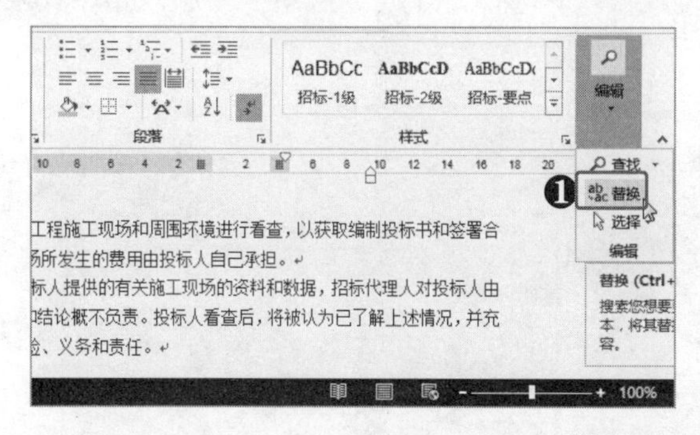

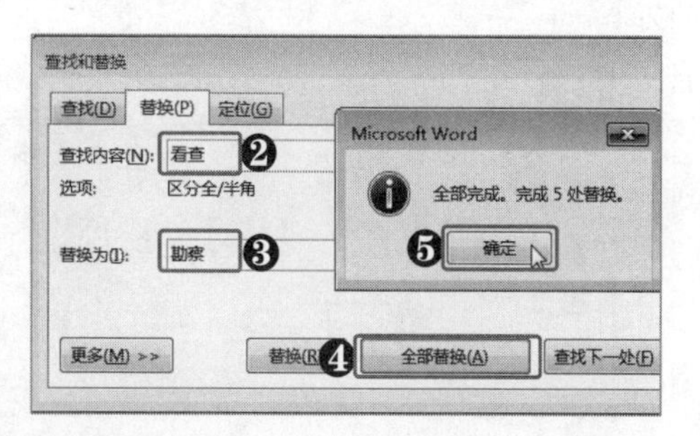

图 16-24　将错误文本替换为正确文本

Step02 执行上述操作后，文档中所有的“看查”都被替换为“勘察”，如图 16-25 所示。

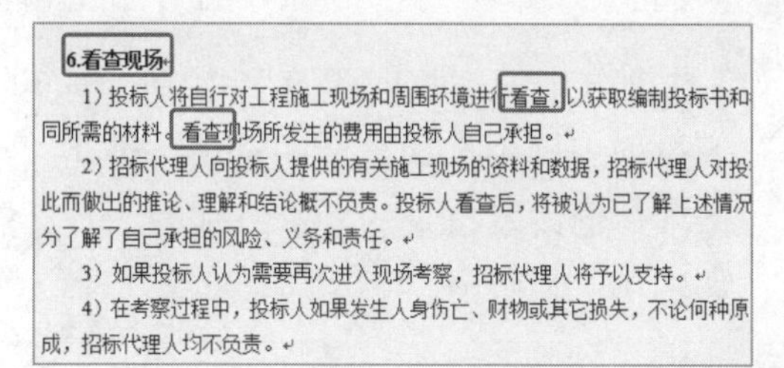

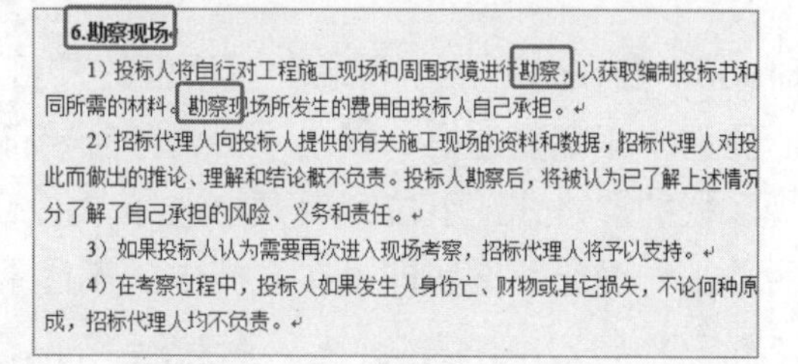

图 16-25　替换前后的对比效果

16.2.6 创建并编辑目录

目录是文档的索引，为文档添加目录可以方便用户快速定位到需要查找的内容。目录也是文档整体结构的概述，可以让用户快速了解文档涉及的内容。以下是为工程招标书添加目录的具体操作步骤。

Step01 ❶将文本插入点定位到文档起始位置，❷在“布局”选项卡的“页面设置”组中单击“分隔符”下拉按钮，❸在弹出的下拉菜单的“分页符”栏中选择“分页符”选项即可在文档前插入一页空白页，如图 16-26 所示。

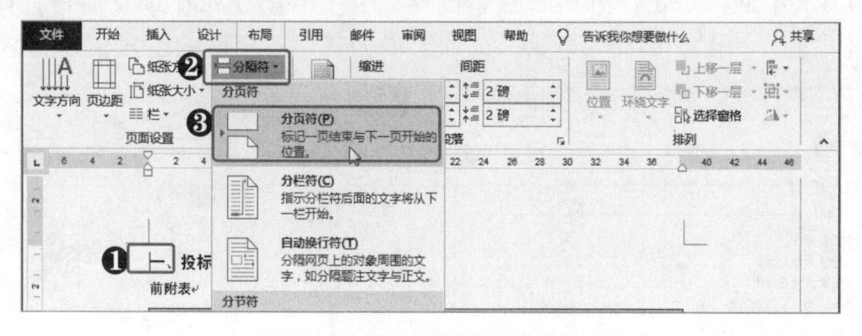

图 16-26　在文档前插入空白页

Step02 ❶将文本插入点定位到空白页的分页符之前，❷在“引用”选项卡的“目录”组中单击“目录”下拉按钮，❸在弹出的下拉菜单中选择“自定义目录”命令，如图 16-27 所示。

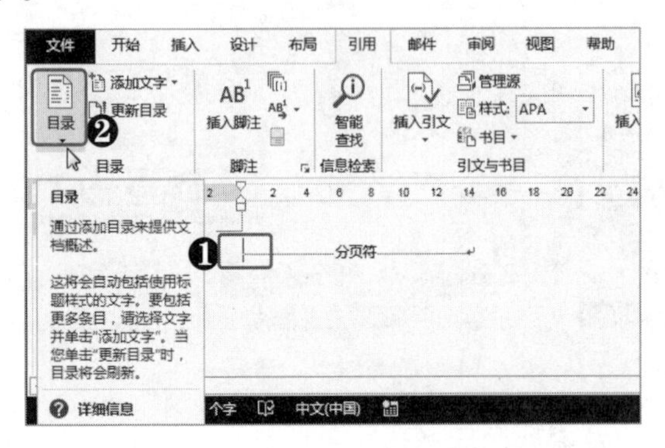

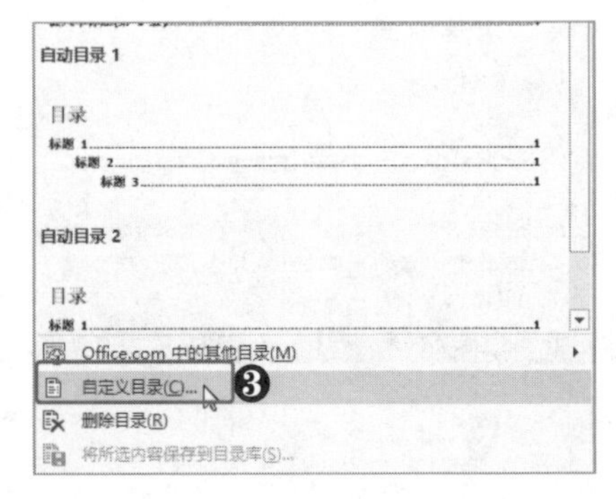

图 16-27　选择“自定义目录”命令

Step03 ❶在打开的“目录”对话框的“目录”选项卡中的“打印预览”栏中根据实际需要选中相应复选框，❷在“制表符前导符”下拉列表框中选择合适的选项，❸在“常规”栏的“格式”下拉列表框中选择“正式”选项，❹设置目录的显示级别为“2”，然后单击“确定”按钮即可在文档中插入目录，如图 16-28 所示。

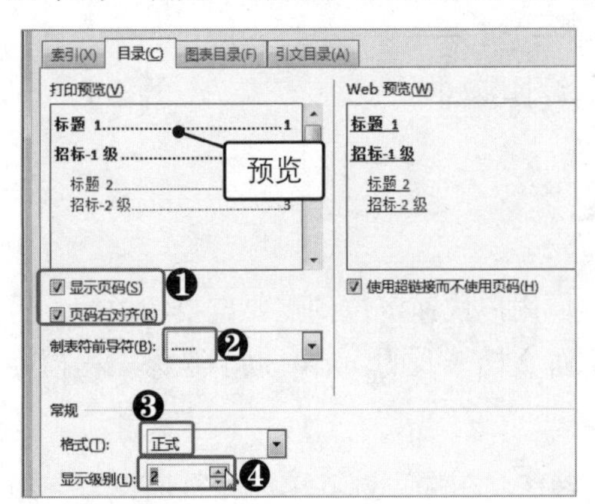

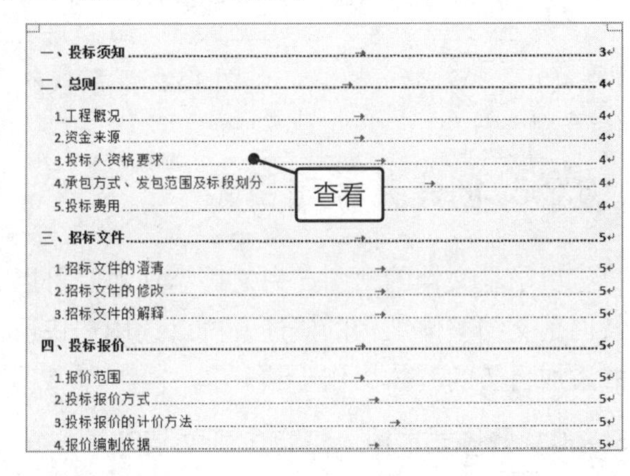

图 16-28　插入目录

Step04 ❶将文本插入点定位到目录起始位置，按【Enter】键添加空白行，❷在空白行中输入文本“目　录”，❸在“开始”选项卡中为其设置合适的格式，如图 16-29 所示。

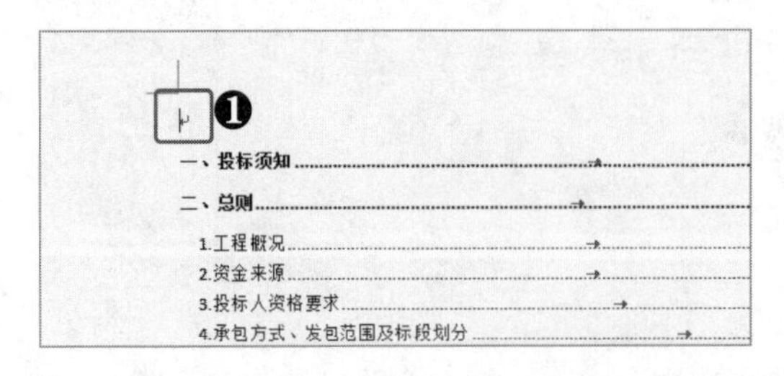

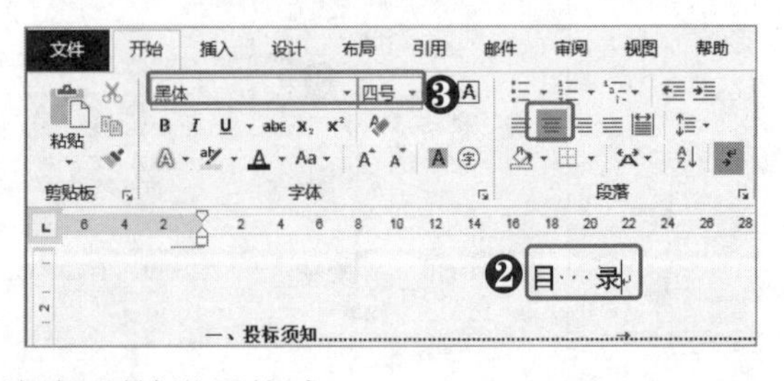

图 16-29　为目录添加标题并设置格式

16.2.7 制作工程招标书封面

完整的工程招标书还需要一个美观的封面，可以让文档更为正式。以下是为工程招标书制作封面的具体操作步骤。

Step01 ❶通过分页符在文档前插入一页空白页，❷在“插入”选项卡的“插图”组中单击“形状”下拉按钮，❸在弹出的下拉菜单中选择“矩形”选项，如图16-30所示。

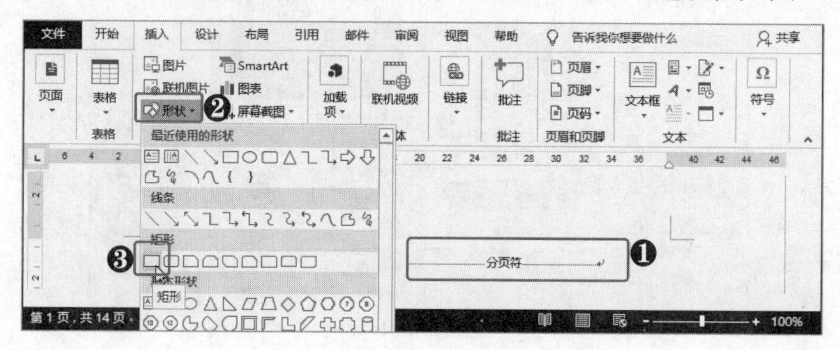

图16-30 选择“矩形”选项

Step02 ❶在封面中绘制一个与页面宽度相等的矩形，❷拖动矩形底边中心的控制点调整矩形大小，使其与文档的页面大小完全相等，如图16-31所示。

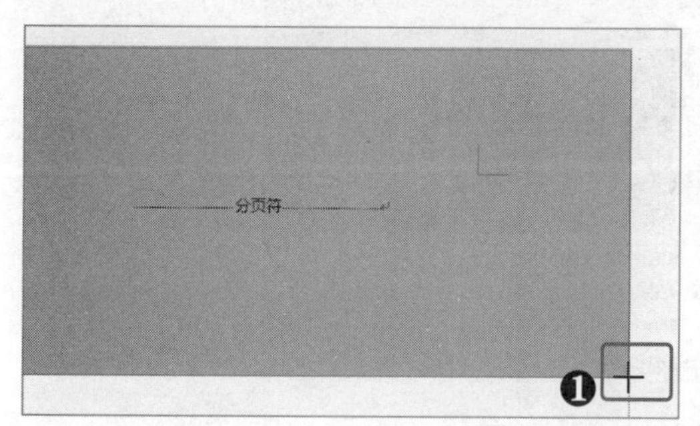
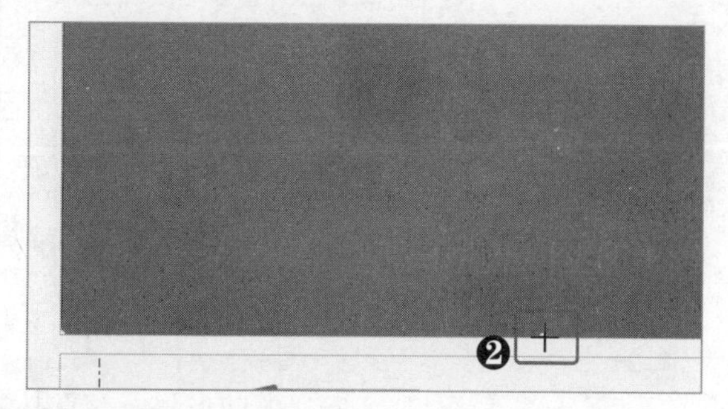

图16-31 绘制矩形并使其与页面重合

Step03 ❶在“绘图工具 格式”选项卡的“形状样式”组中单击“形状填充”下拉按钮，❷在弹出的下拉菜单中选择“渐变”命令，❸在其子菜单中选择“其他渐变”命令，如图16-32所示。

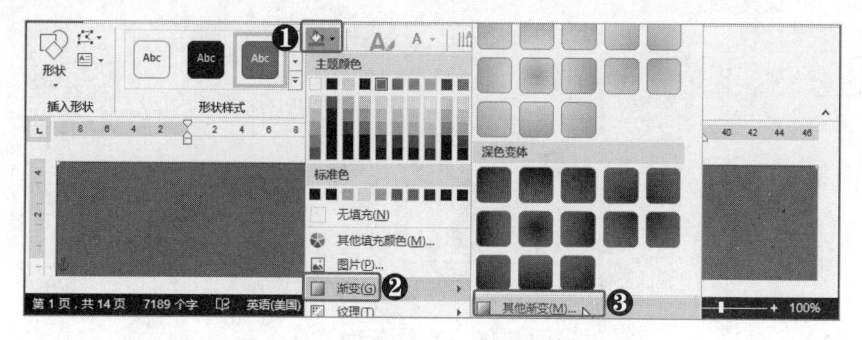

图16-32 选择“其他渐变”命令

Step04 ❶在打开的“设置形状格式”窗格的“渐变光圈”栏中选择左侧的渐变光圈，❷在“颜色”下拉菜单中选择“其他颜色”命令，❸在打开的“颜色”对话框的“自定义”选项卡中设置合适的颜色，❹单击“确定”按钮，如图 16-33 所示。

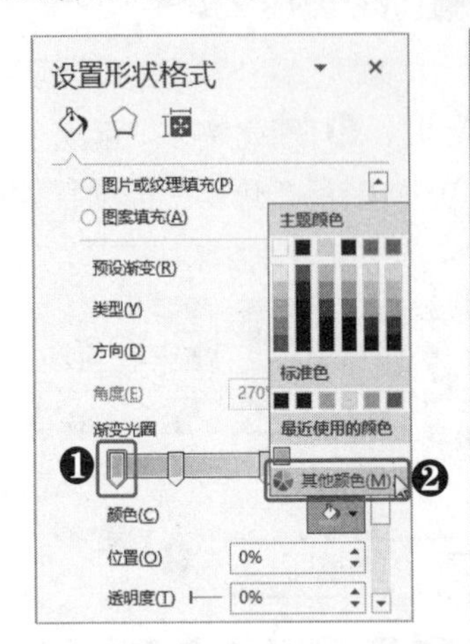

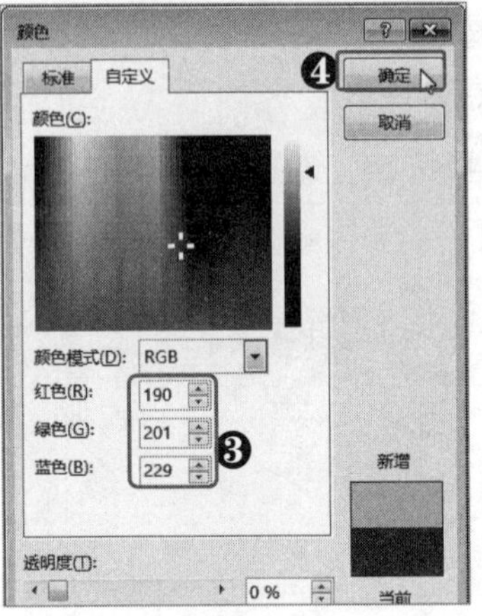

图 16-33　设置第 1 个渐变光圈颜色

Step05 以同样的方法设置第 2 个和第 3 个渐变光圈的颜色，如图 16-34 所示。

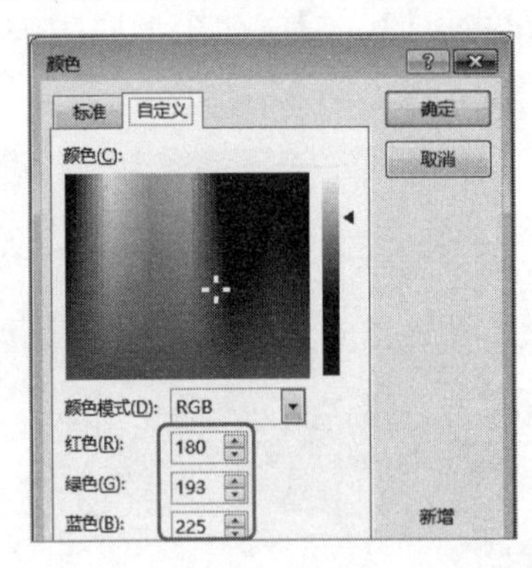

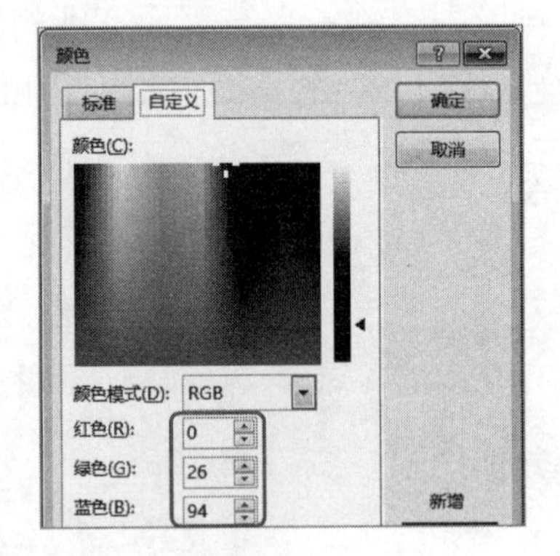

图 16-34　设置其余渐变光圈颜色

Step06 ❶在“类型”下拉列表框中选择“线性”选项，❷单击“方向”下拉按钮，❸选择“线性向下”选项，❹设置角度为“100°”，如图 16-35 所示。

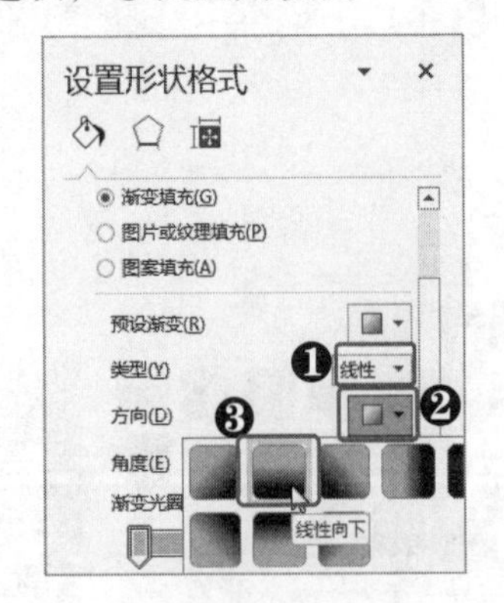

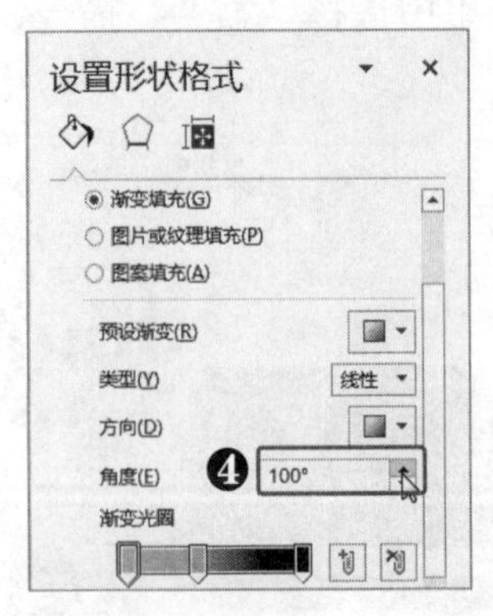

图 16-35　调整渐变格式

Step07 ❶在矩形上右击，并在弹出的快捷菜单中选择“置于底层”命令，❷在“绘图工具 格式”选项卡的“插入形状”组中单击“形状”下拉按钮，❸选择“矩形”选项，❹在封面合适的位置绘制一个较小的矩形，如图 16-36 所示。

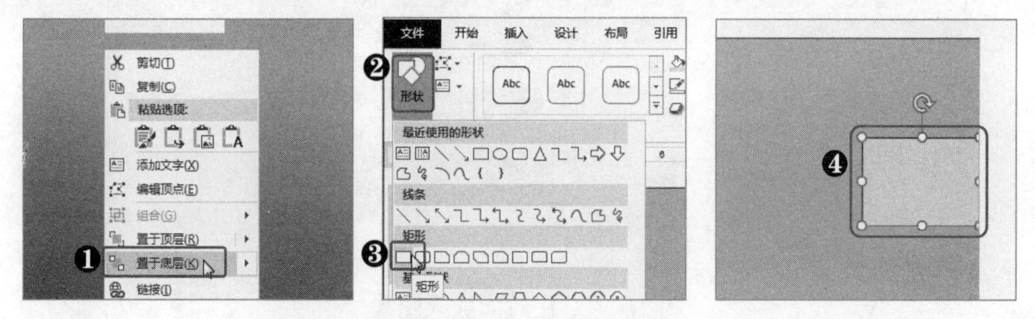

图 16-36　继续绘制矩形

Step08 ❶按住【Ctrl】键不放，拖动刚绘制的小矩形即可复制一个相同的矩形，❷调整复制的矩形宽度，如图 16-37 所示。

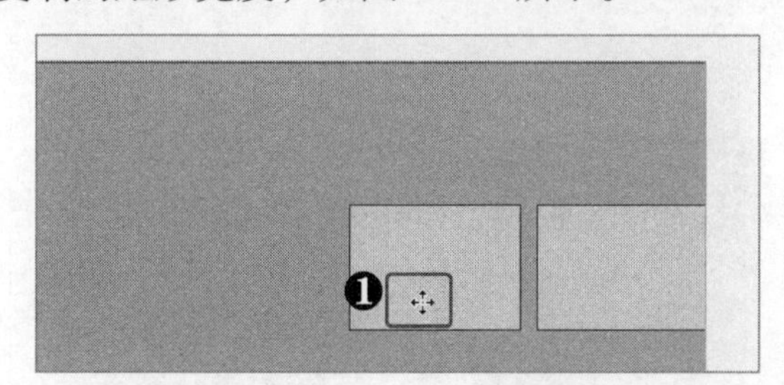
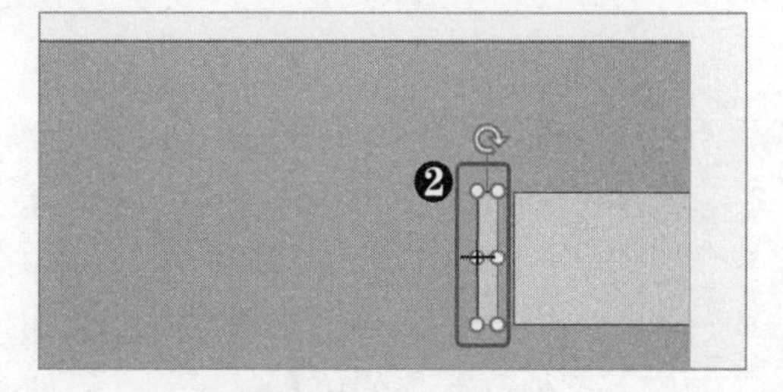

图 16-37　复制矩形并调整宽度

Step09 ❶选择所有矩形，❷在“形状样式”组中单击“形状轮廓”下拉按钮，❸在弹出的下拉菜单中选择“无轮廓”选项，如图 16-38 所示。

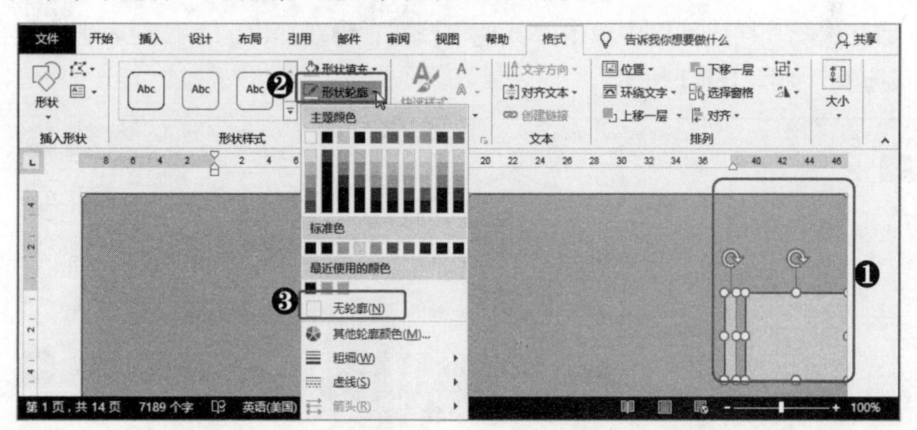

图 16-38　取消形状轮廓

Step10 ❶在“插入”选项卡的“插图”组中单击“图片”按钮，❷在打开的“插入图片”对话框中选择需要的图片，❸单击“插入”按钮，如图 16-39 所示。

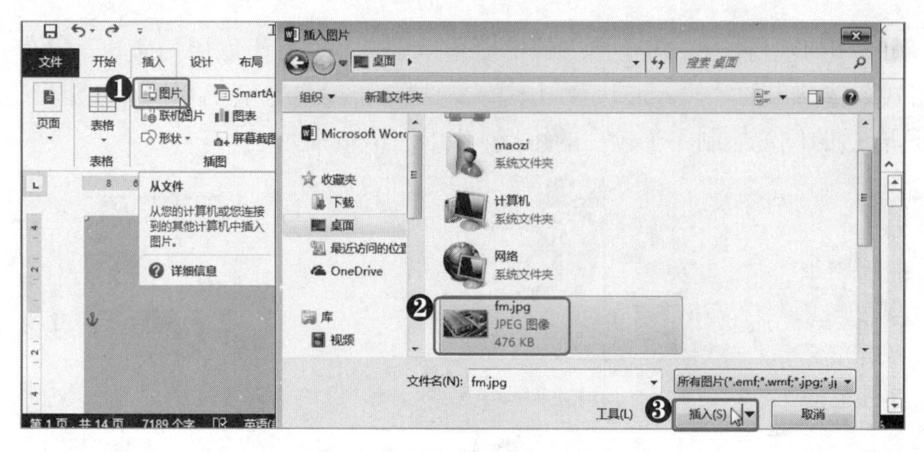

图 16-39　在封面插入图片

Step11 ❶在“图片工具 格式”选项卡的“排列”组中单击“环绕文字”下拉按钮，❷在弹出的下拉菜单中选择“浮于文字上方”选项，❸调整图片的大小和位置，如图 16-40 所示。

图 16-40　设置图片的环绕方式并调整图片大小和位置

Step12 ❶在“图片样式”组中单击“其他”按钮，❷在弹出的下拉列表中选择合适的图片样式选项，如图 16-41 所示。

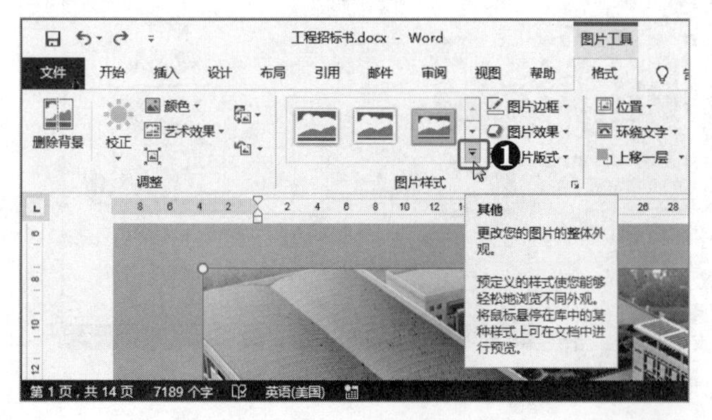

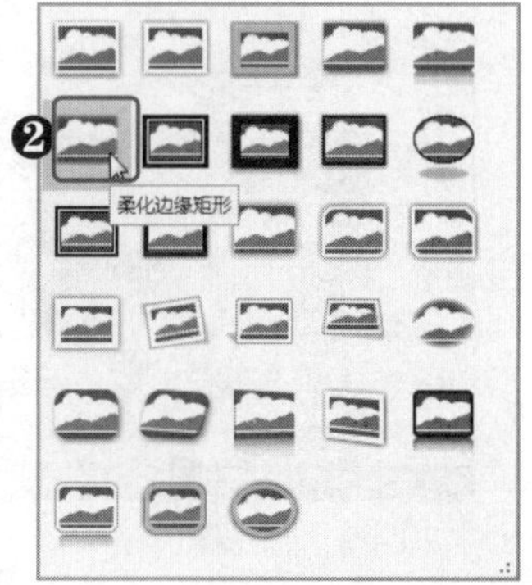

图 16-41　为图片应用样式

Step13 ❶在“插入”选项卡的“文本”组中单击“文本框”下拉按钮，❷在弹出的下拉菜单中选择“绘制横排文本框”选项，❸在封面合适位置绘制一个大小合适的文本框，如图 16-42 所示。

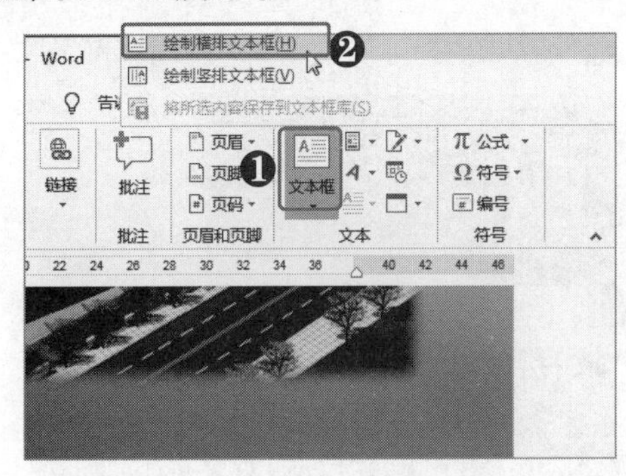

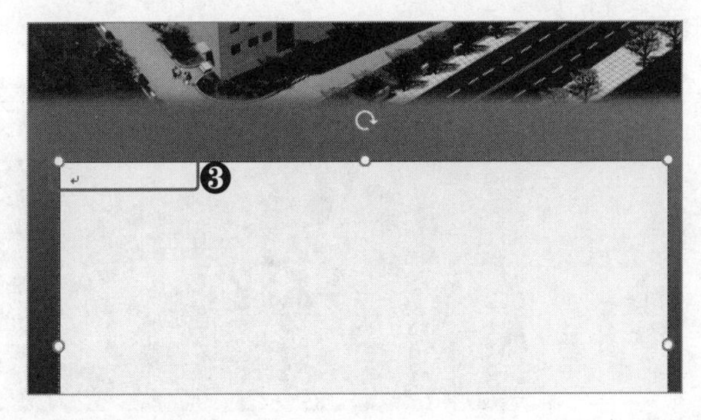

图 16-42　绘制文本框

Step14 ❶在文本框中输入文本，❷在“绘图工具 格式”选项卡的“形状样式”组中单击“形状填充”下拉按钮，❸选择“无填充”选项，❹单击“形状轮廓”下拉按钮，❺选择“无轮廓”选项，如图 16-43 所示。

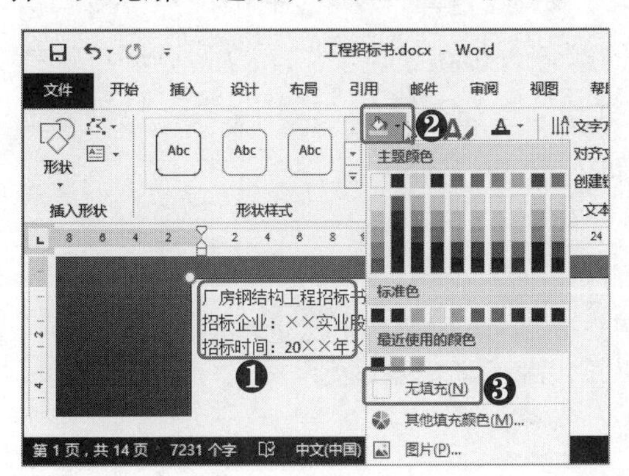

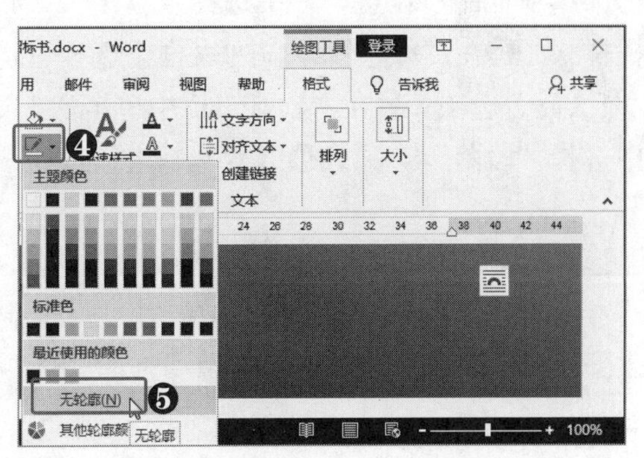

图 16-43　取消文本框的轮廓

Step15 选择文本框的第一段文本内容，❶在“开始”选项卡的“字体”组中设置字体为“黑体”，字号为“48”，❷单击“加粗”按钮，❸单击“字体颜色”下拉按钮，❹在弹出的下拉菜单中选择合适的颜色选项，如图 16-44 所示。

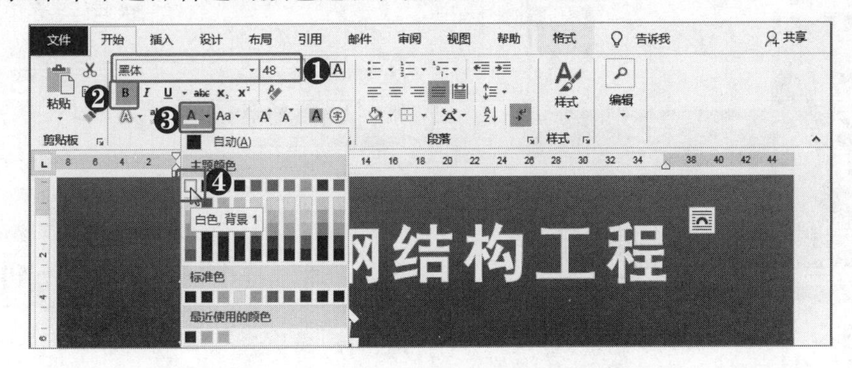

图 16-44　设置封面标题的文本格式

Step16 由于标题内容太长，而文本框宽度不够，就需要以两行显示，此时可以在第一行末尾添加手动换行符（将文本插入点定位到行尾，按【Shift+Enter】组合键即可），以保证两行文本的字体间距统一。然后继续为文本框中其余文本设置合适的文本格式，如图 16-45 所示。

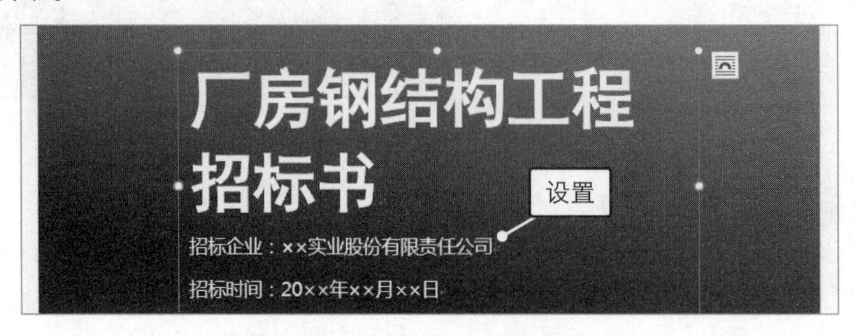

图 16-45　设置其余文本的格式

Step17 选择文本框，❶在“开始”选项卡的“段落”组中单击“边框”下拉按钮，❷在弹出的下拉菜单中选择“边框和底纹”命令，❸在打开的“边框和底纹”对话框的“边框”选项卡的“设置”栏中选择“自定义”选项，❹在“样式”列表框中选择合适的边框样式，❺在“颜色”下拉列表框中选择合适的颜色，❻在“宽度”下拉列表框中选择“1.5 磅”选项，❼在“预览”栏中单击“上边框线”按钮，❽在“应用于”下拉列表框中选择“段落”选项，❾单击“确定”按钮，如图 16-46 所示。

提个醒：巧妙使用线条增加美感

此步骤中为文本框添加上边框线是为了让封面更加美观。如果觉得操作太过繁琐，也可以通过绘制矩形，并调整矩形高度和宽度来达到线条的效果，且比添加边框线更为方便快捷，还可以任意移动位置（可参考本书第 15 章的案例）。

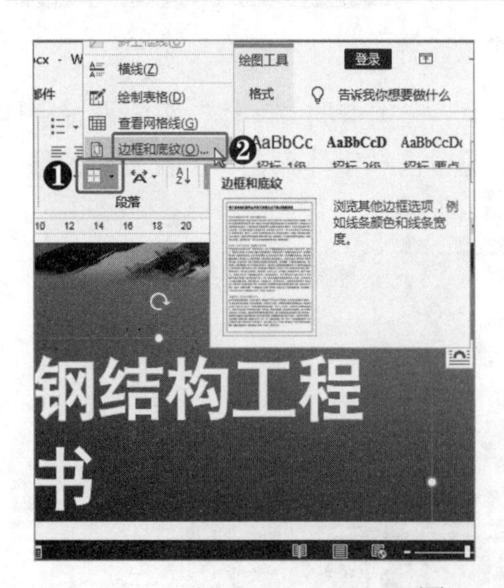

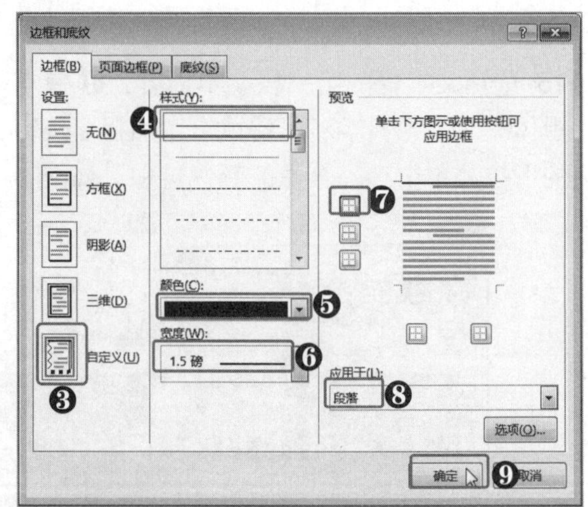

图 16-46　添加上边框线

Step18 通过上述一系列操作，封面的制作也就完成了。如图 16-47 所示为封面的部分效果。

图 16-47 封面部分效果

16.2.8 为招标书内容页添加页眉和页脚

页眉和页脚除了能够附加文档信息，如标题和页码等，对文档的美化也起到至关重要的作用。下面在工程招标书的页眉和页脚分别添加文档标题文本和页码，并通过在页眉和页脚中添加一些图形对象来美化文档，具体操作步骤如下。

Step01 在文档任意内容页面（即除首页外的所有页面）顶端双击，进入页眉和页脚编辑状态，❶在“页眉和页脚 设计”选项卡的“选项”组中选中“首页不同”复选框，❷选择页眉中的段落标记，❸在“开始”选项卡的“段落”组中单击“边框”下拉按钮，❹选择“无框线”选项，如图 16-48 所示。

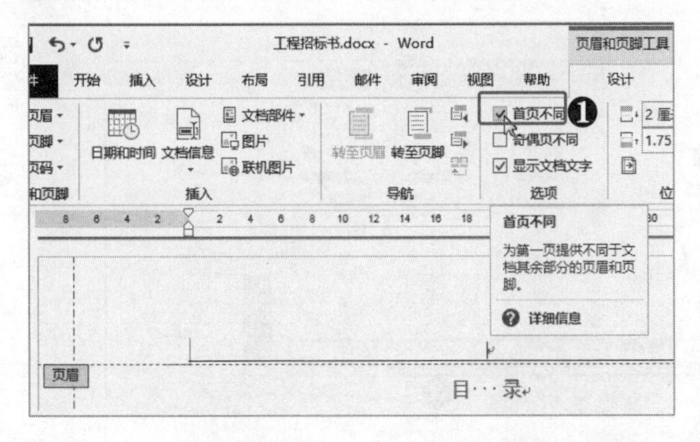

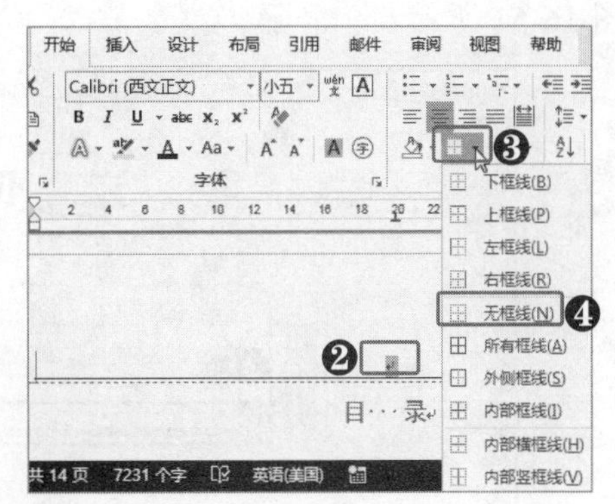

图 16-48 删除页眉横线

Step02 ❶在页眉输入文档标题，这里输入“厂房钢结构工程招标书”，❷在“页眉和页脚工具 设计”选项卡的“位置”组中设置页眉顶端距离为“1.5 厘米”，如图 16-49 所示。

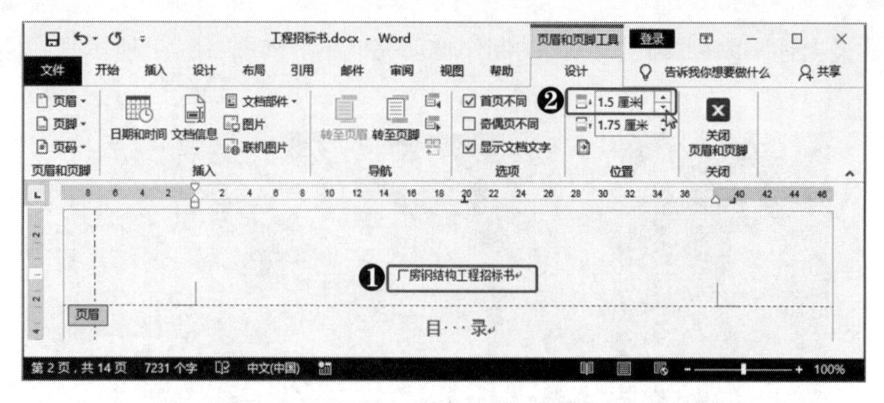

图 16-49　输入页眉内容并设置页眉与顶端的距离

Step03 ❶在“插入”选项卡的“插图”组中单击“形状”下拉按钮，❷选择“矩形”选项，❸在页眉合适位置绘制大小适中的矩形，如图 16-50 所示。

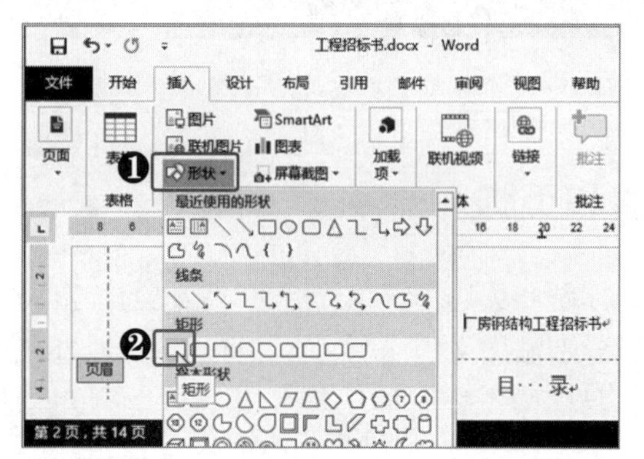

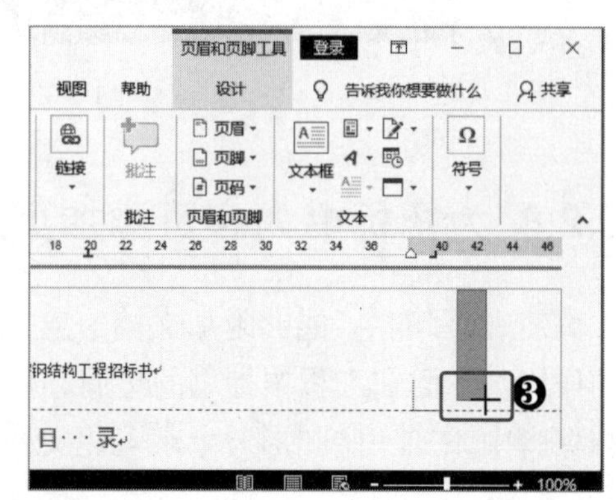

图 16-50　在页眉插入矩形

Step04 ❶在“绘图工具 格式”选项卡中为形状设置合适的颜色，并取消形状的轮廓，❷复制该形状，并将其移至合适的位置，❸再次复制该形状，并调整其大小和位置，如图 16-51 所示。

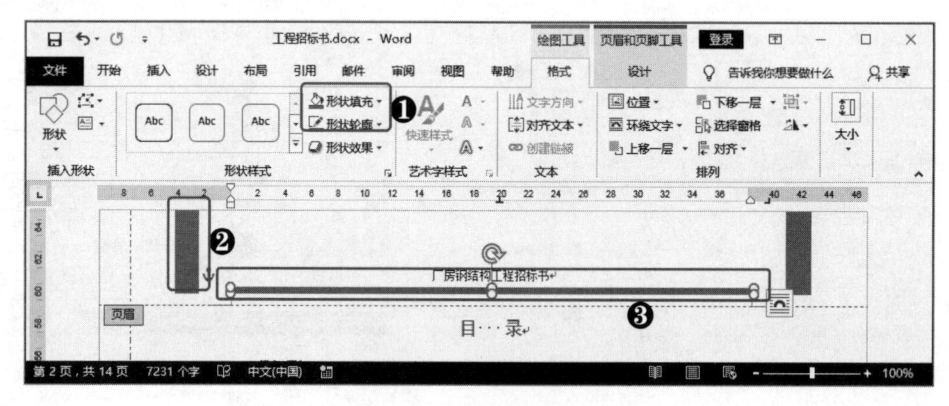

图 16-51　在页眉插入矩形

Step05 ❶在“插入”选项卡的“页眉和页脚”组中单击“页码”下拉按钮，❷在弹出的下拉菜单中选择“页面底端”命令，❸在其子菜单中选择合适的页码样式，如图 16-52 所示。

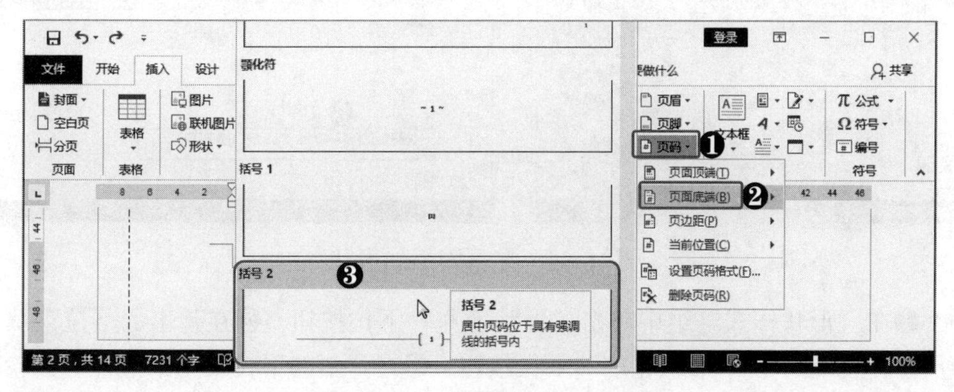

图 16-52　在页脚插入页码

Step06 ❶在“页眉和页脚”组中单击“页码”下拉按钮，❷在弹出的下拉菜单中选择“设置页码格式”命令，❸在打开的“页码格式”对话框的“页码编号”栏中选中“起始页码”单选按钮，❹在其右侧数值框中输入“0”，❺单击“确定”按钮，如图 16-53 所示。

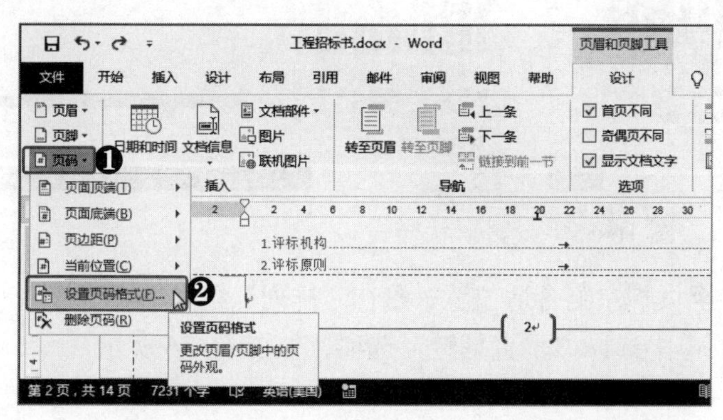

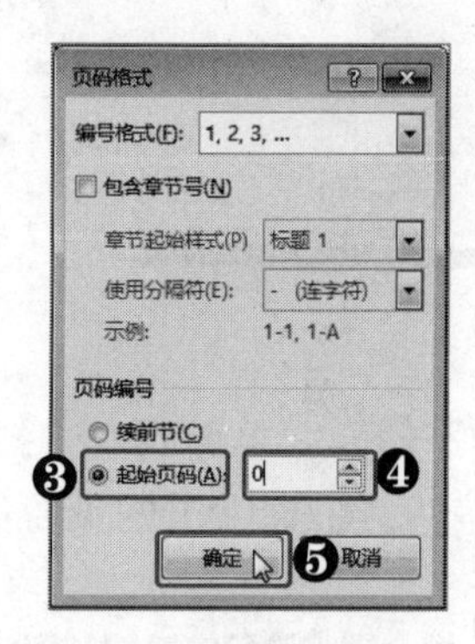

图 16-53　设置起始页码

提个醒：起始页码从 0 开始的原因

由于工程招标书添加了封面，但文档制作过程中并没有将封面和文档内容分为不同的节。因此，添加页码时封面也会占用页码编号，从而导致文档内容部分的页码实际上是从 2 开始的。所以，这里将页码设置为从 0 开始编号。

Step07 ❶在“插入”选项卡的“插图”组中单击“形状”下拉按钮，❷在弹出的下拉菜单中选择“平行四边形”选项，❸在页脚合适的位置绘制一个平行四边形，❹在“绘图工具 格式”选项卡的“大小”组中设置其高度和宽度，如图 16-54 所示。

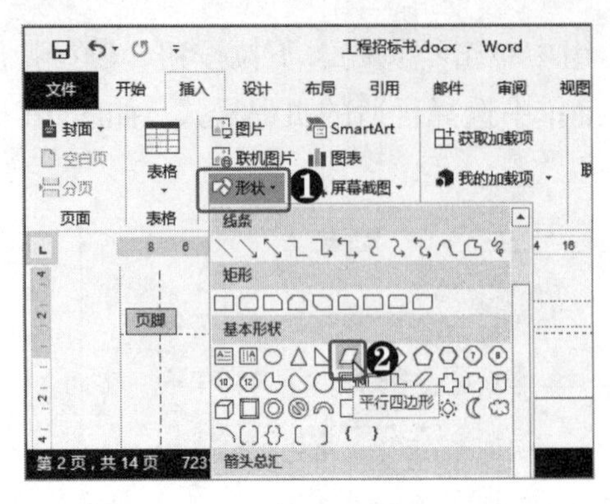
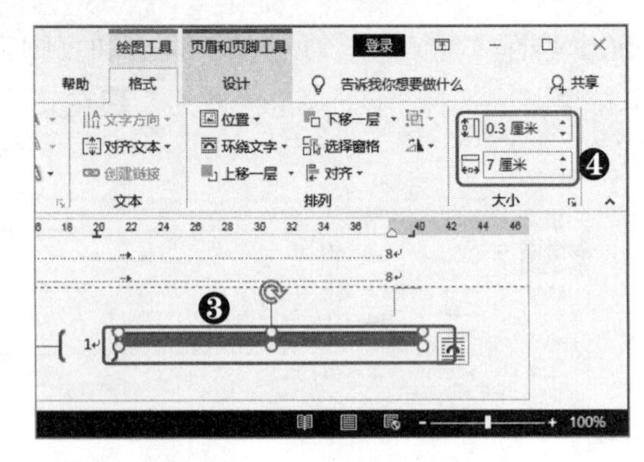

图 16-54　在页脚添加形状

Step08 ❶在“形状样式”组中单击“形状填充”下拉按钮，❷在弹出的下拉菜单中选择合适的颜色，❸单击“形状轮廓”下拉按钮，❹在弹出的下拉菜单中选择“无轮廓”选项，如图 16-55 所示。

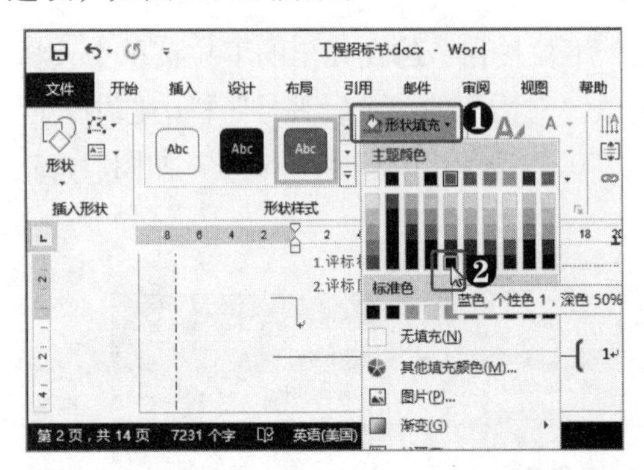
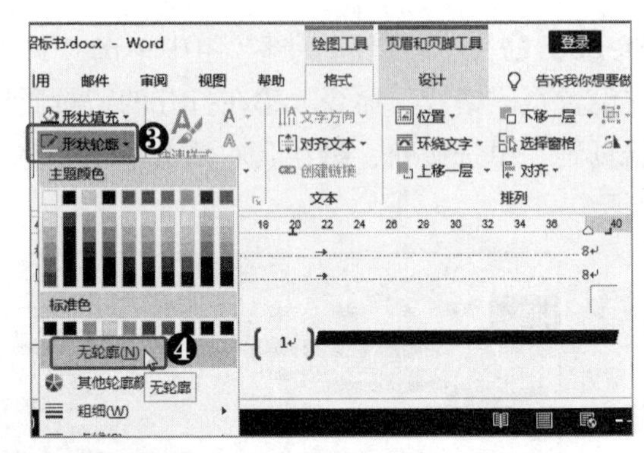

图 16-55　设置形状样式

Step09 ❶复制该形状，并移至页脚左侧合适位置，❷在“排列”组中单击“旋转对象”下拉按钮，❸在弹出的下拉菜单中选择“垂直翻转”选项，如图 16-56 所示。

提个醒：使用旋转控制柄旋转对象

选择需要旋转的对象后，其上方会出现一个旋转控制柄，将鼠标光标移至该控制柄上，待鼠标光标变为形状时，按住鼠标左键拖动即可任意旋转形状。

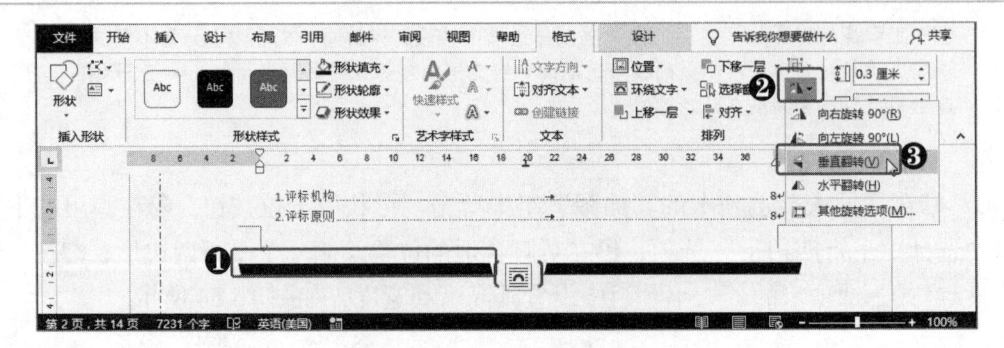

图 16-56　复制并旋转形状

Step10 到此，页眉和页脚就编辑完成了，在“页眉和页脚工具 格式”选项卡的“关闭”组中单击“关闭页眉和页脚”按钮即可，如图 16-57 所示。

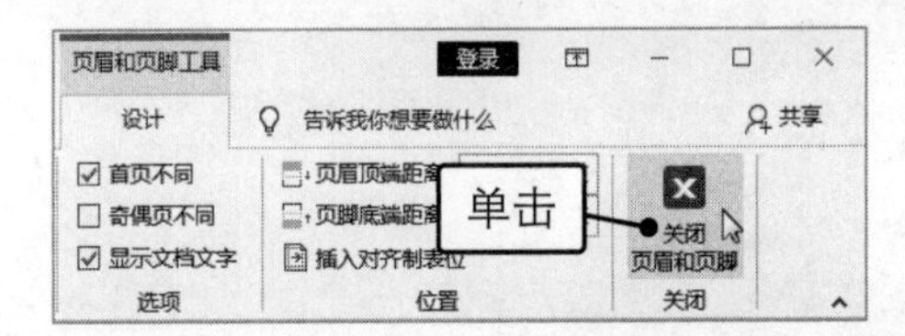

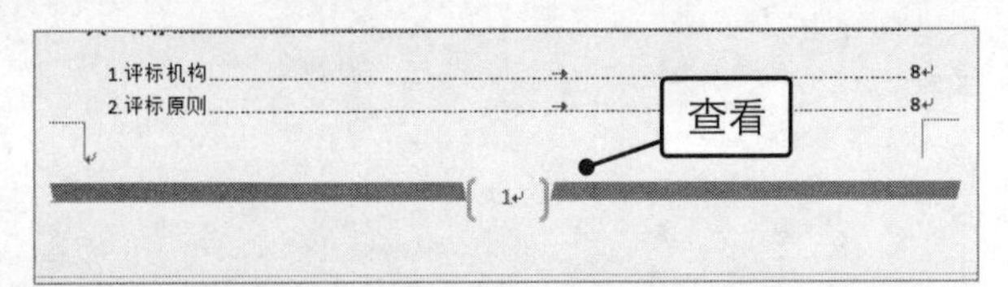

图 16-57　单击“关闭页眉和页脚”按钮

读者意见反馈表

亲爱的读者：

感谢您对中国铁道出版社有限公司的支持，您的建议是我们不断改进工作的信息来源，您的需求是我们不断开拓创新的基础。为了更好地服务读者，出版更多的精品图书，希望您能在百忙之中抽出时间填写这份意见反馈表发给我们。随书纸制表格请在填好后剪下寄到：北京市西城区右安门西街8号中国铁道出版社有限公司大众出版中心 张亚慧 收（邮编：100054）。或者采用传真（010-63549458）方式发送。此外，读者也可以直接通过电子邮件把意见反馈给我们，E-mail地址是：lampard@vip.163.com。我们将选出意见中肯的热心读者，赠送本社的其他图书作为奖励。同时，我们将充分考虑您的意见和建议，并尽可能地给您满意的答复。谢谢！

所购书名：______

个人资料：

姓名：______ 性别：______ 年龄：______ 文化程度：______

职业：______ 电话：______ E-mail：______

通信地址：______ 邮编：______

您是如何得知本书的：

□书店宣传 □网络宣传 □展会促销 □出版社图书目录 □老师指定 □杂志、报纸等的介绍 □别人推荐

□其他（请指明）______

您从何处得到本书的：

□书店 □邮购 □商场、超市等卖场 □图书销售的网站 □培训学校 □其他

影响您购买本书的因素（可多选）：

□内容实用 □价格合理 □装帧设计精美 □带多媒体教学光盘 □优惠促销 □书评广告 □出版社知名度

□作者名气 □工作、生活和学习的需要 □其他

您对本书封面设计的满意程度：

□很满意 □比较满意 □一般 □不满意 □改进建议

您对本书的总体满意程度：

从文字的角度 □很满意 □比较满意 □一般 □不满意

从技术的角度 □很满意 □比较满意 □一般 □不满意

您希望书中图的比例是多少：

□少量的图片辅以大量的文字 □图文比例相当 □大量的图片辅以少量的文字

您希望本书的定价是多少：

本书最令您满意的是：

1.

2.

您在使用本书时遇到哪些困难：

1.

2.

您希望本书在哪些方面进行改进：

1.

2.

您需要购买哪些方面的图书？对我社现有图书有什么好的建议？

您更喜欢阅读哪些类型和层次的理财类书籍（可多选）？

□入门类 □精通类 □综合类 □问答类 □图解类 □查询手册类 □实例教程类

您在学习计算机的过程中有什么困难？

您的其他要求：